新起点电脑教程

After Effects CC 影视特效制作案例教程(微课版)

李　军　编著

清華大學出版社
北　京

内 容 简 介

本书以通俗易懂的语言、精挑细选的实用技巧、翔实生动的操作案例，全面介绍 After Effects CC 影视高级特效制作的基础知识，主要内容包括走进 AE 的影视特效世界、添加与管理素材、图层的操作及应用、蒙版工具与动画制作、文字特效动画的创建及应用、创建与制作动画、常用视频效果设计与制作、过渡效果、调整色彩效果、抠像与合成、声音特效的应用、三维空间效果、渲染不同格式的作品、常用电影特效制作、常用广告特效制作和常用栏目包装制作等方面的知识、技巧及应用案例。

本书面向欲从事影视制作、栏目包装、电视广告、后期编辑与合成的广大媒体技术人员，可作为学习 After Effects CC 基础入门的自学教程和参考指导书，还可以作为初、中级影视后期制作培训班的课堂教材，也可以作为社会培训机构、高等院校相关专业的教学配套教材或者学习辅导书。

图书在版编目(CIP)数据

After Effects CC 影视特效制作案例教程(微课版)/李军编著. —北京：清华大学出版社，2020.1
新起点电脑教程
ISBN 978-7-302-54553-8

Ⅰ. ①A…　Ⅱ. ①李…　Ⅲ. ①图像处理软件—教材　Ⅳ. ①TP391.413

中国版本图书馆 CIP 数据核字(2019)第 290396 号

责任编辑：魏　莹
封面设计：杨玉兰
责任校对：李玉茹
责任印制：沈　露
出版发行：清华大学出版社
　　网　　址：http://www.tup.com.cn, http://www.wqbook.com
　　地　　址：北京清华大学学研大厦 A 座　　**邮　　编：**100084
　　社 总 机：010-62770175　　**邮　　购：**010-62786544
　　投稿与读者服务：010-62776969, c-service@tup.tsinghua.edu.cn
　　质量反馈：010-62772015, zhiliang@tup.tsinghua.edu.cn
　　课件下载：http://www.tup.com.cn, 010-62791865
印 装 者：清华大学印刷厂
经　　销：全国新华书店
开　　本：185mm×260mm　　**印　张：**30　　**字　　数：**729 千字
版　　次：2020 年 1 月第 1 版　　**印　次：**2020 年 1 月第 1 次印刷
定　　价：69.00 元

产品编号：084027-01

致 读 者

“全新的阅读与学习模式 + 微视频课堂 + 全程学习与工作指导”三位一体的互动教学模式，是我们为您量身定做的一套完美的学习方案，为您奉上的丰盛的学习盛宴！

创建一个微视频全景课堂学习模式，是我们一直以来的心愿，也是我们不懈追求的动力，愿我们奉献的图书和视频课程可以成为您步入神奇电脑世界的钥匙，并祝您在最短时间内能够学有所成、学以致用。

全新改版与升级行动

“新起点电脑教程”系列图书自 2011 年年初出版以来，其中有数十个图书分册多次加印，赢得来自国内各高校、培训机构以及各行各业读者的一致好评。

本次图书再度改版与升级，汲取了之前产品的成功经验，针对读者反馈信息中常见的需求，我们精心改版并升级了主要产品，以此弥补不足，希望通过我们的努力能不断满足读者的需求，不断提高我们的服务水平，进而达到与读者共同学习和共同提高的目的。

全新的阅读与学习模式

如果您是一位初学者，当您从书架上取下并翻开本书时，将获得一个从一名初学者快速晋级为电脑高手的学习机会，并将体验到前所未有的互动学习的感受。

我们秉承“打造最优秀的图书、制作最优秀的电脑学习课程、提供最完善的学习与工作指导”的原则，在本系列图书编写过程中，聘请电脑操作与教学经验丰富的老师和来自工作一线的技术骨干倾力合作编著，为您系统化地学习和掌握相关知识与技术奠定扎实的基础。

轻松快乐的学习模式

在图书的内容与知识点设计方面，我们更加注重学习习惯和实际学习感受，设计了更加贴近读者学习习惯的教学模式，采用“基础知识讲解+实际工作应用+上机指导练习+课后小结与练习”的教学模式，帮助读者从初步了解与掌握到实际应用，循序渐进地成为电脑应用的高手与行业精英。“为您构建和谐、愉快、宽松、快乐的学习环境，是我们的目标！”

赏心悦目的视觉享受

为了更加便于读者学习和阅读本书，我们聘请专业的图书排版与设计师，根据读者的阅读习惯，精心设计了赏心悦目的版式。全书图案精美、布局美观，读者可以轻松完成整个学习过程。“使阅读和学习成为一种乐趣，是我们的追求！”

更加人文化、职业化的知识结构

作为一套专门为初、中级读者策划编著的系列丛书，在图书内容安排方面，我们尽量摒弃枯燥无味的基础理论，精选了更适合实际生活与工作的知识点，帮助读者快速学习、快速提高，从而达到学以致用的目的。

- 内容起点低，操作上手快，讲解言简意赅，读者不需要复杂的思考，即可快速掌握所学的知识与内容。
- 图书内容结构清晰，知识点分布由浅入深，符合读者循序渐进与逐步提高的学习习惯，从而使学习达到事半功倍的效果。
- 对于需要实践操作的内容，全部采用分步骤、分要点的讲解方式，图文并茂，使读者不但可以动手操作，还可以在大量的实践案例练习中，不断提高操作技能和经验。

精心设计的教学体例

在全书知识点逐步深入的基础上，根据知识点及各个知识板块的衔接，我们科学地划分章节，在每个章节中，采用了更加合理的教学体例，帮助读者充分掌握所学的知识。

- 本章要点：在每章的章首页，我们以言简意赅的语言，清晰地表述了本章即将介绍的知识点，读者可以有目的地学习与掌握相关知识。
- 知识精讲：对于软件功能和实际操作应用比较复杂的知识，或者难以理解的内容，进行更为详尽的讲解，帮助您拓展、提高与掌握更多的技巧。
- 实践案例与上机指导：读者通过阅读和学习此部分内容，可以边动手操作，边阅读书中所介绍的实例，一步一步地快速掌握和巩固所学知识。
- 思考与练习：通过此栏目内容，不但可以温习所学知识，还可以通过练习，达到巩固基础、提高操作能力的目的。

微视频课堂

本套丛书配套的在线多媒体视频讲解课程，旨在帮助读者完成“从入门到提高，从实践操作到职业化应用”的一站式学习与辅导过程。

- 图书每个章节均制作了配套视频教学课程，读者在阅读过程中，只需拿出手机扫一扫标题处的二维码，即可打开对应的知识点视频学习课程。
- 视频课程不但可以在线观看，还可以下载到手机或者电脑中观看，灵活的学习方式，可以帮助读者充分利用碎片时间，达到最佳的学习效果。
- 关注微信公众号“文杰书院”，还可以免费学习更多的电脑软、硬件操作技巧，我们会定期免费提供更多视频课程，供读者学习、拓展知识。

图书产品与读者对象

“新起点电脑教程”系列丛书涵盖电脑应用的各个领域，为各类初、中级读者提供了全面的学习与交流平台，帮助读者轻松实现对电脑技能的了解、掌握和提高。本系列图书具体书目如下。

分 类	图 书	读者对象
电脑操作基础入门	电脑入门基础教程(Windows 10+Office 2016 版)(微课版)	适合刚刚接触电脑的初级读者，以及对电脑有一定的认识、需要进一步掌握电脑常用技能的电脑爱好者和工作人员，也可作为大中专院校、各类电脑培训班的教材
	五笔打字与排版基础教程(第 3 版)(微课版)	
	Office 2016 电脑办公基础教程(微课版)	
	Excel 2013 电子表格处理基础教程	
	计算机组装・维护与故障排除基础教程(第 3 版)(微课版)	
	计算机常用工具软件基础教程(第 2 版)(微课版)	
	电脑入门与应用(Windows 8+Office 2013 版)	
电脑基本操作与应用	电脑维护・优化・安全设置与病毒防范	适合电脑的初、中级读者，以及对电脑有一定基础、需要进一步学习电脑办公技能的电脑爱好者与工作人员，也可作为大中专院校、各类电脑培训班的教材
	电脑系统安装・维护・备份与还原	
	PowerPoint 2010 幻灯片设计与制作	
	Excel 2013 公式・函数・图表与数据分析	
	电脑办公与高效应用	
图形图像与辅助设计	Photoshop CC 中文版图像处理基础教程	适合对电脑基础操作比较熟练，在图形图像及设计类软件方面需要进一步提高的读者，以及图像编辑爱好者、准备从事图形设计类的工作人员，也可作为大中专院校、各类电脑培训班的教材
	After Effects CC 影视特效制作案例教程(微课版)	
	会声会影 X8 影片编辑与后期制作基础教程	
	Premiere CC 视频编辑基础教程(微课版)	
	Adobe Audition CC 音频编辑基础教程(微课版)	
	AutoCAD 2016 中文版基础教程	

续表

分 类	图 书	读者对象
图形图像与辅助设计	CorelDRAW X6 中文版平面创意与设计	适合对电脑基础操作比较熟练，在图形图像及设计类软件方面需要进一步提高的读者，以及图像编辑爱好者、准备从事图形设计类的工作人员，也可作为大中专院校、各类电脑培训班的教材
	Flash CC 中文版动画制作基础教程	
	Dreamweaver CC 中文版网页设计与制作基础教程	
	Creo 2.0 中文版辅助设计入门与应用	
	Illustrator CS6 中文版平面设计与制作基础教程	
	UG NX 8.5 中文版基础教程	

全程学习与工作指导

为了帮助您顺利学习、高效就业，如果您在学习与工作中遇到疑难问题，欢迎来信与我们及时交流与沟通，我们将全程免费答疑。希望我们的工作能够让您更加满意，希望我们的指导能够为您带来更大的收获，希望我们可以成为志同道合的朋友！

最后，感谢您对本系列图书的支持，我们将再接再厉，努力为您奉献更加优秀的图书。衷心地祝愿您能早日成为电脑高手！

编　者

前　言

After Effects CC 是由 Adobe 公司推出的一款视频处理软件，其特效功能非常强大，适用于电视栏目包装、影视广告制作、三维动画合成以及电视剧特效合成等领域。为了帮助正在学习 After Effects CC 的初学者快速了解和应用该软件，以便在日常的学习和工作中学以致用，我们编写了本书。

购买本书能学到什么

本书在编写过程中根据初学者的学习习惯，采用由浅入深、由易到难的方式讲解，读者还可以通过随书赠送的多媒体视频教学学习。全书结构清晰，内容丰富，共分为 16 章，主要内容包括以下 7 个部分。

1. 基础操作与入门

第 1～2 章，介绍影视后期制作的基本概念、After Effects 的用户工作界面和基本操作，包括添加合成素材、添加序列素材、添加 PSD 素材、多合成嵌套和分类管理素材等操作方法。

2. 图层、蒙版和文字

第 3～5 章，讲解图层的操作及应用，包括图层的基本操作、图层的混合模式，并介绍蒙版工具与动画制作，包括修改蒙版、绘画工具与路径动画等，最后讲解创建与编辑文字以及创建文字动画的相关知识及应用案例。

3. 动画与特效制作

第 6～8 章，介绍创建与制作动画，包括操作时间轴、创建关键帧动画、设置时间和图形编辑器的相关知识及使用方法，同时介绍常用视频效果设计与制作的方法，包括视频效果基础、常用的 3D 通道、表达式控制、常见的模糊和锐化效果、常用的透视效果、模拟效果，最后讲解过渡和过渡类效果的相关知识及应用案例。

4. 色彩与抠像

第 9～10 章，讲解调整色彩效果的方法，包括调色前的准备工作、颜色校正调色的主要效果、颜色校正类效果和通道效果，还介绍抠像与合成的方法，包括颜色键、Keylight 1.2(键控)、颜色差值键和颜色范围的相关知识及应用案例。

5. 声音效果

第 11 章讲解将声音导入影片和为声音添加特效的相关操作方法。

6. 三维效果与输出

第 12～13 章，介绍三维空间效果，包括三维空间与三维图层、三维摄像机的应用和灯光效果，最后介绍渲染不同格式作品的相关知识及操作方法。

7. 常用 After Effects 特效制作案例

第 14～16 章，介绍常用电影特效制作、常用广告特效制作和常用栏目包装制作等 After Effects 特效制作的详细案例操作知识。

如何获取本书的学习资源

为帮助读者高效、快捷地学习本书的知识点，我们不但为读者准备了与本书知识点有关的配套素材文件，而且设计并制作了精品视频教学课程，还为教师准备了 PPT 课件资源。购买本书的读者，可以通过以下途径获取相关的配套学习资源。

1. 扫描书中二维码获取在线学习视频

读者在学习本书的过程中，可以使用微信的扫一扫功能，扫描本书标题左下角的二维码，在打开的视频播放页面中可以在线观看视频课程。这些课程读者也可以下载并保存到手机或电脑中离线观看。

2. 登录网站获取更多学习资源

本书配套素材和 PPT 课件资源，读者可登录网址 http://www.tup.com.cn(清华大学出版社官方网站)下载相关学习资料，也可关注“文杰书院”微信公众号获取更多的学习资源。

本书由李军编著，参与本书编写工作的还有袁帅、文雪、李强、高桂华、蔺丹、张艳玲、李统财、安国英、贾亚军、蔺影、李伟、冯臣、宋艳辉等。

我们真切希望读者在阅读本书之后，可以开阔视野，增长实践操作技能，并从中学习和总结操作的经验和规律，达到灵活运用的水平。鉴于编者水平有限，书中纰漏和考虑不周之处在所难免，热忱欢迎读者予以批评、指正，以便我们日后能为您编写更好的图书。

编　者

目　　录

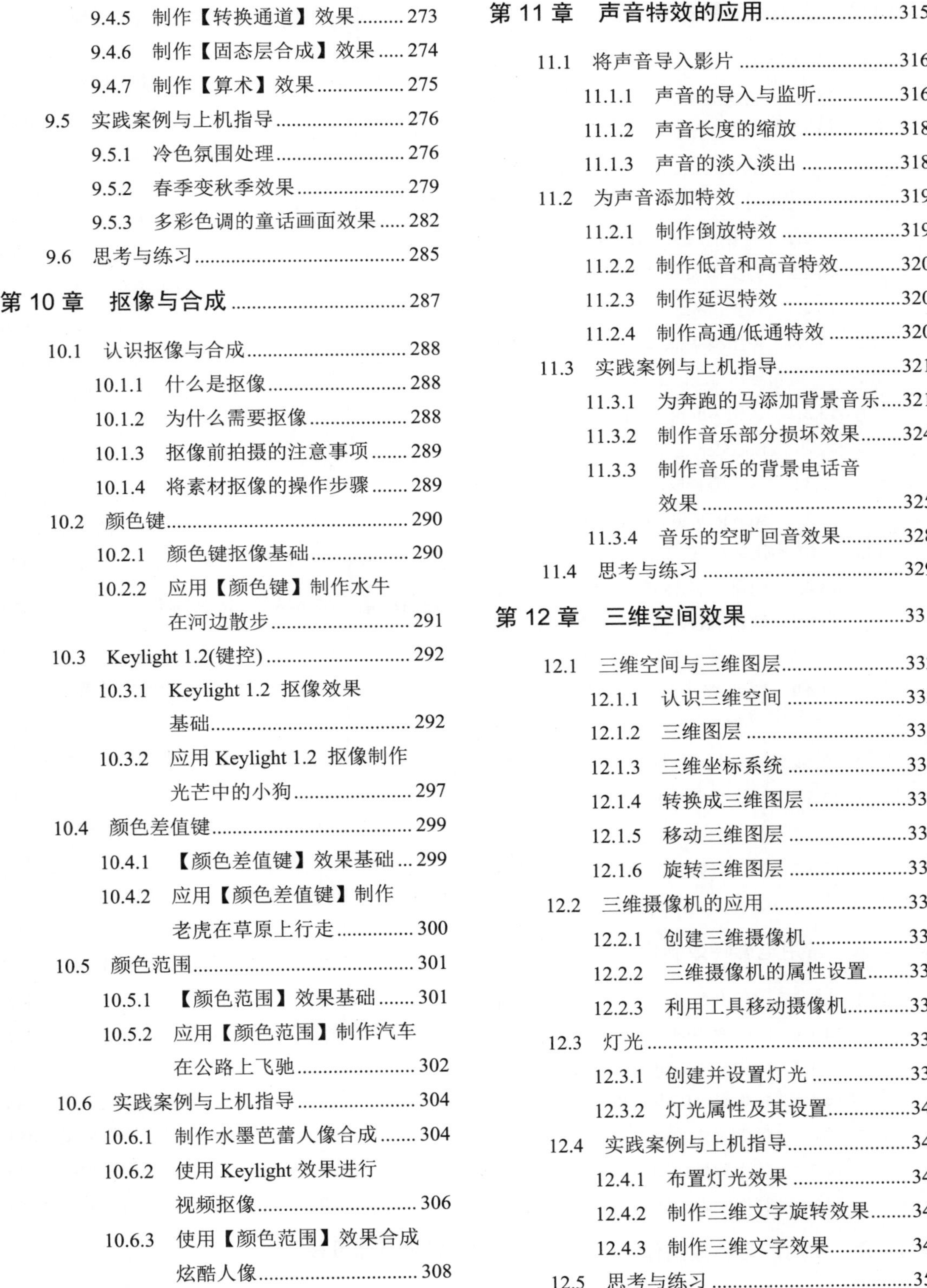

新起点
电脑教程

第 1 章

走进 AE 的影视特效世界

本章要点

- 影视后期特效制作概述
- 影视后期制作的基本概念
- 认识 After Effects 的用户工作界面
- After Effects 基本操作
- 影视后期制作的一般流程

本章主要内容

本章主要介绍影视后期特效制作概述、影视后期制作的基本概念、认识 After Effects 的用户工作界面方面的知识与技巧，同时讲解 After Effects 基本操作，在本章的最后还针对实际的工作需求，讲解影视后期制作的一般流程。通过本章的学习，读者可以掌握影视后期制作方面的基础知识，为深入学习 After Effects CC 影视高级特效制作知识奠定基础。

1.1 影视后期特效制作概述

后期特效技术被广泛应用于影视制作中，特效其实就是在拍摄或者制作好的素材中进行锦上添花的制作。它可以实现现实中不可能存在或者是很难拍摄的效果。本节将详细介绍影视后期特效制作的相关知识。

↑ 扫码看视频

1.1.1 什么是影视后期特效

随着计算机技术的普及与运用，电影也发生了全新的改变。越来越多的计算机制作运用到电影作品中，对影视后期特效制作合成有着深刻影响。如平常看到的电影、广告、天气预报等都渗透着后期合成的影子。如今电影中各种特技让人眼花缭乱，其中许多特技都是由特技演员真实演绎，再后期合成，例如，被很多电影爱好者及影视后期制作者津津乐道的《复仇者联盟》中的很多场景及人物效果，就是通过后期合成技术制作的，如图 1-1 所示。

图 1-1

影视制作分为前期和后期两个部分，前期工作主要是对影视节目的策划、拍摄以及三维动画的创作等。前期工作完成后，工作人员将对前期制作所得到的素材和半成品进行艺术加工、组合及后期合成制作。其中 After Effects 就是一款不错的影视后期特效合成软件。

1.1.2 影视后期特效合成的常用软件

目前都是非线性编辑软件，国内用得最多、范围最广的还是 Adobe 系列的软件，当然根据不同的剪辑需要和内容，软件的选择也有所不同。像现在很多人使用的会声会影、爱剪辑都属于非专业的剪辑软件，这里不再赘述。下面详细介绍几款专业的影视后期特效合成软件。

1. Houdini

Side Effects Software 的旗舰级产品，是创建高级视觉效果的终极工具，因为具有横跨公司整个产品线的能力，Houdini Master 为那些想让电脑动画更加精彩的艺术家们提供了空前的能力和工作效率。它是特效方面非常强大的软件，许多电影特效都是由它完成：《指环王》中甘道夫放的那些魔法礼花，还有水马冲垮戒灵的场面，《后天》中的龙卷风等，只要是涉及 DD 公司制作的好莱坞一线大片，几乎都会有 Houdini 参与和应用。

2. Illusion

Avid 公司的 Illusion 是集电影特技、合成、绘画和变形软件于一身的合成软件。它是基于 SGI 全系列平台的非压缩数字非线性后期编辑及特技制作系统，具有高效的制作环境、制作质量和集成化的功能模块。

3. Softimage

Softimage 3D 是专业动画设计师的重要工具。用 Softimage 3D 创建和制作的作品占据了娱乐业和影视业的主要市场，《泰坦尼克号》《失落的世界》《第五元素》等电影中的很多镜头都是由 Softimages 3D 制作完成的，创造了惊人的视觉效果。

Softimage 3D 是一个综合运行于 SGI 工作站和 Windows NT 平台的高端三维动画制作系统，它被世界级的动画师成功运用在电影、电视和交互制作的市场中。它具有由动画师亲自设计的方便高效的工作界面、加入的动画工具和快速高质量的图像生成，使艺术家有了非常自由的想象空间，能创造出完美逼真的艺术作品。

4. Digital Fusion

Digital Fusion 是 Eyeon Software 公司推出的运行于 SGI 以及 Windows NT 系统上的专业非线性编辑软件，其强大的功能和方便的操作远非普通非线性编辑软件可比，也曾是许多电影大片的后期合成工具。像《泰坦尼克号》中就大量应用 Digital Fusion 来合成效果。Digital Fusion 具有真实的 3D 环境支持，是市场上最有效的 3D 粒子系统。通过 3D 硬件加速，现在在一个程序内就可以实现从 Pre-Vis 到 finals 的转变。Digital Fusion 是真正的 2D 和 3D 协同终极合成器。

5. Shake

Shake 是 Apple 公司推出的主要用于影片与 HD 的行业标准合成与效果解决方案，提供可渲染功能。在影视后期制作中，Shake 艺术家们可以在没有任何损害的情况下自由组合标准分辨率、HD 或影片。因为支持 8 点、16 点和 32 点(浮点)彩色分辨率，Shake 能以更高的保真度，合成高动态范围图像和 CG 元素，包含经制作验证的视觉效果工具，比如画面分层，轨迹跟进，蚀刻滚印效果，绘画、色彩校正和新的影片纹理图案模拟等。Shake 内置键控性能，包括 Photron Primatte 和 CFC Keylight，是这两个行业领先的专业键控器。为了获得额外的灵活性，Shake 支持第三方插件，如 The Foundry、GenArts、Ultimatte 等。Shake 具有功能强大的合成引擎和独立的分辨率，基于混合扫描线/平铺显示的渲染引擎，允许在合成作品的同时，包含标准清晰度(SD)、高清晰度(HD)和电影图像。艺术家们可以选择以 8 比特、16 比特或 32 比特(浮点)色彩分辨率进行操作，在保持整体性能的同时，以更高的保真度对 HDR 图像进行合成。

6. Inferon、Flame、Flint

Inferon、Flame、Flint 是由加拿大的 Discreet 公司开发的系列合成软件。该公司一向是数字合成软件业的佼佼者，其主打产品就是运行在 SGI 平台上的 Inferon、Flame、Flint 软件系列，这 3 款软件分别是这个系列的高、中、低档产品。Inferon 运行在多 CPU 的超级图形工作站 ONYX 上，一直是高档电影特技制作的主要工具；Flame 运行在高档图形工作站 OCTANE 上，既可以制作 35cm 电影特技，也可以满足从高清晰度电视(HDTV)到普通视频等多种节目的制作需求；Flint 可以运行在 OCTANE、O2、Impact 等多个型号的工作站上，主要用于电视节目的制作。在合成方面，它们以 Action 功能为核心，提供一种面向层的合成方式，用户可以在真正的三维空间操纵各层画面。从 Action 模块可以调用校色、抠像、跟踪、稳定、变形等大量合成特效。

7. Combustion

Combustion 是 Discreet 公司出品的第一款运行在 Windows NT 和 Macintosh 环境下的高级特效软件，它具备创建极具震撼视觉效果所需的高运算速度和优良的可视化交互性能。它提供了许多强有力的工具来设计动画、合成等，最终实现你的创造性想象。Combustion 的高级结构将图像加速、多处理器支持和多场景视图等有机地集成在一起，从而提出了台式机上可视化交互的新标准。你可以使用无压缩的视频素材在与分辨率无关的工作区中进行合成工作。

8. After Effects

After Effects(简称 AE)是 Adobe 公司出品的一款用于高端视频编辑系统的专业非线性编辑软件。它借鉴了许多软件的成功之处，将视频编辑合成上升到了新的高度。Photoshop 中层概念的引入，使 After Effects 可以对多层的合成图像进行控制，制作出天衣无缝的合成效果；关键帧、路径概念的引入，使 After Effects 对于控制高级的二维动画如鱼得水；高效的视频处理系统，确保了高质量的视频输出；而令人眼花缭乱的光效和特技系统，更使 After Effects 能够实现使用者的一切创意。

After Effects 还保留有 Adobe 软件优秀的兼容性。在 After Effects 中可以非常方便地调入 Photoshop 和 Illustrator 的层文件；Premiere 的项目文件也可以近乎完美地再现于 After Effects 中；在 After Effects 中，甚至还可以调入 Premiere 的 EDL 文件。

9. SynthEyes

SynthEyes 是一款比较复杂的软件，不适合初学者使用。主要应用于工作室、SOHO，常用于电影特效制作的跟踪软件。用途之多、稳定性之好、兼容性之强，是 BOUJOU、MATCHMOVER 等跟踪软件根本不能比拟的。

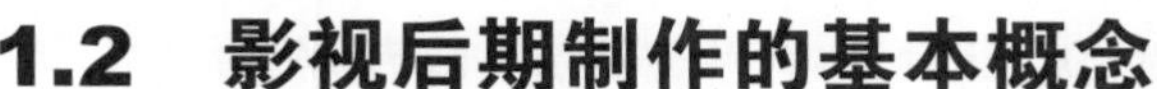

1.2　影视后期制作的基本概念

影视媒体已经成为当前最为大众化、最具影响力的媒体形式，数字技术也全面进入影视制作过程，计算机逐步取代了许多原有的影视设备，在影视制作的各个环节发挥了重大的作用。本节将详细介绍影视后期制作的一些基本概念。

↑ 扫码看视频

1.2.1　视频制式

世界上主要使用的视频信号制式有 PAL、NTSC、SECAM 三种，中国大部分地区使用 PAL 制式，日本、韩国及东南亚地区与美国等欧美国家使用 NTSC 制式，俄罗斯则使用 SECAM 制式。中国国内市场上买到的正式进口的 DV 产品都是 PAL 制式。

各国的视频信号制式不尽相同，制式的区分主要在于其帧频(场频)的不同、分辨率的不同、信号带宽以及载频的不同、色彩空间的转换关系不同等。

- NTSC 彩色电视制式：它是 1952 年由美国国家电视标准委员会指定的彩色电视广播标准，采用正交平衡调幅的技术方式，故也称为正交平衡调幅制。美国、加拿大等大部分西半球国家以及中国台湾、日本、韩国等均采用这种制式。
- PAL 制式：它是西德在 1962 年指定的彩色电视广播标准，采用逐行倒相正交平衡调幅的技术方法，克服了 NTSC 制相位敏感造成色彩失真的缺点。西德、英国等一些西欧国家，新加坡、中国大陆及香港、澳大利亚、新西兰等国家采用这种制式。PAL 制式中根据不同的参数细节，又可以进一步划分为 G、I、D 等制式，其中 PAL－D 制是我国大陆采用的制式。
- SECAM 制式：SECAM 是法文的缩写，意为顺序传送彩色信号与存储恢复彩色信号制，是由法国在 1956 年提出，1966 年制定的一种新的彩色电视制式。它也克服了 NTSC 制式相位失真的缺点，但采用时间分隔法来传送两个色差信号。使用 SECAM 制的国家主要集中在法国、东欧和中东一带。

1.2.2　逐行扫描与隔行扫描

通常显示器分逐行扫描和隔行扫描两种扫描方式。逐行扫描相对于隔行扫描是一种先进的扫描方式，它是指显示屏显示图像进行扫描时，从屏幕左上角的第一行开始逐行进行，整个图像扫描一次完成。因此图像显示画面闪烁小，显示效果好。目前先进的显示器大都采用逐行扫描方式。隔行扫描就是每一帧被分割为两场，每一场包含了一帧中所有的奇数扫描行或者偶数扫描行，通常是先扫描奇数行得到第一场，然后扫描偶数行得到第二场。

隔行扫描是传统的电视扫描方式。按我国电视标准，一幅完整图像垂直方向由 625 条扫描线构成，一幅完整图像分两次显示，首先显示奇数场(1、3、5、…)，再显示偶数场(2、4、6、…)。由于线数是恒定的，所以屏幕越大，扫描线越粗，大屏幕的背投电视扫描线几乎有几毫米宽，而小屏幕电视扫描线相对细一些。逐行扫描是使电视机的扫描方式按 1、2、3、…的顺序一行一行地显示一幅图像，构成一幅图像的 625 行一次显示完成的一种扫描方式。由于每一幅完整画面由 625 条扫描线组成，在观看电视时，扫描线几乎不可见，垂直分辨率较隔行扫描提高了一倍，完全克服了大面积闪烁的隔行扫描固有的缺点，使图像更为细腻、稳定。在大屏幕电视上观看时效果尤佳，即便是长时间近距离观看眼睛也不易疲劳。

1. 逐行扫描有哪些优点

逐行扫描独有的非线性信号处理技术将普通隔行扫描电视信号转换成 480 行扫描格式，帧频由普通模拟电视的每秒 25 帧提高到 60～75 帧，实现了精确的运动检测和运动补偿，从而克服了传统扫描方式的 3 大缺陷。我们可以来做个比较，在 1/50 秒的时间内，隔行扫描方式先扫描奇数行，在紧跟着的 1/50 秒内再扫描偶数行，然而逐行扫描则是在 1/50 秒内完成整幅图像的扫描。经逐行扫描出来的画面清晰无闪烁，动态失真较小。若与逐行扫描电视、数字高清晰度电视配合使用则完全可以获得胜似电影的美妙画质。

2. 隔行扫描方式存在哪些缺点

传统的隔行扫描方式无法解决 3 个问题：场频接近人眼对闪烁的敏感频率，在观看大面积浅色背景画面时会感到明显闪烁；隔行扫描的奇偶轮回导致明显的扫描线间闪烁，在观看文字信息时最为明显；隔行扫描的奇偶轮回导致画面呈现明显的、排列整齐的行结构线，且屏幕尺寸越大，行结构线越明显，影响画面细节的体现和总体画面效果。

1.2.3 帧速率

帧速率是指每秒钟刷新的图片的帧数，也可以理解为图形处理器每秒钟能够刷新几次。对影片内容而言，帧速率指每秒所显示的静止帧格数。要生成平滑连贯的动画效果，帧速率一般不小于 8fps，而电影的帧速率为 24fps。捕捉动态视频内容时，此数字越高越好。

像电影一样，视频是由一系列的单独图像(称之为帧)组成的，并放映到观众面前的屏幕上。每秒钟放 24～30 帧，这样才会产生平滑和连续的效果。在正常情况下，一个或者多个音频轨迹与视频同步，并为影片提供声音。

帧速率也是描述视频信号的一个重要概念，对每秒钟扫描多少帧有一定的要求。对于 PAL 制式电视系统，帧速率为 25 帧/秒；而对于 NTSC 制式电视系统，帧速率为 30 帧/秒。虽然这些帧速率足以提供平滑的运动，但它们还没有高到足以使视频显示避免闪烁的程度。根据实验，人的眼睛可觉察到以低于 1/50 秒速度刷新图像中的闪烁。然而，要求帧速率提高到这种程度，需要显著增加系统的频带宽度，这是相当困难的。

1.2.4 分辨率和像素比

分辨率和像素比是不同的概念，分辨率可以从显示分辨率与图像分辨率两个方向来分类。显示分辨率(屏幕分辨率)是屏幕图像的精密度，是指显示器所能显示的像素有多少。由于屏幕上的点、线和面都是由像素组成的，显示器可显示的像素越多，画面就越精细，同样的屏幕区域内能显示的信息也越多，所以分辨率是个非常重要的性能指标。可以把整幅图像想象成是一个大型的棋盘，而分辨率的表示方式就是所有经线和纬线交叉点的数目。显示分辨率一定的情况下，显示屏越小图像越清晰，反之，显示屏大小固定时，显示分辨率越高图像越清晰。图像分辨率则是单位英寸中所包含的像素点数，其定义更趋近于分辨率本身的定义。

像素比是指图像中的一个像素的宽度与高度之比，而帧纵横比则是指图像一帧的宽度与高度之比。如某些 D1/DV NTSC 图像的帧纵横比是 4∶3，但使用方形像素(1.0 像素比)的是 640×480，使用矩形像素(0.9 像素比)的是 720×480。DV 基本上使用矩形像素，在 NTSC 视频中是纵向排列的，而在 PAL 制式视频中是横向排列的。使用计算机图形软件制作生成的图像大多使用方形像素。

1.2.5　视频压缩解码

视频压缩也称为编码，是一种相当复杂的数学运算过程，其目的是通过减少文件的数据冗余，以节省数据存储空间，缩短处理时间，以及节约数据传输通道等。根据应用领域的实际需要，不同的信号源及其存储和传播的媒介决定了压缩编码的方式，压缩比率和压缩的效果也各不相同。

压缩的方式大致分为两种。一种是利用数据之间的相关性，将相同或相似的数据特征归类，用较少的数据量描述原始数据，以减少数据量，这种压缩通常为无损压缩；而利用人的视觉和听觉特性，针对性地简化不重要的信息，以减少数据，这种压缩通常为有损压缩。

视频格式有很多，常用的有 AVI、WMA、MOV、RM、RMVB、MPEG 等几种格式。即便是同一种 AVI 或 MOV 格式的视频也会有多种不同的压缩解码进行处理，在众多的 AVI 视频压缩解码中 NONE 是无压缩的处理方式，清晰度是最高的，但是文件的容量也是最大的。

1.3　认识 After Effects 的用户工作界面

After Effects CC 允许定制工作区的布局，用户可以根据工作的需要移动和重新组合工作区中的工具栏和面板。本节将详细介绍工作界面的相关知识。

↑ 扫码看视频

1.3.1 菜单栏

菜单栏几乎是所有软件都有的重要界面要素之一，它包含了软件全部功能的命令操作。After Effects CC 提供了 9 项菜单，分别为【文件】、【编辑】、【合成】、【图层】、【效果】、【动画】、【视图】、【窗口】和【帮助】，如图 1-2 所示。

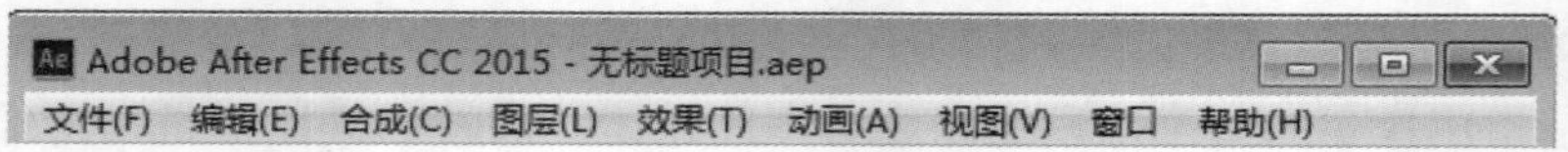

图 1-2

1.3.2 【工具】面板

在菜单栏中选择【窗口】→【工具】菜单项，或者按 Ctrl+1 组合键，即可打开或关闭【工具】面板，如图 1-3 所示。

【工具】面板包含了常用的编辑工具，使用这些工具可以在【合成】面板中对素材进行编辑操作，如移动、缩放、旋转、输入文字、创建遮罩、绘制图形等。

在【工具】面板中，有些工具按钮的右下角有一个黑色的三角形箭头，表示该工具还包含有其他工具，在该工具上按住鼠标不放，即可显示出其他的工具，如图 1-4 所示。

图 1-3

图 1-4

1.3.3 【项目】面板

【项目】面板位于界面的左上角，主要用来组织、管理视频节目中所使用的素材。视频制作所使用的素材，都要首先导入到【项目】面板中，在此面板中还可以对素材进行预览。可以通过文件夹的形式来管理【项目】面板，将不同的素材以不同的文件夹分类导入，以便视频编辑时操作的方便，文件夹可以展开也可以折叠，这样更便于项目的管理，如图 1-5 所示。

在素材目录区的上方表头，表明了素材、合成或文件夹的属性。下面将详细介绍这些属性的含义。

- 名称：显示素材、合成或文件夹的名称，单击该图标，可以将素材以名称方式进行排序。
- 标记：可以利用不同的颜色来区分项目文件，单击该图标，可以将素材以标记的方式进行排序。如果要修改某个素材的标记颜色，直接单击素材右侧的颜色按钮，在弹出的下拉菜单中选择合适的颜色即可。

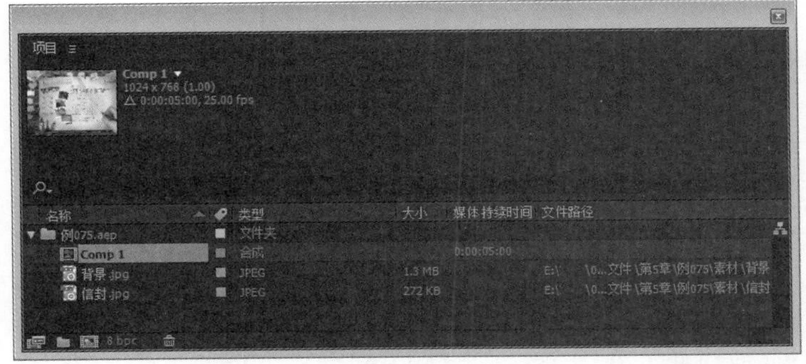

图 1-5

- 类型：显示素材的类型，如合成、图像或音频文件。单击该图标，可以将素材以类型的方式进行排序。
- 大小：显示素材文件的大小。单击该图标，可以将素材以大小的方式进行排序。
- 媒体持续时间：显示素材的持续时间。单击该图标，可以将素材以持续时间的方式进行排序。
- 文件路径：显示素材的存储路径，以便于素材的更新与查找，方便素材的管理。

智慧锦囊

在素材目录区上方表头的属性区域中，单击鼠标右键，在弹出的快捷菜单中选择【列数】菜单项，在弹出的子菜单中即可设置打开或关闭属性信息的显示。

1.3.4 【合成】面板

【合成】面板是视频效果的预览区，在进行视频项目的安排时，它是最重要的面板，在该面板中可以预览到编辑时的每一帧效果。如果要在【合成】面板中显示画面，首先要将素材添加到时间线上，并将时间滑块移动到当前素材的有效帧内，才可以显示画面，如图 1-6 所示。

图 1-6

1.3.5 【时间轴】面板

时间轴是工作界面的核心部分，在 After Effects 中，动画设置基本都是在【时间轴】面板中完成的，其主要功能是可以拖动时间指示标预览动画，同时可以对动画进行设置和编辑操作，如图 1-7 所示。

图 1-7

1.4 After Effects 基本操作

After Effects 项目是存储在硬盘上的单独文件，其中存储了合成、素材以及所有的动画信息。一个项目可以包含多个素材和多个合成，合成中的许多层是通过导入的素材创建的，还有些是在 After Effects 中直接创建的图形图像文件。本节将详细介绍 After Effects 基本操作的相关知识。

↑ 扫码看视频

1.4.1 创建与打开新项目

在编辑视频文件时，首先要做的是创建一个项目文件，规划好项目的名称及用途，根据不同的视频用途来创建不同的项目文件。如果用户需要打开另一个项目，After Effects 会提示是否要保存对当前项目的修改，在用户确定后，After Effects 才会将项目关闭。下面详细介绍创建与打开新项目的操作方法。

第 1 步 启动 After Effects CC 软件，在菜单栏中选择【文件】→【新建】→【新建项目】菜单项，如图 1-8 所示。

第 2 步 可以看到已经创建一个新项目，在菜单栏中选择【文件】→【打开项目】菜单项，如图 1-9 所示。

第 3 步 弹出【打开】对话框，*1.* 选择要打开的新项目的文件，*2.* 单击【打开】按钮，如图 1-10 所示。

第 4 步 可以看到已经打开选择的项目文件，这样即可完成创建与打开新项目的操作，如图 1-11 所示。

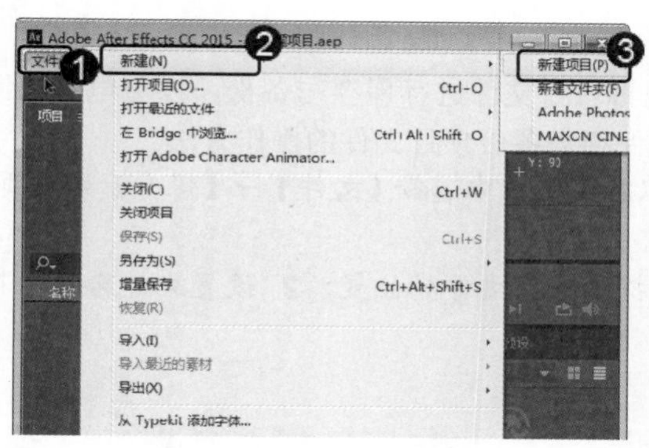

图 1-8

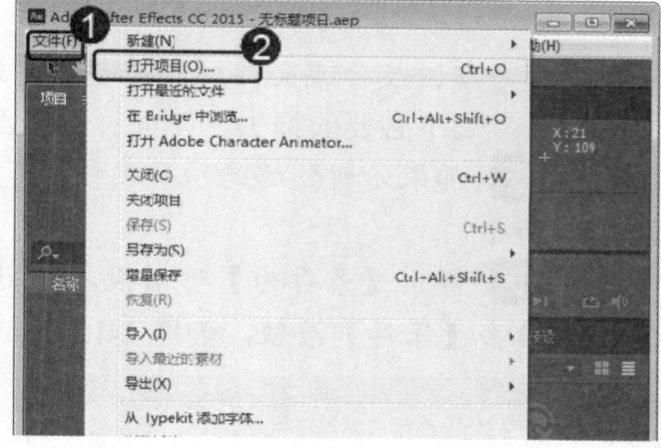

图 1-9

图 1-10

图 1-11

1.4.2　项目模板与示例

项目模板文件是一个存储在硬盘上的单独文件，以.aet 作为文件后缀。用户可以调用许多 After Effects 预置模板项目，例如 DVD 菜单模板。这些模板项目可以作为用户制作项目的基础，用户可以在这些模板的基础上添加自己的设计元素。当然，用户也可以为当前的项目创建一个新模板。

当用户打开一个模板项目时，After Effects 会创建一个新的基于用户选择模板的未命名的项目。用户编辑完毕后，保存这个项目并不会影响 After Effects 的模板项目。

当用户开启一个 After Effects 模板项目时，如果想要了解这个模板文件是如何创建的，这里介绍一个非常好用的方法。

打开一个合成项目并将其时间线激活，使用组合键 Ctrl+A 将所有的层选中，然后按 U 键可以展开层中所有设置了关键帧的参数或所有修改过的参数。动画参数或修改过的参数可以向用户展示模板设计师究竟做了什么样的工作。

如果有些模板中的层被锁定了，用户可能无法对其进行展开参数或修改的操作，这时用户需要单击层左边的锁定按钮将其解锁。

1.4.3 保存与备份项目

在制作完项目及合成文件后，需要及时地将项目文件进行保存与备份，以免电脑出错或突然停电带来不必要的损失，下面详细介绍保存与备份项目文件的操作方法。

第 1 步 如果是新创建的项目文件，可以在菜单栏中选择【文件】→【保存】菜单项，如图 1-12 所示。

第 2 步 弹出【另存为】对话框，***1.*** 选择要保存文件的位置，***2.*** 设置文件名和保存类型，***3.*** 单击【保存】按钮，如图 1-13 所示。

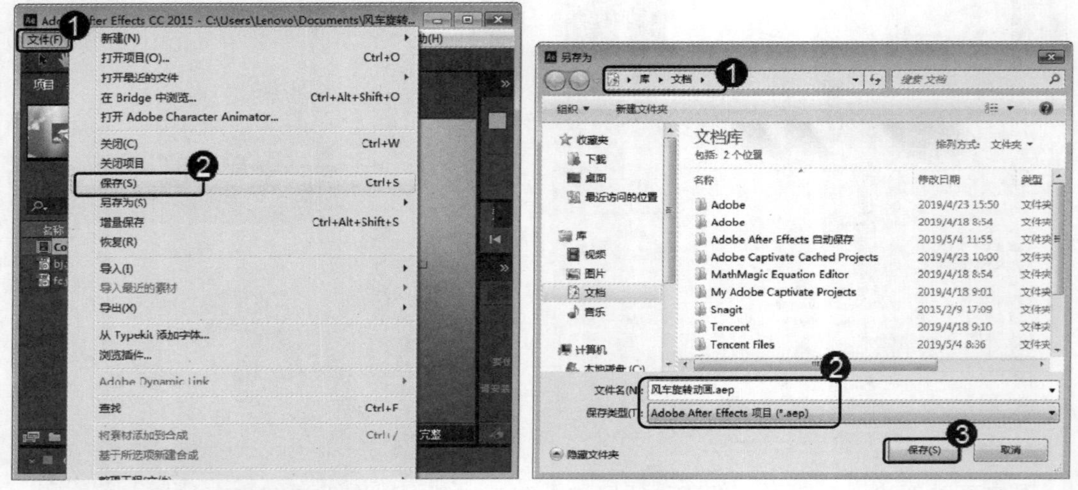

图 1-12　　　　图 1-13

第 3 步 如果希望将项目作为 XML 项目的副本，用户可以选择【文件】→【另存为】→【将副本另存为 XML】菜单项，如图 1-14 所示。

第 4 步 弹出【副本另存为 XML】对话框，***1.*** 选择要保存文件的位置，***2.*** 设置文件名和保存类型，***3.*** 单击【保存】按钮，如图 1-15 所示。

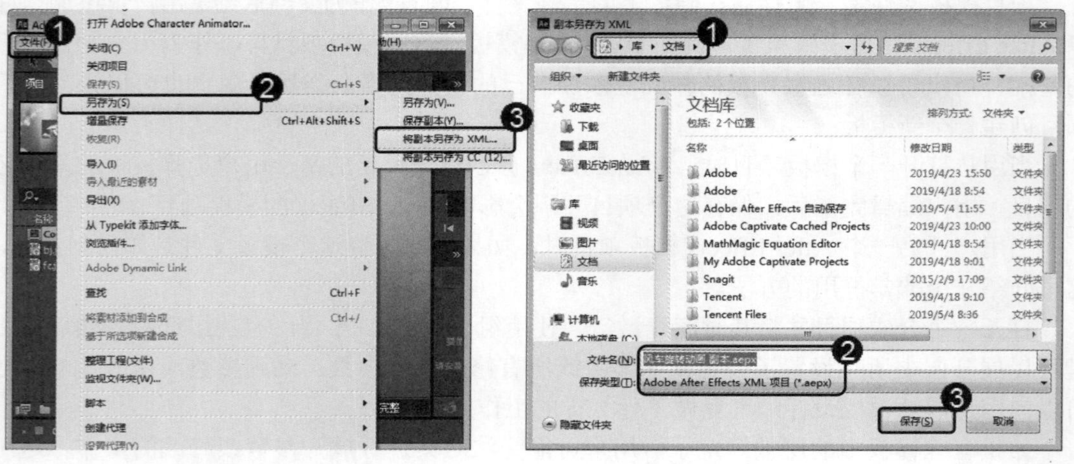

图 1-14　　　　图 1-15

1.5　影视后期制作的一般流程

无论用户使用 After Effects 创建特效合成还是关键帧动画，甚至仅仅使用 After Effects 制作简单的文字效果，这些操作都要遵循相同的工作流程，本节将详细介绍 After Effects 的基本工作流程的相关知识。

↑ 扫码看视频

1.5.1　导入素材

当用户创建一个项目时，需要将素材导入到【项目】面板中，After Effects 会自动识别常见的媒体格式，但是用户需要自己定义素材的一些属性，诸如像素比、帧速率等。用户可以在【项目】面板中查看每一种素材的信息，并设置素材的入、出点以匹配合成。

1.5.2　创建项目合成

用户可以创建一个或多个合成，任何导入的素材都可以作为层的源素材导入到合成中，可以在【合成】面板中排列和对齐这些层，或在【时间轴】面板中组织它们的时间排序或设置动画；可以设置层是二维层还是三维层，以及是否需要真实的三维空间感；可以使用遮罩、混合模式及各种抠像工具来进行多层的合成；甚至可以使用形状层与文本层，或使用绘画工具创建需要的视觉元素，最终完成需要的合成或视觉效果。

1.5.3　添加效果

用户可以为一个层添加一个或多个特效，通过这些特效创建视觉效果和音频效果；可以通过简单的拖曳来创建美妙的时间元素；可以在 After Effects 中应用数以百计的预置特效、预置动画与图层样式；可以选择调整好的特效并将其保存为预设值；可以为特效的参数设置关键帧动画，从而创建更丰富的视觉效果。

1.5.4　设置关键帧

用户可以修改层的属性，比如大小、位移、透明度等。利用关键帧或表达式，用户可以在任何时间修改层的属性来完成动画效果。用户甚至可以通过跟踪或稳定面板让一个元素去跟随另一个元素运动，或让一个晃动的画面静止下来。

1.5.5 预览画面

使用 After Effects 在用户的计算机上预览合成效果是非常快速和高效的。即使是非常复杂的项目，用户依然可以使用 OpenGL 技术加快渲染速度。用户可以通过修改渲染的帧速率或分辨率来改变渲染速度，也可以通过限制渲染区域或渲染时间来达到类似的改变渲染速度的效果。用户可以通过色彩管理预览影片在不同设备上的显示效果。

1.5.6 渲染输出视频

用户可以定义影片的合成并通过渲染队列将其输出。不同的设备需要不同的合成，用户可以建立标准的电视或电影格式的合成，也可以自定义合成，最终通过 After Effects 强大的输出模块将其输出为用户需要的影片编码格式。After Effects 提供了多种输出设置，并支持渲染队列与联机渲染。

1.6 实践案例与上机指导

通过本章的学习，读者基本可以掌握 After Effects CC 的基本知识以及一些常见的操作方法，下面通过练习一些案例操作，以达到巩固学习、拓展提高的目的。

↑扫码看视频

1.6.1 新建一个 PAL 宽银幕合成

新建一个合成项目是使用 After Effects CC 软件最基本、最主要的操作之一，本例详细介绍新建一个 PAL 宽银幕合成的操作方法。

素材保存路径：配套素材\第 1 章
素材文件名称：PAL 宽银幕合成.aep

第 1 步 在菜单栏中选择【合成】→【新建合成】菜单项，如图 1-16 所示。

第 2 步 弹出【合成设置】对话框，***1.*** 设置【合成名称】为“合成 1”，***2.*** 在【预设】下拉列表框中选择【PAL D1/DV 宽银幕】选项，***3.*** 设置【宽度】为 720、【高度】为 576，***4.*** 设置【像素长宽比】为【D1/DV PAL 宽银幕(1.46)】，***5.*** 设置【帧速率】为 25，***6.*** 设置【持续时间】为 5 秒，***7.*** 单击【确定】按钮，如图 1-17 所示。

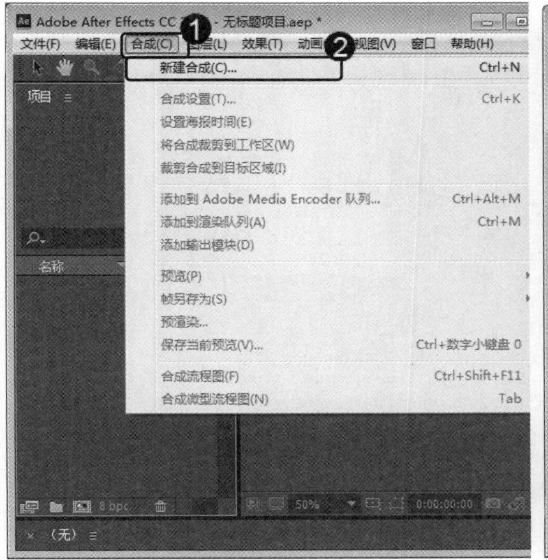

图 1-16

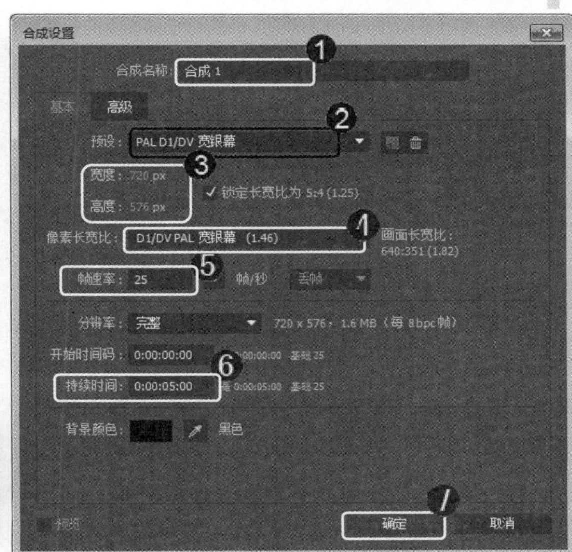

图 1-17

第 3 步　在菜单栏中选择【文件】→【导入】→【文件】菜单项，如图 1-18 所示。

第 4 步　弹出【导入文件】对话框，*1.* 选择要导入的素材“玫瑰.jpg”，*2.* 单击【导入】按钮，如图 1-19 所示。

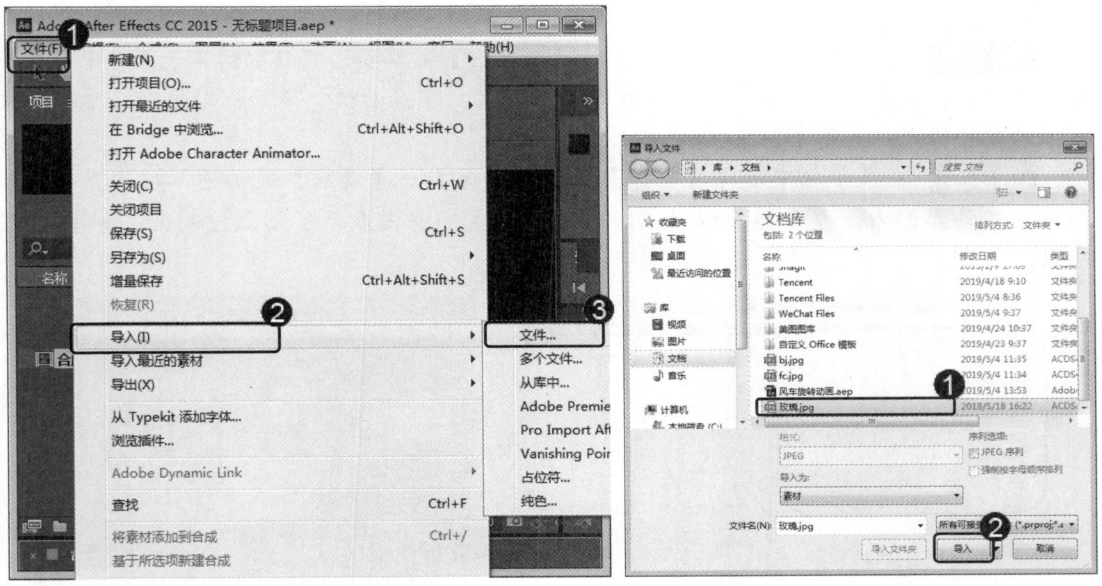

图 1-18　　　　图 1-19

第 5 步　将导入【项目】面板中的“玫瑰.jpg”素材拖曳到【时间轴】面板中，可以看出此时图片过大，可以在【时间轴】面板中单击打开“玫瑰.jpg”下方的【变换】，设置【缩放】的具体参数，即可完成新建一个 PAL 宽银幕合成的操作，如图 1-20 所示。

图 1-20

1.6.2 选择不同的工作界面

After Effects CC 在界面上更加合理地分配了各个窗口的位置，根据制作内容的不同，可以将界面设置成不同的模式，如动画、绘图、特效等，下面详细介绍选择不同工作界面的操作方法。

第 1 步 在菜单栏中选择【窗口】→【工作区】菜单项，可以看到其子菜单中包含多种工作模式，包括标准、小屏幕、所有面板、效果、浮动面板、简约、动画、必要项、文本、绘画等模式，如图 1-21 所示。

第 2 步 在菜单栏中选择【窗口】→【工作区】→【动画】菜单项，操作界面切换到动画工作界面中，整个界面以动画控制窗口为主，突出显示了动画控制区，如图 1-22 所示。

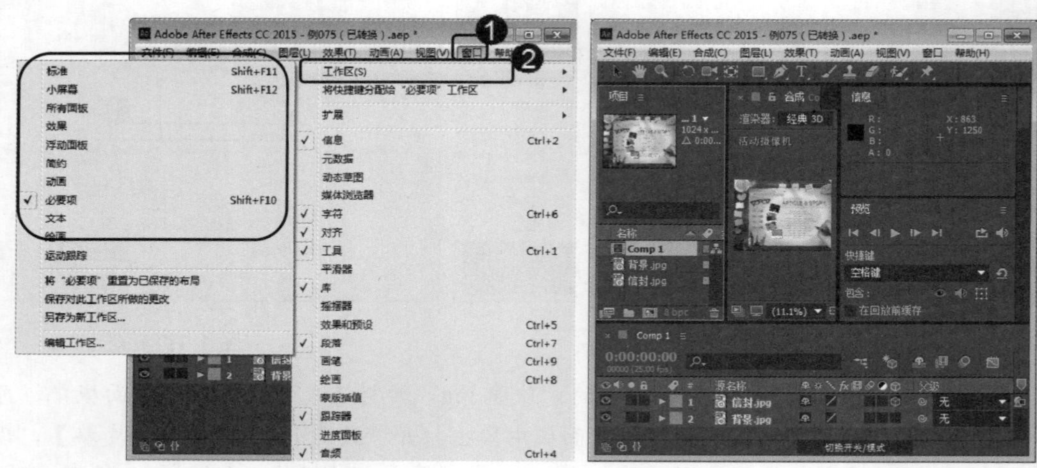

图 1-21　　　　　　　　　　　　图 1-22

第 3 步 在菜单栏中选择【窗口】→【工作区】→【绘画】菜单项，操作界面则切换到绘画控制界面中，整个界面以绘画控制窗口为主，突出显示了绘画控制区域，如图 1-23 所示。

第 4 步 在菜单栏中选择【窗口】→【工作区】→【效果】菜单项，操作界面则切换到效果控制界面中，整个界面以效果控制窗口为主，突出显示了效果控制区域，如图 1-24 所示。还有很多工作界面，这里就不再一一介绍了。

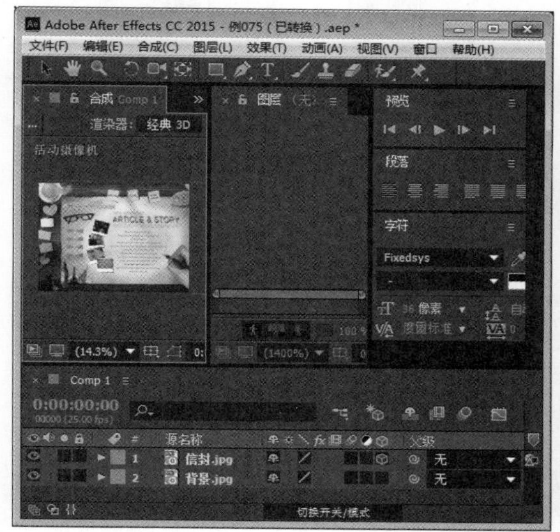

图 1-23

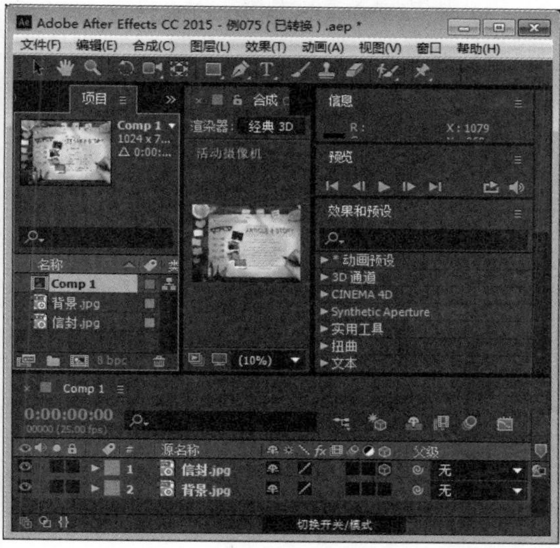

图 1-24

1.6.3　使用标尺

标尺的用途是用于度量图形的尺寸，同时对图形进行辅助定位，使图形的设计工作更加方便、准确，下面详细介绍标尺的相关使用方法。

第 1 步 在菜单栏中选择【视图】→【显示标尺】菜单项，如图 1-25 所示。

第 2 步 标尺内的标记可以显示鼠标光标移动时的位置，可以更改标尺原点，从默认左上角标尺上的(0,0)标志位置，拖拉出十字线到图像上新标尺原点即可，如图 1-26 所示。

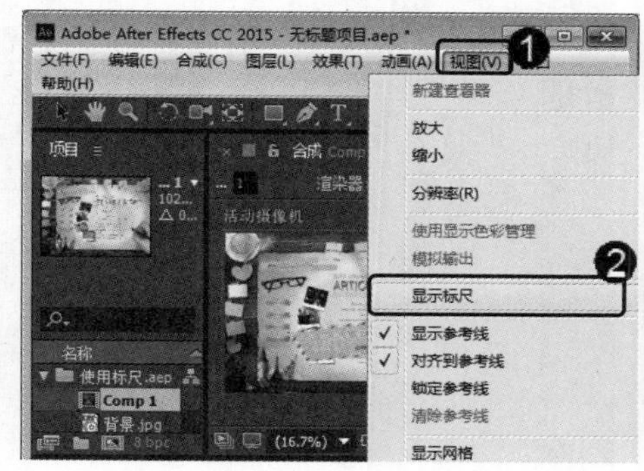

图 1-25

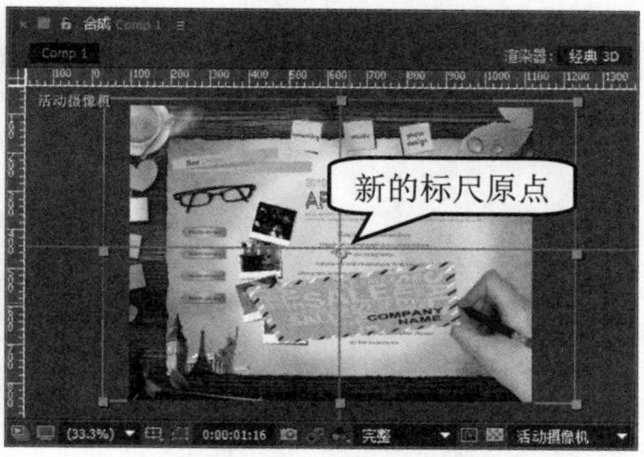

新的标尺原点

图 1-26

第 3 步 当标尺处于显示状态时，在菜单栏中取消选择【视图】→【显示标尺】菜单项，或按 Ctrl+R 组合键，如图 1-27 所示。

第 4 步 这样即可关闭标尺的显示，效果如图 1-28 所示。

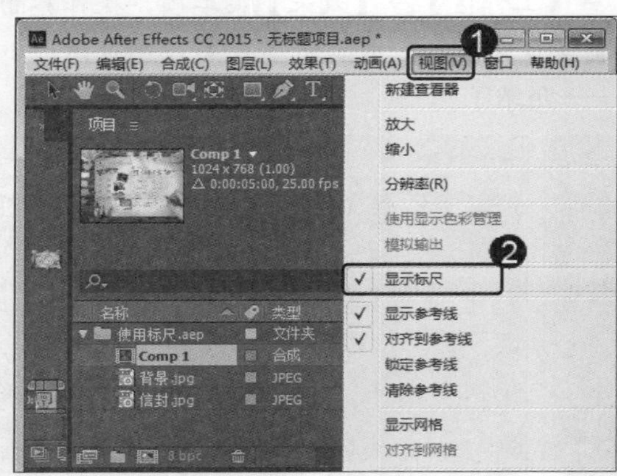

图 1-27

图 1-28

1.6.4 使用快照

快照其实就是将当前窗口中的画面进行抓图预存，然后在编辑其他画面时，显示快照内容以进行对比，这样可以更全面地把握各个画面的效果，显示快照并不影响当前画面的图像效果。下面通过一个案例，来详细介绍快照的使用方法。

素材保存路径：配套素材\第 1 章

素材文件名称：星球爆炸特效.aep

第 1 步 打开素材项目文件“星球爆炸特效.aep”，单击【合成】面板下方的【拍摄快照】按钮，将当前画面以快照形式保存起来，如图 1-29 所示。

第 2 步 将时间滑块拖动到要进行比较的画面帧位置，然后按住【合成】面板下方的【显示快照】按钮不放，将会显示最后一个快照的效果画面，如图 1-30 所示。

图 1-29

按住不放

图 1-30

1.7　思考与练习

一、填空题

1. 世界上主要使用的视频信号制式有______、__________、SECAM 三种。

2. 通常显示器分______和______两种扫描方式。

3. __________相对于隔行扫描是一种先进的扫描方式，它是指显示屏显示图像进行扫描时，从屏幕左上角的第一行开始逐行进行，整个图像扫描一次完成。

4. ____________就是每一帧被分割为两场，每一场包含了一帧中所有的奇数扫描行或者偶数扫描行，通常是先扫描奇数行得到第一场，然后扫描偶数行得到第二场。

5. __________是指每秒钟刷新的图片的帧数，也可以理解为图形处理器每秒钟能够刷新几次。

6. 分辨率可以从______________与______________两个方向来分类。

7. _______面板是视频效果的预览区，在进行视频项目的安排时，它是最重要的面板，在该面板中可以预览到编辑时的每一帧效果。

二、判断题

1. 中国大部分地区使用 PAL 制式，日本、韩国及东南亚地区与美国等欧美国家使用 NTSC 制式，俄罗斯则使用 SECAM 制式。（　）

2. 中国国内市场上买到的正式进口的 DV 产品都是 NTSC 制式。（　）

3. 各国的视频信号制式不尽相同，制式的区分主要在于其帧频(场频)的不同、分辨率的不同、信号带宽以及载频的不同、色彩空间的转换关系不同等。（　）

4. 视频制作所使用的素材，都要首先导入到【项目】面板中，在此面板中还可以对素材进行预览。（　）

5. 时间轴是工作界面的核心部分，在 After Effects 中，动画设置基本都是在【时间轴】面板中完成的，其主要功能是可以拖动时间指示标预览动画，同时可以对动画进行设置和编辑操作。（　）

三、思考题

1. 如何创建与打开新项目？

2. 如何保存与备份项目？

新起点 电脑教程

第 2 章

添加与管理素材

本章要点

- 添加合成素材
- 添加序列素材
- 添加 PSD 素材
- 多合成嵌套
- 分类管理素材

本章主要内容

本章主要介绍添加合成素材、添加序列素材、添加 PSD 素材方面的知识与技巧，同时讲解如何多合成嵌套的方法，在本章的最后还针对实际的工作需求，讲解分类管理素材的方法。通过本章的学习，读者可以掌握添加与管理素材方面的知识，为深入学习 After Effects CC 影视高级特效制作知识奠定基础。

2.1 添加合成素材

素材的导入非常关键，要想做出丰富多彩的视觉效果，仅凭借 After Effects CC 软件是不够的，还需要许多外在的软件来辅助设计，这时就要将其他软件做出的不同类型格式的图形、动画效果导入到 After Effects CC 中来应用。

↑ 扫码看视频

2.1.1 应用菜单导入“深入丛林”素材

在进行影片的编辑时，一般首要的任务就是导入要编辑的素材文件，下面详细介绍应用菜单导入素材的操作方法。

素材保存路径：配套素材\第 2 章

素材文件名称：深入丛林.mov

第 1 步 启动 After Effects 软件，在菜单栏中选择【文件】→【导入】→【文件】菜单项，如图 2-1 所示。

第 2 步 弹出【导入文件】对话框，*1.* 选择要导入的素材文件“深入丛林.mov”，*2.* 单击【导入】按钮，如图 2-2 所示。

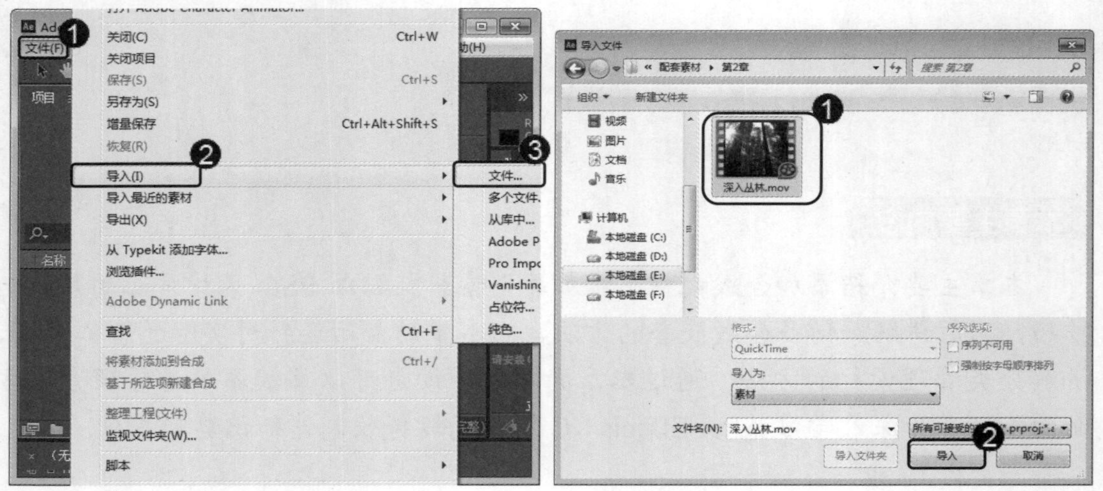

图 2-1　　　　图 2-2

第 3 步 在【项目】面板中可以看到导入的素材文件，这样即可完成应用菜单导入素材的操作，如图 2-3 所示。

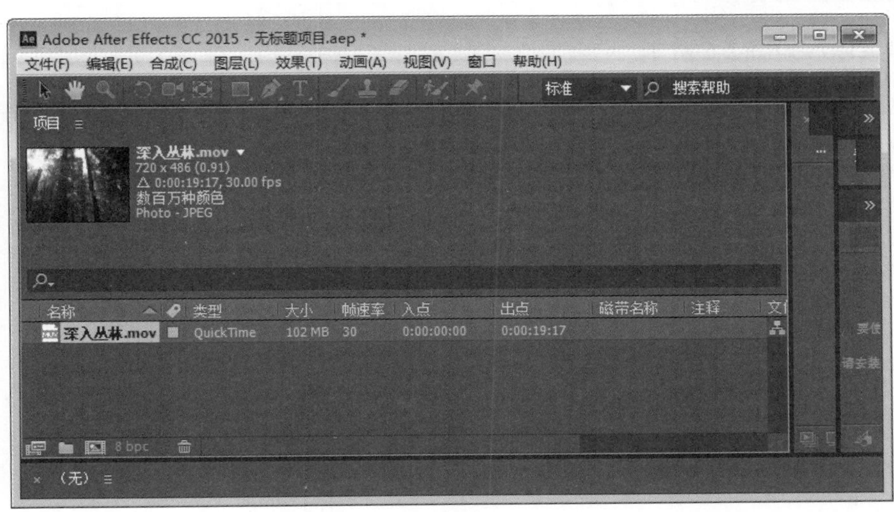

图 2-3

2.1.2　右键方式导入“天空光线”素材

除了在菜单中导入素材外，用户还可以在【项目】面板的空白位置使用鼠标右键导入素材，下面详细介绍使用右键方式导入素材的操作方法。

素材保存路径：配套素材\第 2 章

素材文件名称：天空光线.mov

第 1 步　在【项目】面板的空白位置，***1.*** 单击鼠标右键，***2.*** 在弹出的快捷菜单中选择【导入】→【文件】菜单项，如图 2-4 所示。

第 2 步　弹出【导入文件】对话框，***1.*** 选择要导入的素材文件“天空光线.mov”，***2.*** 单击【导入】按钮，如图 2-5 所示。

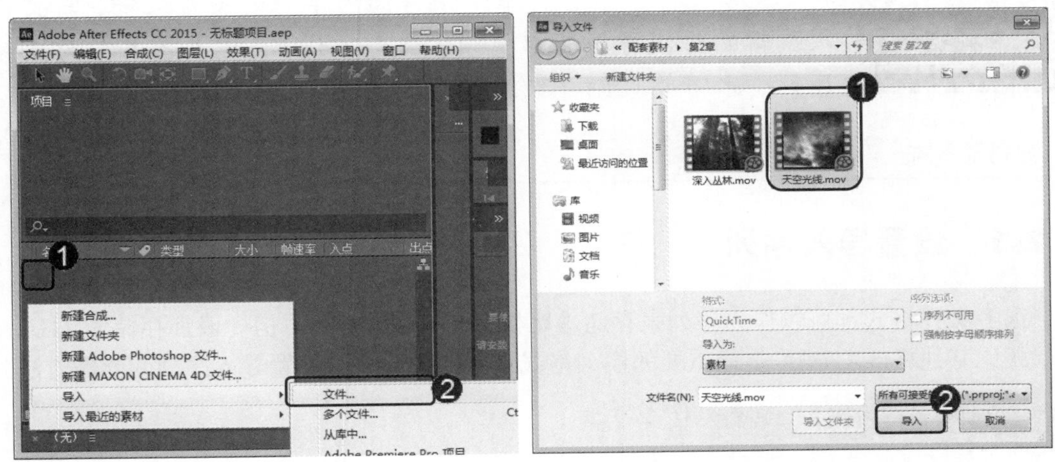

图 2-4　　　　图 2-5

第 3 步　在【项目】面板中可以看到导入的素材文件，这样即可完成使用右键方式导入素材的操作，如图 2-6 所示。

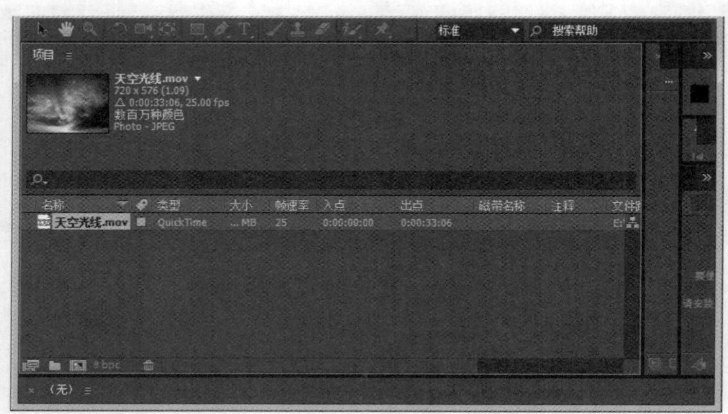

图 2-6

智慧锦囊

按 Ctrl+I 组合键，即可弹出【导入文件】对话框，可以快速地进行导入素材文件的操作。在【项目】面板的空白处双击，弹出【导入文件】对话框，用户也可以进行导入素材文件的操作。

2.2 添加序列素材制作虾米动画

序列是一种存储视频的方式。在存储视频的时候，经常将音频和视频分别存储为单独的文件，以便于再次进行组织和编辑。视频文件经常会将每一帧存储为单独的图片文件，需要再次编辑的时候再将其以视频方式导入进来，这些图片称为图像序列。本节将详细介绍添加序列素材的相关知识及操作方法。

↑ 扫码看视频

2.2.1 设置导入序列

很多文件格式都可以作为序列来存储，比如 JPEG、BMP 等，但一般都存储为 TGA 序列。相比其他格式，TGA 是最重要的序列格式，下面详细介绍设置导入序列的操作方法。

素材保存路径：配套素材\第 2 章

素材文件名称：“虾米”文件夹

第 1 步 在【项目】面板的空白位置，***1.*** 单击鼠标右键，***2.*** 在弹出的快捷菜单中选择【导入】菜单项，***3.*** 在弹出的子菜单中选择【文件】菜单项，如图 2-7 所示。

第 2 步 弹出【导入文件】对话框，*1.* 单击导入序列的起始帧，*2.* 勾选【Targa 序列】复选框，*3.* 单击【导入】按钮，即可完成将选择的序列文件进行导入的操作，如图 2-8 所示。

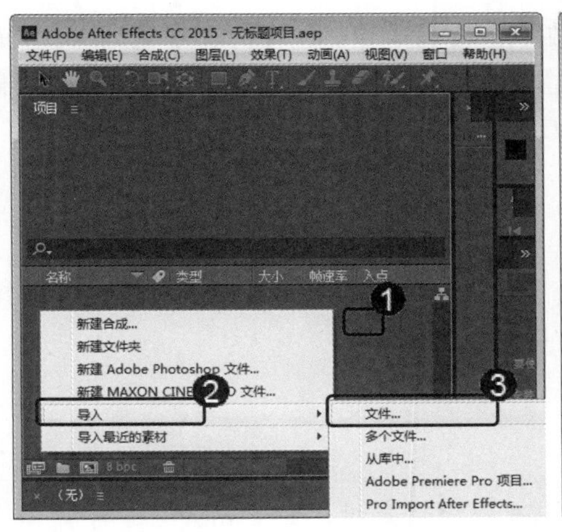

图 2-7

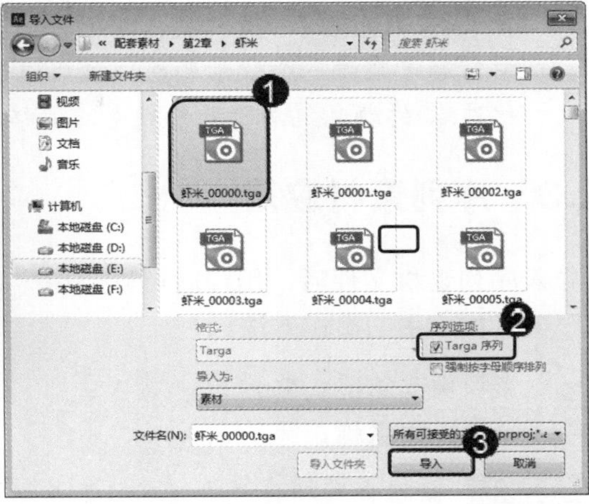

图 2-8

2.2.2 设置素材通道

选择序列文件，单击【导入】按钮后，会弹出解释素材对话框，下面详细介绍设置素材通道的操作方法。

第 1 步 弹出解释素材对话框后，*1.* 在 Alpha 选项组中，选中【直接-无遮罩】单选按钮，*2.* 单击【确定】按钮，如图 2-9 所示。

第 2 步 在【项目】面板中可以看到导入的序列素材文件，这样即可完成设置素材通道的操作，如图 2-10 所示。

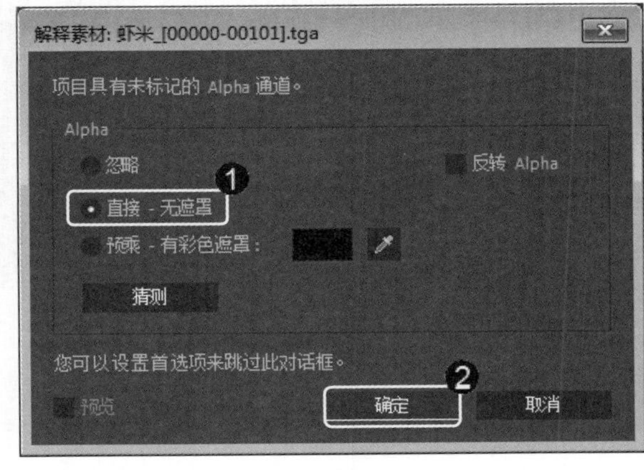

图 2-9

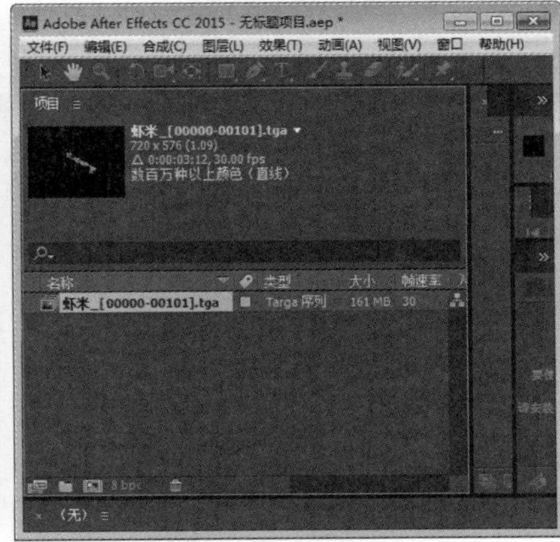

图 2-10

解释素材对话框中几个单选按钮的含义如下。

➢ 忽略：在导入序列素材时，选中【解释素材】对话框中的【忽略】单选按钮将不计算素材的通道信息。

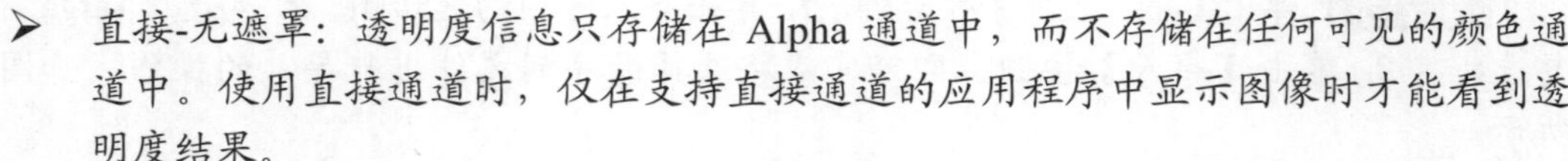

- 直接-无遮罩：透明度信息只存储在 Alpha 通道中，而不存储在任何可见的颜色通道中。使用直接通道时，仅在支持直接通道的应用程序中显示图像时才能看到透明度结果。
- 预乘-有彩色遮罩：透明度信息既存储在 Alpha 通道中，也存储在可见的 RGB 通道中，后者乘以一个背景颜色。预乘通道有时也称为有彩色遮罩。半透明区域(如羽化边缘)的颜色偏向于背景颜色，偏移度与其透明度成比例。

2.2.3 序列素材应用

导入序列素材文件后，用户就可以应用序列素材来制作色彩丰富的作品了，下面详细介绍序列素材应用的操作方法。

素材保存路径：配套素材\第 2 章

素材文件名称：背景.mov

第 1 步 新建合成项目并在【项目】面板中选择视频素材“背景.mov”，再将其拖曳至【时间轴】面板中，作为合成的背景素材，如图 2-11 所示。

第 2 步 在【项目】面板中选择导入的序列素材，并将其拖曳至【时间轴】面板中，序列素材放在背景素材的上方作为合成的元素素材进行显示即可，效果如图 2-12 所示。

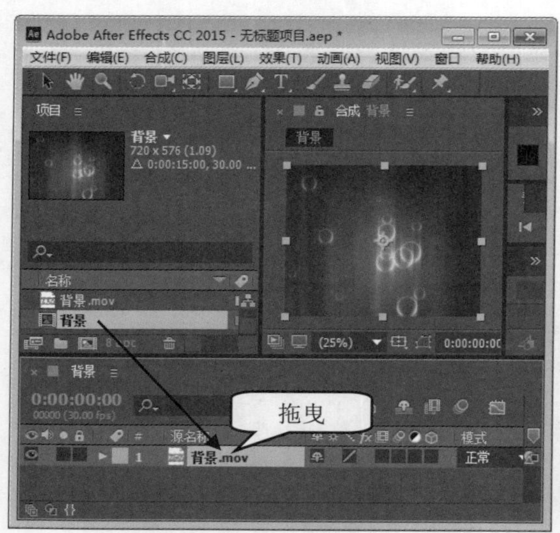

图 2-11

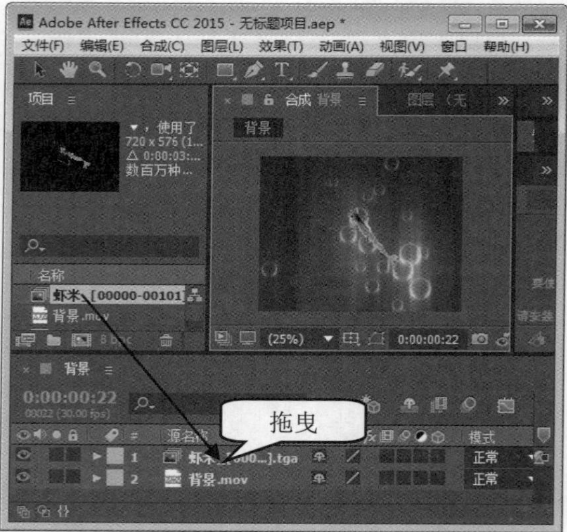

图 2-12

智慧锦囊

在导入序列素材时，因勾选了【Targa 序列】复选框，所以只需选择起始帧素材，软件就会将所有序列素材自动连续导入。导入的素材会显示自身帧数信息和分辨率尺寸，便于素材进行管理。

2.3　添加 PSD 素材

PSD 素材是重要的图片素材之一，是由 Photoshop 软件创建的。使用 PSD 文件进行编辑有非常重要的优势：高兼容、支持分层和透明。本节将详细介绍添加 PSD 素材的相关知识及操作方法。

↑ 扫码看视频

2.3.1　导入合并图层

导入合并图层可将所有层合并，作为一个素材导入，下面详细介绍导入合并图层的操作方法。

素材保存路径：配套素材\第 2 章

素材文件名称：2014.psd

第 1 步 在【项目】面板的空白位置处双击鼠标左键，准备进行素材的导入操作，如图 2-13 所示。

第 2 步 弹出【导入文件】对话框，***1.*** 选择"2014.psd"素材文件，***2.*** 在【导入为】下拉列表框中选择【素材】选项，***3.*** 单击【导入】按钮，如图 2-14 所示。

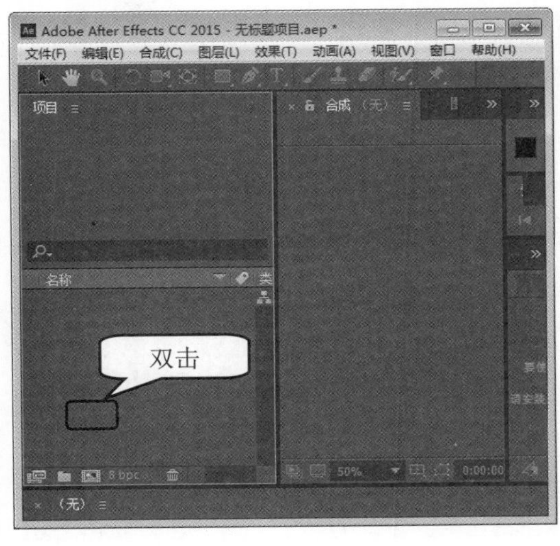

图 2-13

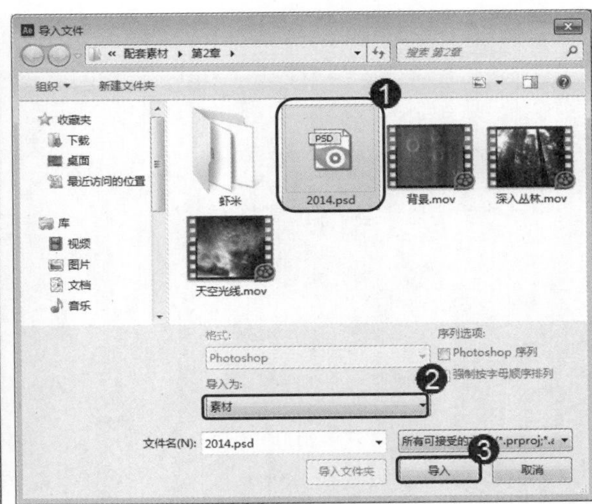

图 2-14

第 3 步 弹出 2014.psd 对话框，***1.*** 设置【导入种类】为【素材】方式，***2.*** 在【图层选项】选项组中，选中【合并的图层】单选按钮，***3.*** 单击【确定】按钮，如图 2-15 所示。

第 4 步 在【项目】面板中，可以看到导入的素材已经合并为一个图层，这样即可完成导入合并图层的操作，如图 2-16 所示。

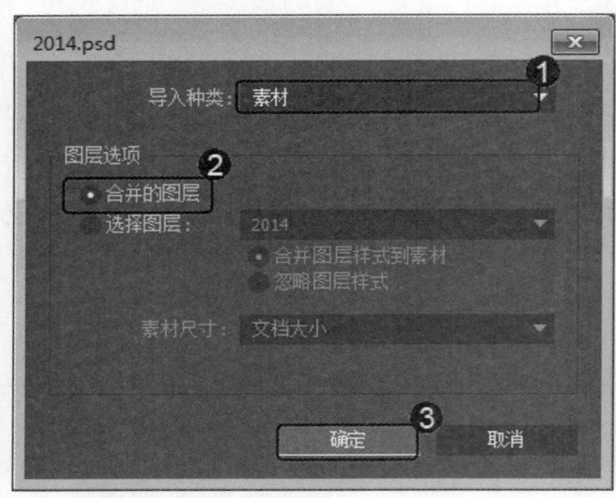

图 2-15

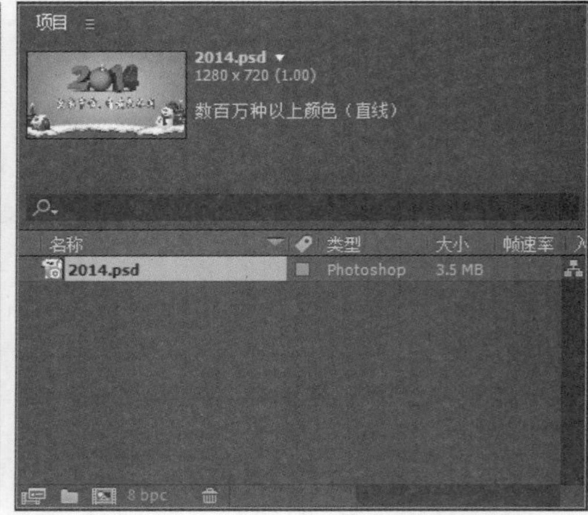

图 2-16

2.3.2 导入所有图层

导入所有图层是将分层 PSD 文件作为合成导入到 After Effects 中，合成中的层遮挡顺序与 PSD 在 Photoshop 中的相同，下面详细介绍导入所有图层的操作方法。

第 1 步 在 2014.psd 对话框中，***1.*** 设置【导入种类】为【合成】方式，***2.*** 在【图层选项】选项组中，选中【可编辑的图层样式】单选按钮，***3.*** 单击【确定】按钮，如图 2-17 所示。

第 2 步 在【项目】面板中可以看到素材是分层导入的，每个元素都是单独的一个图层，如图 2-18 所示。

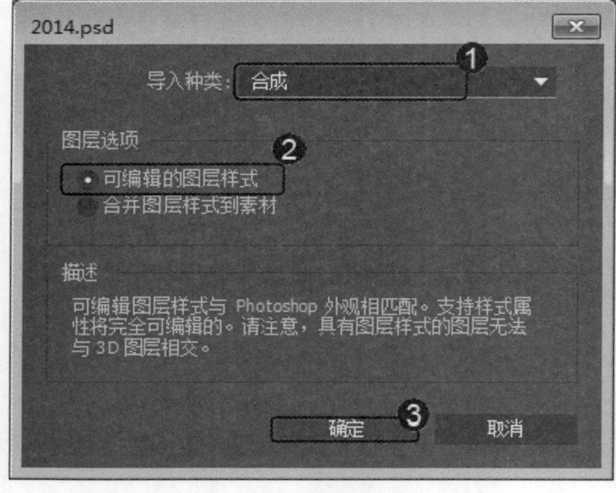

图 2-17

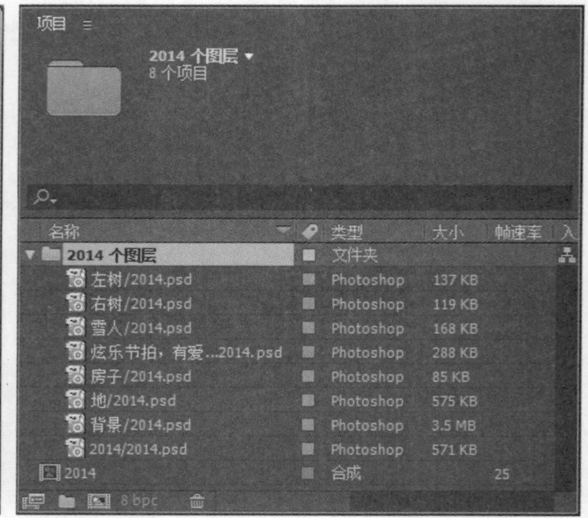

图 2-18

第 3 步 在【项目】面板的顶部也可以选择“2014”文件，对所有图层进行整体控制，如图 2-19 所示。

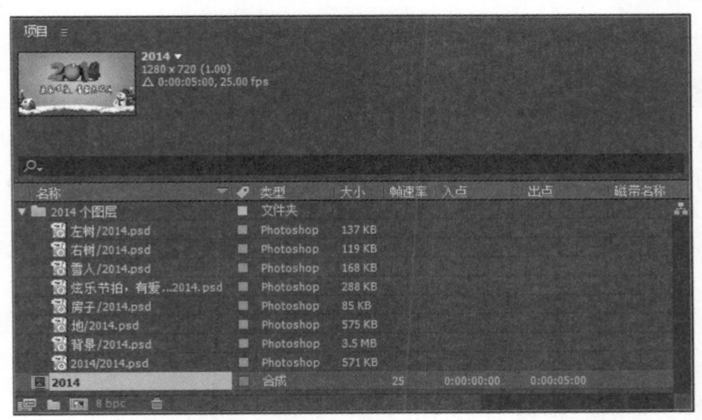

图 2-19

智慧锦囊

【合成】导入类型可使 After Effects CC 保持 Photoshop 的所有层信息，从而减少导入素材的操作。

2.3.3　导入指定图层

将导入的指定图层素材添加到合成项目后，会完全保持 Photoshop 的层信息，下面详细介绍导入指定图层的操作方法。

第 1 步　在 2014.psd 对话框中，***1.*** 设置【导入种类】为【素材】方式，***2.*** 在【图层选项】选项组中，选中【选择图层】单选按钮，***3.*** 在【选择图层】下拉列表框中选择【雪人】选项，***4.*** 单击【确定】按钮，如图 2-20 所示。

第 2 步　在【项目】面板中可以看到导入的指定图层素材，这样即可完成导入指定图层的操作，如图 2-21 所示。

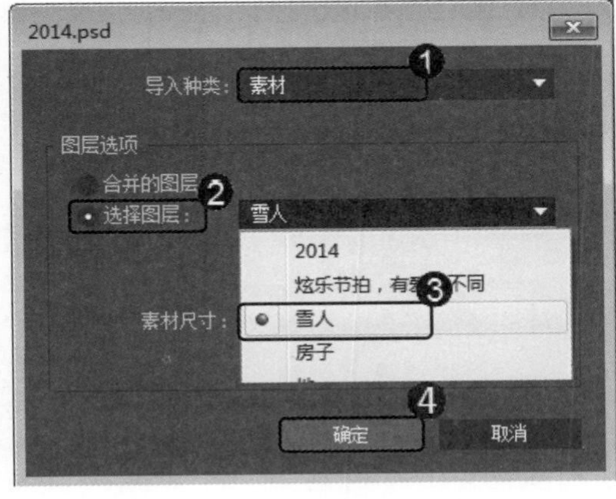

图 2-20

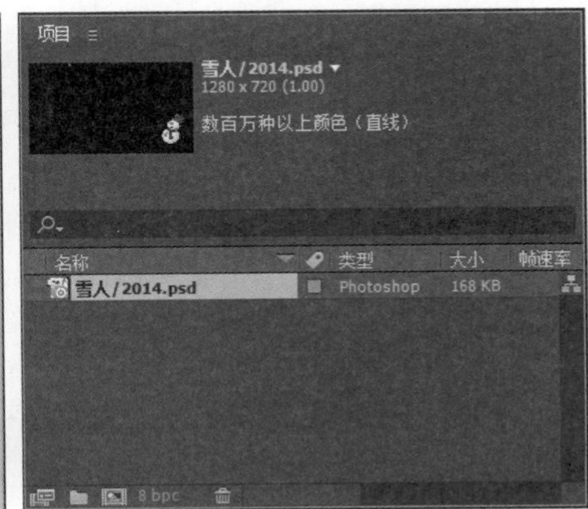

图 2-21

智慧锦囊

切换至【选择图层】选项后，其下拉列表中将 Photoshop 的层信息顺序进行逐一排列。将导入的指定图层素材添加至合成项目后，会完全保持 Photoshop 的层信息。

2.4 多合成嵌套

嵌套操作多用于素材繁多的合成项目。例如，可以通过一个合成项目制作影片背景，再通过其他合成制作影片元素，最终将影片元素的合成项目拖曳至背景合成中，便于对不同素材的管理与操作。本节将详细介绍多合成嵌套的相关知识及操作方法。

↑ 扫码看视频

2.4.1 选择导入命令

在影片的制作过程中，可以将多个合成的工程文件进行嵌套操作，下面详细介绍导入工程文件的操作方法。

第 1 步 在菜单栏中选择【文件】→【导入】→【多个文件】菜单项，如图 2-22 所示。

第 2 步 弹出【导入多个文件】对话框，选择以往存储的工程文件进行导入操作，如图 2-23 所示。

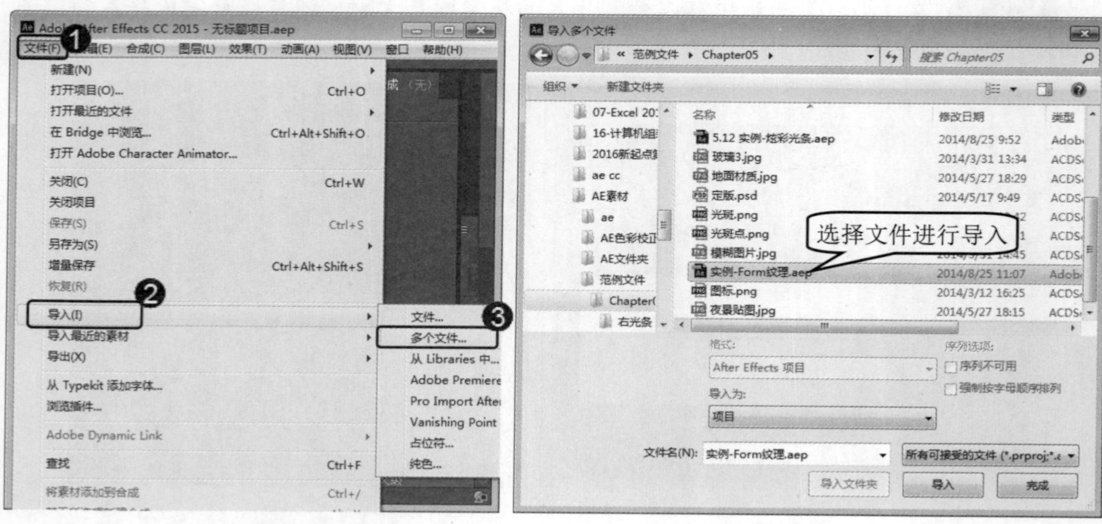

图 2-22　　图 2-23

2.4.2　切换导入合成

在【项目】面板中可以看到完成导入的所有素材，包括文件夹、合成文件以及视频文件等，本例详细介绍切换导入合成的操作方法。

素材保存路径：配套素材\第 2 章
素材文件名称：实例-Form 纹理.aep

第 1 步 在【项目】面板中，导入素材项目文件“实例-Form 纹理.aep”后，在导入的合成项目文件夹图标上双击鼠标左键，如图 2-24 所示。

图 2-24

第 2 步 展开导入的合成项目文件夹，在其中双击鼠标左键选择新导入的 After Effects CC 工程文件，即可切换至此工程的合成状态，如图 2-25 所示。

图 2-25

2.4.3　多合成嵌套的操作

使用 After Effects CC 软件，在一个项目里可以支持多个项目文件编辑，可以把项目文件当作素材进行编辑，下面详细介绍多合成嵌套的操作方法。

第 1 步 在【时间轴】面板中，切换至【背景贴图】合成项目，然后将新导入的合成项目拖曳至【时间轴】面板中，完成多合成项目的嵌套操作，如图 2-26 所示。

第 2 步 在【时间轴】面板中展开新嵌套的层，然后开启【变换】项并设置其缩放值为 30、位置 X 轴值为 700、Y 轴值为 300，使其缩小，便于观察两个合成文件的嵌套效果，如图 2-27 所示。

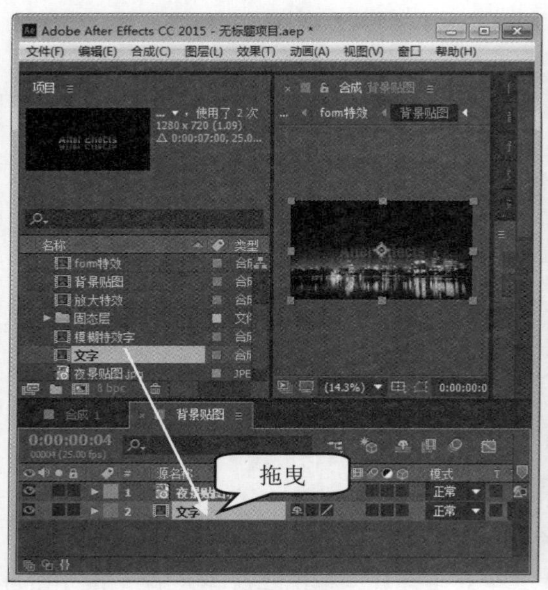

图 2-26

图 2-27

2.5 分类管理素材

在使用 After Effects 软件进行视频编辑时，由于有时需要大量的素材，而且导入的素材在类型上又各不相同，如果不加以归类，将对以后的操作造成很大的麻烦，这时就需要对素材进行合理的分类与管理。本节将详细介绍分类与管理素材的相关知识及方法。

↑ 扫码看视频

2.5.1 合成素材分类

在【项目】面板中，素材文件的类型有合成文件、图片素材、音频素材、视频素材等，为了便于对合成素材的管理，可将其进行归类整理操作，下面详细介绍素材分类的方法。

第 1 步 在【项目】面板的空白位置处，***1.*** 单击鼠标右键，***2.*** 在弹出的快捷菜单中选择【新建文件夹】菜单项，如图 2-28 所示。

第 2 步 此时会出现一个“未命名 1”的文件夹，处于可编辑状态，如图 2-29 所示。

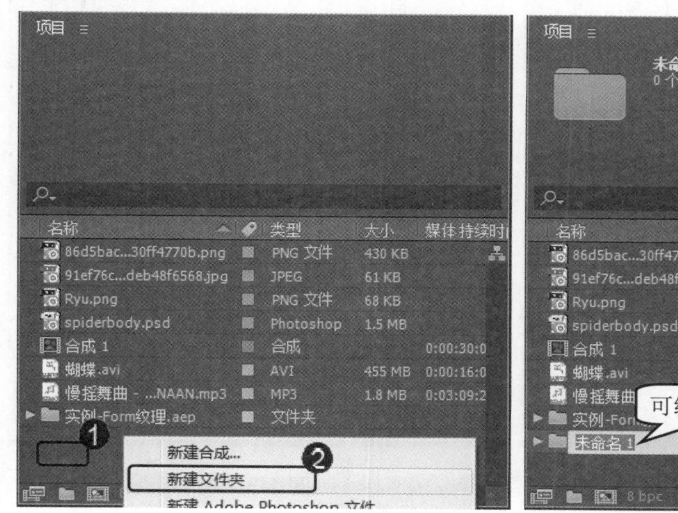

图 2-28

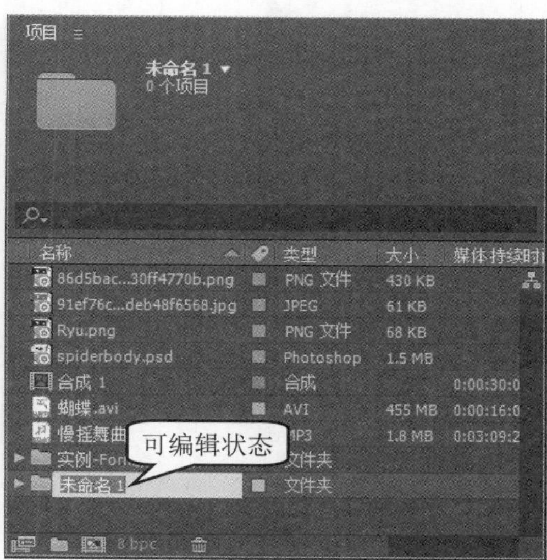

图 2-29

第 3 步 将“未命名 1”的文件夹重命名为“图片素材”，然后按 Enter 键即可，如图 2-30 所示。

第 4 步 按住 Ctrl 键选择所有的图片素材，然后将其拖曳至“图片素材”文件夹中，如图 2-31 所示。

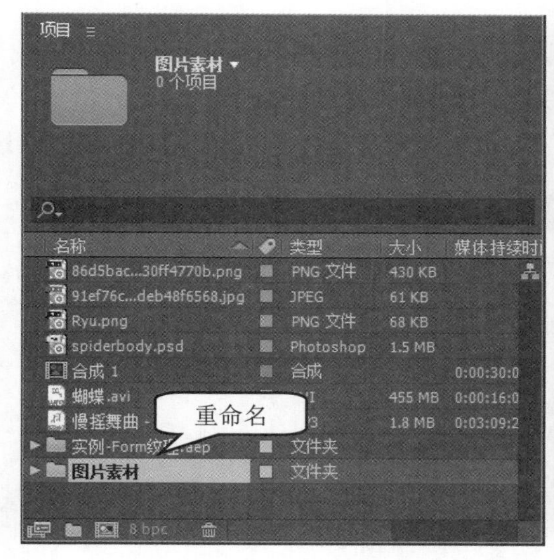

图 2-30

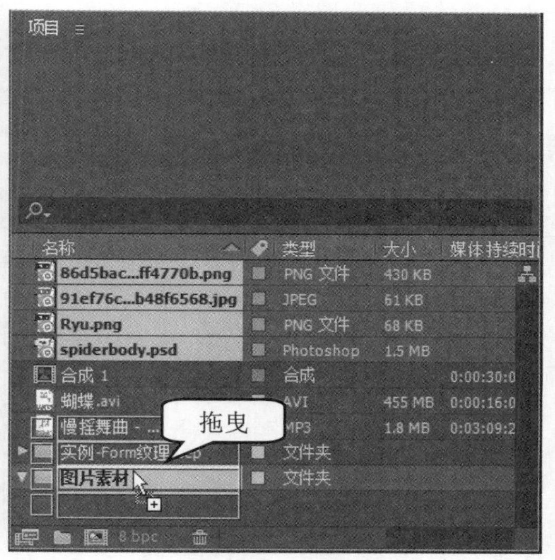

图 2-31

第 5 步 在“图片素材”文件夹中，可以看到已经将选择的图片素材整理到该文件夹中了，如图 2-32 所示。

第 6 步 在【项目】面板中，新建“影音文件”文件夹，再将音频和视频文件拖曳至此文件夹中对素材进行整理，如图 2-33 所示。

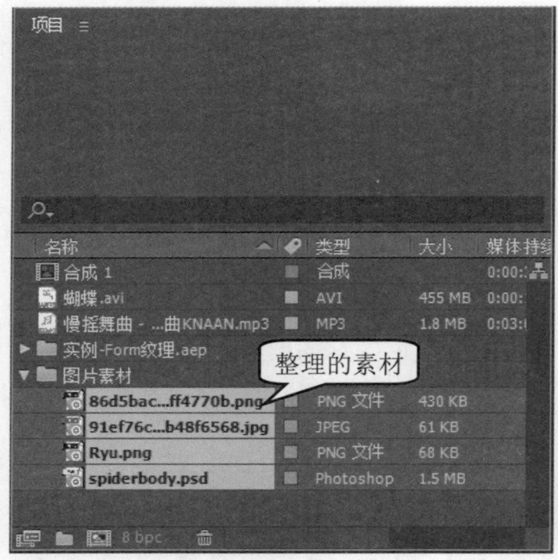

图 2-32

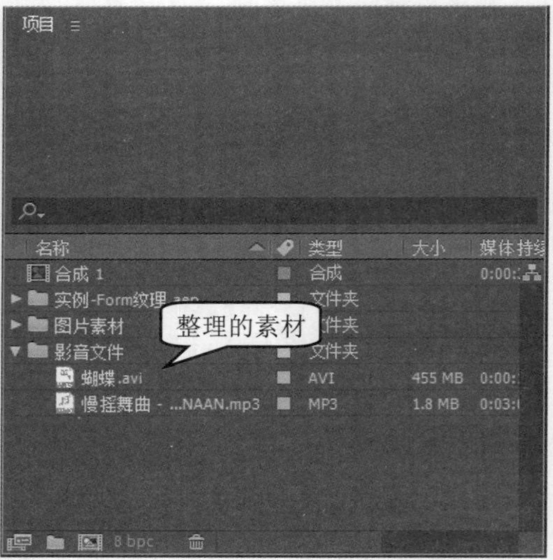

图 2-33

2.5.2 素材重命名

After Effects CC 软件可以将文件夹中的素材重命名，对素材进行更加细化的管理，下面详细介绍素材重命名的操作方法。

第 1 步 在文件夹中的素材上，*1.* 单击鼠标右键，*2.* 在弹出的快捷菜单中选择【重命名】菜单项，如图 2-34 所示。

第 2 步 在文字处于可编辑状态下，输入“背景音乐”，然后按 Enter 键即可完成素材重命名的操作，如图 2-35 所示。

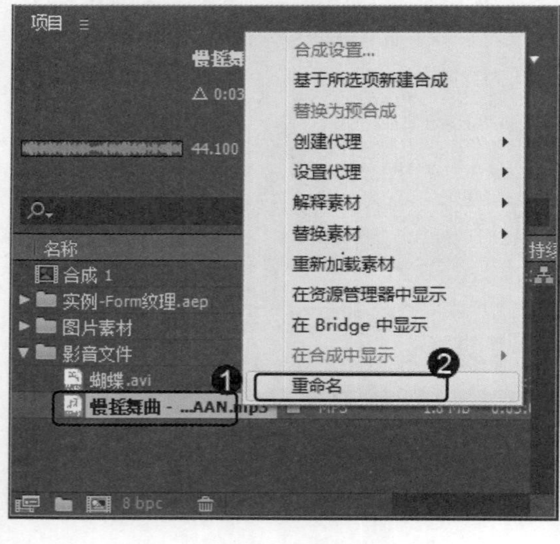

图 2-34

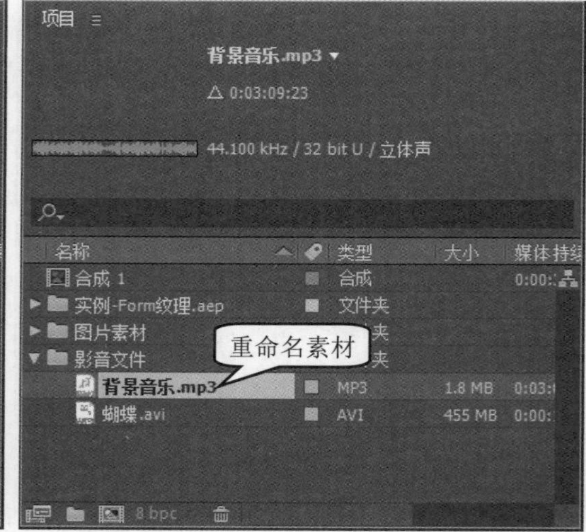

图 2-35

2.5.3　替换“夜景”素材

在进行视频处理的过程中，如果导入 After Effects CC 软件中的素材不理想，可以通过替换的方式来修改，本例详细介绍替换素材的操作方法。

素材保存路径：配套素材\第 2 章

素材文件名称：夜景.jpg

第 1 步　在文件夹中要替换的素材上，**1.** 单击鼠标右键，**2.** 在弹出的快捷菜单中选择【替换素材】菜单项，**3.** 在弹出的子菜单中选择【文件】菜单项，如图 2-36 所示。

第 2 步　弹出【替换素材文件】对话框，**1.** 选择素材文件“夜景.jpg”，**2.** 单击【导入】按钮，如图 2-37 所示。

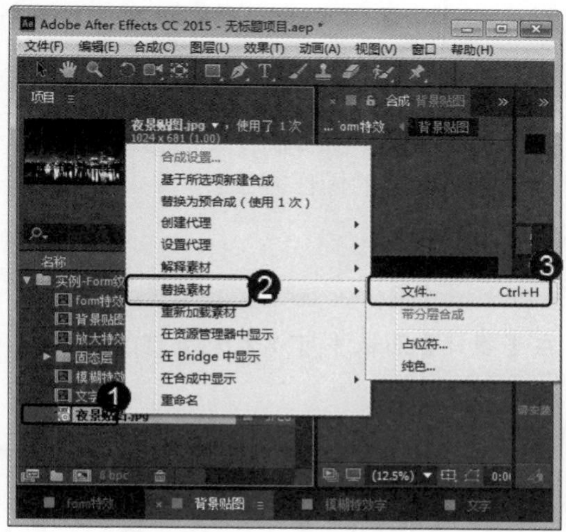

图 2-36

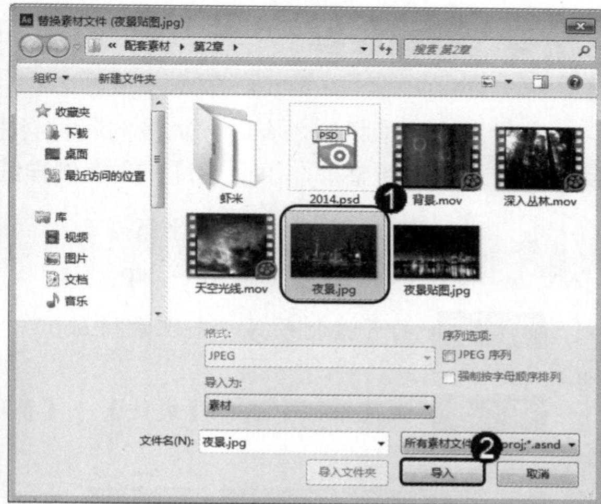

图 2-37

第 3 步　可以看到选择的素材文件已被替换，通过以上步骤即可完成替换素材的操作，如图 2-38 所示。

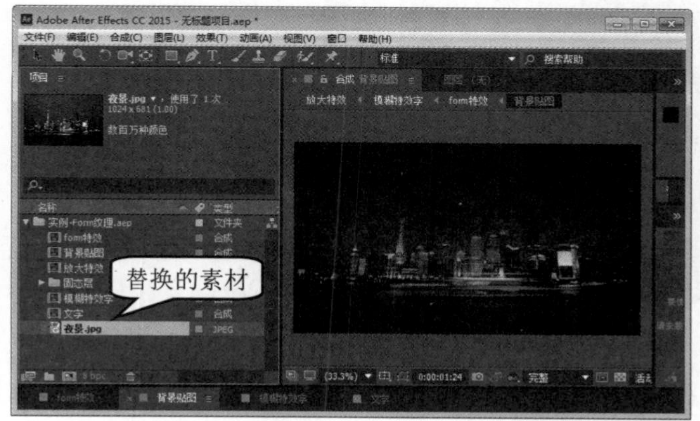

图 2-38

2.6 实践案例与上机指导

通过本章的学习，读者基本可以掌握添加与管理素材的基本知识以及一些常见的操作方法，下面通过练习一些案例操作，以达到巩固学习、拓展提高的目的。

↑扫码看视频

2.6.1 整理素材

在导入一些素材后，有时候大量的素材会出现重复的问题，那么用户就需要对这些重复的素材进行重新整理，下面通过一个案例详细介绍整理素材的操作方法。

素材保存路径：配套素材\第 2 章

素材文件名称：整理素材.aep

第 1 步 打开素材项目“整理素材.aep”，在【项目】面板中可以看到有重复的素材，如图 2-39 所示。

第 2 步 在菜单栏中选择【文件】→【整理工程(文件)】→【整合所有素材】菜单项，如图 2-40 所示。

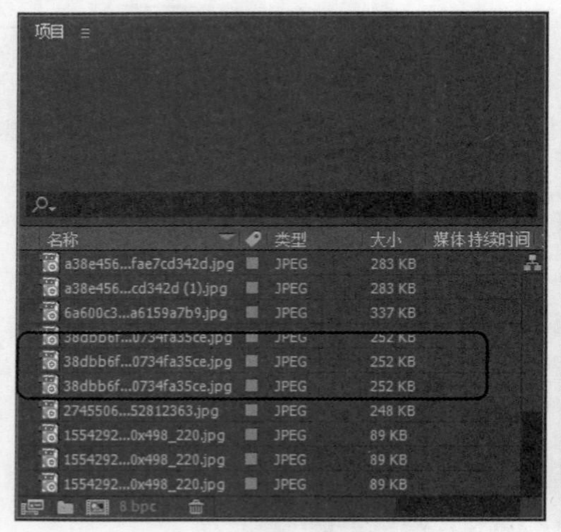

图 2-39

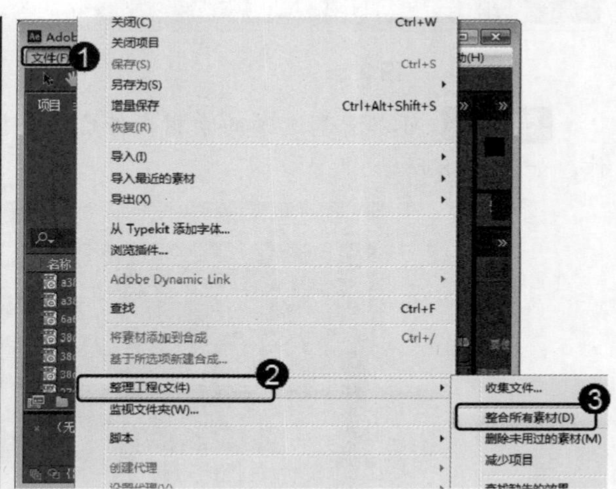

图 2-40

第 3 步 弹出 After Effects 对话框，提示整理素材的结果，单击【确定】按钮，如图 2-41 所示。

第 4 步 可以看到大量重复出现的素材已被重新整理，这样即可完成整理素材的操作，如图 2-42 所示。

图 2-41

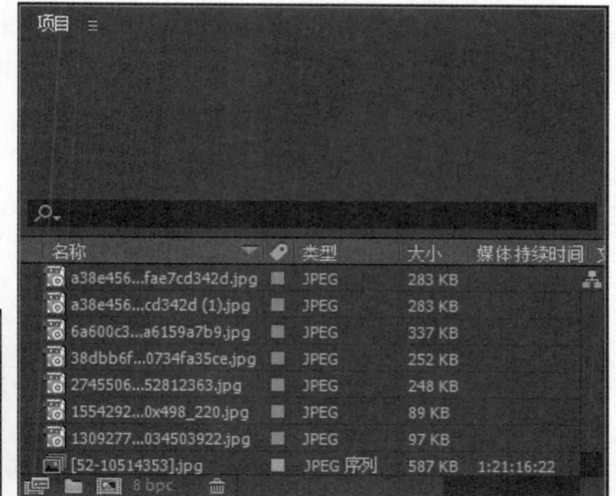

图 2-42

2.6.2　删除素材

对于当前项目中未曾使用的素材，用户可以将其删除，从而精简项目中的文件，下面详细介绍删除素材的相关操作方法。

素材保存路径：配套素材\第 2 章

素材文件名称：删除.aep

第 1 步　在【项目】面板中，*1.* 选择准备删除的素材文件，*2.* 在菜单栏中选择【编辑】→【清除】菜单项，或按 Delete 键即可清除素材文件，如图 2-43 所示。

第 2 步　*1.* 选择要删除的素材文件，*2.* 单击【项目】面板底部的【删除所选项目项】按钮 也可以删除素材文件，如图 2-44 所示。

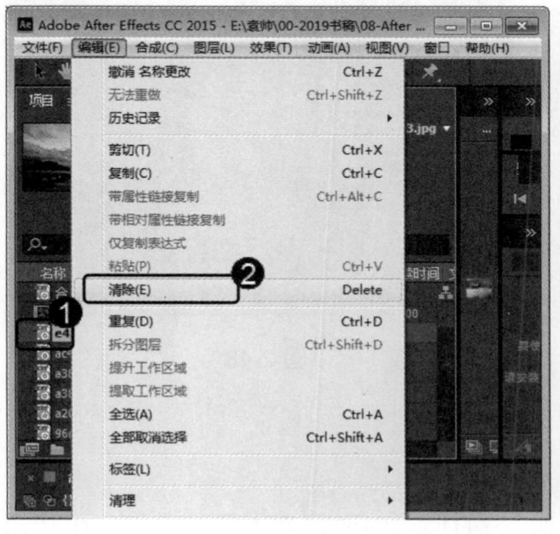

图 2-43

图 2-44

第 3 步 在菜单栏中选择【文件】→【整理工程(文件)】→【删除未用过的素材】菜单项，即可将【项目】面板中的未使用的素材全部删除，如图 2-45 所示。

第 4 步 *1.* 选择一个合成影像中正在使用的素材文件，*2.* 单击【删除所选项目项】按钮，如图 2-46 所示。

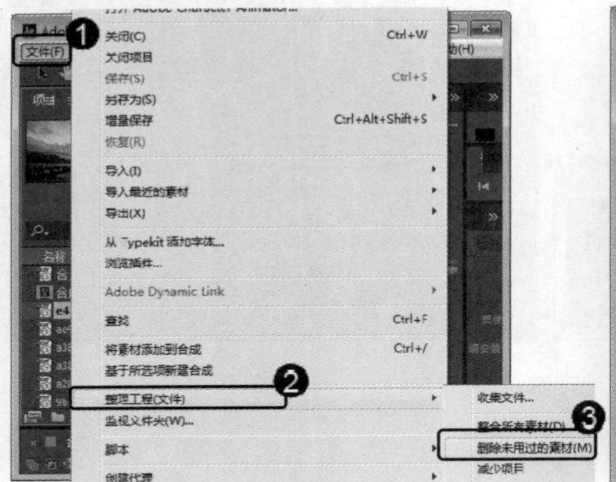

图 2-45

图 2-46

第 5 步 将会弹出一个对话框，提示用户该素材正在被使用，单击【删除】按钮，如图 2-47 所示。

第 6 步 该素材文件将从【项目】面板中删除，同时该素材也将从合成影像中删除，如图 2-48 所示。

图 2-47

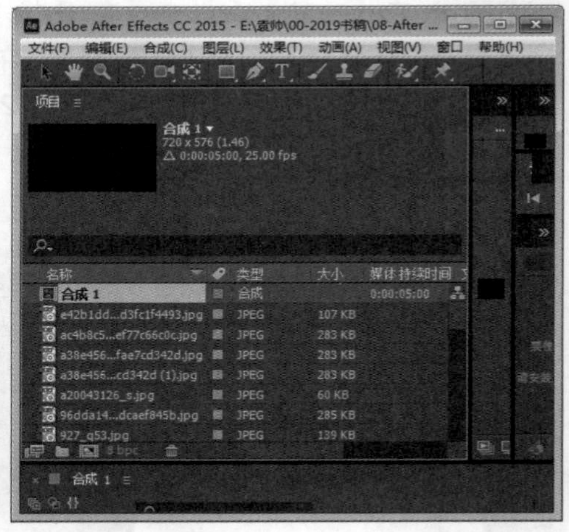

图 2-48

2.6.3 重命名文件夹

新创建的文件夹，将以系统未命名 1、2、…的形式出现，为了便于操作，用户需要对文件夹进行重新命名，下面详细介绍重命名文件夹的操作方法。

素材保存路径：配套素材\第 2 章
素材文件名称：重命名.aep

第 1 步 在【项目】面板中选择需要重命名的文件夹，然后按 Enter 键，激活输入框，如图 2-49 所示。

第 2 步 输入新的文件夹名称，然后按 Enter 键即可完成重命名文件夹的操作，如图 2-50 所示。

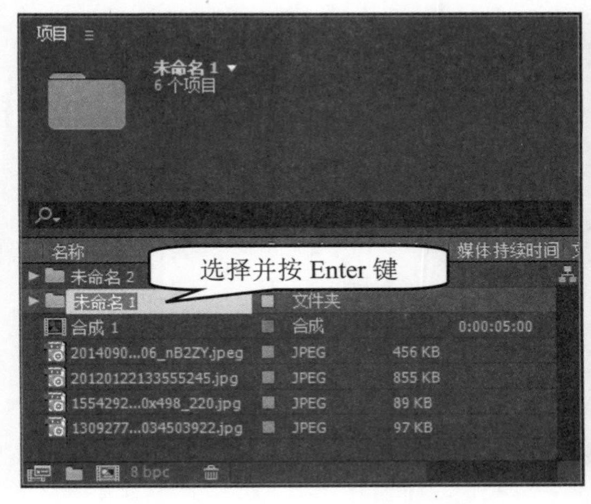

图 2-49

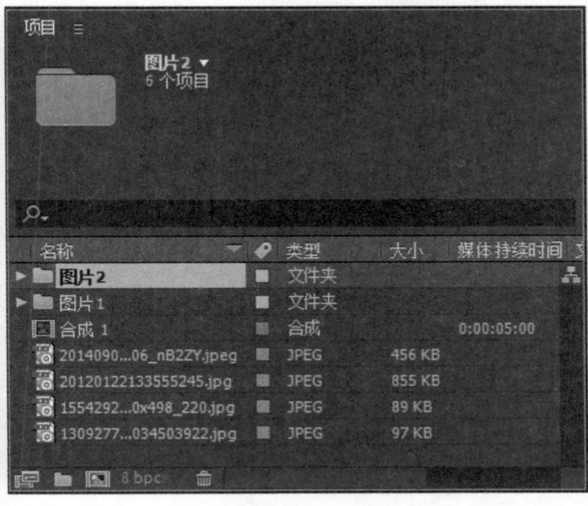

图 2-50

智慧锦囊

选中要进行重命名的文件夹，单击鼠标右键，在弹出的快捷菜单中选择【重命名】菜单项，也可以进行重命名文件夹的操作。

2.7　思考与练习

一、填空题

1. 很多文件格式都可以作为________来存储，比如 JPEG、BMP 等，但一般都存储为 TGA 序列。相比其他格式，TGA 是最重要的序列格式。

2. 选择序列文件，单击【导入】按钮后，会弹出_______对话框。

3. 使用 After Effects CC 软件，在一个项目里可以支持多个项目文件编辑，可以把项目文件当作_________进行编辑。

4. 在【项目】面板中，素材文件的类型有________、图片素材、_________、视频素材等，为了便于对合成素材的管理，可将其进行归类整理操作。

二、判断题

1. 导入所有图层是将分层 PSD 文件作为合成导入到 After Effects 中，合成中的层遮挡

顺序与 PSD 在 Photoshop 中的不相同。 ( )

2. 将导入的指定图层素材添加到合成项目后，会完全保持 Photoshop 的层信息。( )

3. 在【项目】面板中可以看到完成导入的所有素材，包括文件夹、合成文件以及视频文件等。 ( )

4. 在进行视频处理的过程中，如果导入 After Effects CC 软件中的素材不理想，可以通过修改方式来修改。 ( )

三、思考题

1. 如何应用菜单导入素材?

2. 如何导入合并图层?

新起点
电脑教程

第 3 章

图层的操作及应用

本章要点

- 认识图层
- 图层的基本操作
- 图层的属性变换
- 图层的混合模式
- 设置项目和创建合成
- 新建图层信息

本章主要内容

本章主要介绍认识图层、图层的基本操作、图层的属性变换和图层的混合模式方面的知识与技巧，同时讲解设置项目和创建合成的相关操作方法，在本章的最后还针对实际的工作需求，讲解新建图层信息的方法。通过本章的学习，读者可以掌握图层的操作及应用方面的知识，为深入学习 After Effects CC 影视高级特效制作知识奠定基础。

3.1 认 识 图 层

After Effects 是一个层级式的影视后期处理软件，所以“层”的概念贯穿整个软件，本节将详细介绍有关图层的基本概念、类型以及图层的创建方法等相关知识。

↑ 扫码看视频

3.1.1 理解图层的基本概念

在 After Effects 中无论是创建合成动画，还是特效处理等操作，都离不开图层，因此制作动态影像的第一步就是掌握图层。【时间轴】面板中的素材都是以图层的方式按照上下关系依次排列组合的，如图 3-1 所示。

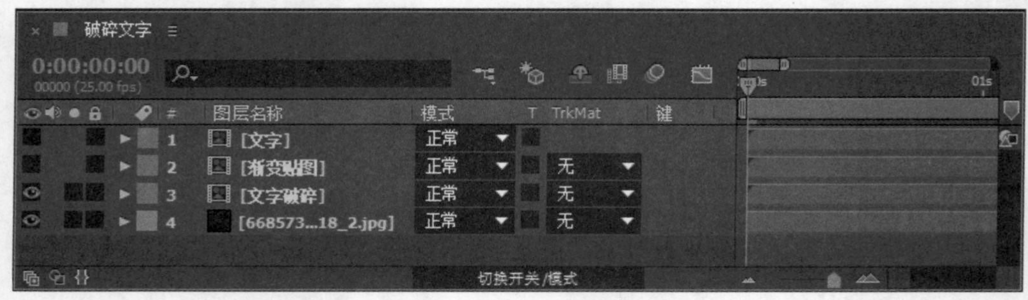

图 3-1

可以将 After Effects 软件中的图层想象为一层层叠放的透明胶片，上一层有内容的地方将遮盖住下一层的内容，上一层没有内容的地方则露出下一层的内容，上一层的部分处于半透明状态时，将依据半透明程度混合显示下层内容。这是图层最简单、最基本的概念。图层与图层之间还存在更复杂的合成组合关系，如叠加模式、蒙版合成方式等。

3.1.2 图层的类型

在 After Effects 中有很多种图层类型，不同的类型适用于不同的操作环境。有些图层用于绘图，有些图层用于影响其他图层的效果，有些图层用于带动其他图层运动等。

能够用在 After Effects 中的合成元素非常多，这些合成元素体现为各种图层，在这里将其归纳为以下 9 种。

➢ 【项目】面板中的素材(包括声音素材)。

- 项目中的其他合成。
- 文字图层。
- 纯色层、摄影机层和灯光层。
- 形状图层。
- 调整图层。
- 已经存在图层的复制层(即副本图层)。
- 拆分的图层。
- 空对象图层。

3.1.3　图层的创建方法

在 After Effects 中进行合成操作时，每个导入合成图像的素材都会以图层的形式出现在合成中。当制作一个复杂效果时，往往会应用到大量的图层，从而使制作过程更顺利，创建图层通常有以下两种方法，下面将分别予以详细介绍。

1. 通过菜单栏创建

在菜单栏中选择【图层】→【新建】菜单项，然后在展开的子菜单中就可以选择要创建的图层类型了，如图 3-2 所示。

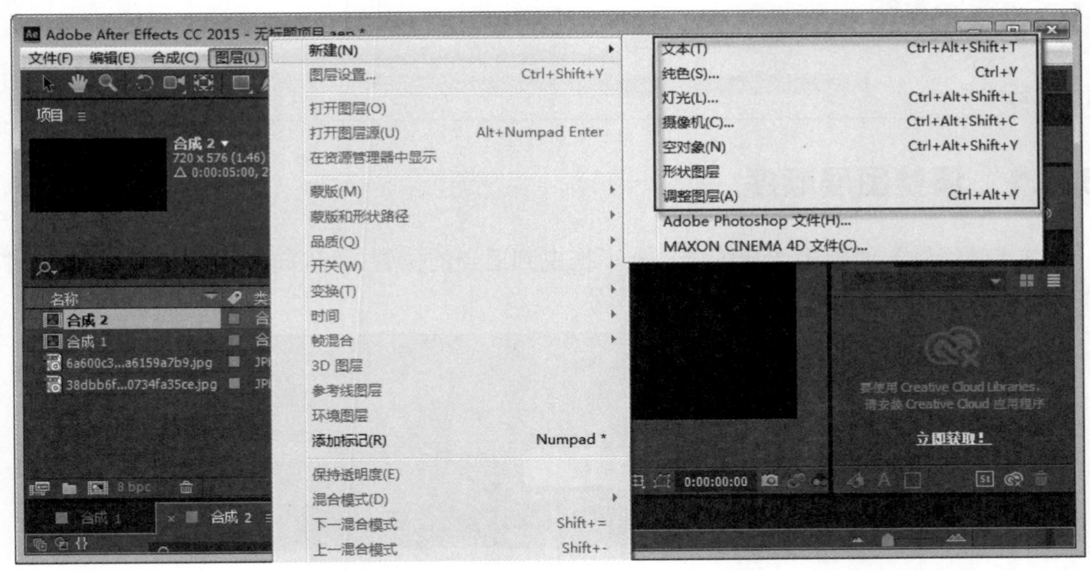

图 3-2

2. 通过【时间轴】面板创建

在【时间轴】面板中单击鼠标右键，然后在弹出的快捷菜单中选择【新建】菜单项，此时就可以在展开的子菜单中选择要创建的图层类型，如图 3-3 所示。

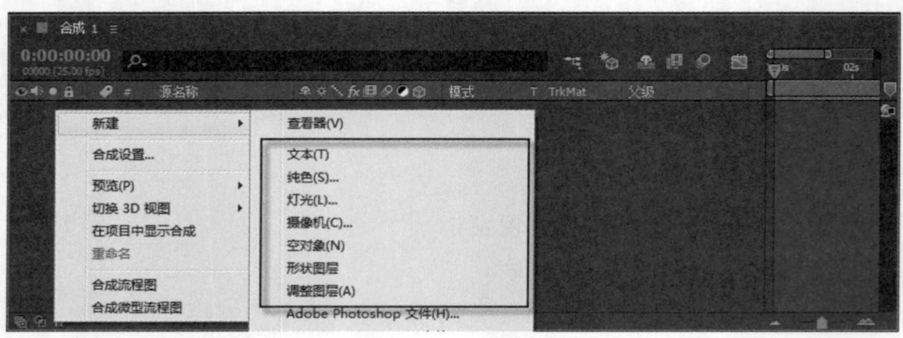

图 3-3

3.2 图层的基本操作

使用 After Effects 制作特效和动画时，它的直接操作对象就是图层，无论是创建合成、动画还是特效都离不开图层，本节将详细介绍一些图层的基本操作方法。

↑ 扫码看视频

3.2.1 调整图层顺序

在【时间轴】面板中选择图层，上下拖曳到适当的位置，可以改变图层顺序。拖曳时注意观察灰色水平线的位置，如图 3-4 所示。

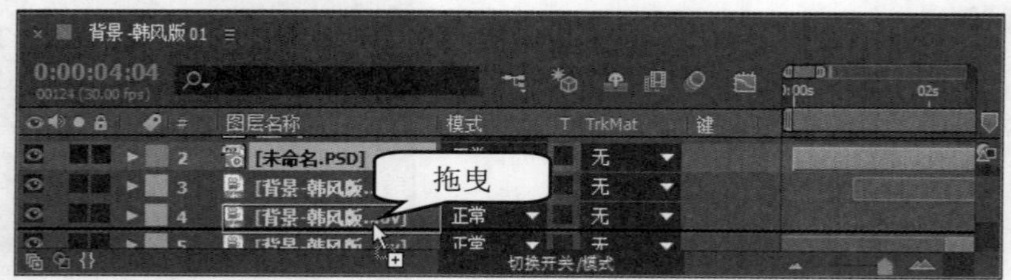

图 3-4

在【时间轴】面板中选择图层，通过菜单和快捷键也可以进行调整图层顺序的操作，移动上下层位置的方法如下。

- 选择【图层】→【排列】→【将图层置于顶层】命令或按 Ctrl+Shift+] 组合键，可以将图层移到最上方。
- 选择【图层】→【排列】→【使图层前移一层】命令或按 Ctrl+] 组合键，可以将图层往上移一层。

➢ 选择【图层】→【排列】→【使图层后移一层】命令或按 Ctrl+ [组合键，可以将图层往下移一层。

➢ 选择【图层】→【排列】→【将图层置于底层】命令或按 Ctrl+Shift+ [组合键，可以将图层移到最下方。

3.2.2　选择图层的多种方法

在 After Effects CC 中，选择图层包括选择单个图层和选择多个图层的操作，其中选择单个图层和选择多个图层也有多种方法，下面将分别予以详细介绍。

1. 选择单个图层

在 After Effects CC 中，选择单个图层有以下 3 种方法。

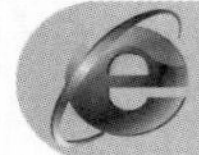

素材保存路径：配套素材\第 3 章

素材文件名称：选择图层.aep

方法 1：

在【时间轴】面板中，使用鼠标左键直接单击要选择的图层，如图 3-5 所示为选择图层 2 的【时间轴】面板。

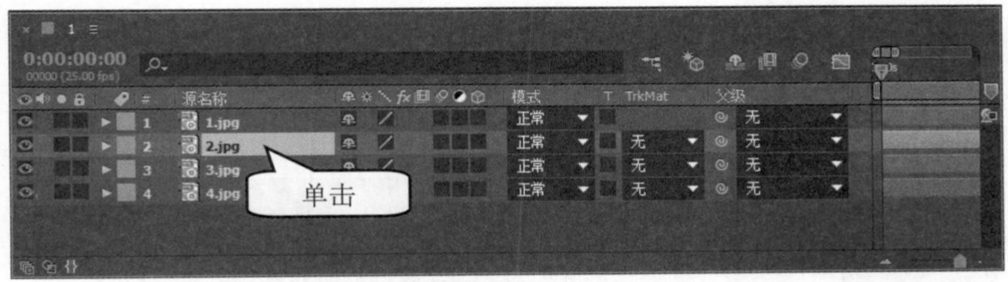

图 3-5

方法 2：

在键盘上右侧的小数字键盘中按图层对应的数字键即可选中相应的图层。如图 3-6 所示为按小键盘上的 3 键，那么选中的就是图层 3 的素材。

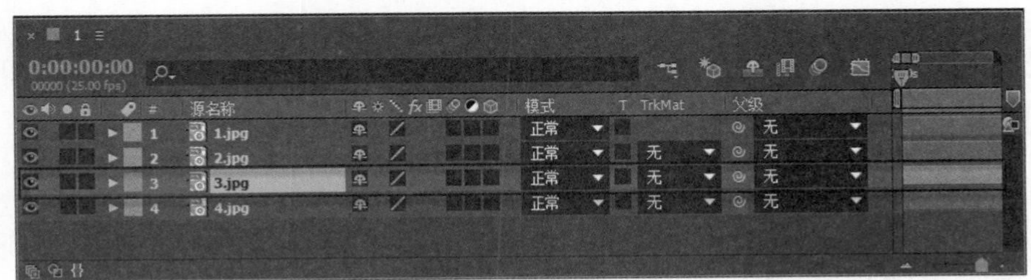

图 3-6

方法 3：

在当前未选择任何图层的情况下，在【合成】面板中单击要选择的图层，此时在【时间轴】面板中可以看到相应图层已被选中，如图 3-7 所示为选择图层 1 时的界面效果。

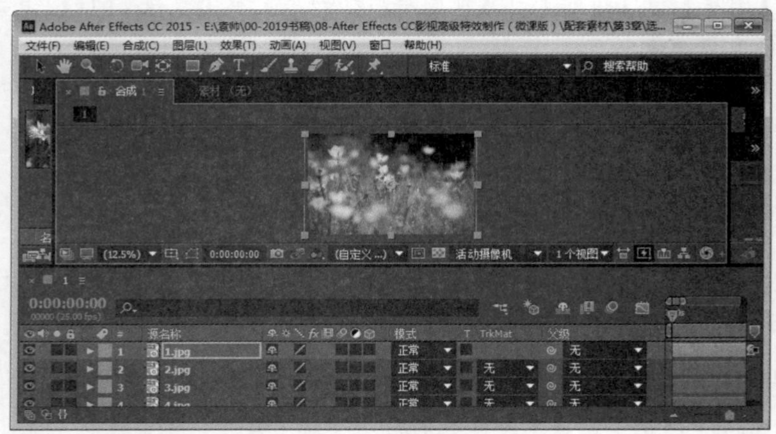

图 3-7

2. 选择多个图层

在 After Effects CC 中，选择多个图层通常有以下 3 种方法。

素材保存路径：配套素材\第 3 章

素材文件名称：选择图层.aep

方法 1：

在【时间轴】面板中将光标定位在空白区域，按住鼠标左键向上拖曳即可框选图层，如图 3-8 所示。

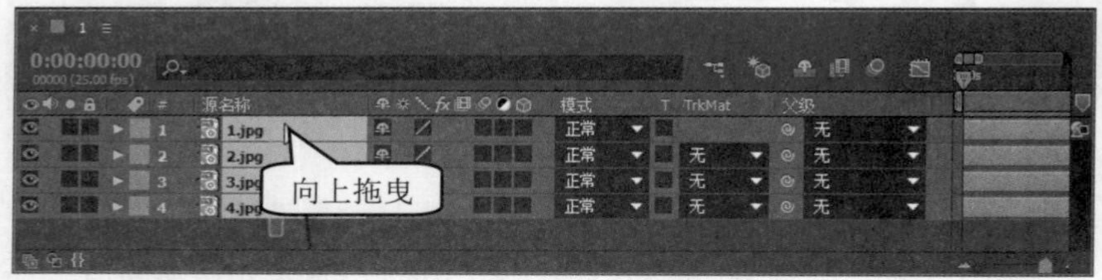

图 3-8

方法 2：

在【时间轴】面板中按住 Ctrl 键的同时，依次单击相应图层即可加选这些图层，如图 3-9 所示。

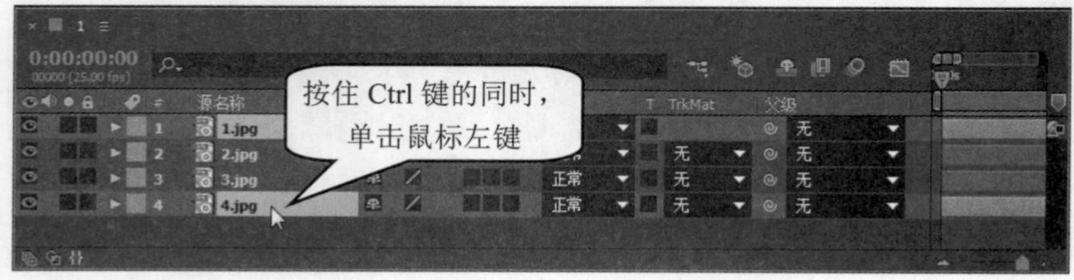

图 3-9

方法 3：

在【时间轴】面板中按住 Shift 键的同时，依次单击起始图层和结束图层，即可连续选中这两个图层和这两个图层之间的所有图层，如图 3-10 所示。

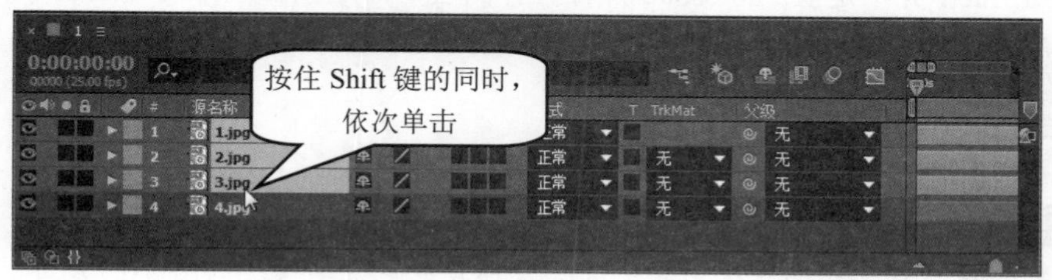

图 3-10

3.2.3　复制与粘贴图层

在使用 After Effects CC 的过程中会经常用到复制与粘贴图层的操作，从而节省大量重复操作时间，下面将详细介绍相关操作方法。

素材保存路径：配套素材\第 3 章
素材文件名称：复制与粘贴图层.aep

1. 使用快捷键复制与粘贴图层

在【时间轴】面板中单击需要进行复制的图层，然后使用复制图层的快捷键 Ctrl+C 和粘贴图层的快捷键 Ctrl+V，即可复制得到一个新的图层，如图 3-11 所示。

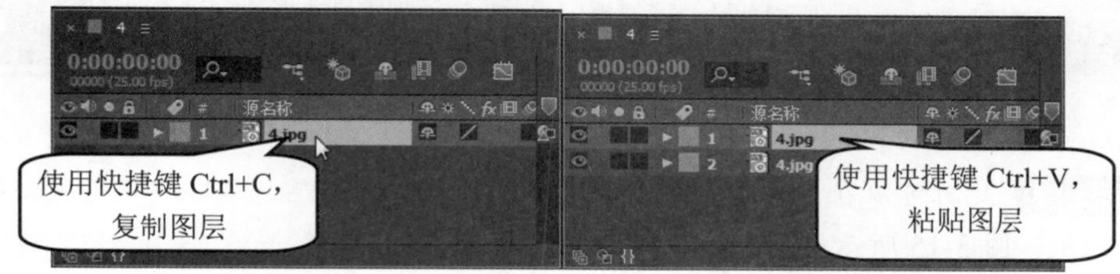

图 3-11

2. 快速创建图层副本

在【时间轴】面板中单击需要复制的图层，然后使用创建副本的快捷键 Ctrl+D 即可得到图层副本，如图 3-12 所示。

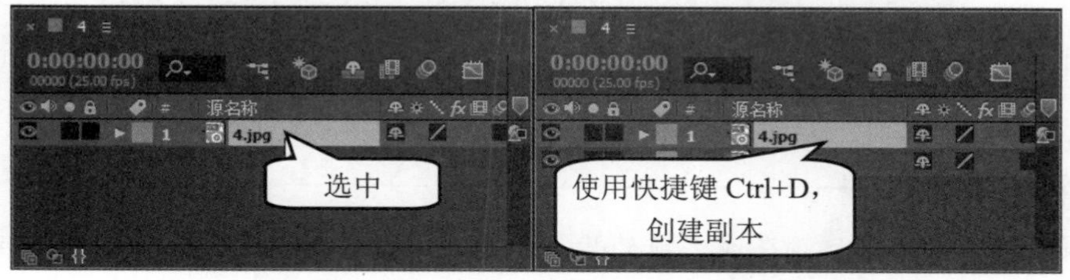

图 3-12

3.2.4 合并多个图层

After Effects 并不是像 Photoshop 那样合并图层，而是预合成，就是把几个图层打成一个新的合成，下面详细介绍合并多个图层的操作方法。

素材保存路径：配套素材\第 3 章
素材文件名称：合并图层.aep

第 1 步 打开素材文件“合并图层.aep”，在【时间轴】面板中选择需要合成的图层，并单击鼠标右键，在弹出的快捷菜单中选择【预合成】菜单项，如图 3-13 所示。

第 2 步 弹出【预合成】对话框，***1.*** 在【新合成名称】文本框中输入新合成名称，**2.** 单击【确定】按钮，如图 3-14 所示。

图 3-13

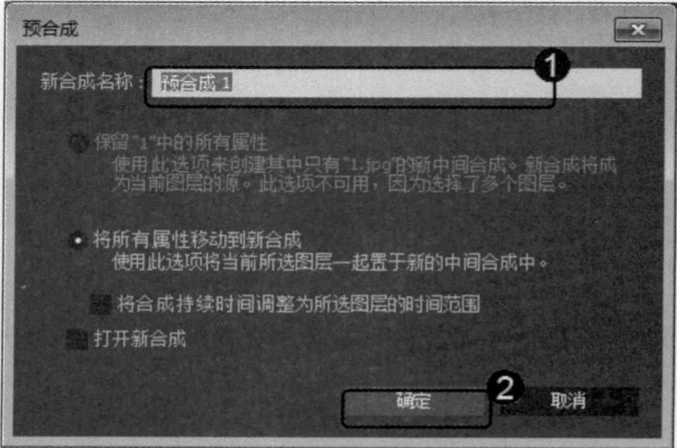

图 3-14

第 3 步 此时可以在【时间轴】面板中看到预合成的图层，这样即可完成合并多个图层的操作，如图 3-15 所示。

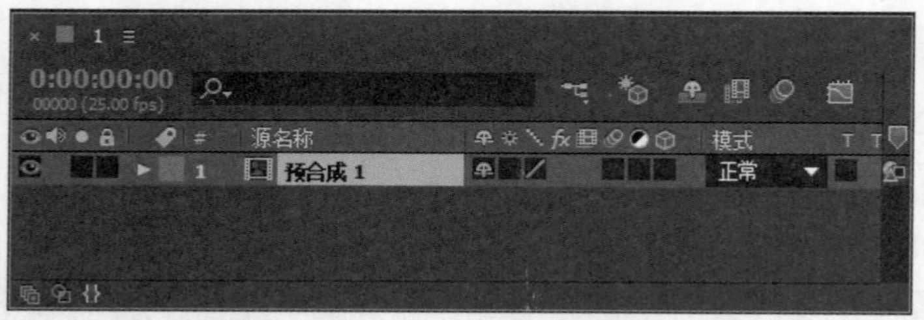

图 3-15

智慧锦囊

如果想要重新调整预合成之前的某一个图层，只需要双击预合成图层即可单独进行调整。

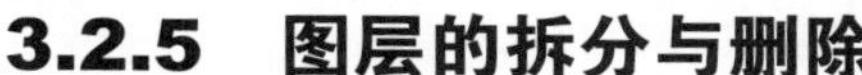

3.2.5　图层的拆分与删除

在使用 After Effects CC 软件进行工作时，经常会用到图层的拆分与删除操作，下面将详细介绍相关操作方法。

素材保存路径：配套素材\第 3 章
素材文件名称：图层的拆分与删除.aep

1. 拆分图层

拆分图层就是将一个图层在指定的时间处，拆分为多段图层。下面详细介绍拆分图层的操作方法。

第 1 步　*1.* 选择需要拆分的图层，*2.* 在【时间轴】面板中将当前时间指示滑块拖曳到需要分离的位置，如图 3-16 所示。

图 3-16

第 2 步　在菜单栏中选择【编辑】→【拆分图层】菜单项，或者按 Ctrl+Shift+ D 组合键，如图 3-17 所示。

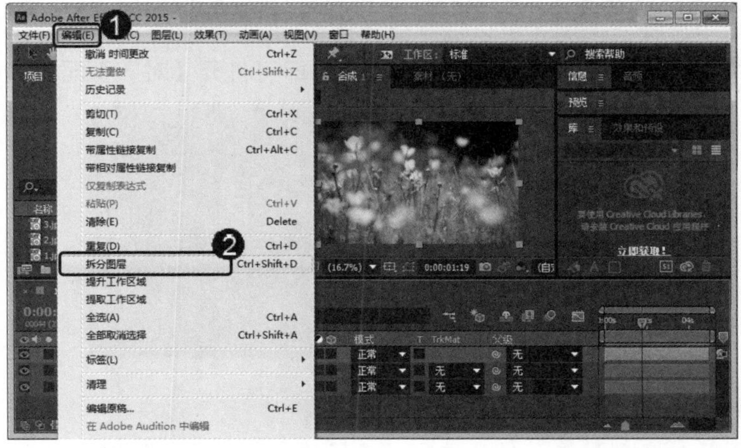

图 3-17

第 3 步 可以看到已经把图层在当前时间处分离开了，这样即可完成拆分图层的操作，如图 3-18 所示。

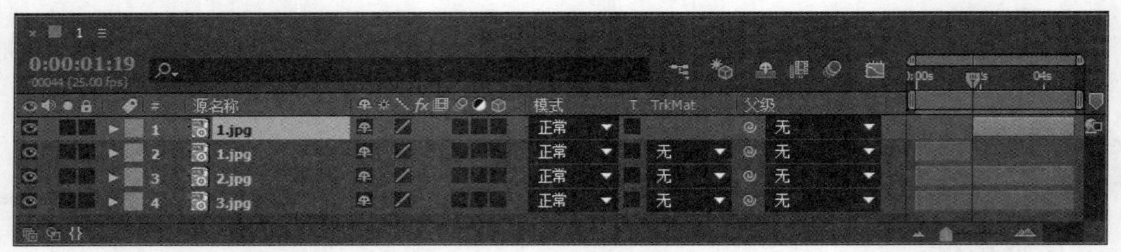

图 3-18

2. 删除图层

在【时间轴】面板中选择一个和多个需要删除的图层，然后按 Backspace 键或 Delete 键，即可删除选中的图层，如图 3-19 所示。

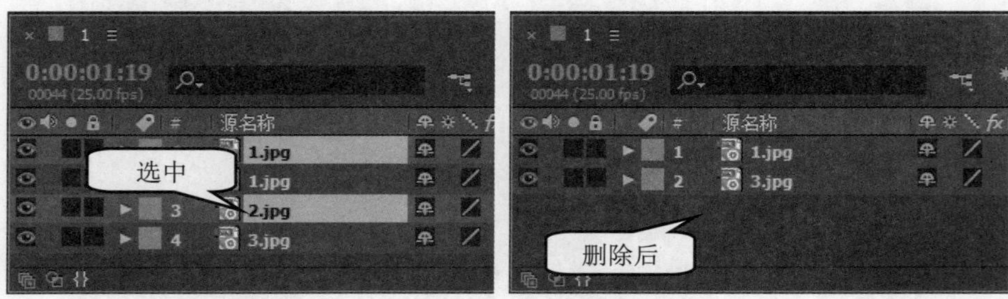

图 3-19

3.2.6 对齐和分布图层

如果需要对图层在【合成】面板中的空间关系进行快速对齐操作，除了使用选择工具手动拖曳外，还可以使用【对齐】面板里的自动对齐和分布操作。最少选择两个层才能进行对齐操作，最少选择三个层才可以进行分布操作。

在菜单栏中选择【窗口】→【对齐】菜单项，即可打开【对齐】面板，如图 3-20 所示。

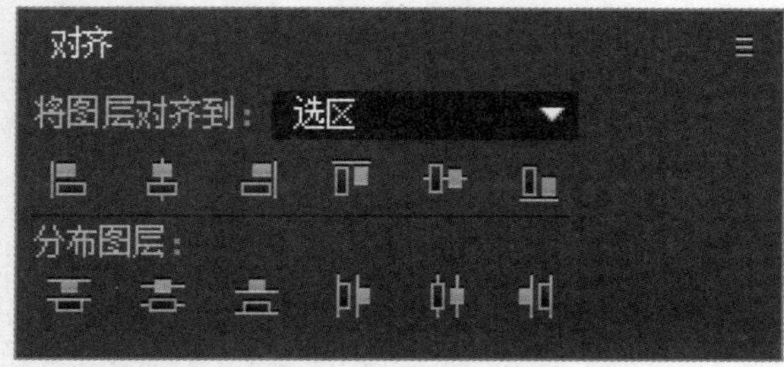

图 3-20

➢ 【将图层对齐到】组：对层进行对齐操作，从左至右依次为左对齐、垂直居中对齐、右对齐、顶对齐、水平居中对齐、底对齐。

- 【分布图层】组：对层进行分布操作，从左至右依次为垂直居顶分布、垂直居中分布、垂直居底分布、水平居左分布、水平居中分布、水平居右分布。

在进行对齐或分布操作之前，注意要调整好各图层之间的位置关系。对齐或分布操作时基于图层的位置进行对齐，而不是图层在时间轴上的先后顺序。

3.2.7　隐藏和显示图层

After Effects CC 中的图层可以隐藏和显示。用户只需要单击图层左侧的【隐藏】按钮，即可将图层隐藏和显示，并且【合成】面板中的素材也会随之产生隐藏和显示变化，如图 3-21 所示。

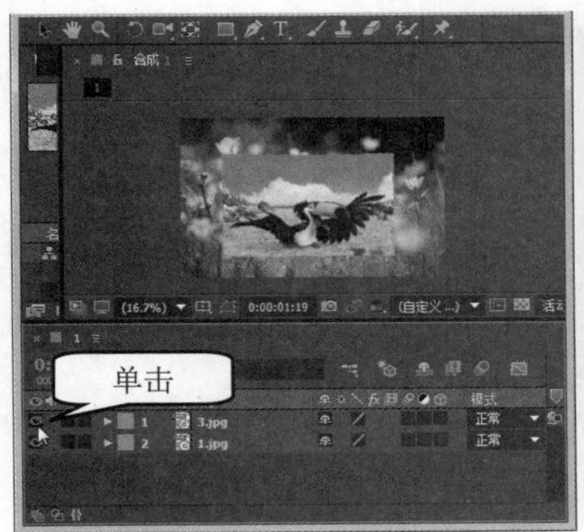

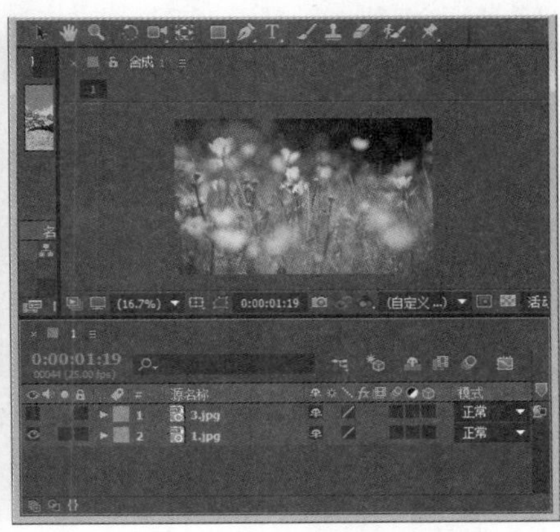

图 3-21

智慧锦囊

当【时间轴】面板中的图层数量较多时，会经常单击【隐藏】按钮，并观察【合成】面板效果，用于判断某个图层是否为需要寻找的图层。

3.3　图层的属性变换

展开一个图层，在没有添加遮罩或任何特效的情况下，只有一个变换属性组，这个属性组包含了一个图层最重要的 5 个属性，在制作动画特效时占据着非常重要的地位，本节将详细介绍图层变换属性的相关知识及操作方法。

↑ 扫码看视频

3.3.1 修改锚点属性制作变换效果

无论一个层的面积多大，当其位置移动、旋转和缩放时，都是依据一个点来操作的，这个点就是锚点。

素材保存路径：配套素材\第 3 章
素材文件名称：锚点属性.aep

打开素材文件“锚点属性.aep”，选择需要的图层，然后按 A 键即可打开锚点属性，如图 3-22 所示。

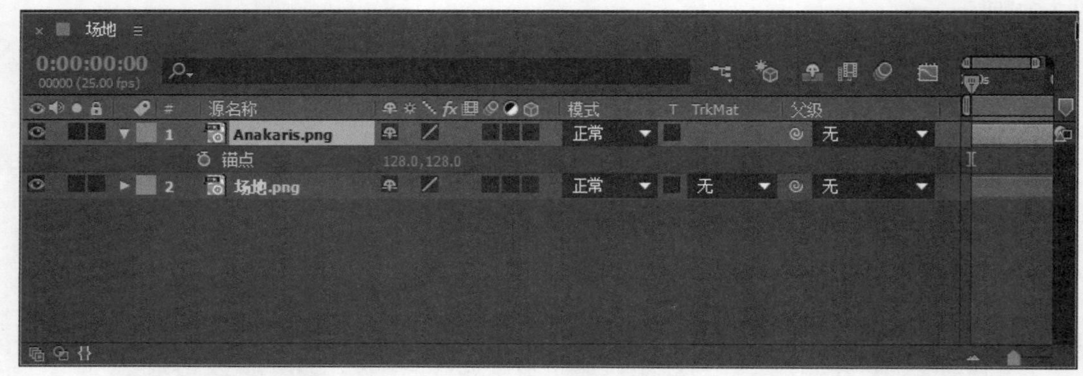

图 3-22

以锚点为基准，如图 3-23 所示。例如，在进行旋转操作时，效果如图 3-24 所示。在进行缩放操作时，效果如图 3-25 所示。

图 3-23

图 3-24

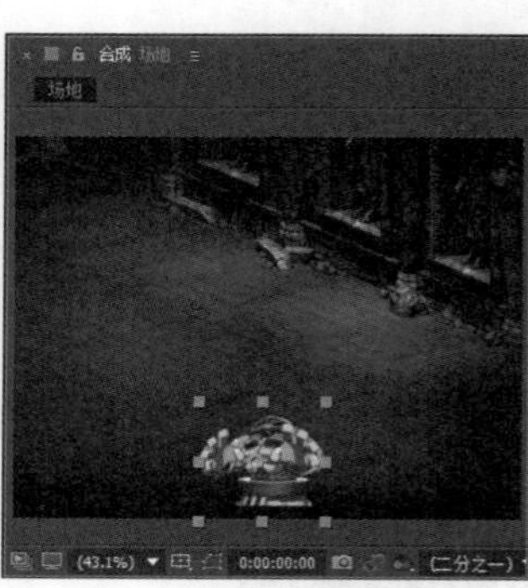

图 3-25

3.3.2 修改位置属性制作变换效果

位置属性主要用来制作图层的位移动画，下面详细介绍位置属性的相关知识。

素材保存路径：配套素材\第 3 章
素材文件名称：位置属性.aep

打开素材文件“位置属性.aep”，选择需要的图层，按 P 键，即可打开位置属性，如图 3-26 所示。以锚点为基准，如图 3-27 所示。

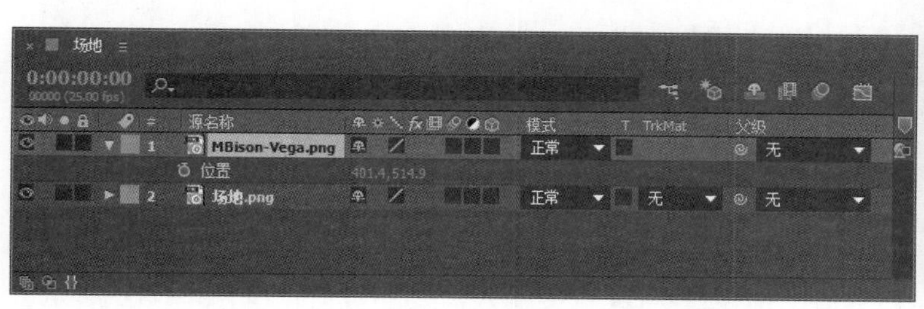

图 3-26

图 3-27

在图层的位置属性后面的数值上拖曳鼠标(或直接输入需要的数值)，如图 3-28 所示。释放鼠标，效果如图 3-29 所示。普通二维层的位置属性由 x 轴向和 y 轴向两个参数组成，如果是三维层则由 x 轴向、y 轴向和 z 轴向 3 个参数组成。

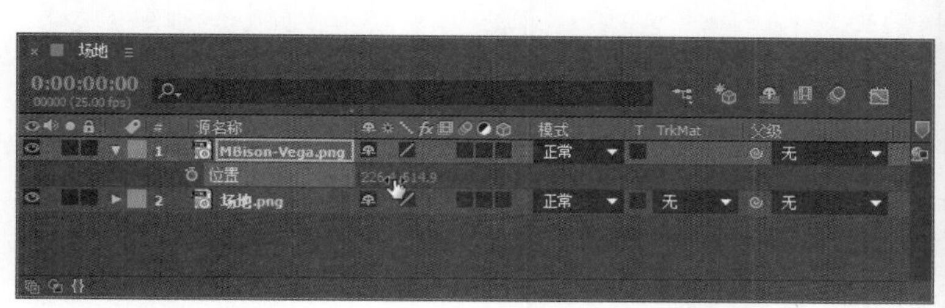

图 3-28

图 3-29

智慧锦囊

在制作位置动画时，为了保持移动时的方向性，可以在菜单栏中选择【图层】→【变换】→【自动定向】菜单项，系统将会弹出【自动定向】对话框，选中【沿路径方向】单选按钮，单击【确定】按钮即可。

3.3.3　修改缩放属性制作变换效果

缩放属性可以以锚点为基准来改变图层的大小，下面详细介绍缩放属性的相关知识。

素材保存路径：配套素材\第 3 章

素材文件名称：缩放属性.aep

打开素材文件“缩放属性.aep”，选择需要的图层，按 S 键，即可打开缩放属性，如图 3-30 所示。以锚点为基准，如图 3-31 所示。

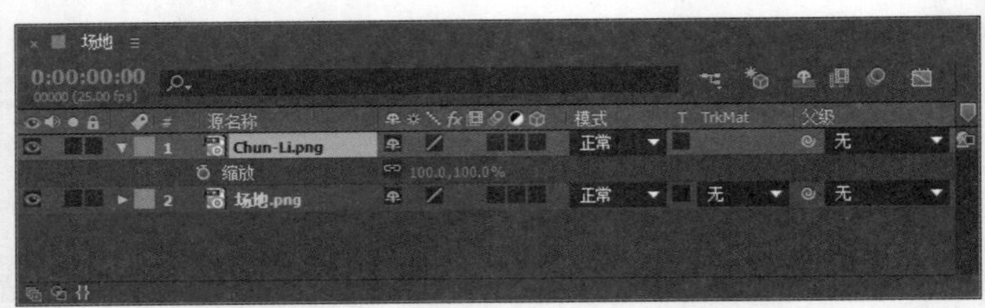
图 3-30

图 3-31

在图层的缩放属性后面的数值上拖曳鼠标(或直接输入需要的数值)，如图 3-32 所示。释放鼠标，效果如图 3-33 所示。普通二维层缩放属性由 x 轴向和 y 轴向两个参数组成，如果是三维层则由 x 轴向、y 轴向和 z 轴向 3 个参数组成。

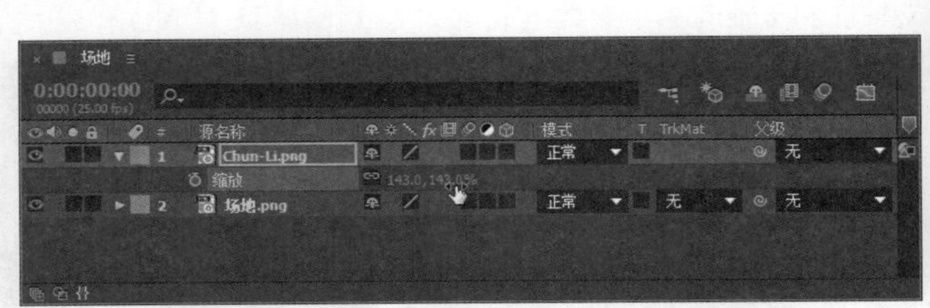
图 3-32

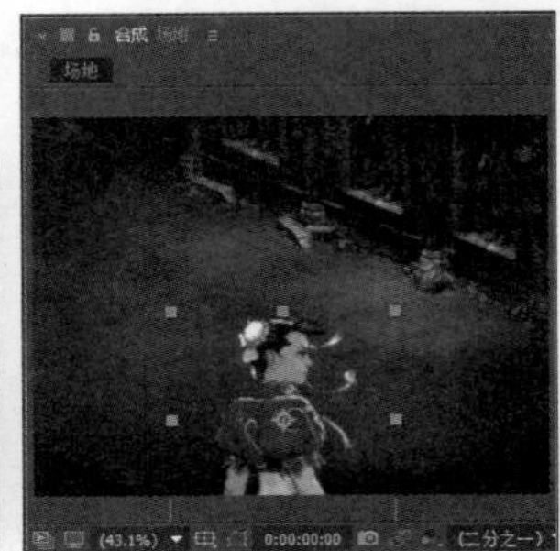
图 3-33

3.3.4 修改旋转属性制作变换效果

旋转属性是以锚点为基准旋转图层，下面详细介绍旋转属性的相关知识。

素材保存路径：配套素材\第 3 章
素材文件名称：旋转属性.aep

打开素材文件“旋转属性.aep”，选择需要的图层，按 R 键即可打开旋转属性，如图 3-34 所示。以锚点为基准，如图 3-35 所示。

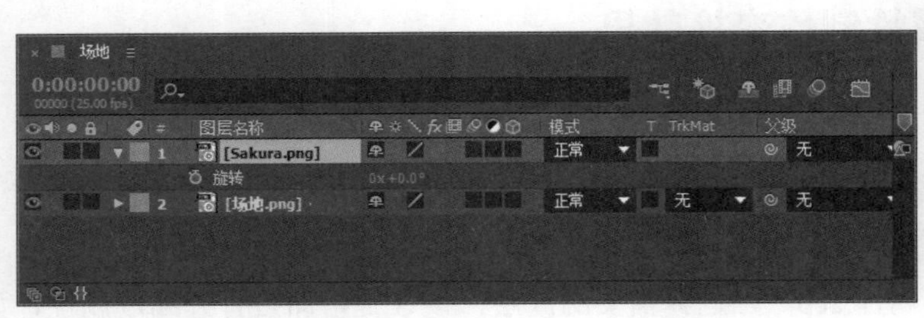
图 3-34

图 3-35

在图层的旋转属性后面的数值上拖曳鼠标(或直接输入需要的数值)，如图 3-36 所示。释放鼠标，效果如图 3-37 所示。普通二维层旋转属性由圈数和度数两个参数组成，例如“1×+12°”。

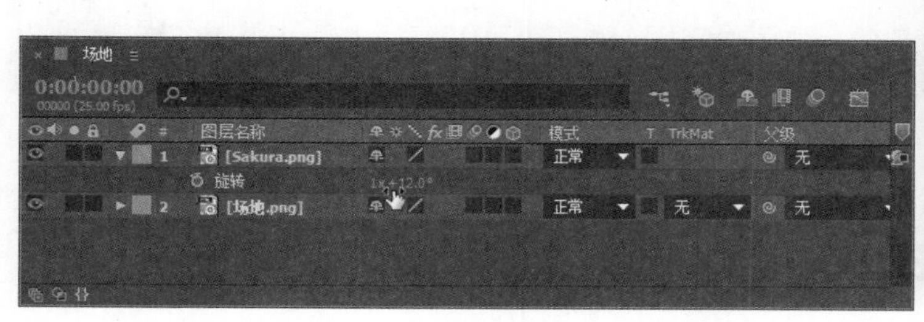

图 3-36

图 3-37

如果是三维层，旋转属性将增加为 4 个：方向可以同时设定为 x、y、z 三个轴向，x 轴仅调整 x 轴向旋转，y 轴仅调整 y 轴向旋转，z 轴仅调整 z 轴向旋转。

3.3.5　修改透明度属性制作变换效果

透明度属性是以百分比的方式来调整图层的不透明度，下面详细介绍透明度属性的相关知识。

素材保存路径：配套素材\第 3 章

素材文件名称：透明度属性.aep

打开素材文件“透明度属性.aep”，选择需要的图层，按 T 键即可打开不透明度属性，如图 3-38 所示。以锚点为基准，如图 3-39 所示。

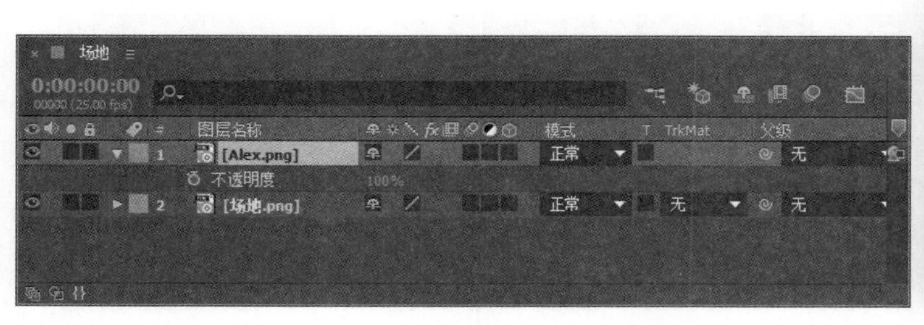

图 3-38

图 3-39

在图层的不透明度属性后面的数值上拖曳鼠标(或直接输入需要的数值)，如图 3-40 所示。释放鼠标，效果如图 3-41 所示。

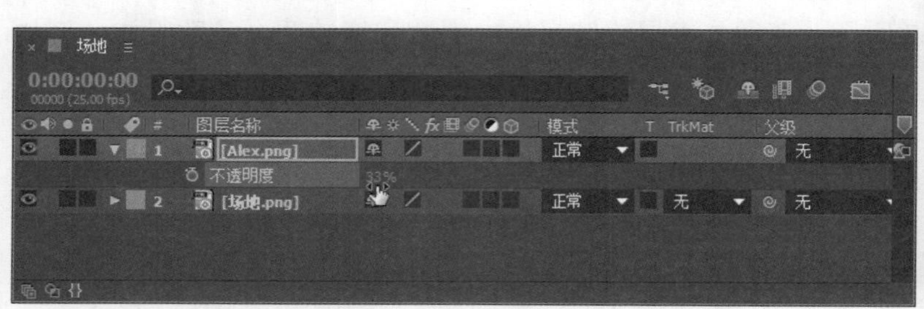

图 3-40

图 3-41

3.4 图层的混合模式

After Effects CC 提供了丰富的图层混合模式，用来定义当前图层与底图的作用模式。所谓图层混合就是将一个图层与其下面的图层进行叠加，以产生特殊的效果，最终将该效果显示在视频这【合成】面板中。本节将详细介绍图层的混合模式的相关知识。

↑ 扫码看视频

3.4.1 打开混合模式选项

在 After Effects CC 中，显示或隐藏混合模式选项的主要方法有以下两种。

方法 1：

在【时间轴】面板中，单击【切换开关/模式】按钮进行切换，可以显示或隐藏混合模式选项，如图 3-42 所示。

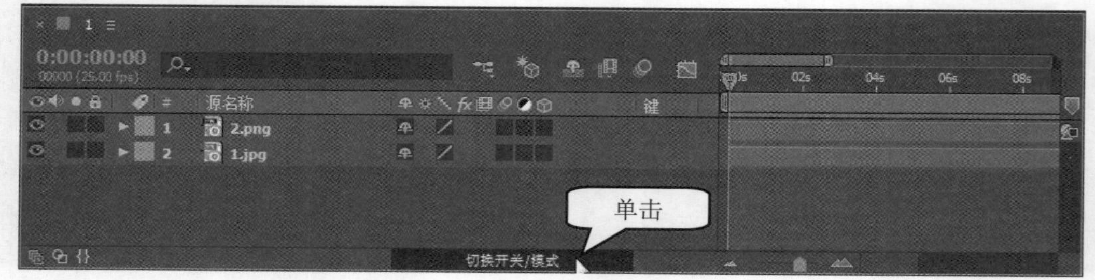

图 3-42

方法 2：

在【时间轴】面板中，按 F4 键即可调出图层的叠加模式面板，如图 3-43 所示。

本小节将用两张素材文件来详细讲解 After Effects CC 的混合模式，一张作为底图素材图层，如图 3-44 所示。另一张作为叠加图层的源素材，如图 3-45 所示。

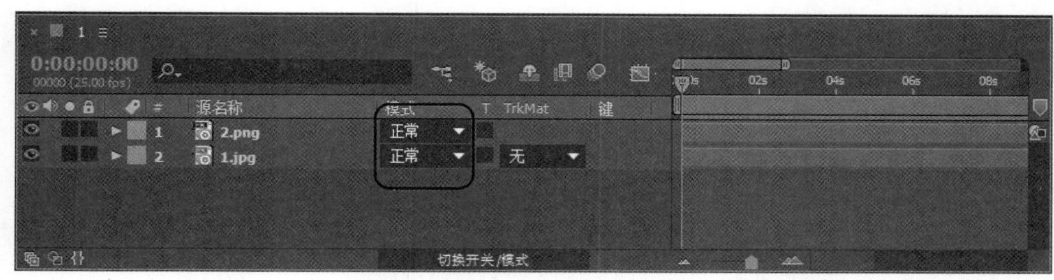

图 3-43

素材保存路径：配套素材\第 3 章
素材文件名称：混合模式.aep

图 3-44　　　　图 3-45

3.4.2　使用普通模式制作特殊效果

在普通模式中主要包括【正常】、【溶解】、【动态抖动溶解】3 个混合模式。在没有透明度影响的前提下，这种类型的混合模式产生的最终效果的颜色不会受底层像素颜色的影响，除非层像素的不透明度小于源图层。下面将分别予以详细介绍。

1. 【正常】模式

【正常】模式是 After Effects CC 的默认模式，当图层的不透明度为 100%时，合成将根据 Alpha 通道正常显示当前图层，并且不受其他图层的影响，如图 3-46 所示。当图层的不透明度小于 100%时，当前图层的每个像素点的颜色将受到其他图层的影响。

2. 【溶解】模式

在图层有羽化边缘或不透明度小于 100%时，【溶解】模式才起作用。【溶解】模式是在上层选取部分像素，然后采用随机颗粒图案的方式用下层像素来取代，上层的不透明度越低，溶解效果越明显，如图 3-47 所示。

3. 【动态抖动溶解】模式

【动态抖动溶解】模式和【溶解】模式的原理相似，只不过【动态抖动溶解】模式可以随时更新随机值，而【溶解】模式的颗粒随机值是不变的。

图 3-46

图 3-47

3.4.3 使用变暗模式制作特殊效果

变暗模式包括【变暗】模式、【相乘】模式、【颜色加深】模式、【经典颜色加深】模式、【线性加深】模式和【较深的颜色】模式。这种类型的混合模式都可以使图像的整体颜色变暗，下面将分别予以详细介绍。

1. 【变暗】模式

【变暗】模式是通过比较源图层和底图层的颜色亮度来保留较暗的颜色部分。比如一个全黑的图层和任何图层的变暗叠加效果都是全黑的，而白色图层和任何颜色图层的变暗叠加效果都是透明的，如图 3-48 所示。

图 3-48

2. 【相乘】模式

【相乘】模式是一种减色模式，它将基色与叠加色相乘形成一种光线透过两张叠加一起的幻灯片，结果呈现一种较暗的效果。任何颜色与黑色相乘都将产生黑色，与白色相乘都将保持不变，而与中间的亮度颜色相乘，可以得到一种更暗的效果，如图 3-49 所示。

图 3-49

3. 【颜色加深】模式

【颜色加深】模式是通过增加对比度来使颜色变暗，以反映叠加色(如果叠加色为白色，则不产生变化)，如图 3-50 所示。

图 3-50

4. 【经典颜色加深】模式

【经典颜色加深】模式是通过增加对比度来使颜色变暗，以反映叠加色，它要优于【颜色加深】模式，如图 3-51 所示。

图 3-51

5. 【线性加深】模式

【线性加深】模式是比较基色和叠加色的颜色信息，通过降低基色的亮度来反映叠加色。与【相乘】模式相比，【线性加深】模式可以产生一种更暗的效果，如图 3-52 所示。

图 3-52

6. 【较深的颜色】模式

【较深的颜色】模式与【变暗】模式效果相似，略有区别的是该模式不对单独的颜色通道起作用。

3.4.4 使用变亮模式制作特殊效果

变亮模式包括【相加】模式、【变亮】模式、【屏幕】模式、【线性减淡】模式、【颜色减淡】模式、【经典颜色减淡】模式和【变亮颜色】模式 7 个混合模式。这种类型的混合模式都可以使图像的整体颜色变亮，下面将分别予以详细介绍。

1. 【相加】模式

【相加】模式是将上下层对应的像素进行加法运算，可以使画面变亮，如图 3-53 所示。

图 3-53

2. 【变亮】模式

【变亮】模式与【变暗】模式相反，它可以查看每个通道中的颜色信息，并选择基色和叠加色中较亮的颜色作为结果色(比叠加色暗的像素将被替换掉，而比叠加色亮的像素将保持不变)，如图 3-54 所示。

图 3-54

3. 【屏幕】模式

【屏幕】模式是一种加色混合模式，与【相乘】模式相反，可以将叠加色的互补色与基色相乘，以得到一种更亮的效果，如图 3-55 所示。

图 3-55

4. 【线性减淡】模式

【线性减淡】模式可以查看每个通道的颜色信息，并通过增加亮度来使基色变亮，以反映叠加色(如果与黑色叠加则不发生变化)，如图 3-56 所示。

图 3-56

5. 【颜色减淡】模式

【颜色减淡】模式是通过减小对比度来使颜色变亮，以反映叠加色(如果与黑色叠加则不发生变化)，如图 3-57 所示。

图 3-57

6. 【经典颜色减淡】模式

【经典颜色减淡】模式是通过减小对比度来使颜色变亮，以反映叠加色，其效果要优于【颜色减淡】模式。

7. 【变亮颜色】模式

【变亮颜色】模式与【变亮】模式相似，略有区别的是该模式不对单独的颜色通道起作用。

3.4.5 使用叠加模式制作特殊效果

在叠加模式中，主要包括【叠加】模式、【柔光】模式、【强光】模式、【线性光】模式、【亮光】模式、【点光】模式 和【纯色混合】模式 7 个模式。在使用这种类型的混合模式时，都需要比较源图层颜色和底层颜色的亮度是否低于 50%的灰度，然后根据不同的叠加模式创建不同的混合效果，下面将分别予以详细介绍。

1. 【叠加】模式

【叠加】模式可以增强图像的颜色，并保留底层图像的高光和暗调，如图 3-58 所示。【叠加】模式对中间色调的影响比较明显，对于高亮度区域和暗调区域的影响不大。

图 3-58

2. 【柔光】模式

【柔光】模式可以使颜色变亮或变暗(具体效果要取决于叠加色)，这种效果与发散聚光灯照在图像上很相似，如图 3-59 所示。

图 3-59

3. 【强光】模式

使用【强光】模式时，在当前图层中，比 50%灰色亮的像素会使图像变亮；比 50%灰色暗的像素会使图像变暗。这种模式产生的效果与耀眼的聚光灯照在图像上很相似，如图 3-60 所示。

图 3-60

4. 【线性光】模式

【线性光】模式可以通过减小或增大亮度来加深或减淡颜色，具体效果要取决于叠加色，如图 3-61 所示。

图 3-61

5. 【亮光】模式

【亮光】模式可以通过增大或减小对比度来加深或减淡颜色，具体效果要取决于叠加色，如图 3-62 所示。

6. 【点光】模式

【点光】模式 可以替换图像的颜色。如果当前图层中的像素比 50%灰色亮，则替换暗的像素；如果当前图层中的像素比 50%灰色暗，则替换亮的像素，这在为图像添加特效时非常有用，如图 3-63 所示。

图 3-62

图 3-63

7. 【纯色混合】模式

在使用【纯色混合】模式时，如果当前图层中的像素比 50%灰色亮，会使底层图像变亮；如果当前图层中的像素比 50%灰色暗，则会使底层图像变暗。这种模式通常会使图像产生色调分离的效果，如图 3-64 所示。

图 3-64

3.4.6 使用差值模式制作特殊效果

差值模式包括【差值】模式、【经典差值】模式、【排除】模式、【相减】模式和【相除】模式 5 个混合模式。这种类型的混合模式都是基于源图层和底层的颜色值来产生差异效果，下面将分别予以详细介绍。

1. 【差值】模式

【差值】模式可以从基色中减去叠加色或从叠加色中减去基色，具体情况要取决于哪个颜色的亮度值更高，如图 3-65 所示。

图 3-65

2. 【经典差值】模式

【经典差值】模式可以从基色中减去叠加色或从叠加色中减去基色，其效果要优于【差值】模式，如图 3-66 所示。

图 3-66

3. 【排除】模式

【排除】模式与【差值】模式比较相似，但是该模式可以创建出对比度更低的叠加效果，如图 3-67 所示。

图 3-67

4. 【相减】模式

【相减】模式是从基础颜色中减去源颜色，如果源颜色是黑色，则结果颜色是基础颜色，如图 3-68 所示。

图 3-68

5. 【相除】模式

【相除】模式是基础颜色除以源颜色，如果源颜色是白色，则结果颜色是基础颜色，如图 3-69 所示。

图 3-69

3.4.7 使用色彩模式制作特殊效果

色彩模式包括【色相】模式、【饱和度】模式、【颜色】模式 和【发光度】模式 4 个叠加模式。这种类型的混合模式会改变颜色的一个或多个色相、饱和度和不透明度值，下面将分别予以详细介绍。

1. 【色相】模式

【色相】模式可以将当前图层的色相应用到底层图像的亮度和饱和度中，可以改变底层图像的色相，但不会影响其亮度和饱和度。对于黑色、白色和灰色区域，该模式将不起作用，如图 3-70 所示。

图 3-70

2. 【饱和度】模式

【饱和度】模式可以将当前图层的饱和度应用到底层图像的亮度和饱和度中，可以改变底层图像的饱和度，但不会影响其亮度和色相，如图 3-71 所示。

图 3-71

3. 【颜色】模式

【颜色】模式可以将当前图层的色相与饱和度应用到底层图像中，但保持底层图像的亮度不变，如图 3-72 所示。

图 3-72

4. 【发光度】模式

【发光度】模式可以将当前图层的亮度应用到底层图像的颜色中，可以改变底层图像的亮度，但不会对其色相和饱和度产生影响，如图 3-73 所示。

图 3-73

3.4.8 使用蒙版模式制作特殊效果

蒙版模式包括【蒙版 Alpha】模式、【模板亮度】模式、【轮廓 Alpha】模式和【轮廓亮度】模式 4 个叠加模式。这种类型的混合模式可以将源图层转换为底层的一个遮罩。下面将分别予以详细介绍。

1. 【蒙版 Alpha】模式

【蒙版 Alpha】模式可以穿过蒙版层的 Alpha 通道来显示多个图层，如图 3-74 所示。

图 3-74

2. 【模板亮度】模式

【模板亮度】模式可以穿过蒙版层的像素亮度来显示多个图层，如图 3-75 所示。

图 3-75

3. 【轮廓 Alpha】模式

【轮廓 Alpha】模式可以通过源图层的 Alpha 通道来影响底层图像，使受到影响的区域被剪切掉，如图 3-76 所示。

图 3-76

4. 【轮廓亮度】模式

【轮廓亮度】模式可以通过源图层上的像素亮度来影响底层图像，使受到影响的像素被部分剪切或全部剪切掉，如图 3-77 所示。

图 3-77

3.4.9　使用共享模式制作特殊效果

在共享模式中，主要包括【Alpha 添加】和【冷光预乘】两个混合模式。这种类型的混合模式都可以使底层与源图层的 Alpha 通道或透明区域像素产生相互作用，下面将分别予以详细介绍。

1. 【Alpha 添加】模式

【Alpha 添加】模式可以使底层与源图层的 Alpha 通道共同建立一个无痕迹的透明区域，如图 3-78 所示。

图 3-78

2. 【冷光预乘】模式

【冷光预乘】模式可以使源图层的透明区域像素与底层相互产生作用，使边缘产生透镜和光亮效果，如图 3-79 所示。

图 3-79

3.5 设置项目和创建合成

合成是 After Effects 特效制作中的一个框架，不仅决定了输出文件的分辨率、制式、帧速率和时间等信息，而且所有素材都需要先转换为合成下的图层再进行处理，因此，合成对于特效处理来说是至关重要的，本节将详细介绍设置项目和创建合成的相关知识及操作方法。

↑ 扫码看视频

3.5.1 设置项目

After Effects 启动后会自动建立一个项目，在任何时候用户都可以建立一个新合成。正确的项目设置可以帮助用户在输出影片时避免发生一些不必要的错误，在菜单栏中选择【文件】→【项目设置】菜单项，弹出【项目设置】对话框，如图 3-80 所示。

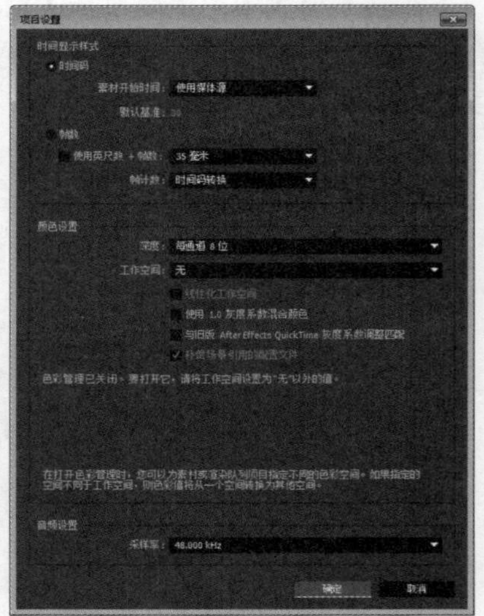

图 3-80

在【项目设置】对话框中的参数主要分为 3 个部分，分别是【时间显示样式】、【颜色设置】和【音频设置】。其中【颜色设置】是在设置项目时必须考虑的，因为它决定了导入的素材的颜色将如何被解析，以及最终输出的视频颜色数据将如何被转换。

3.5.2 创建合成

创建合成的方法主要有 3 种，下面将分别予以详细介绍。

第 1 种：在菜单栏中选择【合成】→【新建合成】菜单项即可，如图 3-81 所示。

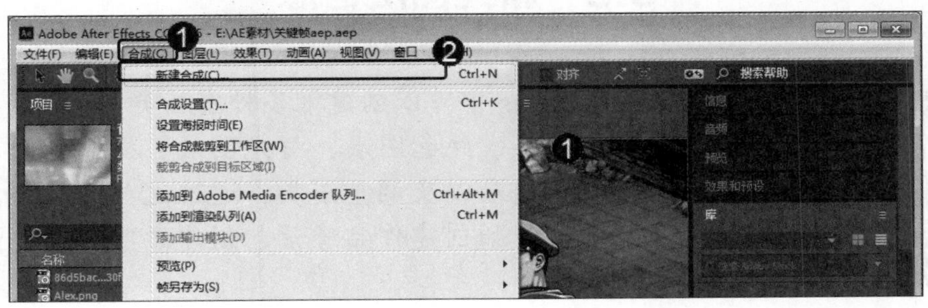

图 3-81

第 2 种：在【项目】面板中单击【新建合成工具】按钮，如图 3-82 所示。

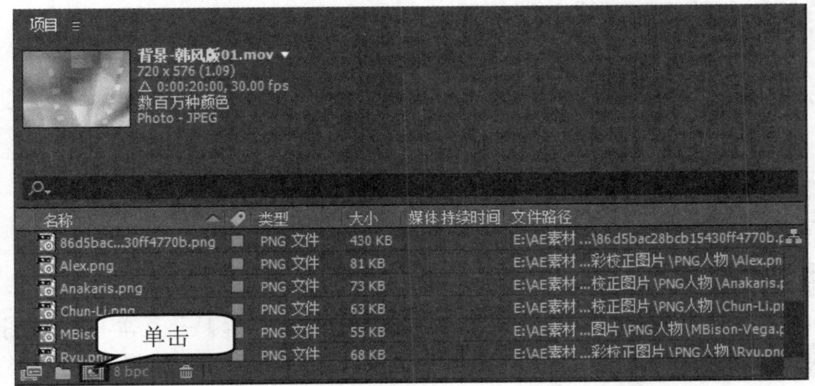

图 3-82

第 3 种：按 Ctrl+N 组合键，新建合成。创建合成时，系统会弹出【合成设置】对话框，默认显示基本参数设置，如图 3-83 所示。创建完合成后，【项目】面板中就会显示创建的合成文件，如图 3-84 所示。

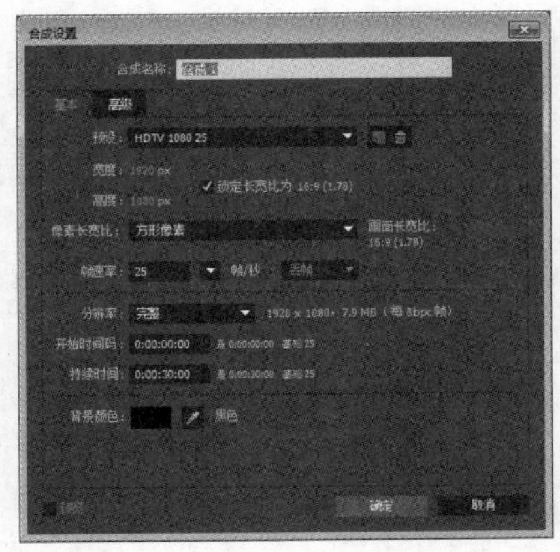

图 3-83

图 3-84

3.6 新建图层信息

在 After Effects 中可以创建很多种图层类型，本节将详细讲解创建文本图层、纯色图层、灯光图层、摄像机图层、空对象图层、形状图层以及调整图层，通过这些图层用户可以模拟很多效果，例如创建作品背景、创建文字、创建灯光阴影等。

↑ 扫码看视频

3.6.1 创建文本图层模拟效果

文本图层可以为作品添加文字效果，如字幕、解说等，下面详细介绍创建文本图层的操作方法。

素材保存路径：配套素材\第 3 章

素材文件名称：文字图层.aep、创建文本图层.aep

第 1 步 打开素材文件“文字图层.aep”，***1.*** 在【时间轴】面板中，单击鼠标右键，***2.*** 在弹出的快捷菜单中选择【新建】菜单项，***3.*** 选择【文本】子菜单项，如图 3-85 所示。

第 2 步 执行完命令后，***1.*** 将鼠标移至【合成】面板中，此时鼠标已切换为输入文本状态，单击鼠标左键确定文本位置即可输入文本内容，***2.*** 在【字符】面板和【段落】面板中用户可以设置合适的字体、字号、对齐方式等相关属性，这样即可完成创建一个文本图层的操作，效果如图 3-86 所示。

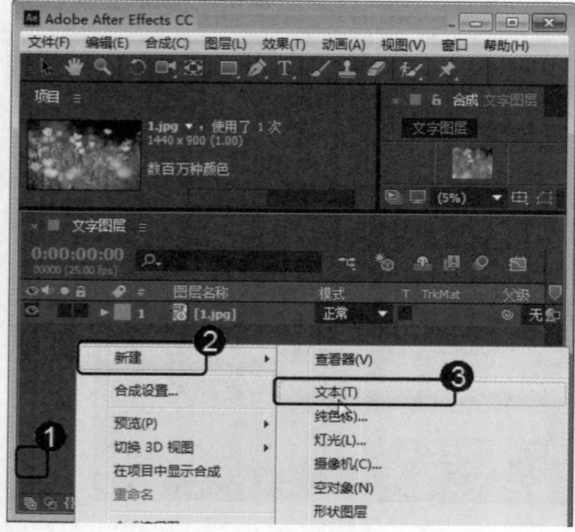

图 3-85

图 3-86

3.6.2 创建纯色图层模拟效果

纯色图层是一种单一颜色的基本图层，因为 After Effects 的效果都是基于“层”上的，所以纯色图层经常会用到，常用于制作纯色背景效果，下面详细介绍创建纯色图层的方法。

素材保存路径：配套素材\第 3 章

素材文件名称：纯色图层.aep、创建纯色图层.aep

第 1 步 打开素材文件“纯色图层.aep”，***1.*** 在【时间轴】面板中，单击鼠标右键，***2.*** 在弹出的快捷菜单中选择【新建】菜单项，***3.*** 选择【纯色】子菜单项，如图 3-87 所示。

第 2 步 弹出【纯色设置】对话框，***1.*** 在【名称】文本框中输入名称，***2.*** 设置大小，***3.*** 设置颜色，***4.*** 单击【确定】按钮，如图 3-88 所示。

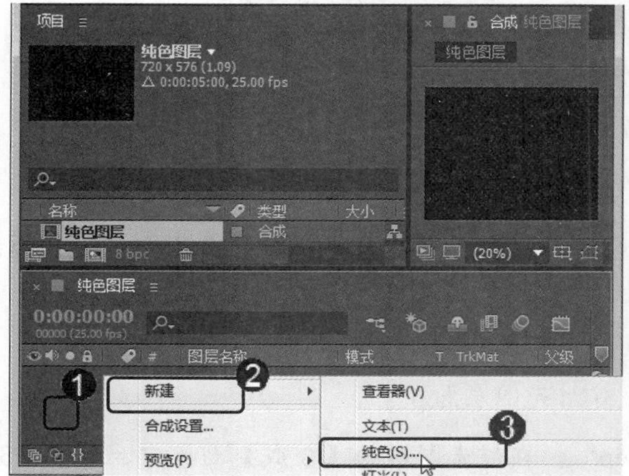

图 3-87

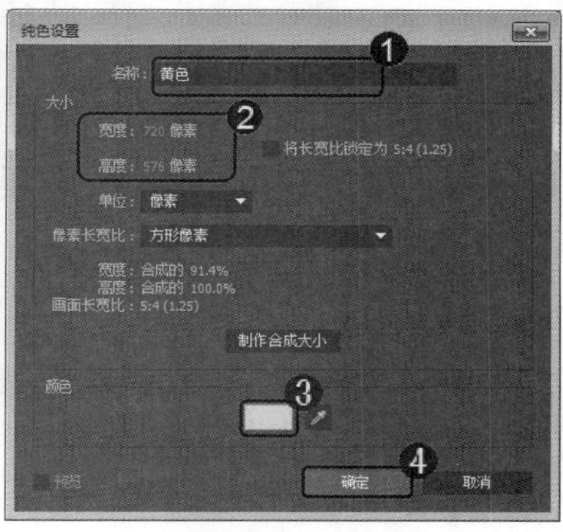

图 3-88

第 3 步 在【时间轴】面板中可以观察到新建的【黄色】纯色图层，如图 3-89 所示。

第 4 步 当创建第一个纯色图层后，在【项目】面板中会自动出现一个【纯色】文件夹，双击该文件夹即可看到创建的纯色图层，且纯色图层也会在【时间轴】面板中显示，如图 3-90 所示。

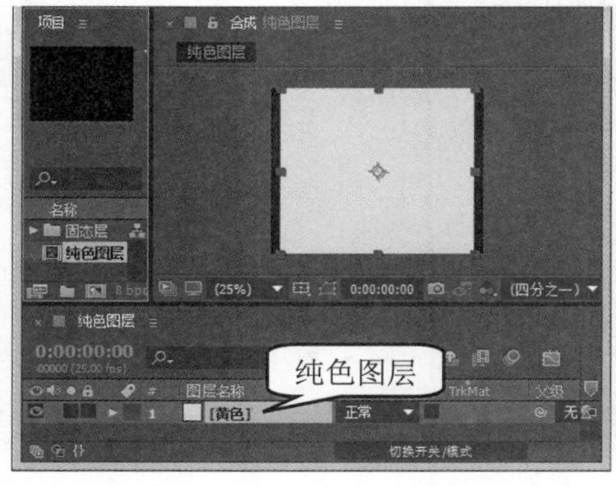

图 3-89

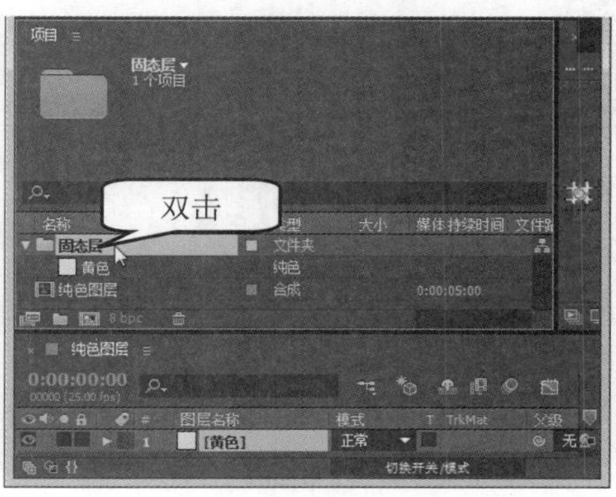

图 3-90

第 5 步 可以看到创建了多个纯色图层时的【项目】面板和【时间轴】面板，如图 3-91 所示。

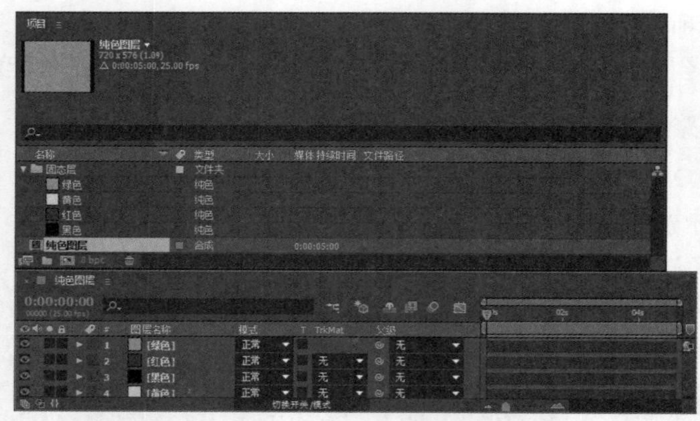

图 3-91

3.6.3 创建灯光图层模拟效果

灯光图层主要用于模拟真实的灯光、阴影，使作品层次感更加强烈，下面详细介绍创建灯光图层的操作方法。

素材保存路径：配套素材\第 3 章

素材文件名称：灯光图层.aep、创建灯光图层.aep

第 1 步 打开素材文件“灯光图层.aep”，在灯光图层的【合成】面板中，单击【3D 图层】按钮，开启【背景-圣诞版】图层的三维模式，如图 3-92 所示。

第 2 步 在菜单栏中选择【图层】→【新建】→【灯光】菜单项，如图 3-93 所示。

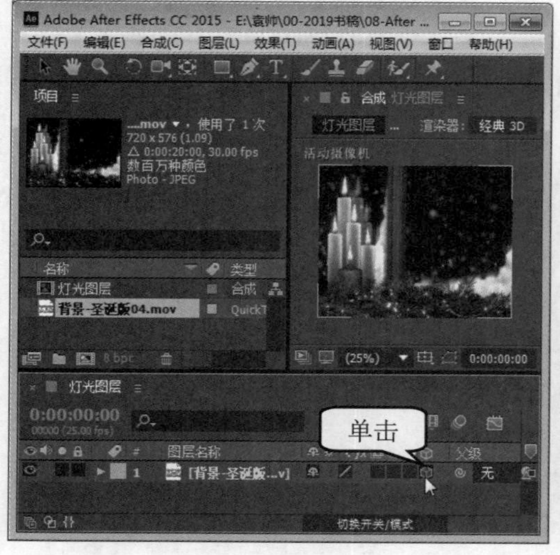

图 3-92

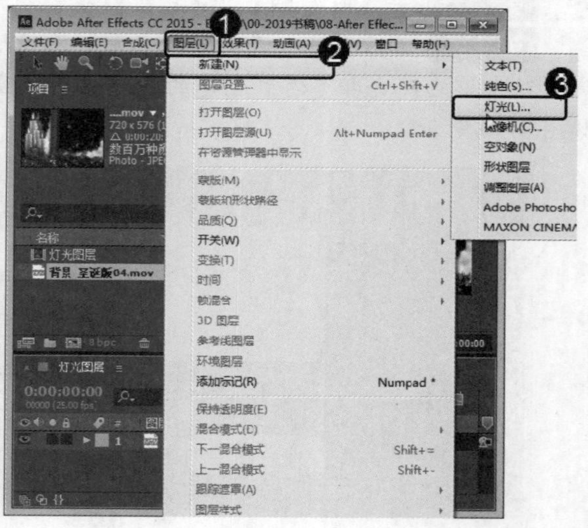

图 3-93

第 3 步 弹出【灯光设置】对话框，***1.*** 设置合适的参数，***2.*** 单击【确定】按钮，如图 3-94 所示。

第 4 步 在【时间轴】面板中可以看到新建的【灯光 1】图层，这样即可完成创建灯光图层的操作，如图 3-95 所示。

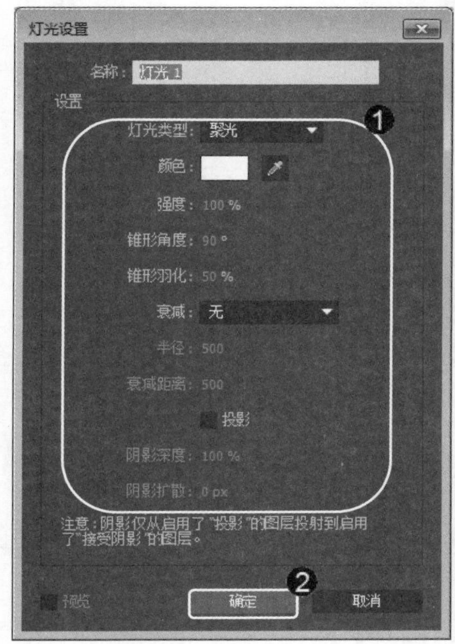

图 3-94

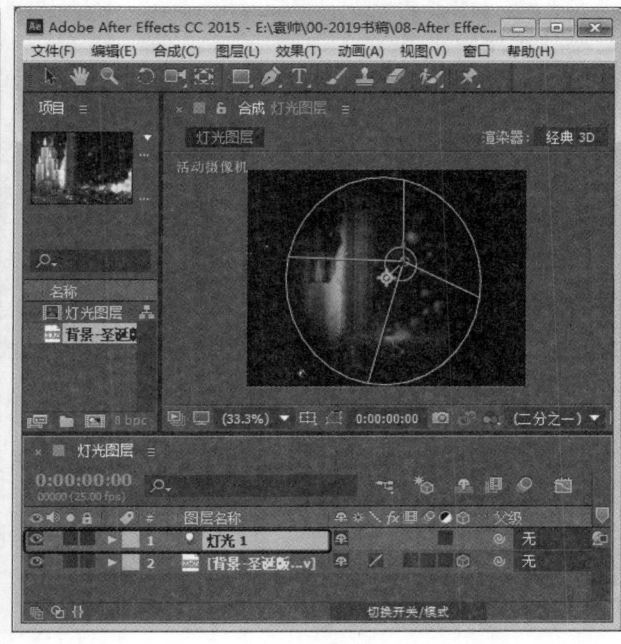

图 3-95

智慧锦囊

在创建灯光图层时，必须首先将素材图像转换为 3D 图层。若在【时间轴】面板中没有找到【3D 图层】按钮，则需要单击【时间轴】面板左下方的【展开和折叠“图层开关”窗格】按钮。

3.6.4　创建摄像机图层模拟效果

摄像机图层主要用于三维合成制作中，进行控制合成时的最终视角，通过对摄影机设置动画可模拟三维镜头运动，本例详细介绍创建摄像机图层的操作方法。

素材保存路径：配套素材\第 3 章
素材文件名称：摄像机.aep、创建摄像机图层.aep

第 1 步 打开素材文件“摄像机.aep”，在摄像机的【合成】面板中，单击【3D 图层】按钮，开启【花卉】图层的三维模式，如图 3-96 所示。

第 2 步 在菜单栏中选择【图层】→【新建】→【摄像机】菜单项，如图 3-97 所示。

图 3-96

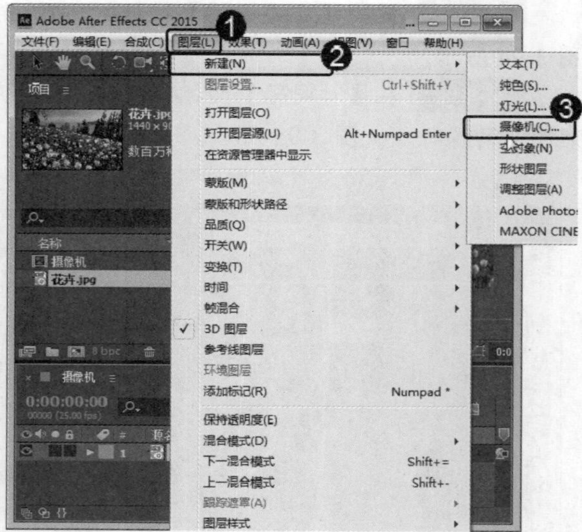

图 3-97

第 3 步 弹出【摄像机设置】对话框，*1.* 设置合适的参数，*2.* 单击【确定】按钮，如图 3-98 所示。

第 4 步 在【时间轴】面板中可以看到新建的【摄像机 1】图层，这样即可完成创建摄像机图层的操作，如图 3-99 所示。

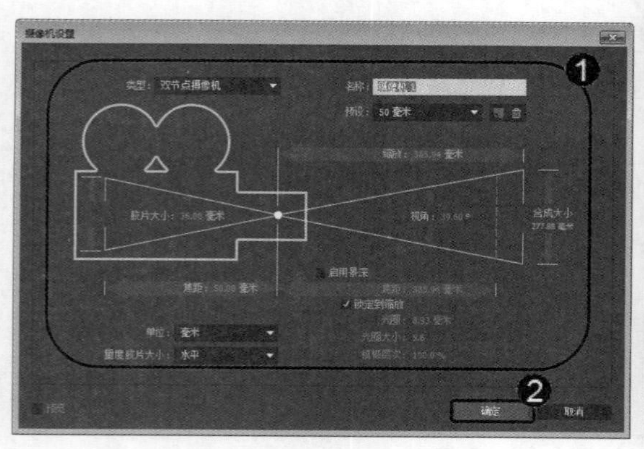

图 3-98

图 3-99

智慧锦囊

在创建摄像机图层时，也必须首先将素材图像转换为 3D 图层。

3.6.5　创建空对象图层模拟效果

修改空对象图层可影响与其关联的图层，常用于创建摄像机的父级，用来控制摄像机的移动和位置的设置，下面详细介绍创建空对象图层的方法。

素材保存路径：配套素材\第 3 章
素材文件名称：空对象.aep、创建空对象图层.aep

第 1 步 打开素材文件“空对象.aep”，在菜单栏中选择【图层】→【新建】→【空对象】菜单项，如图 3-100 所示。

第 2 步 在【时间轴】面板中可以看到已经新建一个【空 1】图层，这样即可完成创建空对象图层的操作，如图 3-101 所示。

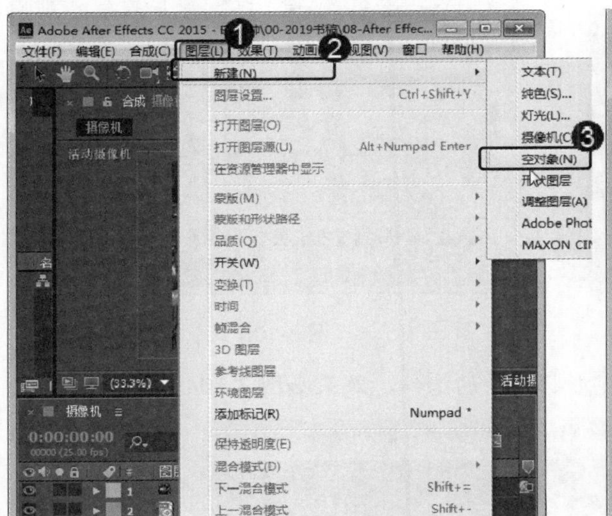

图 3-100

图 3-101

智慧锦囊

“空对象”是不可见的图层，在【合成】面板中虽然可以看见一个红色的正方形，但它实际上是不存在的，在最后输出时也不会显示。

3.6.6　创建形状图层模拟效果

使用形状图层可以自由绘制图形并设置图形形状和图形颜色等，是制作遮罩动画的重要图层，下面详细介绍创建形状图层的操作方法。

素材保存路径：配套素材\第 3 章
素材文件名称：形状图层.aep、创建形状图层.aep

第 1 步 打开素材文件“形状图层.aep”，在菜单栏中选择【图层】→【新建】→【形状图层】菜单项，如图 3-102 所示。

第 2 步 此时即可创建出一个形状图层，同时在【合成】面板中的鼠标指针也会改变，***1.*** 在工具栏中选择准备创建的图形按钮，***2.*** 在【合成】面板中拖曳绘制一个形状，如图 3-103 所示。

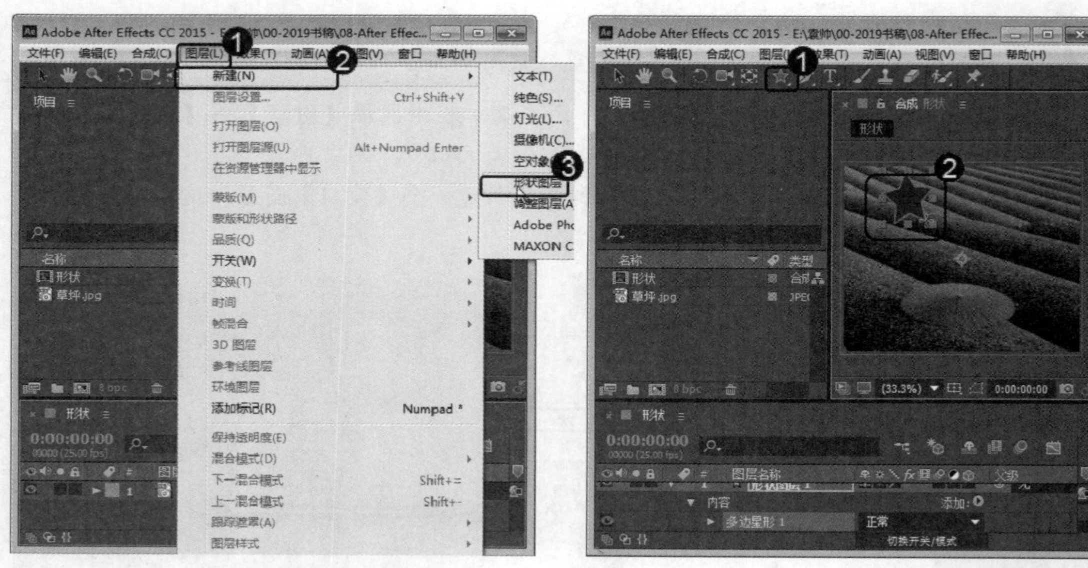

图 3-102　　　　图 3-103

第 3 步 通过以上步骤即可完成创建形状图层的操作，效果如图 3-104 所示。

图 3-104

3.6.7　创建调整图层模拟效果

调整图层的主要目的是通过为调整图层添加效果，使调整图层下方的所有图层共同享有添加的效果，因此常使用调整图层来调整整体作品的色彩效果，下面详细介绍创建调整图层的操作方法。

素材保存路径：配套素材\第 3 章
素材文件名称：调整图层.aep、创建调整图层.aep

第 1 步 打开素材文件“调整图层.aep”，在菜单栏中选择【图层】→【新建】→【调整图层】菜单项，如图 3-105 所示。

第 2 步 此时在【时间轴】面板中可以看到已经新建的【调整图层 1】，这样即可完成创建调整图层的操作，如图 3-106 所示。

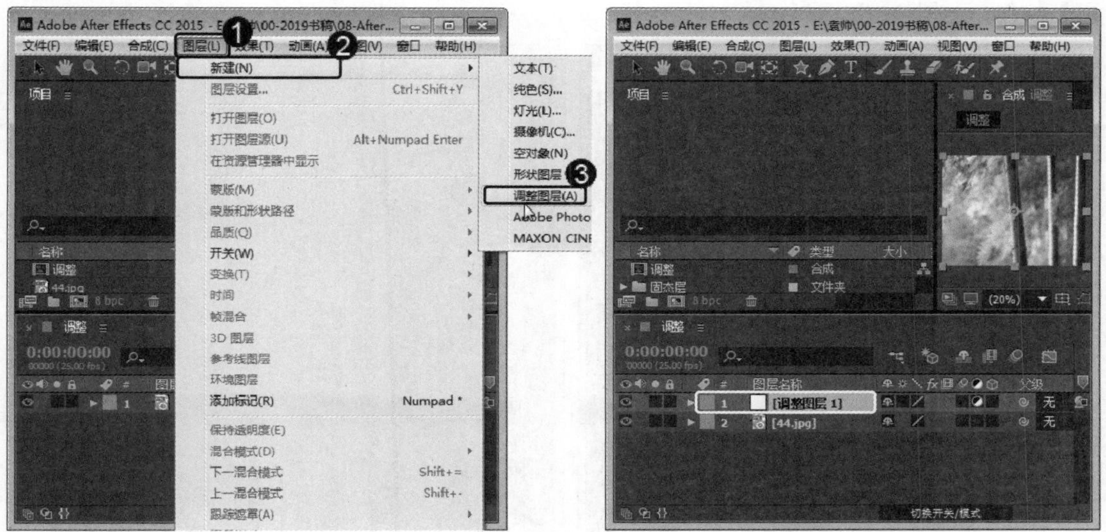

图 3-105　　　　图 3-106

3.7　实践案例与上机指导

通过本章的学习，读者基本可以掌握图层的操作及应用的基本知识以及一些常见的操作方法，下面通过练习一些案例操作，以达到巩固学习、拓展提高的目的。

↑扫码看视频

3.7.1　使用纯色图层制作双色背景

本例主要使用新建纯色层、修改纯色层参数，并通过设置位置和旋转属性设置出两个颜色相间的倾斜彩色背景，下面详细介绍其操作方法。

素材保存路径：配套素材\第 3 章

素材文件名称：wj.png、制作双色背景.aep

第 1 步 *1.* 在【项目】面板的空白位置处，单击鼠标右键，*2.* 在弹出的快捷菜单中选择【新建合成】菜单项，如图 3-107 所示。

第 2 步 弹出【合成设置】对话框，*1.* 设置合成名称，*2.* 设置【预设】为【自定义】，*3.* 设置【宽度】为 1024、【高度】为 768，*4.* 设置【像素长宽比】为【方形像素】，*5.* 设置【帧速率】为 30，*6.* 设置【分辨率】为【完整】，*7.* 设置【持续时间】为 5 秒，*8.* 单击【确定】按钮，如图 3-108 所示。

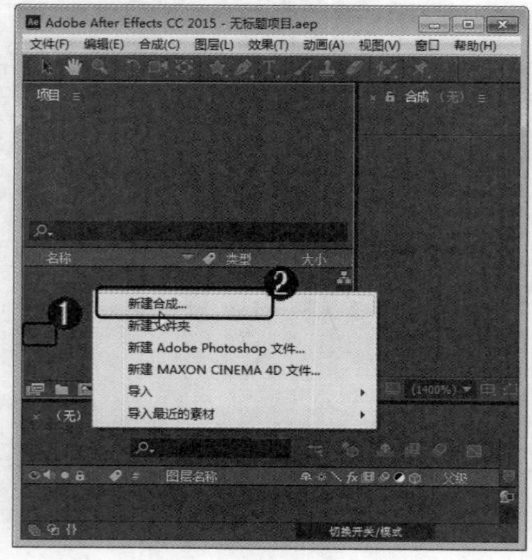

图 3-107

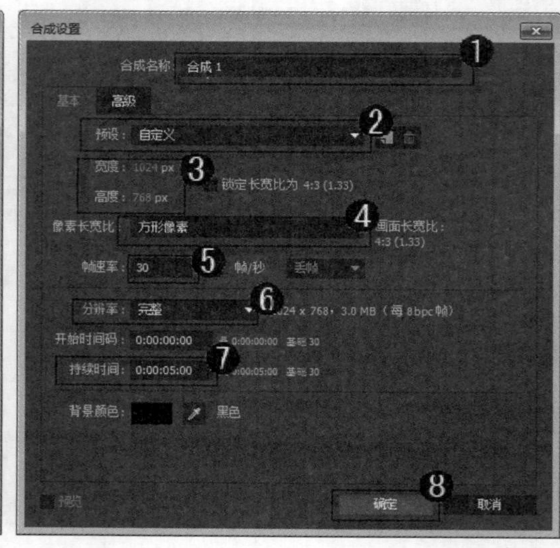

图 3-108

第 3 步 在菜单栏中选择【文件】→【导入】→【文件】菜单项，如图 3-109 所示。

第 4 步 弹出【导入文件】对话框，*1.* 选择要导入的素材文件“wj.png”，*2.* 单击【导入】按钮，如图 3-110 所示。

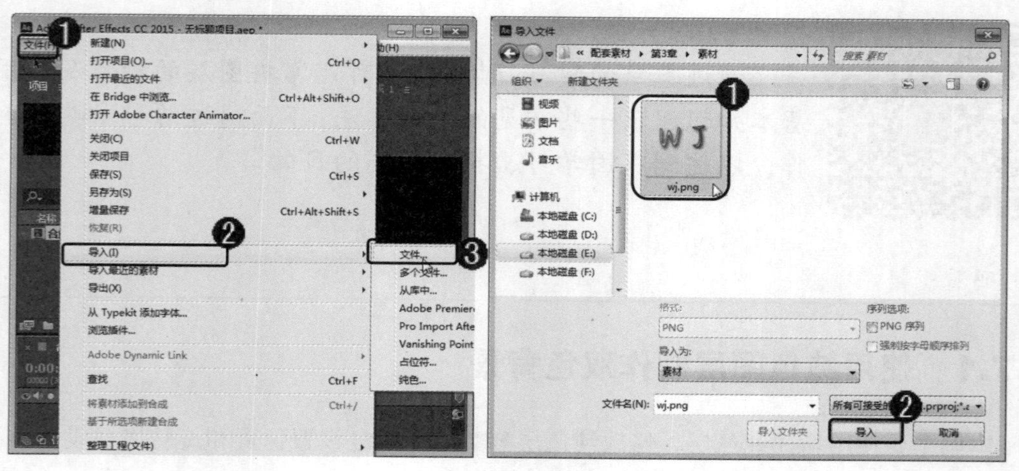

图 3-109　　图 3-110

第 5 步 在【项目】面板中，将素材文件“wj.png”拖曳到【时间轴】面板中，如图 3-111 所示。

第 6 步 设置素材文件“wj.png”的【位置】为(502.0,397.0)，【缩放】为(49.5,36.0%)，如图 3-112 所示。

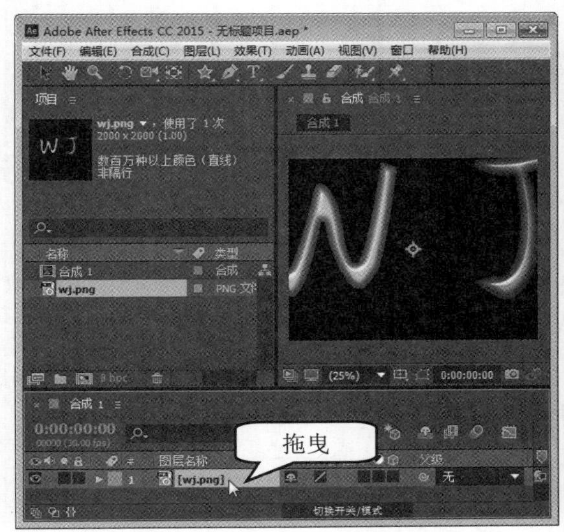

图 3-111

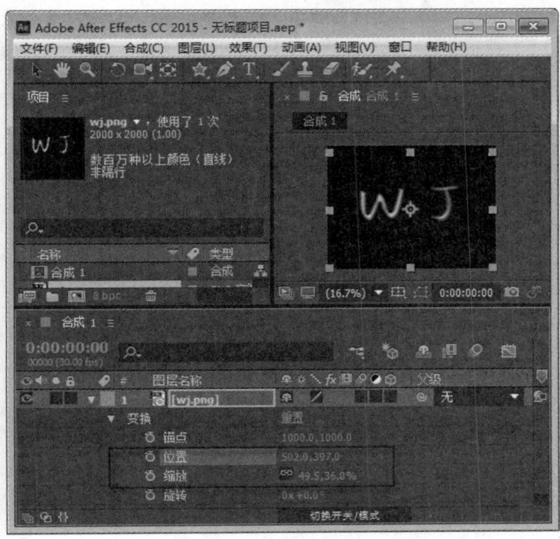

图 3-112

第 7 步 *1.* 在【时间轴】面板的空白处，单击鼠标右键，*2.* 在弹出的快捷菜单中选择【新建】菜单项，*3.* 选择【纯色】子菜单项，如图 3-113 所示。

第 8 步 弹出【纯色设置】对话框，*1.* 设置【颜色】为绿色，*2.* 设置【名称】为【绿色 纯色 1】，*3.* 设置【宽度】为 1300、【高度】为 768，*4.* 单击【确定】按钮，如图 3-114 所示。

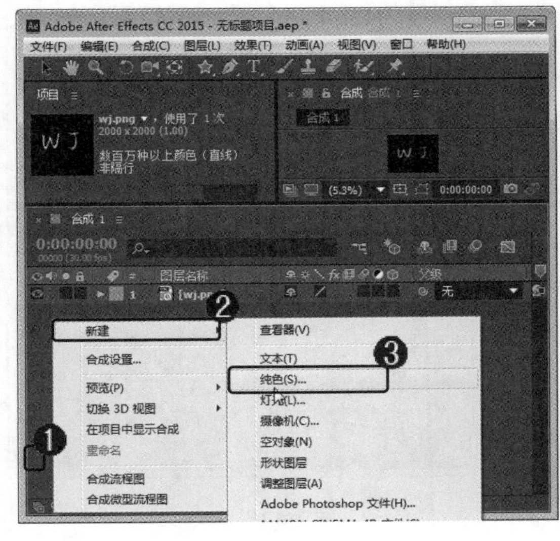

图 3-113

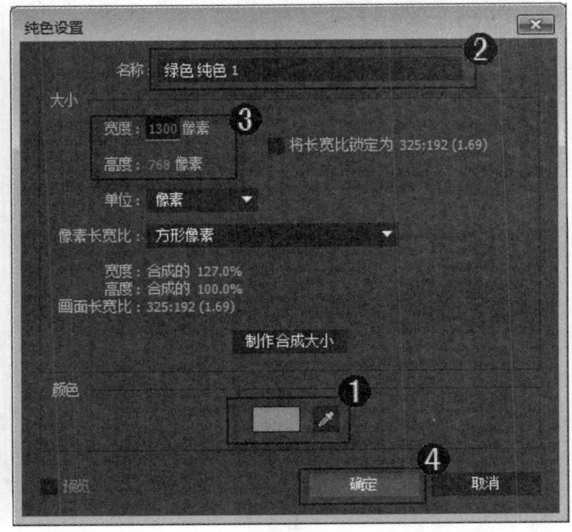

图 3-114

第 9 步 创建完纯色图层后，*1.* 设置该纯色图层的【位置】为(314.0,596.0)，*2.* 设置

【旋转】为 0×+45°，如图 3-115 所示。

第 10 步 *1.*在【时间轴】面板的空白处，单击鼠标右键，*2.* 在弹出的快捷菜单中选择【新建】菜单项，*3.* 选择【纯色】子菜单项，如图 3-116 所示。

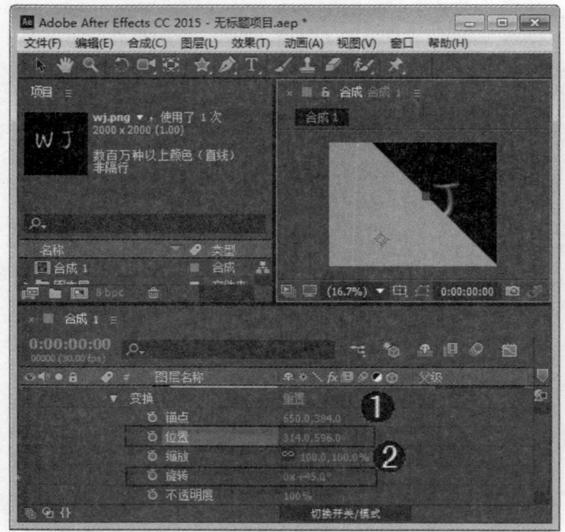

图 3-115

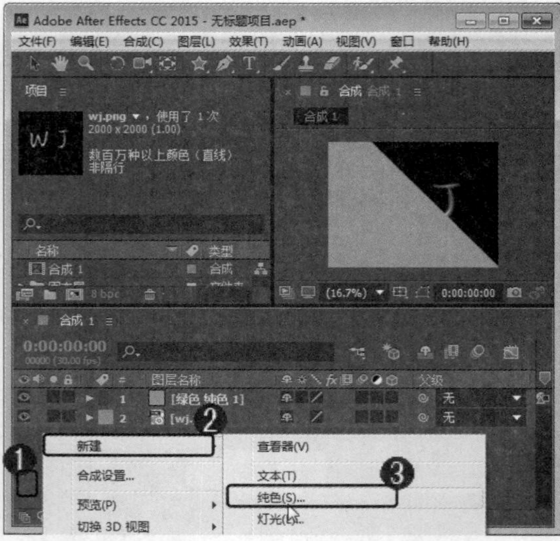

图 3-116

第 11 步 弹出【纯色设置】对话框，*1.* 设置【颜色】为橙色，*2.* 设置名称为【橙色 纯色 1】，*3.* 设置【宽度】为 1300、高度为 768，*4.* 单击【确定】按钮，如图 3-117 所示。

第 12 步 创建完纯色图层后，*1.* 设置该纯色图层的【位置】为(752.0,114.0)，*2.* 设置【旋转】为 0×+225°，如图 3-118 所示。

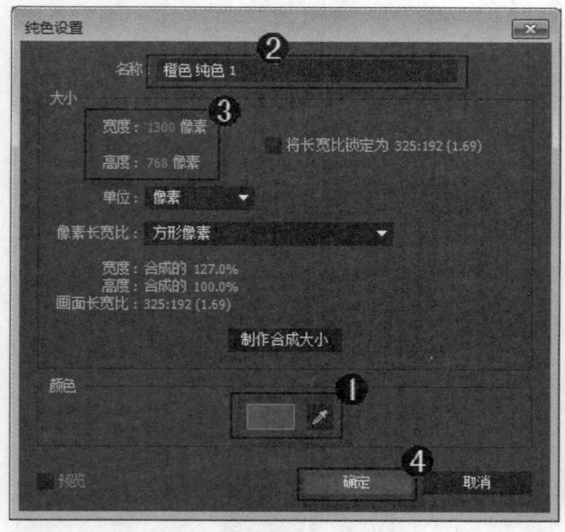

图 3-117

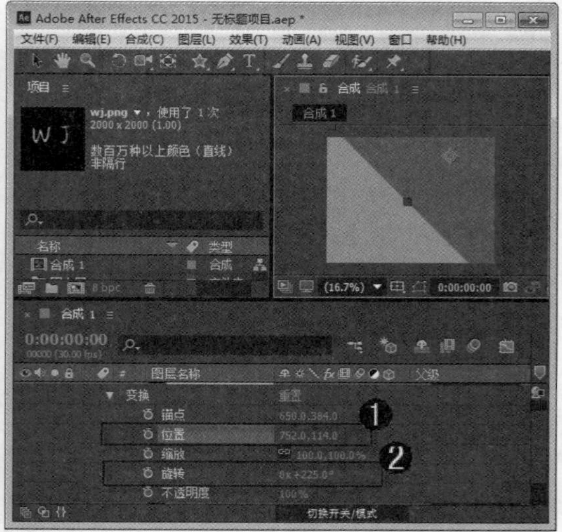

图 3-118

第 13 步 在【时间轴】面板中，将 wj.png 图层拖曳到最顶层，如图 3-119 所示。

第 14 步 此时在【合成】面板中可以看到本例的最终效果，这样即可完成使用纯色图层制作双色背景的操作，如图 3-120 所示。

图 3-119

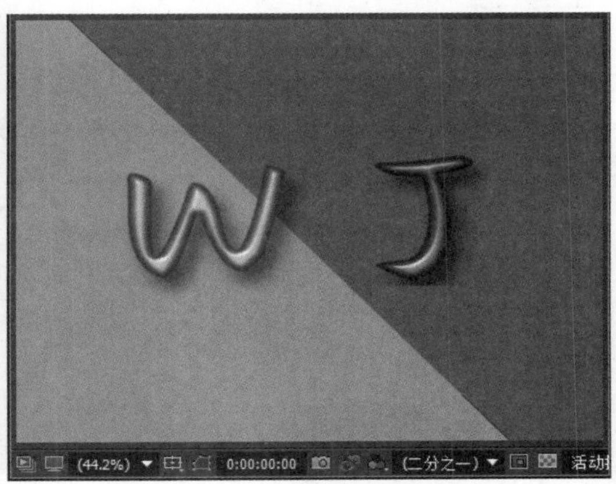

图 3-120

3.7.2　制作夜景中的人

本例要制作一个人与夜景融合的奇幻效果，只需要修改图层的模式即可，下面详细介绍其操作方法。

素材保存路径：配套素材\第 3 章
素材文件名称：人.jpg、夜景.jpg、制作“夜景中的人”.aep

第 1 步　***1.*** 在【项目】面板的空白位置处，单击鼠标右键，***2.*** 在弹出的快捷菜单中选择【新建合成】菜单项，如图 3-121 所示。

第 2 步　弹出【合成设置】对话框，***1.*** 设置合成名称，***2.*** 设置【预设】为【自定义】，***3.*** 设置【宽度】为 1500、【高度】为 1000，***4.*** 设置【像素长宽比】为【方形像素】，***5.*** 设置【帧速率】为 25，***6.*** 设置【分辨率】为【完整】，***7.*** 设置【持续时间】为 5 秒，***8.*** 单击【确定】按钮，如图 3-122 所示。

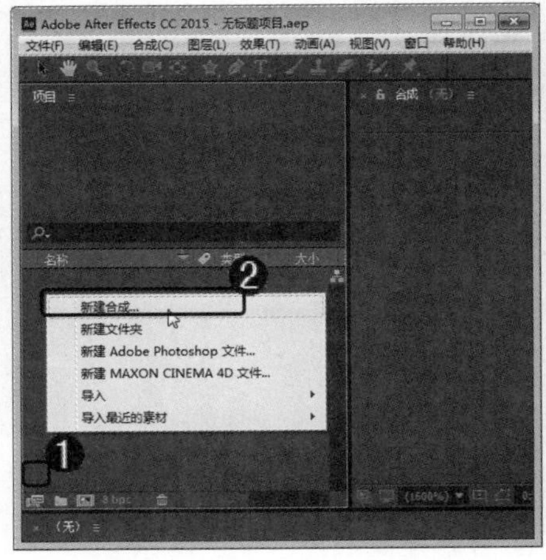

图 3-121

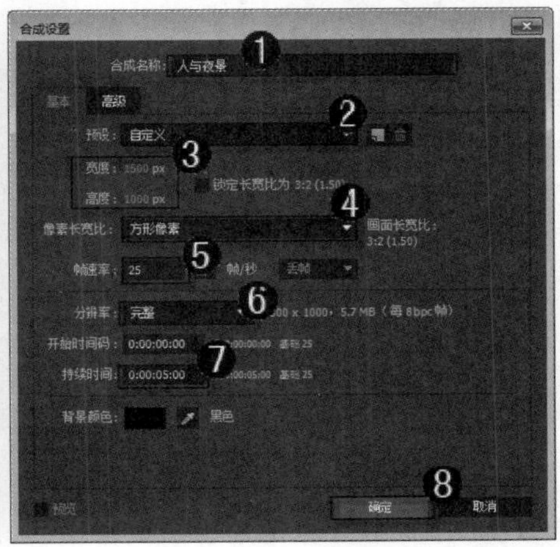

图 3-122

第 3 步 在菜单栏中选择【文件】→【导入】→【文件】菜单项，如图 3-123 所示。

第 4 步 弹出【导入文件】对话框，*1.* 选择要导入的素材文件“人.jpg”“夜景.jpg”，*2.* 单击【导入】按钮，如图 3-124 所示。

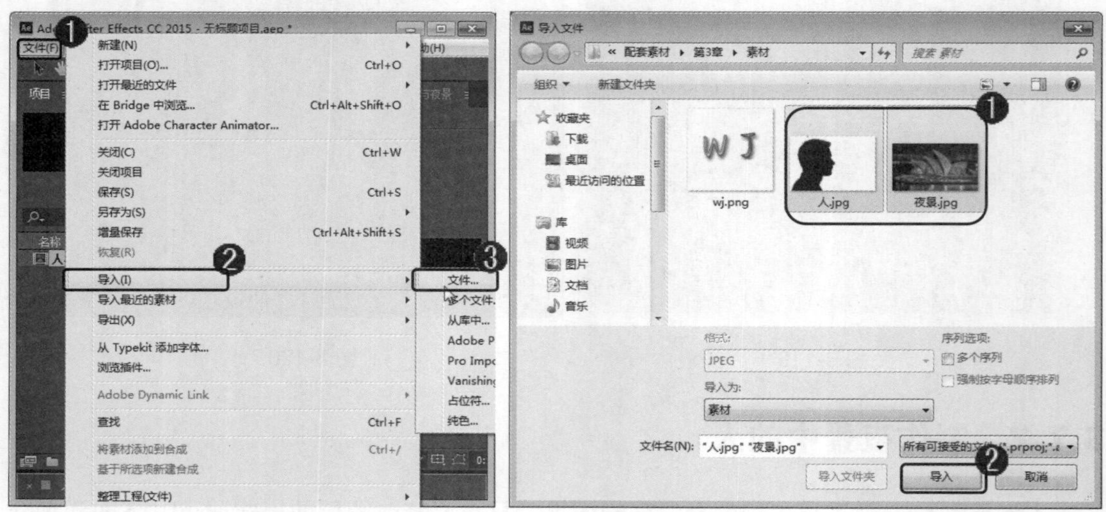

图 3-123　　　　图 3-124

第 5 步 在【项目】面板中，将素材文件“人.jpg”“夜景.jpg”拖曳到【时间轴】面板中，并将“人.jpg”拖曳到图层的最上方，如图 3-125 所示。

第 6 步 在【时间轴】面板中，*1.* 单击【切换开关/模式】按钮，*2.* 设置【人.jpg】图层的【模式】为【屏幕】，*3.* 打开该图层下方的【变换】，设置【不透明度】为 90，如图 3-126 所示。

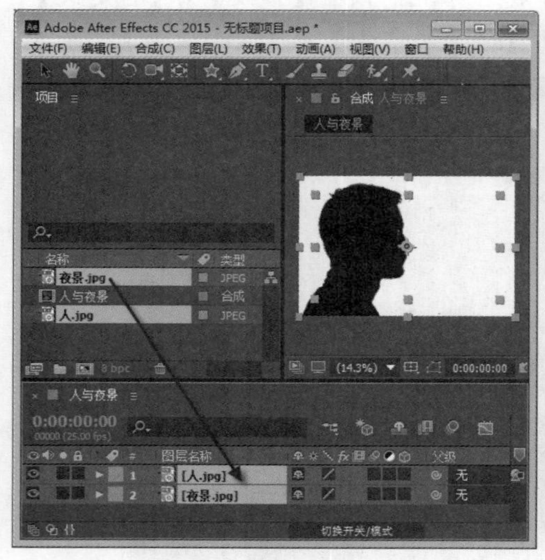

图 3-125

图 3-126

第 7 步 此时可以在【合成】面板中看到画面效果，如图 3-127 所示。

第 8 步 *1.* 在【时间轴】面板的空白处，单击鼠标右键，*2.* 在弹出的快捷菜单中选择【新建】菜单项，**3.** 选择【文本】子菜单项，如图 3-128 所示。

图 3-127

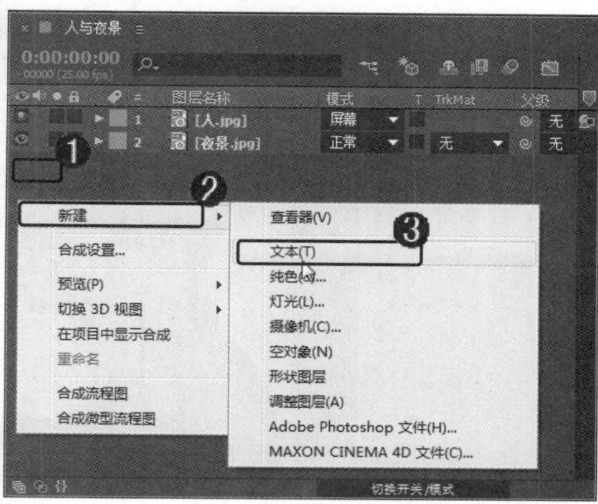

图 3-128

第 9 步 **1.** 在【字符】面板中设置【字体系列】为 Verdana，**2.** 设置【字体样式】为 Bold，**3.** 设置【填充颜色】为紫色，**4.** 【字体大小】为 120，**5.** 单击【【仿粗体】按钮T，**6.** 设置完成后在【合成】面板中输入文本“NIGHT”，如图 3-129 所示。

第 10 步 在【时间轴】面板中打开“NIGHT”文本图层下方的【变换】，设置【位置】为(1098.8,837.0)，如图 3-130 所示。

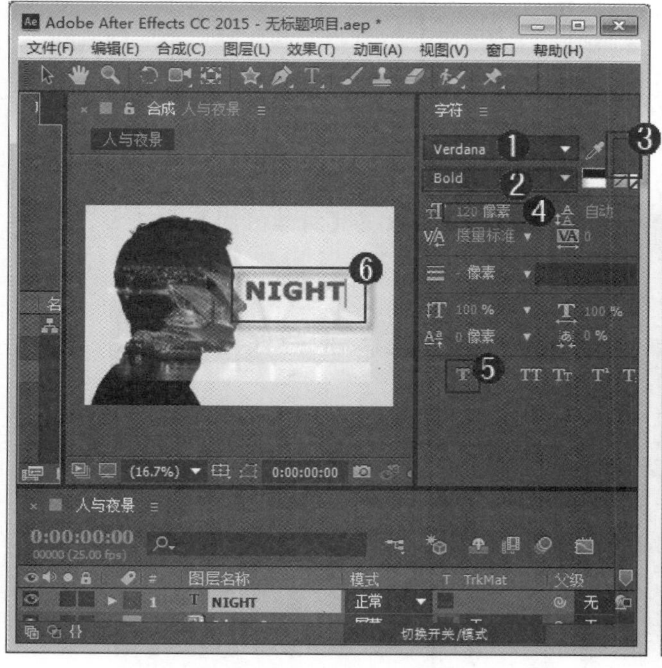

图 3-129

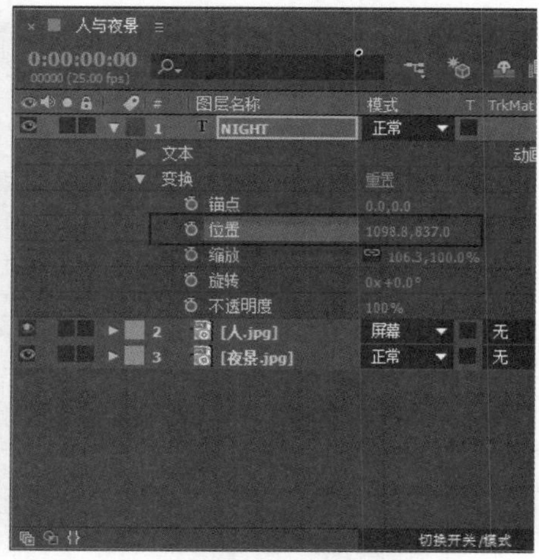

图 3-130

第 11 步 此时可以在【合成】面板中看到本例的最终效果，这样即可完成制作夜景中的人效果的操作，如图 3-131 所示。

图 3-131

3.7.3 制作真实的灯光和阴影

本例主要使用纯色层作为背景，通过将其设置为 3D 图层，使背景产生空间感。最后通过创建灯光图层，使文字产生真实的光照和阴影效果，下面详细介绍其操作方法。

素材保存路径：配套素材\第 3 章

素材文件名称：制作真实的灯光和阴影.aep

第 1 步 *1.* 在【项目】面板的空白位置处，单击鼠标右键，*2.* 在弹出的快捷菜单中选择【新建合成】菜单项，如图 3-132 所示。

第 2 步 弹出【合成设置】对话框，*1.* 设置合成名称，*2.* 设置【预设】为【自定义】，*3.* 设置【宽度】为 1024、【高度】为 768，*4.* 设置【像素长宽比】为【方形像素】，*5.* 设置【帧速率】为 30，*6.* 设置【分辨率】为【完整】，*7.* 设置【持续时间】为 5 秒，*8.* 单击【确定】按钮，如图 3-133 所示。

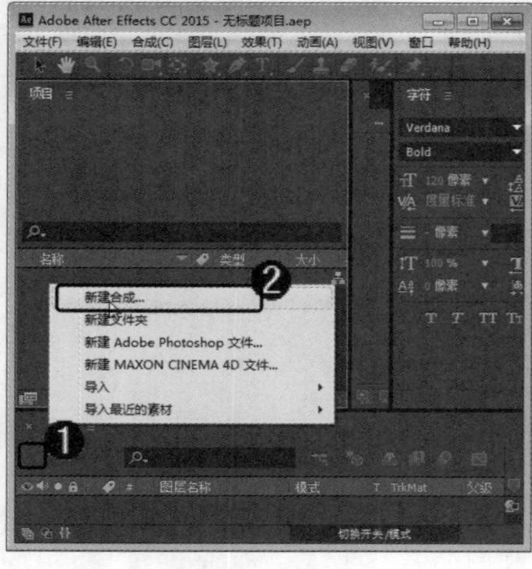

图 3-132

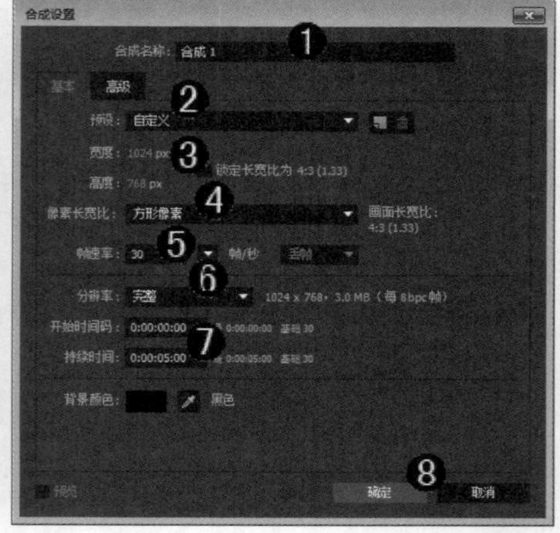

图 3-133

第 3 步 *1.* 在【时间轴】面板的空白处，单击鼠标右键，*2.* 在弹出的快捷菜单中选择【新建】菜单项，*3.* 选择【纯色】子菜单项，如图 3-134 所示。

第 4 步 弹出【纯色设置】对话框，*1.* 设置【颜色】为青色，*2.* 设置【名称】为【青色 纯色 1】，*3.* 设置【宽度】为 1500、【高度】为 768，*4.* 单击【确定】按钮，如图 3-135 所示。

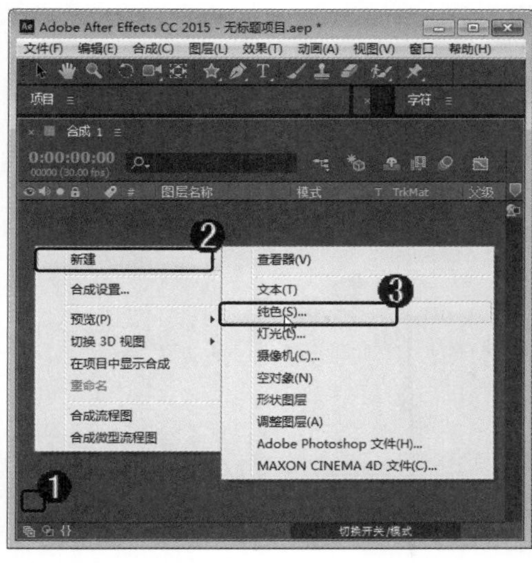

图 3-134

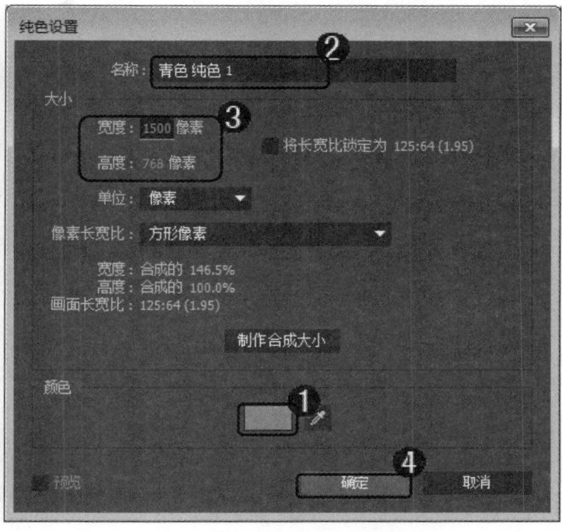

图 3-135

第 5 步 继续创建一个纯色层，在【纯色设置】对话框中，*1.* 设置【颜色】为蓝色，*2.* 设置【名称】为【蓝色 纯色 1】，*3.* 设置【宽度】为 1500、【高度】为 768，*4.* 单击【确定】按钮，如图 3-136 所示。

第 6 步 单击【展开和折叠“图层开关”窗格】按钮，激活两个纯色图层的【3D 图层】按钮，设置【青色 纯色 1】的【位置】和【缩放】参数，设置【蓝色 纯色 1】的【位置】、【缩放】和【方向】参数，如图 3-137 所示。

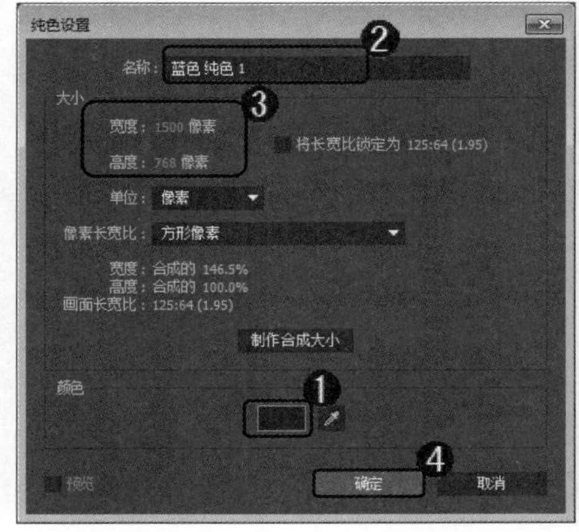

图 3-136

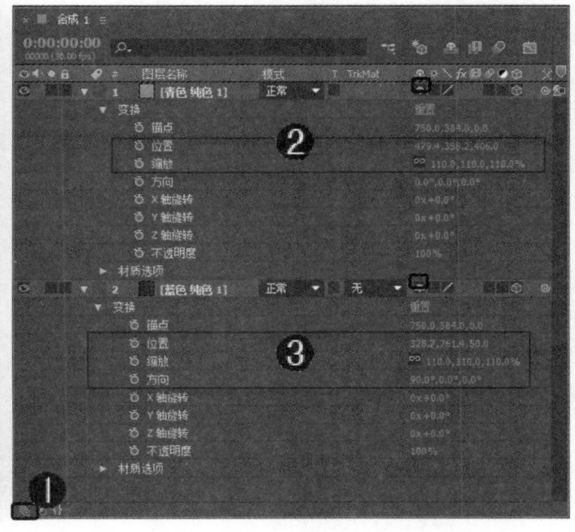

图 3-137

第 7 步 *1.* 在【时间轴】面板的空白处，单击鼠标右键，*2.* 在弹出的快捷菜单中选择【新建】菜单项，*3.* 选择【文本】子菜单项，如图 3-138 所示。

第 8 步 *1.* 在【合成】面板中输入文本“Light”，*2.* 在【字符】面板中设置【字体】为华文新魏，*3.* 设置【字体大小】为 181，*4.* 设置【字体颜色】为深蓝，*5.* 单击【仿粗体】按钮，如图 3-139 所示。

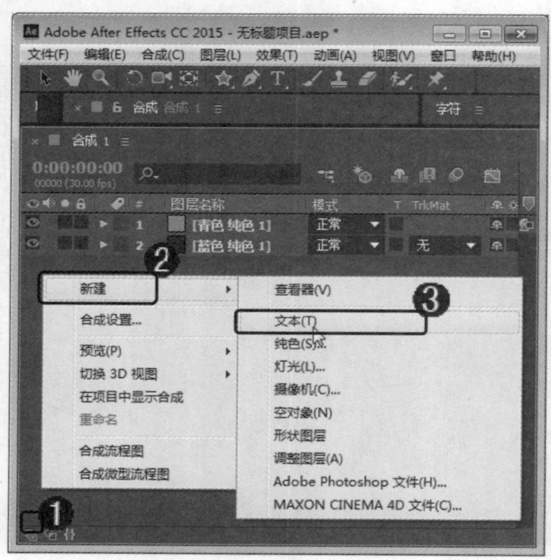

图 3-138

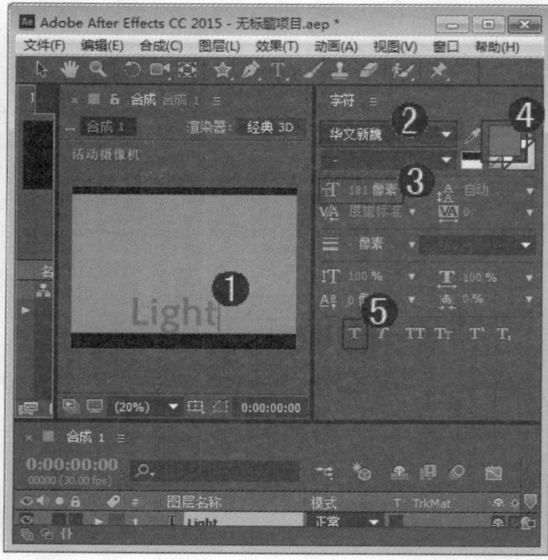

图 3-139

第 9 步 创建完文本图层后，在菜单栏中选择【效果】→【风格化】→【发光】菜单项，为文本图层添加发光效果，如图 3-140 所示。

第 10 步 *1.* 设置【发光阈值】为 50，*2.* 激活文本图层的【3D 图层】按钮，*3.* 设置【材质选项】的【投影】为【开】，如图 3-141 所示。

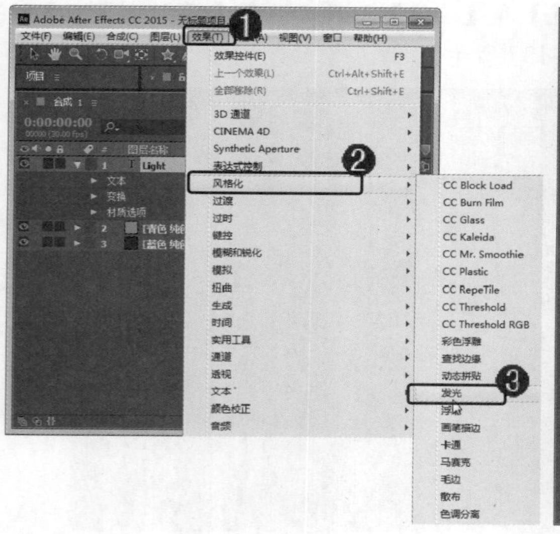

图 3-140

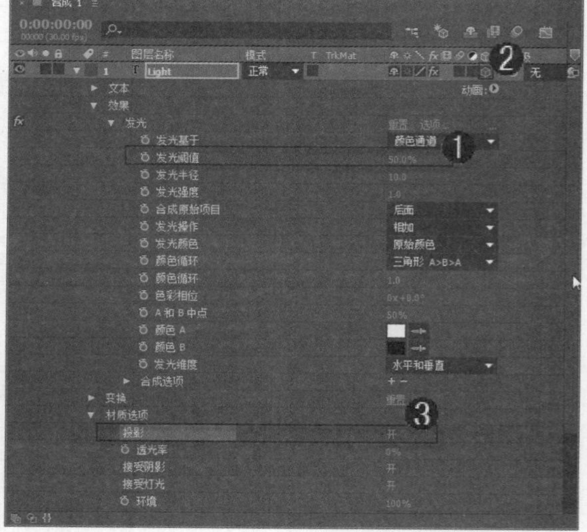

图 3-141

第 11 步 此时在【合成】面板中可以看到出现了发光文字效果，如图 3-142 所示。

第 12 步 *1.* 在【时间轴】面板中，单击鼠标右键，*2.* 在弹出的快捷菜单中选择【新建】菜单项，*3.* 选择【灯光】子菜单项，如图 3-143 所示。

图 3-142

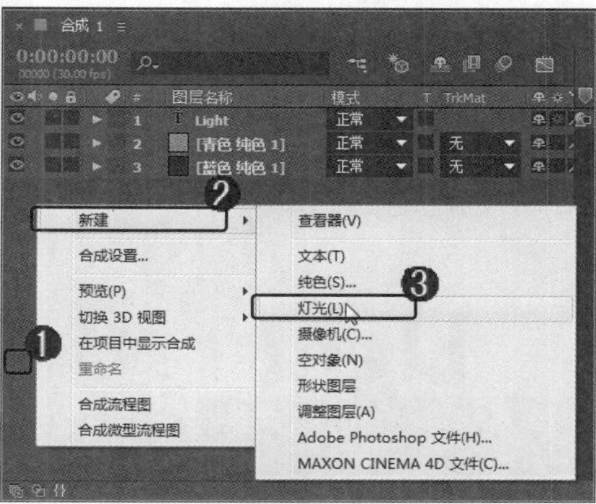

图 3-143

第 13 步 弹出【灯光设置】对话框，*1.* 设置【灯光类型】为【聚光】，*2.* 设置【强度】为 250%，*3.* 勾选【投影】复选框，*4.* 单击【确定】按钮，如图 3-144 所示。

第 14 步 在【时间轴】面板中，设置【灯光 1】的【目标点】和【位置】参数，如图 3-145 所示。

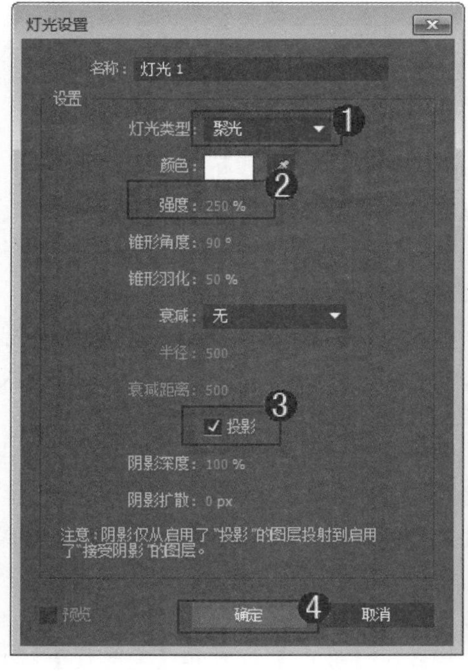

图 3-144

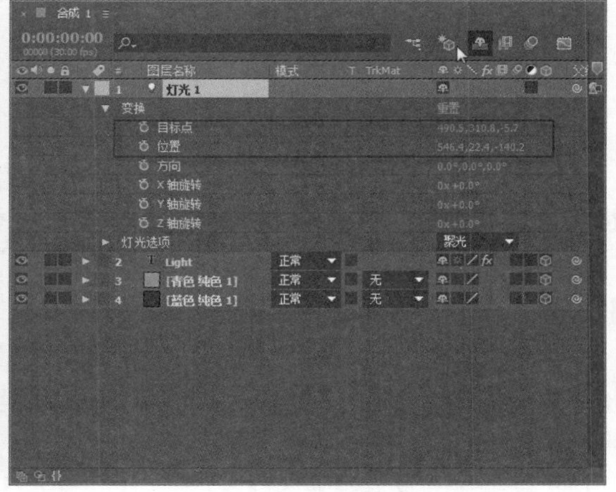

图 3-145

第 15 步 此时在【合成】面板中即可看到产生了灯光和阴影效果，如图 3-146 所示。

第 16 步 通过以上步骤即可完成制作真实的灯光和阴影操作，本例的最终效果如图 3-147 所示。

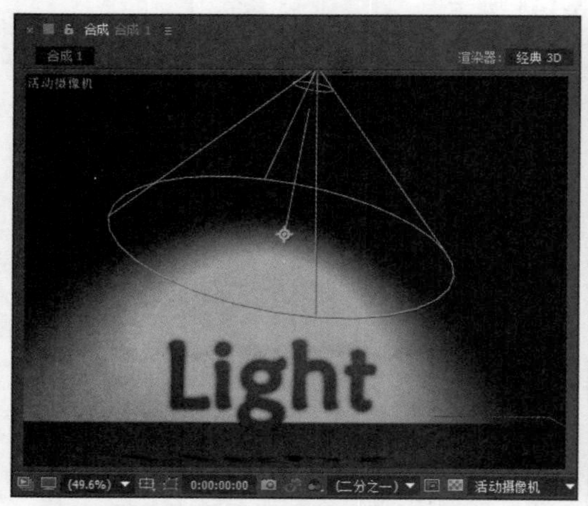

图 3-146

图 3-147

3.8 思考与练习

一、填空题

1. 【时间轴】面板中的素材都是以图层的方式按照_______关系依次排列组合的。

2. 在 After Effects 中进行合成操作时，每个导入合成图像的素材都会以_____的形式出现在合成中。

3. 在【时间轴】面板中选择图层，上下拖曳到适当的位置，可以改变__________。

4. ______就是将一个图层在指定的时间处，拆分为多段图层。

5. __________可以以锚点为基准来改变图层的大小。

6. _______是以锚点为基准旋转图层。

7. __________是以百分比的方式来调整图层的不透明度。

8. 在普通模式中主要包括【正常】、【______】、【动态抖动溶解】3 个混合模式。

9. ________包括【相加】模式、【变亮】模式、【屏幕】模式、【线性减淡】模式、【颜色减淡】模式、【经典颜色减淡】模式和【变亮颜色】模式 7 个混合模式。

10. 在叠加模式中，主要包括【叠加】模式、【柔光】模式、【_____】模式、【线性光】模式、【______】模式、【点光】模式 和【纯色混合】模式 7 个模式。

11. 差值模式包括【差值】模式、【经典差值】模式、【排除】模式、【相减】模式和【相除】模式 5 个混合模式。这种类型的混合模式都是基于______和底层的颜色值来产生差异效果。

12. ________包括【色相】模式、【饱和度】模式、【颜色】模式和【发光度】模式 4 个叠加模式。

13. __________主要用于模拟真实的灯光、阴影，使作品层次感更加强烈。

二、判断题

1. 可以将 After Effects 软件中的图层想象为一层层叠放的透明胶片，上一层有内容的地方将遮盖住下一层的内容，上一层没有内容的地方则露出下一层的内容，上一层的部分处于半透明状态时，将依据半透明程度混合显示下层内容。（　）

2. 在键盘上右侧的小数字键盘中按图层对应的数字键即可选中相应的图层。（　）

3. 位置属性主要用来制作图层的缩放动画。（　）

4. 变暗模式包括【变暗】模式、【相乘】模式、【颜色加深】模式、【经典颜色加深】模式、【线性加深】模式和 【较深的颜色】模式。这种类型的混合模式都可以使图像的整体颜色变亮。（　）

5. 蒙版模式包括【蒙版 Alpha】模式、【模板亮度】模式、【轮廓 Alpha】模式和【轮廓亮度】模式 4 个叠加模式。这种类型的混合模式可以将源图层转换为底层的一个遮罩。（　）

6. 在共享模式中，主要包括【Alpha 添加】和【冷光预乘】两个混合模式。这种类型的混合模式都可以使底层与源图层的 Alpha 通道或透明区域像素产生相互作用。（　）

7. 纯色图层可以为作品添加文字效果，如字幕、解说等。（　）

8. 纯色图层是一种单一颜色的基本图层，因为 After Effects 的效果都是基于【层】上的，所以纯色图层经常会用到，常用于制作纯色背景效果。（　）

9. 摄像机图层主要用于三维合成制作中，进行控制合成时的最终视角，通过对摄影机设置动画可模拟三维镜头运动。（　）

10. 空对象图层关联到其他图层，修改空对象图层不可以影响与其关联的图层，常用于创建摄像机的父级，用来控制摄像机的移动和位置的设置。（　）

11. 使用形状图层可以自由绘制图形并设置图形形状和图形颜色等，是制作遮罩动画的重要图层。（　）

12. 调整图层的主要目的是通过为调整图层添加效果，使调整图层下方的所有图层共同享有添加的效果，因此常使用调整图层来调整整体作品的色彩效果。（　）

三、思考题

1. 如何创建图层？

2. 如何创建摄像机图层？

新起点 电脑教程

第 4 章

蒙版工具与动画制作

本章要点

- 初步认识蒙版
- 形状工具的应用
- 修改蒙版
- 绘画工具与路径动画

本章主要内容

本章主要介绍蒙版和形状工具应用方面的知识与技巧，同时讲解如何修改蒙版的方法，在本章的最后还针对实际的工作需求，讲解绘画工具与路径动画的相关知识及操作方法。通过本章的学习，读者可以掌握蒙版工具与动画制作方面的知识，为深入学习 After Effects CC 影视高级特效制作知识奠定基础。

4.1 初步认识蒙版

蒙版主要用来制作背景的镂空透明和图像之间的平滑过渡等。蒙版有多种形状，在 After Effects 软件自带的工具栏中，可以利用相关的蒙版工具来创建如方形、圆形和自由形状等图形。本节将详细介绍蒙版动画的相关知识及操作方法。

↑ 扫码看视频

4.1.1 蒙版的原理

蒙版就是通过蒙版层中的图形或轮廓对象，透出下面图层的内容。简单地说蒙版层就像一张纸，而蒙版图像就像是在这张纸上挖出的一个洞，通过这个洞来观察外界的事物。蒙版对图层的作用原理示意图如图 4-1 所示。

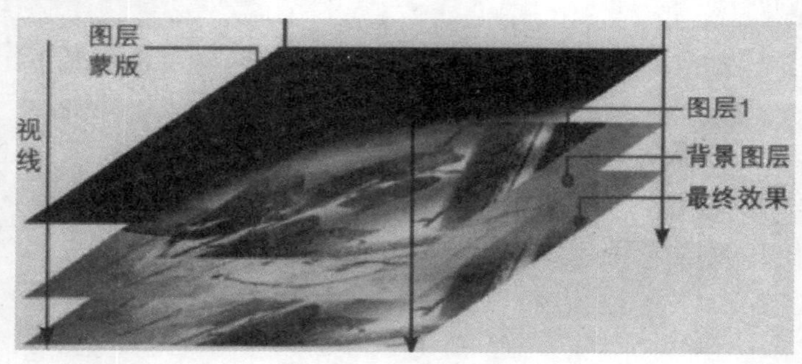

图 4-1

一般来说，蒙版需要有两个层，而在 After Effects 软件中，蒙版可以在一个图像层上绘制轮廓以制作蒙版，看上去像是一个层，但读者可以将其理解为两个层：一个是轮廓层，即蒙版层；另一个是被蒙版层，即蒙版下面的层。

蒙版层的轮廓形状决定着看到的图像形状，而被蒙版层决定看到的内容。蒙版动画可以理解为一个人拿着望远镜眺望远方，在眺望时不停地移动望远镜，看到的内容就会有不同的变化，这样就形成了蒙版动画。当然也可以理解为望远镜静止不动，而看到的画面在不停地移动，即被蒙版层不停地运动，以此来产生蒙版动画效果。总的两点为：蒙版层作变化；被蒙版层作运动。

4.1.2 常用的蒙版工具

在 After Effects CC 中，绘制蒙版的工具有很多，其中包括【形状工具组】■、【钢笔工具组】、【画笔工具】以及【橡皮擦工具】等，如图 4-2 所示。

图 4-2

4.1.3　使用多种方法创建卡通蒙版效果

蒙版有很多种创建方法和编辑技巧，通过工具栏中的按钮和菜单中的命令，都可以快速地创建和编辑蒙版，下面将介绍几种创建蒙版的方法。

素材保存路径：配套素材\第 4 章

素材文件名称：蒙版.aep

1. 使用形状工具创建蒙版

使用形状工具可以快速地创建出标准形状的蒙版，下面详细介绍使用形状工具创建蒙版的操作方法。

第 1 步　打开素材文件“蒙版.aep”，***1.*** 在【时间轴】面板中，选择需要创建蒙版的图层，***2.*** 在工具栏中，选择合适的形状工具，如图 4-3 所示。

第 2 步　保持对蒙版工具的选择，在【合成】面板中，单击鼠标左键并拖曳就可以创建出蒙版了，如图 4-4 所示。

图 4-3

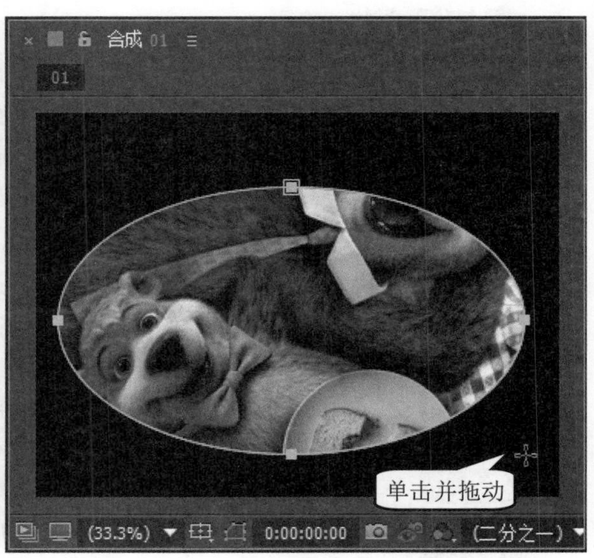

图 4-4

2. 使用钢笔工具创建蒙版

在工具栏中选择【钢笔工具】，可以创建出任意形状的蒙版。在使用【钢笔工具】创建蒙版时，必须使蒙版成为闭合的状态，下面详细介绍其操作方法。

第 1 步　打开素材文件“蒙版.aep”，***1.*** 在【时间轴】面板中，选择需要创建蒙版的图层，**2.** 在工具栏中选择【钢笔工具】，如图 4-5 所示。

第 2 步 在【合成】面板中，单击鼠标左键确定第 1 个点，然后继续单击鼠标左键绘制出一个闭合的贝塞尔曲线，即可完成使用钢笔工具创建蒙版的操作，如图 4-6 所示。

图 4-5

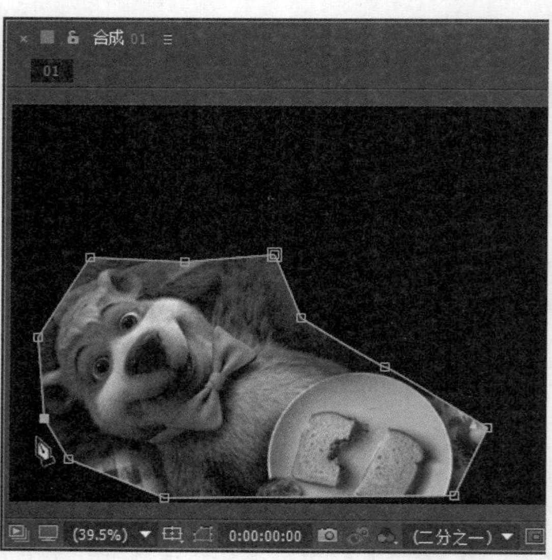

图 4-6

知识精讲

在使用【钢笔工具】创建曲线的过程中，如果需要在闭合的曲线上添加点，可以使用【添加“顶点”工具】；如果需要在闭合的曲线上减少点，可以使用【删除“顶点”工具】；如果需要对曲线的点进行贝塞尔控制调节，可以使用【转换“顶点”工具】；如果需要对创建的曲线进行羽化，可以使用【蒙版羽化工具】。

3. 使用【新建蒙版】命令创建蒙版

使用【新建蒙版】命令创建出的蒙版形状都比较单一，与蒙版工具的效果相似，下面详细介绍使用【新建蒙版】命令创建蒙版的操作方法。

第 1 步 打开素材文件“蒙版.aep”，选择需要创建蒙版的图层后，在菜单栏中选择【图层】→【蒙版】→【新建蒙版】菜单项，如图 4-7 所示。

第 2 步 在【合成】面板中，可以看到已经创建出一个与图层大小一致的矩形蒙版，这样即可完成使用【新建蒙版】命令创建蒙版的操作，如图 4-8 所示。

第 3 步 如果需要对蒙版进行调节，可以选择蒙版，然后在菜单栏中选择【图层】→【蒙版】→【蒙版形状】菜单项，如图 4-9 所示。

第 4 步 弹出【蒙版形状】对话框，**1.** 设置蒙版的位置、单位和形状，**2.** 单击【确定】按钮，如图 4-10 所示。

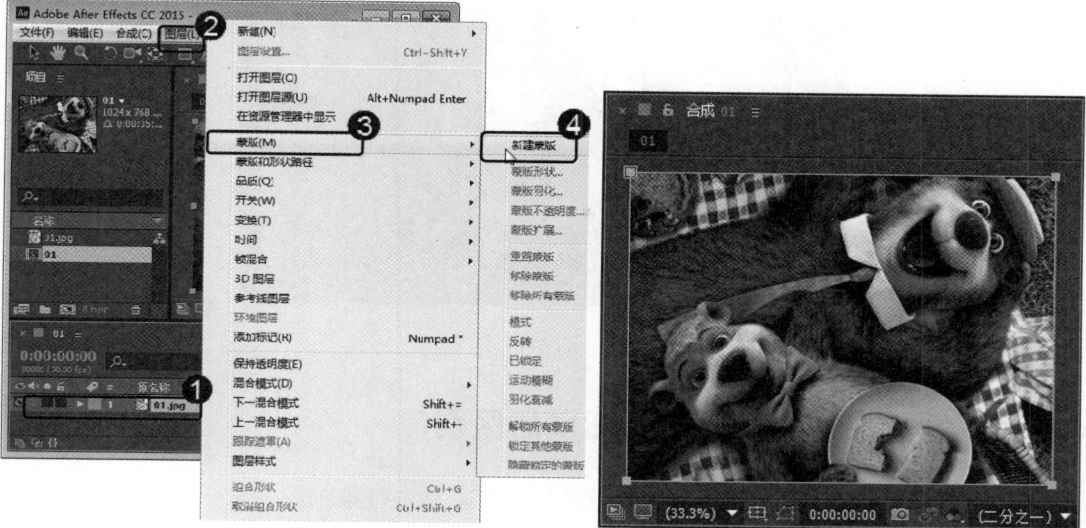

图 4-7　　　　图 4-8

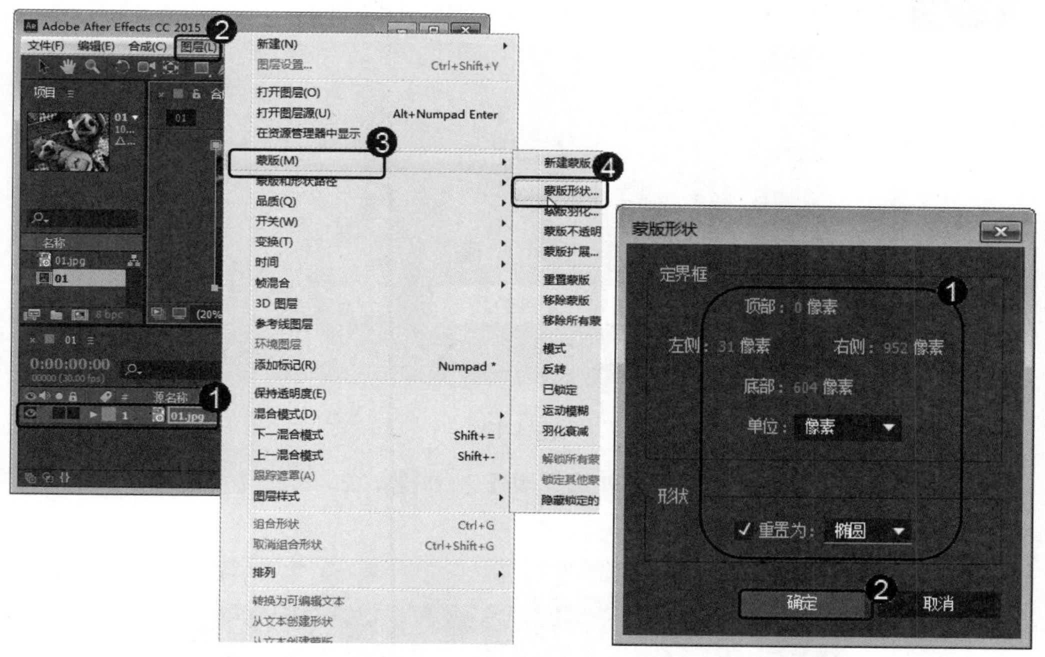

图 4-9　　　　图 4-10

第 5 步　通过以上步骤即可完成使用【新建蒙版】命令创建蒙版的操作，效果如图 4-11 所示。

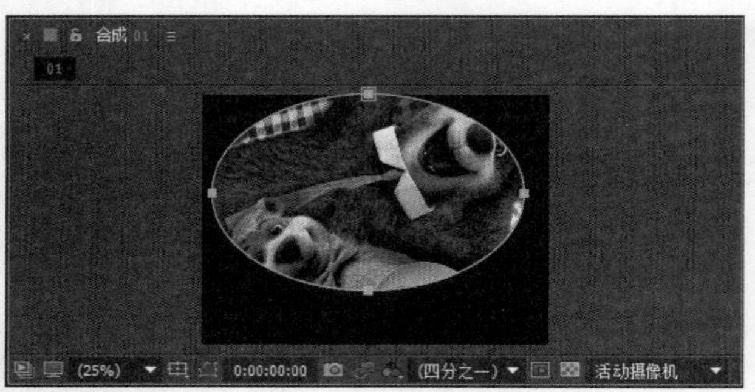

图 4-11

4.1.4 创建蒙版与创建形状图层的区别

创建蒙版，首先需要选中图层，然后选择蒙版工具进行绘制。

素材保存路径：配套素材\第 4 章

素材文件名称：蒙版 1.aep

第 1 步 新建一个纯色图层并选中该图层，如图 4-12 所示。

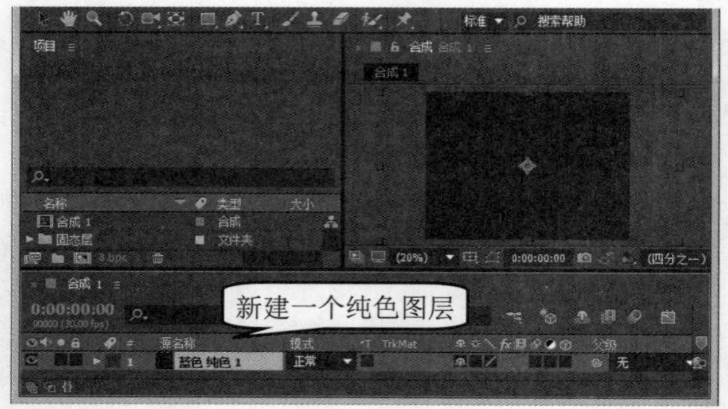

图 4-12

第 2 步 *1.* 在工具栏中单击【矩形工具】按钮，*2.* 选择【多边形工具】，如图 4-13 所示。

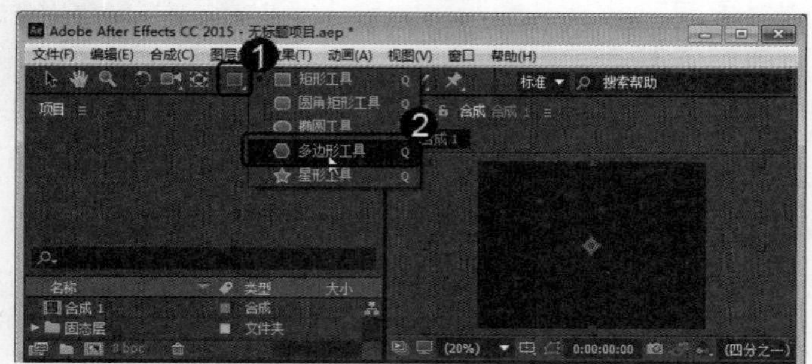

图 4-13

第 3 步 此时出现了蒙版的效果，图形以外的部分不显示，只显示图形以内的部分，如图 4-14 所示。

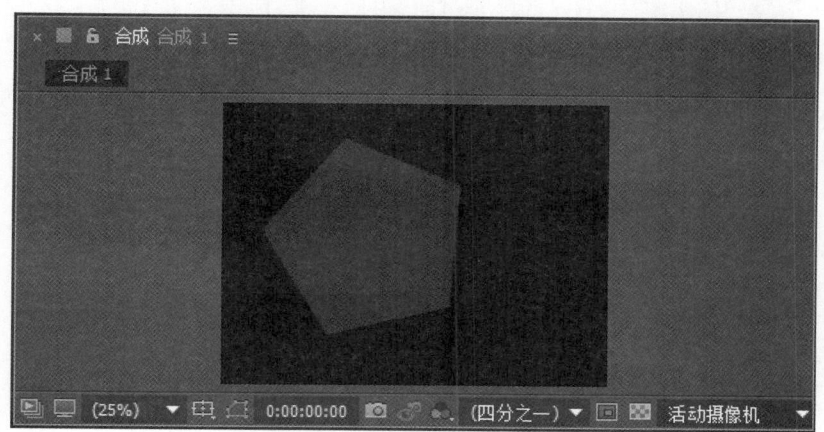

图 4-14

创建形状图层，则是要求不选中图层，而是选择工具进行绘制，绘制出的是一个单独的图案。

素材保存路径：配套素材\第 4 章
素材文件名称：形状图层.aep

第 1 步 新建一个纯色图层，不要选中该图层，如图 4-15 所示。

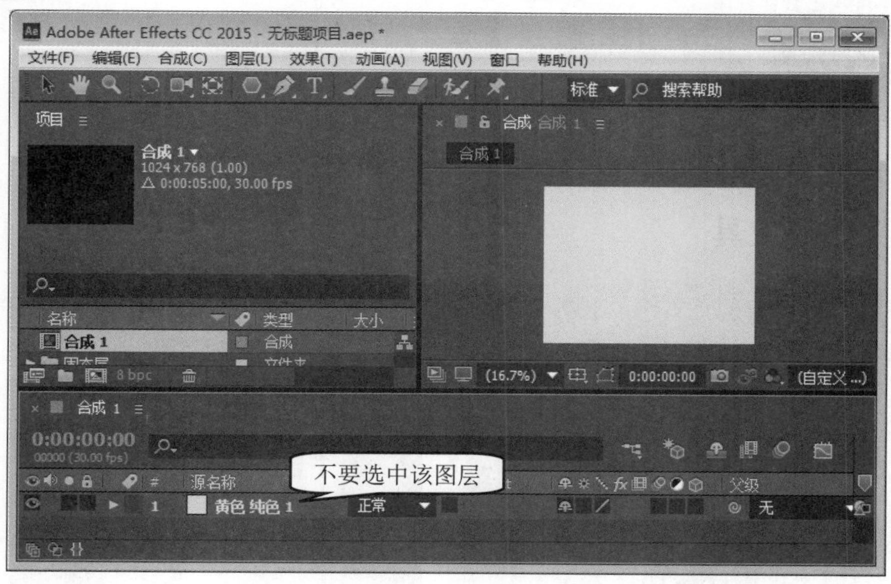

图 4-15

第 2 步 在工具栏中单击【矩形工具】按钮，选择【多边形工具】，并设置颜色，此时拖曳鼠标进行绘制即可新建一个独立的形状图层，如图 4-16 所示。

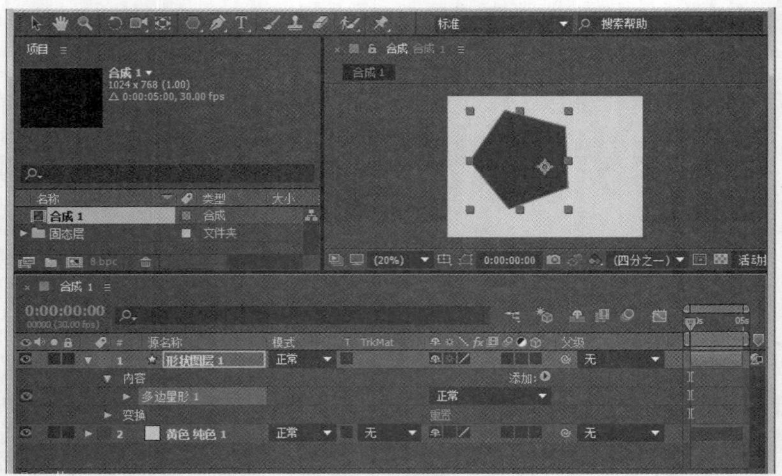

图 4-16

4.2 形状工具的应用

在 After Effects 软件中，使用形状工具既可以创建形状图层，也可以创建形状遮罩。形状工具包括【矩形工具】、【圆角矩形工具】、【椭圆工具】、【多边形工具】和【星形工具】等，本节将详细介绍形状工具应用的相关知识及操作方法。

↑ 扫码看视频

4.2.1 矩形工具

矩形工具可以绘制正方形、长方形等形状，如图 4-17 所示，也可以为图层绘制遮罩，如图 4-18 所示。

图 4-17

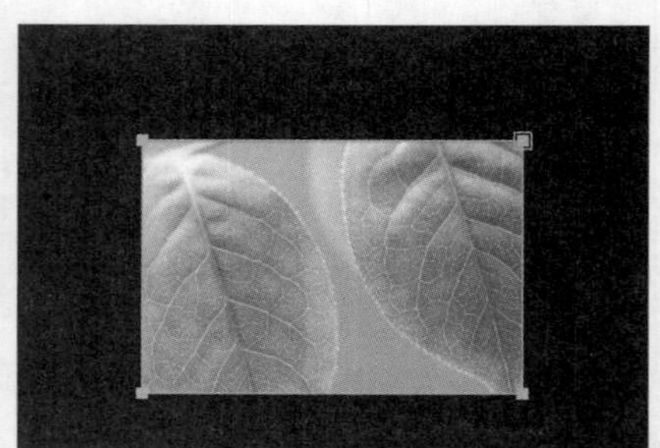
图 4-18

4.2.2　圆角矩形工具

【圆角矩形工具】▢的使用方法及其相关属性设置与矩形工具相同，使用【圆角矩形工具】▢可以绘制出圆角矩形和圆角正方形，如图 4-19 所示，也可以为图层绘制遮罩，如图 4-20 所示。

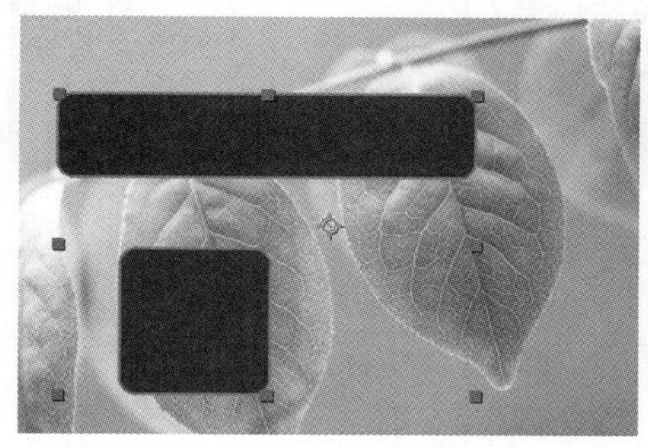

图 4-19

图 4-20

4.2.3　椭圆工具

使用【椭圆工具】◯可以绘制出椭圆和圆，如图 4-21 所示。也可以为图层绘制椭圆形和圆形的遮罩，如图 4-22 所示。

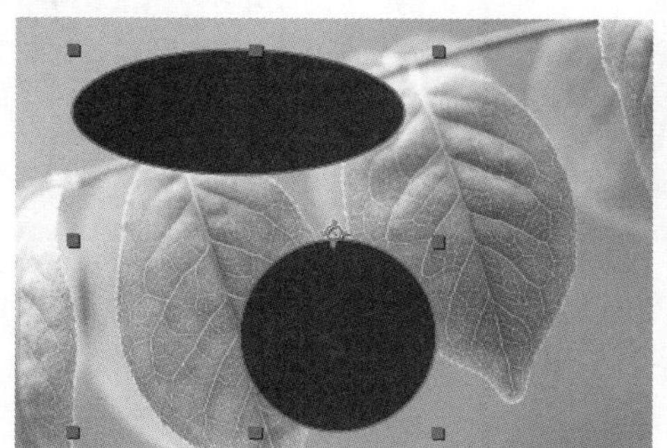

图 4-21

图 4-22

智慧锦囊

如果要绘制正方形，可以在选择【矩形工具】▢后，按住 Shift 键的同时拖动鼠标进行绘制；如果要绘制圆形，可以在选择【椭圆工具】◯后，按住 Shift 键的同时拖动鼠标进行绘制。

4.2.4　多边形工具

使用【多边形工具】⬠可以绘制出边数至少为 5 边的多边形路径和图形，如图 4-23 所示，也可以为图层绘制出多边形遮罩，如图 4-24 所示。

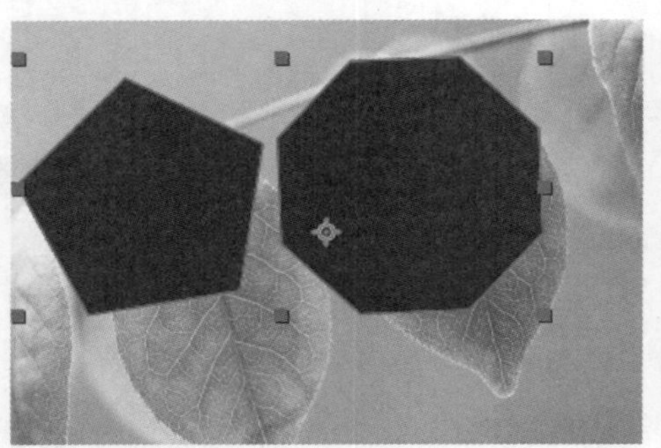
图 4-23

图 4-24

4.2.5 星形工具

使用【星形工具】可以绘制出边数至少为 3 的星形路径和图形，如图 4-25 所示，也可以为图层绘制出星形遮罩，如图 4-26 所示。

图 4-25

图 4-26

4.2.6 钢笔工具

使用【钢笔工具】可以在合成或【图层】预览窗口中绘制出各种路径，它包含 4 个辅助工具，分别是【添加“顶点”工具】、【删除“顶点”工具】、【转换“顶点”工具】和【蒙版羽化工具】。在工具栏中选择【钢笔工具】后，在面板的右侧会出现一个 RotoBezier 复选框，如图 4-27 所示。

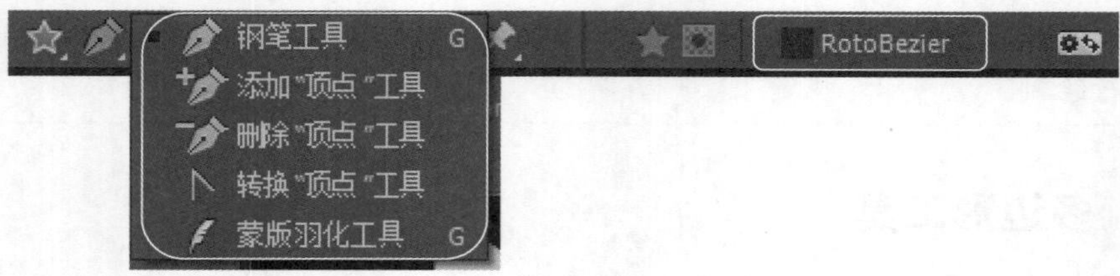

图 4-27

知识精讲

在默认情况下，RotoBezier 复选框处于关闭状态，这时使用钢笔工具绘制的贝塞尔曲线的顶点包含有控制手柄，可以通过调整控制手柄的位置来调节贝塞尔曲线的形状。如果勾选 RotoBezier 复选框，那么绘制出来的贝塞尔曲线将不包含控制手柄，曲线的顶点曲率是 After Effects 软件自动计算的。

在实际工作中，使用【钢笔工具】绘制的贝塞尔曲线主要包括直线、U 形曲线和 S 形曲线 3 种，下面将分别介绍这 3 种曲线的绘制方法。

1. 绘制直线

使用【钢笔工具】单击确定第 1 个点，然后在其他地方单击确定第 2 个点，这两个点形成的线就是一条直线。如果要绘制水平直线、垂直直线或是与 45° 成倍数的直线，可以在按住 Shift 键的同时进行绘制，如图 4-28 所示。

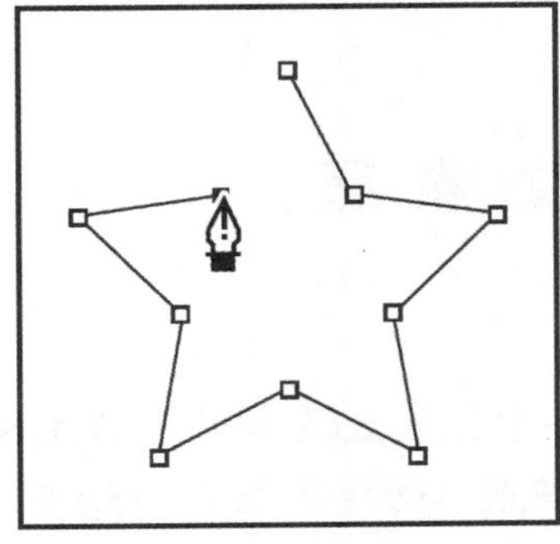

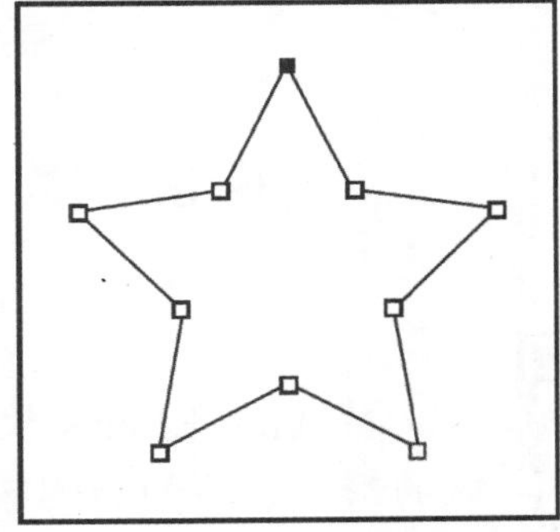

图 4-28

2. 绘制 U 形曲线

如果要使用【钢笔工具】绘制 U 形的贝塞尔曲线，可以在确定好第 2 个顶点后拖曳第 2 个顶点的控制手柄，使其方向与第 1 个顶点的控制手柄的方向相反，在图 4-29 中，A 图为开始拖曳第 2 个顶点时的状态，B 图是将第 2 个顶点的控制手柄调节成与第 1 个顶点的控制手柄方向相反时的状态，C 图为最终结果。

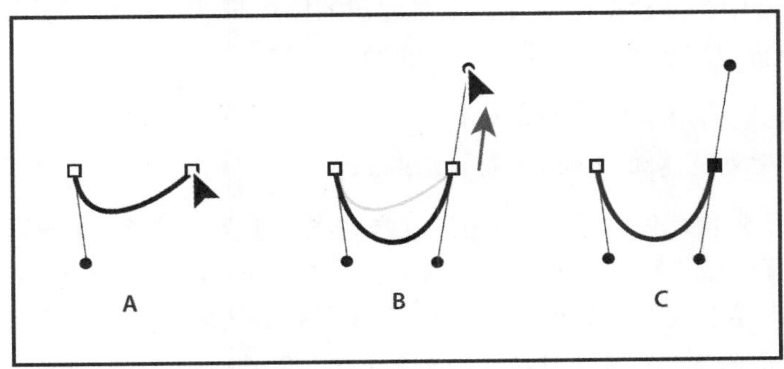

图 4-29

3. 绘制 S 形曲线

如果要使用【钢笔工具】绘制 S 形的贝塞尔曲线，可以在确定好第 2 个顶点后拖曳第 2 个顶点的控制手柄，使其方向与第 1 个顶点的控制手柄的方向相同，在图 4-30 中，A 图为开始拖曳第 2 个顶点时的状态，B 图是将第 2 个顶点的控制手柄调节成与第 1 个顶点的控制手柄方向相同时的状态，C 图为最终结果。

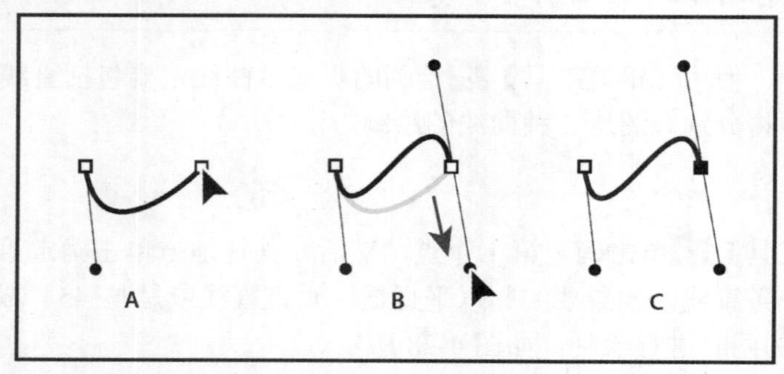

图 4-30

4.3 修改蒙版

在 After Effects 软件中，修改蒙版的操作主要包括调节蒙版的形状、添加和删除锚点、切换角点和曲线点、缩放与旋转蒙版等，本节将详细介绍修改蒙版的相关知识及操作方法。

↑ 扫码看视频

4.3.1 调节蒙版为椭圆形状

在 After Effects 中，创建蒙版后，如果对创建的蒙版形状不满意，还可以再次对蒙版的形状进行修改，下面详细介绍调节蒙版形状的操作方法。

素材保存路径：配套素材\第 4 章

素材文件名称：蒙版 1.aep、椭圆蒙版.aep

第 1 步 打开素材文件“蒙版 1.aep”，依次展开【蓝色纯色 1】→【蒙版】→【蒙版 1】图层，然后在【蒙版 1】右侧单击【形状】链接项，如图 4-31 所示。

第 2 步 弹出【蒙版形状】对话框，***1.*** 在【形状】区域下方，单击【重置为】右侧的下拉按钮，***2.*** 在弹出的下拉列表中选择【椭圆】选项，***3.*** 单击【确定】按钮，如图 4-32 所示。

第 3 步 此时在【合成】面板中，可以看到选择的蒙版形状已经改变成椭圆形状，这样即可完成调节蒙版形状的操作，如图 4-33 所示。

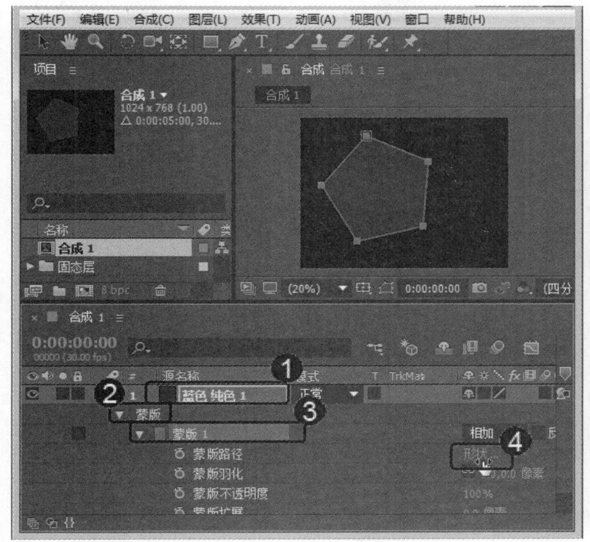

图 4-31

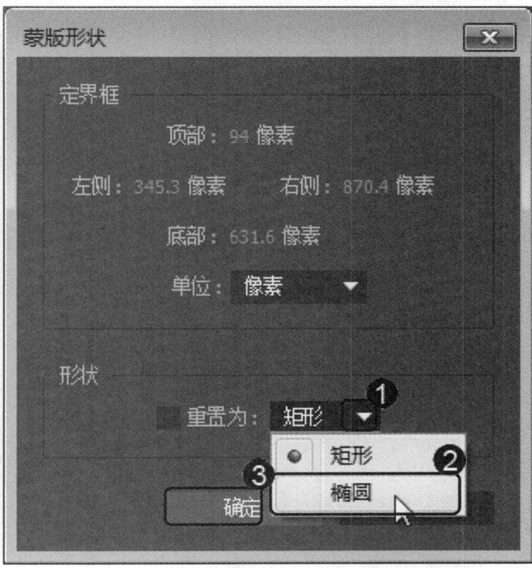

图 4-32

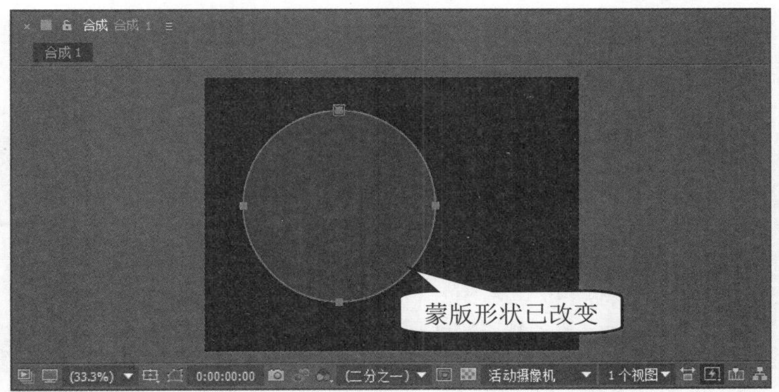

图 4-33

4.3.2　添加或删除锚点改变蒙版形状

在 After Effects 中，创建蒙版后，如果想对蒙版的锚点进行调整，则可以进行添加或删除锚点的操作，下面详细介绍添加或删除锚点的操作方法。

素材保存路径：配套素材\第 4 章

素材文件名称：椭圆蒙版.aep

第 1 步　打开素材文件“椭圆蒙版.aep”，***1.*** 选择蒙版层，***2.*** 在工具栏中单击并一直按住【钢笔工具】，***3.*** 在弹出的下拉列表中选择【添加“顶点”工具】选项，如图 4-34 所示。

第 2 步　此时鼠标指针改变形状，当鼠标指针变为形状时，在需要添加锚点的位置处单击，即可完成添加锚点的操作，如图 4-35 所示。

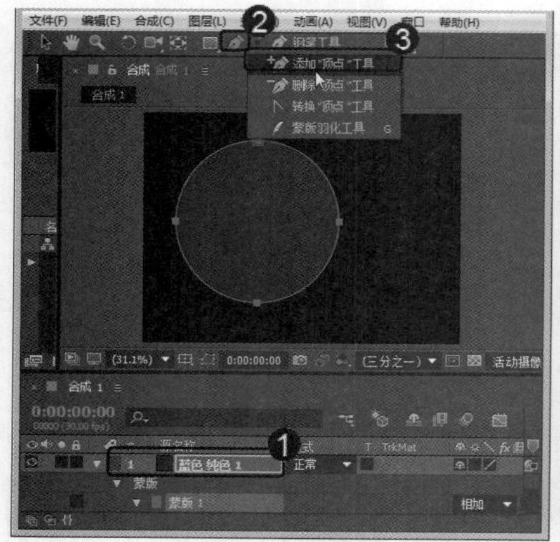

图 4-34

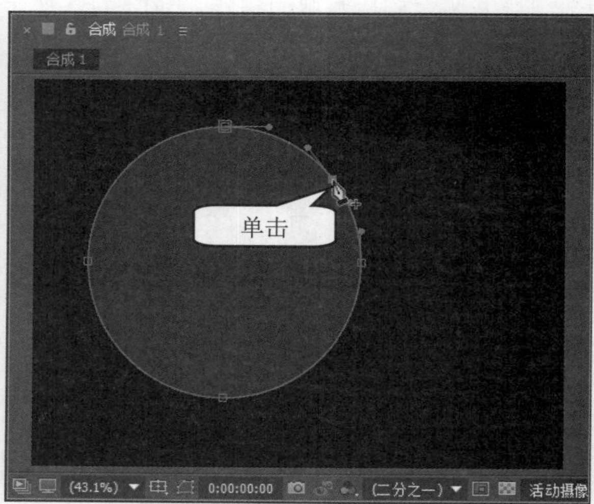

图 4-35

第 3 步　*1.* 在工具栏中单击并一直按住【钢笔工具】，*2.* 在弹出的下拉列表中选择【删除"顶点"工具】选项，如图 4-36 所示。

第 4 步　此时鼠标指针改变形状，当鼠标指针变为形状时，在需要删除锚点的位置处单击，如图 4-37 所示。

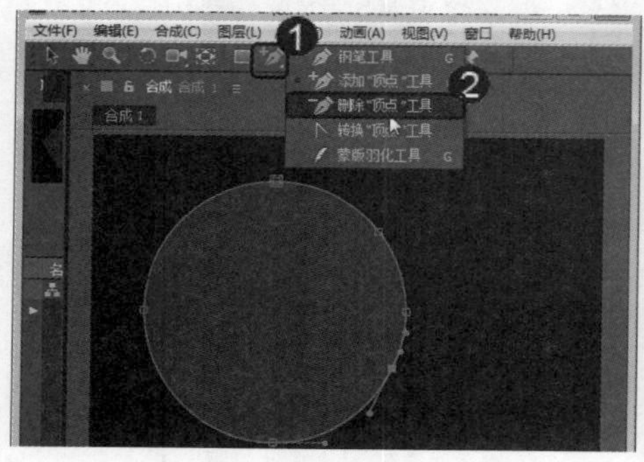

图 4-36

图 4-37

第 5 步　此时在【合成】面板中可以看到蒙版的形状也会改变，这样即可完成删除锚点的操作，如图 4-38 所示。

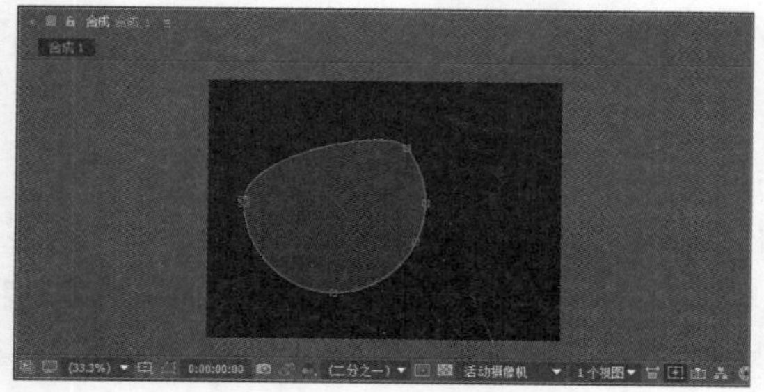

图 4-38

4.3.3　切换角点和曲线点控制蒙版形状

在 After Effects 中，创建蒙版后，用户还可以切换角点和曲线点，下面详细介绍切换角点和曲线点的操作方法。

素材保存路径：配套素材\第 4 章

素材文件名称：蒙版 1.aep

第 1 步　打开素材文件“椭圆蒙版.aep”，***1.*** 选择蒙版层，***2.*** 在工具栏中单击并一直按住【钢笔工具】，***3.*** 在弹出的下拉列表中选择【转换“顶点”工具】选项，如图 4-39 所示。

第 2 步　此时鼠标指针改变形状，当鼠标指针变为形状时，在需要切换的位置处单击并拖曳鼠标，此时角点变为曲线点，拖曳控制线可以调整点的弧度，如图 4-40 所示。

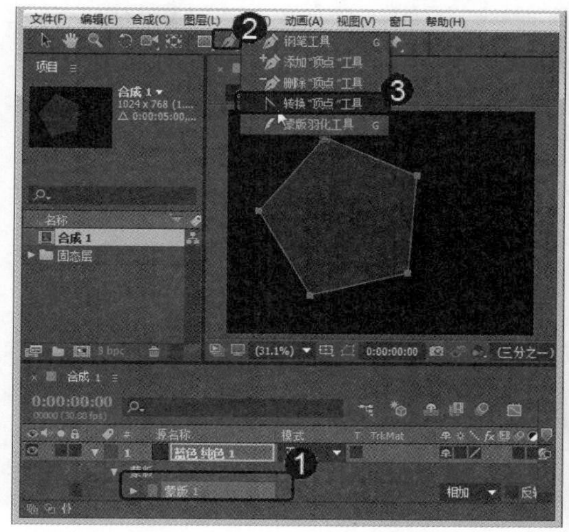

图 4-39

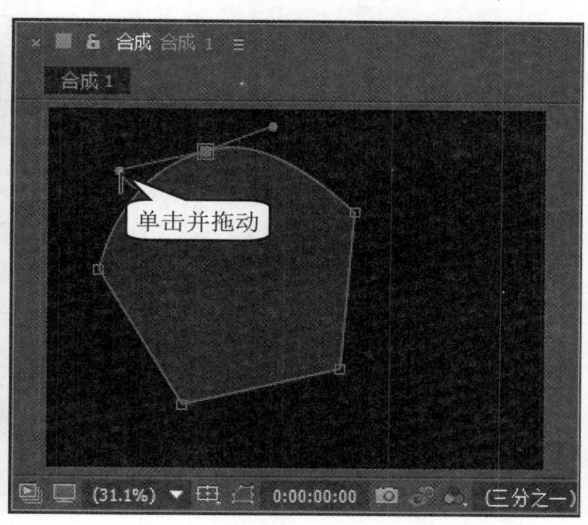

图 4-40

第 3 步　选择【转换“顶点”工具】，直接单击需要转换的点，如图 4-41 所示。

第 4 步　此时曲线点变为角点，这样即可完成切换角点和曲线点的操作，如图 4-42 所示。

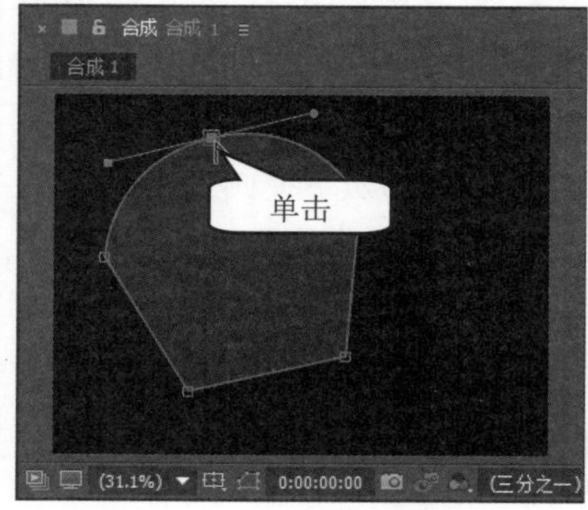

图 4-41

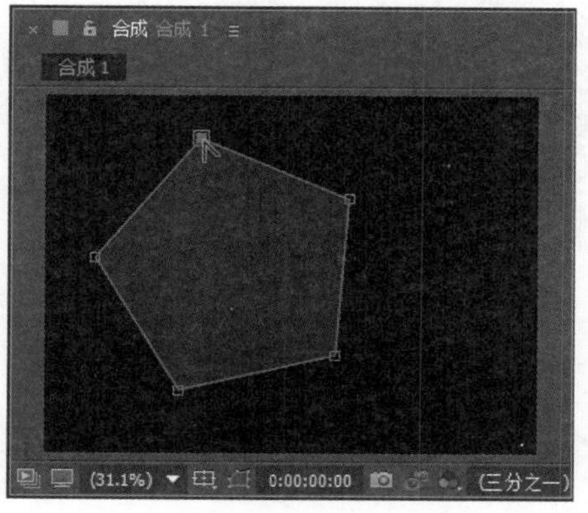

图 4-42

4.3.4　缩放与旋转蒙版

在 After Effects 中，创建蒙版后，用户还可以缩放与旋转蒙版，下面详细介绍缩放与旋转蒙版的操作方法。

素材保存路径：配套素材\第 4 章

素材文件名称：蒙版 1.aep

第 1 步 打开素材文件“蒙版 1.aep”，展开蒙版层的变换属性，在【缩放】属性右侧，使用鼠标拖曳数值或直接输入数值即可缩放蒙版，如图 4-43 所示。

第 2 步 在【旋转】属性右侧，使用鼠标拖曳数值或直接输入数值即可旋转蒙版，如图 4-44 所示。

图 4-43

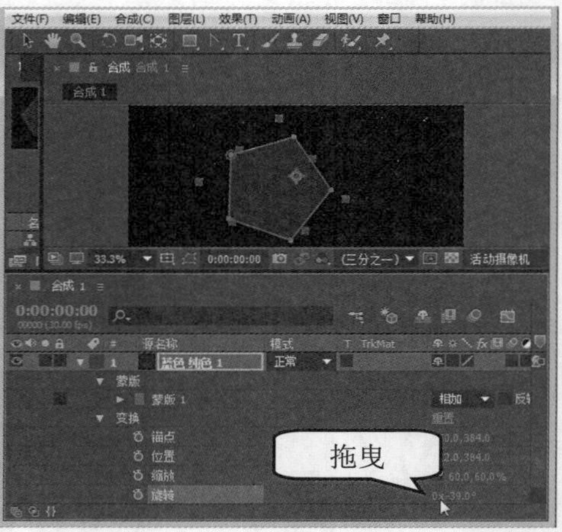

图 4-44

4.4　绘画工具与路径动画

After Effects 中提供的绘画工具是以 Photoshop 的绘画工具为原理，可以对指定的素材进行润色，逐帧加工以及创建新的图像元素。在使用绘画工具进行创作时，每一步的操作都可以被记录成动画，并能实现动画的回放。使用绘画工具还可以制作出一些独特的、变化多端的图案或花纹。

↑ 扫码看视频

4.4.1　【绘画】面板与【画笔】面板

【绘画】面板与【画笔】面板是绘制图形时必须用到的面板，要打开【绘画】面板，

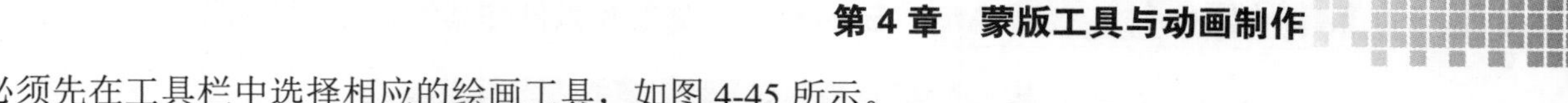

必须先在工具栏中选择相应的绘画工具，如图 4-45 所示。

图 4-45

下面详细介绍【绘画】面板与【画笔】面板的相关知识。

1. 【绘画】面板

每个绘画工具的【绘画】面板都具有一些共同的特征。【绘画】面板主要用来设置各个绘画工具的笔触不透明度、流量、混合模式、通道以及持续方式等，如图 4-46 所示。

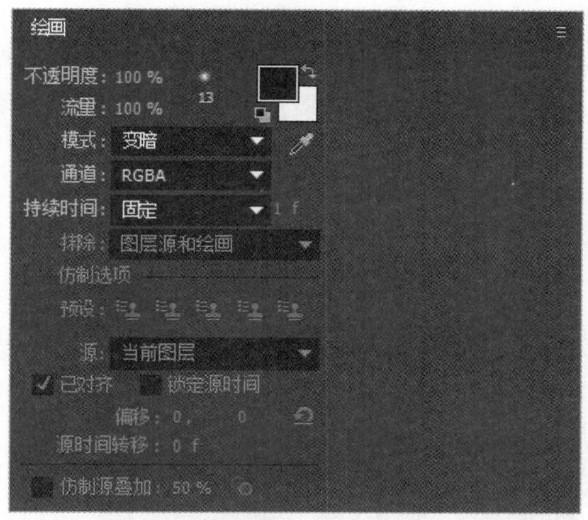

图 4-46

下面详细介绍【绘画】面板中的参数说明。

- 不透明度：对于【画笔工具】和【仿制图章工具】，【不透明度】属性主要是用来设置画笔笔触和仿制笔画的最大不透明度。对于【橡皮擦工具】，【不透明度】属性主要是用来设置擦除图层颜色的最大量。
- 流量：对于【画笔工具】和【仿制图章工具】，【流量】属性主要用来设置画笔的流量；对于【橡皮擦工具】，【流量】属性主要是用来设置擦除像素的速度。
- 模式：设置画笔或仿制笔触的混合模式，这与图层中的混合模式是相同的。
- 通道：设置绘画工具影响的图层通道，如果选择 Alpha 通道，那么绘画工具只影响图层的透明区域。

知识精讲

如果使用纯黑色的【画笔工具】在 Alpha 通道中绘画，相当于使用【橡皮擦工具】擦除图像。

- 持续时间：设置笔触的持续时间，共有以下 4 个选项，如图 4-47 所示。

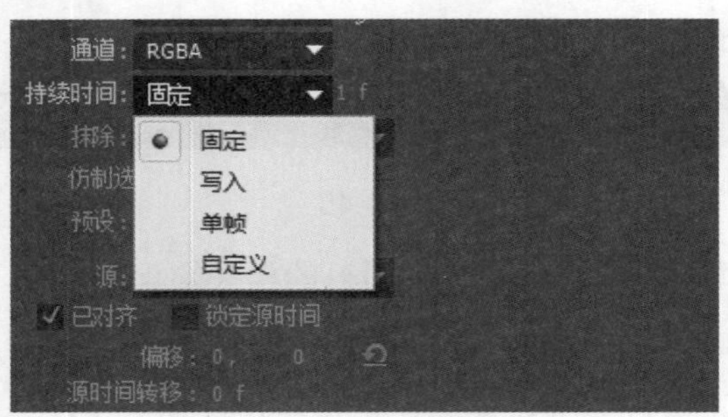

图 4-47

- ✧ 固定：使笔触在整个笔触时间段都能显示出来。
- ✧ 写入：根据手写时的速度再现手写动画的过程。其原理是自动产生【开始】和【结束】关键帧，可以在【时间轴】面板中对图层绘画属性的【开始】和【结束】关键帧进行设置。
- ✧ 单帧：仅显示当前帧的笔触。
- ✧ 自定义：自定义笔触的持续时间。

2. 【画笔】面板

在【画笔】面板中可以选择绘画工具预设的一些笔触效果，如果对预设的笔触不是很满意，还可以自定义笔触的形状，通过修改笔触的参数值，可以方便快捷地设置笔触的尺寸、角度和边缘羽化等属性，如图 4-48 所示。

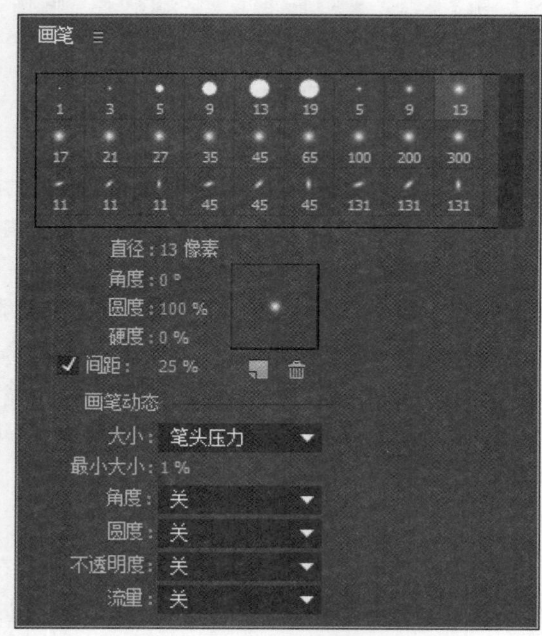

图 4-48

下面详细介绍【画笔】面板中的参数说明。

- ➢ 直径：设置笔触的直径，单位为像素，如图 4-49 所示的是使用不同直径笔触的绘画效果。

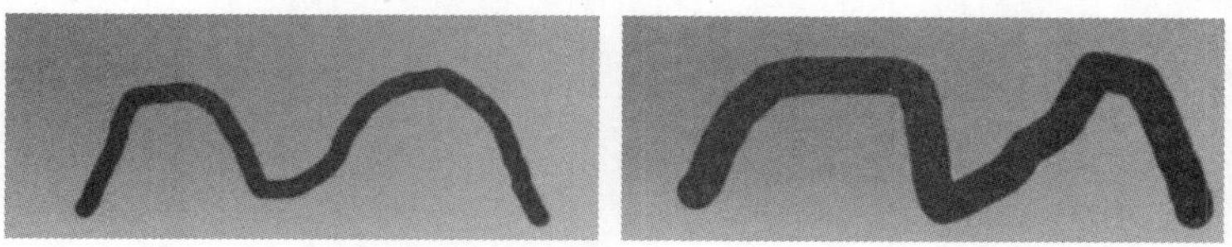

图 4-49

➢ 角度：设置椭圆形笔刷的旋转角度，单位为度，如图 4-50 所示是笔刷旋转角度为 45°和-45°时的绘画效果。

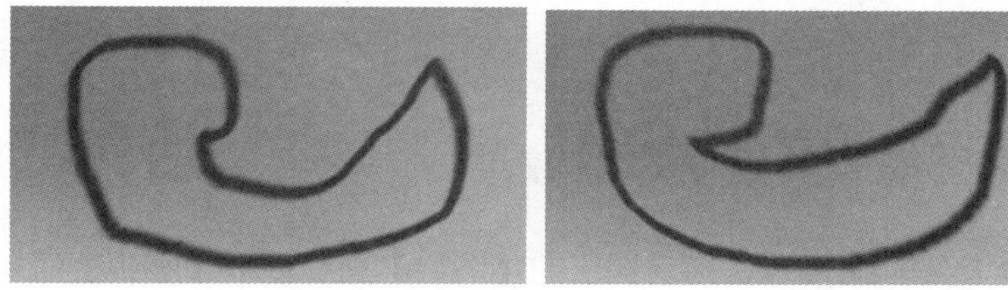

图 4-50

➢ 圆度：设置笔刷形状的长轴和短轴比例。其中正圆笔刷为 100%，线形笔刷为 0，0～100%的笔刷为椭圆形笔刷，如图 4-51 所示。

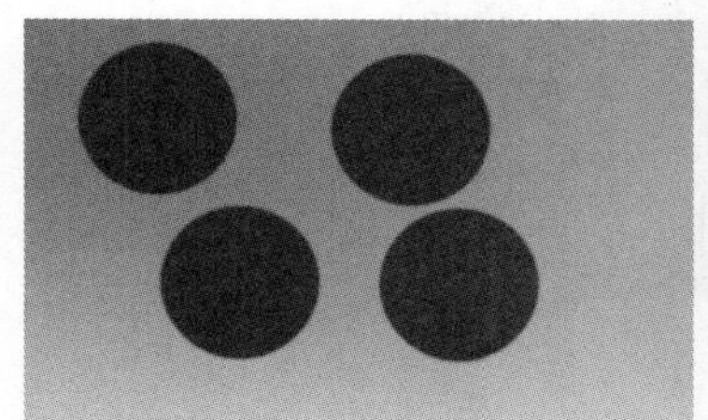
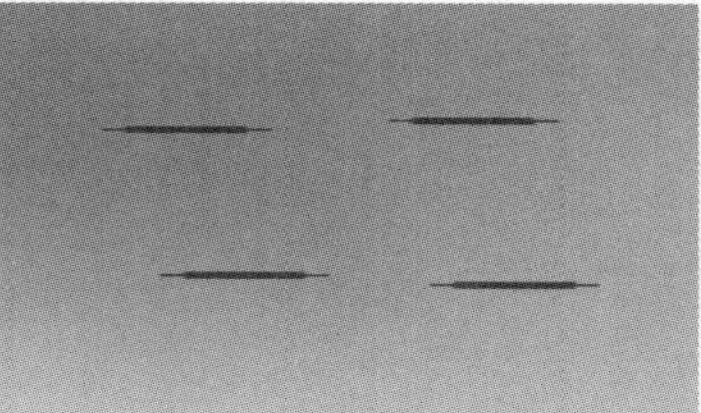
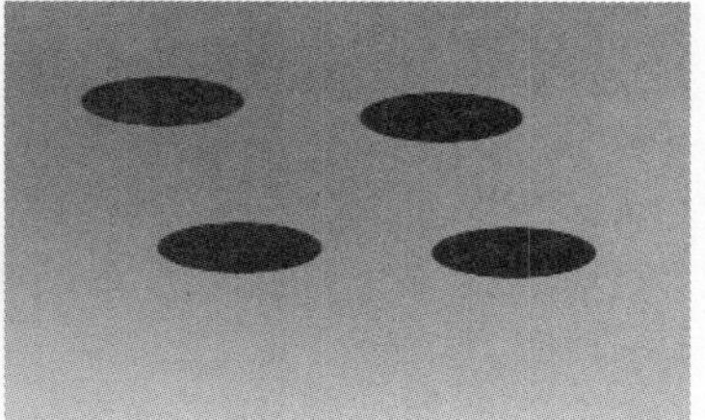

图 4-51

➢ 硬度：设置画笔中心硬度的大小。该值越小，画笔的边缘越柔和，如图 4-52 所示。

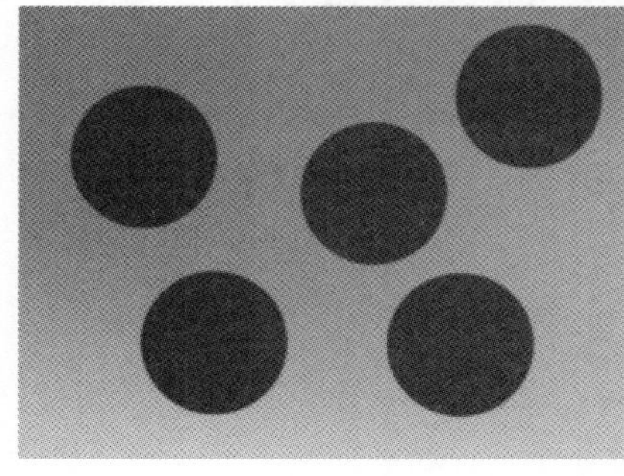
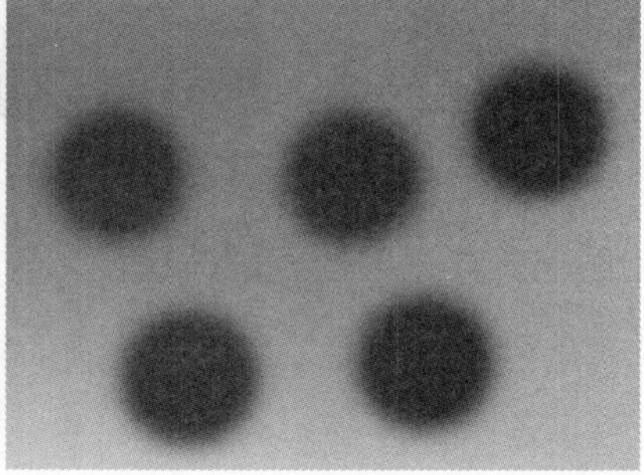

图 4-52

➢ 间距：设置笔触的间隔距离(鼠标的绘图速度也会影响笔触的间距大小)，如图 4-53 所示。

➢ 画笔动态：当使用手绘板进行绘画时，该属性可以用来设置对手绘板的压笔感应。

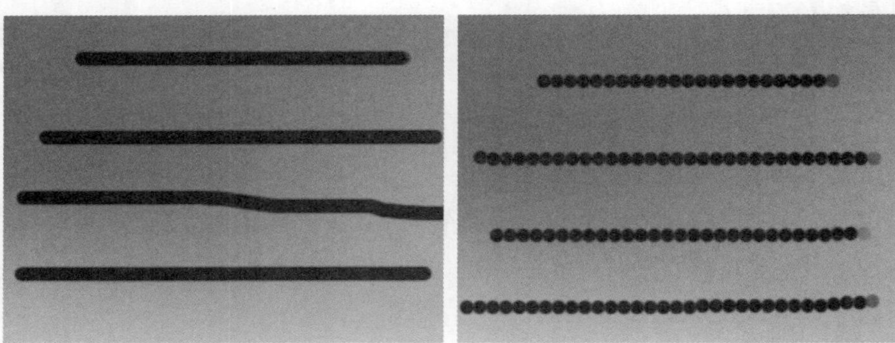

图 4-53

4.4.2 使用画笔工具绘制笔触效果

使用【画笔工具】可以在当前图层的【图层】面板中以【绘画】面板中设置的前景颜色进行绘画，如图 4-54 所示。

图 4-54

1. 使用画笔工具进行绘画的流程

下面详细介绍使用画笔工具进行绘画的操作方法。

素材保存路径：配套素材\第 4 章

素材文件名称：画笔.aep、画笔工具.aep

第 1 步 在【时间轴】面板中双击要进行绘画的图层，如图 4-55 所示。

第 2 步 将该图层在【图层】面板中打开，如图 4-56 所示。

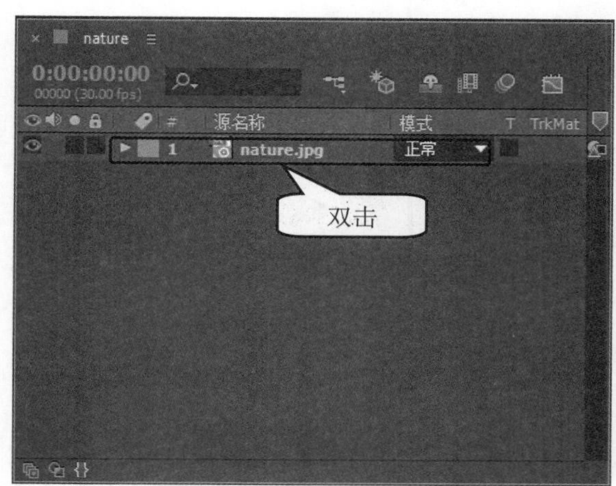

图 4-55

图 4-56

第 3 步 ***1.*** 在工具栏中选择【画笔工具】，***2.*** 单击工具栏右侧的【切换绘画面板】按钮，如图 4-57 所示。

第 4 步 系统会打开【绘画】面板和【画笔】面板。在【画笔】面板中选择预设的笔刷或是自定义笔刷的形状，如图 4-58 所示。

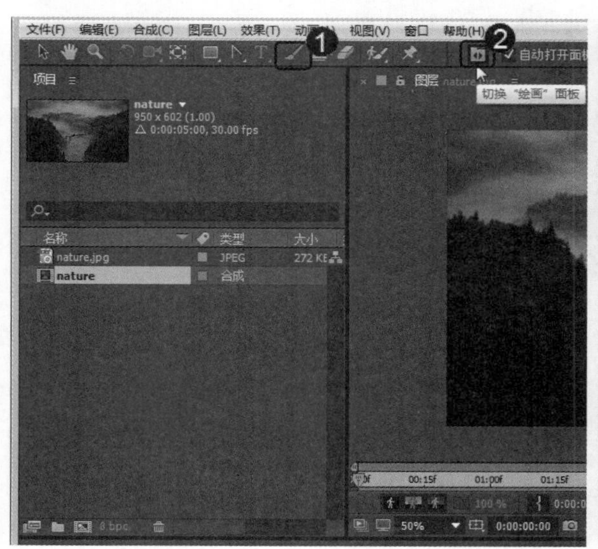

图 4-57

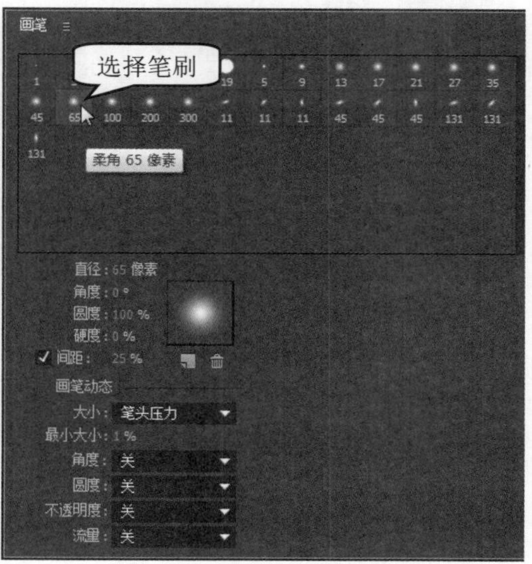

图 4-58

第 5 步 在【绘画】面板中设置好画笔的颜色、不透明度、流量以及混合模式等参数，如图 4-59 所示。

第 6 步 使用【画笔工具】在【图层】面板中进行绘制，每次释放鼠标左键即可完成一个笔触效果，如图 4-60 所示。

第 7 步 每次绘制的笔触效果都会在图层的绘画属性栏下以列表的形式显示出来(连续按两次 P 键即可展开笔触列表)，如图 4-61 所示。

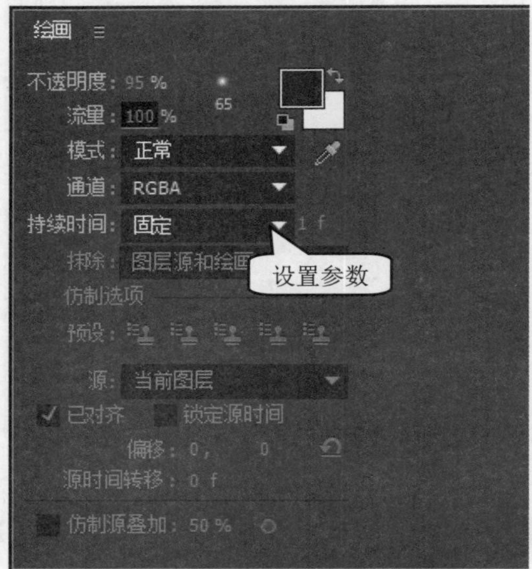

图 4-59

图 4-60

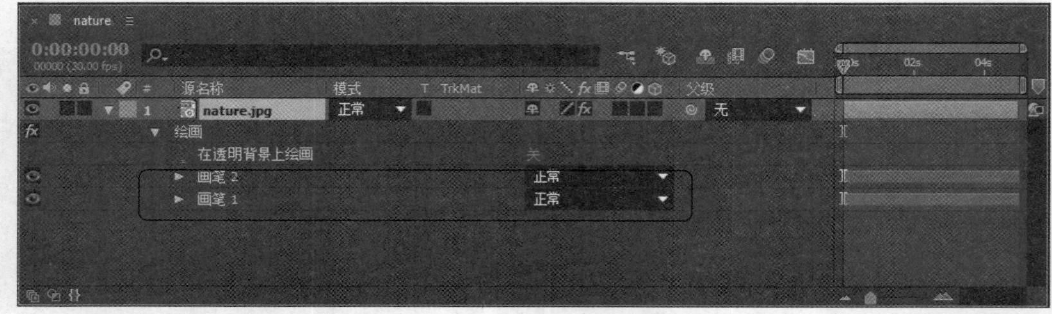

图 4-61

知识精讲

如果在工具栏中选择【自动打开面板】选项，那么在工具栏中选择【画笔工具】时，系统就可以自动打开【绘画】面板和【画笔】面板。

2. 使用画笔工具的注意事项

在使用画笔工具进行绘画时，需要注意以下几点。

- 在绘制好笔触效果后，可以在【时间轴】面板中对笔触效果进行修改或是对笔触设置动画。
- 如果要改变笔刷的直径，可以在【图层】面板中按住 Ctrl 键的同时拖曳鼠标左键。
- 如果要设置画笔的颜色，可以在【绘画】面板中单击【设置前景色】或【设置背景色】图标，然后在弹出的对话框中设置颜色。当然也可以使用【吸管工具】吸取界面中的颜色作为前景色或背景色。

- 按住 Shift 键的同时使用【画笔工具】，可以继续在之前绘制的笔触效果上进行绘制。注意，如果没有在之前的笔触上进行绘制，那么按住 Shift 键可以绘制出直线笔触效果。
- 连续按两次 P 键，可以在【时间轴】面板中展开已经绘制好的各种笔触列表。
- 连续按两次 S 键，可以在【时间轴】面板中展开当前正在绘制的笔触列表。

4.4.3 仿制图章工具

使用【仿制图章工具】可以将某一时间某一位置的像素复制并应用到另一时间的另一位置中。仿制图章工具拥有笔刷一样的属性，如笔触形状和持续时间等，在使用【仿制图章工具】前也需要设置绘画参数和笔刷参数，在仿制操作完成后，也可以在【时间轴】面板的仿制属性中制作动画，如图 4-62 所示的是仿制图章工具的特有参数。

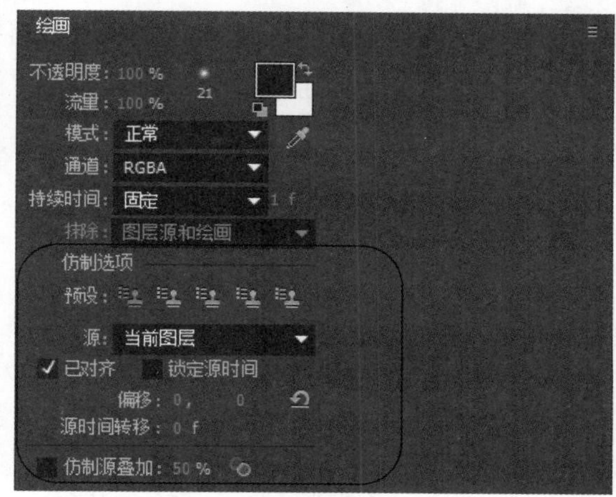

图 4-62

下面将详细介绍仿制图章工具中的参数说明。

- 预设：仿制图像的预设选项，共有 5 种，如图 4-63 所示。

图 4-63

- 源：选择仿制的源图层。
- 已对齐：设置不同笔画采样点的仿制位置的对齐方式，勾选该复选框与未勾选该复选框时的对比效果如图 4-64 所示。
- 锁定源时间：控制是否只复制单帧画面。
- 偏移：设置取样点的位置。
- 源时间转移：设置源图层的时间偏移量。
- 仿制源叠加：设置源画面与目标画面的叠加混合程度。

勾选【对齐】复选框

未勾选【对齐】复选框

图 4-64

下面详细介绍在使用仿制图章工具时需要注意的相关事项及操作技巧。

(1) 【仿制图章工具】是通过取样源图层中的像素，然后将取样的像素值复制应用到目标图层中，目标图层可以是同一个合成中的其他图层，也可以是源图层自身。

(2) 在工具栏中选择【仿制图章工具】，然后在【图层】面板中按住 Alt 键对采样点进行取样，设置好的采样点会自动显示在【偏移】中。【仿制图章工具】作为绘画工具中的一员，使用它仿制图像时，也只能在【图层】面板中进行操作，并且使用该工具制作的效果也是非破坏性的，因为它是以滤镜的方式在图层上进行操作的。如果对仿制效果不满意，还可以修改图层滤镜属性下的仿制参数。

(3) 如果仿制的源图层和目标图层在同一个合成中，这时为了工作方便，就需要将目标图层和源图层在整个工作界面中同时显示出来。选择好两个或多个图层后，按 Ctrl+Shift+Alt+N 组合键就可以将这些图层在不同的【图层】面板同时显示在操作界面中。

4.4.4 橡皮擦工具

使用【橡皮擦工具】可以擦除图层上的图像或笔触，还可以选择仅擦除当前的笔触。如果设置为擦除源图层像素或是笔触，那么擦除像素的每个操作都会在【时间轴】面板中的【绘画】属性中留下擦除记录，这些擦除记录对擦除素材没有任何破坏性，可以对其进行删除、修改或是改变擦除顺序等操作；如果设置为擦除当前笔触，那么擦除操作仅针对当前笔触，并且不会在【时间轴】面板的【绘画】属性中留下擦除记录。

选择【橡皮擦工具】后，在【绘画】面板中可以设置擦除图像的模式，如图 4-65 所示。

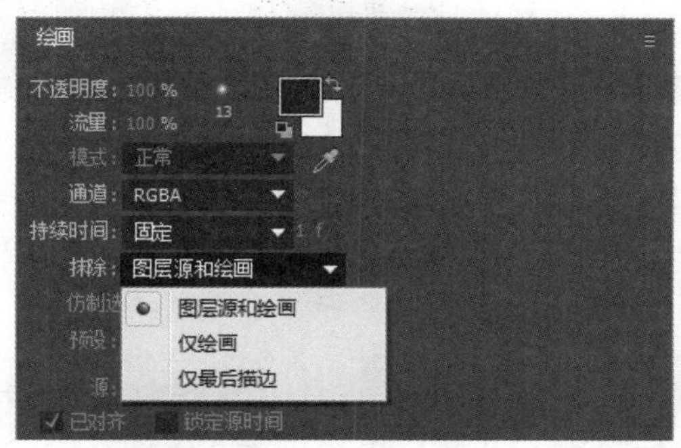

图 4-65

智慧锦囊

如果当前正在使用【画笔工具】进行绘画，要将当前的(画笔工具)切换成【橡皮擦工具】的【仅最后描边】擦除模式，可以按 Ctrl+Shift 快捷键进行切换。

下面详细介绍其参数说明。

- 图层源和绘画：擦除源图层中的像素和绘画笔触效果。
- 仅绘画：仅擦除绘画笔触效果。
- 仅最后描边：仅擦除之前的绘画笔触效果。

4.5　实践案例与上机指导

通过本章的学习，读者基本可以掌握蒙版工具与动画制作的基本知识以及一些常见的操作方法，下面通过练习一些案例操作，以达到巩固学习、拓展提高的目的。

↑扫码看视频

4.5.1　制作望远镜动画效果

本章学习了蒙版动画的相关知识，下面将详细介绍制作望远镜效果，来巩固和提高本章学习的内容。

素材保存路径：配套素材\第 4 章

素材文件名称：01.jpg、望远镜效果.aep

第 1 步 在【项目】面板中，*1.* 单击鼠标右键，*2.* 在弹出的快捷菜单中选择【新建合成】菜单项，如图 4-66 所示。

第 2 步 在弹出的【合成设置】对话框中，*1.* 设置【合成名称】为“合成 1”，*2.* 设置【宽度】、【高度】分别为 1024、768，*3.* 设置【帧速率】为 25，*4.* 设置【持续时间】为 5 秒，*5.* 单击【确定】按钮，如图 4-67 所示。

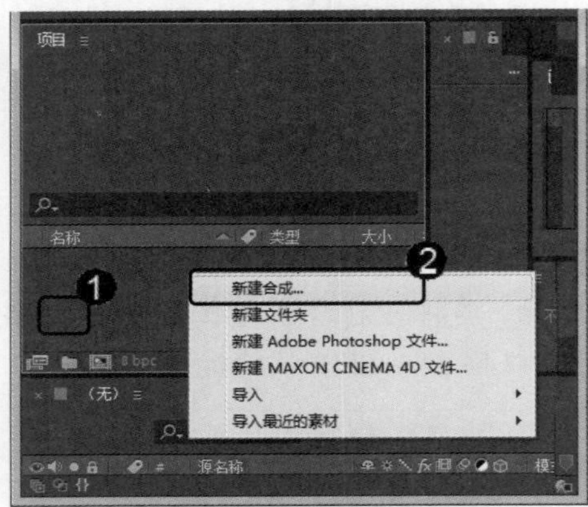

图 4-66

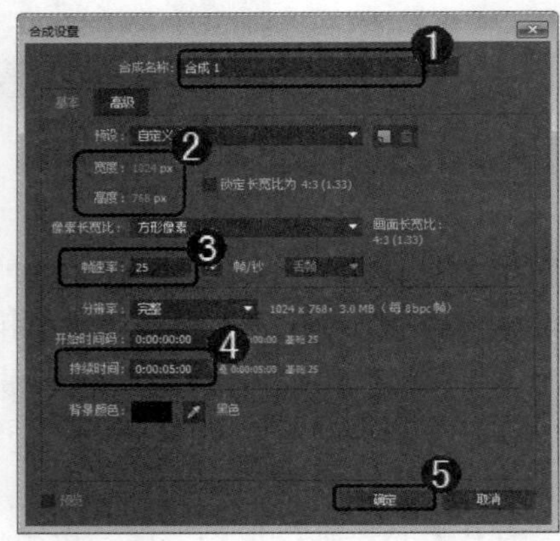

图 4-67

第 3 步 在【项目】面板空白处双击鼠标左键，*1.* 在弹出的【导入文件】对话框中选择需要的素材文件，*2.* 单击【导入】按钮，如图 4-68 所示。

第 4 步 将【项目】面板中的“01.jpg”素材文件拖曳到【时间轴】面板中，并设置位置为(512,607)，如图 4-69 所示。

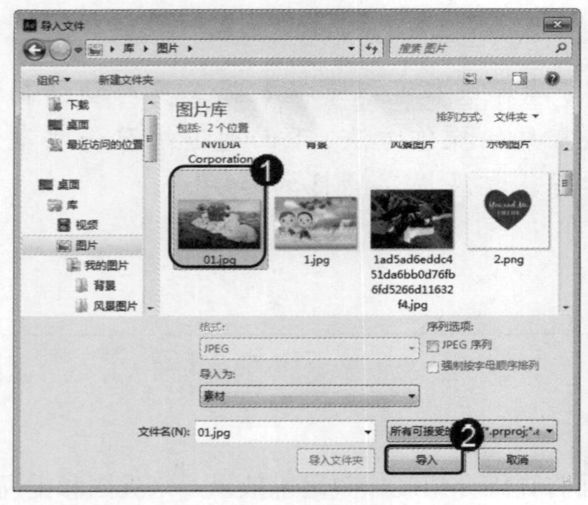

图 4-68

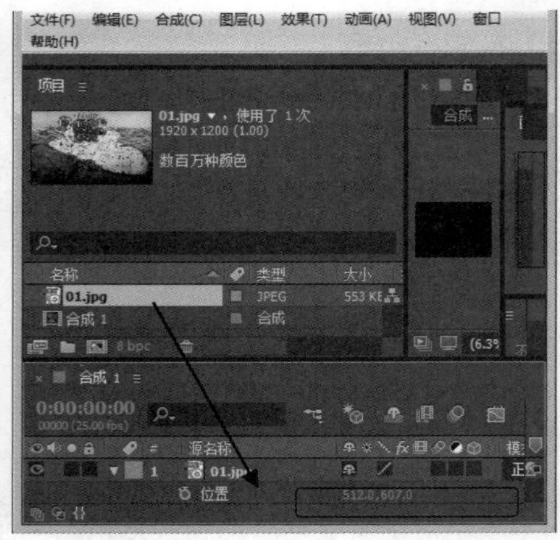

图 4-69

第 5 步 在【时间轴】面板中单击鼠标右键，在弹出的快捷菜单中选择【新建】→【纯色】菜单项，如图 4-70 所示。

第 6 步 在弹出的【纯色设置】对话框中，**1.** 设置【名称】为“黑色”，**2.** 设置【宽度】、【高度】分别为 1024、768，**3.** 设置颜色为黑色(R:0,G:0,B:0)，**4.** 单击【确定】按钮，如图 4-71 所示。

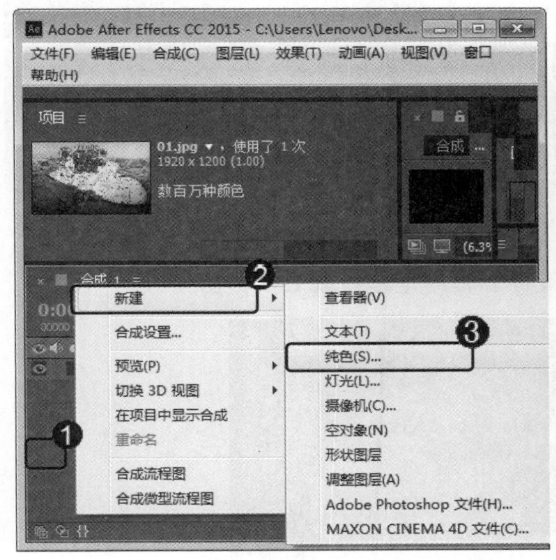

图 4-70

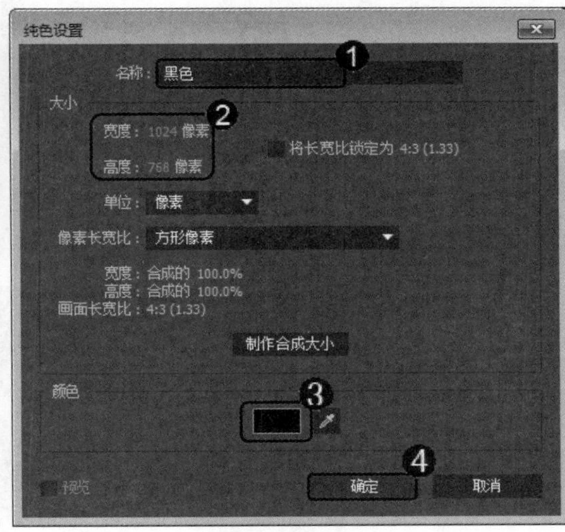

图 4-71

第 7 步 选择【椭圆工具】，在【黑色】图层上绘制两个相交的正圆遮罩，如图 4-72 所示。

第 8 步 在【时间轴】面板中，打开【黑色】图层的【蒙版】属性，设置【蒙版 1】和【蒙版 2】的模式为相减，如图 4-73 所示。

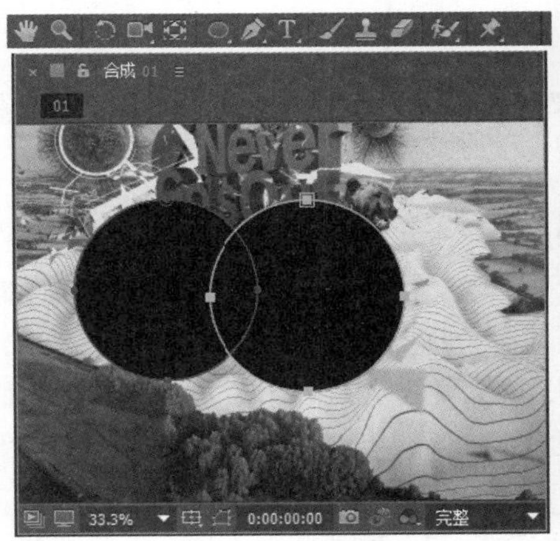

图 4-72

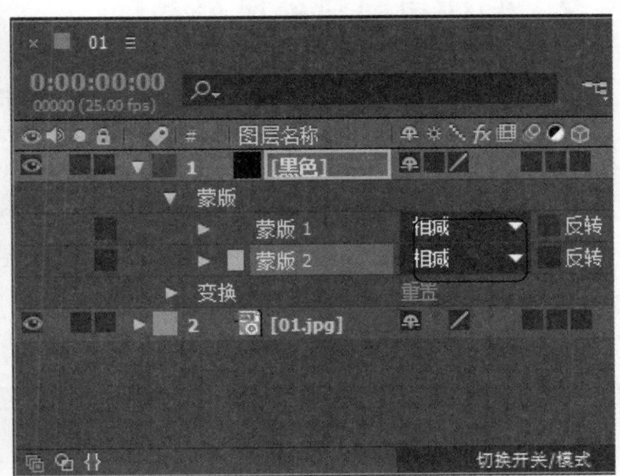

图 4-73

第 9 步 在【时间轴】面板中，拖动时间线滑块到 0 秒处，为【蒙版 1】和【蒙版 2】分别添加关键帧，设置【不透明度】为 0，如图 4-74 所示。

第 10 步 在【时间轴】面板中，拖动时间线滑块到 4 秒 20 处，为【蒙版 1】和【蒙版 2】添加关键帧，设置【不透明度】为 100，如图 4-75 所示。

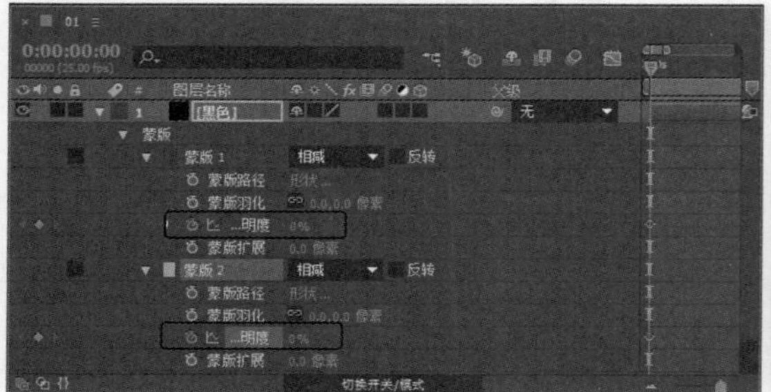

图 4-74

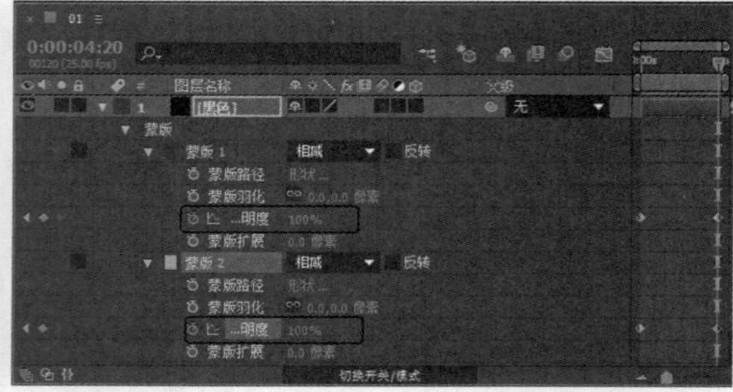

图 4-75

第 11 步 此时拖动时间线滑块即可查看最终制作的望远镜效果，如图 4-76 所示。

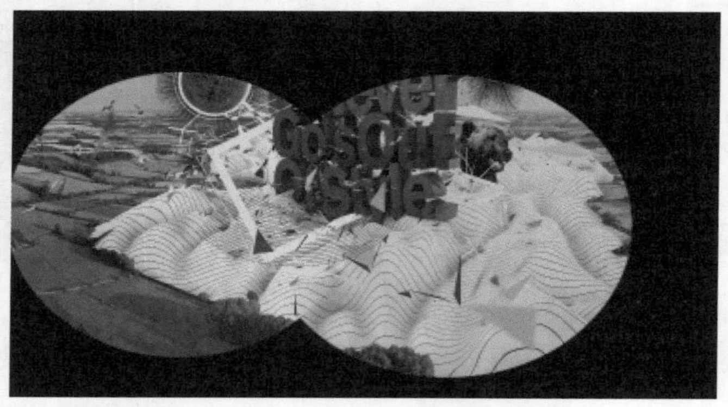

图 4-76

4.5.2 制作更换窗外风景动画

本例将详细介绍更换窗外风景效果的制作，来巩固和提高本章学习的内容。

素材保存路径：配套素材\第 4 章

素材文件名称：窗.jpg、风景.jpg、更换窗外风景效果.aep

第 1 步 在【项目】面板中，**1.** 单击鼠标右键，**2.** 在弹出的快捷菜单中选择【新建合成】菜单项，如图 4-77 所示。

第 2 步 在弹出的【合成设置】对话框中，**1.** 设置【合成名称】为“合成 1”，**2.** 设置【宽度】、【高度】分别为 1024、768，**3.** 设置【帧速率】为 25，**4.** 设置【持续时间】为 5 秒，**5.** 单击【确定】按钮，如图 4-78 所示。

第 3 步 在【项目】面板的空白处，双击鼠标左键，**1.** 在弹出的【导入文件】对话框中选择需要的素材文件，**2.** 单击【导入】按钮，如图 4-79 所示。

第 4 步 将【项目】面板中的“窗.jpg”素材文件拖曳到【时间轴】面板中，设置【缩放】为 64，如图 4-80 所示。

图 4-77

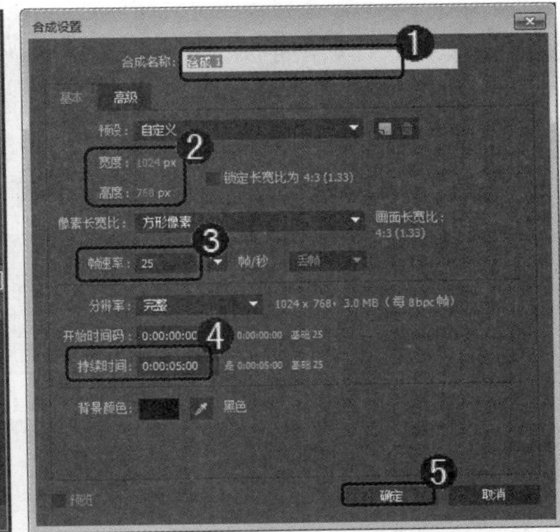

图 4-78

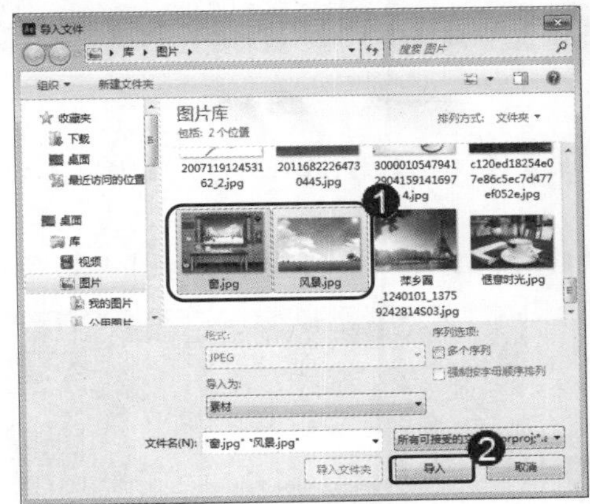

图 4-79

图 4-80

第 5 步 此时拖动时间线滑块可以查看到效果，如图 4-81 所示。

第 6 步 选择【钢笔工具】，按照窗口的边缘绘制一个遮罩，如图 4-82 所示。

图 4-81

图 4-82

第 7 步 打开【窗.jpg】图层下的【蒙版 1】属性，设置【模式】为【相减】，如图 4-83 所示。

第 8 步 将【项目】面板中的“风景.jpg”素材文件拖曳到【时间轴】面板底部，拖动时间线滑块到 0 秒处，添加【位置】和【缩放】关键帧，如图 4-84 所示。

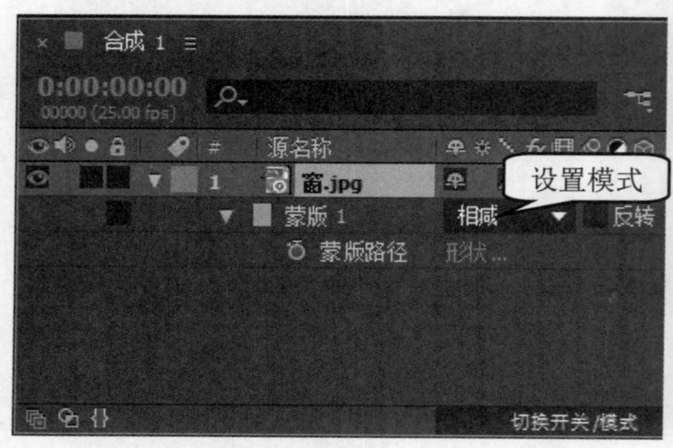

图 4-83

图 4-84

第 9 步 拖动时间线滑块到 4 秒 20 处，设置【位置】为(527,241)，【缩放】为 45，如图 4-85 所示。

第 10 步 此时拖动时间线滑块即可查看最终更换窗外风景的效果，如图 4-86 所示。

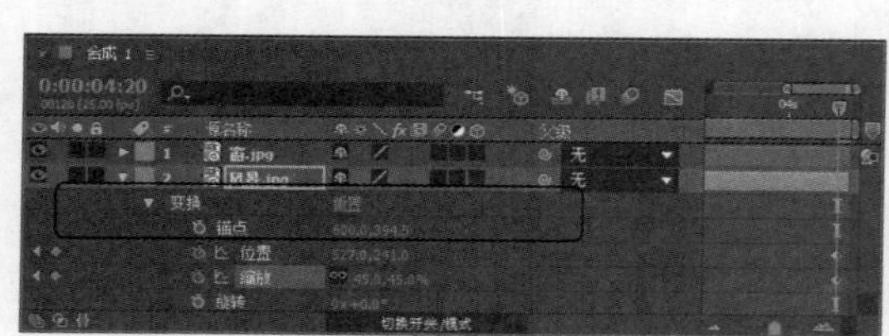

图 4-85

图 4-86

4.5.3 人像阵列动画

本章学习了绘画与形状的相关知识，下面将详细介绍制作人像阵列动画，来巩固和提高本章学习的内容。

素材保存路径：配套素材\第 4 章

素材文件名称：人物跑动.jpg、背景.jpg、人像阵列动画.aep

第 1 步 按 Ctrl+N 组合键新建一个名称为“人像阵列”的合成，具体参数设置如图 4-87 所示。

第 2 步 导入素材文件“人物跑动.jpg”，然后将其拖曳到“人像阵列”合成中，如

图 4-88 所示。

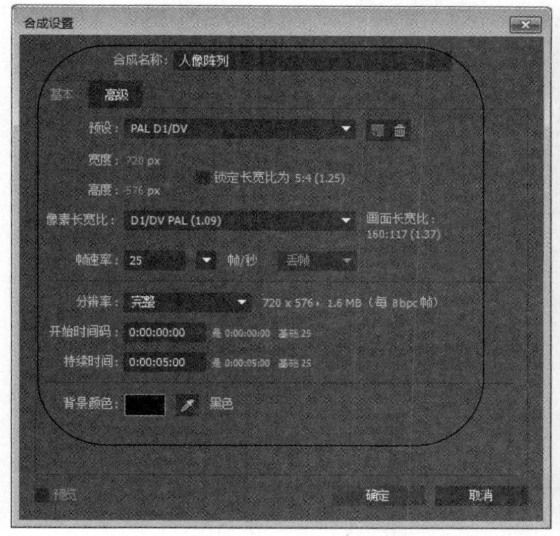

图 4-87

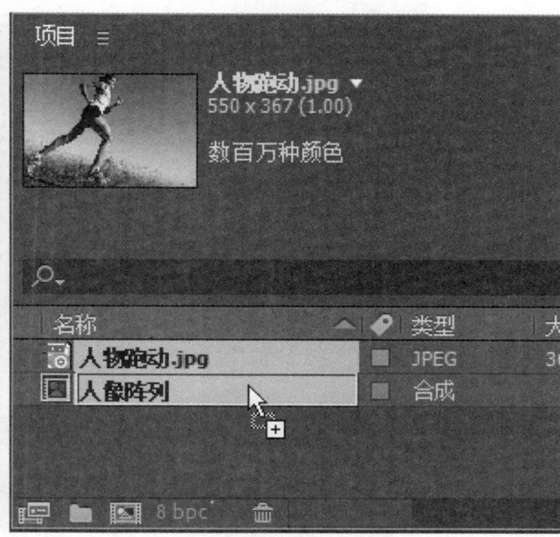

图 4-88

第 3 步 在工具栏中选择【钢笔工具】，然后关闭【填充】颜色选项，并设置【描边】为 2，如图 4-89 所示。

第 4 步 在【时间轴】面板中，按 Ctrl+Shift+A 组合键，然后使用【钢笔工具】将人物的边缘轮廓勾勒出来，如图 4-90 所示。

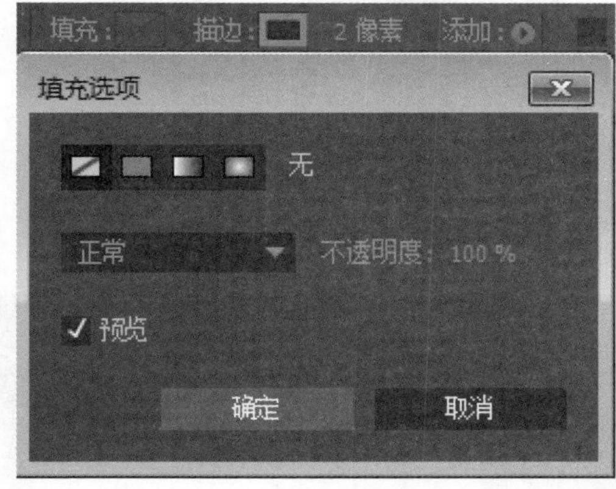

图 4-89

图 4-90

第 5 步 在【时间轴】面板中，展开形状图层的【描边 1】和【填充 1】属性，具体参数设置如图 4-91 所示。

第 6 步 选择形状图层，***1.*** 单击工具栏右侧的【添加】按钮，***2.*** 在弹出的菜单中选择【中继器】菜单项，如图 4-92 所示。

第 7 步 为形状图层添加一个【中继器】属性，详细的参数设置如图 4-93 所示。

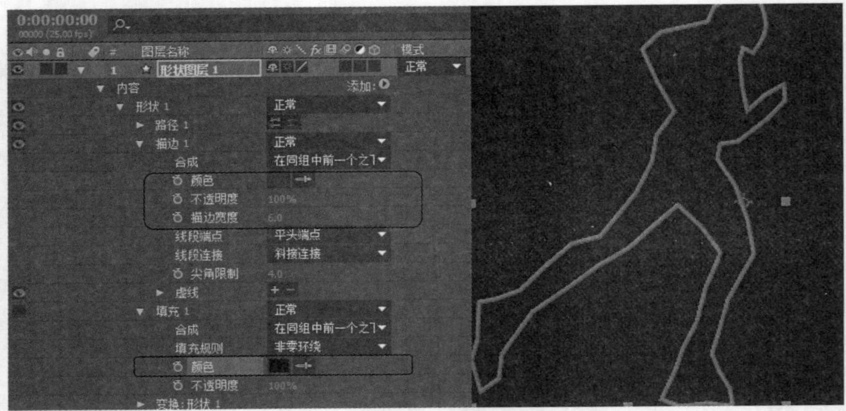

图 4-91

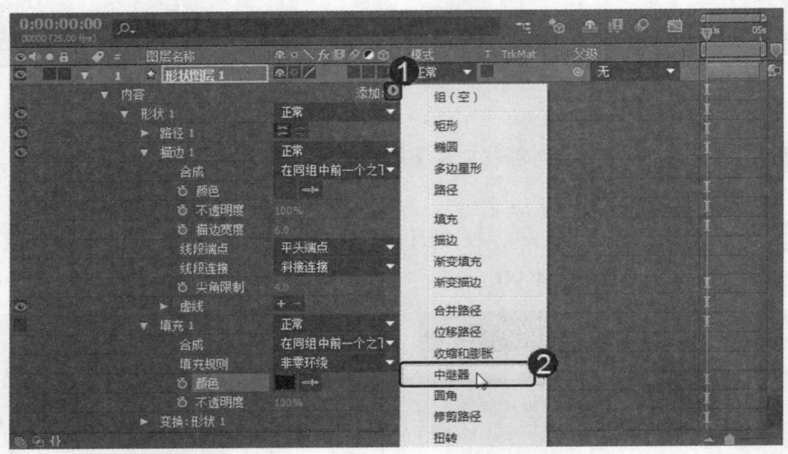

图 4-92

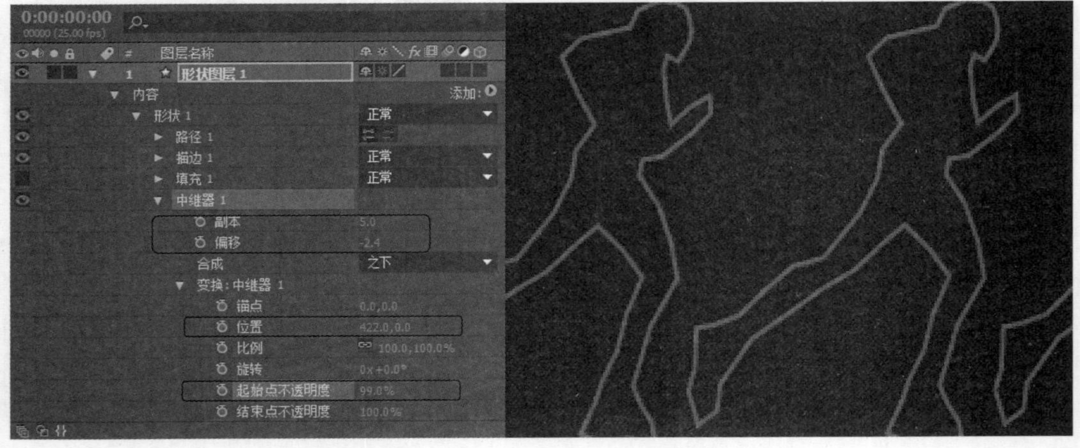

图 4-93

第 8 步 再次为形状图层添加一个【中继器】属性，然后在 0 秒时间位置设置【副本】关键帧数值为 1，在第 4 秒时间位置设置【副本】关键帧数值为 8，详细的参数设置如图 4-94 所示。

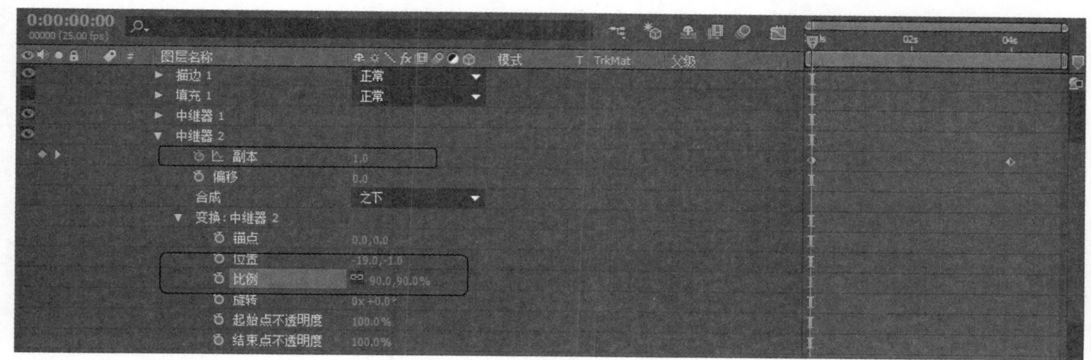

图 4-94

第 9 步 复制一个形状图层，并将其更名为 Reflect，详细的参数设置如图 4-95 所示。

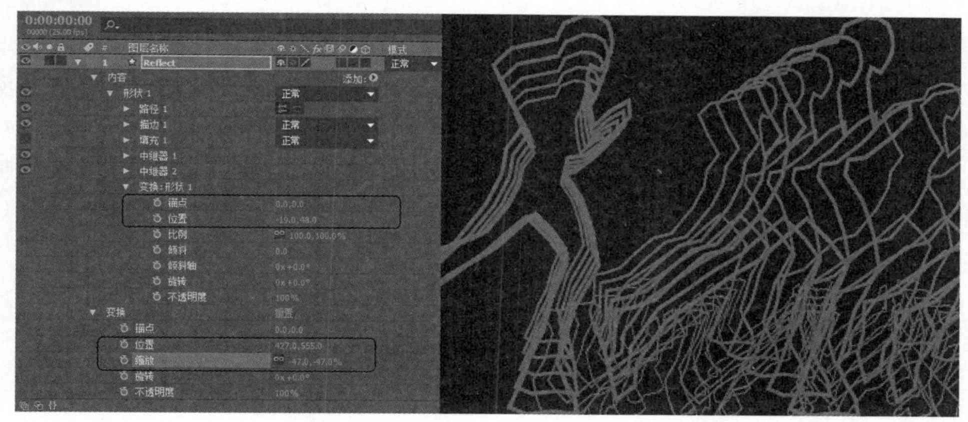

图 4-95

第 10 步 导入素材文件“背景.jpg”，然后将其拖曳到“人像阵列”合成中的最下方，并关闭【人物跑动】图层的显示即可完成本例的操作，效果如图 4-96 所示。

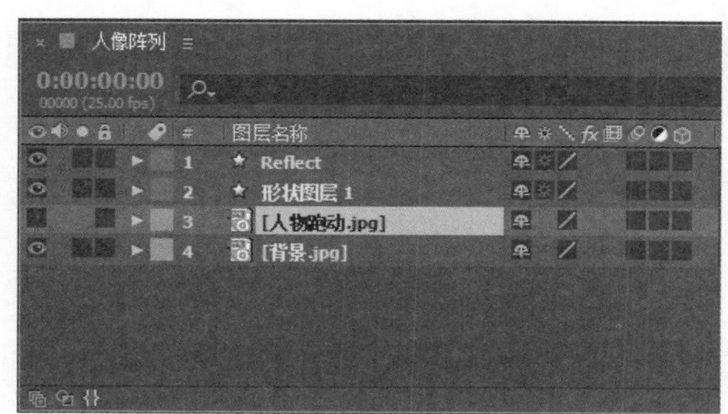

图 4-96

4.6 思考与练习

一、填空题

1. ________就是通过蒙版层中的图形或轮廓对象，透出下面图层的内容。

2. ________可以绘制正方形、长方形等形状。

3. 使用【多边形工具】可以绘制出边数至少为____边的多边形路径和图形。

4. 使用【星形工具】可以绘制出边数至少为____边的星形路径和图形。

5. 在【工具】面板中选择【钢笔工具】后，在面板的右侧会出现一个________复选框。

二、判断题

1. 创建形状图形，首先需要选中图层，然后选择蒙版工具进行绘制。 ( )

2. 创建蒙版，则是要求不选中图层，而选择工具进行绘制，绘制出的是一个单独的图案。 ( )

3. 使用【钢笔工具】可以在合成或【图层】面板中绘制出各种路径，它包含4个辅助工具，分别是【添加“顶点”工具】、【删除“顶点”工具】、【转换“顶点”工具】和【蒙版羽化工具】。 ( )

4. 使用【仿制图章工具】可以将某一时间某一位置的像素复制并应用到另一时间的另一位置中。 ( )

三、思考题

1. 如何调节蒙版的形状?

2. 如何添加或删除锚点?

新起点 电脑教程

第 5 章

文字特效动画的创建及应用

本章要点

- 创建与编辑文字
- 添加文字属性
- 创建文字动画

本章主要内容

本章主要介绍创建与编辑文字方面的知识与技巧，同时讲解如何添加文字属性，在本章的最后还针对实际的工作需求，讲解创建文字动画的方法。通过本章的学习，读者可以掌握文字特效动画的创建及应用方面的知识，为深入学习 After Effects CC 影视高级特效制作知识奠定基础。

5.1 创建与编辑文字

在影视后期合成中，文字不仅仅担负着补充画面信息和媒介交流的角色，而且也是设计师们常常用来作为视觉设计的辅助元素，使传达的内容更加直观深刻，本节将详细介绍创建与编辑文字的相关知识及操作方法。

↑ 扫码看视频

5.1.1 创建文本图层

无论在何种视觉媒体中，文字都是必不可少的设计元素之一，使用 After Effects CC 软件，有很多方法可以创建文本，下面详细介绍通过菜单新建文本图层的操作方法。

素材保存路径：配套素材\第 5 章

素材文件名称：文本图层.aep

第 1 步 打开素材文件“文本图层.aep”，在菜单栏中选择【图层】→【新建】→【文本】菜单项，如图 5-1 所示。

第 2 步 在【合成】面板中单击鼠标左键，在视图中确定文字输入的起始位置，如图 5-2 所示。

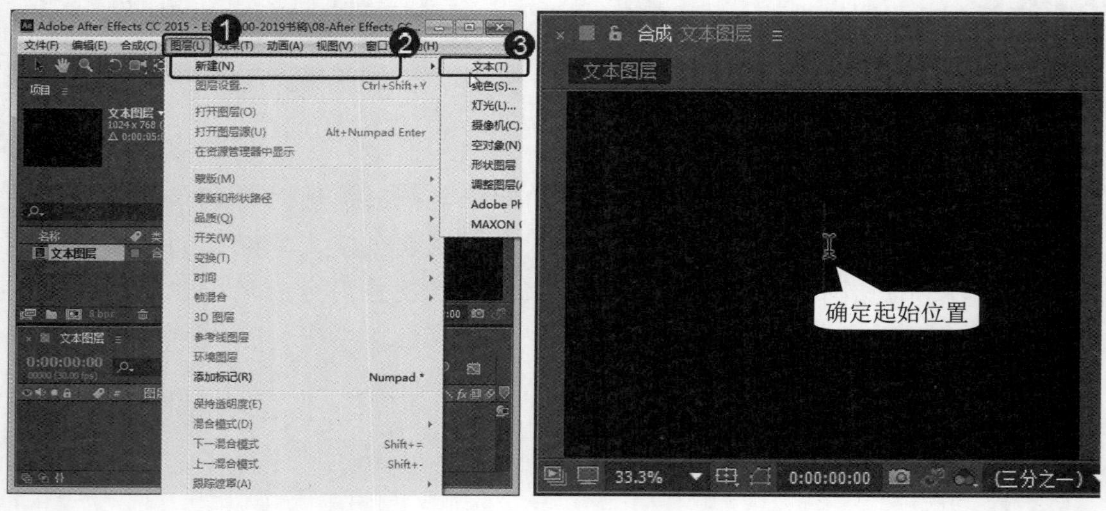

图 5-1

图 5-2

第 3 步 确定输入的位置后，在【合成】面板中输入文字“AE”，即可完成创建文本图层的操作，如图 5-3 所示。

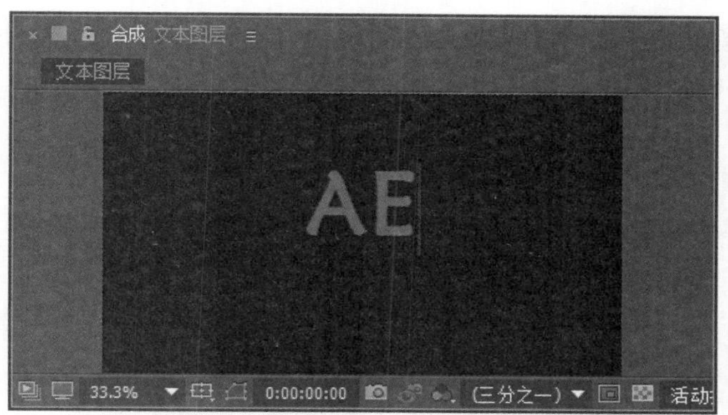

图 5-3

在【时间轴】面板的空白处单击鼠标右键，在弹出的快捷菜单中选择【新建】→【文本】菜单项，也可以快速新建一个文本图层。

5.1.2　利用文字工具创建文本

在工具栏中，单击【文字工具】按钮T即可进行创建文本的操作，下面将详细介绍应用文字工具创建文本的操作方法。

素材保存路径：配套素材\第 5 章

素材文件名称：文本图层.aep

第 1 步　打开素材文件，单击工具栏中的【文字工具】按钮T，如图 5-4 所示。

第 2 步　在【合成】面板中单击鼠标左键，在视图中确定文字输入的起始位置，如图 5-5 所示。

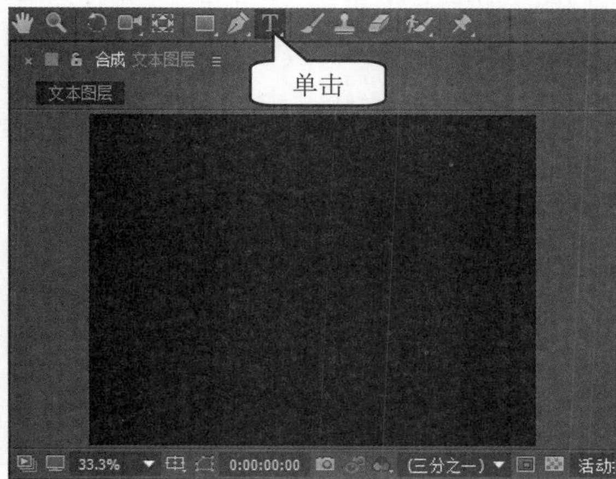

图 5-4

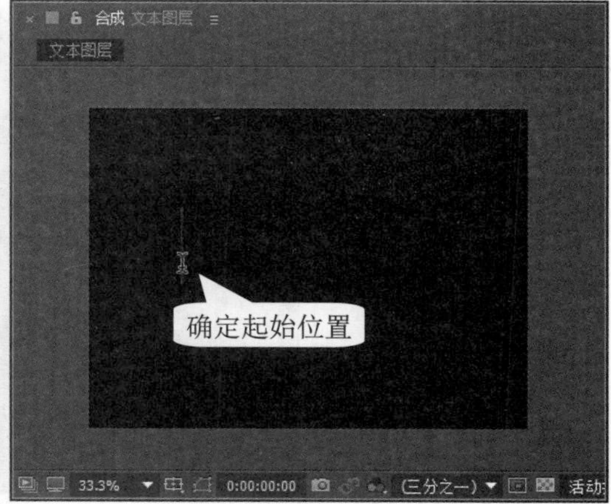

图 5-5

第3步 在【合成】面板中输入文字"After Effects"，即可完成利用文字工具创建文本的操作，如图 5-6 所示。

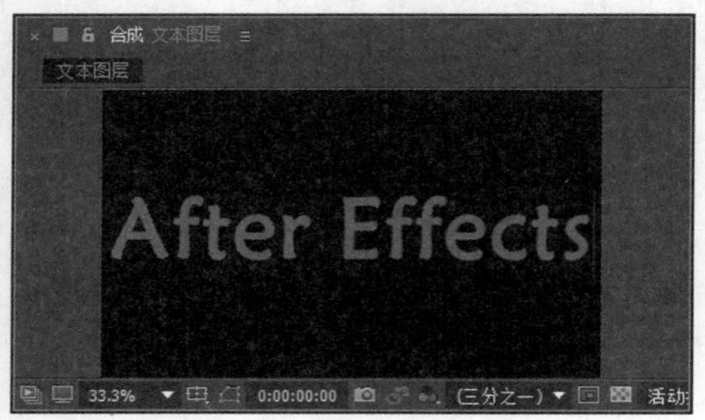

图 5-6

智慧锦囊

在默认状态下，单击【文字工具】按钮T将建立横向排列的文本，如果需要建立竖向排列的文字，可以按住鼠标左键，在弹出的列表框中选择【直排文字工具】选项即可。

5.1.3 设置文字参数

在 After Effects CC 中创建文字后，即可进入【字符】面板和【段落】面板修改文字效果，下面将分别进行详细介绍。

1. 利用【字符】面板修改文字

在创建文字后，可以在【字符】面板中对文字的字体系列、字体样式、填充颜色、描边颜色、字体大小、行距、两个字符间的字偶间距、所选字符间距、描边宽度、描边类型、垂直缩放、水平缩放、基线偏移、所选字符比例间距和字体类型进行设置。【字符】面板如图 5-7 所示。

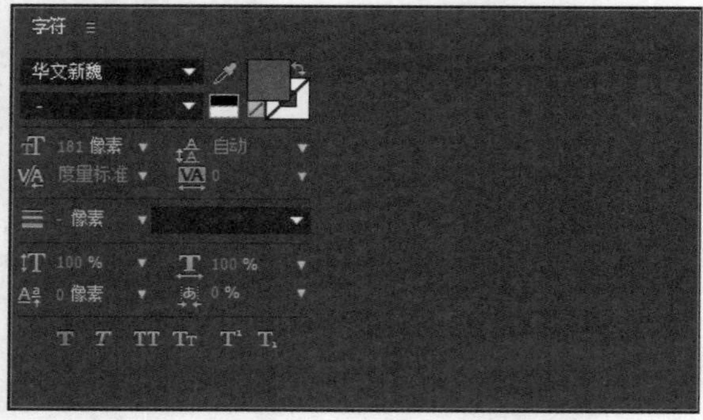

图 5-7

下面详细介绍【字符】面板中的参数说明。

【字体系列】华文新魏：在【字体系列】下拉菜单中可以选择所需应用的字体类型，如图 5-8 所示。在选择某一字体后，当前所选文字即应用该字体，如图 5-9 所示。

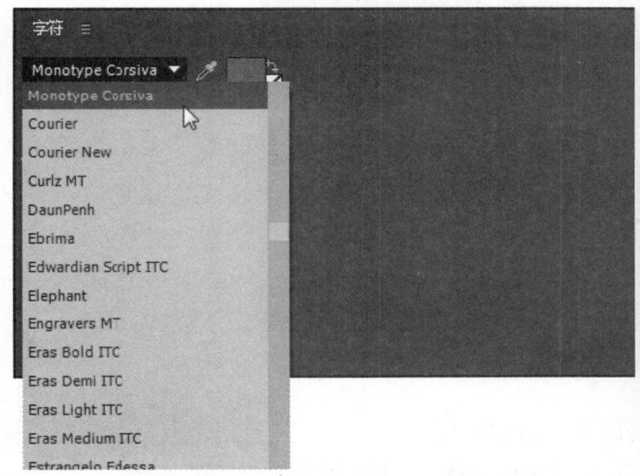

图 5-8

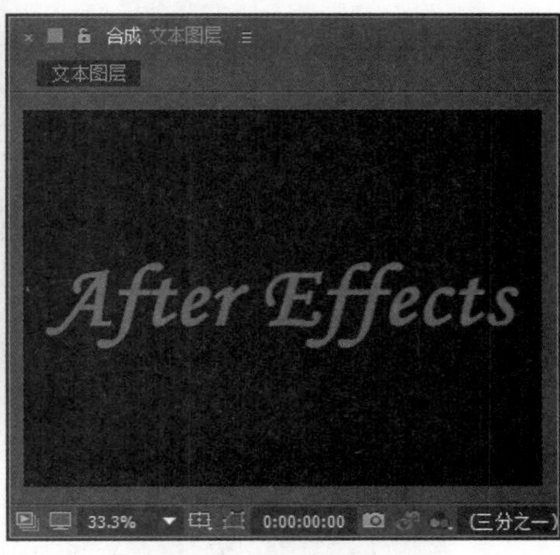

图 5-9

【字体样式】：在设置【字体系列】后，有些字体还可以对其样式进行选择。在【字体样式】下拉菜单中可以选择所需应用的字体样式，如图 5-10 所示。在选择某一字体样式后，当前所选文字即应用该样式。

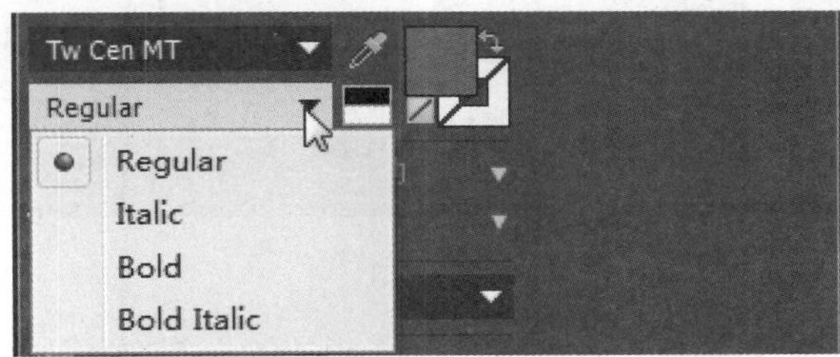

图 5-10

如图 5-11 所示为同一字体系列、不同字体样式的对比效果。

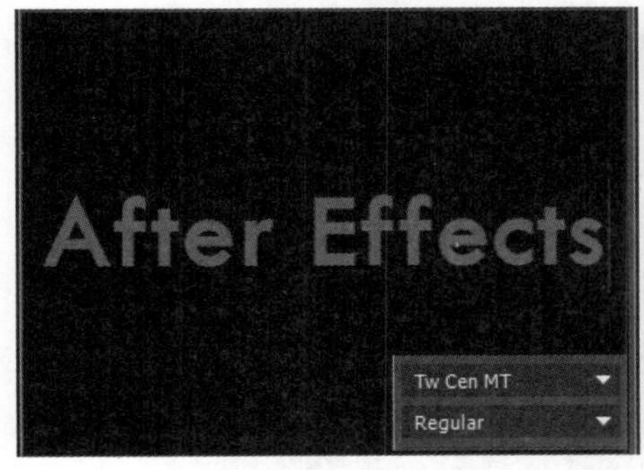

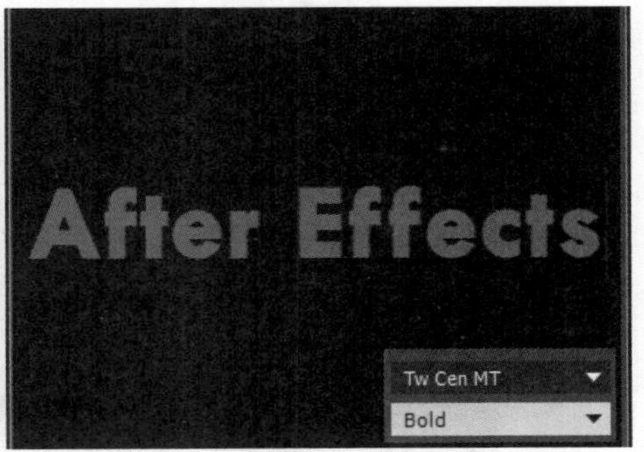

图 5-11

【填充颜色】：在【字符】面板中单击【填充颜色】色块，在弹出的【文本颜色】

对话框中设置合适的文字颜色，也可以使用【吸管工具】直接吸取所需颜色，如图 5-12 所示。

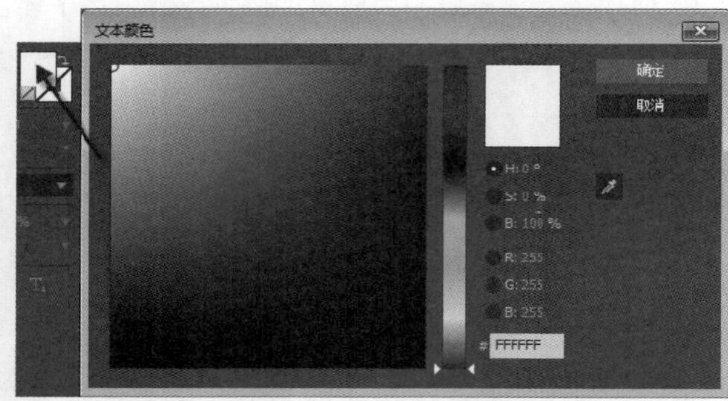

图 5-12

如图 5-13 所示为设置不同填充颜色的文字对比效果。

图 5-13

【描边颜色】：在【字符】面板中单击【描边颜色】色块，在弹出的【文本颜色】对话框中设置合适的文字描边颜色，也可以使用【吸管工具】直接吸取所需颜色，如图 5-14 所示。

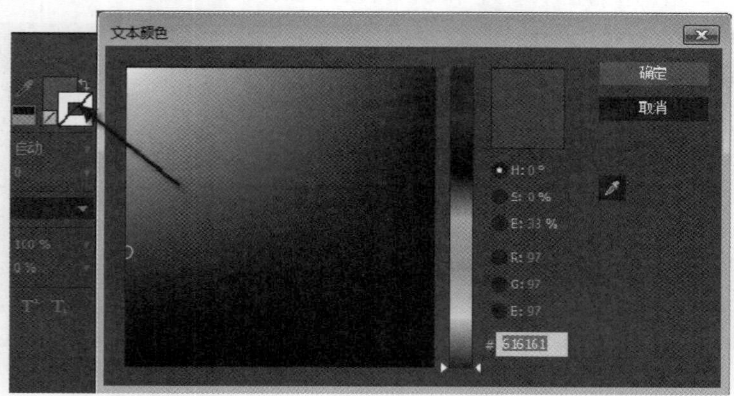

图 5-14

【字体大小】：可以在【字体大小】下拉菜单中选择预设的字体大小，也可以在数值处按住鼠标左键并左右拖动或在数值处单击直接输入数值，如图 5-15 所示即是【字体大小】为 50 和 100 的对比效果。

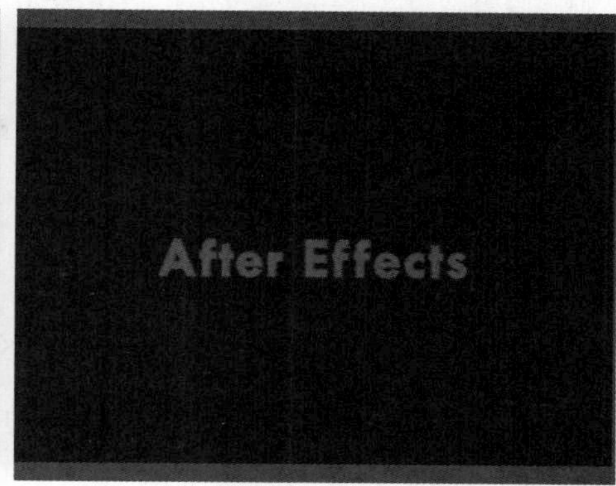

图 5-15

行距：用于段落文字，设置行距数值可调节行与行之间的距离，如图 5-16 所示为设置【行距】为 60 和 80 的对比效果。

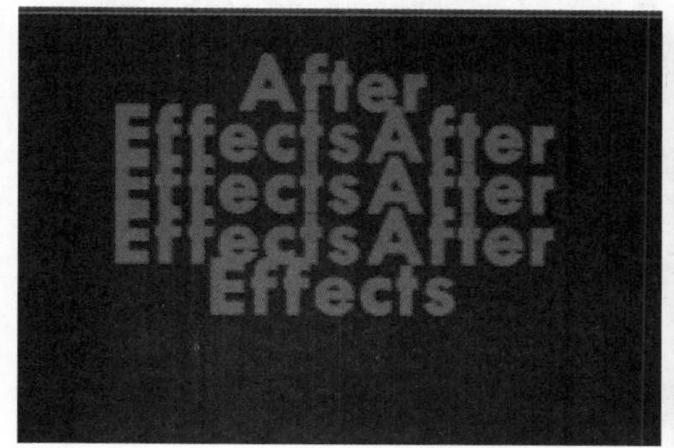

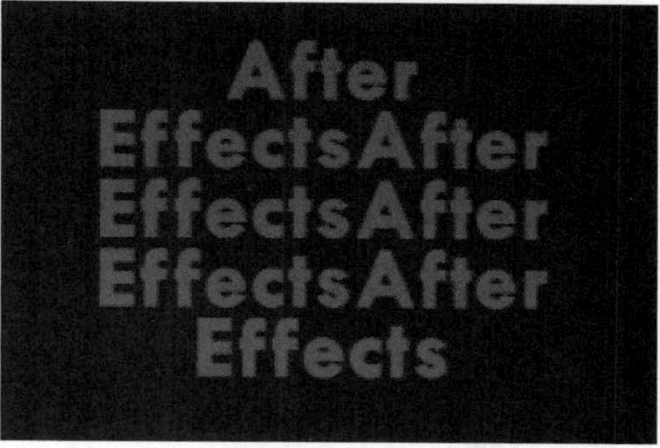

图 5-16

【两个字符间的字偶间距】：设置所选字符的字符间距，如图 5-17 所示为设置【字符间距】为-100 和 200 的对比效果。

图 5-17

【描边宽度】：设置描边的宽度，如图 5-18 所示为设置【描边宽度】为 5 和 10 的对比效果。

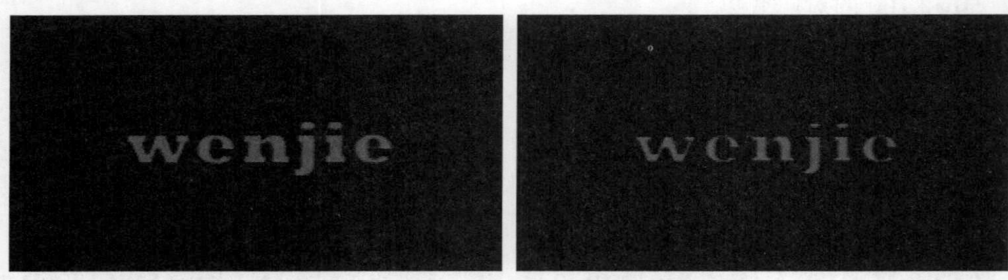

图 5-18

【描边类型】：单击【描边类型】下拉菜单可设置描边类型，如图 5-19 所示为选择不同描边类型的对比效果。

图 5-19

垂直缩放：可以垂直拉伸文本。

水平缩放：可以水平拉伸文本。

基线偏移：可上下平移所选字符。

所选字符比例间距：设置所选字符之间的比例间距。

字体类型：设置字体类型，包括【仿粗体】、【仿斜体】、【全部大写字体】、【小型大写字母】、【上标】和【下标】，如图 5-20 所示为选择【仿粗体】和【仿斜体】的对比效果。

图 5-20

2. 利用【段落】面板修改文字

在【段落】面板中可以设置文本的对齐方式和缩进大小。【段落】面板如图 5-21 所示。

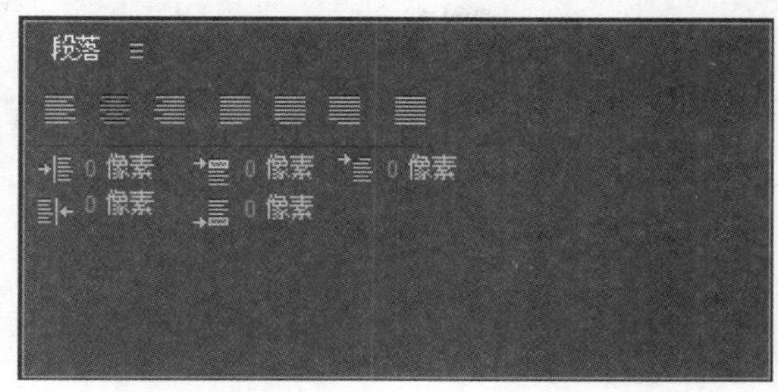

图 5-21

1)　对齐方式

在【段落】面板中一共包含 7 种文本对齐方式，分别为【居左对齐文本】、【居中对齐文本】、【居右对齐文本】、【最后一行左对齐】、【最后一行居中对齐】、【最后一行右对齐】和【两端对齐】，如图 5-22 所示。

图 5-22

如图 5-23 所示为设置对齐方式为【居左对齐文本】和【居右对齐文本】的对比效果。

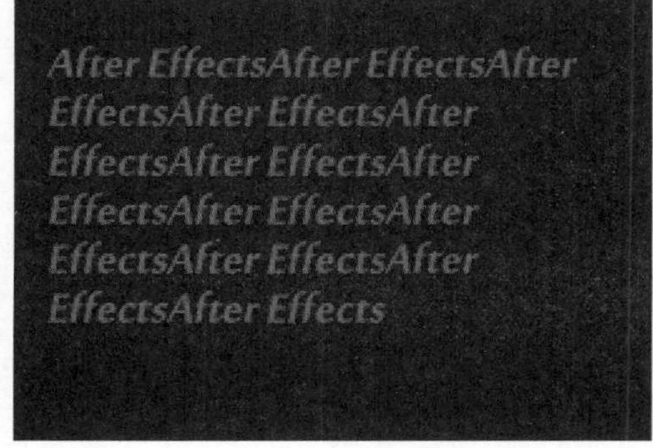

图 5-23

2)　段落缩进和边距设置

在【段落】面板中包括【缩进左边距】、【缩进右边距】和【首行缩进】3 种段落缩进方式，包括【段前添加空格】和【段后添加空格】两种设置边距方式，如图 5-24 所示。

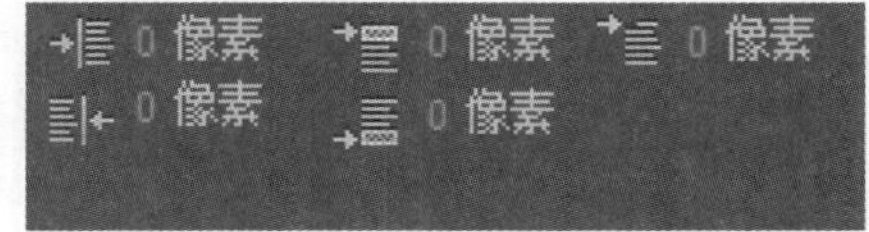

图 5-24

如图 5-25 所示为设置参数的前后对比效果。

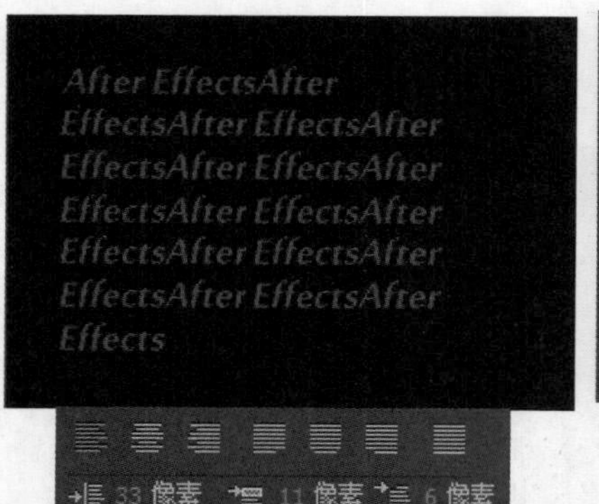

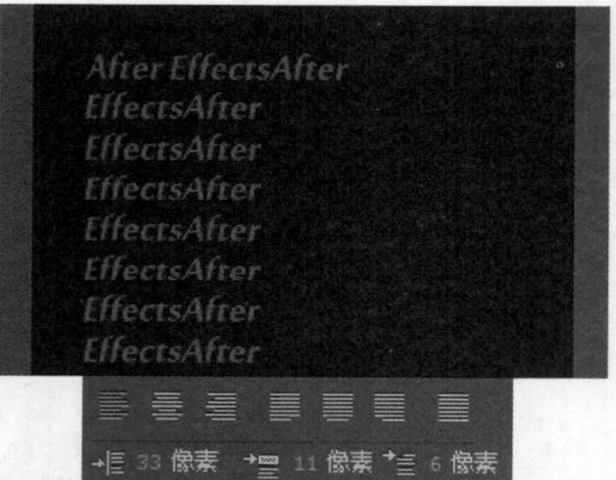

图 5-25

5.2 添加文字属性

创建文本图层后，在【时间轴】面板中打开文本图层下的属性，对文字动画进行设置，也可以为文字添加不同的属性，并设置合适的参数来制作相关动画效果。本节将详细介绍添加文字属性的相关知识及操作方法。

↑ 扫码看视频

5.2.1 制作旋转偏移文字动画效果

创建完文本图层后，就可以制作一些关于文字的动画效果了，下面详细介绍制作文字动画效果的操作方法。

素材保存路径：配套素材\第 5 章

素材文件名称：文字动画效果.aep、制作文字动画效果.aep

第 1 步 打开素材文件“文字动画效果.aep”，***1.*** 在【时间轴】面板中单击文本图层右侧的【动画】按钮，***2.*** 在弹出的菜单中选择【旋转】菜单项，如图 5-26 所示。

第 2 步 在【时间轴】面板中打开文本图层下方的【文本】→【动画制作工具 1】选项，设置【旋转】为 0×+180.0°，接着打开【范围选择器 1】选项，并将时间线拖曳至起始帧位置处，单击【偏移】前的【时间变化秒表】按钮，设置【偏移】为 0，再将时间线拖曳至第 4 秒位置处，设置【偏移】为 100，如图 5-27 所示。

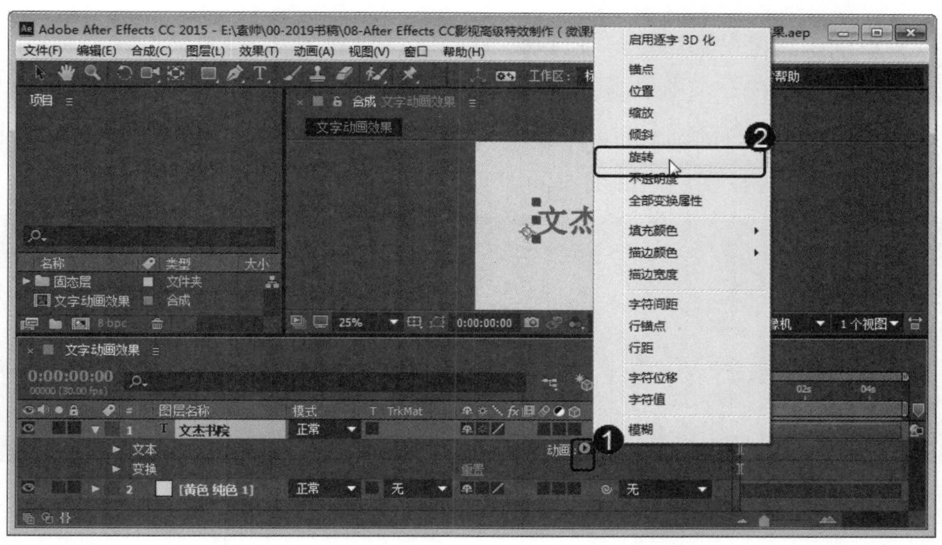

图 5-26

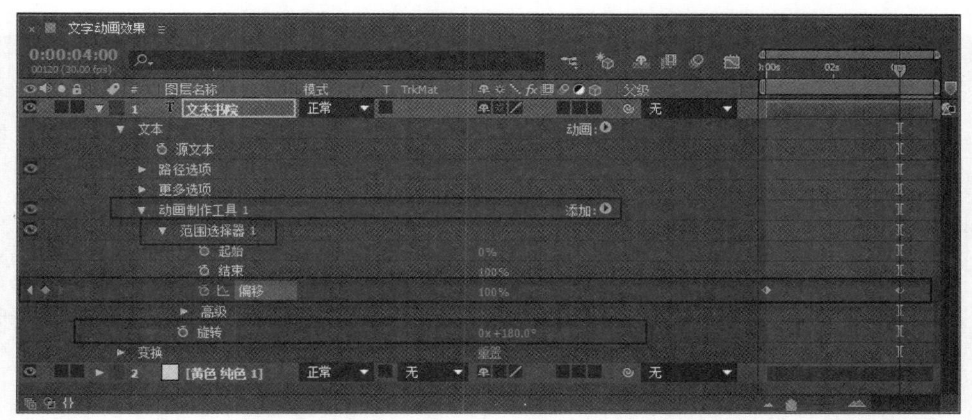

图 5-27

第 3 步 此时即可拖曳时间线查看最终的文字动画效果，如图 5-28 所示。

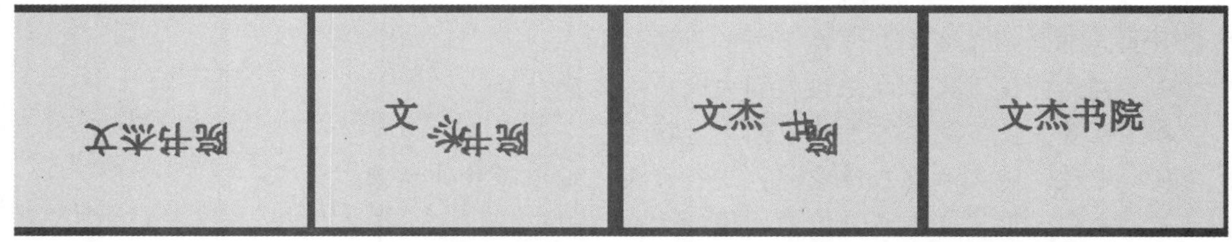

图 5-28

5.2.2　使用 3D 文字属性

下面详细介绍使用 3D 文字属性的相关知识及操作方法。

素材保存路径：配套素材\第 5 章
素材文件名称：文本图层 1.aep、使用 3D 文字属性.aep

创建文本后，在【时间轴】面板中单击该图层的【3D 图层】按钮下方相对应的位置，即可将该图层转换为 3D 图层，如图 5-29 所示。

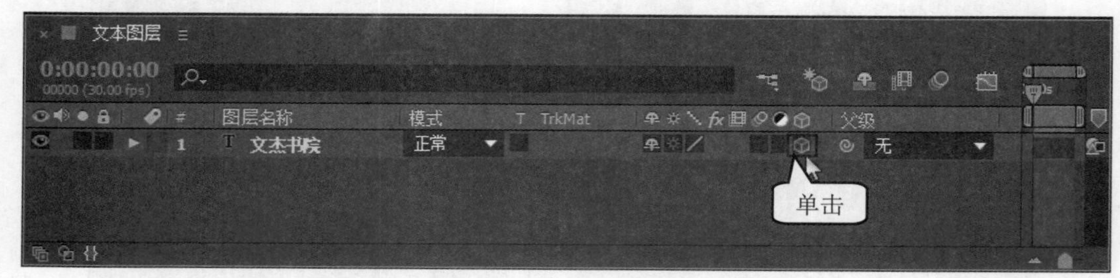

图 5-29

打开该文本图层下方的【变换】属性，即可设置参数数值，调整文本状态，如图 5-30 所示。

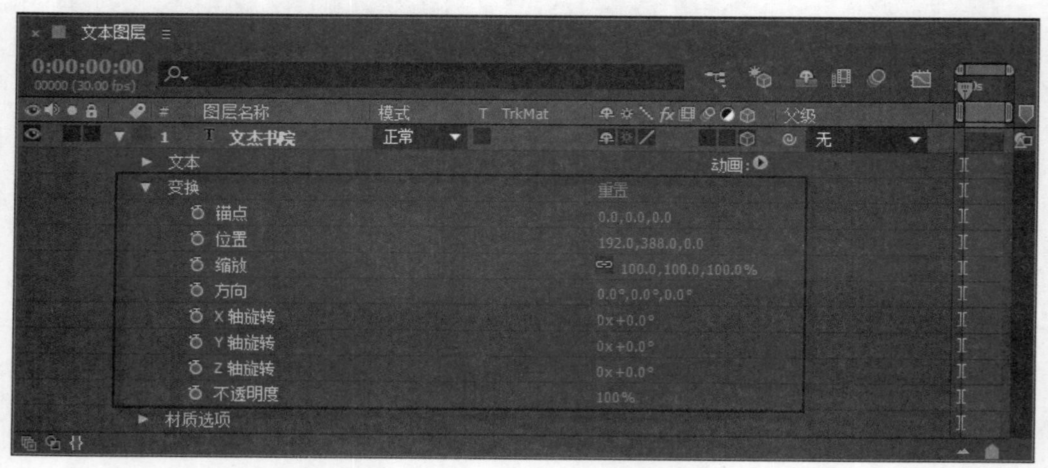

图 5-30

下面详细介绍【变换】属性下方的参数说明。

- 锚点：设置文本在三维空间内的中心点的位置。
- 位置：设置文本在三维空间内的位置。
- 缩放：将文本在三维空间内进行放大、缩小等拉伸操作。
- 方向：设置文本在三维空间内的方向。
- X 轴旋转：设置文本以 X 轴为中心的旋转程度。
- Y 轴旋转：设置文本以 Y 轴为中心的旋转程度。
- Z 轴旋转：设置文本以 Z 轴为中心的旋转程度。
- 不透明度：设置文本的透明程度。

如图 5-31 所示为使用 3D 文字属性，调整后的文本效果。

图 5-31

5.2.3　应用文字预设效果制作 3D 下雨效果

在 After Effects 中有很多预设的文字效果，这些预设可以模拟非常绚丽多彩的文字动画，下面详细介绍应用文字预设效果的操作方法。

素材保存路径：配套素材\第 5 章

素材文件名称：文本图层 2.aep、应用文字预设效果.aep

第 1 步 打开素材文件“文本图层 2.aep”，在菜单栏中选择【窗口】→【效果和预设】菜单项，如图 5-32 所示。

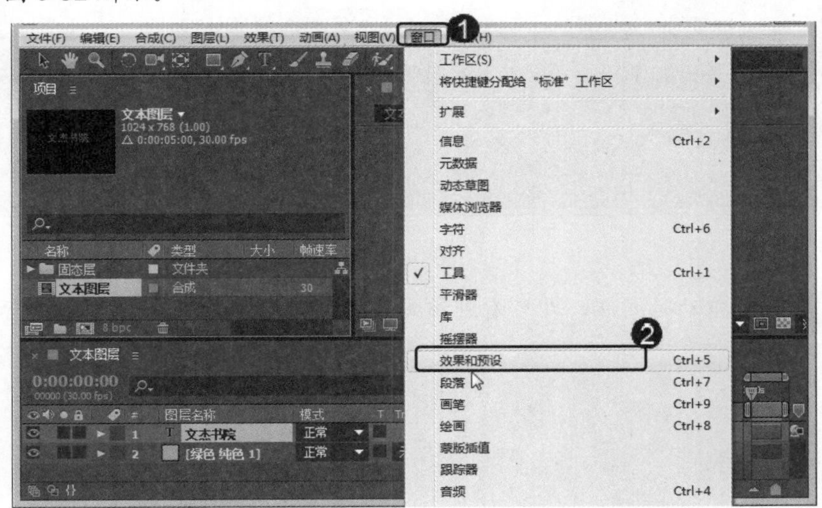

图 5-32

第 2 步 在【效果和预设】面板中展开【动画预设】下的 Text，即可看到包含了十几种文字效果的分组类型，如图 5-33 所示。

第 3 步 可以展开 3D Text 文字效果分组，选中【3D 下雨词和颜色】选项，并将其拖曳到【合成】面板中的文字上，如图 5-34 所示。

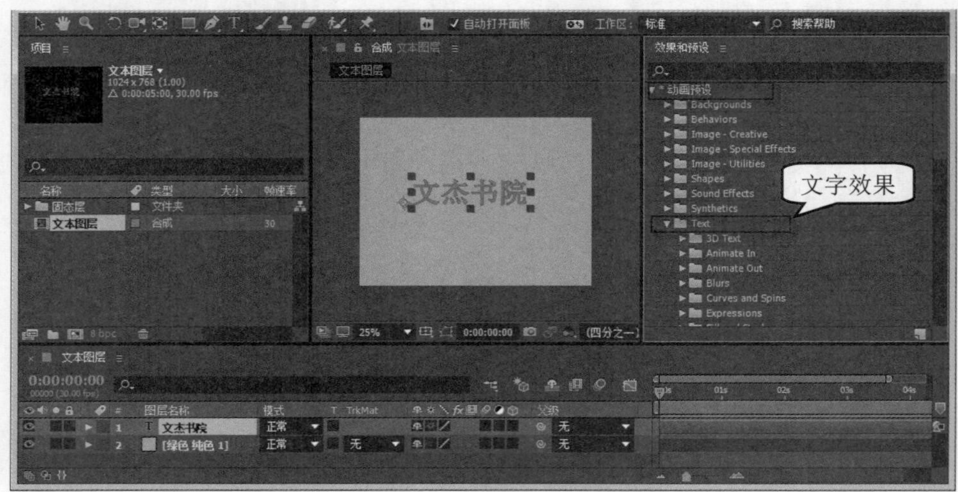

图 5-33

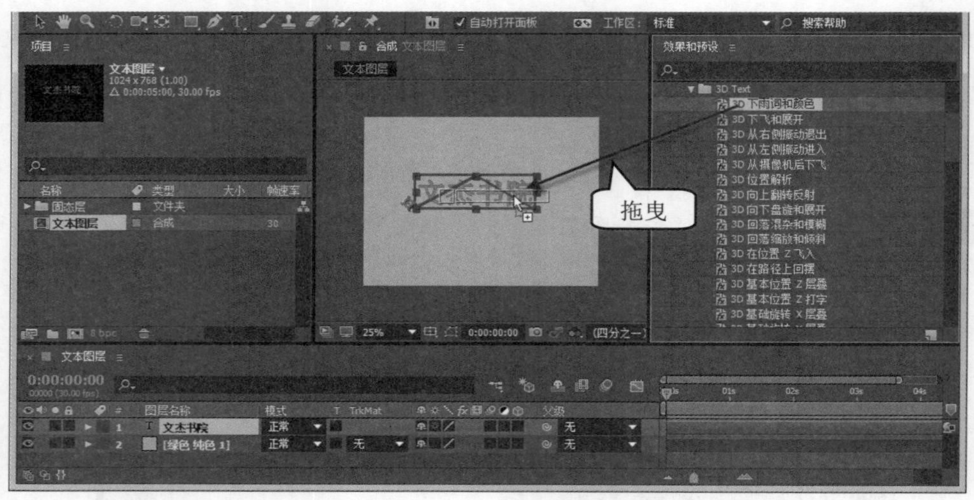

图 5-34

第 4 步 此时拖动时间线，即可看到该文字动画预设效果，如图 5-35 所示。

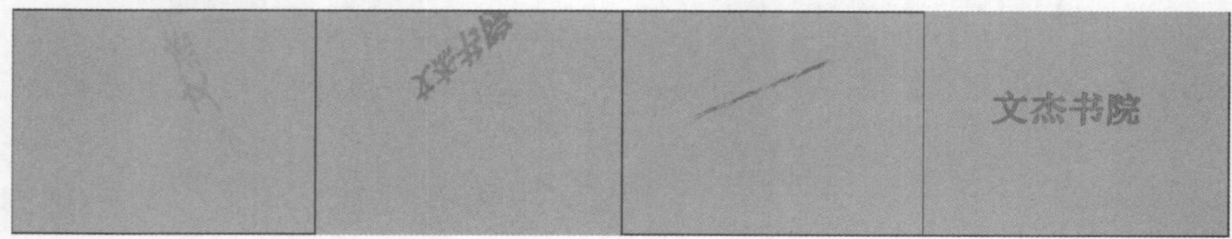

图 5-35

第 5 步 也可以拖曳另一种预设类型到文字上，如图 5-36 所示。

第 6 步 此时的文字动画效果如图 5-37 所示。

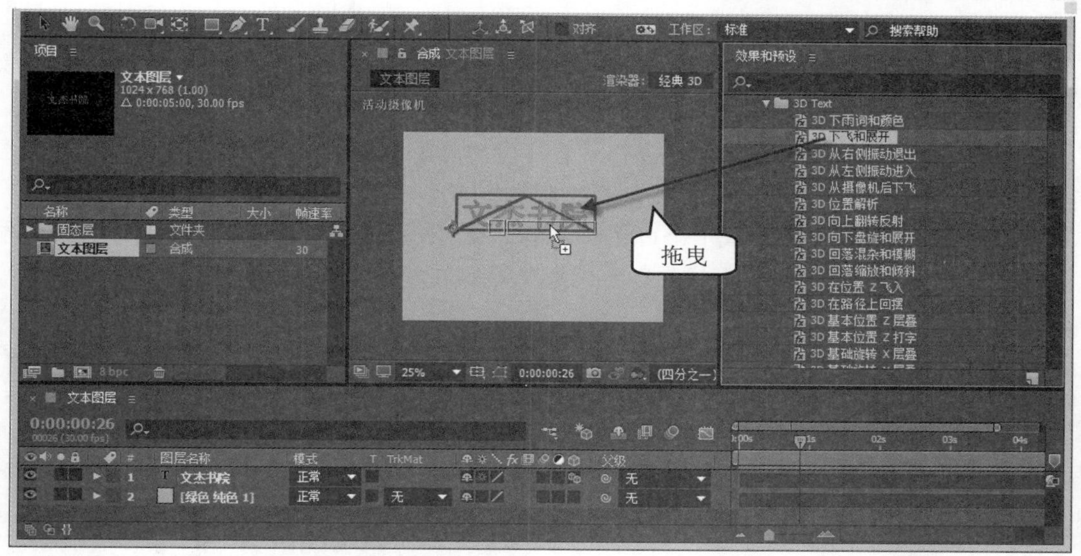

图 5-36

图 5-37

5.2.4　使用文字创建蒙版

After Effects 新版中的【从文本创建蒙版】命令的功能和使用方法与原来的【创建外轮廓】命令完全一样，下面详细介绍使用从文本创建蒙版的操作方法。

素材保存路径：配套素材\第 5 章
素材文件名称：AE.aep、使用文字创建蒙版.aep

第 1 步 打开素材文件“AE.aep”，在【时间轴】面板中，***1.*** 选择文本图层，***2.*** 在菜单栏中选择【图层】→【从文本创建蒙版】菜单项，如图 5-38 所示。

第 2 步 系统会自动生成一个白色的固态图层，并将蒙版创建到这个图层上，同时原始的文字图层将自动关闭显示，这样即可完成使用从文本创建蒙版的操作，如图 5-39 所示。

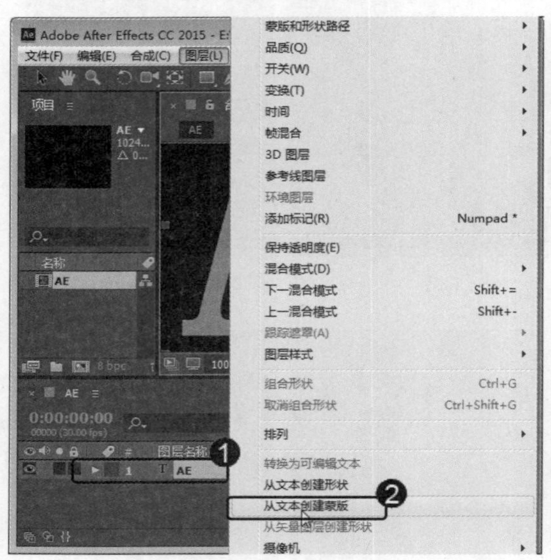

图 5-38

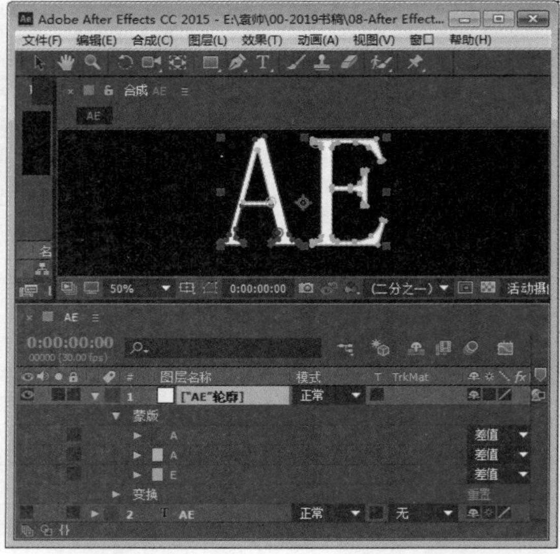

图 5-39

智慧锦囊

在 After Effects 中，“从文本创建蒙版”的功能非常实用，可以在转化后的蒙版图层上应用各种特效，还可以将转化后的蒙版赋予其他图层使用。

5.2.5 创建文字形状动画

After Effects 新版中的【从文本创建形状】命令，可以创建一个以文字轮廓为形状的形状图层，下面详细介绍创建文字形状动画的操作方法。

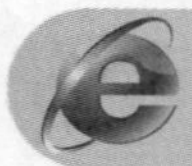
素材保存路径：配套素材\第 5 章
素材文件名称：AE.aep、创建文字形状动画.aep

第 1 步 打开素材文件“AE.aep”，在【时间轴】面板中，***1.*** 选择文本图层，***2.*** 在菜单栏中选择【图层】→【从文本创建形状】菜单项，如图 5-40 所示。

第 2 步 系统会自动生成一个新的文字形状轮廓图层，同时原始的文字图层将自动关闭显示，这样即可完成创建文字形状动画的操作，如图 5-41 所示。

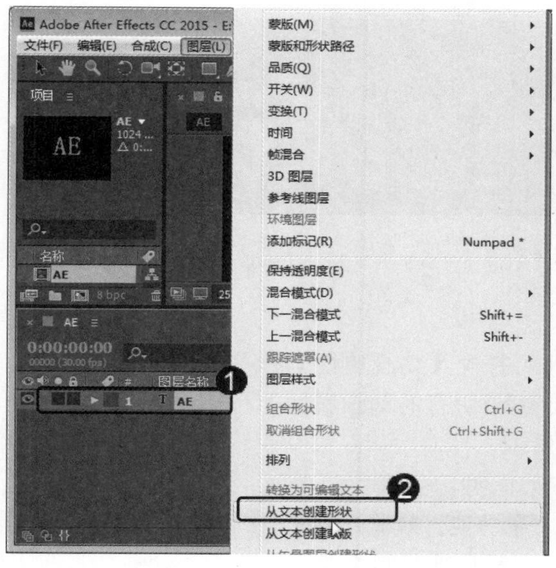

图 5-40

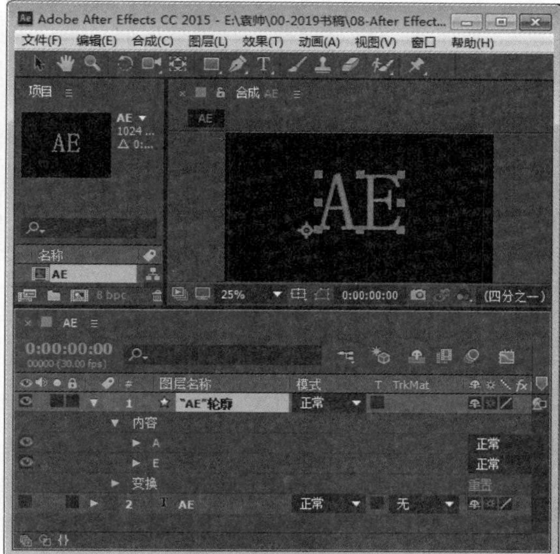

图 5-41

5.3　创建文字动画

After Effects CC 软件的文字图层具有丰富的属性，通过设置属性和添加效果可以制作出丰富多彩的文字特效，使得影片画面更加鲜活，更具有生命力，本节将详细介绍创建文字动画的相关知识及操作方法。

↑ 扫码看视频

5.3.1　使用图层属性制作动画

使用【源文本】属性可以对文字的内容、段落格式等属性设置动画，不过这种动画只能是突变性的动画，片长较短的视频字幕可使用此方法来制作。

5.3.2　动画制作工具

创建一个文字图层以后，可以使用【动画制作工具】功能方便快速地创建出复杂的动画效果，一个【动画制作工具】组中可以包含一个或多个动画选择器以及动画属性，如图 5-42 所示。

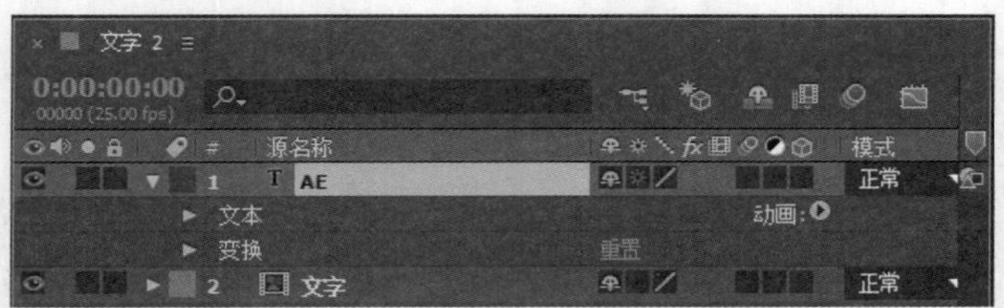

图 5-42

1. 动画属性

单击文本图层右侧的【动画】按钮，即可打开【动画属性】菜单，动画属性主要用来设置文字动画的主要参数(所有的动画属性都可以单独对文字产生动画效果)，如图 5-43 所示。

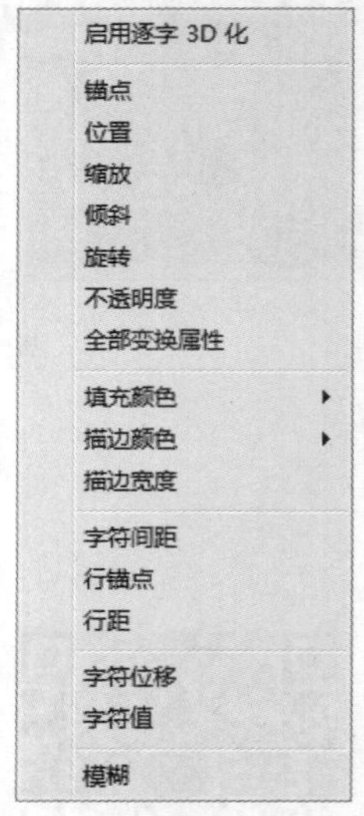

图 5-43

下面将详细介绍【动画属性】菜单中的参数说明。

- 启用逐字 3D 化：控制是否开启三维文字功能。如果开启了该功能，在文字图层属性中将新增一个材质选项用来设置文字的漫反射、高光，以及是否产生阴影等效果，同时【变换】属性也会从二维变换属性转换为三维变换属性。
- 锚点：用于制作文字中心定位点的变换动画。
- 位置：用于制作文字的位移动画。
- 缩放：用于制作文字的缩放动画。
- 倾斜：用于制作文字的倾斜动画。
- 旋转：用于制作文字的旋转动画。
- 不透明度：用于制作文字的不透明度变化动画。
- 全部变换属性：将所有的属性一次性添加到【动画制作工具】中。
- 填充颜色：用于制作文字的颜色变化动画，包括 RGB、色相、饱和度、亮度和不透明度 5 个选项，如图 5-44 所示。

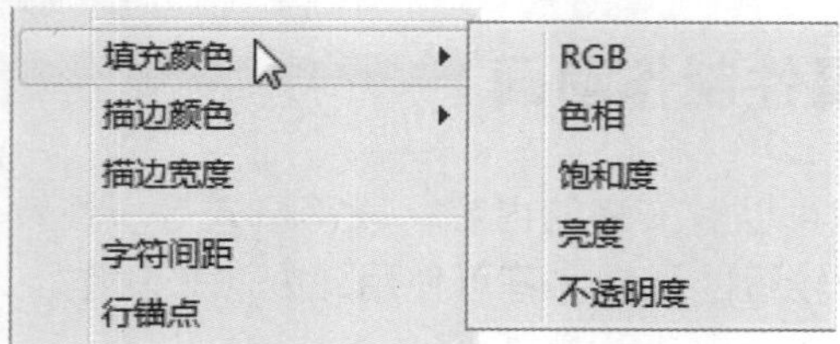

图 5-44

- 描边宽度：用于制作文字描边粗细的变化动画。
- 字符间距：用于制作文字之间的间距变化动画。
- 行锚点：用于制作文字的对齐动画。值为 0 时，表示左对齐；值为 50%时，表示居中对齐；值为 100%时，表示右对齐。
- 行距：用于制作多行文字的行距变化动画。

➢ 字符位移：按照统一的字符编码标准(即 Unicode 标准)为选择的文字制作偏移动画。比如设置英文 bathell 的字符位移为 5，那么最终显示的英文就是 gfymjqq(按字母表顺序从 b 往后数第 5 个字母是 g；从字母 a 往后数第 5 个字母是 f，以此类推)，如图 5-45 所示。

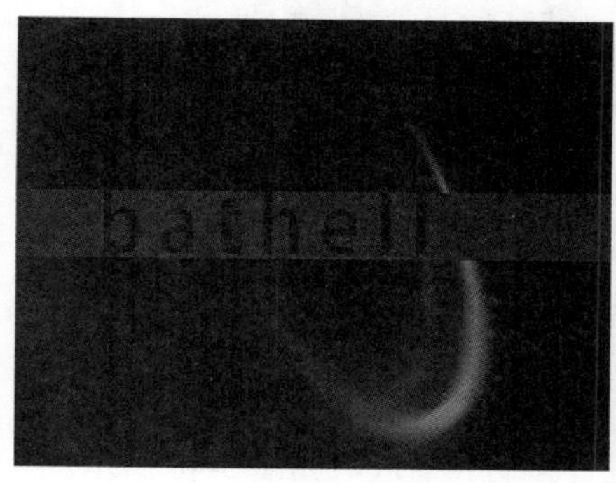

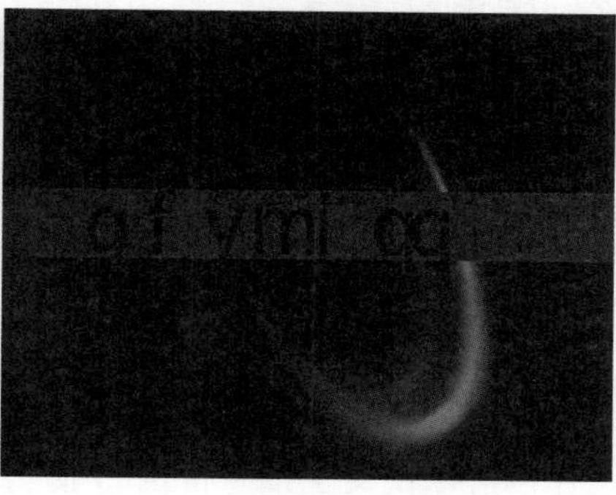

图 5-45

➢ 字符值：按照 Unicode 文字编码形式将设置的字符值所代表的字符统一将原来的文字进行替换。比如设置【字符值】为 100，那么使用文字工具输入的文字都将以字母 d 进行替换，如图 5-46 所示。

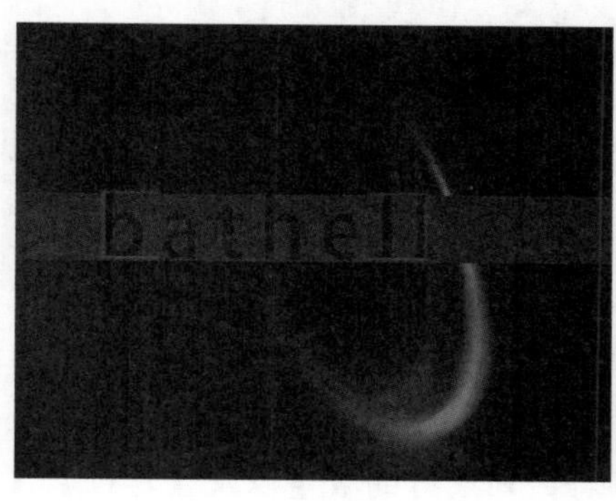

图 5-46

➢ 模糊：用于制作文字的模糊动画，可以单独设置文字在水平和垂直方向的模糊数值。

2. 动画选择器

每个【动画制作工具】组中都包含一个【范围选择器】，可以在一个【动画制作工具】组中继续添加选择器，或者在一个选择器中添加多个动画属性。如果在一个【动画制作工具】组中添加了多个选择器，那么可以在这个【动画制作工具】组中对各个选择器进行调节，这样可以控制各个选择器之间相互作用的方式。

添加选择器的方法是在【时间轴】面板中选择一个【动画制作工具】组，然后在其右边的【添加】选项后面单击▶按钮，接着在弹出的菜单中选择需要添加的选择器，包括范围选择器、摆动选择器和表达式选择器 3 种，如图 5-47 所示。

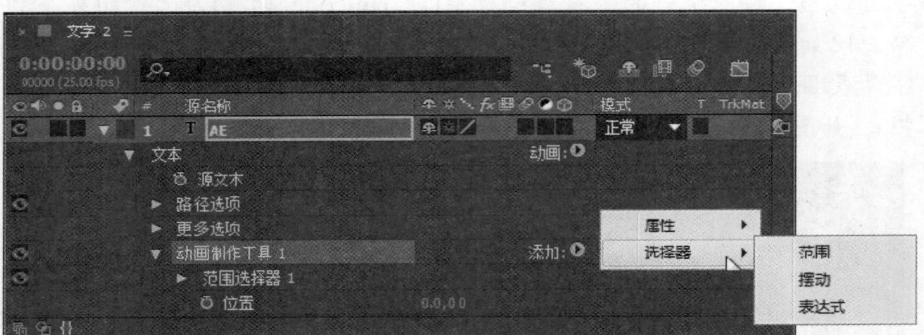

图 5-47

3. 范围选择器

范围选择器可以使文字按照特定的顺序进行移动和缩放，如图 5-48 所示。

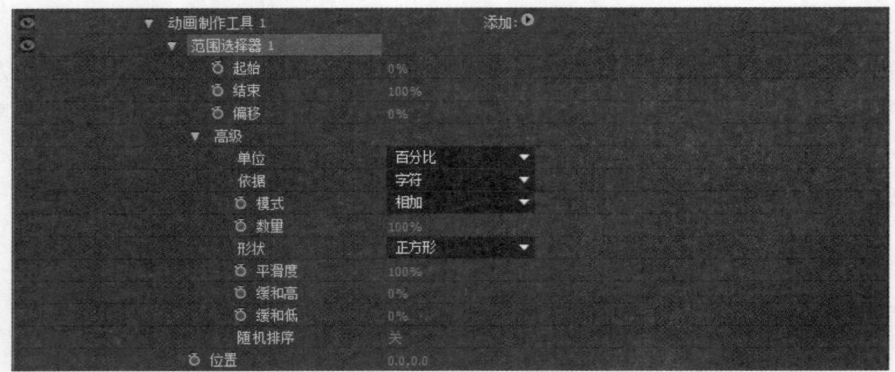

图 5-48

下面详细介绍范围选择器中的参数说明。

➢ 起始：设置选择器的开始位置，与字符、词或行的数量以及【单位】、【依据】选项的设置有关。
➢ 结束：设置选择器的结束位置。
➢ 偏移：设置选择器的整体偏移量。
➢ 单位：设置选择范围的单位，有【百分比】和【索引】两种，如图 5-49 所示。

图 5-49

➢ 依据：设置选择器动画的基于模式，包含【字符】、【不包含空格的字符】、【词】、【行】4 种，如图 5-50 所示。
➢ 模式：设置多个选择器范围的混合模式，包括【相加】、【相减】、【相交】、【最小值】、【最大值】和【差值】6 种模式，如图 5-51 所示。

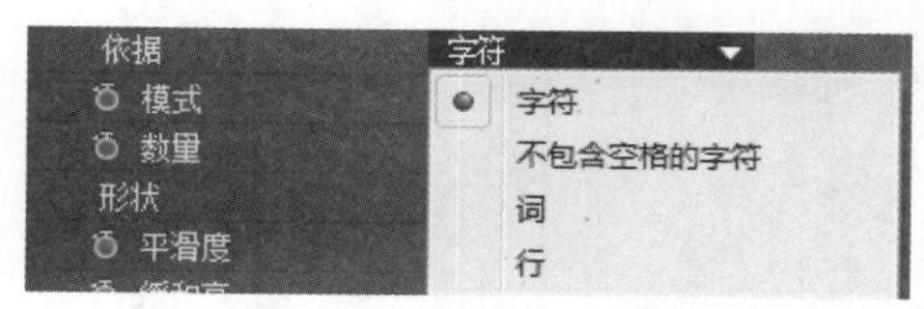

图 5-50

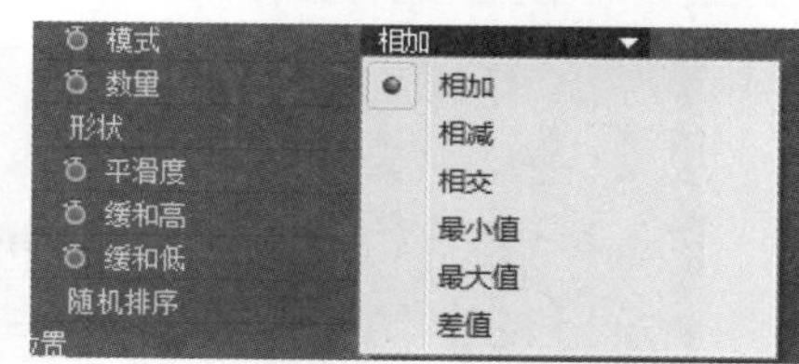

图 5-51

- ➢ 数量：设置属性动画参数对选择器文字的影响程度。0 表示动画参数对选择器文字没有任何作用，50%表示动画参数只能对选择器文字产生一半的影响。
- ➢ 形状：设置选择器边缘的过渡方式，包括【正方形】、【上斜坡】、【下斜坡】、【三角形】、【圆形】和【平滑】6 种方式。
- ➢ 平滑度：在设置形状类型为正方形时，该选项才起作用，它决定了一个字符到另一个字符过渡的动画时间。
- ➢ 缓和高：特效缓入设置。例如，当设置【缓和高】为 100%时，文字特效从完全选择状态进入部分选择状态的过程就很平稳；当设置【缓和高】为-100%时，文字特效从完全选择状态到部分选择状态的过程就会很快。
- ➢ 缓和低：原始状态缓出设置。例如，当设置【缓和低】为 100%时，文字从部分选择状态进入完全不选择状态的过程就很平缓；当设置【缓和低】为-100%时，文字从部分选择状态进入完全不选择状态的过程就会很快。
- ➢ 随机排序：决定是否启用随机设置。

4. 摆动选择器

使用摆动选择器可以让选择器在指定的时间段产生摇摆动画，如图 5-52 所示。

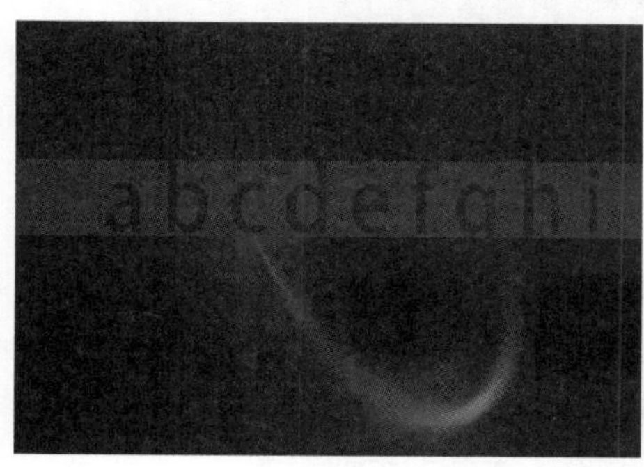

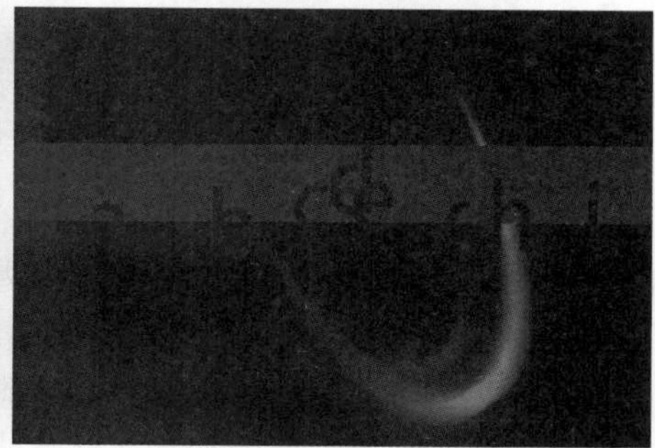

图 5-52

摆动选择器的参数选项如图 5-53 所示。

下面详细介绍摆动选择器的参数说明。

- ➢ 模式：设置摆动选择器与其上层选择器之间的混合模式，类似于多重遮罩的混合设置。
- ➢ 最大/最小量：设定选择器的最大/最小变化幅度。
- ➢ 依据：选择文字摇摆动画的基于模式，包括【字符】、【不包含空格的字符】、【词】、【行】4 种模式。

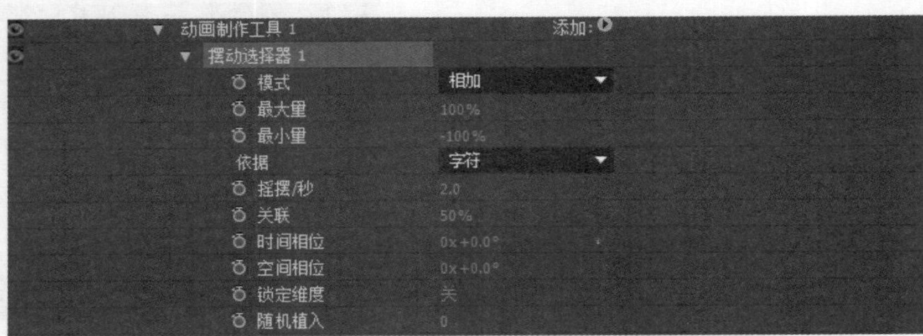

图 5-53

- 摇摆/秒：设置文字摇摆的变化频率。
- 关联：设置每个字符变化的关联性。当其值为 100%时，所有字符在相同时间内的摆动幅度都是一致的；当其值为 0 时，所有字符在相同时间内的摆动幅度互不影响。
- 时间/空间相位：设置字符基于时间还是基于空间的相位大小。
- 锁定维度：设置是否让不同维度的摆动幅度拥有相同的数值。
- 随机植入：设置随机的变数。

5. 表达式选择器

在使用表达式时，可以很方便地使用动态方法来设置动画属性对文本的影响范围。可以在一个【动画制作工具】组中使用多个【表达式选择器】，并且每个选择器也可以包含多个动画属性，如图 5-54 所示。

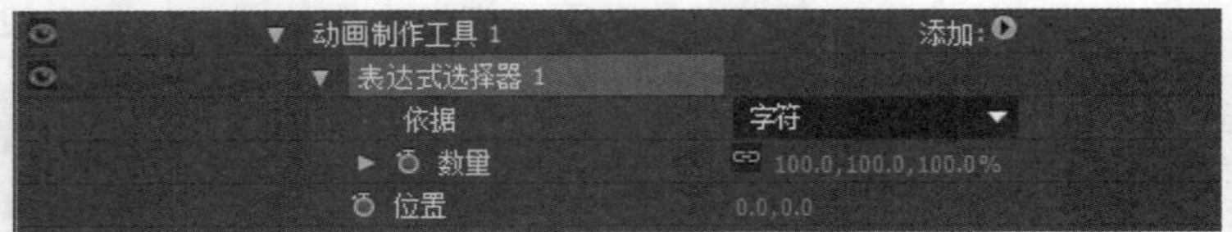

图 5-54

下面详细介绍【表达式选择器】中的参数说明。

- 依据：设置选择器的基于方式，包括字符、不包含空格的字符、词、行 4 种模式。
- 数量：设定动画属性对表达式选择器的影响范围。0 表示动画属性对选择器文字没有任何影响；50%表示动画属性对选择器文字有一半的影响。

5.3.3 创建文字路径动画

如果在文字图层中创建了一个蒙版，那么就可以利用这个蒙版作为一个文字的路径来制作动画。作为路径的蒙版可以是封闭的，也可以是开放的，但是必须注意一点，如果使用闭合的蒙版作为路径，必须设置蒙版的模式为【无】。

在文字图层下展开文字属性下面的【路径选项】参数，如图 5-55 所示。

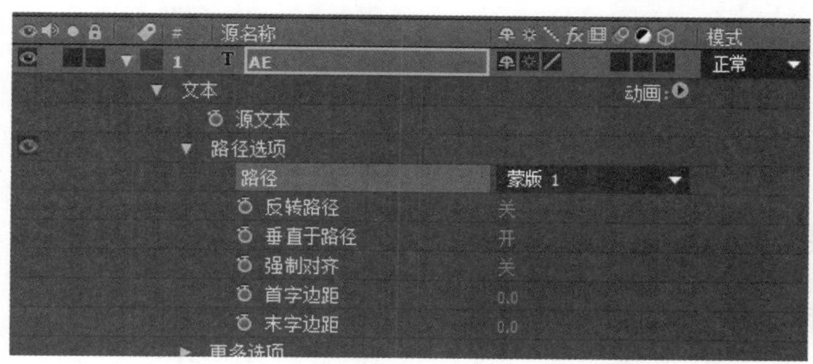

图 5-55

下面详细介绍【路径选项】中的参数说明。

- 路径：在后面的下拉列表框中选择作为路径的蒙版。
- 反转路径：控制是否让文字反转路径。
- 垂直于路径：控制是否让文字垂直于路径。
- 强制对齐：将第一个文字和路径的起点强制对齐，或与设置的【首字边距】对齐，同时让最后一个文字和路径的结尾点对齐，或与设置的【末字边距】对齐。
- 首字边距：设置第一个文字相对于路径起点处的位置，单位为像素。
- 末字边距：设置最后一个文字相对于路径结尾处的位置，单位为像素。

5.4　实践案例与上机指导

通过本章的学习，读者基本可以掌握文字特效动画的创建及应用的基本知识以及一些常见的操作方法，下面通过练习一些案例操作，以达到巩固学习、拓展提高的目的。

↑扫码看视频

5.4.1　制作文字渐隐的效果

使用【动画制作工具】组配合文字工具是创建文字动画最主要的方式。通过设置【动画制作工具】组中的【不透明度】属性以及【范围选择器】的【结束】属性可以制作文字渐隐的动画效果，下面详细介绍制作文字渐隐效果的操作方法。

素材保存路径：配套素材\第 5 章

素材文件名称：制作文字渐隐素材.aep、文字渐隐的效果.aep

第 1 步　打开素材文件“制作文字渐隐素材.aep”，使用【文字工具】T输入“文字渐隐效果”文本，如图 5-56 所示。

第 2 步 *1.* 单击【动画】选项后面的按钮，*2.* 在弹出的菜单中选择【不透明度】菜单项，如图 5-57 所示。

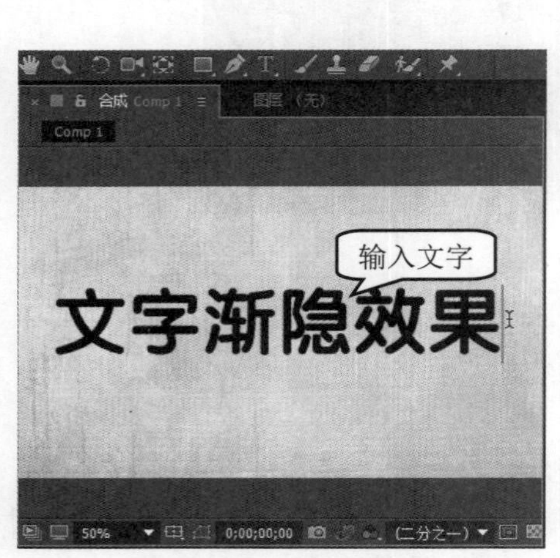

图 5-56

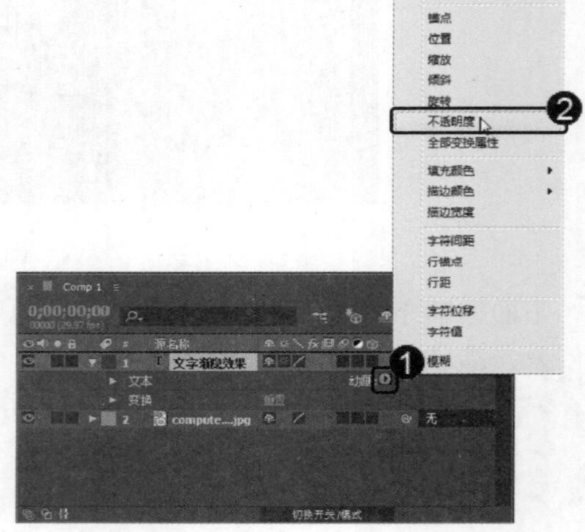

图 5-57

第 3 步 将【动画制作工具】组中的【不透明度】属性设置为 0，使文字层完全透明，如图 5-58 所示。

图 5-58

第 4 步 在准备添加渐隐效果的开始位置，将【范围选择器 1】的【结束】属性设置为 0，并将其记录为关键帧，如图 5-59 所示。

图 5-59

第 5 步 向右拖动时间线滑块，在渐隐效果的结束位置将【结束】属性设置为 100%，会自动生成关键帧，如图 5-60 所示。

图 5-60

第 6 步 此时，拖动时间线滑块即可观察制作好的文字渐隐效果，通过以上步骤即可完成制作文字渐隐的效果，如图 5-61 所示。

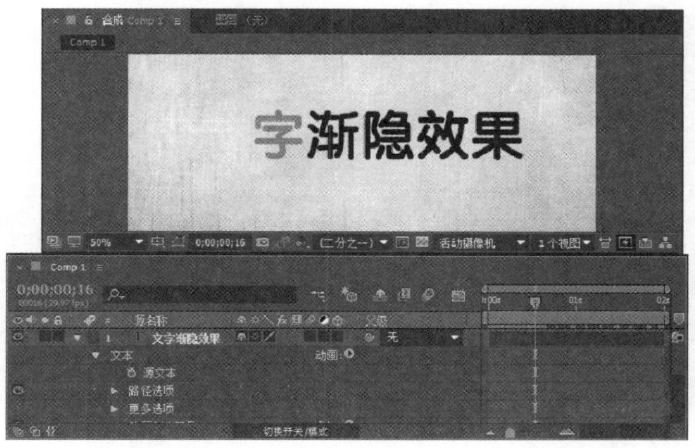

图 5-61

5.4.2　制作轮廓文字动画

通过本例的学习，读者可以掌握【修剪路径】属性在制作文字特效时的应用方法，下面详细介绍制作轮廓文字动画的操作方法。

素材保存路径：配套素材\第 5 章

素材文件名称：轮廓文字素材.aep

第 1 步 打开素材文件“轮廓文字素材.aep”，使用【文字工具】T输入“清凉一夏”文本，如图 5-62 所示。

第 2 步 在【字符】面板中，设置字体、字体颜色、字体大小和字符间距等参数值，如图 5-63 所示。

图 5-62

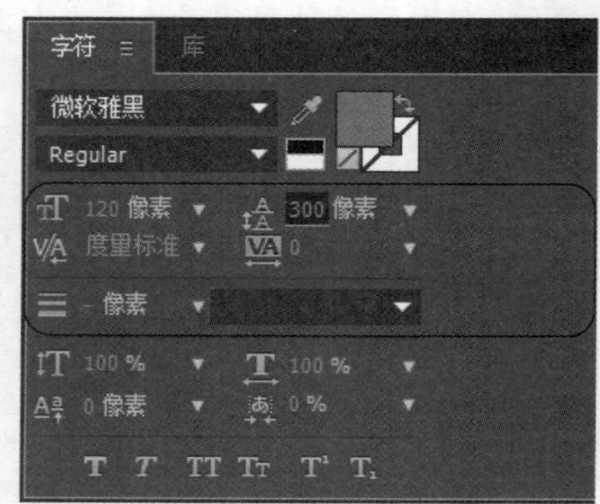

图 5-63

第 3 步 选择【清凉一夏】图层，然后选择【图层】→【从文本创建形状】菜单项，如图 5-64 所示。

第 4 步 展开轮廓图层，***1.*** 单击【内容】选项组后面的【添加】按钮，***2.*** 在弹出的菜单中选择【修剪路径】菜单项，如图 5-65 所示。

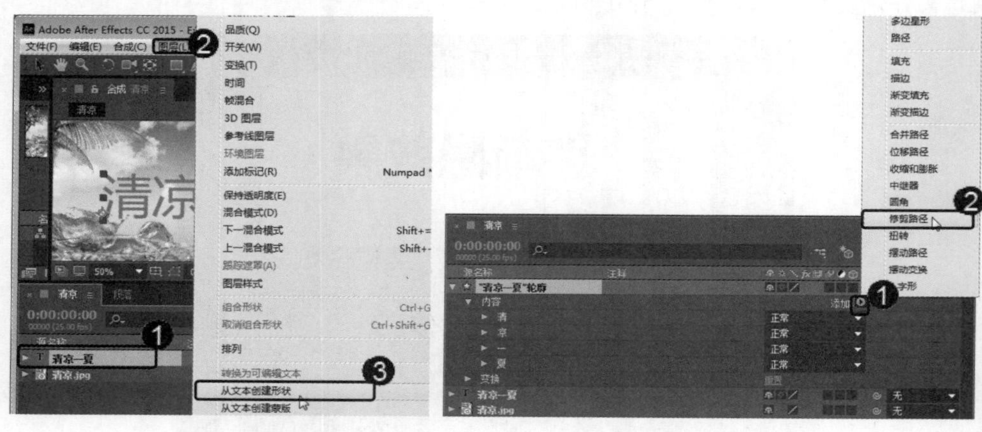

图 5-64　　　　图 5-65

第 5 步 展开【内容】→【修剪路径 1】，在第 0 帧处设置关键帧动画的【结束】属性为 0，在第 4 秒处设置其为 100，然后在【修剪多重形状】选项中选择【单独】属性，如图 5-66 所示。

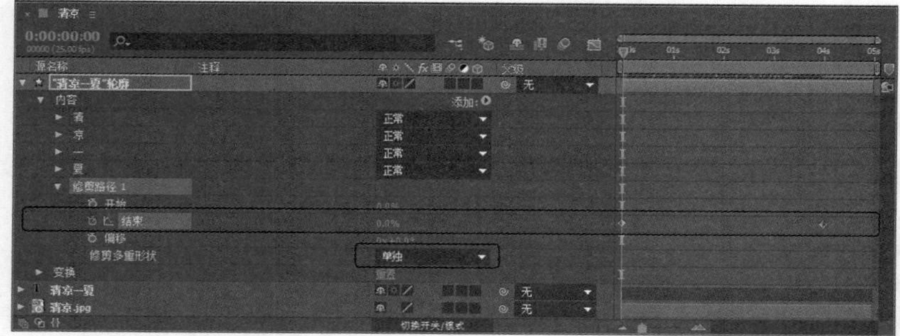

图 5-66

第 6 步 此时，拖动时间线滑块即可观察制作好的轮廓文字动画效果，这样即可完成制作轮廓文字动画的操作，如图 5-67 所示。

图 5-67

5.4.3　墨迹喷溅文字

下面详细介绍制作墨迹喷溅文字效果的操作方法。

素材保存路径：配套素材\第 5 章

素材文件名称：墨迹喷溅.aep、墨迹喷溅文字.aep

第 1 步 打开素材文件“墨迹喷溅.aep”，将【项目】面板中的“01.mov”素材文件拖曳到【时间轴】面板中，然后设置【缩放】为 225，如图 5-68 所示。

第 2 步 打开【效果和预设】面板，将【颜色键】效果拖曳到 01.mov 图层上，如图 5-69 所示。

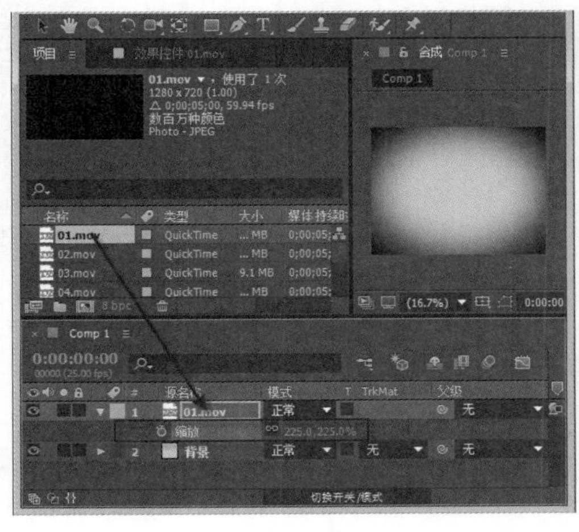

图 5-68

图 5-69

第 3 步 在【效果控件】面板中，***1.*** 设置【主色】为黑色(R:0,G:0,B:0)，***2.*** 设置【颜色容差】为 30，如图 5-70 所示。

第 4 步 为 01.mov 图层添加【填充】效果，并设置【颜色】为紫色(R:174,G:0,B:255)，如图 5-71 所示。

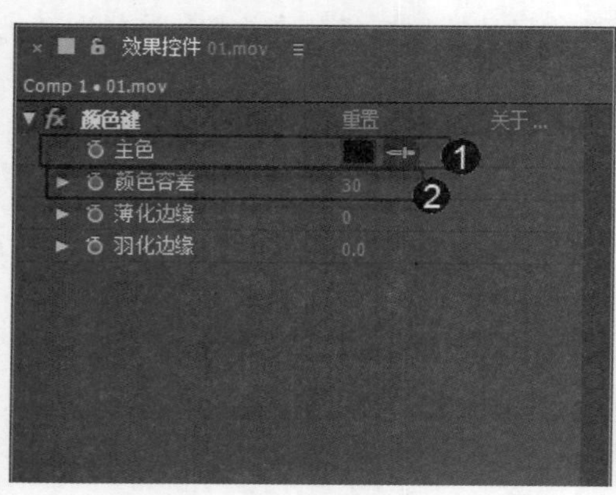

图 5-70

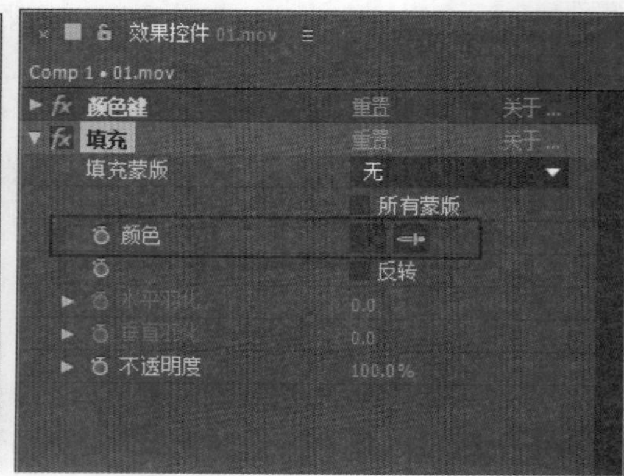

图 5-71

第 5 步 此时拖动时间线滑块，可以查看到的效果如图 5-72 所示。

第 6 步 以此类推，制作出 02.mov、03.mov、04.mov、05.mov 和 06.mov 图层的效果，如图 5-73 所示。

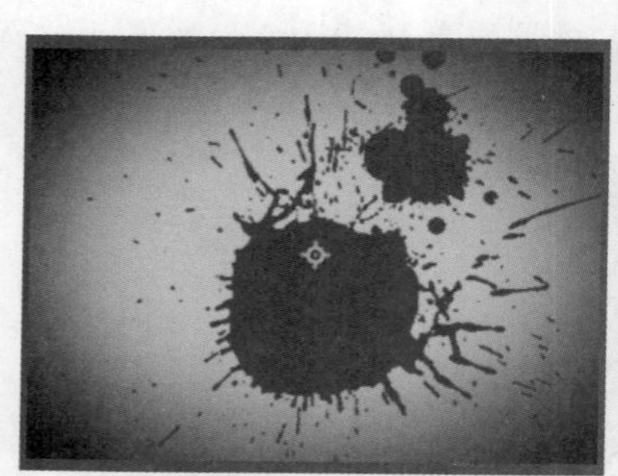

图 5-72

图 5-73

第 7 步 此时拖动时间线滑块，可以查看到的效果如图 5-74 所示。

第 8 步 在菜单栏中选择【图层】→【新建】→【文本】菜单项，如图 5-75 所示。

第 9 步 在【合成】面板中输入文字“Color”，设置【字体】为 Blackadder ITC，【字体大小】为 120，【字体颜色】为白色(R:255,G:255,B:255)，选中【粗体】按钮，如图 5-76 所示。

第 10 步 将【时间轴】面板中的 Color 图层拖曳到 05.mov 图层下方，设置图层的起始时间为第 7 帧的位置，设置【位置】为(473,725)，设置【旋转】为 0x−55°，如图 5-77 所示。

第 11 步 以此类推，制作出 Paint 和 Splash 文字图层，如图 5-78 所示。

第 12 步 此时拖动时间线滑块可以查看到最终制作的墨迹喷溅文字动画效果，如图 5-79 所示。

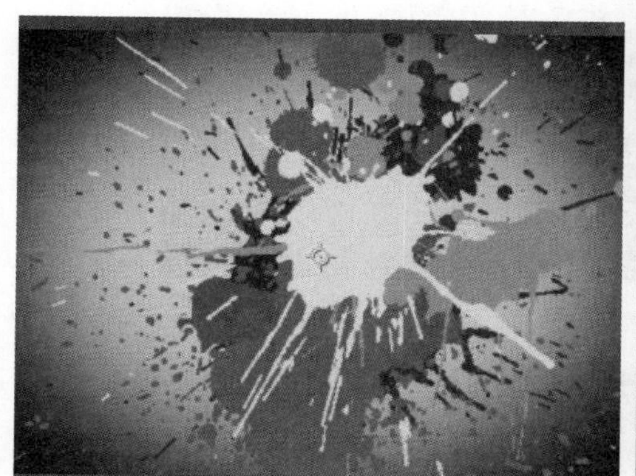

图 5-74

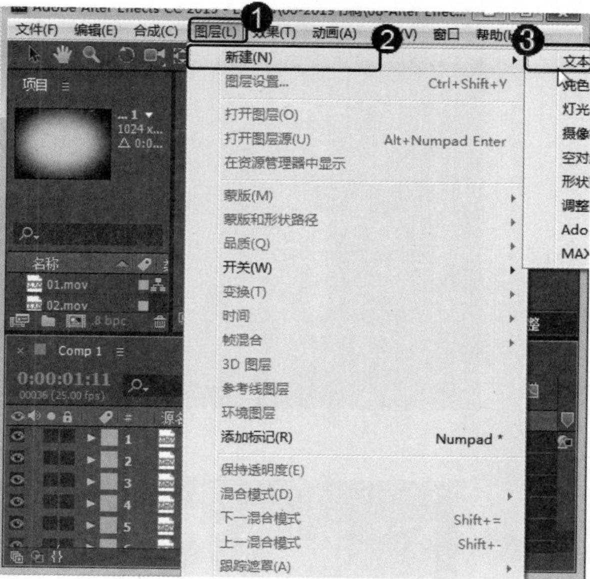

图 5-75

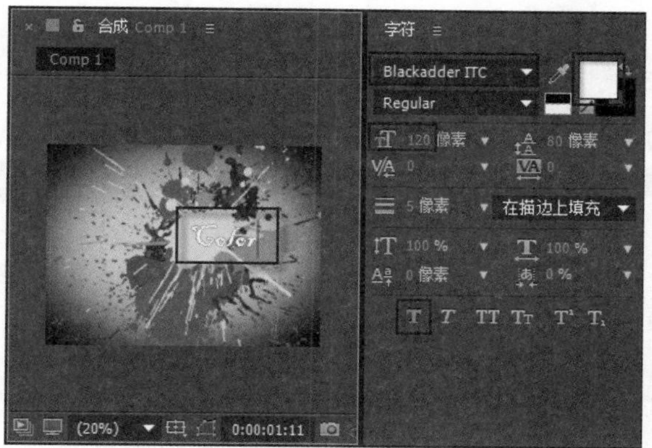

图 5-76

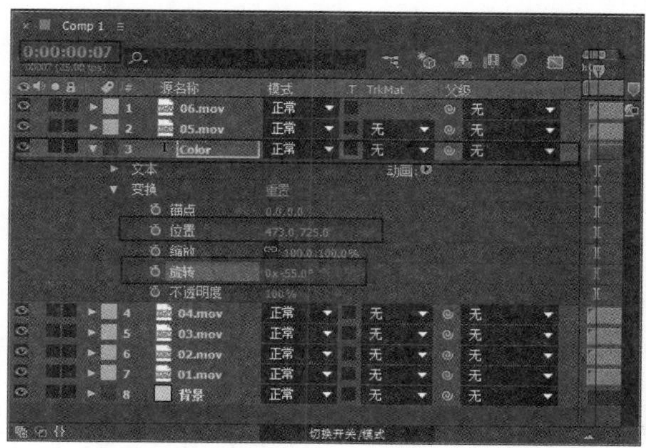

图 5-77

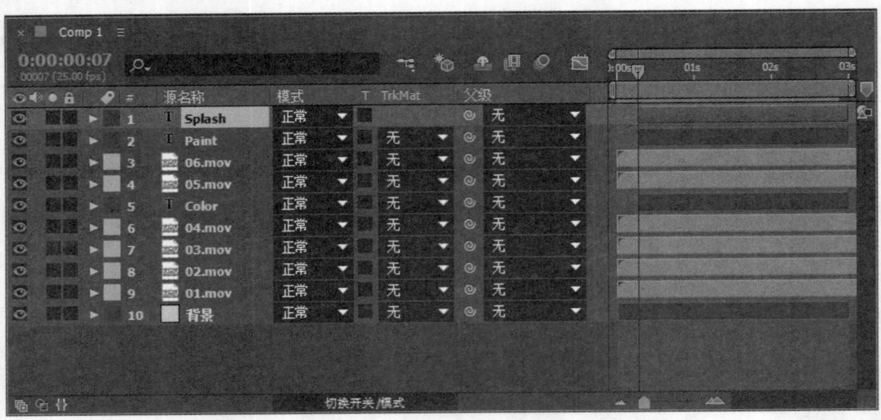

图 5-78

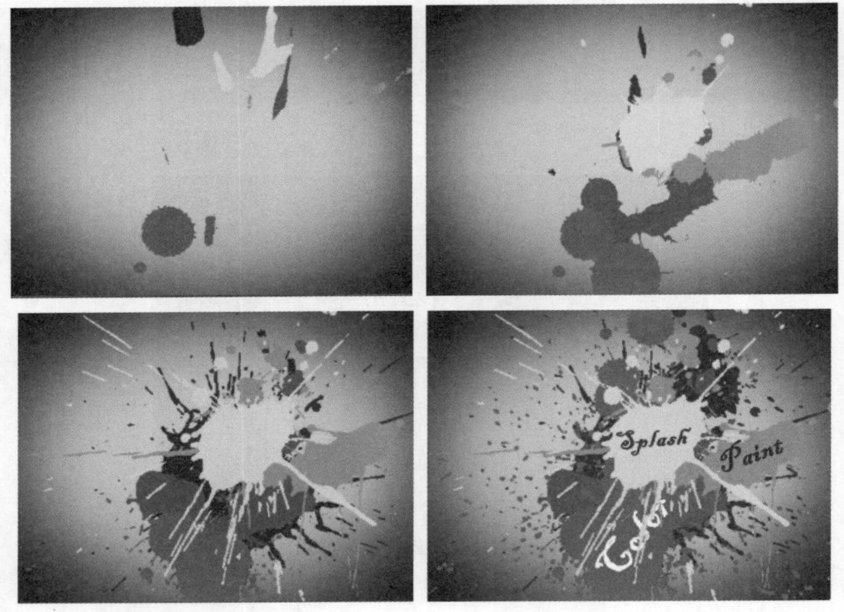

图 5-79

5.5　思考与练习

一、填空题

1. 在工具栏中，单击__________即可进行创建文字的操作。

2. 在 After Effects CC 中创建文字后，即可进入到________面板和【段落】面板修改文字效果。

3. 在创建文字后，可以在________面板中对文字的字体系列、字体样式、填充颜色、描边颜色、字体大小、行距、两个字符间的字偶间距、所选字符间距、描边宽度、描边类

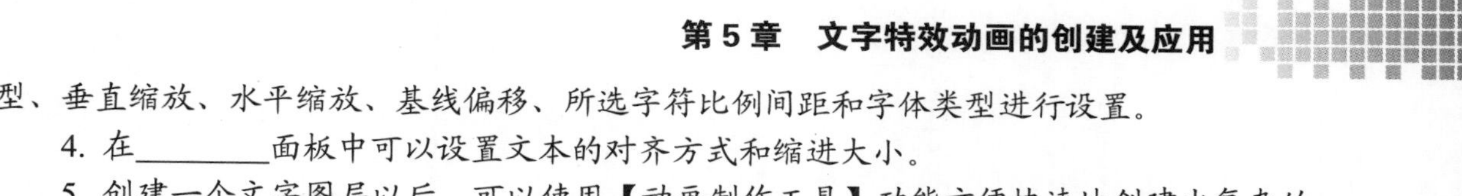

型、垂直缩放、水平缩放、基线偏移、所选字符比例间距和字体类型进行设置。

4. 在________面板中可以设置文本的对齐方式和缩进大小。

5. 创建一个文字图层以后，可以使用【动画制作工具】功能方便快速地创建出复杂的动画效果，一个__________组中可以包含一个或多个动画选择器以及动画属性。

二、判断题

1. 在设置【字体系列】后，有些字体还可以对其样式进行选择。在【字体样式】下拉菜单中可以选择所要应用的字体样式。（　）

2. 创建文本后，在【时间轴】面板中单击该图层的【3D 图层】按钮下方相对应的位置，即可将该图层转换为 3D 图层。（　）

3. After Effects 新版中的【从文本创建蒙版】命令的功能和使用方法与原来的【创建外轮廓】命令不完全一样。（　）

4. After Effects 新版中的【从文本创建形状】命令，可以创建一个以文字轮廓为形状的形状图层。（　）

5. 使用【源文本】属性可以对文字的内容、段落格式等属性制作动画，不过这种动画只能是突变性的动画，片长较短的视频字幕可使用此方法来制作。（　）

6. 如果在文字图层中创建了一个蒙版，那么就可以利用这个蒙版作为一个文字的路径来制作动画。作为路径的蒙版可以是封闭的，也可以是开放的，但是要注意一点，如果使用闭合的蒙版作为路径，必须设置蒙版的模式为【有】。（　）

三、思考题

1. 如何创建文本图层？

2. 如何使用文字创建蒙版？

新起点 电脑教程

第 6 章

创建与制作动画

本章要点

- 操作时间轴
- 创建关键帧动画
- 设置时间
- 图形编辑器

本章主要内容

本章主要介绍操作时间轴和创建关键帧动画方面的知识与技巧，同时讲解如何设置时间，在本章的最后还针对实际的工作需求，讲解图形编辑器的相关知识及使用方法。通过本章的学习，读者可以掌握创建与制作动画方面的知识，为深入学习 After Effects CC 影视高级特效制作知识奠定基础。

6.1 操作时间轴

通过控制时间轴，可以把以正常速度播放的画面加速或减速，甚至反向播放，还可以产生一些非常有趣的或者富有戏剧性的动态图像效果，本节将详细介绍有关时间轴的相关知识及操作方法。

↑ 扫码看视频

6.1.1 使用时间轴控制速度

在【时间轴】面板中，单击按钮，展开时间伸缩属性，如图 6-1 所示。伸缩属性可以加快或者放慢动态素材层的播放速度，默认情况下伸缩值为 100%，代表以正常速度播放片段；小于 100%时，会加快播放速度；大于 100%时，将减慢播放速度。不过时间拉伸不可以形成关键帧，因此不能制作变速的动画特效。

图 6-1

6.1.2 设置声音的时间轴属性

除了视频，在 After Effects 中还可以对音频应用伸缩功能。调整音频层的伸缩值，随着伸缩值的变化，可以听到声音的变化，如图 6-2 所示。

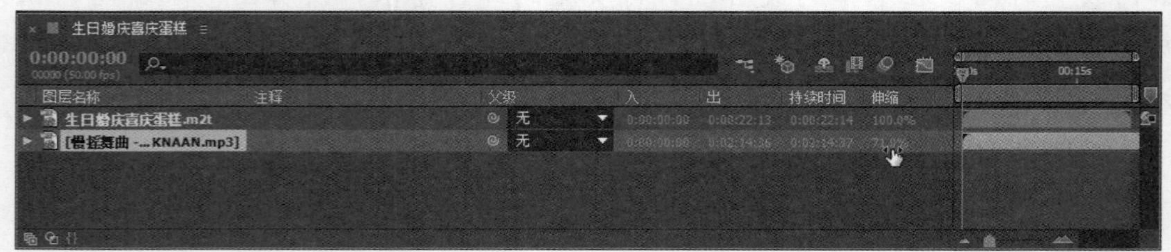

图 6-2

如果某个素材层同时包含音频和视频信息，将在调整伸缩速度时，希望只影响视频信

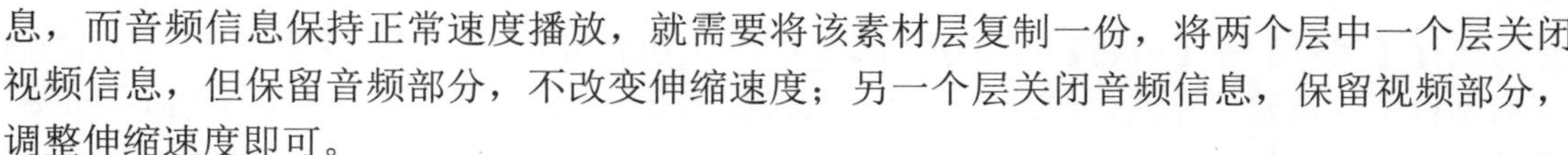

息，而音频信息保持正常速度播放，就需要将该素材层复制一份，将两个层中一个层关闭视频信息，但保留音频部分，不改变伸缩速度；另一个层关闭音频信息，保留视频部分，调整伸缩速度即可。

6.1.3 使用入点和出点控制面板

入点和出点参数面板不但可以方便地控制层的入点和出点信息，而且隐藏了一些快捷功能，通过它们同样可以改变素材片段的播放速度和伸缩值。

在【时间轴】面板中，调整当前时间线滑块到某个位置，在按住 Ctrl 键的同时，单击入点或者出点参数，即可改变素材片段的播放速度，如图 6-3 所示。

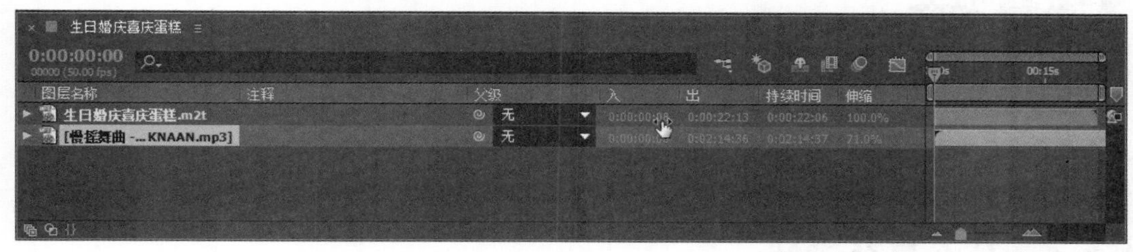

图 6-3

6.1.4 时间轴上的关键帧

如果素材层上已经制作了关键帧动画，那么在改变其伸缩值时，不仅会影响本身的播放速度，而且关键帧之间的时间距离还会随之改变。例如，将伸缩值设置为 50%，原来关键帧之间的距离就会缩短一半，关键帧动画速度同样也将加快一倍，如图 6-4 所示。

图 6-4

如果不希望在改变伸缩值时影响关键帧的时间位置，则需要全选当前层的所有关键帧，然后选择【编辑】→【剪切】菜单项，或按 Ctrl+X 组合键，暂时将关键帧信息剪切到系统的剪贴板中，调整伸缩值，在改变素材层的播放速度后，选取使用关键帧的属性，再选择【编辑】→【粘贴】菜单项，或按 Ctrl+V 组合键，将关键帧粘贴回当前层。

6.2 创建关键帧动画

After Effects CC 除了合成以外，动画也是它的强项。这个动画的全名其实应该叫作关键帧动画，因此，如果需要在 After Effects CC 中创建动画，一般需要通过关键帧来产生。本节将详细介绍关键帧动画的相关知识及操作方法。

↑ 扫码看视频

6.2.1 什么是关键帧

关键帧的概念来源于传统的动画片制作。人们看到的视频画面，其实是一幅幅图像快速播放而产生的视觉错觉，在早期的动画制作中，这些图像中的每一张都需要动画师绘制出来，如图 6-5 所示。

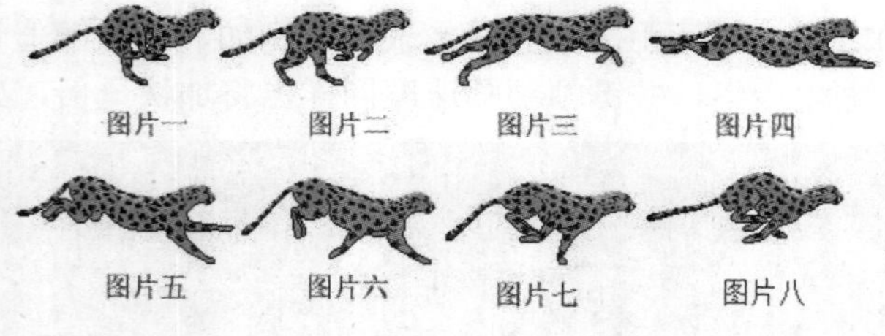

图 6-5

所谓关键帧动画，就是给需要动画效果的属性，准备一组与时间相关的值，这些值都是在动画序列中比较关键的帧中提取出来的，而其他时间帧中的值，可以用这些关键值，采用特定的插值方法计算得到，从而达到比较流畅的动画效果。

动画是基于时间的变化，如果层的某个动画属性在不同时间产生不同的参数变化，并且被正确地记录下来，那么可以称这个动画为“关键帧动画”。

在 After Effects 的关键帧动画中，至少需要两个关键帧才能产生作用，第 1 个关键帧表示动画的初始状态，第 2 个关键帧表示动画的结束状态，而中间的动态则由计算机通过插值计算得出。比如，可以在 0 秒的位置设置透明度属性为 0，然后在 1 秒的位置设置透明度属性为 100，如果这个变化被正确地记录下来，那么图层就产生了透明度在 0～1 秒从 0～100 的变化。

6.2.2　创建关键帧动画

在【时间轴】面板中将时间线拖动至合适的位置处，然后单击【属性】前的【时间变化秒表】按钮，此时在【时间轴】面板中的相应位置处就会自动出现一个关键帧，如图 6-6 所示。

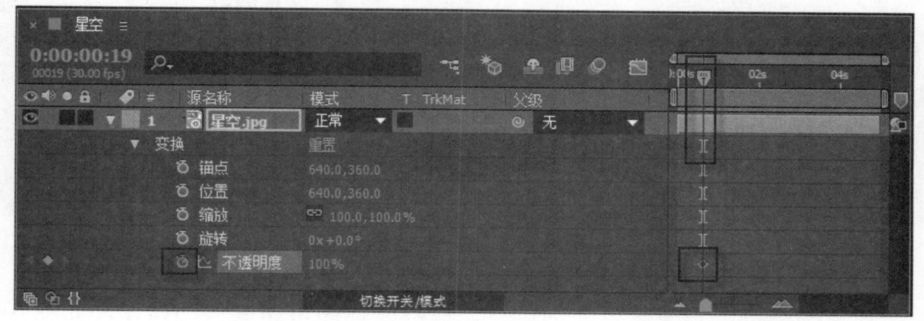

图 6-6

再将时间线拖动至另一个合适的位置处，设置【属性】参数，此时在【时间轴】面板中的相应位置处就会再次自动出现一个关键帧，从而使画面形成动画效果，如图 6-7 所示。

图 6-7

6.2.3　移动、复制和删除关键帧

在制作动画的过程中，掌握了关键帧的应用，就相当于掌握了动画的基础和关键。而在创建关键帧后，用户还可以通过一些关键帧的基本操作来调整当前的关键帧状态，以此增强画面的视觉感受，使画面达到更为流畅、更加赏心悦目的视觉效果。

素材保存路径：配套素材\第 6 章

素材文件名称：星空.aep

1. 移动关键帧

在设置关键帧后，当画面效果过于急促或缓慢时，可以在【时间轴】面板中对相应的关键帧进行适当的移动，以此调整画面的视觉效果，使画面更加完美。

1) 移动单个关键帧

打开素材文件“星空.aep”，在【时间轴】面板中单击打开已经添加了关键帧的属性，将光标定位在需要移动的关键帧上，如图 6-8 所示。

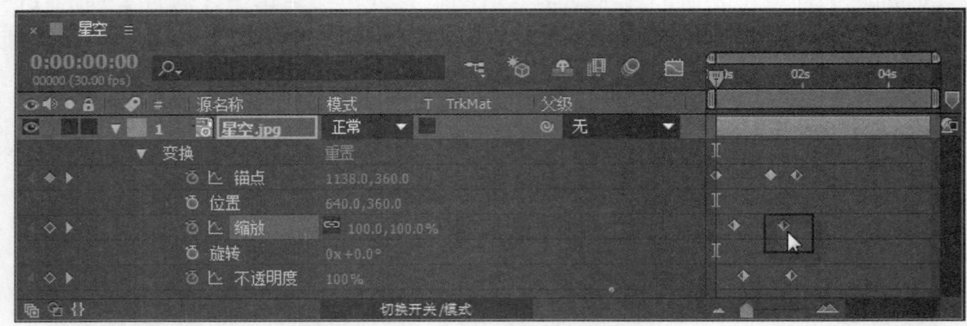

图 6-8

然后按住鼠标左键并拖曳至合适的位置，释放鼠标即可完成移动操作，如图 6-9 所示。

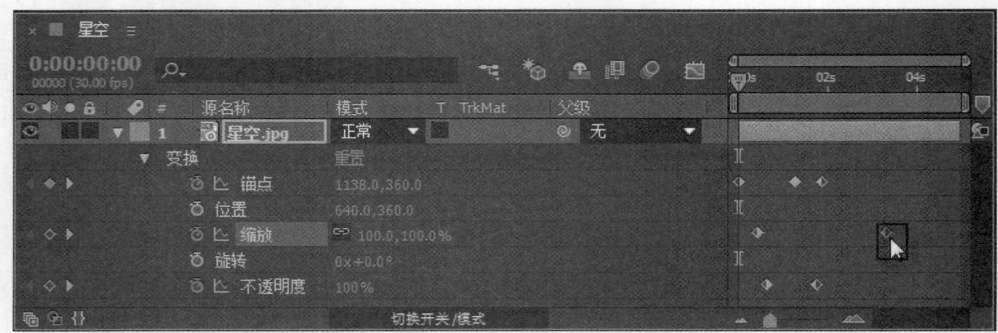

图 6-9

2) 移动多个关键帧

打开素材文件“星空.aep”，在【时间轴】面板中单击打开已经添加关键帧的属性，然后按住鼠标左键并拖曳对多个关键帧进行框选，如图 6-10 所示。

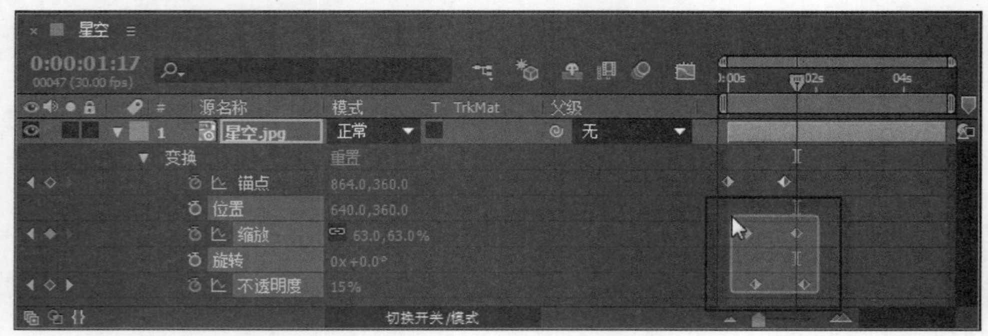

图 6-10

再将光标定位在任意选中的关键帧上，按住鼠标左键并拖曳至合适位置处，释放鼠标即可完成移动操作，如图 6-11 所示。

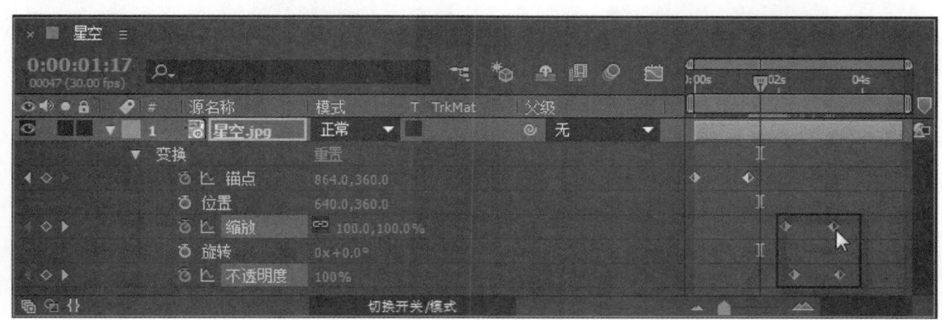

图 6-11

当需要移动的关键帧不相连时，在按住 Shift 键的同时依次选中需要移动的关键帧，如图 6-12 所示。

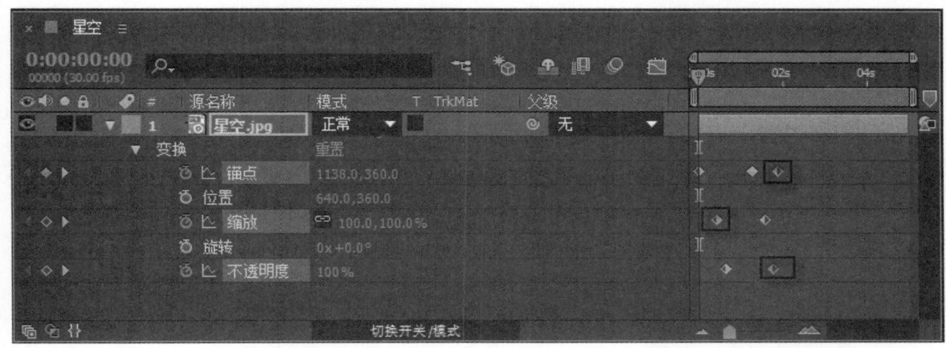

图 6-12

再将光标定位在任意选中的关键帧上，按住鼠标左键并拖曳至合适的位置处，释放鼠标即可完成移动操作，如图 6-13 所示。

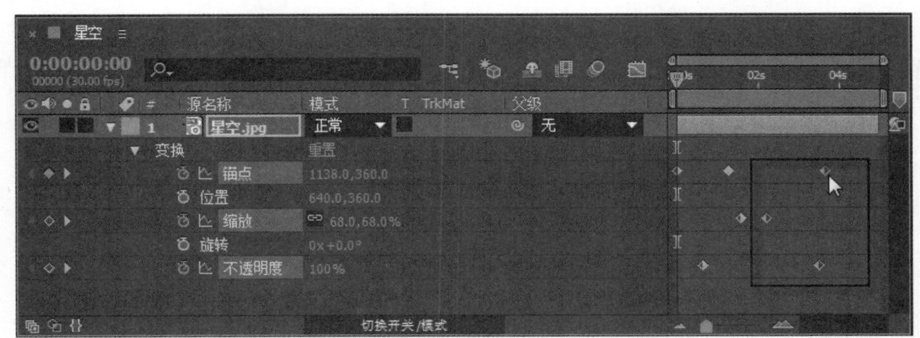

图 6-13

2. 复制关键帧

打开素材文件“星空.aep”，在【时间轴】面板中单击打开已经添加关键帧的属性，并将时间线拖曳至需要复制关键帧的位置处，然后选中需要复制的关键帧，如图 6-14 所示。

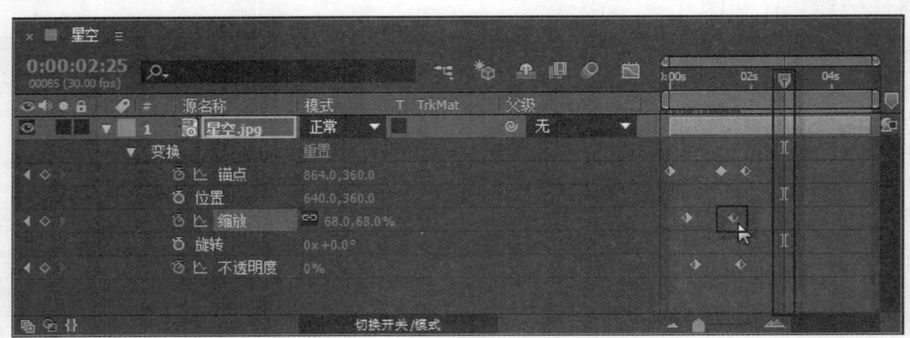

图 6-14

接着按 Ctrl+C 组合键和 Ctrl+V 组合键，进行复制粘贴操作，此时在时间线相应位置处即可得到相同的关键帧，如图 6-15 所示。

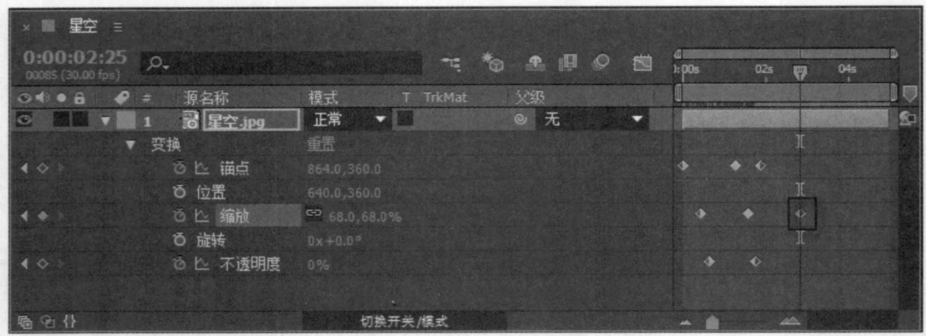

图 6-15

3. 删除关键帧

删除关键帧的方法有两种，下面分别予以介绍。

方法 1：使用快捷键直接删除。

设置关键帧后，在【时间轴】面板中打开已经添加关键帧的属性，选中需要删除的关键帧，如图 6-16 所示。

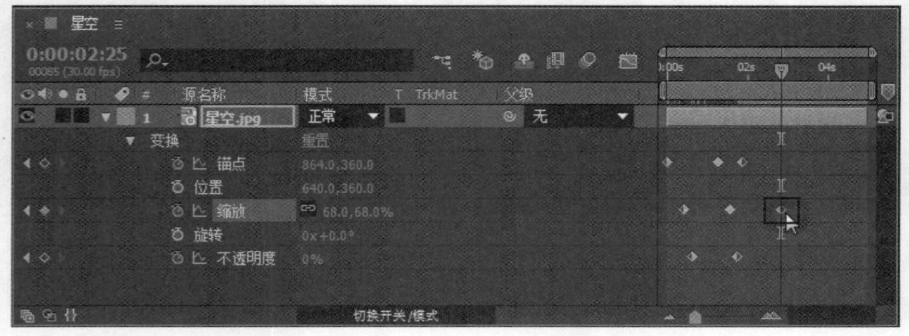

图 6-16

然后按 Delete 键即可删除当前选中的关键帧，如图 6-17 所示。

图 6-17

方法 2：手动删除。

在【时间轴】面板中将时间线拖曳至需要删除的关键帧位置处，然后单击【属性】前的【在当前时间添加或移除关键帧】按钮◆，如图 6-18 所示。

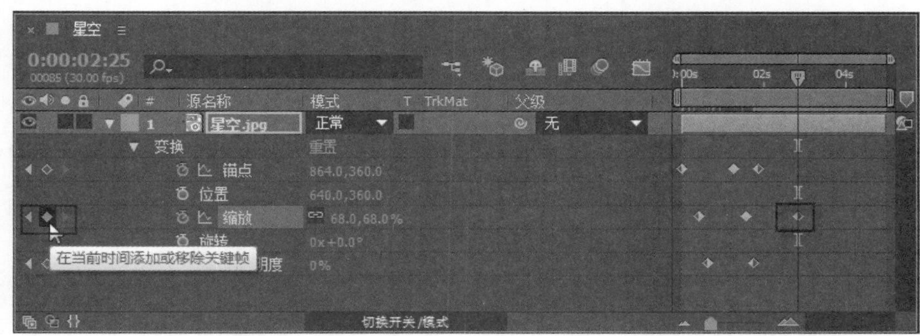

图 6-18

此时即可删除当前时间线下的关键帧，如图 6-19 所示。

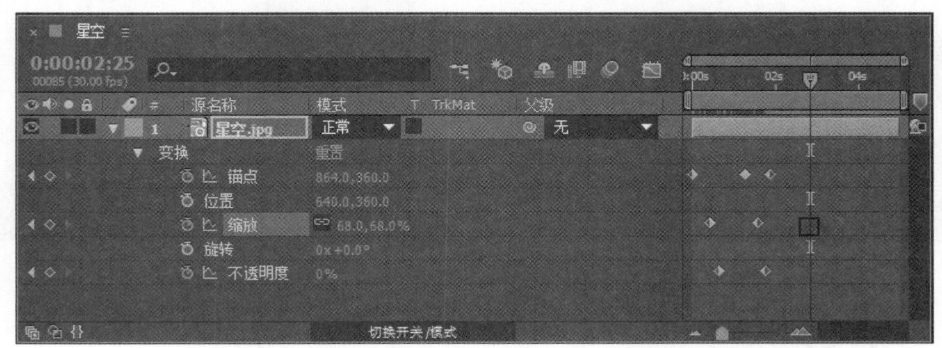

图 6-19

6.2.4　编辑关键帧

设置关键帧后，在【时间轴】面板中选中需要编辑的关键帧，并将光标定位在该关键帧上，单击鼠标右键，即可在弹出的快捷菜单中设置需要编辑的属性参数，如图 6-20 所示。

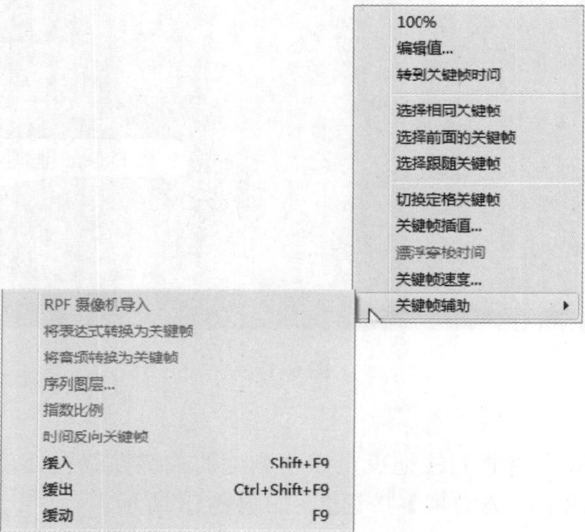

图 6-20

1. 编辑值

如果要调整关键帧的数值，可以在当前关键帧上双击，然后在弹出的对话框中调整相应的数值，如图 6-21 所示。另外，在当前关键帧上单击鼠标右键，在弹出的快捷菜单中选择【编辑值】菜单项，也可以调整关键帧数值，如图 6-22 所示。

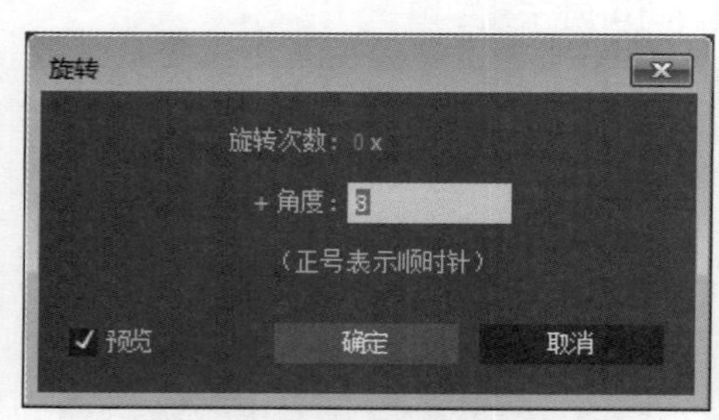

图 6-21

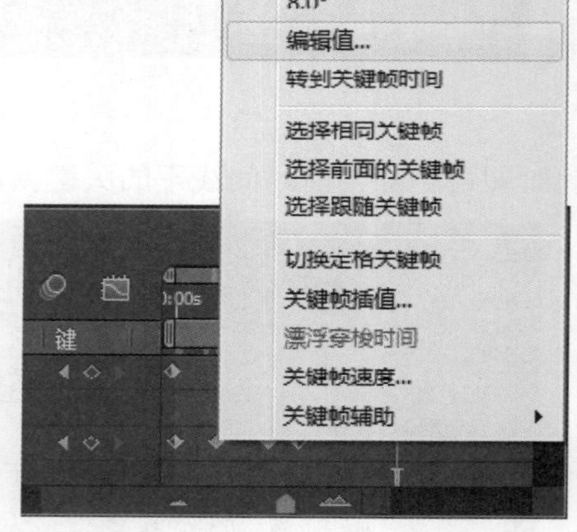

图 6-22

2. 转到关键帧时间

设置完关键帧后，在【时间轴】面板中选中需要编辑的关键帧，并将光标定位在该关键帧上，然后单击鼠标右键，在弹出的快捷菜单中选择【转到关键帧时间】菜单项，如图 6-23 所示。

此时即可将时间线自动转到当前关键帧时间处，如图 6-24 所示。

图 6-23

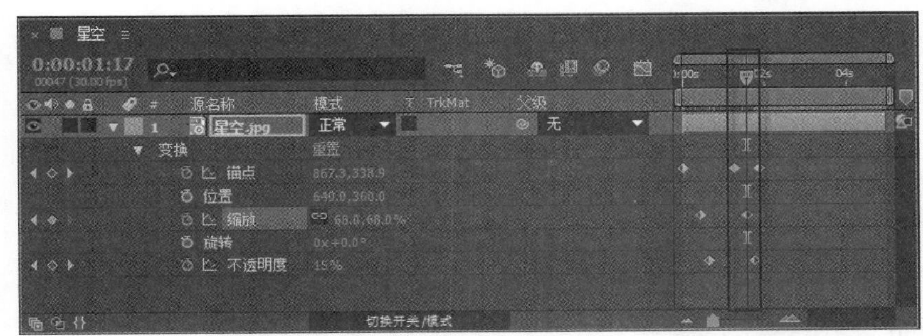

图 6-24

3. 选择相同关键帧

设置关键帧后，如果有相同关键帧，可以在【时间轴】面板中选中其中一个关键帧，并将光标定位在该关键帧上，单击鼠标右键，在弹出的快捷菜单中选择【选择相同关键帧】菜单项，如图 6-25 所示。

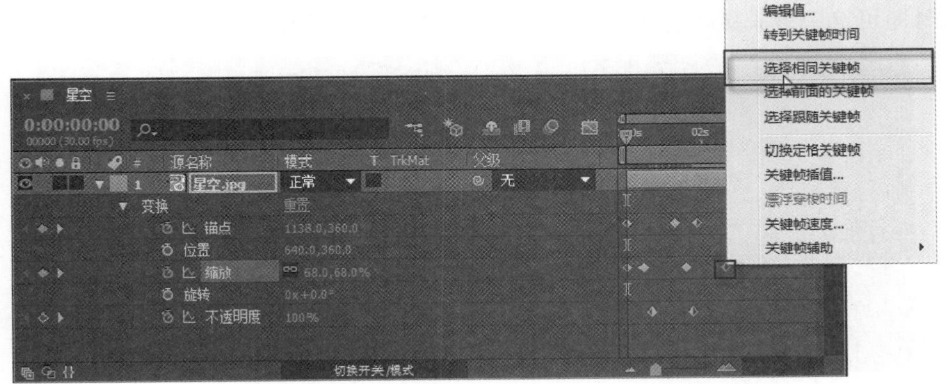

图 6-25

此时可以看到另一个相同的关键帧会自动被选中，如图 6-26 所示。

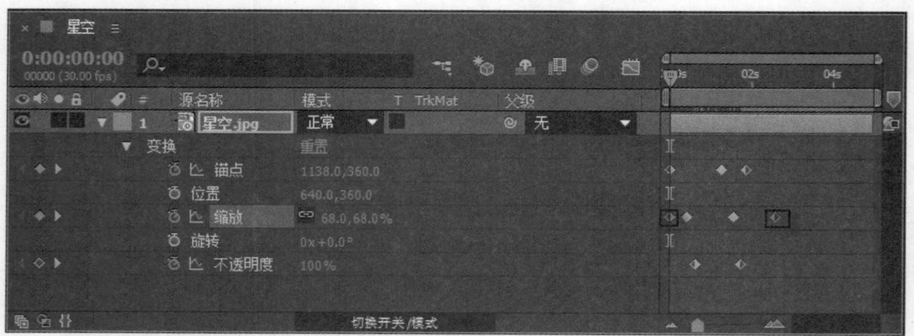

图 6-26

4. 选择前面的关键帧

设置关键帧后，在【时间轴】面板中选中需要编辑的关键帧，并将光标定位在该关键帧上，单击鼠标右键，在弹出的快捷菜单中选择【选择前面的关键帧】菜单项，如图 6-27 所示。

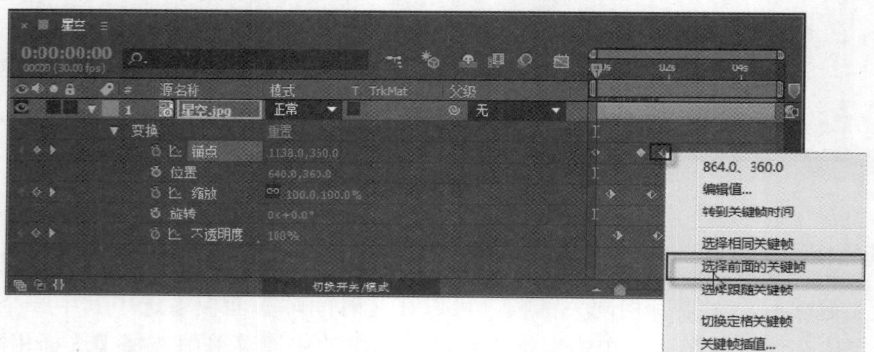

图 6-27

此时即可选中该关键帧前面的所有关键帧，如图 6-28 所示。

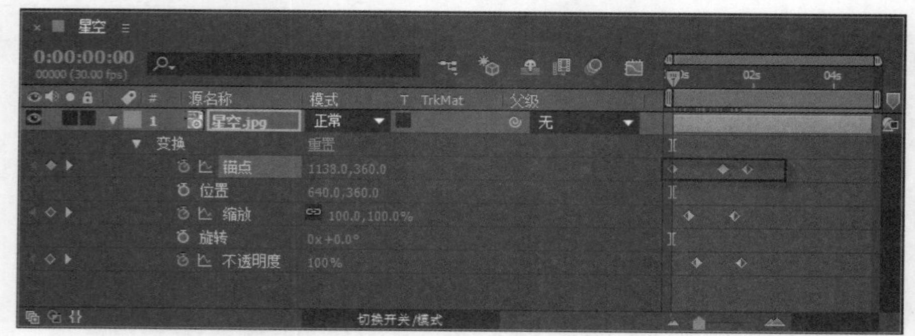

图 6-28

5. 选择跟随关键帧

设置关键帧后，在【时间轴】面板中选择需要编辑的关键帧，并将光标定位在该关键帧上，单击鼠标右键，在弹出的快捷菜单中选择【选择跟随关键帧】菜单项，如图 6-29 所示。

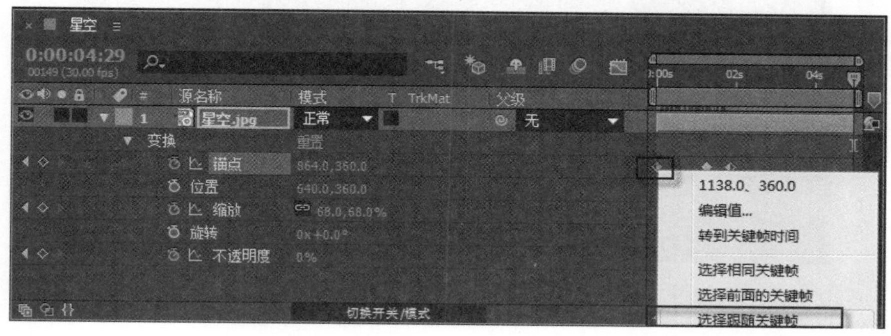

图 6-29

此时即可选中该关键帧后所有的关键帧，如图 6-30 所示。

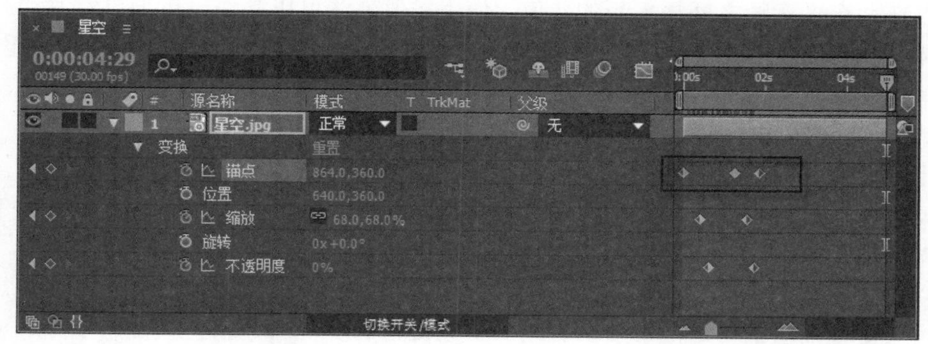

图 6-30

6. 切换为定格关键帧

设置完关键帧后，在【时间轴】面板中选择需要编辑的关键帧，并将光标定位在该关键帧上，单击鼠标右键，在弹出的快捷菜单中选择【切换定格关键帧】菜单项，如图 6-31 所示。

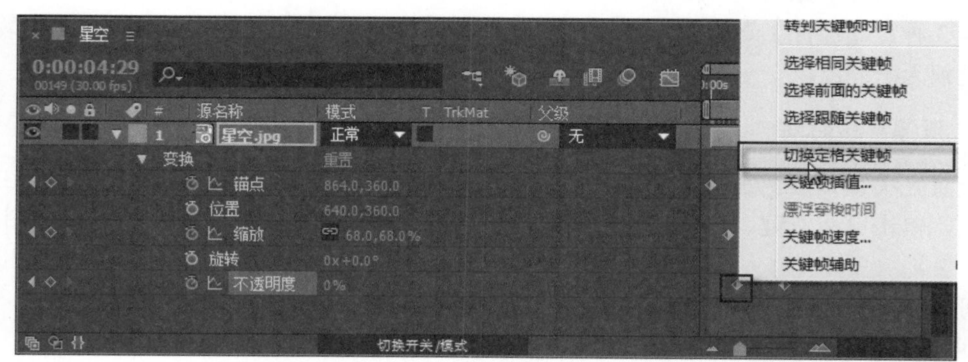

图 6-31

此时即可将该关键帧切换为定格关键帧，如图 6-32 所示。

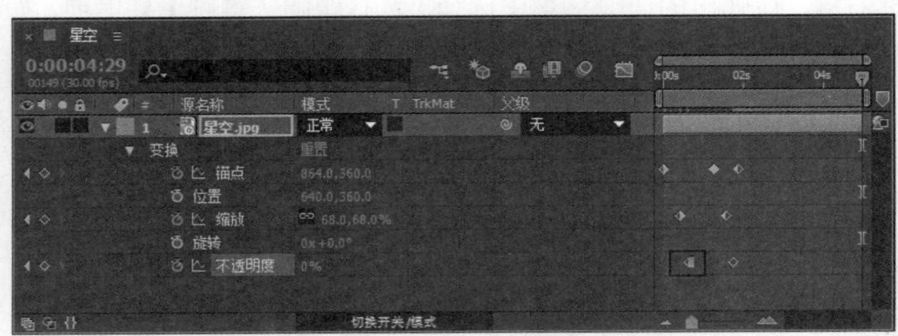

图 6-32

7. 关键帧插值

插值就是在两个预知的数据之间以一定方式插入未知数据的过程，在数字视频制作中就意味着在两个关键帧之间插入新的数值，使用插值方法可以制作出更加自然的动画效果。

常见的插值方法有两种，分别是“线性”插值和“贝塞尔”插值。“线性”插值就是在关键帧之间对数据进行平均分配，“贝塞尔”插值是基于贝塞尔曲线的形状，来改变数值变化的速度。

如果要改变关键帧的插值方式，可以选择需要调整的一个或多个关键帧，然后在菜单栏中选择【动画】→【关键帧插值】菜单项，在弹出的【关键帧插值】对话框中可以进行详细的设置，如图 6-33 所示。

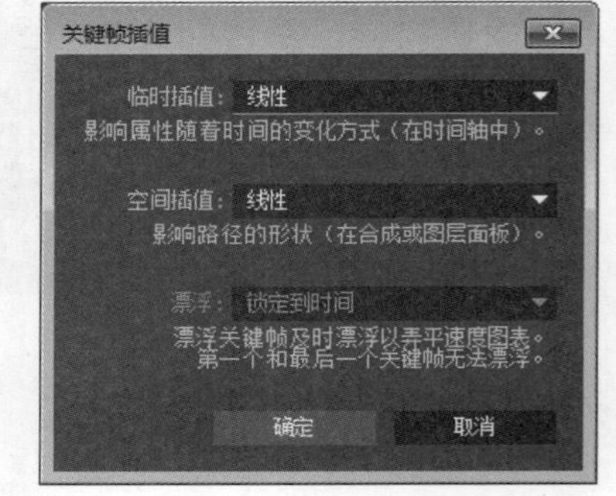

图 6-33

从【关键帧插值】对话框中可以看到调节关键帧的插值有 3 种运算方法。

第 1 种：【临时插值】运算方法可以用来调整与时间相关的属性、控制进入关键帧和离开关键帧时的速度，同时也可以实现匀速运动、加速运动和突变运动等。

第 2 种：【空间插值】运算方法仅对【位置】属性起作用，主要用来控制空间运动路径。

第 3 种：【漂浮】运算方法对漂浮关键帧及时漂浮以弄平速度图表，第一个和最后一个关键帧无法漂浮。

8. 漂浮穿梭时间

设置完关键帧后，在【时间轴】面板中选择需要编辑的关键帧，并将光标定位在该关键帧上，单击鼠标右键，在弹出的快捷菜单中选择【切换定格关键帧】菜单项，如图 6-34 所示。

可以看到关键帧变为“小圆”效果，关键帧与关键帧之间的时间被平均分配了，形成了空间线性插值。这样即可切换空间属性的漂浮穿梭时间，如图 6-35 所示。

9. 关键帧速度

设置完关键帧后，在【时间轴】面板中选择需要编辑的关键帧，并将光标定位在该关键帧上，单击鼠标右键，在弹出的快捷菜单中选择【关键帧速度】菜单项，如图 6-36 所示。

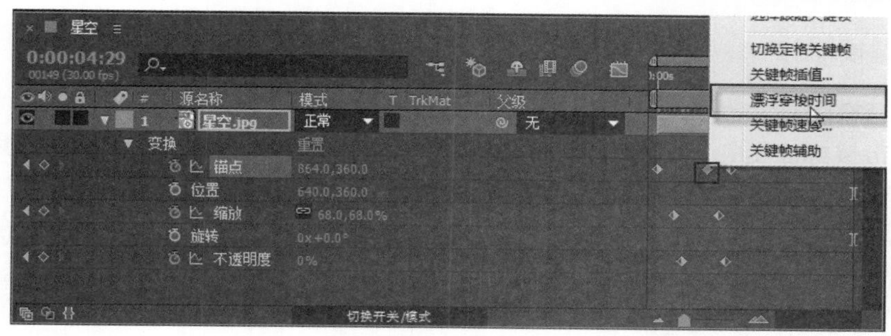

图 6-34

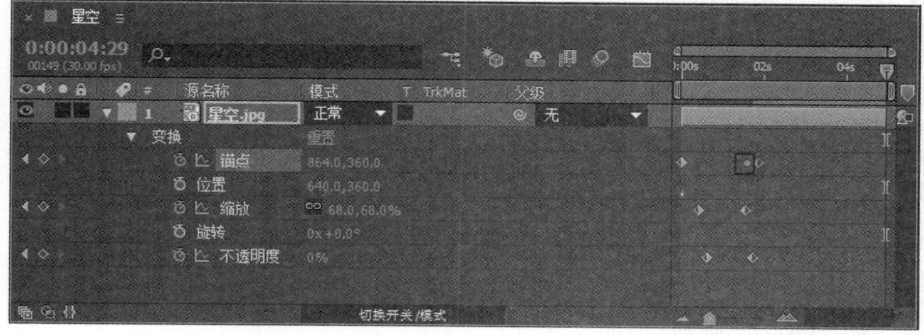

图 6-35

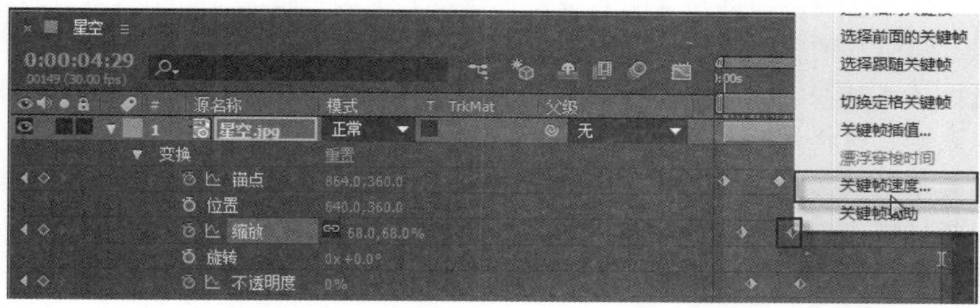

图 6-36

系统会弹出【关键帧速度】对话框，用户可以在该对话框中设置相关参数，从而完成编辑关键帧速度，如图 6-37 所示。

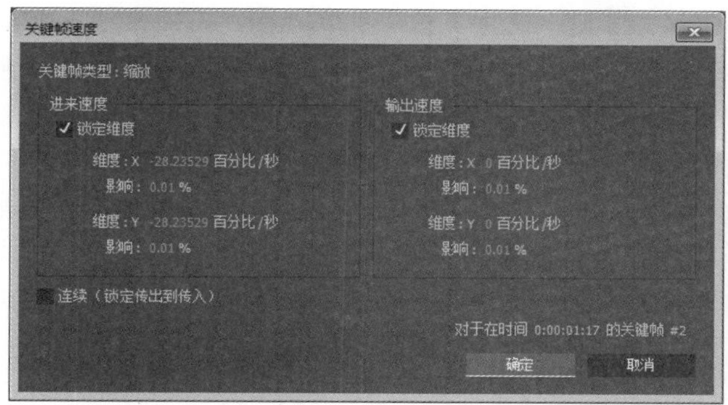

图 6-37

10. 关键帧辅助

设置完关键帧后，在【时间轴】面板中选择需要编辑的关键帧，并将光标定位在该关键帧上，单击鼠标右键，在弹出的快捷菜单中选择【关键帧辅助】菜单项，在弹出的子菜单中，用户可以根据需要进行设置关键帧辅助的操作，如图 6-38 所示。

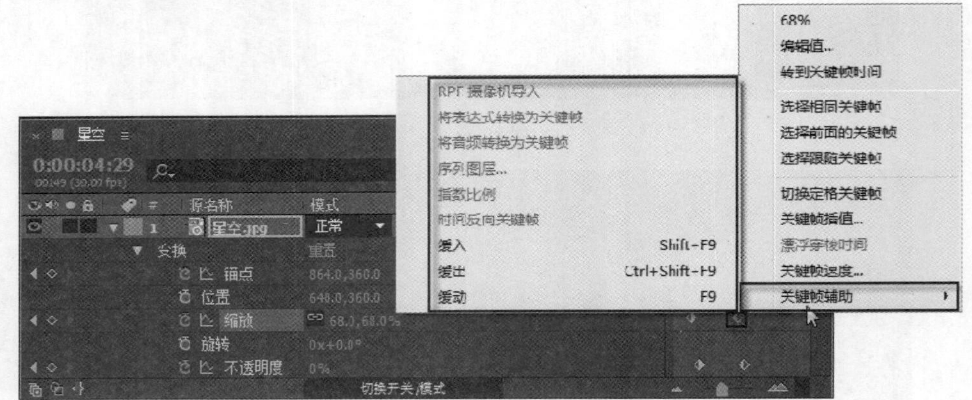

图 6-38

下面详细介绍【关键帧辅助】菜单项下的子菜单命令说明。

- RPF 摄像机导入：选择【RPF 摄像机导入】子菜单时，可以导入来自第三方 3D 建模应用程序的 RPF 摄像机数据。
- 将表达式转换为关键帧：选择该子菜单时，可以分析当前表达式，并创建关键帧以表示它所描述的属性值。
- 将音频转换为关键帧：选择【将音频转换为关键帧】时，可以在合成工作区域中分析振幅，并创建表示音频的关键帧。
- 序列图层：选择【序列图层】时，单击打开序列图层助手。
- 指数比例：选择【指数比例】时，可以调节关键帧从线性到指数转换比例的变化速率。
- 时间反向关键帧：选择【时间反向关键帧】时，可以按时间翻转当前选定的两个或两个以上的关键帧属性效果。
- 缓入：选择【缓入】时，选中关键帧样式为▶，关键帧节点前将变成缓入的曲线效果，当拖动时间线播放动画时，可使动画在进入该关键帧时速度逐渐减缓，消除因速度波动大而产生的画面不稳定感。
- 缓出：选择【缓出】时，选中的关键帧样式为◀，关键帧节点前将变成缓出的曲线效果。当播放动画时，可以使动画在离开该关键帧时速率减缓，消除因速度波动大而产生的画面不稳定感，与缓入是相同的道理。
- 缓动：选择【缓动】时，选中的关键帧样式为⧗，关键帧节点两端将变成平缓的曲线效果。

6.3 设 置 时 间

在【时间轴】面板中，还可以进行一些关于时间的设置，例如颠倒时间、确定时间调整基准点和应用重置时间命令等，本节将详细介绍设置时间的相关知识及操作方法。

↑ 扫码看视频

6.3.1 颠倒时间

在视频节目中，经常会看到倒放的动态影像，把伸缩值调整为负值即可实现，例如，保持片段原来的播放速度，只是倒放，将伸缩值设置为-100 即可，如图 6-39 所示。

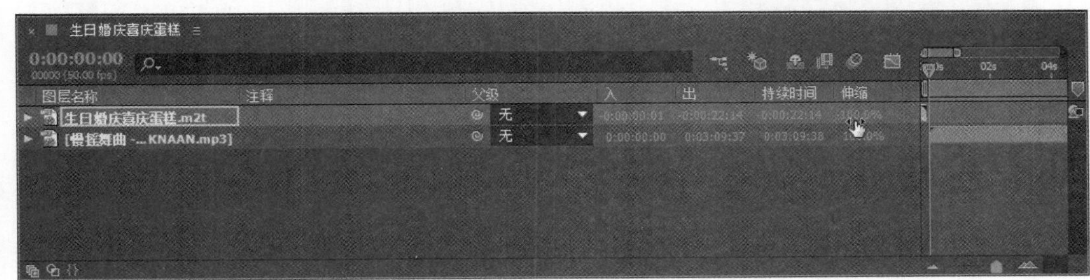

图 6-39

当伸缩属性设置为负值时，图层上会出现红色的斜线，这表示已经颠倒了时间。但是，图层会移动到其他地方，这是因为在颠倒时间过程中，是以图层的入点为变化基准，所以反向时会导致位置上的变动，将其拖曳到合适位置即可。

6.3.2 确定时间调整基准点

在拉伸时间的过程中，发现变化时的基准点在默认情况下是以入点为标准的，特别是在颠倒时间的练习中更明显地感受到了这一点。其实在 After Effects 中，时间调整的基准点同样是可以改变的。

单击伸缩参数，弹出【时间伸缩】对话框，在【原位定格】区域可以设置在改变时间拉伸值时层变化的基准点，如图 6-40 所示。

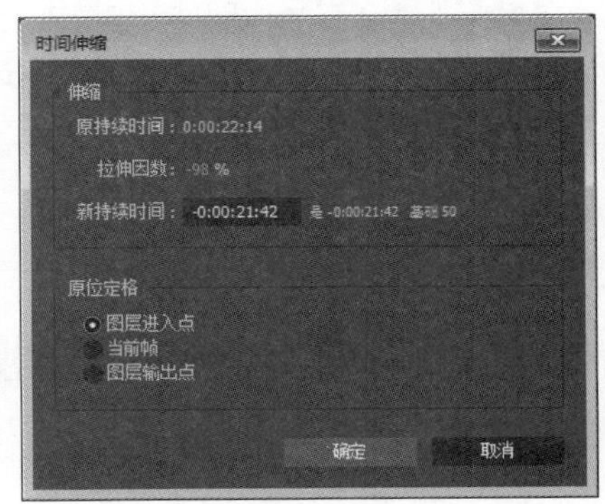

图 6-40

➢ 图层进入点：以层入点为基准，也就是在调整过程中，固定入点位置。

- 当前帧：以当前时间指针为基准，也就是在调整过程中，同时影响入点和出点位置。
- 图层输出点：以层出点为基准，也就是在调整过程中，固定出点位置。

6.3.3 应用重置时间命令

重置时间可以随时重新设置素材片段播放速度。与伸缩不同的是，它可以设置关键帧，创作各种时间变速动画。重置时间可以应用在动态素材上，如视频素材层、音频素材层和嵌套合成等。

在【时间轴】面板中选择视频素材层，然后在菜单栏中选择【图层】→【时间】→【启用时间重映射】菜单项，或者按 Ctrl+Alt+T 组合键，激活【时间重映射】属性，如图 6-41 所示。

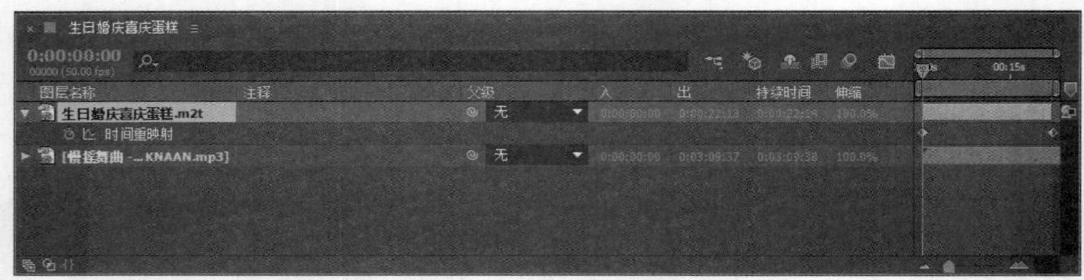

图 6-41

添加时间重映射后会自动在视频层的入点和出点位置加入两个关键帧，入点位置关键帧记录了片段起始帧时间，出点位置关键帧记录了片段结束帧的时间。

6.4 图形编辑器

图形编辑器是 After Effects 在整合以往版本的速率图表基础上，提供的更丰富、更人性化的控制动画的一个全新功能模块，本节将详细介绍图形编辑器的相关知识。

↑ 扫码看视频

6.4.1 调整图形编辑器视图

用户可以单击【图表编辑器】按钮，在关键帧编辑器和动画曲线编辑器之间切换，如图 6-42 所示。

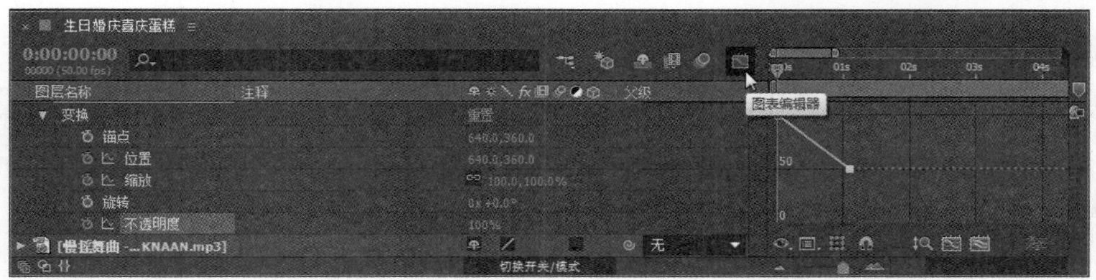

图 6-42

图形编辑器有非常方便的视图控制能力，最常用的有以下 3 种按钮工具。

- 【自动缩放图表高度】按钮：以曲线高度为基准自动缩放视图。
- 【使选择适于查看】按钮：将选择的曲线或者关键帧显示自动匹配到视图范围。
- 【使所有图表适于查看】按钮：将所有的曲线显示自动匹配到视图范围。

6.4.2　数值和速度变化曲线

数值变化曲线往上伸展代表属性值增大，往下伸展代表属性值减小，如果是水平延伸，则代表属性值无变化；平缓的斜线代表属性值慢速变化，陡峭的斜线代表属性值快速变化，弧线代表属性值加速或减速变化。

速度变化曲线主要反映属性变化的速率，因此无论怎么调整，都不会影响实际的属性值，如果是水平延伸，则代表匀速运动，曲线则代表变速运动。

6.4.3　在图形编辑器中移动关键帧

单击按钮，激活关键帧编辑框。当选中多个关键帧时，多个关键帧就会形成一个编辑框，可以调整整体，甚至可以对多个关键帧位置和值进行成比例缩放。因为编辑框中关键帧的位置是相对位置，彻底打破了过去编辑多个关键帧时固定间距的局限，该功能可以整体缩短一段复杂的关键帧动画或者整体改变动画幅度，如图 6-43 所示。

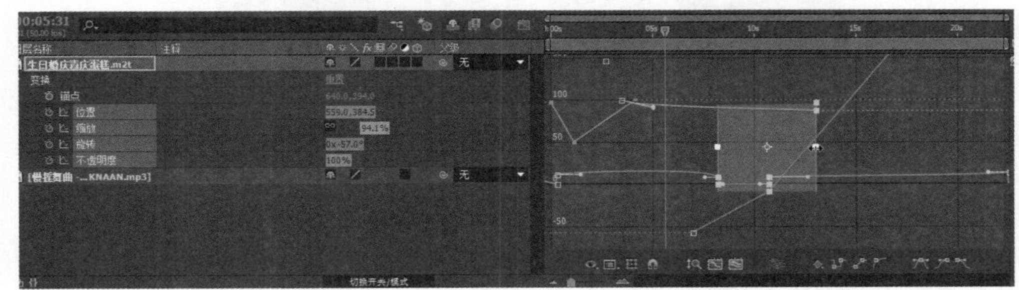

图 6-43

在图形编辑器中有非常方便的自动吸附功能，并且更为强大和丰富，可以将关键帧与入点、出点、标记、当前时间指针、其他关键帧等进行自动吸附对齐操作，单击【对齐】

按钮即可激活此功能，如图 6-44 所示。

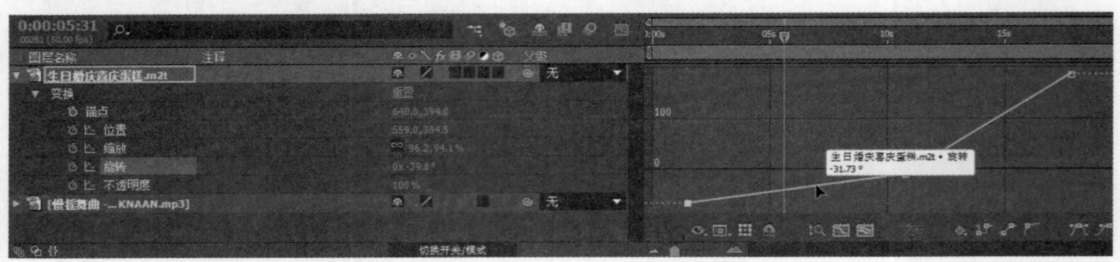

图 6-44

在图形编辑器中，有一些可以快速实现关键帧“时间插值运算”方式的按钮，只要先选中一个或者多个关键帧，通过这些按钮可以选择诸如线性、自动曲线、静态的插值方式等。

- ：关键帧菜单，相当于在关键帧上单击鼠标右键。
- ：将选定的关键帧转换为静态方式。
- ：将选定的关键帧转换为线性方式。
- ：将选定的关键帧转换为自动曲线方式。

如果这些预置的算法不能满足需求，可以手动调整速度曲线达到个性化的效果，或者运用其中另外 3 个关键帧的助手按钮，快速实现一些通用时间速率特效。

- 【缓动】按钮：同时平滑关键帧入和出的速率，一般为减速度入关键帧，加速度出关键帧。
- 【缓入】按钮：仅平滑关键帧入时的速率，一般为减速度入关键帧。
- 【缓出】按钮：仅平滑关键帧出时的速率，一般为加速度出关键帧。

若采用更数据化的调整关键帧“时间插值”的方法，则单击按钮，在弹出的菜单中选择【关键帧速度】菜单项，在弹出的对话框中用精确的数字调整，如图 6-45 所示。

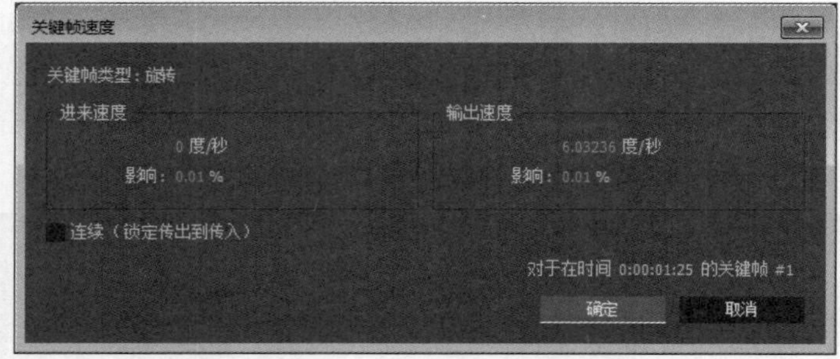

图 6-45

【关键帧速度】对话框分为【进来速度】和【输出速度】两个区块。

在数值框中设置速度值，单位为变化单位/秒，这里的变化单位根据属性不同而有所不同。

- 影响：上面设置的速度影响范围。
- 连续：是否将入点速度与出点速度设为相同。

6.5　实践案例与上机指导

通过本章的学习，读者基本可以掌握创建与制作动画的基本知识以及一些常见的操作方法，下面通过练习一些案例操作，以达到巩固学习、拓展提高的目的。

↑扫码看视频

6.5.1　制作流动的云彩

本例主要应用了【启用时间重映射】和【缓入】命令来制作流动的云彩动画，下面详细介绍制作流动的云彩的操作方法。

素材保存路径：配套素材\第 6 章

素材文件名称：流动的云彩.aep

第 1 步 打开素材文件“流动的云彩.aep”，加载【流动的云彩】合成，如图 6-46 所示。

第 2 步 选择【流云素材】图层，然后在菜单栏中选择【图层】→【时间】→【启用时间重映射】菜单项，如图 6-47 所示。

图 6-46

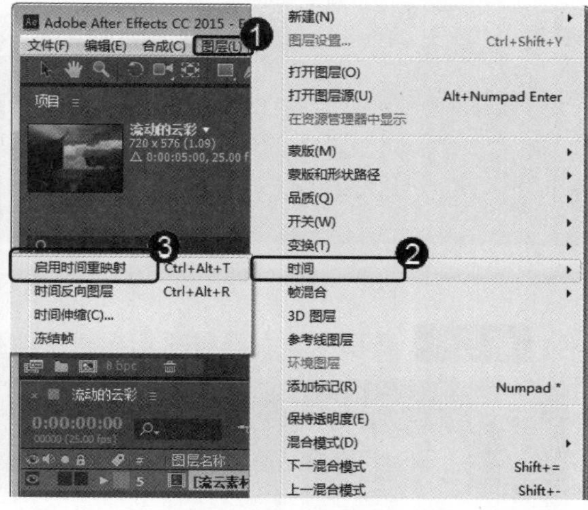

图 6-47

第 3 步 此时在【时间轴】面板中，可以看到已经添加了入点和出点的关键帧，如图 6-48 所示。

图 6-48

第 4 步 移动关键帧，使播放时间压缩，然后单击【图表编辑器】按钮，如图 6-49 所示。

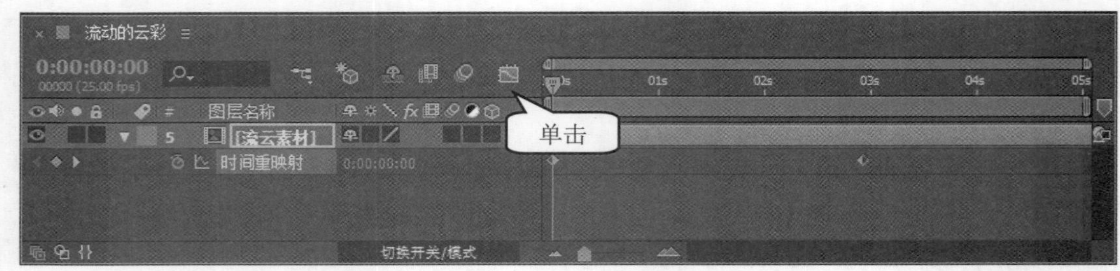

图 6-49

第 5 步 切换到图形编辑器视图后，单击【缓入】按钮，使素材能够平滑地进行过渡，如图 6-50 所示。

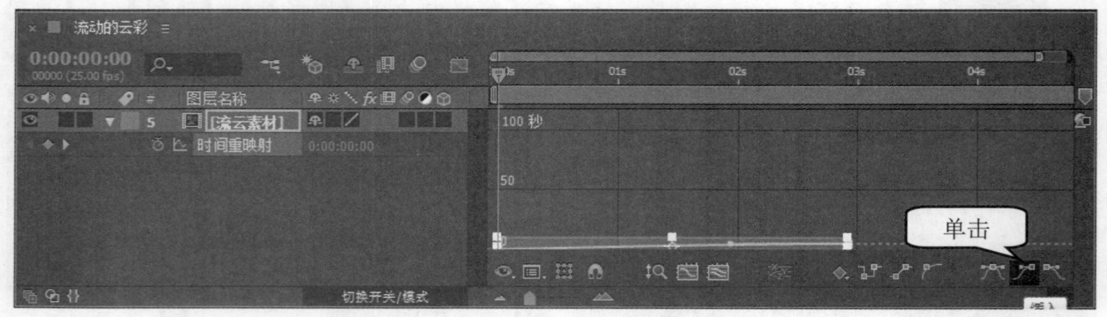

图 6-50

第 6 步 通过以上步骤即可完成制作流动的云彩，效果如图 6-51 所示。

图 6-51

6.5.2　制作风车旋转动画

可以利用旋转属性制作一个风车旋转动画的效果，下面详细介绍制作风车旋转动画的操作方法。

素材保存路径：配套素材\第 6 章

素材文件名称：风车旋转动画.aep

第 1 步　在【项目】面板中，***1.*** 单击鼠标右键，***2.*** 在弹出的快捷菜单中选择【新建合成】菜单项，如图 6-52 所示。

第 2 步　在弹出的【合成设置】对话框中，设置【合成名称】为“合成 1”，并设置相关的参数，创建一个新的合成“合成 1”，如图 6-53 所示。

图 6-52

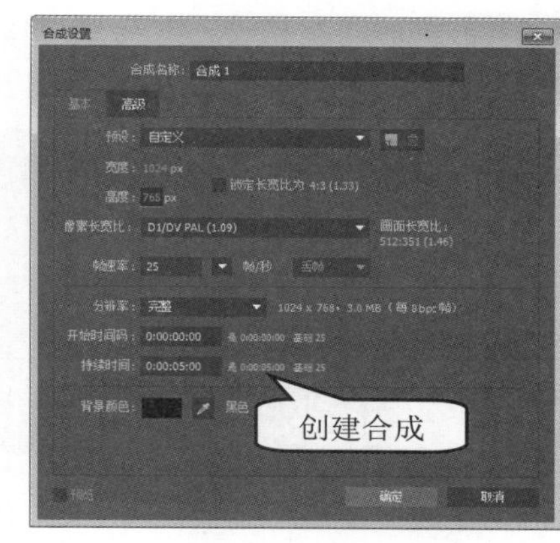

图 6-53

第 3 步　在【项目】面板空白处双击鼠标左键，***1.*** 在弹出的【导入文件】对话框中选择需要的素材文件，***2.*** 单击【导入】按钮，如图 6-54 所示。

第 4 步　将【项目】面板中的素材文件按顺序拖曳到【时间轴】面板中，如图 6-55 所示。

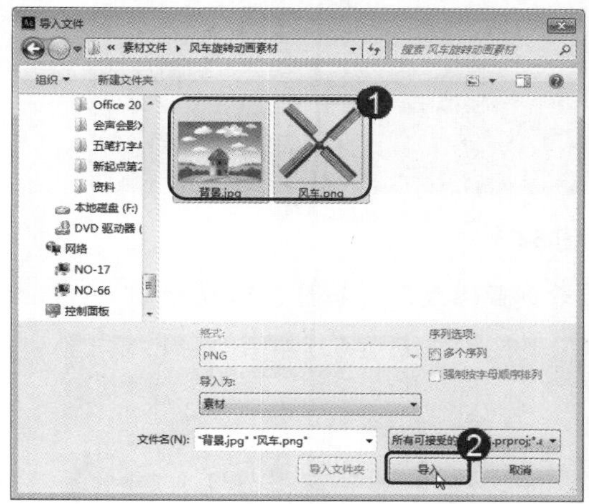

图 6-54

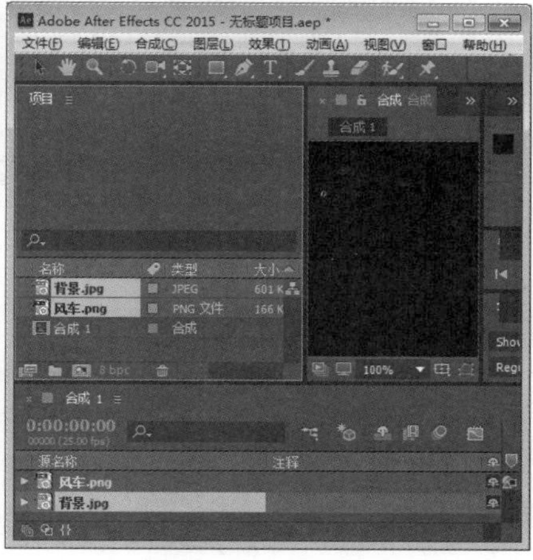

图 6-55

第 5 步 设置“风车.png”图层的【锚点】为(387,407)，【位置】为(514,409)，【缩放】为 50，如图 6-56 所示。

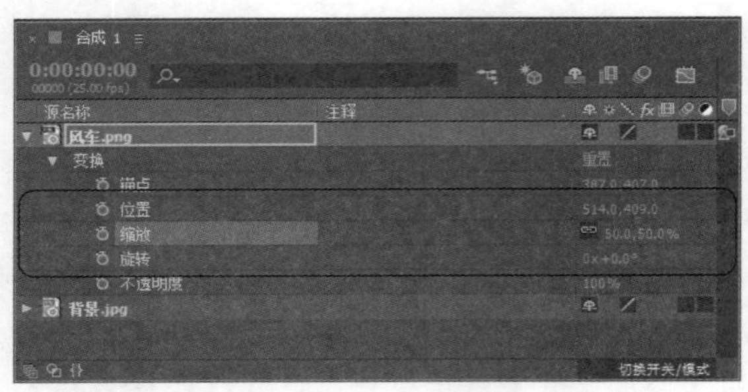

图 6-56

第 6 步 将时间线拖动到起始帧的位置，开启“风车.png”图层下【旋转】的自动关键帧，并设置【旋转】为 0°，如图 6-57 所示。

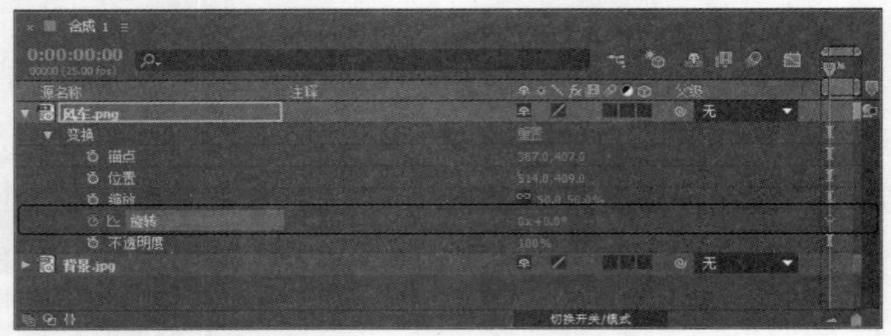

图 6-57

第 7 步 将时间线拖动到结束帧的位置，并设置【旋转】为 3×+75°，如图 6-58 所示。

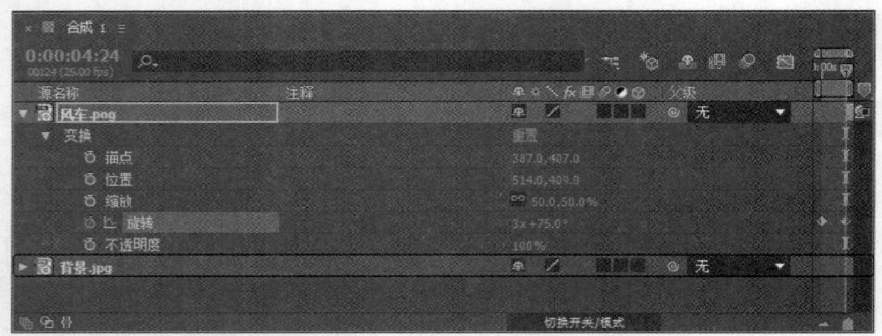

图 6-58

第 8 步 此时拖动时间线滑块可以查看到最终效果，如图 6-59 所示。

图 6-59

6.5.3 制作音乐手机广告动画

本例介绍使用关键帧制作音乐手机广告动画的方法，从而让读者达到巩固学习、拓展提高的目的。

素材保存路径：配套素材\第 6 章
素材文件名称：音乐手机广告.aep

第 1 步 打开素材文件“音乐手机广告.aep”，将时间线拖动到起始帧位置，开启【舞台.png】图层下【位置】和【缩放】的自动关键帧，设置【位置】为(360,580)，【缩放】为 30，将时间线拖动到第 1 秒的位置，设置【位置】为(360,461)，【缩放】为 30，如图 6-60 所示。

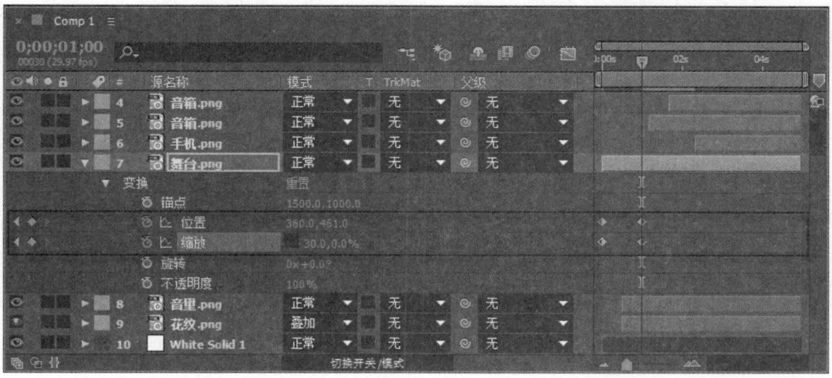

图 6-60

第 2 步 将时间线拖动到第 15 帧的位置，开启【花纹.png】图层下【不透明度】的自动关键帧，设置【不透明度】为 0，将时间线拖动到第 19 帧的位置，设置【不透明度】为 100，如图 6-61 所示。

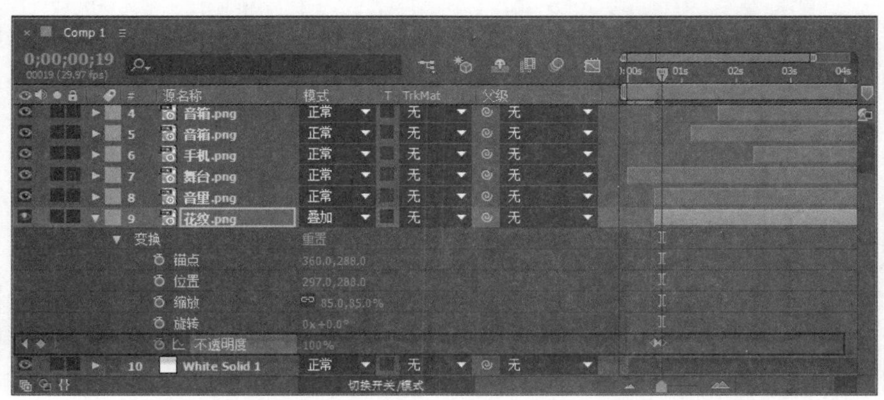

图 6-61

第 3 步 此时拖动时间线滑块即可查看效果，如图 6-62 所示。

第 4 步 将时间线拖动到第 15 帧的位置，开启【音量.png】图层下【位置】的自动关键帧，设置【位置】为(360,-133)。将时间线拖动到第 1 秒的位置，设置【位置】为(360,335)，如图 6-63 所示。

图 6-62

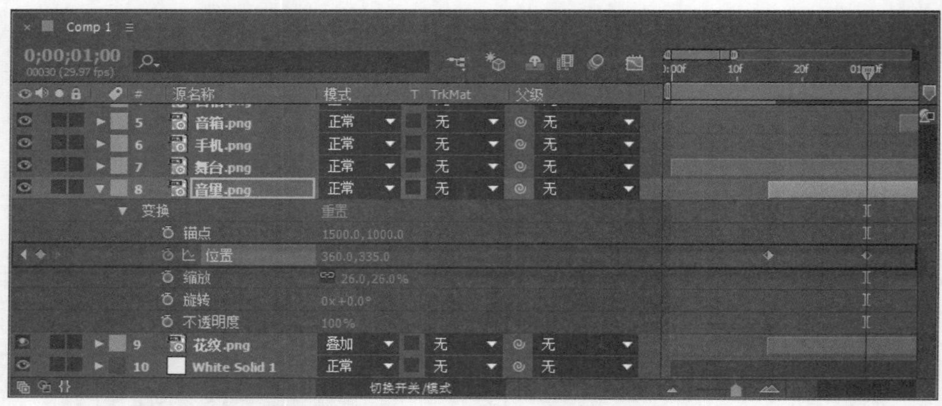

图 6-63

第 5 步 将时间线拖动到第 1 秒 05 帧的位置，开启【音箱.png】图层下【位置】、【缩放】和【不透明度】的自动关键帧，设置【位置】为(251,354)，【缩放】为 46，【不透明度】为 0。将时间线拖到第 1 秒 11 帧的位置，设置【不透明度】为 100；将时间线拖到第 1 秒 20 帧的位置，设置【位置】为(98,486)，【缩放】为 20，如图 6-64 所示。

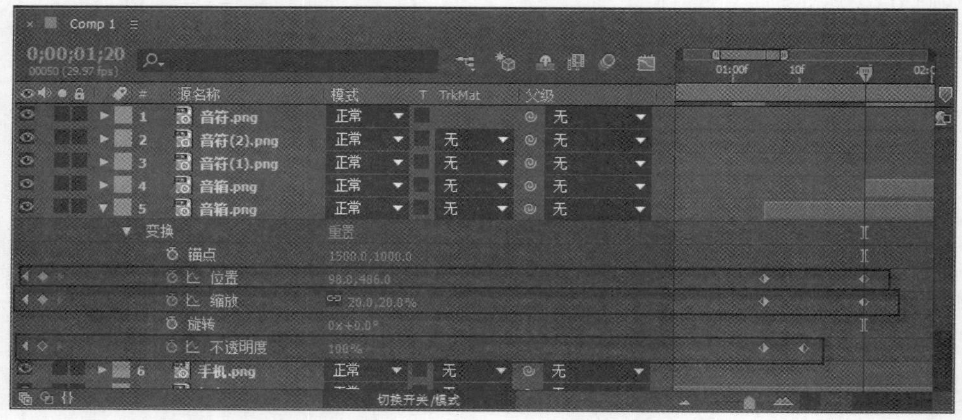

图 6-64

第 6 步 以此类推，制作出另一个【音箱.png】图层的动画，拖动时间线滑块即可查看效果，如图 6-65 所示。

图 6-65

第 7 步 将时间线拖到第 2 秒 10 帧的位置，开启【手机.png】图层下【位置】的关键帧，设置【位置】为(−132,319)。将时间线拖到第 2 秒 20 帧的位置，设置【位置】为(363,319)，如图 6-66 所示。

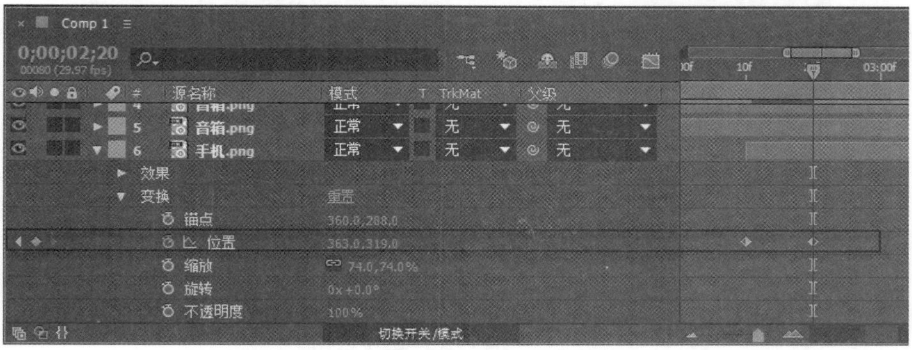

图 6-66

第 8 步 将时间线拖到第 2 秒 20 帧的位置，开启【音符(1).png】图层下【位置】和【不透明度】的自动关键帧，设置【位置】为(360,288)，【不透明度】为 0。将时间线拖到第 2 秒 25 帧的位置，设置【位置】为(646.7,80.8)，【不透明度】为 100。以此类推，制作出【音符(2).png】和【音符.png】的动画关键帧，如图 6-67 所示。

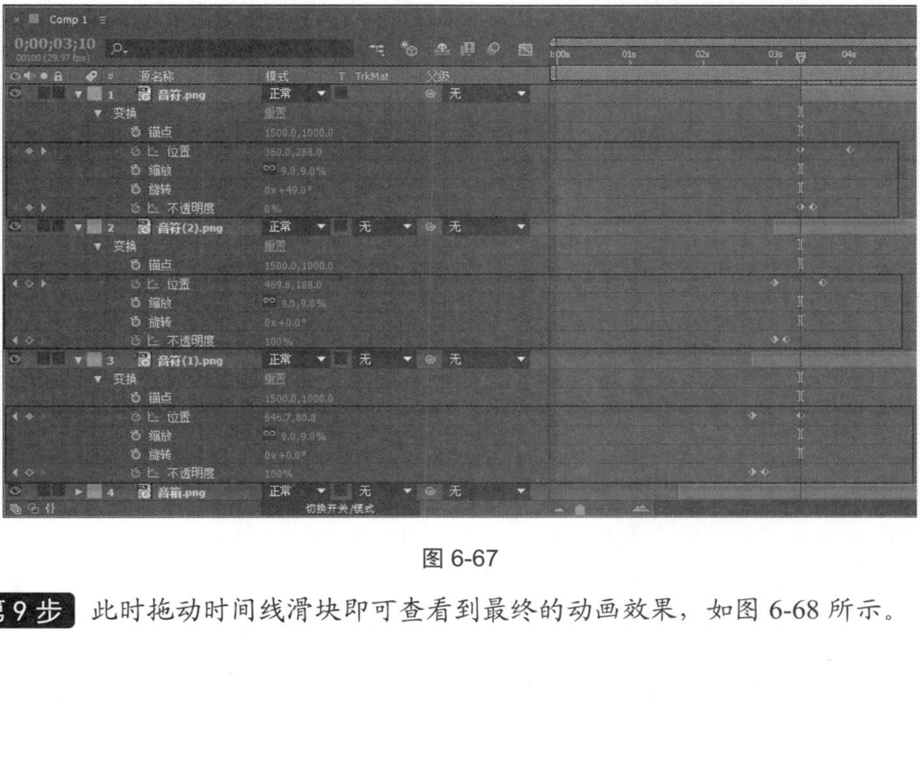

图 6-67

第 9 步 此时拖动时间线滑块即可查看到最终的动画效果，如图 6-68 所示。

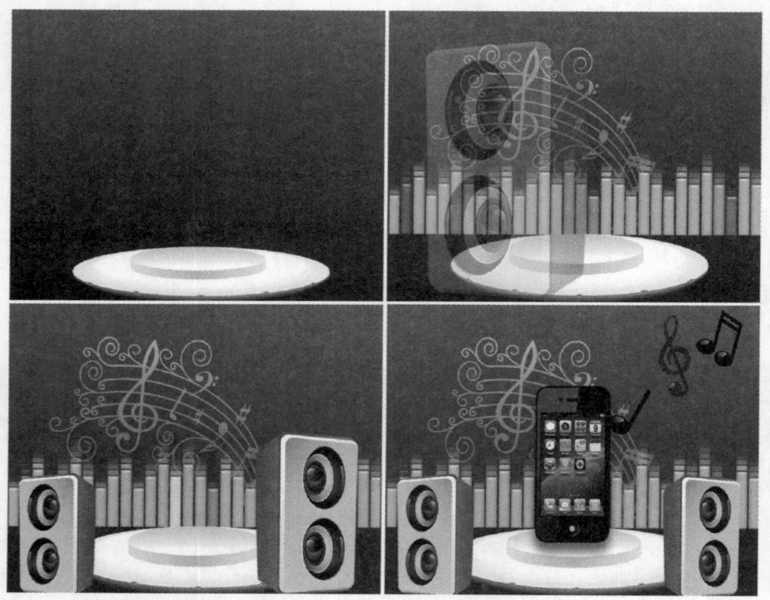

图 6-68

6.6 思考与练习

一、填空题

1. 伸缩属性可以加快或者放慢________的时间，默认情况下伸缩值为 100%，代表以正常速度播放片段；小于 100%时，会_____播放速度；大于 100%时，将______播放速度。

2. 如果某个素材层同时包含音频和视频信息，在调整伸缩速度时，希望只影响视频信息，而音频信息保持正常速度播放，就需要将该素材层______一份，两个层中一个层关闭视频信息，但保留音频部分，不改变伸缩速度；另一个层关闭音频信息，保留视频部分，调整伸缩速度即可。

3. ______和______参数面板不但可以方便地控制层的入点和出点信息，而且隐藏了一些快捷功能，通过它们同样可以改变素材片段的播放速度和伸缩值。

4. 在【时间轴】面板中，调整当前时间线滑块到某个时间位置，在按住_____键的同时，单击入点或者出点参数，即可改变素材片段播放的速度。

5. 所谓__________，就是给需要动画效果的属性，准备一组与时间相关的值，这些值都是在动画序列中比较关键的帧中提取出来的，而其他时间帧中的值，可以用这些关键值，采用特定的插值方法计算得到，从而达到比较流畅的动画效果。

6. ________就是在两个预知的数据之间以一定方式插入未知数据的过程，在数字视频制作中就意味着在两个关键帧之间插入新的数值。

7. 在视频节目中，经常会看到倒放的动态影像，把伸缩值调整为____即可实现，例如，保持片段原来的播放速度，只是倒放，将伸缩值设置为-100 即可。

8. __________可以随时重新设置素材片段播放速度。与伸缩不同的是，它可以设置关键帧，创作各种时间变速动画。

二、判断题

1. 时间拉伸不可以形成关键帧，因此不能制作时间变速的动画特效。（　　）

2. 除了视频，在 After Effects 中还可以对音频应用伸缩功能。调整音频层的伸缩值，随着伸缩值的变化，可以听到声音的变化。（　　）

3. 如果素材层上已经制作了关键帧动画，那么在改变其伸缩值时，不仅会影响本身的播放速度，关键帧之间的时间距离还会随之改变。例如，将伸缩值设置为 50%，原来关键帧之间的距离就会缩短一半，关键帧动画速度同样也会减慢 50%。（　　）

4. 动画是基于时间的变化，如果层的某个动画属性在不同时间产生不同的参数变化，并且被正确地记录下来，那么可以称这个动画为“关键帧动画”。（　　）

5. 常见的插值方法有两种，分别是“线性”插值和“贝塞尔”插值。“线性”插值就是在关键帧之间对数据进行平均分配，“贝塞尔”插值是基于贝塞尔曲线的形状，来改变数值变化的数据。（　　）

6. 当伸缩属性设置为负值时，图层上会出现红色的斜线，这表示已经颠倒了时间。但是，图层会移动到其他地方，这是因为在颠倒时间过程中，是以图层的入点为变化基准，所以反向时会导致位置上的变动，将其拖曳到合适位置即可。（　　）

7. 在拉伸时间的过程中，发现变化时的基准点在默认情况下是以入点为标准的，特别是在颠倒时间的练习中更明显地感受到了这一点。其实在 After Effects 中，时间调整的基准点同样是可以改变的。（　　）

8. 速度变化曲线主要反映属性变化的速率，因此无论怎么调整，都不会影响实际的属性值，如果是水平延伸，则代表匀速运动，曲线则代表变速运动。（　　）

三、思考题

1. 如何使用入点和出点控制面板？

2. 如何创建关键帧动画？

新起点
电脑教程

第 7 章

常用视频效果设计与制作

本章要点

- 视频效果基础
- 常用的 3D 通道
- 常见的表达式控制
- 常见的模糊和锐化效果
- 常用的透视效果
- 模拟效果
- 其他常用视频效果

本章主要内容

本章主要介绍视频效果基础、常用的 3D 通道、常见的表达式控制、常见的模糊和锐化效果方面的知识与技巧，同时讲解常用的透视效果，在本章的最后还针对实际的工作需求，讲解应用模拟效果的方法。通过本章的学习，读者可以掌握常用视频效果设计与制作方面的知识，为深入学习 After Effects CC 影视高级特效制作知识奠定基础。

7.1 视频效果基础

视频效果是 After Effects CC 中最为主要的一部分，其效果类型非常多，每个效果包含众多参数。在生活中，我们经常会看到一些梦幻、惊奇的影视作品和广告片段，这些大都可以通过 After Effects CC 中的效果实现，本节将详细介绍有关视频效果的基础知识。

↑ 扫码看视频

7.1.1 什么是视频效果

在影视作品中，一般都离不开效果的使用。所谓视频效果，就是为视频文件添加特殊处理，使其产生丰富多彩的视频效果，以更好地表现出作品主题，达到视频制作的目的。

After Effects CC 中的视频效果是可以应用于视频素材或其他素材图层的效果，通过添加效果并设置参数即可制作出很多绚丽特效。其中包含很多效果组分类，而每个效果组又包括很多效果。例如【杂色和颗粒】效果组下面包括 11 种用于杂色和颗粒的效果，如图 7-1 所示。

效果和预设
► * 动画预设
► 3D 通道
► CINEMA 4D
► Synthetic Aperture
► 实用工具
► 扭曲
► 文本
► 时间
▼ 杂色和颗粒
分形杂色
蒙尘与划痕
匹配颗粒
添加颗粒
湍流杂色
移除颗粒
杂色
杂色 Alpha
杂色 HLS
杂色 HLS 自动
中间值

图 7-1

7.1.2 为素材添加效果

要想制作出好的视频作品，首先要了解添加效果的基本操作，在 After Effects 软件中，

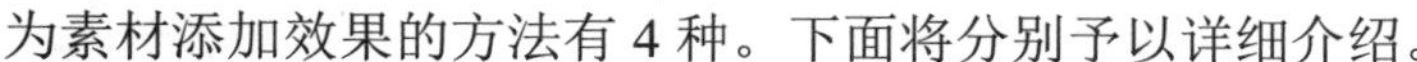
为素材添加效果的方法有 4 种。下面将分别予以详细介绍。

1. 使用菜单

在【时间轴】面板中选择要使用效果的图层，单击【效果】菜单项，然后从弹出的菜单中选择要使用的某个效果命令即可，【效果】菜单如图 7-2 所示。

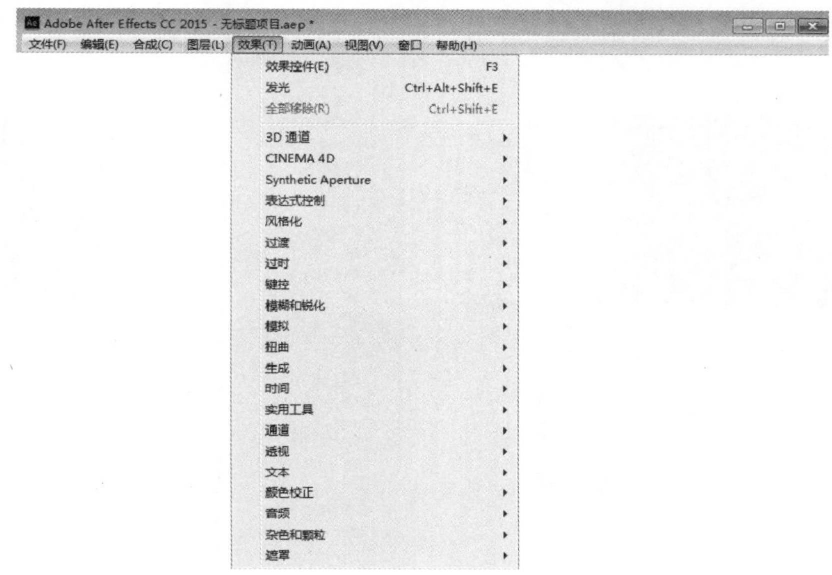

图 7-2

2. 使用【效果和预设】面板

在【时间轴】面板中选择要使用效果的图层，然后打开【效果和预设】面板，在该面板中双击需要的效果即可。【效果和预设】面板如图 7-3 所示。

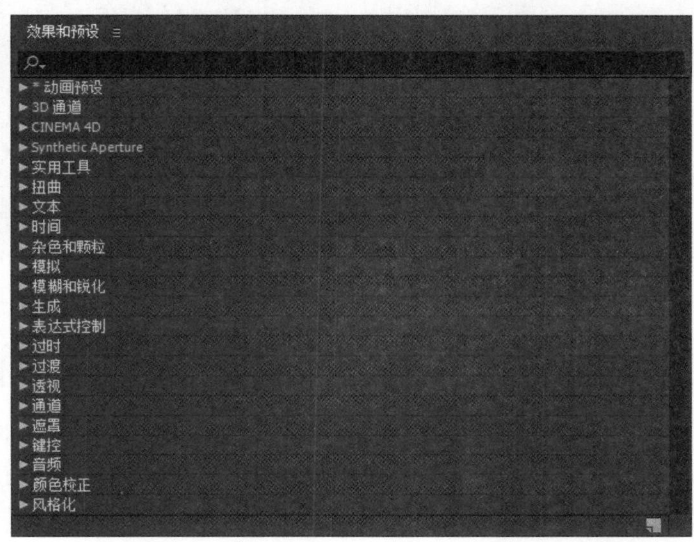

图 7-3

3. 使用右键

在【时间轴】面板中，在要使用效果的图层上单击鼠标右键，然后在弹出的快捷菜单中选择【效果】子菜单中的特效命令即可，如图 7-4 所示。

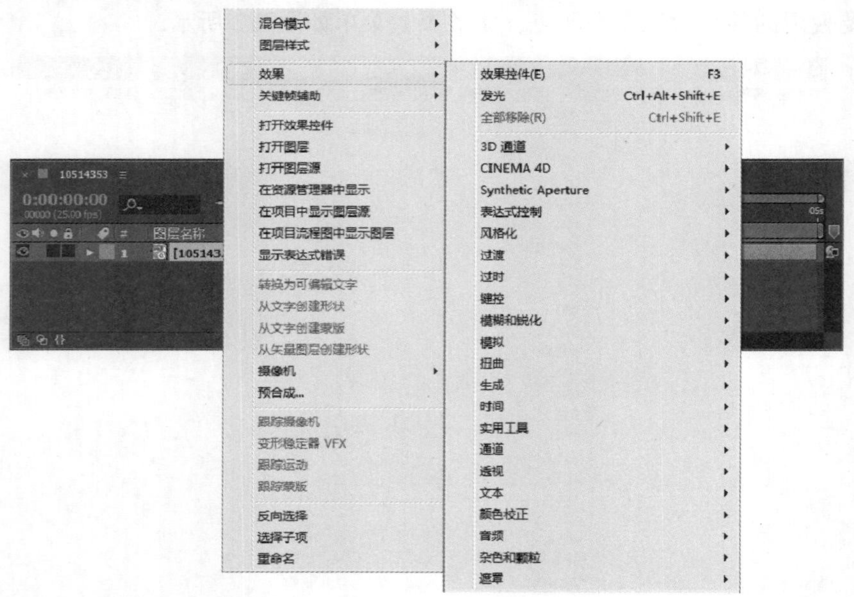

图 7-4

4. 使用鼠标拖动

从【效果和预设】面板中选择某个效果，然后将其拖动到【时间轴】面板中要应用的效果的图层上即可，如图 7-5 所示。

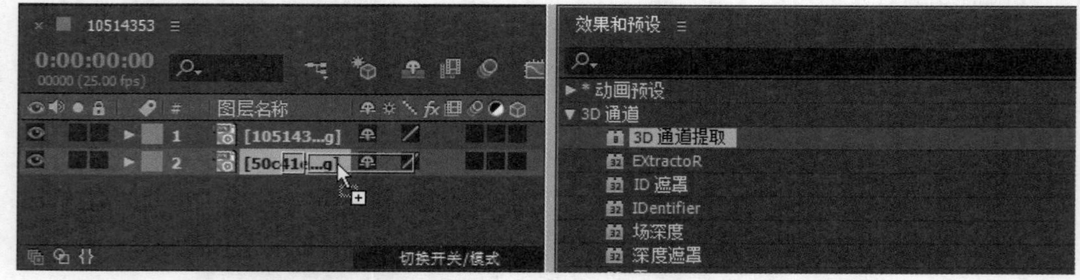

图 7-5

知识精讲

当某图层应用多个特效时，特效会按照使用的先后顺序从上到下排列，即新添加的特效位于原特效的下方，如果想更改特效的位置，可以在【效果和预设】面板中通过直接拖动的方法，将某个特效上移或下移。不过需要注意的是，特效应用的顺序不同，产生的效果也会不同。

7.1.3　隐藏或删除【彩色浮雕】效果

单击效果名称左边的 fx 按钮即可隐藏该效果，再次单击则可以将该效果重新开启，如图 7-6 所示。

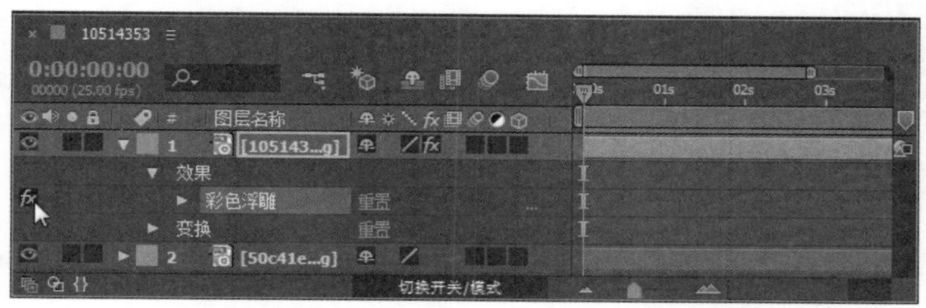

图 7-6

单击【时间轴】面板上图层名称右边的 fx 按钮可以隐藏该层的所有效果，再次单击则可以将效果重新开启，如图 7-7 所示。

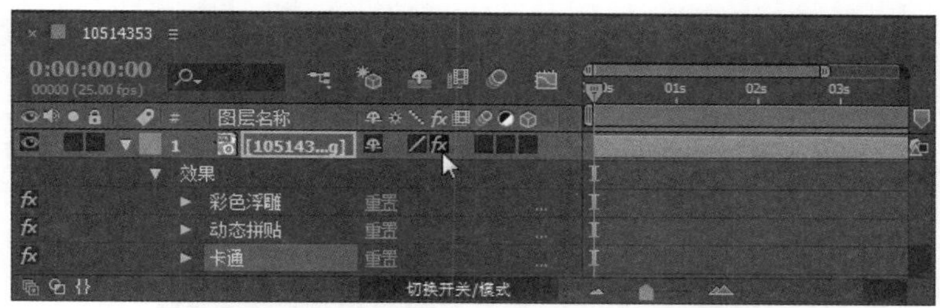

图 7-7

选择需要删除的效果，然后按 Delete 键即可将其删除。如果需要删除所有添加的效果，用户需要选择准备删除的效果图层，然后在菜单栏中选择【效果】→【全部移除】菜单项即可，如图 7-8 所示。

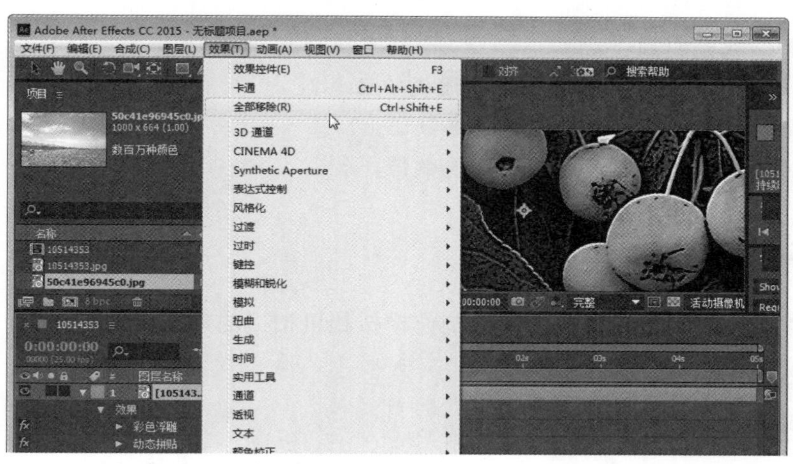

图 7-8

7.2 常用的 3D 通道

3D 通道组主要用于修改三维图像以及与图像相关的三维信息。其中包括 3D 通道提取、场深度、ID 遮罩、深度遮罩和雾 3D 等，本节将详细介绍常用的 3D 通道效果的相关知识。

↑ 扫码看视频

7.2.1 3D 通道提取

【3D 通道提取】使辅助通道可以显示为灰度或多通道颜色图像。

素材保存路径：配套素材\第 7 章

素材文件名称：3D 通道提取.aep

打开素材文件“3D 通道提取.aep”，选中素材，在菜单栏中选择【效果】→【3D 通道】→【3D 通道提取】菜单项，此时参数设置如图 7-9 所示。

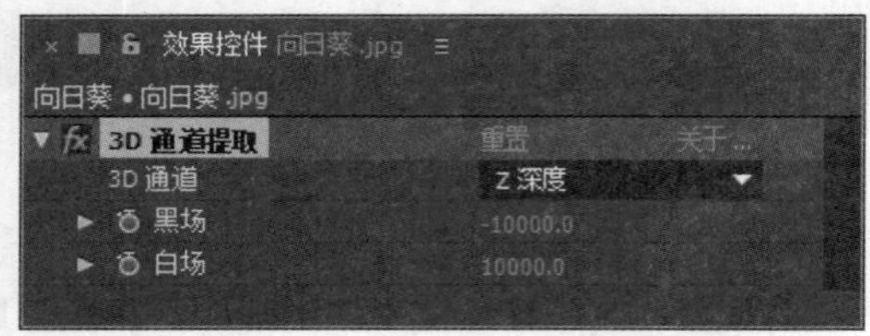

图 7-9

该效果的参数说明如下。

- 3D 通道：设置当前图像的 3D 通道的信息。
- 黑场：设置黑点对应的通道信息数值。
- 白场：设置白点对应的通道信息数值。

7.2.2 场深度

【场深度】可以在所选择的图层中制作模拟相机拍摄的景深效果。

素材保存路径：配套素材\第 7 章

素材文件名称：场深度.aep

打开素材文件“场深度.aep”，选中素材，在菜单栏中选择【效果】→【3D 通道】→【场深度】菜单项，在【效果控件】面板中展开【场深度】的参数，其参数设置面板如

图 7-10 所示。

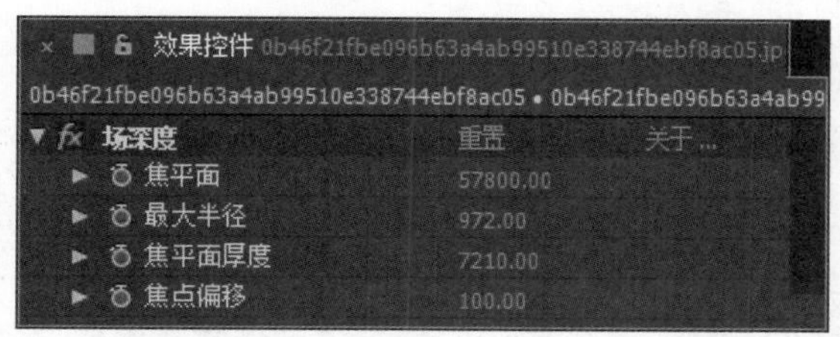

图 7-10

该效果的参数说明如下。

➢ 焦平面：设置 Z 轴到聚焦的 3D 场景的平面距离。
➢ 最大半径：设置聚焦平面外的模糊程度。
➢ 焦平面厚度：设置聚焦区域的厚度。
➢ 焦点偏移：设置焦点偏移的距离。

7.2.3 ID 遮罩

【ID 遮罩】效果可以按照材质或对象 ID 为元素进行标记。

素材保存路径：配套素材\第 7 章
素材文件名称：ID 遮罩.aep

打开素材文件“ID 遮罩.aep”，选中素材，在菜单栏中选择【效果】→【3D 通道】→【ID 遮罩】菜单项，在【效果控件】面板中展开【ID 遮罩】的参数，其参数设置面板如图 7-11 所示。

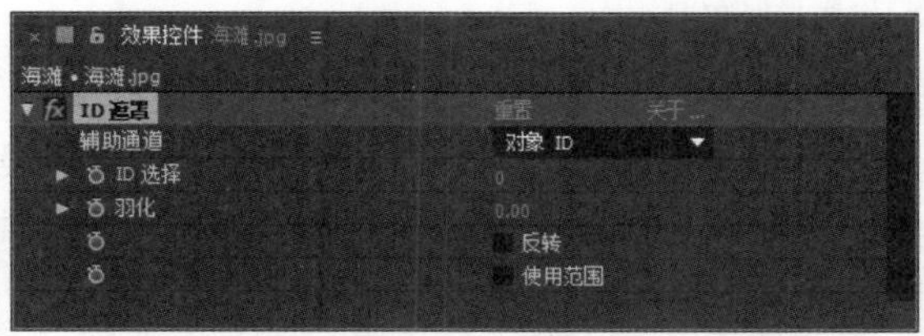

图 7-11

该效果的参数说明如下。

➢ 辅助通道：设置材质 ID 号来分离元素。
➢ ID 选择：设置在 3D 图像中元素的 ID 值。
➢ 羽化：设置边缘羽化值。
➢ 反转：选择此选项，可以反转 ID 遮罩。

7.2.4 深度遮罩

【深度遮罩】效果可读取 3D 图像中的深度信息，并可沿 Z 轴在任意位置对图像切片。

素材保存路径：配套素材\第 7 章
素材文件名称：深度遮罩.aep

打开素材文件“深度遮罩.aep”，选中素材，在菜单栏中选择【效果】→【3D 通道】→【深度遮罩】菜单项，在【效果控件】面板中展开【深度遮罩】的参数，其参数设置面板如图 7-12 所示。

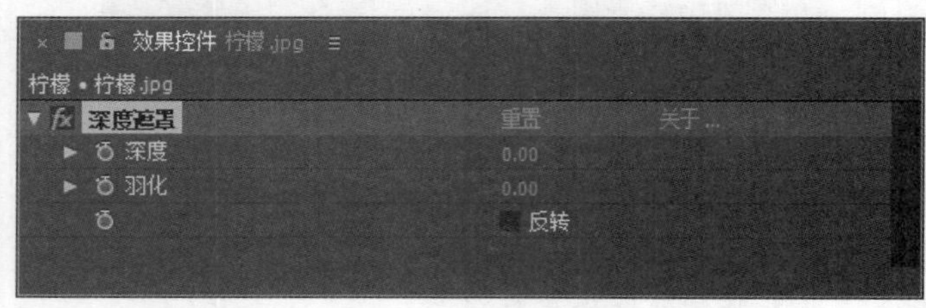

图 7-12

该效果的参数说明如下。

- 深度：设置建立蒙版的深度数值。
- 羽化：设置指定蒙版的羽化值。
- 反转：勾选此复选框，可以反转蒙版的内外显示。

7.2.5 雾 3D

【雾 3D】效果可以根据深度雾化图层。

素材保存路径：配套素材\第 7 章
素材文件名称：雾 3D.aep

打开素材文件“雾 3D.aep”，选中素材，在菜单栏中选择【效果】→【3D 通道】→【雾 3D】菜单项，在【效果控件】面板中展开【雾 3D】的参数，其参数设置面板如图 7-13 所示。

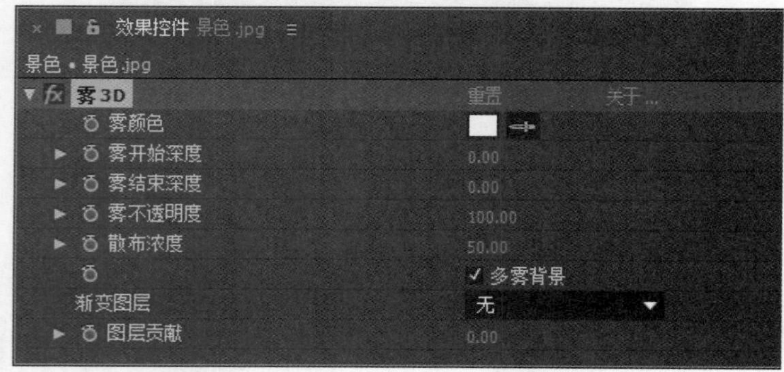

图 7-13

该效果的参数说明如下。

- 雾颜色：设置雾的颜色。

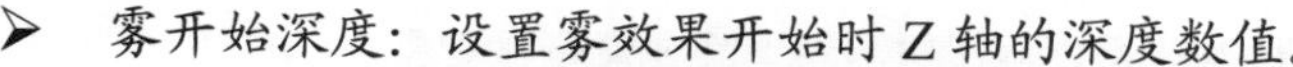

- 雾开始深度：设置雾效果开始时 Z 轴的深度数值。
- 雾结束深度：设置雾效果结束时 Z 轴的深度数值。
- 雾不透明度：设置雾的透明程度。
- 散布浓度：设置雾散射的密度。
- 多雾背景：勾选此复选框，可雾化背景。
- 渐变图层：在时间线上选择一个图层作为参考，用于增加或减少雾的密度。
- 图层贡献：能够控制渐变图层对雾浓度的影响度。

7.3　表达式控制

表达式控制效果组可以通过表达式控制来制作各种二维和三维的画面效果。其中包括复选框控制、3D 点控制、图层控制、滑块控制、点控制、角度控制和颜色控制等，本节将详细介绍表达式控制的相关知识。

↑ 扫码看视频

7.3.1　3D 点控制

【3D 点控制】效果可以与表达式一起使用。

选中素材，在菜单栏中选择【效果】→【表达式控制】→【3D 点控制】菜单项，在【效果控件】面板中展开【3D 点控制】的参数，其参数设置面板如图 7-14 所示。

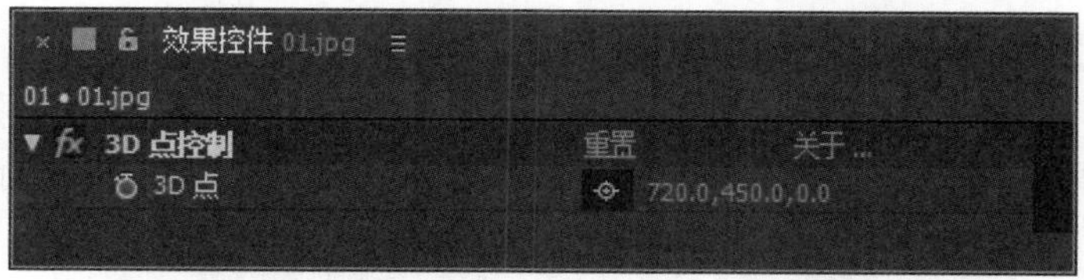

图 7-14

该效果的参数说明如下。

3D 点：设置三维点的位置。

7.3.2　点控制

【点控制】效果可以与表达式一起使用。

选中素材，在菜单栏中选择【效果】→【表达式控制】→【点控制】菜单项，在【效果控件】面板中展开【点控制】的参数，其参数设置面板如图 7-15 所示。

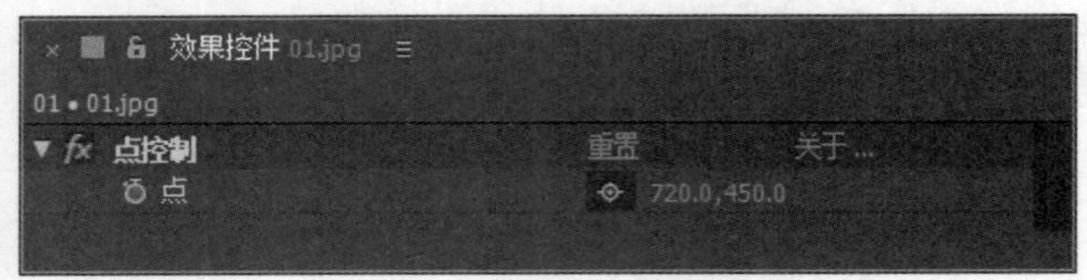

图 7-15

该效果的参数说明如下。

点：设置锚点控制的位置。

7.3.3 复选框控制

复选框控制效果是可以与表达式一起使用的复合式选框。

选中素材，在菜单栏中选择【效果】→【表达式控制】→【复选框控制】菜单项，在【效果控件】面板中展开【复选框控制】的参数，其参数设置面板如图 7-16 所示。

图 7-16

该效果的参数说明如下。

复选框：勾选该复选框，可以开启复选框，需要与表达式同时使用。

7.3.4 滑块控制

【滑块控制】效果可以与表达式一起使用。

选中素材，在菜单栏中选择【效果】→【表达式控制】→【滑块控制】菜单项，在【效果控件】面板中展开【滑块控制】的参数，其参数设置面板如图 7-17 所示。

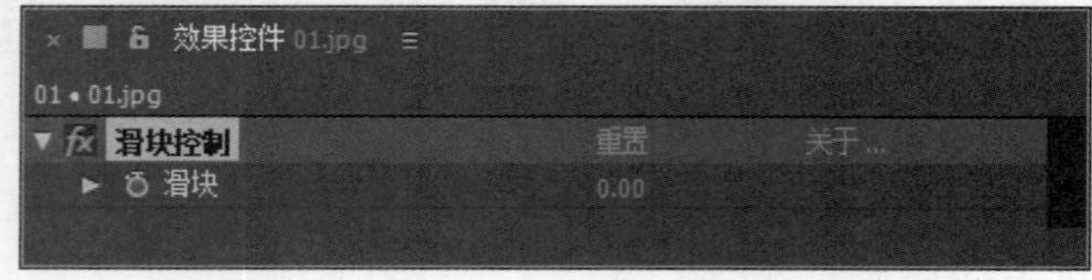

图 7-17

该效果的参数说明如下。

滑块：设置滑块控制的数值。

7.3.5 角度控制

【角度控制】效果可以与表达式一起使用，为图层添加角度控制。

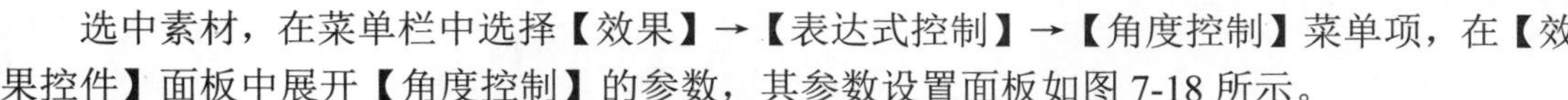

选中素材，在菜单栏中选择【效果】→【表达式控制】→【角度控制】菜单项，在【效果控件】面板中展开【角度控制】的参数，其参数设置面板如图 7-18 所示。

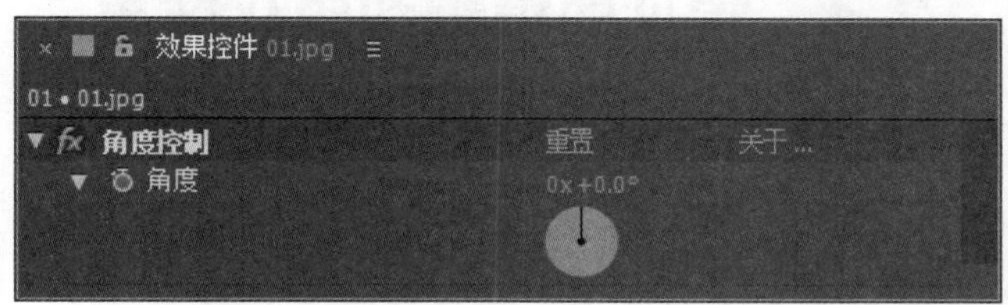

图 7-18

该效果的参数说明如下。

角度：设置角度控制的角度。

7.3.6　图层控制

【图层控制】效果可以控制图层。

选中素材，在菜单栏中选择【效果】→【表达式控制】→【图层控制】菜单项，在【效果控件】面板中展开【图层控制】的参数，其参数设置面板如图 7-19 所示。

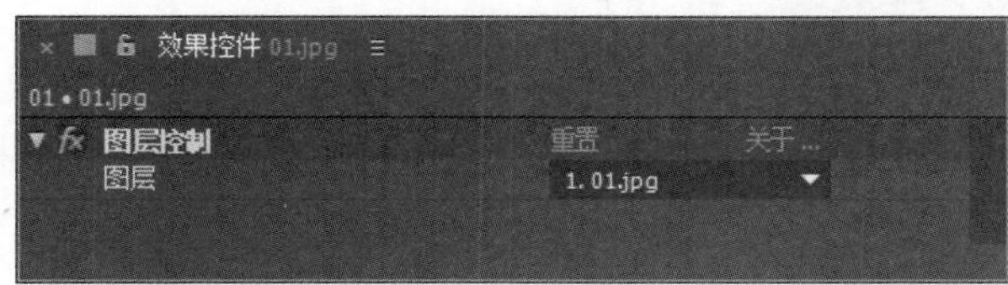

图 7-19

该效果的参数说明如下。

图层：设置表达式所控制的图层。

7.3.7　颜色控制

【颜色控制】效果可以调整表达式的颜色。

选中素材，在菜单栏中选择【效果】→【表达式控制】→【颜色控制】菜单项，在【效果控件】面板中展开【颜色控制】的参数，其参数设置面板如图 7-20 所示。

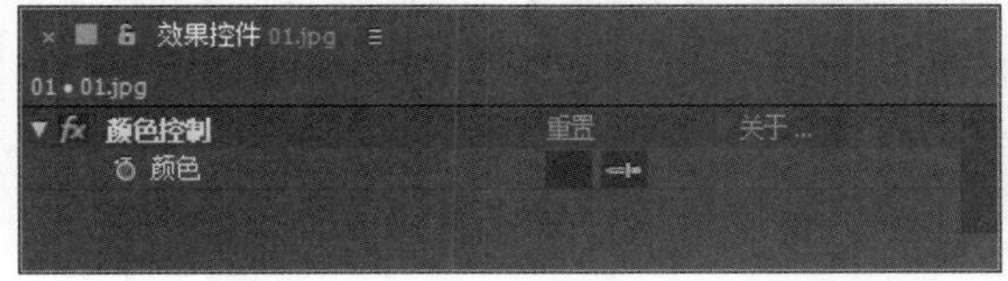

图 7-20

该效果的参数说明如下。

颜色：设置表达式的颜色。

7.4 常见的模糊和锐化效果

模糊和锐化效果组主要用于模糊图像和锐化图像。通过使用这些滤镜，可以使图层产生模糊效果，这样即使是平面素材的后期合成处理，也能给人以对比和空间感，获得更好的视觉感受。本节将详细介绍常见的模糊和锐化效果的相关知识。

↑ 扫码看视频

7.4.1 制作 CC Cross Blur(交叉模糊)效果

CC Cross Blur(交叉模糊)效果可以对画面进行水平和垂直的模糊处理。

素材保存路径：配套素材\第 7 章

素材文件名称：交叉模糊.aep

打开素材文件“交叉模糊.aep”，选中素材，在菜单栏中选择【效果】→【模糊和锐化】→CC Cross Blur 菜单项，此时参数设置如图 7-21 所示。

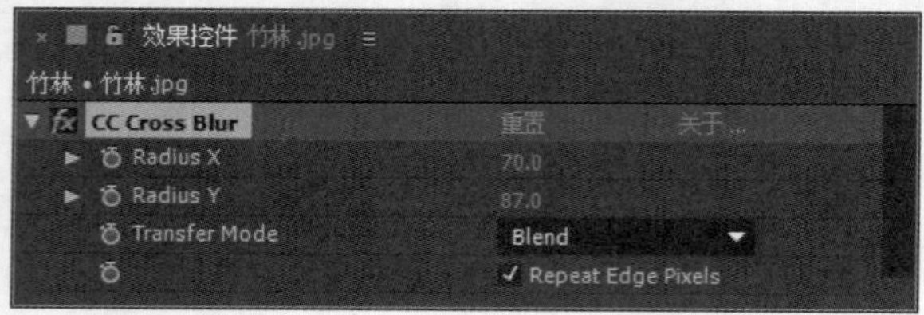

图 7-21

通过以上参数设置的前后效果如图 7-22 所示。

图 7-22

该效果的参数说明如下。

➢ Radius X(X 轴半径)：设置 X 轴模糊程度。
➢ Radius Y(Y 轴半径)：设置 Y 轴模糊程度。

➢ Transfer Mode(传输模式)：设置传输模式。

➢ Repeat Edge Pixels(重复边缘像素)：勾选此复选框，即可重复边缘像素。

7.4.2　制作【定向模糊】效果

【定向模糊】效果可以按照一定的方向模糊图像。

素材保存路径：配套素材\第 7 章

素材文件名称：定向模糊.aep

打开素材文件“定向模糊.aep”，选中素材，在菜单栏中选择【效果】→【模糊和锐化】→【定向模糊】菜单项，此时参数设置如图 7-23 所示。

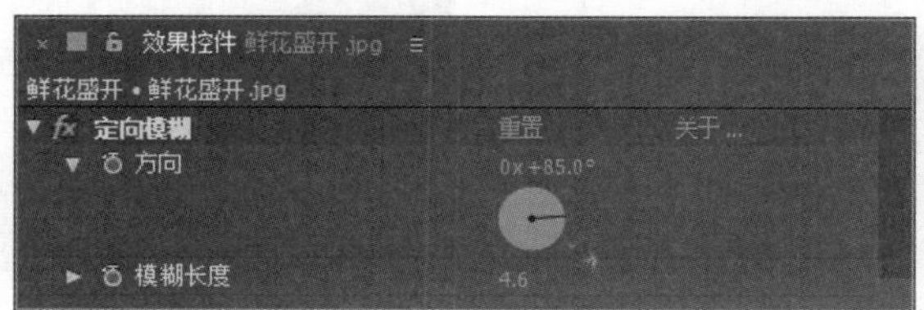

图 7-23

通过以上参数设置的前后效果如图 7-24 所示。

图 7-24

该效果的参数说明如下。

➢ 方向：设置模糊方向。

➢ 模糊长度：设置模糊长度。

7.4.3　制作【高斯模糊】效果

【高斯模糊】效果可以均匀模糊图像。

素材保存路径：配套素材\第 7 章

素材文件名称：高斯模糊.aep

打开素材文件“高斯模糊.aep”，选中素材，在菜单栏中选择【效果】→【模糊和锐化】→【高斯模糊】菜单项，在【效果控件】面板中展开【高斯模糊】滤镜的参数，其参数设置面板如图 7-25 所示。

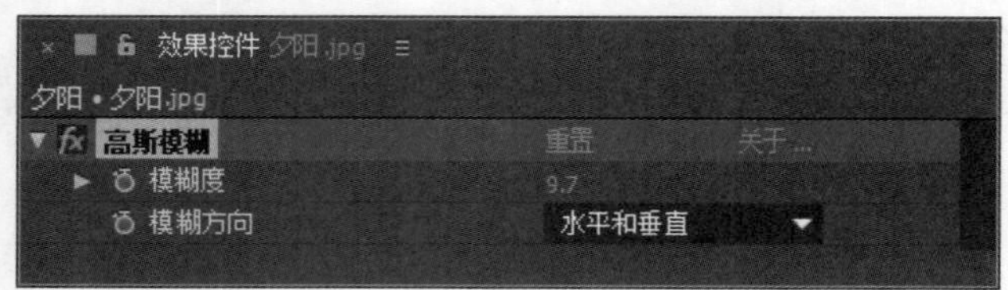

图 7-25

通过以上参数设置的前后效果如图 7-26 所示。

图 7-26

该效果的参数说明如下。

- 模糊度：用来调整模糊的程度。
- 模糊方向：从右侧的下拉菜单中，可以选择模糊的方向，包括水平和垂直、水平、垂直 3 个选项。

7.4.4 制作【径向模糊】效果

【径向模糊】滤镜围绕自定义的一个点产生模糊效果，常用来模拟镜头的推拉和旋转效果。在图层高质量开关打开的情况下，可以指定抗锯齿的程度，在草图质量下没有抗锯齿作用。

素材保存路径：配套素材\第 7 章
素材文件名称：径向模糊.aep

打开素材文件“径向模糊.aep”，选中素材，在菜单栏中选择【效果】→【模糊和锐化】→【径向模糊】菜单项，在【效果控件】面板中展开【径向模糊】滤镜的参数，其参数设置面板如图 7-27 所示。

通过以上参数设置的前后效果如图 7-28 所示。

该效果的参数说明如下。

- 数量：设置径向模糊的强度。
- 中心：设置径向模糊的中心位置。
- 类型：设置径向模糊的样式，共有两种样式。
- 旋转：围绕自定义的位置点，模拟镜头旋转的效果。
- 缩放：围绕自定义的位置点，模拟镜头推拉的效果。

➢ 消除锯齿(最佳品质)：设置图像的质量，共有两种质量。
  - ✧ 低：设置图像的质量为草图级别(低级别)。
  - ✧ 高：设置图像的质量为高质量。

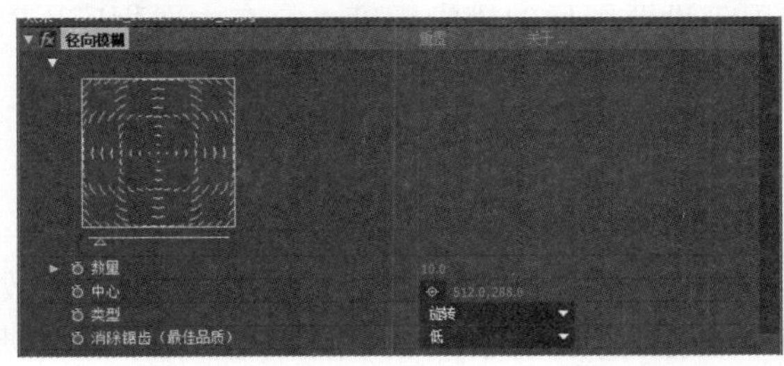

图 7-27

图 7-28

7.4.5 制作【摄像机镜头模糊】效果

【摄像机镜头模糊】滤镜可以用来模拟不在摄像机聚焦平面内物体的模糊效果(即用来模拟画面的景深效果)，其模糊的效果取决于【光圈属性】和【模糊图】的设置。

素材保存路径：配套素材\第 7 章

素材文件名称：摄像机镜头模糊.aep

打开素材文件“摄像机镜头模糊.aep”，选中素材，在菜单栏中选择【效果】→【模糊和锐化】→【摄像机镜头模糊】菜单项，在【效果控件】面板中展开【摄像机镜头模糊】滤镜的参数，其参数设置面板如图 7-29 所示。

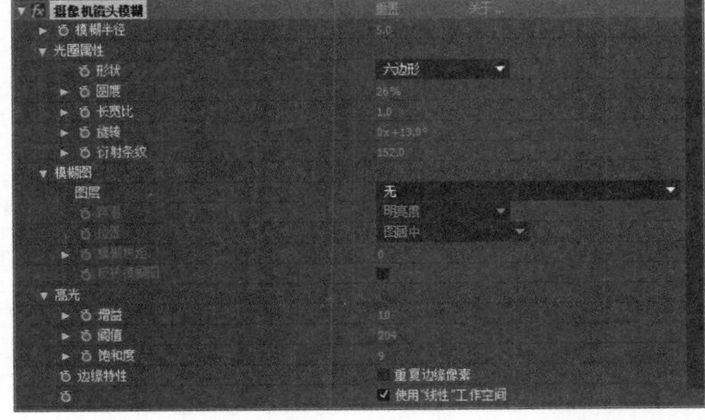

图 7-29

7.4.6 制作【快速模糊】效果

【快速模糊】滤镜用于设置图像的模糊程度，它在大面积应用时的实现速度很快，模糊效果也很明显。

素材保存路径：配套素材\第 7 章

素材文件名称：快速模糊.aep

打开素材文件“快速模糊.aep”，选中素材，在菜单栏中选择【效果】→【模糊和锐化】→【快速模糊】菜单项，在【效果控件】面板中展开【快速模糊】滤镜的参数，其参数设置面板如图 7-30 所示。

图 7-30

通过以上参数设置的前后效果如图 7-31 所示。

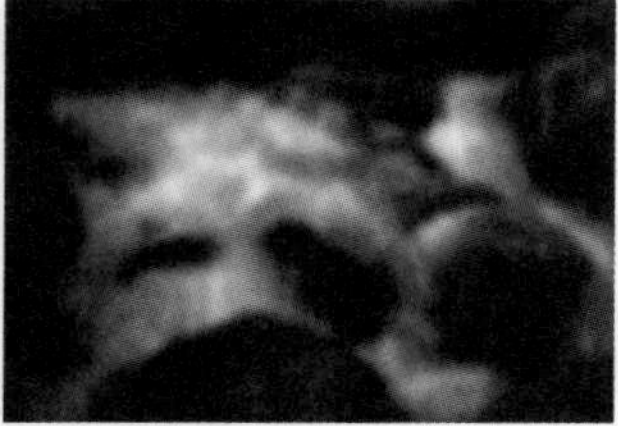

图 7-31

该效果的参数说明如下。

- 模糊度：用来调整模糊的程度。
- 模糊方向：从右侧的下拉菜单中，可以选择模糊的方向，包括水平和垂直、水平、垂直 3 个选项。
- 重复边缘像素：勾选该复选框，可以排除图像边缘模糊。

7.5 常用的透视效果

我们可以为图像制作出透视效果，也可以为二维素材添加三维效果。在透视组中，主要学习透视滤镜组中的斜面 Alpha、CC Cylinder(CC 圆柱体)、边缘斜面、投影和 3D 眼镜效果的使用方法，通过使用这些滤镜，可以使图层产生光影等立体效果。

↑ 扫码看视频

7.5.1 制作 CC Cylinder(CC 圆柱体)效果

CC Cylinder(CC 圆柱体)效果可以使图像呈圆柱体。

素材保存路径：配套素材\第 7 章
素材文件名称：CC 圆柱体.aep

打开素材文件“CC 圆柱体.aep”，选中素材，在菜单栏中选择【效果】→【透视】→CC Cylinder 菜单项，在【效果控件】面板中展开 CC Cylinder 效果的参数，其参数设置面板如图 7-32 所示。

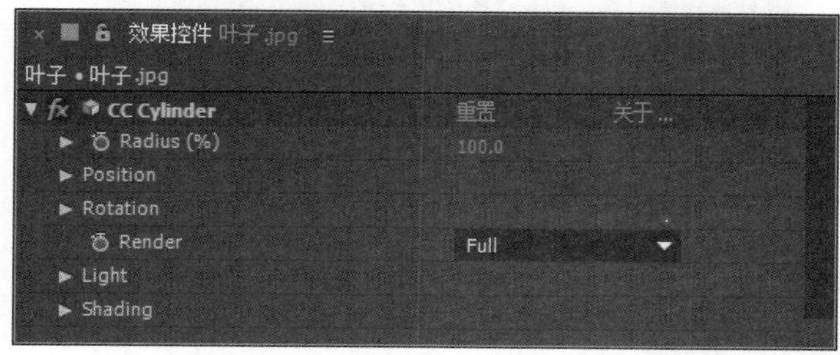

图 7-32

通过以上参数设置的前后效果如图 7-33 所示。

图 7-33

该效果的参数说明如下。

- Radius(半径)：设置圆柱体的半径大小。
- Position(位置)：设置圆柱体在画面中的位置变化。
- Rotation(旋转)：设置圆柱体的旋转角度。
- Render(渲染)：设置圆柱体的显示。
- Light(灯光)：设置效果灯光属性。
- Shading(阴影)：设置效果明暗程度。

7.5.2 制作【边缘斜面】效果

【边缘斜面】可以为图层边缘增加斜面外观效果。

素材保存路径：配套素材\第 7 章
素材文件名称：边缘斜面.aep

打开素材文件“边缘斜面.aep”，选中素材，在菜单栏中选择【效果】→【透视】→【边缘斜面】菜单项，在【效果控件】面板中展开【边缘斜面】效果的参数，其参数设置面板如图 7-34 所示。

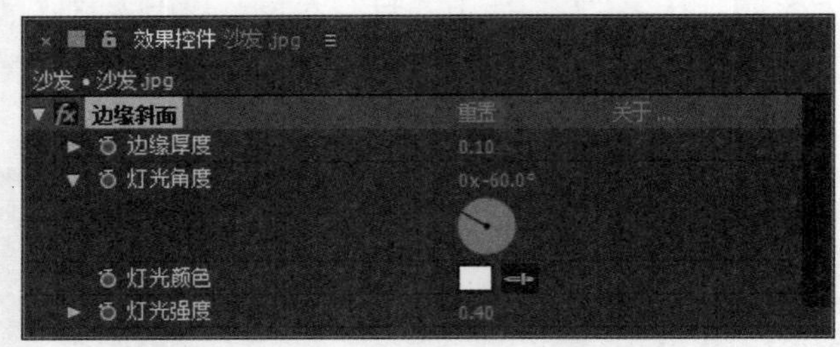

图 7-34

通过以上参数设置的前后效果如图 7-35 所示。

图 7-35

该效果的参数说明如下。

➢ 边缘厚度：设置边缘宽度。
➢ 灯光角度：设置灯光角度，决定斜面明暗面。
➢ 灯光颜色：设置灯光颜色，决定斜面的反射颜色。
➢ 灯光强度：设置灯光的强弱程度。

7.5.3 制作【斜面 Alpha】效果

【斜面 Alpha】滤镜，可以通过二维的 Alpha(通道)使图像出现分界，从而形成假三维的倒角效果。

素材保存路径：配套素材\第 7 章
素材文件名称：斜面 Alpha.aep

打开素材文件“斜面 Alpha.aep”，选中素材，在菜单栏中选择【效果】→【透视】→【斜面 Alpha】菜单项，在【效果控件】面板中展开【斜面 Alpha】效果的参数，其参数设置面板如图 7-36 所示。

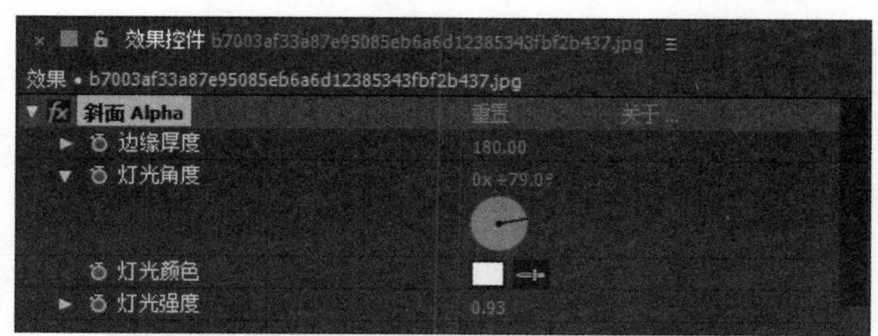

图 7-36

通过以上参数设置的前后效果如图 7-37 所示。

图 7-37

该效果的参数说明如下。

- 边缘厚度：设置边缘斜角的厚度。
- 灯光角度：设置模拟灯光的角度。
- 灯光颜色：选择模拟灯光的颜色。
- 灯光强度：设置灯光照射的强度。

7.5.4　制作【3D 眼镜】效果

【3D 眼镜】用于制作 3D 电影效果，可以将左右两个图层合成为 3D 立体视图。

素材保存路径：配套素材\第 7 章

素材文件名称：3D 眼镜.aep

打开素材文件“3D 眼镜.aep”，选中素材，在菜单栏中选择【效果】→【透视】→【3D 眼镜】菜单项，在【效果控件】面板中展开【3D 眼镜】效果的参数，其参数设置面板如图 7-38 所示。

通过以上参数设置的前后效果如图 7-39 所示。

该效果的参数说明如下。

- 左视图：设置左侧显示的图层。
- 右视图：设置右侧显示的图层。
- 场景融合：设置画面的偏移程度。

- 垂直对齐：设置左右视图相对的垂直偏移程度。
- 单位：设置像素的显示。
- 左右互换：勾选此复选框可以切换左右视图。
- 3D 视图：设置视图的模式。
- 平衡：设置画面的平衡值。

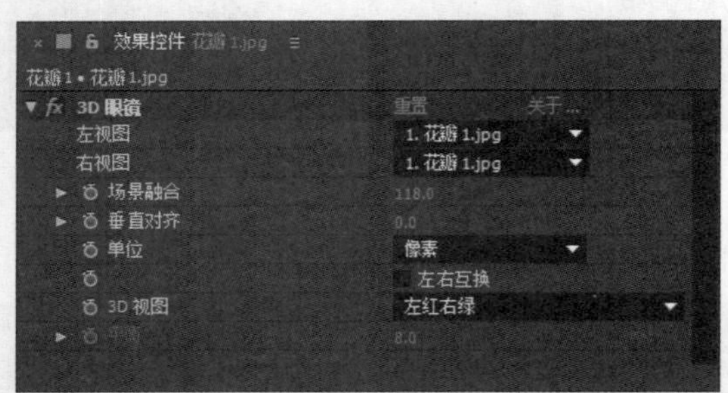

图 7-38

图 7-39

7.5.5 制作【投影】效果

【投影】效果可以根据图像的 Alpha 通道为图像绘制阴影效果，一般应用在多图层文件中。

素材保存路径：配套素材\第 7 章

素材文件名称：投影.aep

打开素材文件“投影.aep”，选中素材，在菜单栏中选择【效果】→【透视】→【投影】菜单项，在【效果控件】面板中展开【投影】效果的参数，其参数设置面板如图 7-40 所示。

图 7-40

通过以上参数设置的前后效果如图 7-41 所示。

图 7-41

该效果的参数说明如下。

- 阴影颜色：设置图像中阴影的颜色。
- 不透明度：设置阴影的不透明度。
- 方向：设置阴影的方向。
- 距离：设置阴影离原图像的距离。
- 柔和度：设置阴影的柔和程度。
- 仅阴影：勾选【仅阴影】复选框，将只显示阴影而隐藏投射阴影的图像。

7.6　模 拟 效 果

模拟效果组可以模拟各种特殊效果，如下雪、下雨、泡沫等，本节将主要介绍焦散、CC 气泡、CC 细雨、CC 下雪和泡沫等常用的模拟效果的相关知识。

↑ 扫码看视频

7.6.1　制作【焦散】效果

【焦散】可以模拟水面折射和反射的自然效果。

素材保存路径：配套素材\第 7 章
素材文件名称：焦散.aep

打开素材文件“焦散.aep”，选中素材，在菜单栏中选择【效果】→【模拟】→【焦散】菜单项，在【效果控件】面板中展开【焦散】效果的参数，其参数设置面板如图 7-42 所示。

通过以上参数设置的前后效果如图 7-43 所示。

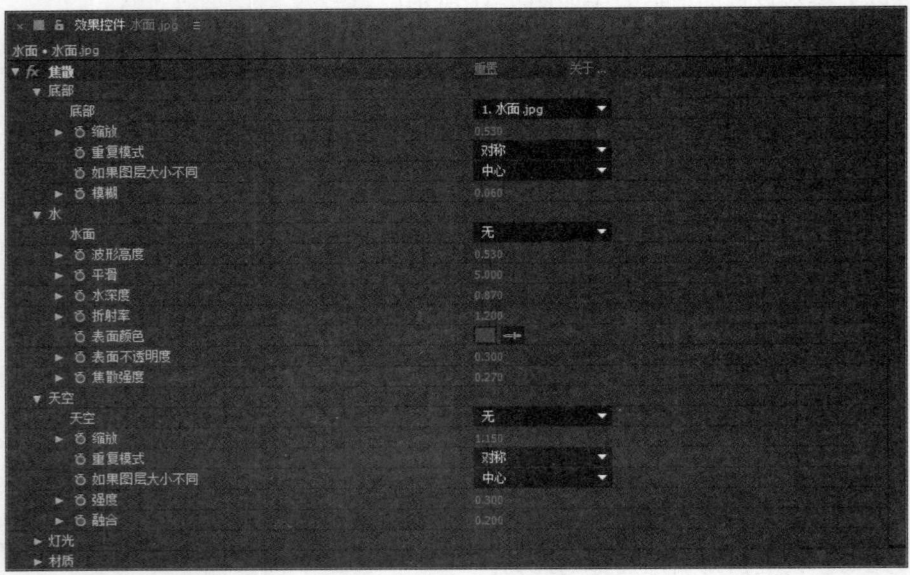

图 7-42

图 7-43

该效果的参数说明如下。

➢ 底部：指定水域底部的外观。
  ✧ 底部：指定水域底部的图层。
  ✧ 缩放：放大和缩小底部图层。
  ✧ 重复模式：设置重复模式为一次，平铺或对称。
  ✧ 如果图层大小不同：设置图像大小与当前图层的匹配方式。
  ✧ 模糊：设置底层的模糊程度。
➢ 水：通过调节各选项参数，制作水纹效果。
  ✧ 水面：设置基准层。
  ✧ 波形高度：设置水纹的波纹高度。
  ✧ 平滑：设置水纹平滑程度。
  ✧ 水深度：设置水的深度值。
  ✧ 折射率：设置水的折射范围。
  ✧ 表面颜色：设置水面颜色。

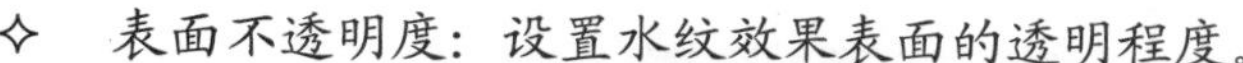

- ✧ 表面不透明度：设置水纹效果表面的透明程度。
- ✧ 焦散强度：设置焦散数值。

➢ 天空：设置水波对水面以外场景的数值。
- ✧ 天空：设置天空反射层。
- ✧ 缩放：设置天空层大小。
- ✧ 重复模式：设置天空层的排列方式。
- ✧ 如果图层大小不同：设置图像大小与当前层的匹配方式。
- ✧ 强度：设置天空层的明暗程度。
- ✧ 融合：设置放射边缘。

➢ 灯光：设置灯光效果。

➢ 材质：设置材质属性。

7.6.2　制作 CC Bubbles(CC 气泡)效果

CC Bubbles(CC 气泡)效果可以根据画面内容模拟气泡效果。

素材保存路径：配套素材\第 7 章

素材文件名称：CC 气泡.aep

打开素材文件“CC 气泡.aep”，选中素材，在菜单栏中选择【效果】→【模拟】→CC Bubbles 菜单项，在【效果控件】面板中展开 CC Bubbles 效果的参数，其参数设置面板如图 7-44 所示。

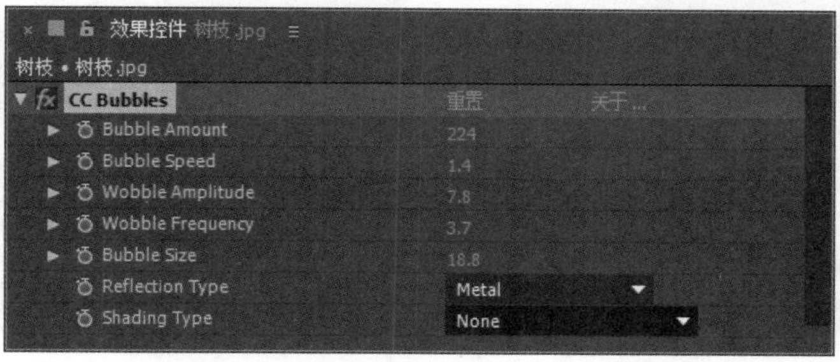

效果控件 树枝.jpg
树枝 • 树枝.jpg

fx CC Bubbles	重置	关于...
Bubble Amount	224	
Bubble Speed	1.4	
Wobble Amplitude	7.8	
Wobble Frequency	3.7	
Bubble Size	18.8	
Reflection Type	Metal	
Shading Type	None	

图 7-44

通过以上参数设置的前后效果如图 7-45 所示。

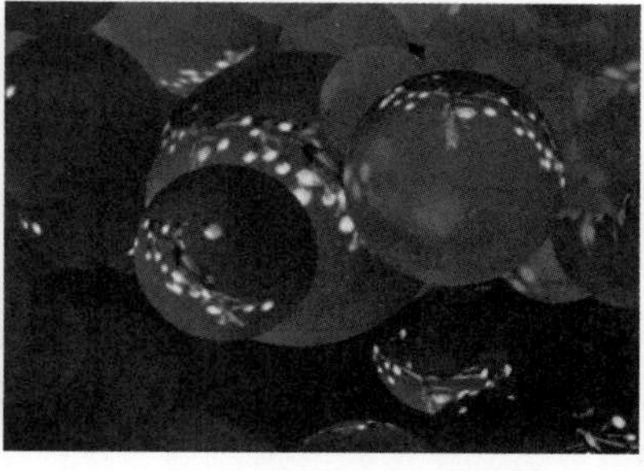

图 7-45

7.6.3 制作 CC Drizzle(CC 细雨)效果

CC Drizzle(CC 细雨)效果可以模拟雨滴落入水面的涟漪效果。

素材保存路径：配套素材\第 7 章

素材文件名称：CC 细雨.aep

打开素材文件“CC 细雨.aep”，选中素材，在菜单栏中选择【效果】→【模拟】→CC Drizzle 菜单项，在【效果控件】面板中展开 CC Drizzle 效果的参数，其参数设置面板如图 7-46 所示。

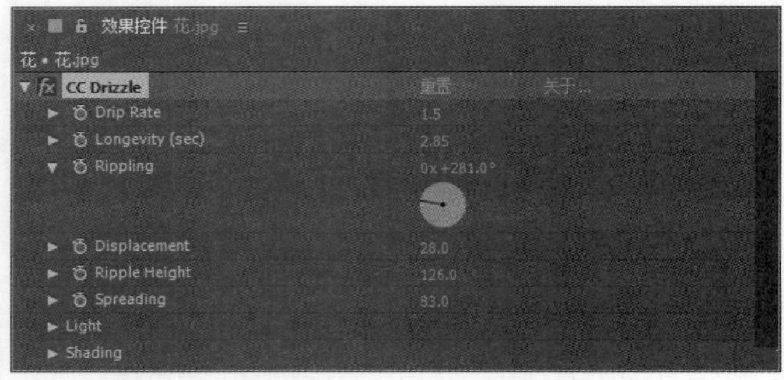

图 7-46

通过以上参数设置的前后效果如图 7-47 所示。

图 7-47

7.6.4 制作 CC Snowfall(CC 下雪)效果

CC Snowfall(CC 下雪)效果可以模拟雪花漫天飞舞的画面效果。

素材保存路径：配套素材\第 7 章

素材文件名称：CC 下雪.aep

打开素材文件“CC 下雪.aep”，选中素材，在菜单栏中选择【效果】→【模拟】→CC Snowfall 菜单项，在【效果控件】面板中展开 CC Snowfall 效果的参数，其参数设置面板如图 7-48 所示。

通过以上参数设置的前后效果如图 7-49 所示。

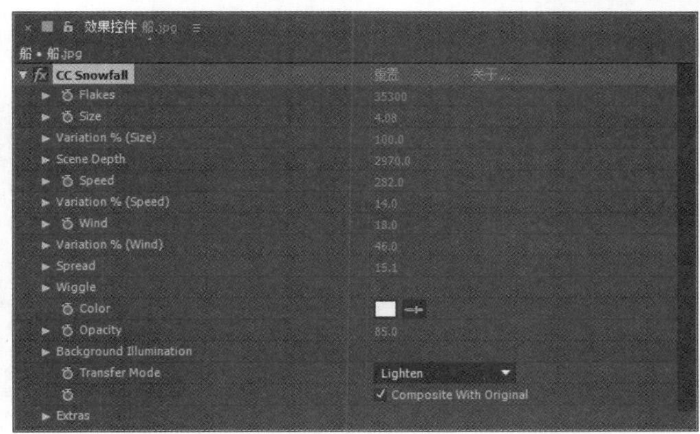

图 7-48

图 7-49

7.6.5 制作【泡沫】效果

【泡沫】效果可以模拟流动、黏附和弹出的气泡、水珠效果。

素材保存路径：配套素材\第 7 章

素材文件名称：泡沫.aep

打开素材文件“泡沫.aep”，选中素材，在菜单栏中选择【效果】→【模拟】→【泡沫】菜单项，在【效果控件】面板中展开【泡沫】效果的参数，其参数设置面板如图 7-50 所示。

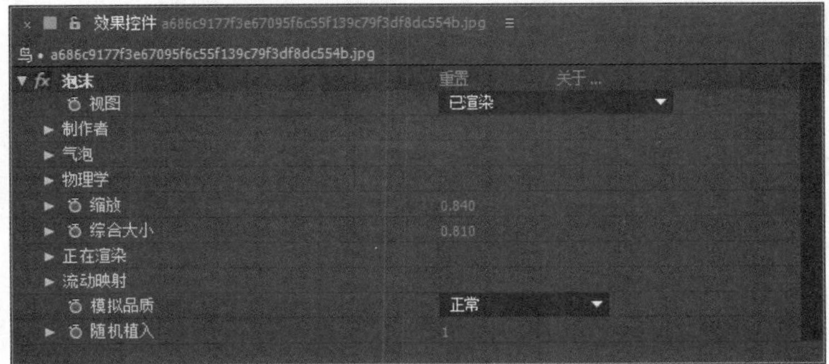

图 7-50

通过以上参数设置的前后效果如图 7-51 所示。

图 7-51

该效果的参数说明如下。

- 视图：设置效果显示方式。
- 制作者：设置对气泡粒子的发生器。
- 气泡：设置气泡粒子的大小、生命以及强度。
- 物理学：设置影响粒子运动因素数值。
- 缩放：设置缩放数值。
- 综合大小：设置区域大小。
- 正在渲染：设置渲染属性。
- 流动映射：设置一个图层来影响粒子效果。
- 模拟品质：设置气泡的模拟质量为正常、高或强烈。
- 随机植入：设置气泡的随机植入数。

7.7 其他常用视频效果

在 After Effects CC 软件中，还有很多其他的视频效果，本节将详细介绍贝塞尔曲线变形、马赛克、闪光、四色渐变、残影、分形杂色等一些常用的视频效果的相关知识及应用方法。

↑ 扫码看视频

7.7.1 制作【贝塞尔曲线变形】效果

【贝塞尔曲线变形】效果可以通过调整曲线控制点来调整图像的形状。

素材保存路径：配套素材\第 7 章

素材文件名称：贝塞尔曲线变形.aep

打开素材文件“贝塞尔曲线变形.aep”，选中素材，在菜单栏中选择【效果】→【扭曲】→【贝塞尔曲线变形】菜单项，在【效果控件】面板中展开【贝塞尔曲线变形】效果的参数，其参数设置面板如图 7-52 所示。

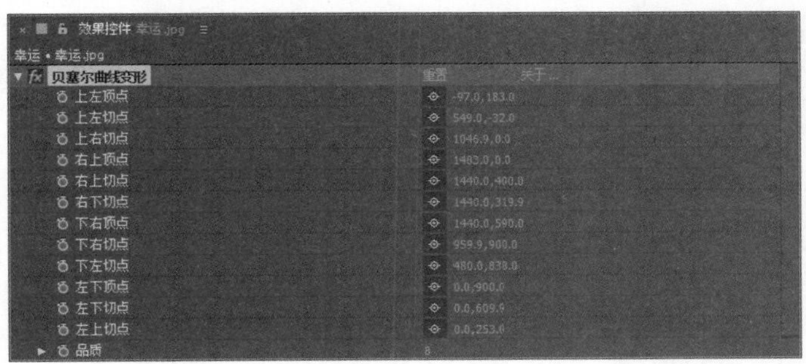

图 7-52

通过以上参数设置的前后效果如图 7-53 所示。

图 7-53

该效果的参数说明如下。

- 上左顶点：设置图像上方左侧顶点位置。
- 上左切点：设置图像上方左侧切点位置。
- 上右切点：设置图像上方右侧切点位置，以直线的形式呈现。
- 右上顶点：设置图像上方右侧顶点的位置。
- 右上切点：设置图像上方右侧切点位置，以弧线的形式呈现。
- 右下切点：设置图像下方右侧切点位置，以弧线的形式呈现。
- 下右顶点：设置图像下方右侧顶点位置。
- 下右切点：设置图像下方右侧切点位置，以直线的形式呈现。
- 下左切点：设置图像下方左侧切点位置，以直线的形式呈现。
- 左下顶点：设置图像下方左侧顶点位置。
- 左下切点：设置图像下方左侧切点位置，以弧线的形式呈现。
- 左上切点：设置图像上方左侧切点位置。
- 品质：设置曲线精细程度。

7.7.2　制作【马赛克】效果

【马赛克】效果可以将图像变为一个个的单色矩形马赛克拼接效果。

素材保存路径：配套素材\第 7 章
素材文件名称：马赛克.aep

打开素材文件“马赛克.aep”，选中素材，在菜单栏中选择【效果】→【风格化】→【马赛克】菜单项，在【效果控件】面板中展开【马赛克】效果的参数，其参数设置面板如图 7-54 所示。

图 7-54

通过以上参数设置的前后效果如图 7-55 所示。

图 7-55

该效果的参数说明如下。

- 水平块：设置水平块数值。
- 垂直块：设置垂直块数值。
- 锐化颜色：勾选此复选框可以锐化颜色。

7.7.3 制作【闪光】效果

【闪光】滤镜可以模拟闪电效果。

素材保存路径：配套素材\第 7 章
素材文件名称：闪光.aep

打开素材文件“闪光.aep”，选中素材，在菜单栏中选择【效果】→【过时】→【闪光】菜单项，在【效果控件】面板中展开【闪光】效果的参数，其参数设置面板如图 7-56 所示。

通过以上参数设置的前后效果如图 7-57 所示。

该效果的参数说明如下。

- 起始点：设置闪电效果的开始位置。
- 结束点：设置闪电效果的结束位置。
- 区段：设置闪电的段数。
- 振幅：设置闪电的振幅。

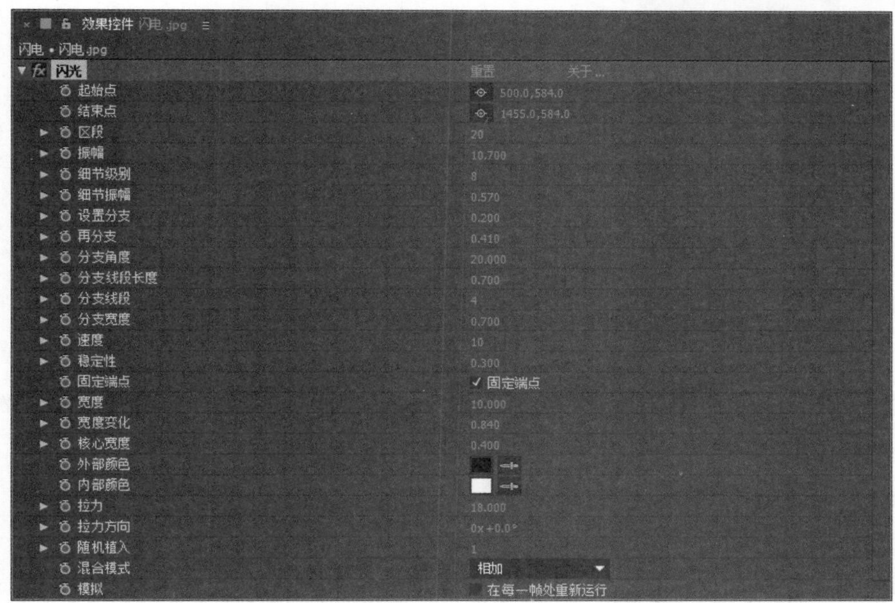

图 7-56

图 7-57

- 细节级别：设置闪电分支的精细程度。
- 细节振幅：设置闪电分支的振幅。
- 设置分支：设置闪电分支数量。
- 再分支：设置闪电二次分支数量。
- 分支角度：设置分支与主干的角度。
- 分支线段长度：设置分支线段的长短。
- 分支线段：设置闪电分支的段数。
- 分支宽度：设置闪电分支的宽度。
- 速度：设置闪电变化速度。
- 稳定性：设置闪电稳定程度。
- 固定端点：勾选此复选框固定闪电端点。
- 宽度：设置闪电宽度。
- 宽度变化：设置闪电的宽度变化值。
- 核心宽度：设置闪电的核心宽度值。
- 外部颜色：设置闪电的外部颜色。

- 内部颜色：设置闪电的内部颜色。
- 拉力：设置闪电弯曲方向的拉力。
- 拉力方向：设置拉力方向。
- 随机植入：设置闪电随机性。
- 混合模式：设置闪电效果的混合模式。
- 模拟：勾选此复选框可在每一帧处重新运行。

7.7.4 制作【四色渐变】效果

【四色渐变】滤镜可以在图像上创建一个 4 色渐变效果，用来模拟霓虹灯、流光溢彩等梦幻效果。

素材保存路径：配套素材\第 7 章
素材文件名称：四色渐变.aep

打开素材文件"四色渐变.aep"，选中素材，在菜单栏中选择【效果】→【生成】→【四色渐变】菜单项，在【效果控件】面板中展开【四色渐变】效果的参数，其参数设置面板如图 7-58 所示。

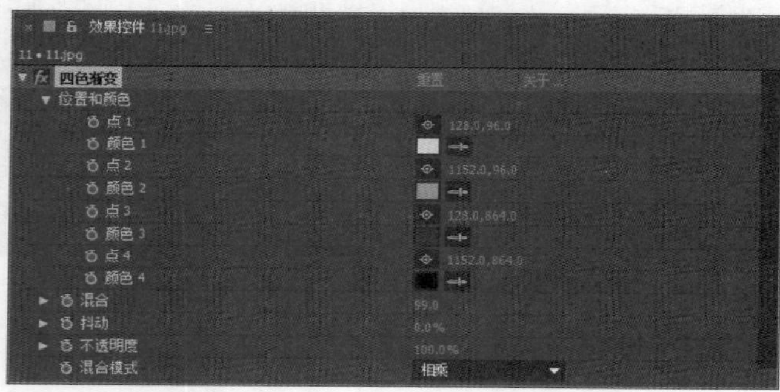

图 7-58

通过以上参数设置的前后效果如图 7-59 所示。

图 7-59

该效果的参数说明如下。

- 位置和颜色：设置效果位置和颜色属性。

- 点 1：设置颜色 1 的位置。
- 颜色 1：设置颜色 1 的颜色。
- 点 2：设置颜色 2 的位置。
- 颜色 2：设置颜色 2 的颜色。
- 点 3：设置颜色 3 的位置。
- 颜色 3：设置颜色 3 的颜色。
- 点 4：设置颜色 4 的位置。
- 颜色 4：设置颜色 4 的颜色。
- 混合：设置四种颜色的混合程度。
- 抖动：设置抖动程度。
- 不透明度：设置效果的透明程度。
- 混合模式：设置效果的混合模式。

7.7.5　制作【残影】效果

【残影】效果可以混合不同时间帧。

素材保存路径：配套素材\第 7 章
素材文件名称：残影.aep

打开素材文件“残影.aep”，选中素材，在菜单栏中选择【效果】→【时间】→【残影】菜单项，在【效果控件】面板中展开【残影】效果的参数，其参数设置面板如图 7-60 所示。

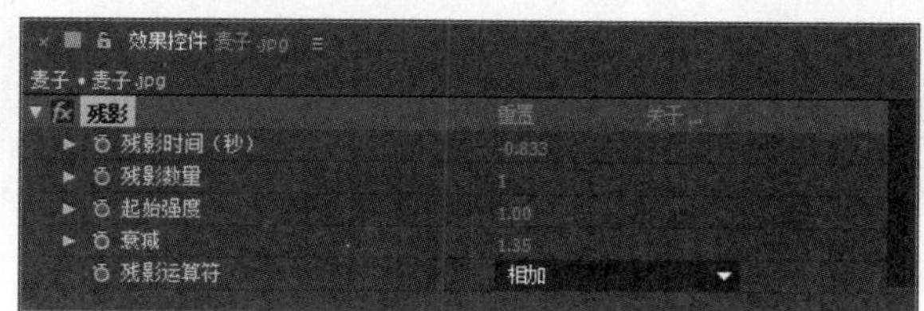

图 7-60

通过以上参数设置的前后效果如图 7-61 所示。

图 7-61

该效果的参数说明如下。

- 残影时间：设置延时图像的产生时间。以秒为单位，正值为之后出现，负值为之前出现。

- 残影数量：设置延续画面的数量。
- 起始强度：设置延续画面开始的强度。
- 衰减：设置延续画面的衰减程度。
- 残影运算符：设置重影后续效果的叠加模式。

7.7.6 制作【分形杂色】效果

【分形杂色】效果用于创建自然景观背景、置换图和纹理的灰度杂色，或模拟云、火、熔岩、蒸汽、流水等效果。

素材保存路径：配套素材\第 7 章
素材文件名称：分形杂色.aep

打开素材文件“分形杂色.aep”，选中素材，在菜单栏中选择【效果】→【杂色和颗粒】→【分形杂色】菜单项，在【效果控件】面板中展开【分形杂色】效果的参数，其参数设置面板如图 7-62 所示。

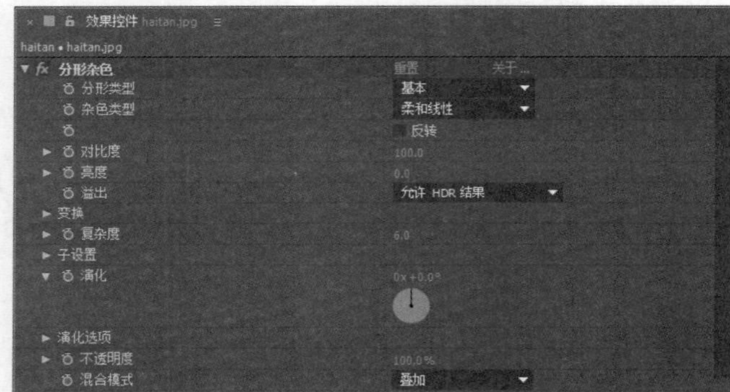

图 7-62

通过以上参数设置的前后效果如图 7-63 所示。

图 7-63

该效果的参数说明如下。

- 分形类型：分形杂色是通过为每个杂色图层生成随机编号的网格来创建的。
- 杂色类型：在杂色网格中的随机值之间使用的插值的类型。
- 对比度：默认值为 100，较高的值可创建较大的、定义更严格的杂色黑白区域，通常显示不太精细的细节；较低的值可生成更多灰色区域，以使杂色柔和。

- 溢出：重映射 0~1.0 之外的颜色值，包括以下 4 个参数。
  - ✧ 剪切：重映射值，以使高于 1.0 的所有值显示为纯白色，低于 0 的所有值显示为纯黑色。
  - ✧ 柔和固定：在无穷曲线上重映射值，以使所有值均在范围内。
  - ✧ 反绕：三角形式的重映射，以使高于 1.0 的值或低于 0 的值退回到范围内。
  - ✧ 允许 HDR 结果：不执行重映射，保留 0~1.0 以外的值。
- 变换：用于旋转、缩放和定位杂色图层的设置。如果选择【透视位移】，则图层看起来像在不同深度一样。
- 复杂度：为创建分形杂色合并的(根据【子设置】)杂色图层的数量，增加此数量将增加杂色的外观深度和细节数量。
- 子设置：用于控制此合并方式，以及杂色图层的属性彼此偏移的方式，包括以下 3 个参数。
  - ✧ 子影响：每个连续图层对合并杂色的影响。值为 100%，所有迭代的影响均相同。值为 50%，每个迭代的影响均为前一个迭代的一半。值为 0，则使效果看起来就像【复杂度】为 1 时的效果一样。
  - ✧ 子缩放/旋转/位移：相对于前一个杂色图层的缩放百分比、角度和位置。
  - ✧ 中心辅助比例：从与前一个图层相同的点计算每个杂色图层。此设置可生成彼此堆叠的重复杂色图层的外观。
- 演化：使用渐进式旋转，以继续使用每次添加的旋转更改图像。
- 循环演化：创建在指定时间内循环的演化循环。
- 循环(旋转次数)：指定重复前杂色循环使用的旋转次数。
- 随机植入：设置生成杂色使用的随机值。

7.8　实践案例与上机指导

通过本章的学习，读者基本可以掌握常用视频效果设计与制作的基本知识以及一些常见的操作方法，下面通过练习一些案例操作，以达到巩固学习、拓展提高的目的。

↑扫码看视频

7.8.1　制作阴影图案效果

下面将使用【投影】效果制作阴影图案效果，来巩固和提高本章学习的内容。

素材保存路径：配套素材\第 7 章

素材文件名称："阴影图案素材"文件夹、阴影图案效果.aep

第 1 步 *1.* 在【项目】面板中，单击鼠标右键，*2.* 在弹出的快捷菜单中选择【新建合成】菜单项，如图 7-64 所示。

第 2 步 在弹出的【合成设置】对话框中，设置【合成名称】为"合成 1"，并设置如图 7-56 所示的参数，创建一个新的合成。

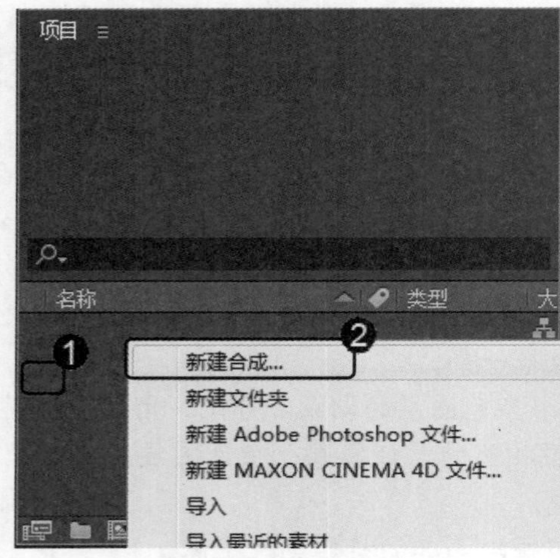

图 7-64

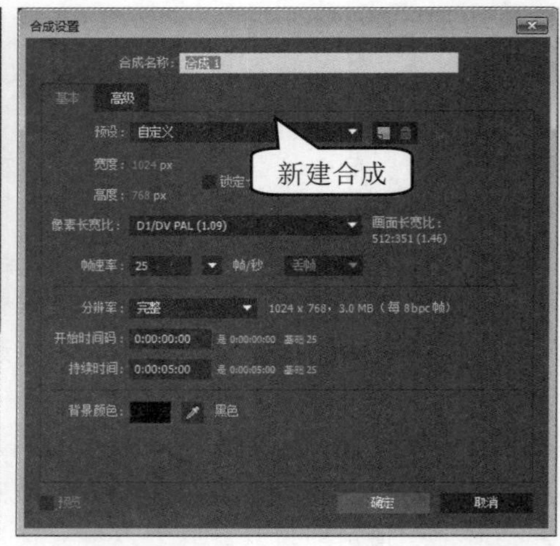

图 7-65

第 3 步 在【项目】面板空白处中双击鼠标左键，*1.* 在弹出的【导入文件】对话框中选择需要的素材文件，*2.* 单击【导入】按钮，如图 7-66 所示。

第 4 步 将【项目】面板中的素材文件按顺序拖曳到【时间轴】面板中，如图 7-67 所示。

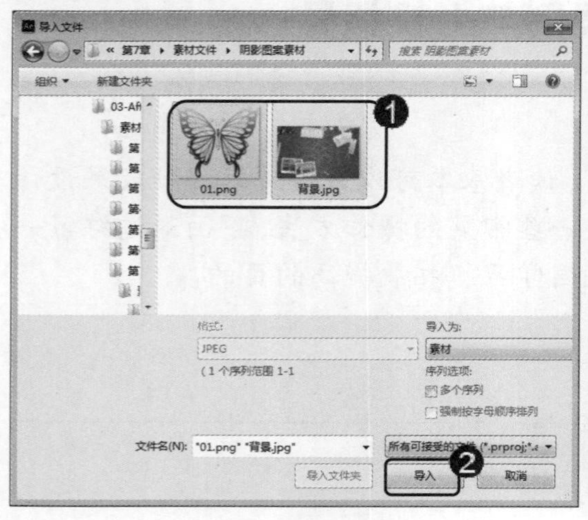

图 7-66

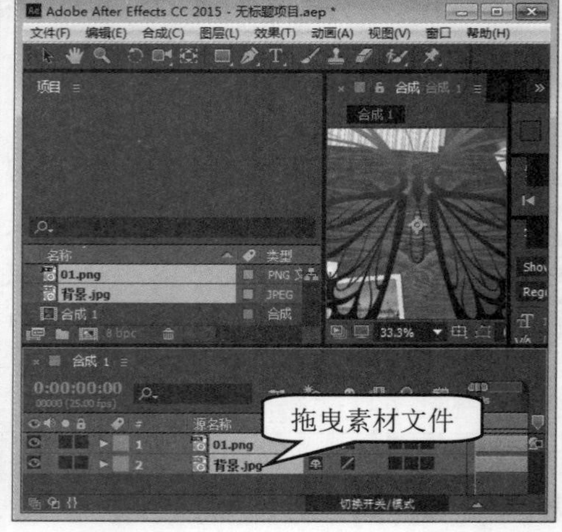

图 7-67

第 5 步 在【时间轴】面板中，设置"01.png"图层的【缩放】属性为 58，如图 7-68 所示。

图 7-68

第 6 步 为 01.png 图层添加【投影】效果，设置【柔和度】为 15，并设置相关的参数，如图 7-69 所示。

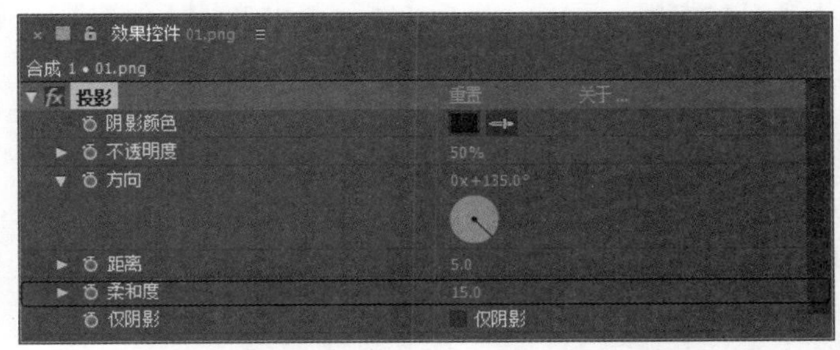

图 7-69

第 7 步 将时间线拖曳到起始帧位置，开启【仅阴影】的自动关键帧，设置【仅阴影】为【关】状态，然后将时间线拖到第 3 秒位置，设置【仅阴影】为【开】状态，如图 7-70 所示。

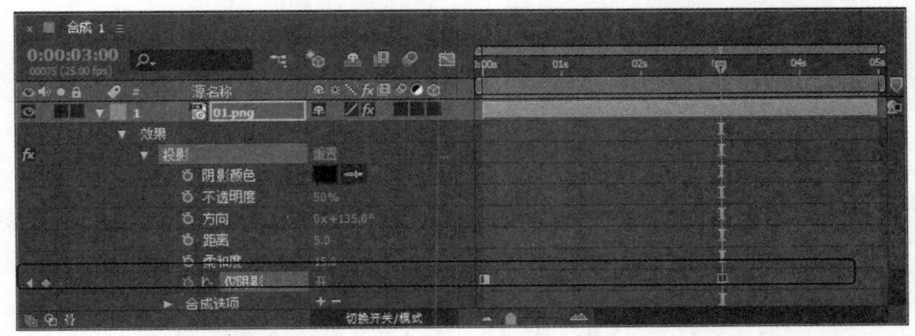

图 7-70

第 8 步 此时拖动时间线滑块即可查看最终制作的阴影图案效果，如图 7-71 所示。

图 7-71

7.8.2 制作浮雕效果

本例将主要使用【分形杂色】滤镜制作浮雕效果，来巩固和提高本章学习的内容。

素材保存路径：配套素材\第 7 章

素材文件名称：浮雕效果素材.aep、浮雕效果.aep

第 1 步 打开素材文件“浮雕效果素材.aep”，双击加载【浮雕空间】合成，如图 7-72 所示。

第 2 步 选择【浮雕空间】图层，然后在菜单栏中选择【效果】→【杂色和颗粒】→【分形杂色】菜单项，如图 7-73 所示。

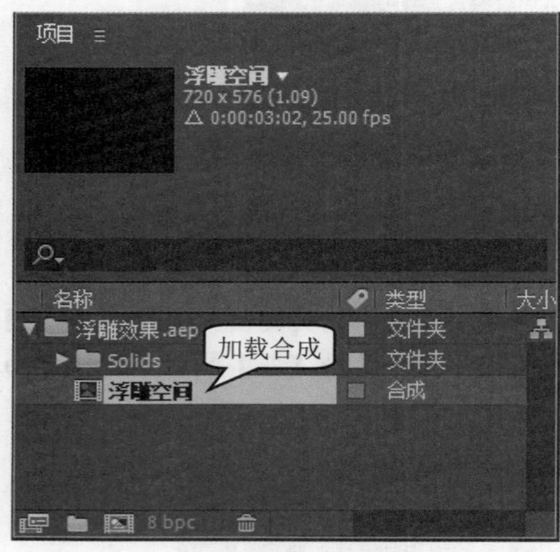

图 7-72

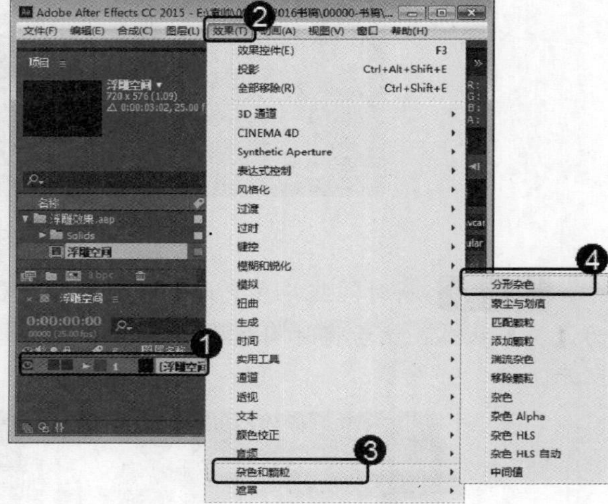

图 7-73

第 3 步 在【效果控件】面板中，设置【分形杂色】滤镜的参数，详细的参数设置如图 7-74 所示。

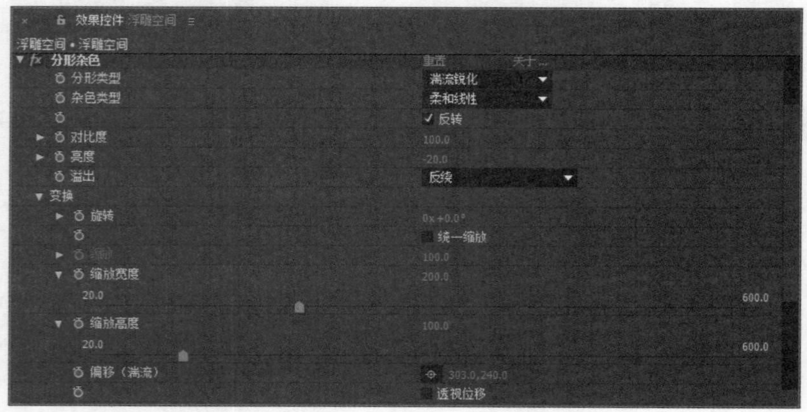

图 7-74

第 4 步 在【时间轴】面板中设置【分形杂色】滤镜的关键帧动画。在第 0 帧处，设置【对比度】为 100、【亮度】为-20、【演化】为 0；在第 3 秒处，设置【对比度】为 115、【亮度】为-9、【演化】为 163，如图 7-75 所示。

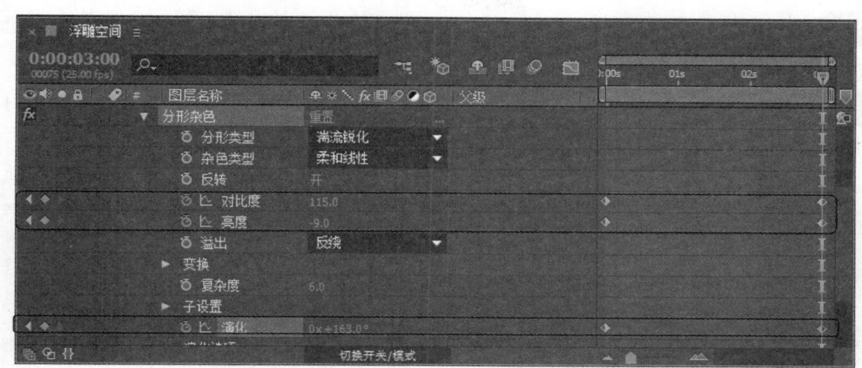

图 7-75

第 5 步 在【效果控件】面板中，选择【分形杂色】滤镜，然后按住鼠标左键并拖曳至顶层，如图 7-76 所示。

效果控件 浮雕空间
浮雕空间 • 浮雕空间
fx 色阶 重置 关于...
fx 彩色浮雕 重置 关于...
fx CC Toner 重置 关于...
fx 曲线 重置 关于...
fx 分形杂色 重置 关于...

图 7-76

第 6 步 通过以上步骤即可完成制作浮雕效果，效果如图 7-77 所示。

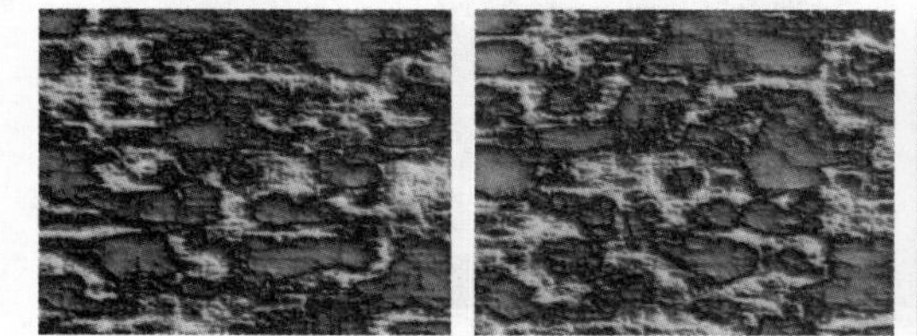 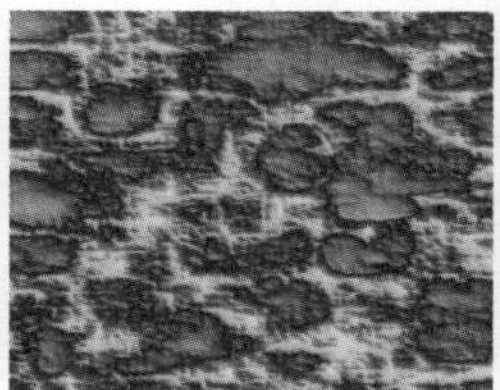 

图 7-77

7.8.3 制作广告移动模糊效果

本例将主要使用【定向模糊】效果制作广告移动模糊效果，来巩固和提高本章学习的内容。

素材保存路径：配套素材\第 7 章
素材文件名称：广告移动模糊素材.aep、广告移动模糊效果.aep

第 1 步 在【项目】面板中，*1.* 单击鼠标右键，*2.* 在弹出的快捷菜单中选择【新建合成】菜单项，如图 7-78 所示。

第 2 步 在弹出的【合成设置】对话框中，设置【合成名称】为“合成 1”，并设置如图 7-79 所示的参数，创建一个新的合成。

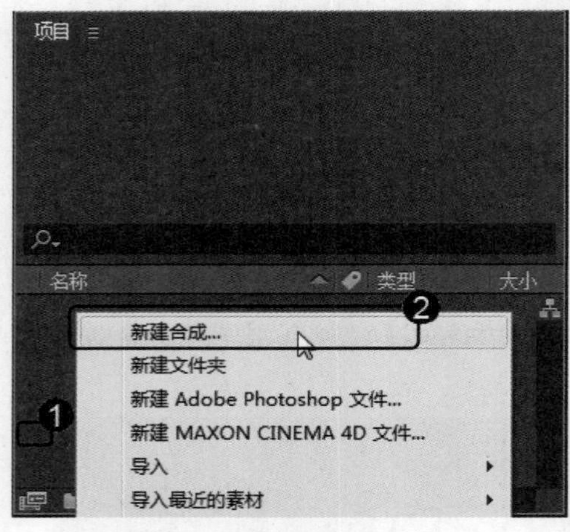

图 7-78

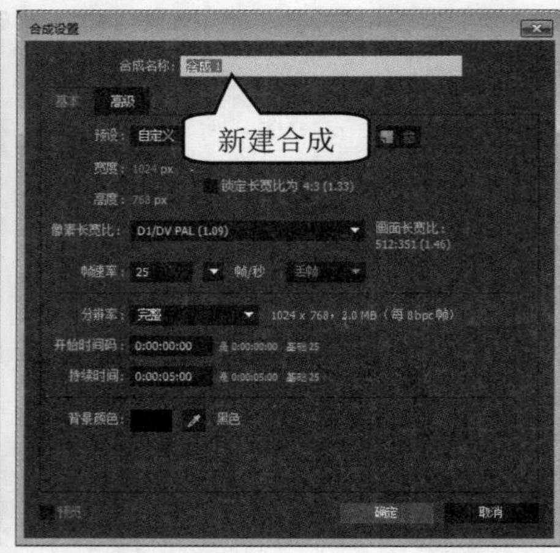

图 7-79

第 3 步 在【项目】面板空白处双击鼠标左键，*1.* 在弹出的【导入文件】对话框中选择需要的素材文件，*2.* 单击【导入】按钮，如图 7-80 所示。

第 4 步 将【项目】面板中的素材文件按顺序拖曳到【时间轴】面板中，如图 7-81 所示。

图 7-80

图 7-81

第 5 步 将时间线拖曳到起始帧位置，开启【位置】关键帧，并设置 01.png 图层的【位置】为(−265,684)，然后再将时间线拖动到第 3 秒的位置，设置【位置】为(512,384)，如图 7-82 所示。

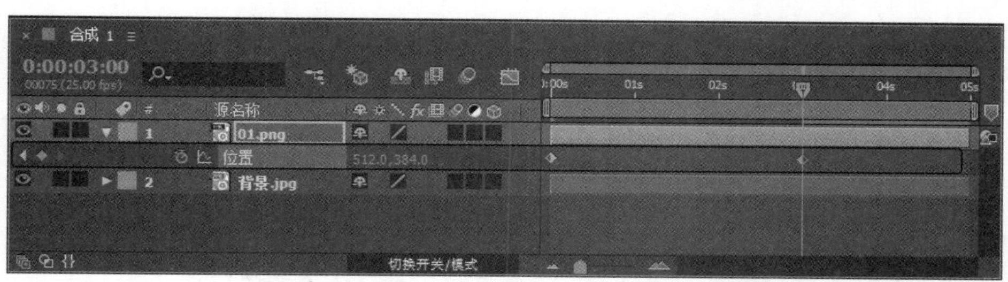

图 7-82

第 6 步 为 01.png 图层添加【定向模糊】效果，设置【方向】为 60°，如图 7-83 所示。

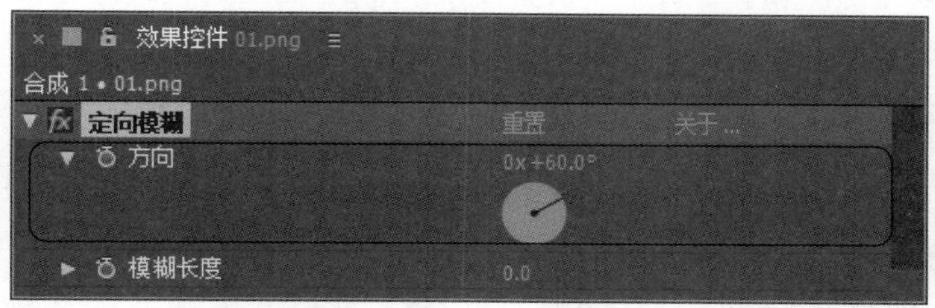

图 7-83

第 7 步 将时间线拖动到起始帧位置，开启【模糊长度】的自动关键帧，设置【模糊长度】为 30，然后将时间线拖动到第 3 秒位置，设置【模糊长度】为 0，如图 7-84 所示。

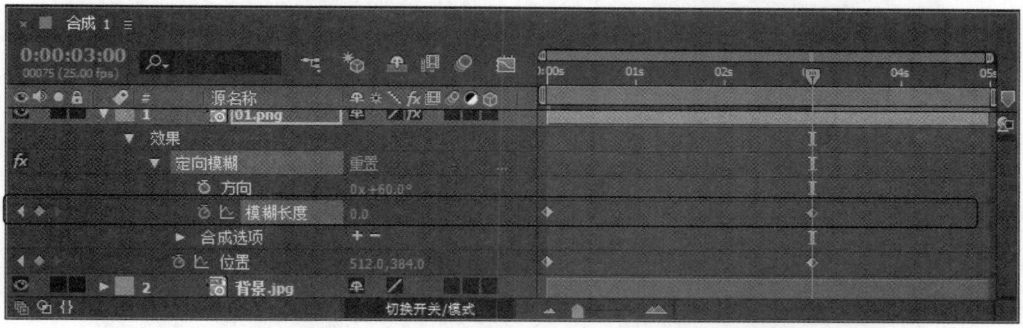

图 7-84

第 8 步 此时拖动时间线滑块即可查看到最终制作的广告移动模糊效果，如图 7-85 所示。

图 7-85

7.8.4 制作素描画

本例主要使用【黑色和白色】、【查找边缘】和【曲线】等效果制作素描画，来巩固和提高本章学习的内容。

素材保存路径：配套素材\第 7 章

素材文件名称：素描画素材.aep、制作素描画.aep

第 1 步 打开素材文件“素描画素材.aep”，双击加载【合成 1】合成，如图 7-86 所示。

第 2 步 在【时间轴】面板中，设置【风车.jpg】图层的模式为【相乘】，此时可以在【合成】面板中看到效果，如图 7-87 所示。

图 7-86

图 7-87

第 3 步 在【效果和预设】面板中搜索【黑色和白色】效果，并将其拖曳到【时间轴】面板中的【风车.jpg】图层上，如图 7-88 所示。

图 7-88

第 4 步 此时的画面效果如图 7-89 所示。

图 7-89

第 5 步 在【效果和预设】面板中搜索【查找边缘】效果，并将其拖曳到【时间轴】面板中的【风车.jpg】图层上，如图 7-90 所示。

图 7-90

第 6 步 此时的画面效果如图 7-91 所示。

图 7-91

第 7 步 在【效果和预设】面板中搜索【曲线】效果，并将其拖曳到【时间轴】面板中的【风车.jpg】图层上，如图 7-92 所示。

图 7-92

第 8 步 在【效果控件】面板中调整曲线形状，如图 7-93 所示。

第 9 步 此时即可看到最终制作的素描画效果，如图 7-94 所示。

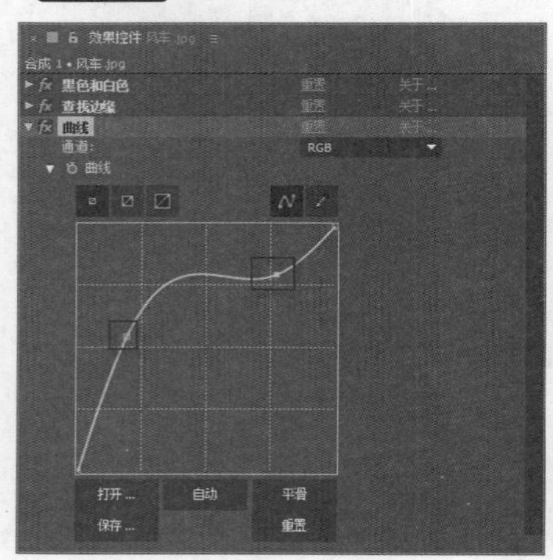

图 7-93

图 7-94

7.9 思考与练习

一、填空题

1. ________滤镜围绕自定义的一个点产生模糊效果，常用来模拟镜头的推拉和旋转效果。在图层高质量开关打开的情况下，可以指定抗锯齿的程度，在草图质量下没有抗锯齿作用。

2. __________滤镜可以用来模拟不在摄像机聚焦平面内物体的模糊效果(即用来模拟画面的景深效果)，其模糊的效果取决于【__________】和【模糊图】的设置。

二、判断题

1. 【残影】滤镜可以在图像上创建一个 4 色渐变效果，用来模拟霓虹灯、流光溢彩等梦幻效果。（　）

2. 【分形杂色】效果用于创建自然景观背景、置换图和纹理的灰度杂色，或模拟云、火、熔岩、蒸汽、流水等效果。（　）

3. 【投影】效果可以根据图像的 Alpha 通道为图像绘制阴影效果，一般应用在多图层文件中。（　）

三、思考题

1. 如何为素材添加效果？

2. 如何隐藏或删除效果？

第 8 章

过渡效果

本章要点

- 了解过渡
- 过渡类效果

本章主要内容

本章主要介绍 After Effects CC 中过渡效果的相关知识及应用案例，通过对素材添加过渡效果，可以使作品的转场变得更加丰富。例如可以制作出柔和唯美的过渡转场、卡通可爱的图案转场等效果。通过本章的学习，读者可以掌握过渡效果方面的知识，为深入学习 After Effects CC 影视高级特效制作知识奠定基础。

8.1 了解过渡

After Effects CC 中的过渡是指素材与素材之间的转场动画效果。在制作影视作品时使用合适的过渡效果，可以大大提高作品播放的连贯性，呈现出完美的动态效果和震撼的视觉体验。本节将详细介绍有关过渡效果的相关知识。

↑ 扫码看视频

8.1.1 什么是过渡

过渡是指作品中两个相邻的素材承上启下的衔接效果。当一个场景淡出时，另一个场景淡入，在视觉上通常会辅助画面传达一系列情感，达到吸引观众兴趣的作用。也可以用于将一个场景连接到另一个场景中，以戏剧性的方式丰富画面，突出画面的亮点，过渡效果的演示如图 8-1 所示。

图 8-1

8.1.2 过渡效果的操作步骤

下面将详细介绍应用过渡效果的具体操作步骤。

素材保存路径：配套素材\第 8 章
素材文件名称：过渡效果素材.aep、过渡效果.aep

第 1 步 打开素材文件“过渡效果素材.aep”，在【效果和预设】面板中搜索 CC Light Wipe 效果，并将其拖曳到【时间轴】面板中的【山川.jpg】图层上，如图 8-2 所示。

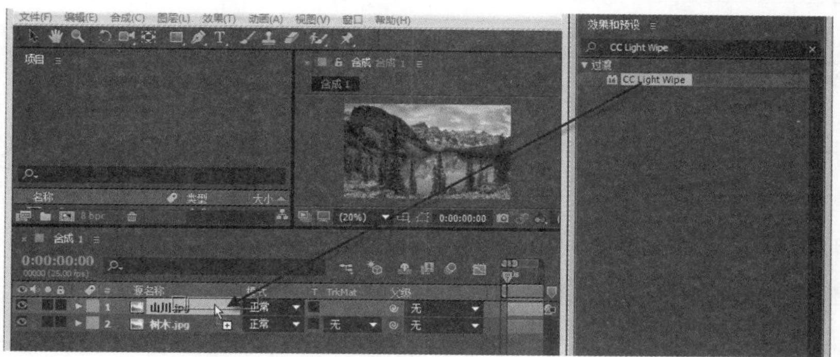

图 8-2

第 2 步 在【时间轴】面板中将时间线拖曳至起始位置处，然后展开【山川.jpg】图层下方的【效果】，单击 CC Light Wipe 前的【时间变化秒表】按钮，设置 Completion 为 0，再将时间线拖动至 3 秒位置处，设置 Completion 为 100%，如图 8-3 所示。

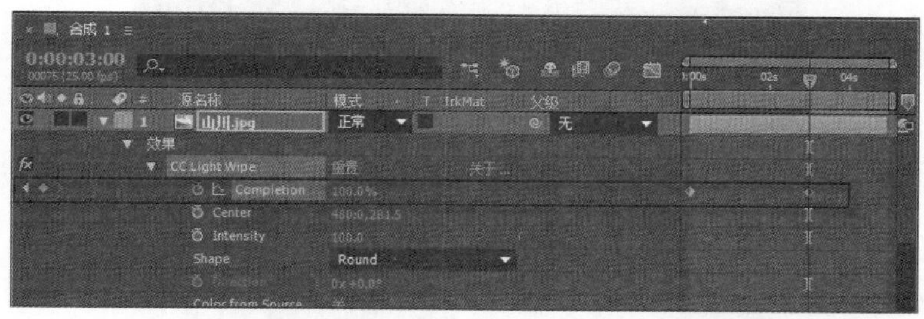

图 8-3

第 3 步 此时在【时间轴】面板中，拖动时间线即可查看过渡效果，如图 8-4 所示。

图 8-4

8.2　过渡类效果

【过渡】效果可以制作多种切换画面的效果。选择【时间轴】面板中的素材，单击鼠标右键，在弹出的快捷菜单中选择【效果】→【过渡】菜单项，即可看到 After Effects CC 中的过渡类效果，本节将详细介绍一些常用的过渡类效果。

↑ 扫码看视频

8.2.1 制作【渐变擦除】效果

【渐变擦除】效果可以利用图片的明亮度来创建擦除效果，使其逐渐过渡到另一个素材中。

素材保存路径：配套素材\第 8 章
素材文件名称：渐变擦除.aep

打开素材文件“渐变擦除.aep”，选中素材，在菜单栏中选择【效果】→【过渡】→【渐变擦除】菜单项，在【效果控件】面板中展开【渐变擦除】效果的参数，其参数设置面板如图 8-5 所示。

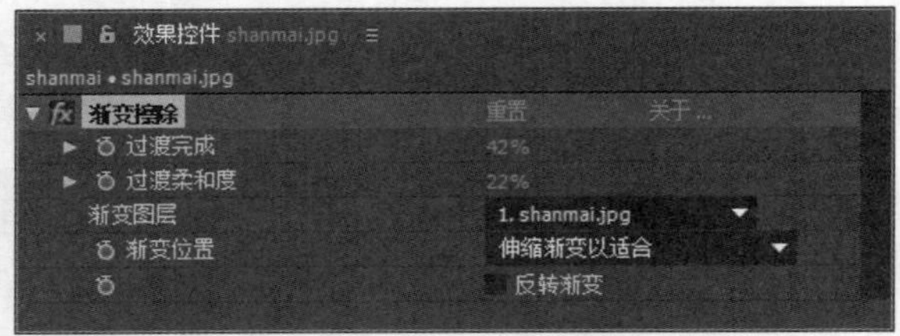

图 8-5

通过以上参数设置的前后效果如图 8-6 所示。

图 8-6

该效果的参数说明如下。

- 过渡完成：设置过渡完成百分比。
- 过渡柔和度：设置边缘柔和程度。
- 渐变图层：设置渐变的图层。
- 渐变位置：设置渐变放置方式。
- 反转渐变：勾选此复选框，反转当前渐变过渡效果。

8.2.2 制作【卡片擦除】效果

【卡片擦除】效果可以模拟体育场卡片效果进行过渡。

素材保存路径：配套素材\第 8 章
素材文件名称：卡片擦除.aep

打开素材文件“卡片擦除.aep”，选中素材，在菜单栏中选择【效果】→【过渡】→【卡片擦除】菜单项，在【效果控件】面板中展开【卡片擦除】效果的参数，其参数设置面板如图 8-7 所示。

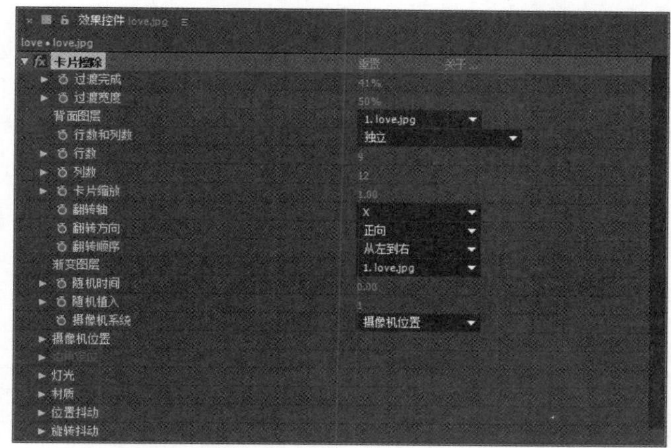

图 8-7

通过以上参数设置的前后效果如图 8-8 所示。

图 8-8

该效果的参数说明如下。

- 过渡完成：设置过渡完成百分比。
- 过渡宽度：设置过渡宽度的大小。
- 背面图层：设置擦除效果的背景图层。
- 行数和列数：设置卡片的行数和列数。
- 行数：设置行数数值。
- 列数：设置列数数值。
- 卡片缩放：设置卡片的缩放大小。
- 翻转轴：设置卡片翻转轴向角度。
- 翻转方向：设置翻转的方向。
- 翻转顺序：设置翻转的顺序。
- 渐变图层：设置应用渐变效果的图层。
- 随机时间：设置卡片翻转的随机时间。

- 随机植入：设置随机时间后，卡片翻转的随机位置。
- 摄像机系统：设置显示模式为摄像机位置、边角定位或合成摄像机。
- 摄像机位置：设置【摄像机系统】为【摄像机位置】时，即可设置摄像机位置、旋转和焦距。
- 边角定位：设置【摄像机系统】为【边角定位】时，即可设置边角定位和焦距。
- 灯光：设置灯光照射强度、颜色或位置。
- 材质：设置漫反射、镜面反射和高光锐度。
- 位置抖动：设置位置抖动的轴向力量和速度。
- 旋转抖动：设置旋转抖动的轴向力量和速度。

8.2.3　制作【径向擦除】效果

【径向擦除】效果可以通过修改 Alpha 通道进行径向擦除。

素材保存路径：配套素材\第 8 章

素材文件名称：径向擦除.aep

打开素材文件“径向擦除.aep”，选中素材，在菜单栏中选择【效果】→【过渡】→【径向擦除】菜单项，在【效果控件】面板中展开【径向擦除】效果的参数，其参数设置面板如图 8-9 所示。

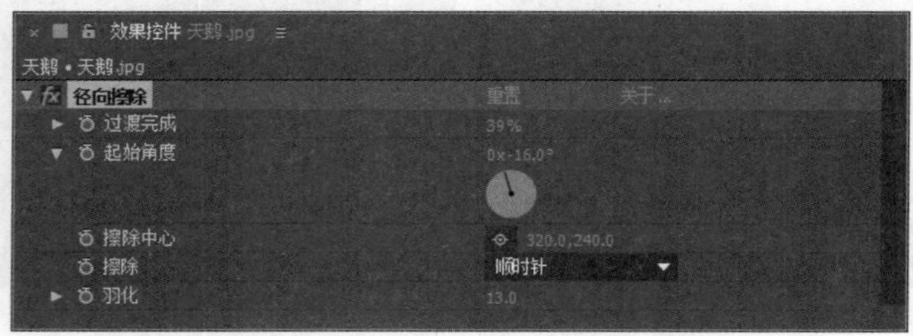

图 8-9

通过以上参数设置的前后效果如图 8-10 所示。

图 8-10

该效果的参数说明如下。

- 过渡完成：设置过渡完成百分比。

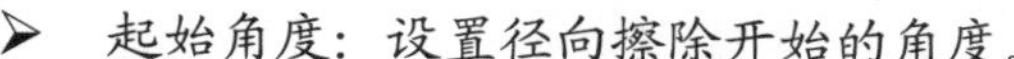

- 起始角度：设置径向擦除开始的角度。
- 擦除中心：设置径向擦除中心点。
- 擦除：设置擦除方式为顺时针、逆时针或两者兼有。
- 羽化：设置边缘羽化程度。

8.2.4　制作【线性擦除】效果

【线性擦除】效果可以通过修改 Alpha 通道进行线性擦除。

素材保存路径：配套素材\第 8 章

素材文件名称：线性擦除.aep

打开素材文件“线性擦除.aep”，选中素材，在菜单栏中选择【效果】→【过渡】→【线性擦除】菜单项，在【效果控件】面板中展开【线性擦除】效果的参数，其参数设置面板如图 8-11 所示。

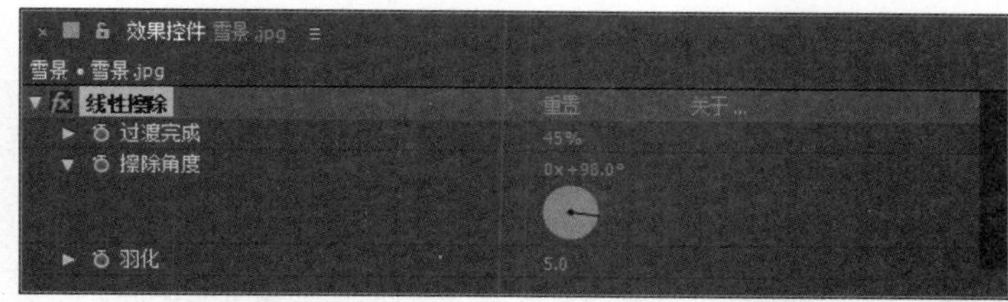

图 8-11

通过以上参数设置的前后效果如图 8-12 所示。

图 8-12

该效果的参数说明如下。

- 过渡完成：设置过渡完成百分比。
- 擦除角度：设置线性擦除角度。
- 羽化：设置边缘羽化程度。

8.2.5　制作【百叶窗】效果

【百叶窗】效果可以通过修改 Alpha 通道执行定向条纹擦除。

素材保存路径：配套素材\第 8 章
素材文件名称：百叶窗.aep

打开素材文件“百叶窗.aep”，选中素材，在菜单栏中选择【效果】→【过渡】→【百叶窗】菜单项，在【效果控件】面板中展开【百叶窗】效果的参数，其参数设置面板如图 8-13 所示。

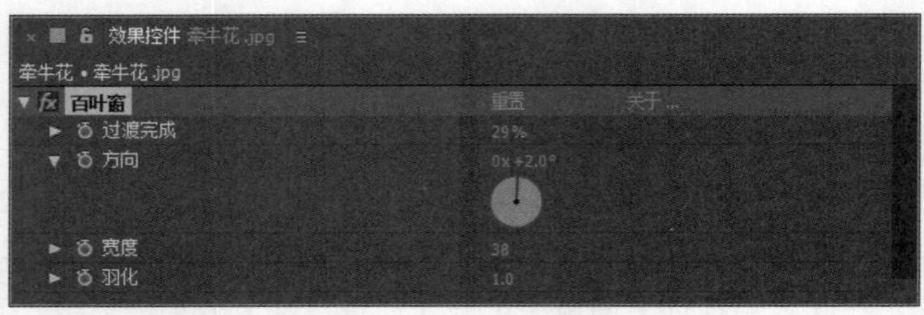

图 8-13

通过以上参数设置的前后效果如图 8-14 所示。

图 8-14

该效果的参数说明如下。

- 过渡完成：设置过渡完成百分比。
- 方向：设置百叶窗擦除效果方向。
- 宽度：设置百叶窗宽度。
- 羽化：设置边缘羽化程度。

8.2.6 制作【块溶解】效果

【块溶解】效果可以通过随机产生的板块(或条纹状)来溶解图像，在两个图层的重叠部分进行切换转场。

素材保存路径：配套素材\第 8 章
素材文件名称：块溶解.aep

打开素材文件“块溶解.aep”，选中素材，在菜单栏中选择【效果】→【过渡】→【块溶解】菜单项，在【效果控件】面板中展开【块溶解】效果的参数，其参数设置面板如

图 8-15 所示。

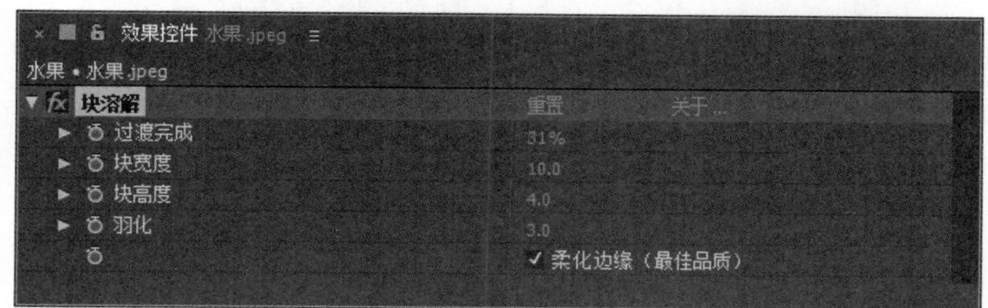

图 8-15

通过以上参数设置的前后效果如图 8-16 所示。

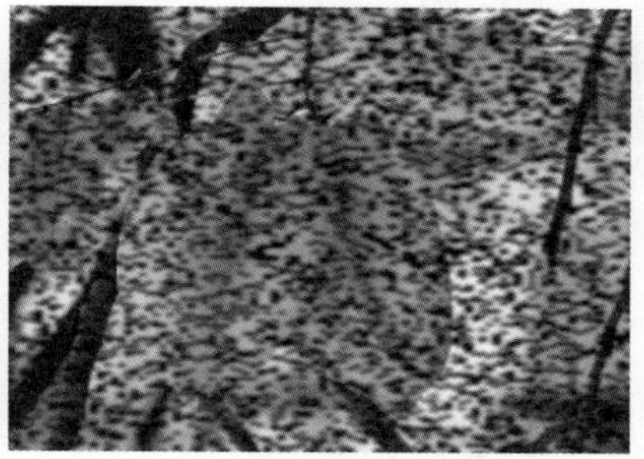

图 8-16

该效果的参数说明如下。

- 过渡完成：设置图像过渡的程度。
- 块宽度：设置块的宽度。
- 块高度：设置块的高度。
- 羽化：设置块的羽化程度。
- 柔化边缘：勾选该复选框，将高质量地柔化边缘。

8.2.7　制作【光圈擦除】效果

【光圈擦除】效果可以通过修改 Alpha 通道执行星形擦除。

素材保存路径：配套素材\第 8 章
素材文件名称：光圈擦除.aep

打开素材文件“光圈擦除.aep”，选中素材，在菜单栏中选择【效果】→【过渡】→【光圈擦除】菜单项，在【效果控件】面板中展开【光圈擦除】效果的参数，其参数设置面板如图 8-17 所示。

通过以上参数设置的前后效果如图 8-18 所示。

该效果的参数说明如下。

- 光圈中心：设置光圈擦除中心点。
- 点光圈：设置光圈多边形程度。

图 8-17

图 8-18

- 外径：设置外半径。
- 内径：设置内半径。
- 旋转：设置旋转角度。
- 羽化：设置边缘的羽化程度。

8.2.8 制作 CC WarpoMatic(CC 变形过渡)效果

CC WarpoMatic(CC 变形过渡)效果可以使图像产生弯曲变形，并逐渐变为透明的过渡效果。

素材保存路径：配套素材\第 8 章
素材文件名称：CC 变形过渡.aep

打开素材文件“CC 变形过渡.aep”，选中素材，在菜单栏中选择【效果】→【过渡】→CC WarpoMatic 菜单项，在【效果控件】面板中展开 CC WarpoMatic 效果的参数，其参数设置面板如图 8-19 所示。

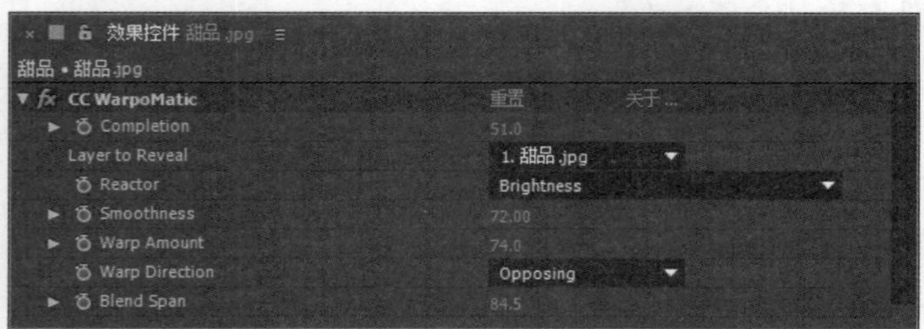

图 8-19

通过以上参数设置的前后效果如图 8-20 所示。

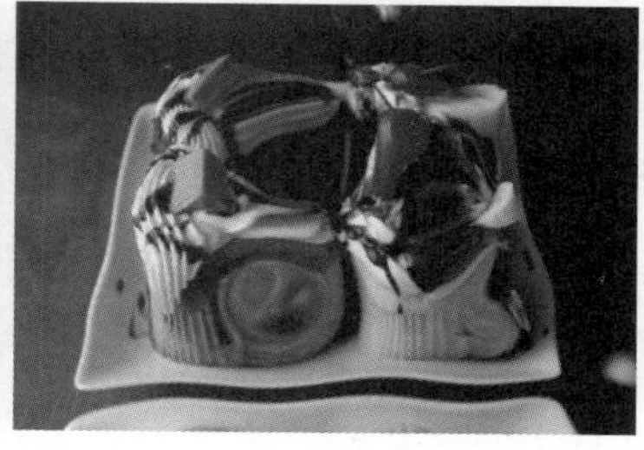

图 8-20

该效果的参数说明如下。

- Completion(过渡完成)：设置过渡完成百分比。
- Layer to Reveal(揭示层)：设置揭示显示的图像。
- Reactor(反应器)：设置过渡模式。
- Smoothness(平滑)：设置边缘平滑程度。
- Warp Amount(变形量)：设置变形程度。
- Warp Direction(变形方向)：设置变形的方向。
- Blend Span(混合跨度)：设置混合的跨度。

8.2.9　制作 CC Line Sweep(CC 行扫描)效果

CC Line Sweep(CC 行扫描)效果可以对图像进行逐行扫描擦除，产生柔软的运动模糊效果。

素材保存路径：配套素材\第 8 章

素材文件名称：CC 行扫描.aep

打开素材文件“CC 行扫描.aep”，选中素材，在菜单栏中选择【效果】→【过渡】→CC Line Sweep 菜单项，在【效果控件】面板中展开 CC Line Sweep 效果的参数，其参数设置面板如图 8-21 所示。

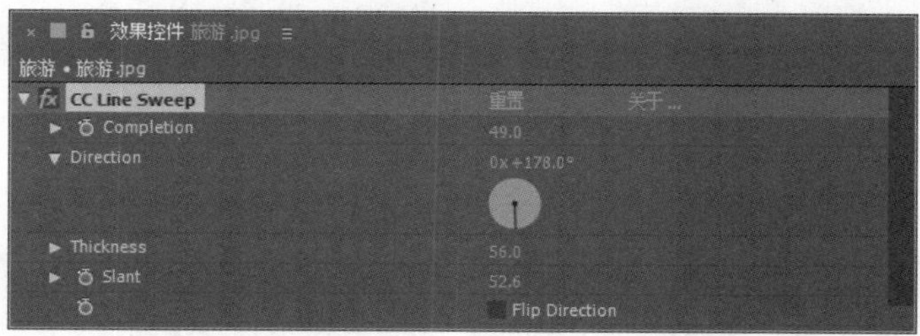

图 8-21

通过以上参数设置的前后效果如图 8-22 所示。

该效果的参数说明如下。

- Completion(过渡完成)：设置过渡完成百分比。

图 8-22

- Direction(方向)：设置扫描方向。
- Thickness(密度)：设置扫描密度。
- Slant(倾斜)：设置扫描的倾斜大小。
- Flip Direction(反转方向)：勾选此复选框可以反转扫描方向。

8.2.10 制作 CC Jaws(CC 锯齿)效果

CC Jaws(CC 锯齿)效果可以模拟锯齿形状进行擦除。

素材保存路径：配套素材\第 8 章
素材文件名称：CC 锯齿.aep

打开素材文件“CC 锯齿.aep”，选中素材，在菜单栏中选择【效果】→【过渡】→CC Jaws 菜单项，在【效果控件】面板中展开 CC Jaws 效果的参数，其参数设置面板如图 8-23 所示。

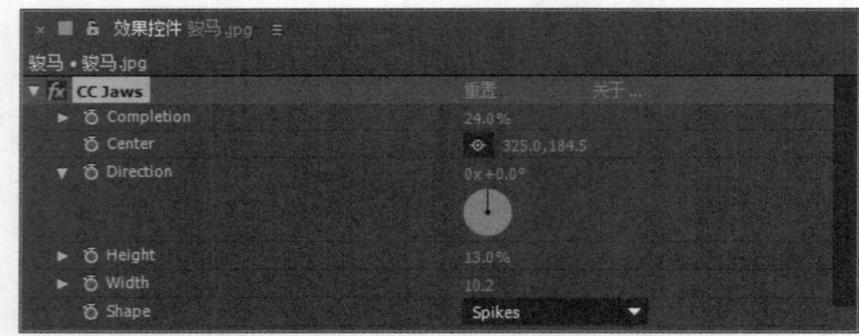

图 8-23

通过以上参数设置的前后效果如图 8-24 所示。

图 8-24

该效果的参数说明如下。

- Completion(过渡完成)：设置过渡完成百分比。
- Center(中心)：设置擦除效果中心点。
- Direction(方向)：设置擦除方向。
- Height(高)：设置锯齿高度。
- Width(宽)：设置锯齿宽度。
- Shape(形状)：设置锯齿形状。

8.3　实践案例与上机指导

通过本章的学习，读者基本可以掌握过渡效果的基本知识以及一些常见的操作方法，下面通过练习一些案例操作，以达到巩固学习、拓展提高的目的。

↑扫码看视频

8.3.1　制作奇幻冰冻效果

本例主要应用 CC WarpoMatic(CC 变形过渡)效果制作冰冻质感，并设置关键帧动画和冰冻过程动画，从而制作出奇幻的冰冻效果，非常生动有趣。

素材保存路径：配套素材\第 8 章

素材文件名称：奇幻冰冻素材.aep、奇幻冰冻效果.aep

第 1 步　打开素材文件“奇幻冰冻素材.aep”，在【效果和预设】面板中搜索 CC WarpoMatic 效果，并将其拖曳到【时间轴】面板中的 1.jpg 图层上，如图 8-25 所示。

图 8-25

第 2 步 在【时间轴】面板中，单击打开 1.jpg 图层下的【效果】，并将时间线拖动到起始位置处，设置 CC WarpoMatic 的 Completion 为 50，Smoothness 为 5，Warp Amount 为 0，然后单击 Smoothness 和 Warp Amount 前的【时间变化秒表】按钮，如图 8-26 所示。

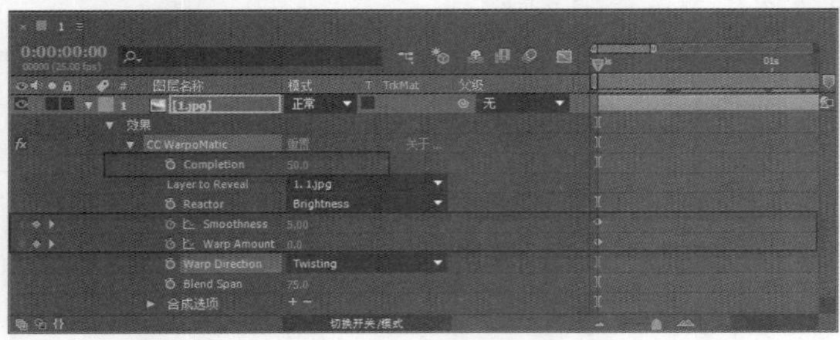

图 8-26

第 3 步 将时间线拖动到 5 秒位置处，设置 Smoothness 为 20，Warp Amount 为 400，然后设置 Warp Direction 为 Twisting，如图 8-27 所示。

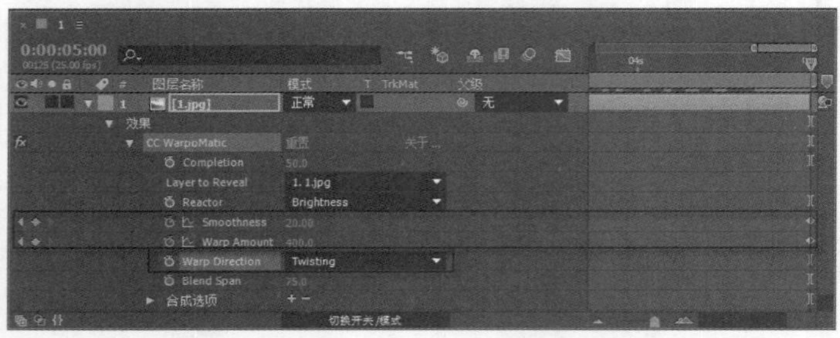

图 8-27

第 4 步 此时拖动时间线即可查看本例的最终效果，如图 8-28 所示。

图 8-28

8.3.2 使用过渡效果制作景点宣传广告

本例主要应用【光圈擦除】、CC Line Sweep 和 CC Jaws 3 种过渡效果来制作景点宣传广告，下面详细介绍其操作方法。

素材保存路径：配套素材\第 8 章

素材文件名称：景点宣传广告素材.aep、景点宣传广告效果.aep

第 1 步 打开素材文件“景点宣传广告素材.aep”，在【效果和预设】面板中搜索【光圈擦除】效果，并将其拖曳到【时间轴】面板中的【景点 1.jpg】图层上，如图 8-29 所示。

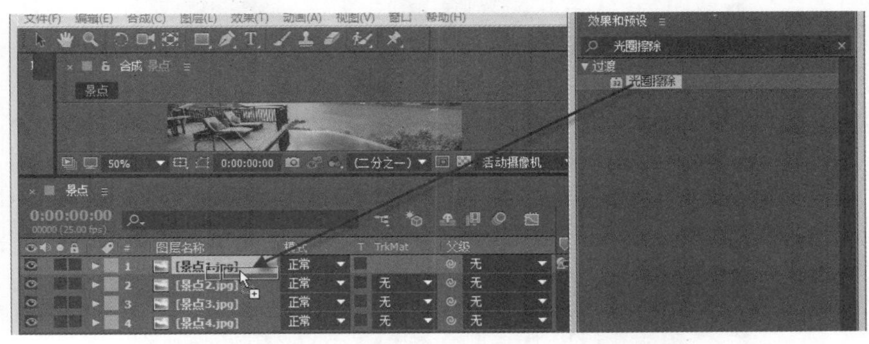

图 8-29

第 2 步 在【时间轴】面板中，打开【景点 1.jpg】图层下的【效果】，并将时间线拖动到起始位置处，依次单击【点光圈】、【外径】和【旋转】前的【时间变化秒表】按钮，设置【点光圈】为 6，【外径】为 0，【旋转】为 0×+0°，如图 8-30 所示。

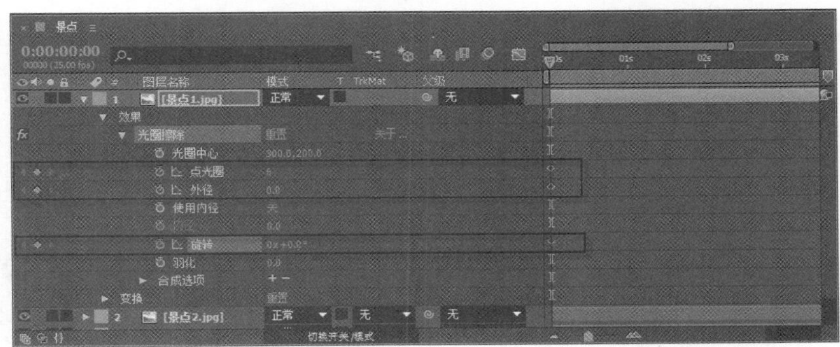

图 8-30

第 3 步 再将时间线拖动到 1 秒位置处，设置【点光圈】为 25，【外径】为 860，【旋转】为 0×+180°，如图 8-31 所示。

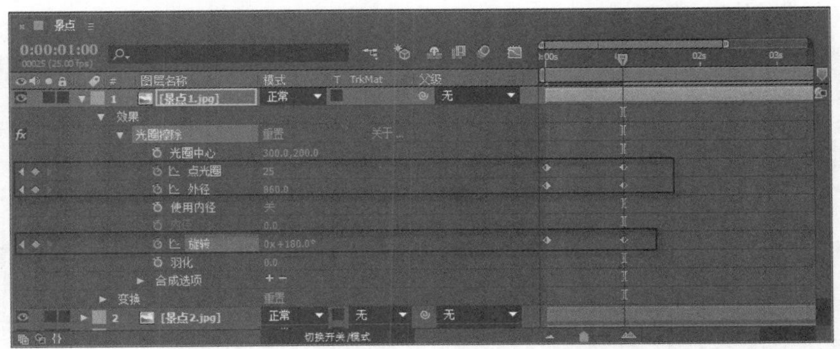

图 8-31

第 4 步 拖动时间线即可查看此时的画面效果，如图 8-32 所示。

图 8-32

第 5 步 在【效果和预设】面板中搜索 CC Line Sweep 效果，并将其拖曳到【时间轴】面板中的【景点 2.jpg】图层上，如图 8-33 所示。

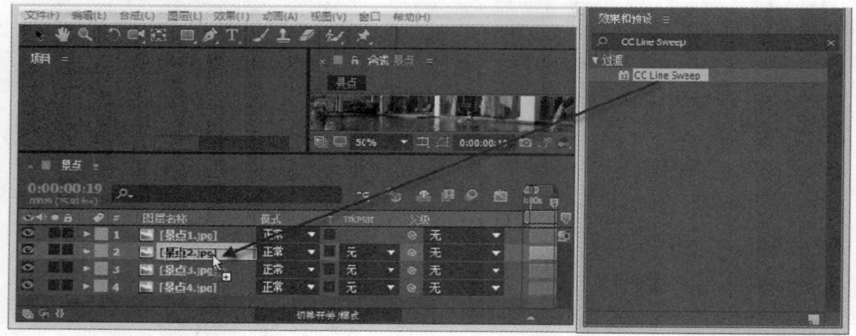

图 8-33

第 6 步 在【时间轴】面板中，打开【景点 2.jpg】图层下的【效果】，并将时间线拖动到 1 秒 15 帧位置处，单击 Completion(完成)前的【时间变化秒表】按钮，设置 Completion(完成)为 0，如图 8-34 所示。

图 8-34

第 7 步 再将时间线拖动至 2 秒 15 帧处，设置 Completion(完成)为 100，Direction(方

向)为 145.0°，Thickness(厚度)为 200，如图 8-35 所示。

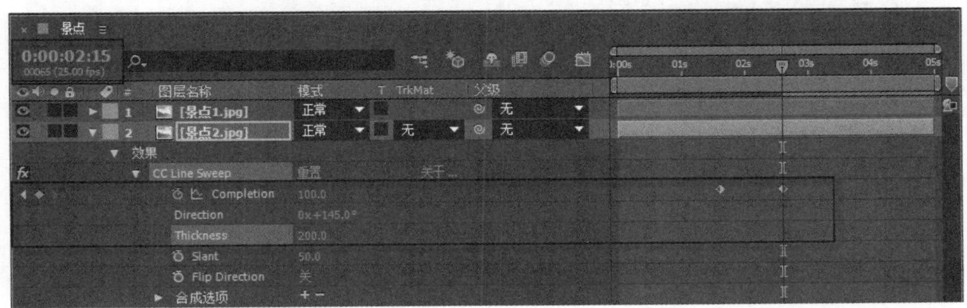

图 8-35

第 8 步 拖动时间线即可查看此时的画面效果，如图 8-36 所示。

图 8-36

第 9 步 在【效果和预设】面板中搜索 CC Jaws 效果，并将其拖曳到【时间轴】面板中的【景点 3.jpg】图层上，如图 8-37 所示。

图 8-37

第 10 步 在【时间轴】面板中，打开【景点 3.jpg】图层下的【效果】，并将时间线拖动到 3 秒 05 帧位置处，单击 Completion(完成)和 Direction(方向)前的【时间变化秒表】按钮，设置 Completion(完成)为 0，Direction(方向)为 0°，如图 8-38 所示。

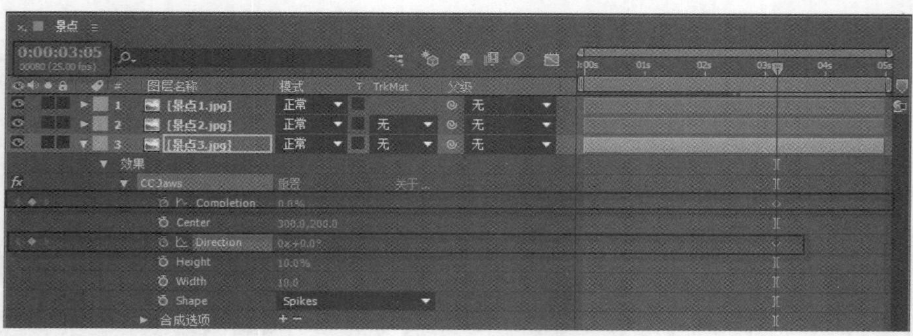

图 8-38

第 11 步 将时间线拖动至 3 秒 15 帧处，设置 Completion(完成)为 100，Direction(方向)为 90°，Height(高度)为 100，Width(宽度)为 25，如图 8-39 所示。

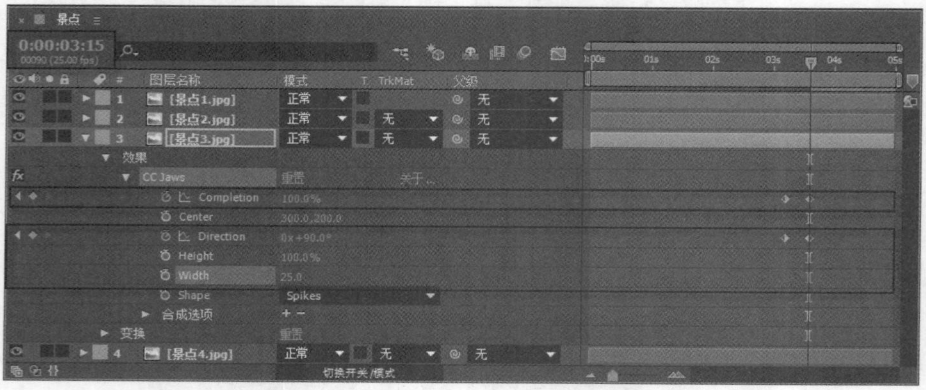

图 8-39

第 12 步 拖动时间线即可查看本例的最终效果，如图 8-40 所示。

图 8-40

8.3.3 使用过渡效果制作镜头切换效果

本例主要介绍【卡片擦除】效果的高级应用，通过本例的学习，读者可以达到巩固学习、拓展提高的目的。

素材保存路径：配套素材\第 8 章

素材文件名称：镜头切换素材.aep、镜头切换效果.aep

第 1 步 打开素材文件“镜头切换素材.aep”，关闭【图片 2.jpg】图层的显示开关，设置【图片 1.jpg】图层的【缩放】值为(79,90)，【图片 2.jpg】图层的【缩放】值为(177,79)，如图 8-41 所示。

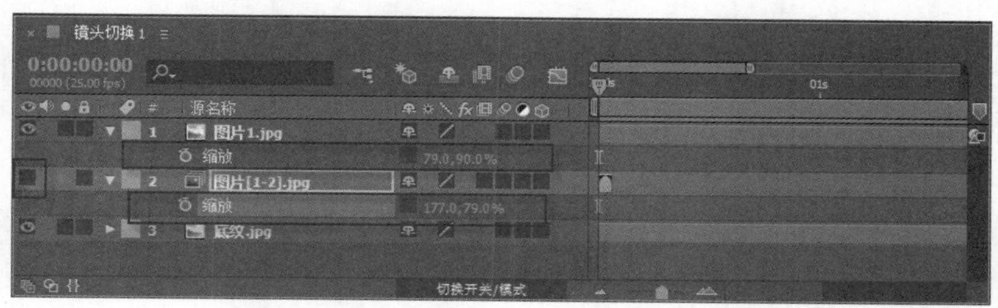

图 8-41

第 2 步 在【效果和预设】面板中搜索【卡片擦除】效果，并将其拖曳到【时间轴】面板中的【图片 1.jpg】图层上，如图 8-42 所示。

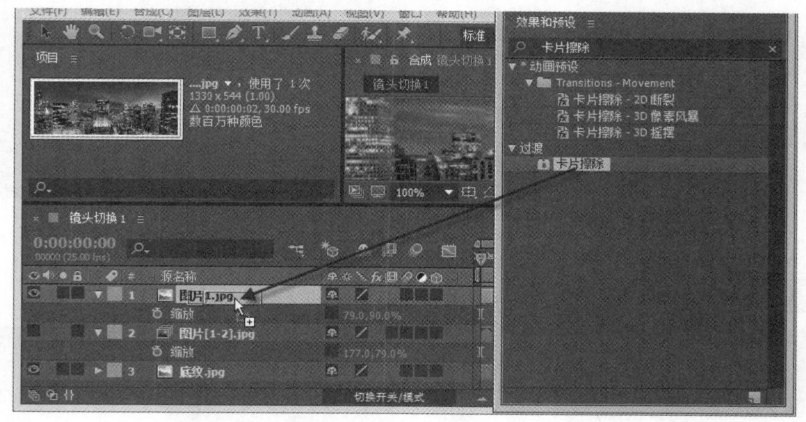

图 8-42

第 3 步 展开【图片 1.jpg】图层中的【卡片擦除】选项组，设置【过渡完成】为 84、【过渡宽度】为 17、【背景图层】为【2.图片[1-2].jpg】、【列数】为 31、【翻转轴】为【随机】、【翻转方向】为正向、【翻转顺序】为渐变、【渐变图层】为【1.图片 1.jpg】、【随机时间】为 1，然后展开【摄像机位置】选项组，设置【Z 位置】为 1.26、【焦距】为 27，如图 8-43 所示。

第 4 步 展开【图片 1.jpg】的【卡片擦除】选项组，在第 0 秒处设置【过渡完成】为 100，【卡片缩放】为 1，在第 20 帧处，设置【卡片缩放】为 0.94，在第 3 秒 24 帧处，设置【过渡完成】为 0，【卡片缩放】为 1，如图 8-44 所示。

图 8-43

图 8-44

第 5 步 拖动时间线即可查看此时的画面效果，如图 8-45 所示。

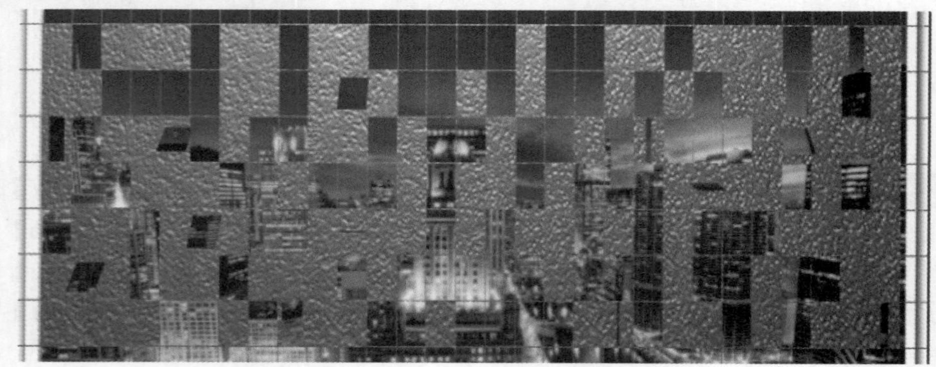

图 8-45

第 6 步 选择【图片 1.jpg】图层，在菜单栏中选择【效果】→【透视】→【投影】菜单项，展开【投影】参数栏，设置【柔和度】为 5，如图 8-46 所示。

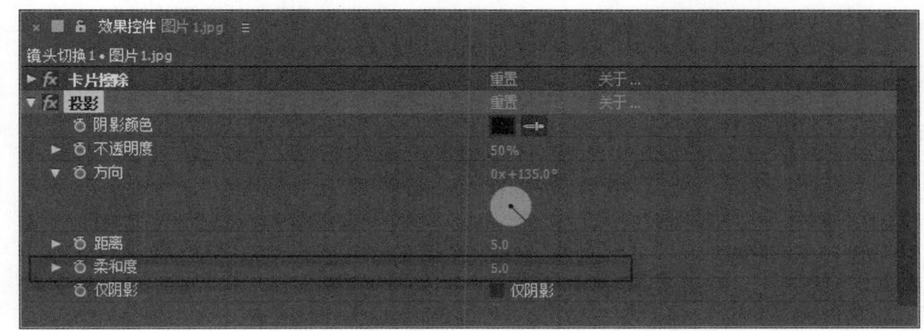

图 8-46

第 7 步 这样即可完成使用过渡效果制作镜头切换效果，最终效果如图 8-47 所示。

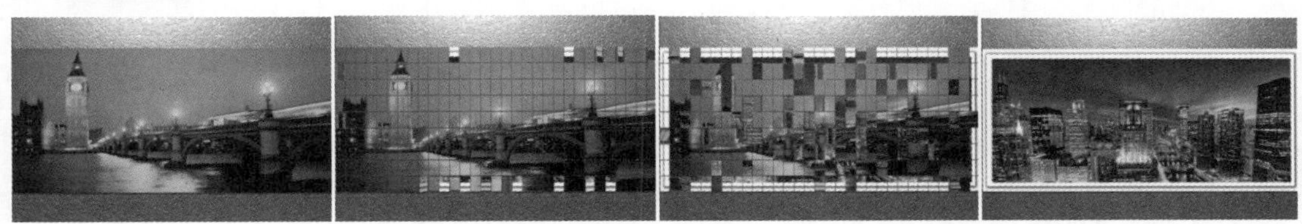

图 8-47

8.4　思考与练习

一、填空题

1. ______是指作品中两个相邻的素材承上启下的衔接效果。当一个场景淡出时，另一个场景淡入，在视觉上通常会辅助画面传达一系列情感，达到吸引观众兴趣的作用。

2. __________效果可以利用图片的明亮度来创建擦除效果，使其逐渐过渡到另一个素材中。

3. 【卡片擦除】效果可以模拟_________卡片效果进行过渡。

4. __________效果可以通过随机产生的板块(或条纹状)来溶解图像，在两个图层的重叠部分进行切换转场。

5. CC Line Sweep(CC 行扫描)效果可以对图像进行_____扫描擦除，产生柔软的运动模糊效果。

二、判断题

1. 【径向擦除】效果可以通过修改 Alpha 通道进行径向擦除。　(　　)

2. 【百叶窗】效果可以通过修改 Alpha 通道执行定向线性擦除。　(　　)

3. 【光圈擦除】效果可以通过修改 Alpha 通道执行星形擦除。　(　　)

4. CC WarpoMatic(CC 变形过渡)效果可以使图像产生弯曲变形，并逐渐变为不透明的过渡效果。 (   )

5. CC Jaws(CC 锯齿)效果可以模拟锯齿形状进行擦除。 (   )

三、思考题

叙述过渡效果的操作步骤。

新起点 电脑教程

第 9 章

调整色彩效果

本章要点

- 调色前的准备工作
- 颜色校正调色的主要效果
- 颜色校正类效果
- 通道效果

本章主要内容

本章主要介绍调色前的准备工作、颜色校正调色的主要效果方面的知识与技巧，同时讲解常用颜色校正类效果的相关知识，在本章的最后还针对实际的工作需求，讲解通道效果的知识及应用案例。通过本章的学习，读者可以掌握调整色彩效果方面的知识，为深入学习 After Effects CC 影视高级特效制作知识奠定基础。

9.1 调色前的准备工作

调色是After Effects中非常重要的功能，在很大程度上能够决定作品的好坏，After Effects的调色功能非常强大，不仅可以对错误的颜色进行校正，还能够通过对调色功能的使用来增强画面视觉效果，丰富画面情感，打造出风格化的色彩，本节将详细介绍调色前的准备工作。

↑ 扫码看视频

9.1.1 调色关键词

在进行调色的过程中，用户经常会听到一些关键词，例如“色调”“色阶”“曝光度”“对比度”“明度”“纯度”“饱和度”“色相”“颜色模式”和“直方图”等，这些词大部分都会与“色彩”的基本属性有关。

在视觉的世界里，“色彩”被分为两类：无彩色系和有彩色系，如图9-1所示。无彩色为黑、白、灰3种颜色。有彩色则是除黑 、白、灰以外的其他颜色。每种有彩色都有3大属性：色相、明度、纯度(饱和度)，无彩色只具有明度这一个属性。

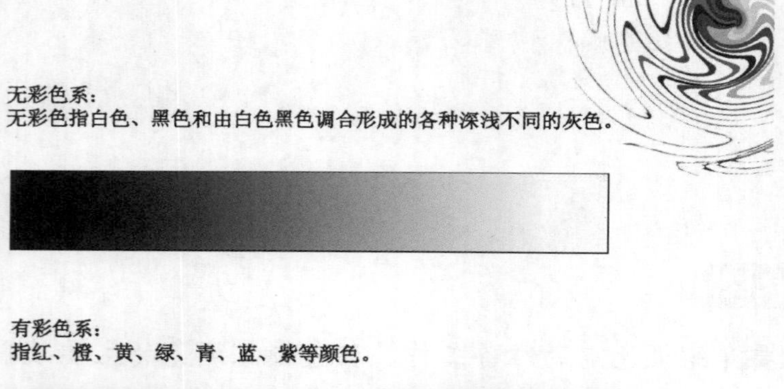

图 9-1

1. 色相

“色相”是用户经常提到的一个词语，指的是画面整体的颜色倾向，又称之为“色调”，如图9-2所示为青绿色色调图像，如图9-3所示为紫色色调图像。

图 9-2

图 9-3

2. 明度

“明度”是指色彩的明亮程度。色彩的明暗程度有两种情况，同一颜色的明度变化和不同颜色的明度变化。如图 9-4 所示为同一色相的明度从左至右明度由高到低的效果。

图 9-4

不同的色彩也都存在明暗变化，其中黄色明度最高，紫色明度最低，红、绿、蓝、橙色的明度相近，为中间明度，如图 9-5 所示。

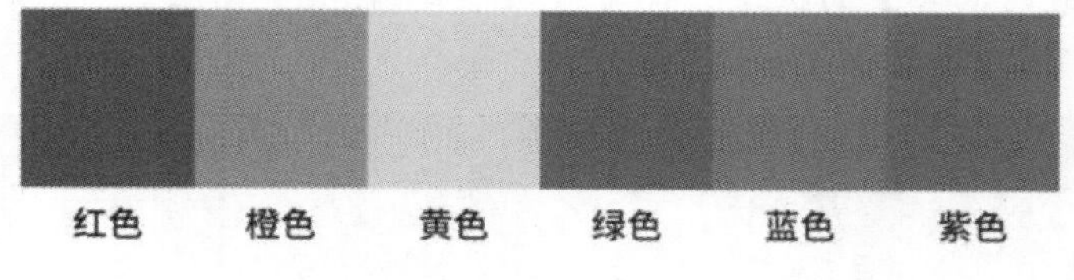

图 9-5

3. 纯度

“纯度”是指色彩中所含有原色成分的比例，比例越大，纯度越高，同时也称为色彩的彩度。如图 9-6 所示为纯度的对比效果。

纯度对比

图 9-6

9.1.2 After Effects 的调色步骤

下面将详细介绍 After Effects 调色的具体操作步骤。

素材保存路径：配套素材\第 9 章

素材文件名称：调色素材.aep、调色效果.aep

第 1 步 打开素材文件“调色素材.aep”，在【效果和预设】面板中搜索【曲线】效果，并将其拖曳到【时间轴】面板中的【蓝天白云山.jpg】图层上，如图 9-7 所示。

图 9-7

第 2 步 在【时间轴】面板中选择【蓝天白云山.jpg】图层，然后在【效果控件】面板中调整【曲线】的曲线形状，如图 9-8 所示。

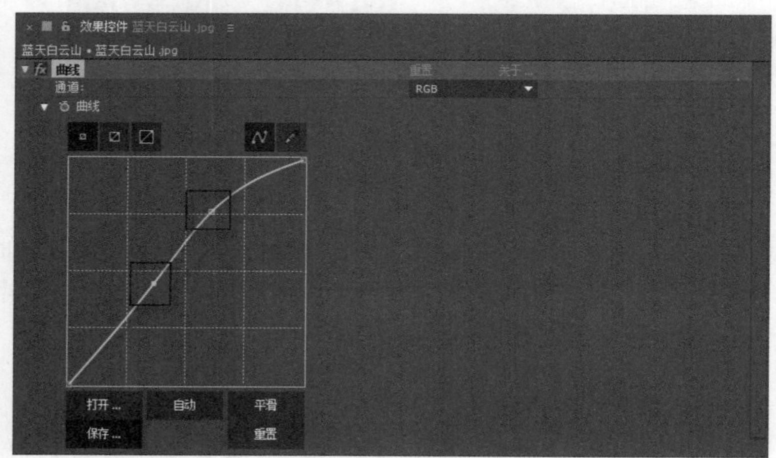

图 9-8

第 3 步 此时调整后的画面效果如图 9-9 所示。

第 4 步 这样即可完成使用 After Effects 进行调色的步骤，调色前后的对比效果如图 9-10 所示。

图 9-9

图 9-10

9.2　颜色校正调色的主要效果

在 After Effects CC 软件中有 3 种颜色校正调色的主要效果，分别为色阶效果、曲线效果和色相/饱和度效果，本节将详细介绍颜色校正调色的主要效果的相关知识。

↑扫码看视频

9.2.1　制作【色阶】效果

【色阶】效果可以用直方图描述出整张图片的明暗信息，它将亮度、对比度和灰度系数等功能结合在一起，对图像进行明度、阴暗层次和中间色彩的调整。

素材保存路径：配套素材\第 9 章
素材文件名称：色阶效果.aep

打开素材文件“色阶效果.aep”，选中素材，在菜单栏中选择【效果】→【颜色校正】→【色阶】菜单项，在【效果控件】面板中展开【色阶】滤镜的参数，其参数设置面板如图 9-11 所示。

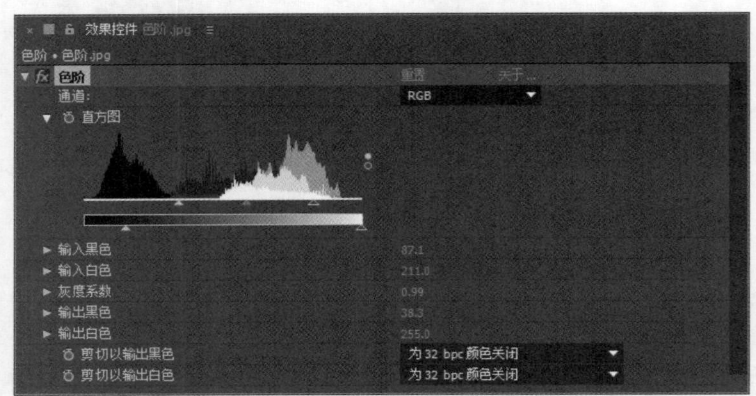

图 9-11

通过以上参数设置的前后效果如图 9-12 所示。

图 9-12

该效果的参数说明如下。

- 通道：用来选择要调整的通道。
- 直方图：显示图像中像素的分布情况，上方的显示区域，可以通过拖动滑块来调色。X 轴表示亮度值从坐标的最暗(0)到最后边的最亮(255)，Y 轴表示某个数值下的像素数量。黑色滑块是暗调色彩；白色滑块是亮调色彩；灰色滑块可以调整中间色调。拖动下方区域的滑块可以调整图像的亮度，向右拖动黑色滑块，可以消除在图像当中最暗的值，向左拖动白色滑块则可以消除在图像当中最亮的值。
- 输入黑色：指定输入图像暗区值的阈值数量，输入的数值将应用到图像的暗区。
- 输入白色：指定输入图像亮区值的阈值数量，输入的数值将应用到图像的亮区范围。
- 灰度系数：设置输出中间色调，相当于直方图中灰色滑块。
- 输出黑色：设置输出的暗区范围。
- 输出白色：设置输出的亮区范围。

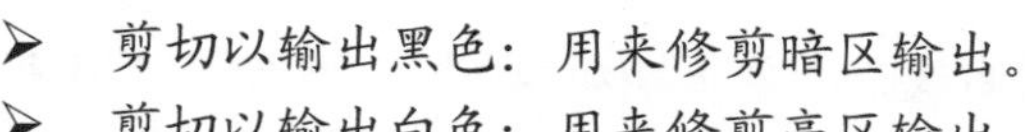

➢ 剪切以输出黑色：用来修剪暗区输出。
➢ 剪切以输出白色：用来修剪亮区输出。

9.2.2 制作【曲线】效果

【曲线】效果可以对图像各个通道的色调范围进行控制。通过调整曲线的弯曲度或复杂度，来调整图像的亮区和暗区的分布情况。

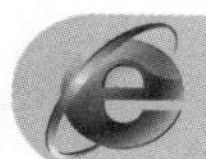

素材保存路径：配套素材\第 9 章
素材文件名称：曲线效果.aep

打开素材文件“曲线效果.aep”，选中素材，在菜单栏中选择【效果】→【颜色校正】→【曲线】菜单项，在【效果控件】面板中展开【曲线】滤镜的参数，其参数设置面板如图 9-13 所示。

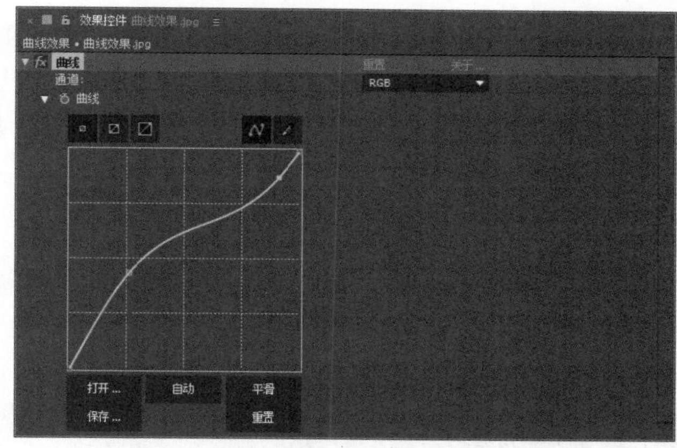

图 9-13

曲线左下角的端点代表暗调，右上角的端点代表高光，中间的过渡代表中间调。往上移动是加亮，往下移动是减暗，加亮的极限是 255，减暗的极限是 0。此外，【曲线】效果与 Photoshop 中的曲线命令功能类似。通过以上参数设置的前后效果如图 9-14 所示。

图 9-14

该效果的参数说明如下。

➢ 通道：从右侧的下拉列表框中指定调整图像的颜色通道。
➢ 切换按钮：用来切换操作区域的大小。

- 曲线工具：可以在其作出的控制曲线条上单击添加控制点，调整控制点可以改变图像的亮区和暗区的分布，将控制点拖出区域范围之外，可以删除控制点。
- 铅笔工具：可以在左侧的控制区内单击拖动，绘制一条曲线来控制图像的亮区和暗区分布效果。
- 打开：单击该按钮，将打开存储的曲线文件，用打开的源曲线文件来控制图像。
- 自动：自动修改曲线，增加应用图层的对比度。
- 平滑：单击该按钮，可以对设置的曲线进行平滑操作，多次单击，可以多次对曲线进行平滑操作。
- 保存：保存调整好的曲线，以便以后打开来使用。
- 重置：将曲线恢复到默认的直线状态。

9.2.3 制作【色相/饱和度】效果

【色相/饱和度】效果是基于 HSB 颜色模式，因此使用【色相/饱和度】效果可以调整图像的色调、亮度和饱和度。具体来说，使用【色相/饱和度】效果可以调整图像中单个颜色成分的色相、饱和度和亮度，是一个功能非常强大的图像颜色调整工具。

素材保存路径：配套素材\第 9 章

素材文件名称：色相饱和度效果.aep

打开素材文件“色相/饱和度效果.aep”，选中素材，在菜单栏中选择【效果】→【颜色校正】→【色相/饱和度】菜单项，在【效果控件】面板中展开【色相/饱和度】滤镜的参数，其参数设置面板如图 9-15 所示。

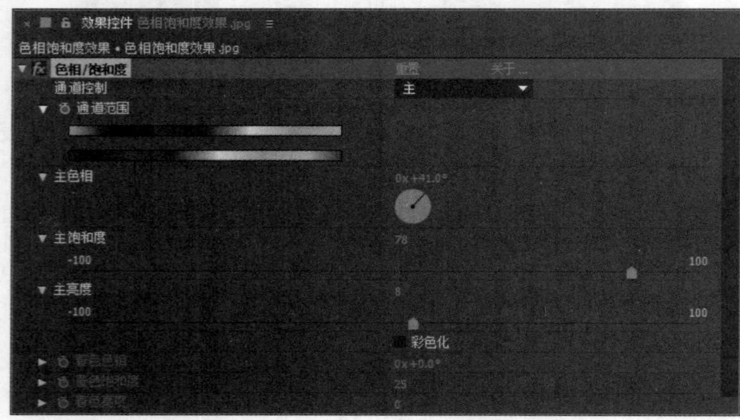

图 9-15

通过以上参数设置的前后效果如图 9-16 所示。

该效果的参数说明如下。

- 通道控制：在其右侧的下拉列表框中，可以选择需要修改的颜色通道。
- 通道范围：通过下方的颜色预览区，可以看到颜色调整的范围。上方的颜色预览区显示的是调整前的颜色；下方的颜色预览区显示的是调整后的颜色。

图 9-16

- 主色相：调整图像的主色调，与【通道控制】选择的通道有关。
- 主饱和度：调整图像颜色的浓度。
- 主亮度：调整图像颜色的亮度。
- 彩色化：勾选该复选框，可以为灰度图像增加色彩，也可以将多彩的图像转换成单一的图像效果，同时激活下面的选项。
- 着色色相：调整着色后图像的色调。
- 着色饱和度：调整着色后图像的颜色浓度。
- 着色亮度：调整着色后图像的颜色亮度。

9.3　颜色校正类效果

在 After Effects CC 软件中【颜色校正】效果包中提供了很多色彩校正效果，颜色校正可以更改画面色调，营造不同的视觉效果，本节将详细介绍一些常用的颜色校正类效果的相关知识及应用案例。

↑扫码看视频

9.3.1　制作【颜色平衡】效果

【颜色平衡】效果主要依靠控制红、绿、蓝在中间色、阴影和高光之间的比重来调整图像的色彩，非常适合精细调整图像的高光、阴影和中间色调。

素材保存路径：配套素材\第 9 章
素材文件名称：颜色平衡效果.aep

打开素材文件“颜色平衡效果.aep”，选中素材，在菜单栏中选择【效果】→【颜色校正】→【颜色平衡】菜单项，在【效果控件】面板中展开【颜色平衡】滤镜的参数，其参数设置面板如图 9-17 所示。

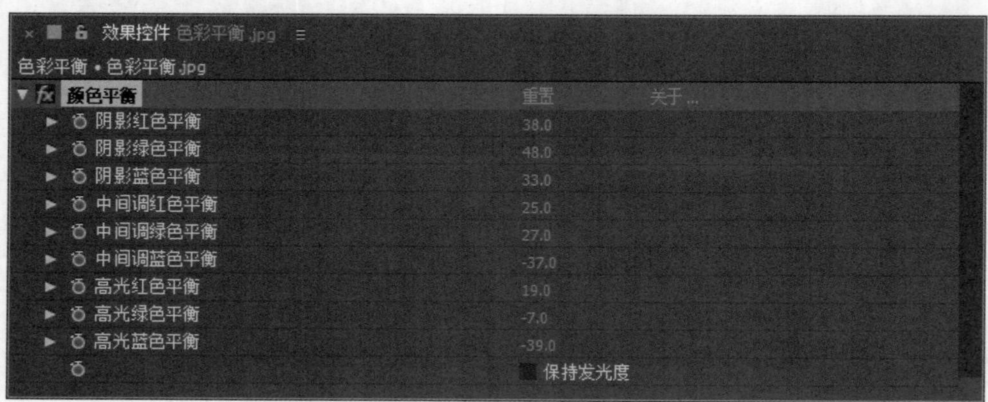

图 9-17

通过以上参数设置的前后效果如图 9-18 所示。

图 9-18

该效果的参数说明如下。

- 阴影红/绿/蓝色平衡：这几个选项主要用来调整图像暗部的 RGB 色彩平衡。
- 中间调红/绿/蓝色平衡：这几个选项主要用来调整图像的中间色调的 RGB 色彩平衡。
- 高光红/绿/蓝色平衡：这几个选项主要用来调整图像的高光区的 RGB 色彩平衡。
- 保持发光度：勾选此复选框，当修改颜色值时，保持图像的整体亮度值不变。

9.3.2 制作【通道混合器】效果

【通道混合器】效果可以通过混合当前通道来改变画面的颜色通道，使用该效果可以制作出普通色彩修正滤镜不容易达到的效果。

素材保存路径：配套素材\第 9 章
素材文件名称：通道混合器效果.aep

打开素材文件“通道混合器效果.aep”，选中素材，在菜单栏中选择【效果】→【颜色校正】→【通道混合器】菜单项，在【效果控件】面板中展开【通道混合器】滤镜的参数，其参数设置面板如图 9-19 所示。

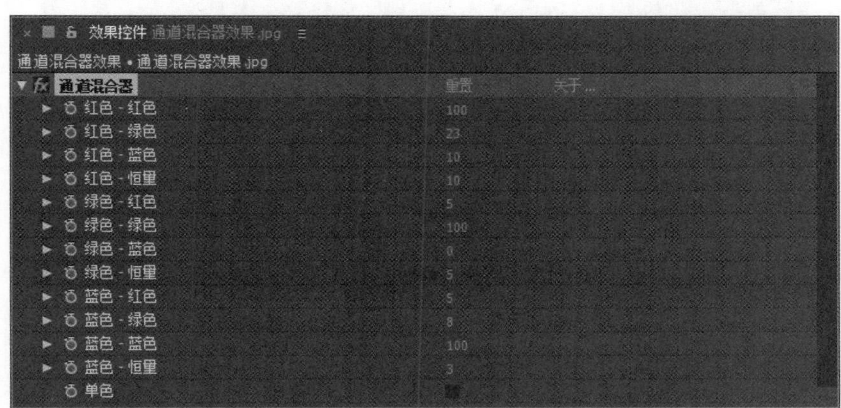

图 9-19

通过以上参数设置的前后效果如图 9-20 所示。

图 9-20

该效果的参数说明如下。

- 红色-红色/红色-绿色/红色-蓝色：设置红色通道颜色的混合比例。
- 绿色-红色/绿色-绿色/绿色-蓝色：设置绿色通道颜色的混合比例。
- 蓝色-红色/蓝色-绿色/蓝色-蓝色：设置蓝色通道颜色的混合比例。
- 红色/绿色/蓝色-恒量：调整红、绿和蓝通道的对比度。
- 单色：勾选该复选框后，彩色图像将转换为灰度图。

9.3.3　制作【更改颜色】效果

【更改颜色】效果可以改变某个色彩范围内的色调，以达到置换颜色的目的。

素材保存路径：配套素材\第 9 章

素材文件名称：更改颜色效果.aep

打开素材文件“更改颜色效果.aep”，选中素材，在菜单栏中选择【效果】→【颜色校正】→【更改颜色】菜单项，在【效果控件】面板中展开【更改颜色】滤镜的参数，其参数设置面板如图 9-21 所示。

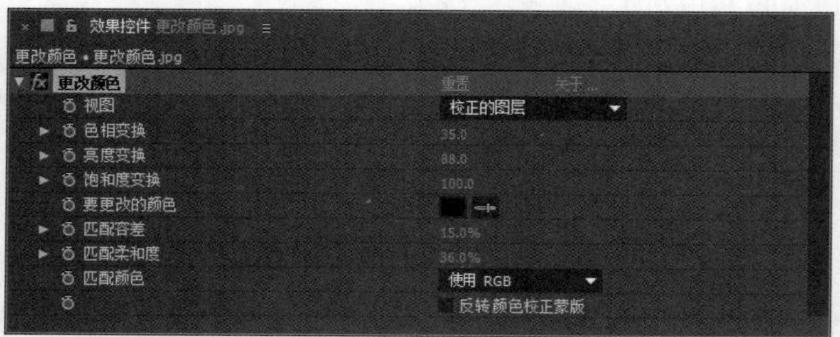

图 9-21

通过以上参数设置的前后效果如图 9-22 所示。

图 9-22

该效果的参数说明如下。

- 视图：设置在【合成】面板中查看图像的方式。【校正的图层】显示的是颜色校正后的画面效果，也就是最终效果，【颜色校正蒙版】显示的是颜色校正后的遮罩部分的效果，也就是图像中被改变的部分。
- 色相变换：调整所选颜色的色相。
- 亮度变换：调节所选颜色的亮度。
- 饱和度变换：调节所选颜色的色彩饱和度。
- 要更改的颜色：指定将要被修正的区域的颜色。
- 匹配容差：指定颜色匹配的相似程度，即颜色的容差度。值越大，被修正的颜色区域越大。
- 匹配柔和度：设置颜色的柔和度。
- 匹配颜色：指定匹配的颜色空间，共有【使用 RGB】、【使用色相】和【使用色度】3 个选项。
- 反转颜色校正蒙版：反转颜色校正的遮罩，可以使用吸管工具拾取图像中相同的颜色区域来进行反转操作。

9.3.4 制作【可选颜色】效果

【可选颜色】效果可以对画面中不平衡的颜色进行校正，还可以选择画面中的某些特定颜色，并对其进行颜色调整。

素材保存路径：配套素材\第 9 章
素材文件名称：可选颜色效果.aep

打开素材文件“可选颜色效果.aep”，选中素材，在菜单栏中选择【效果】→【颜色校正】→【可选颜色】菜单项，在【效果控件】面板中展开【可选颜色】滤镜的参数，其参数设置面板如图 9-23 所示。

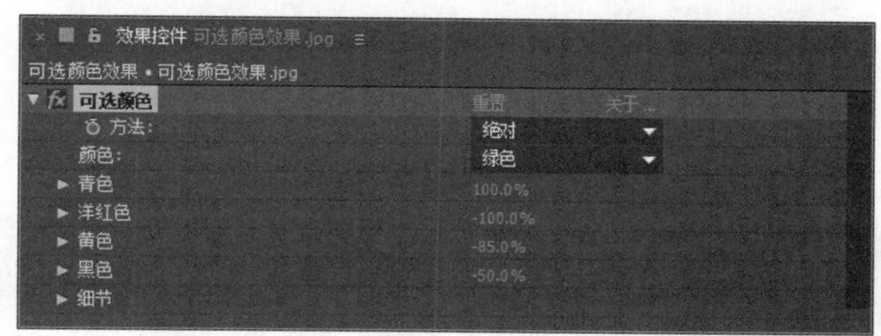

图 9-23

通过以上参数设置的前后效果如图 9-24 所示。

图 9-24

该效果的参数说明如下。

- 方法：设置相对值和绝对值。
- 颜色：设置需要调整的针对色系。
- 青色：设置图像中青色的含量值。
- 洋红色：设置图像中洋红色的含量值。
- 黄色：设置图像中黄色的含量值。
- 黑色：设置图像中黑色的含量值。
- 细节：设置各个色彩的细节含量。

9.3.5　制作【自然饱和度】效果

【自然饱和度】效果可以对图像进行自然饱和度、饱和度的调整。

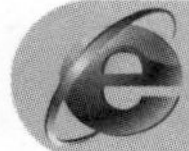

素材保存路径：配套素材\第 9 章
素材文件名称：自然饱和度效果.aep

打开素材文件“自然饱和度效果.aep”，选中素材，在菜单栏中选择【效果】→【颜色校正】→【自然饱和度】菜单项，在【效果控件】面板中展开【自然饱和度】滤镜的参数，其参数设置面板如图 9-25 所示。

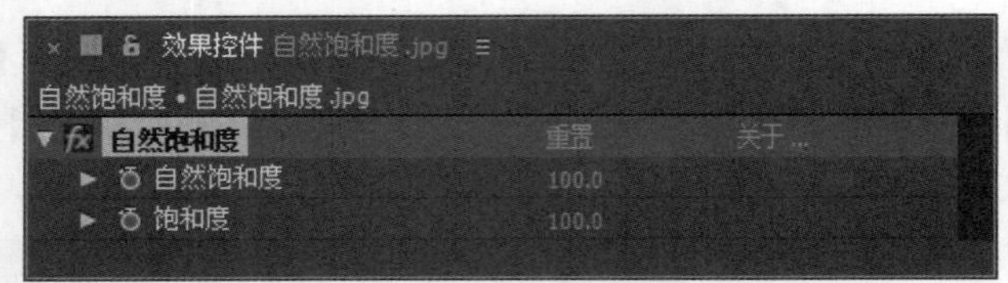

图 9-25

通过以上参数设置的前后效果如图 9-26 所示。

图 9-26

该效果的参数说明如下。

➢ 自然饱和度：调整图像自然饱和程度。
➢ 饱和度：调整图像饱和程度。

9.3.6 制作【黑色和白色】效果

【黑色和白色】效果可以将彩色的图像转换为黑白色或单色。

素材保存路径：配套素材\第 9 章
素材文件名称：黑色和白色效果.aep

打开素材文件“黑色和白色效果.aep”，选中素材，在菜单栏中选择【效果】→【颜色校正】→【黑色和白色】菜单项，在【效果控件】面板中展开【黑色和白色】滤镜的参数，其参数设置面板如图 9-27 所示。

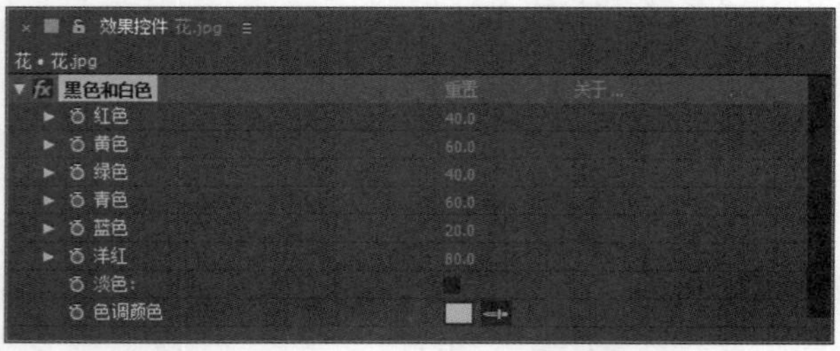

效果控件 花.jpg
花 • 花.jpg
黑色和白色 重置 关于...
红色 40.0
黄色 60.0
绿色 40.0
青色 60.0
蓝色 20.0
洋红 80.0
淡色：
色调颜色

图 9-27

通过以上参数设置的前后效果如图 9-28 所示。

图 9-28

该效果的参数说明如下。

➢ 红色：设置在黑白图像中所含红色的明暗程度。
➢ 黄色：设置在黑白图像中所含黄色的明暗程度。
➢ 绿色：设置在黑白图像中所含绿色的明暗程度。
➢ 青色：设置在黑白图像中所含青色的明暗程度。
➢ 蓝色：设置在黑白图像中所含蓝色的明暗程度。
➢ 洋红：设置在黑白图像中所含洋红的明暗程度。
➢ 淡色：勾选此复选框，可调节该黑白图像的整体色调。
➢ 色调颜色：在勾选【淡色】复选框的情况下，可设置需要转换的色调颜色。

9.3.7　制作【亮度和对比度】效果

【亮度和对比度】效果可以调整图像的亮度和对比度。

素材保存路径：配套素材\第 9 章
素材文件名称：亮度和对比度效果.aep

打开素材文件“亮度和对比度效果.aep”，选中素材，在菜单栏中选择【效果】→【颜色校正】→【亮度和对比度】菜单项，在【效果控件】面板中展开【亮度和对比度】滤镜的参数，其参数设置面板如图 9-29 所示。

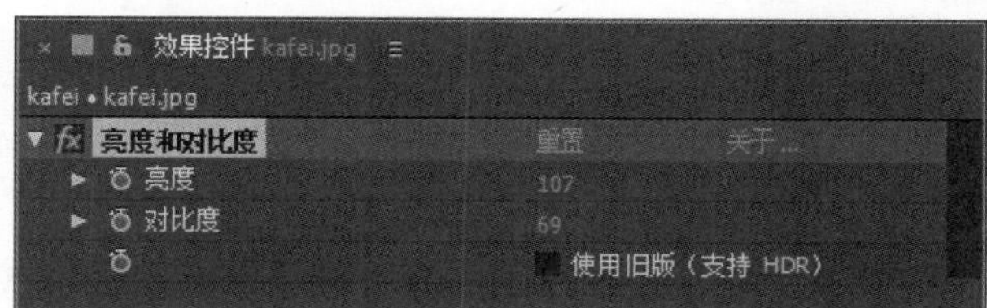

图 9-29

通过以上参数设置的前后效果如图 9-30 所示。

该效果的参数说明如下。

➢ 亮度：设置图像明暗程度。
➢ 对比度：设置图像高光与阴影的对比值。

➢ 使用旧版(支持 HDR)：勾选此复选框，可以使用旧版【亮度和对比度】参数设置面板。

图 9-30

9.4 通 道 效 果

在 After Effects CC 软件中，通道效果可以控制、提取、和转换图像的通道。本节将详细介绍一些常用的通道效果，其中包括最小/最大、通道合成器、反转、复合运算、转换通道、固态层合成和算术等。

↑扫码看视频

9.4.1 制作【最小/最大】效果

【最小/最大】效果可以为像素的每个通道指定半径内该通道的最小或最大像素。

素材保存路径：配套素材\第 9 章

素材文件名称：最小最大效果.aep

打开素材文件“最小最大效果.aep”，选中素材，在菜单栏中选择【效果】→【通道】→【最小/最大】菜单项，在【效果控件】面板中展开【最小/最大】滤镜的参数，其参数设置面板如图 9-31 所示。

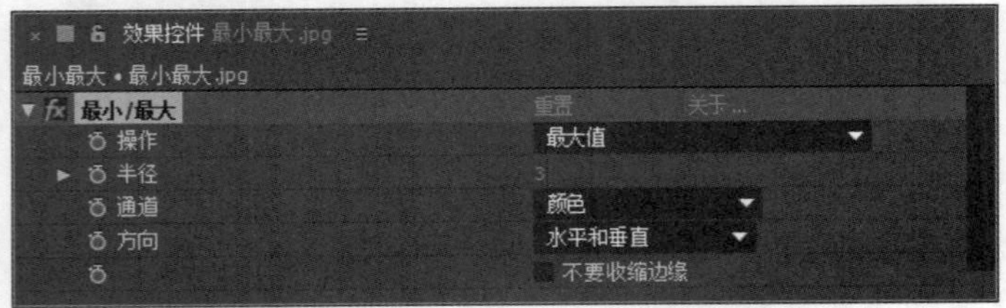

图 9-31

通过以上参数设置的前后效果如图 9-32 所示。

图 9-32

该效果的参数说明如下。

- 操作：设置作用方式，其中包括最小值、最大值、先最小值再最大值和先最大值再最小值 4 种方式。
- 半径：设置作用范围与作用程度。
- 通道：设置作用通道。其中包括颜色、Alpha 和颜色、红色、绿色、蓝色、Alpha 6 种通道。
- 方向：可设置作用方向为水平和垂直、仅水平或仅垂直。
- 不要收缩边缘：勾选此复选框，可以选择是否收缩边缘。

9.4.2 制作【通道合成器】效果

【通道合成器】效果可以提取、显示和调整图层的通道值。

素材保存路径：配套素材\第 9 章
素材文件名称：通道合成器效果.aep

打开素材文件“通道合成器效果.aep”，选中素材，在菜单栏中选择【效果】→【通道】→【通道合成器】菜单项，在【效果控件】面板中展开【通道合成器】滤镜的参数，其参数设置面板如图 9-33 所示。

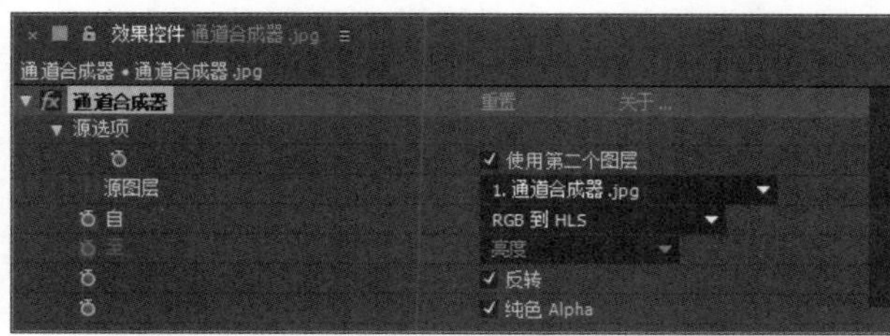

图 9-33

通过以上参数设置的前后效果如图 9-34 所示。

该效果的参数说明如下。

- 源选项：设置选项源。
- 使用第二个图层：勾选此复选框可以设置源图层。
- 源图层：设置混合图像。

图 9-34

- 自：设置需要转换的颜色。
- 至：设置目标颜色。
- 反转：反转所设颜色。
- 纯色 Alpha：使用纯色通道信息。

9.4.3 制作【反转】效果

【反转】效果可以将画面颜色进行反转。

素材保存路径：配套素材\第 9 章
素材文件名称：反转效果.aep

打开素材文件“反转效果.aep”，选中素材，在菜单栏中选择【效果】→【通道】→【反转】菜单项，在【效果控件】面板中展开【反转】滤镜的参数，其参数设置面板如图 9-35 所示。

图 9-35

通过以上参数设置的前后效果如图 9-36 所示。

图 9-36

该效果的参数说明如下。

- 通道：设置应用效果的通道。

➢ 与原始图像混合：设置源图像与混合图像之间的混合程度。

9.4.4 制作【复合运算】效果

【复合运算】效果可以在图层之间执行数学运算。

素材保存路径：配套素材\第 9 章

素材文件名称：复合运算效果.aep

打开素材文件“复合运算效果.aep”，选中素材，在菜单栏中选择【效果】→【通道】→【复合运算】菜单项，在【效果控件】面板中展开【复合运算】滤镜的参数，其参数设置面板如图 9-37 所示。

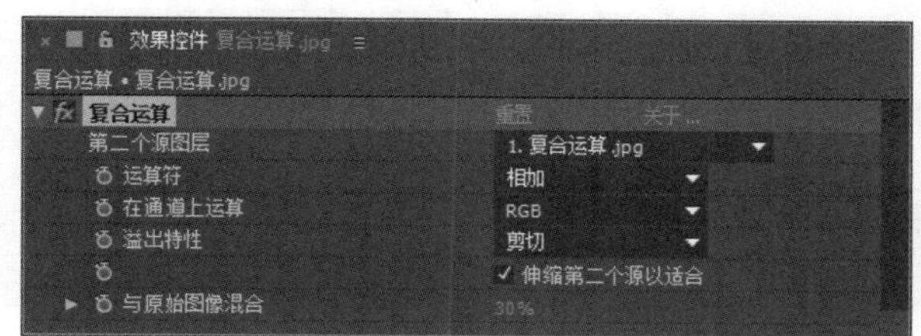

图 9-37

通过以上参数设置的前后效果如图 9-38 所示。

图 9-38

该效果的参数说明如下。

➢ 第二个源图层：设置混合图像层。

➢ 运算符：设置混合模式。

➢ 在通道上运算：可以设置运算通道为 RGB、ARGB 或 Alpha。

➢ 溢出特性：设置超出允许范围的像素值的处理方法为修剪、回绕或缩放。

➢ 伸缩第二个源以适合：勾选此复选框，可以将两个不同尺寸图层进行伸缩自适应。

➢ 与原始图像混合：设置源图像与混合图像之间的混合程度。

9.4.5 制作【转换通道】效果

【转换通道】效果可将 Alpha、红色、绿色、蓝色通道进行替换。

素材保存路径：配套素材\第 9 章

素材文件名称：转换通道效果.aep

打开素材文件“转换通道效果.aep”，选中素材，在菜单栏中选择【效果】→【通道】→【转换通道】菜单项，在【效果控件】面板中展开【转换通道】滤镜的参数，其参数设置面板如图 9-39 所示。

图 9-39

通过以上参数设置的前后效果如图 9-40 所示。

图 9-40

该效果的参数说明如下。

从获取 Alpha/红色/绿色/蓝色：设置本层其他通道应用到 Alpha/红色/绿色/蓝色通道上。

9.4.6 制作【固态层合成】效果

【固态层合成】效果能够用一种颜色与当前图层进行模式和透明度的合成，也可以用一种颜色填充当前图层。

素材保存路径： 配套素材\第 9 章

素材文件名称： 固态层合成效果.aep

打开素材文件“固态层合成效果.aep”，选中素材，在菜单栏中选择【效果】→【通道】→【固态层合成】菜单项，在【效果控件】面板中展开【固态层合成】滤镜的参数，其参数设置面板如图 9-41 所示。

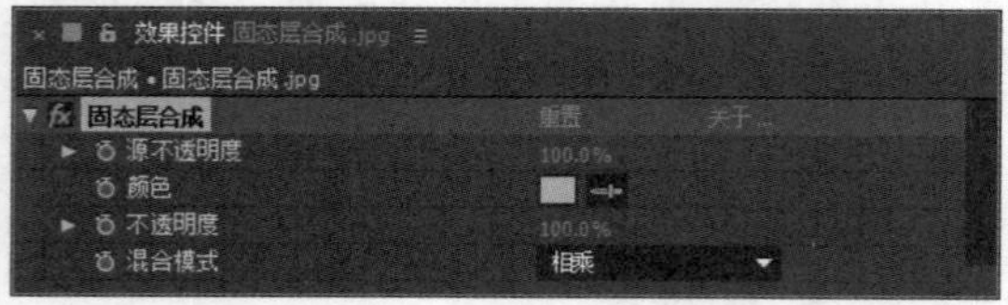

图 9-41

通过以上参数设置的前后效果如图 9-42 所示。

该效果的参数说明如下。

➢ 源不透明度：设置源图层的透明程度。

- 颜色：设置混合颜色。
- 不透明度：设置混合颜色透明程度。
- 混合模式：设置源图层与混合颜色的混合模式。

图 9-42

9.4.7　制作【算术】效果

【算术】效果可以对红色、绿色和蓝色的通道执行多种算术函数。

素材保存路径：配套素材\第 9 章
素材文件名称：算术效果.aep

打开素材文件“算术效果.aep”，选中素材，在菜单栏中选择【效果】→【通道】→【算术】菜单项，在【效果控件】面板中展开【算术】滤镜的参数，其参数设置面板如图 9-43 所示。

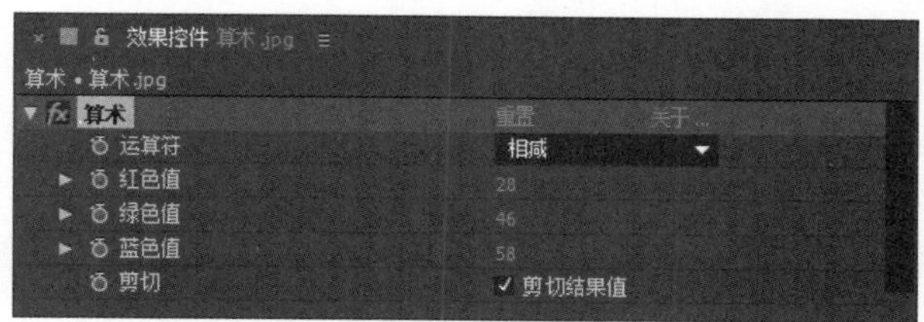

图 9-43

通过以上参数设置的前后效果如图 9-44 所示。

图 9-44

该效果的参数说明如下。

- 运算符：设置不同的运算模式。
- 红色值：设置红色通道数值。
- 绿色值：设置绿色通道数值。

➢ 蓝色值：设置蓝色通道数值。
➢ 剪切：设置是否剪切结果值。

9.5 实践案例与上机指导

通过本章的学习，读者基本可以掌握调整色彩效果的基本知识以及一些常见的操作方法，下面通过练习一些案例操作，以达到巩固学习、拓展提高的目的。

↑扫码看视频

9.5.1 冷色氛围处理

下面主要讲解【色调】、【曲线】和【颜色平衡】效果的应用，通过本节的学习，用户可以掌握将画面镜头处理成电影中常见的冷色调的方法。

素材保存路径：配套素材\第 9 章
素材文件名称：冷色氛围处理素材.aep

第 1 步 打开素材文件“冷色氛围处理素材.aep”，加载【源素材】合成，如图 9-45 所示。

第 2 步 选择【源素材 01】图层，在菜单栏中选择【效果】→【颜色校正】→【色调】菜单项，这样可以把更多的画面信息控制在中间色调部分(灰色信息部分)，如图 9-46 所示。

图 9-45

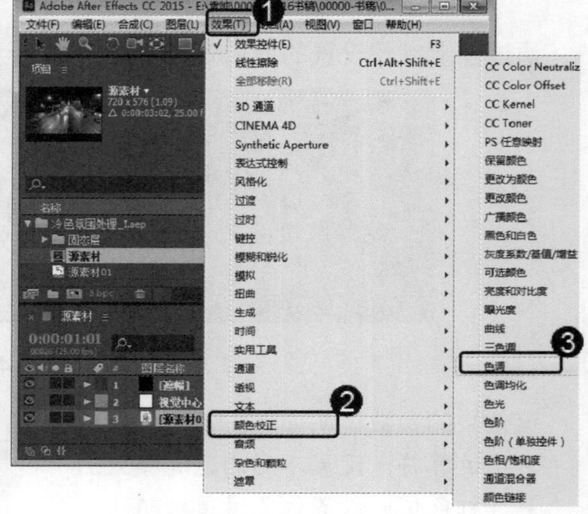

图 9-46

第 3 步 在【效果控件】面板中，设置【着色数量】的值为 40，如图 9-47 所示。

第 4 步 此时，可以看到【合成】面板中的画面效果，如图 9-48 所示。

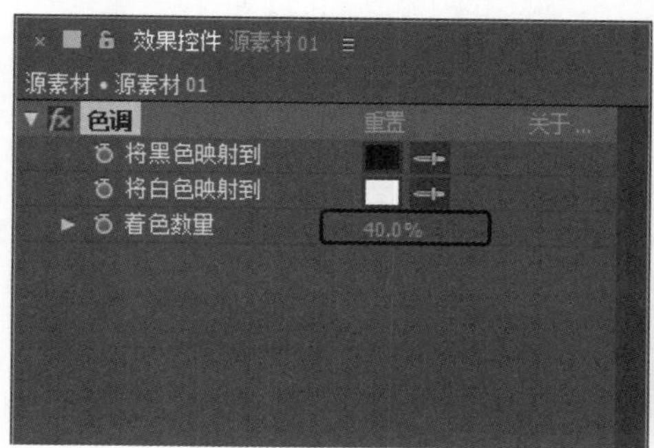

图 9-47

图 9-48

第 5 步 选择【源素材 01】图层，在菜单栏中选择【效果】→【颜色校正】→【曲线】菜单项，如图 9-49 所示。

第 6 步 在【效果控件】面板中，设置 RGB 通道中的曲线，如图 9-50 所示。

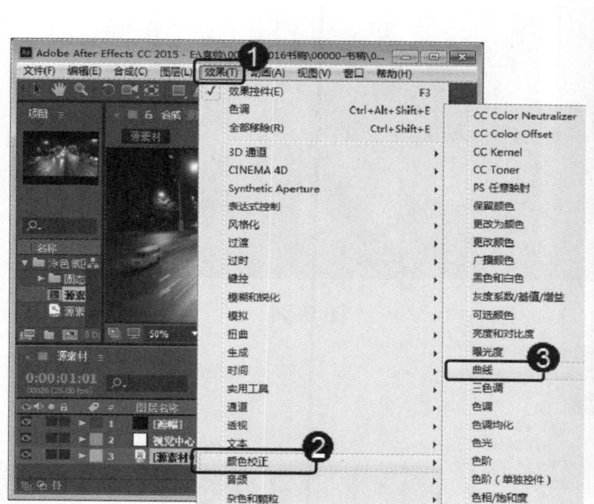

图 9-49

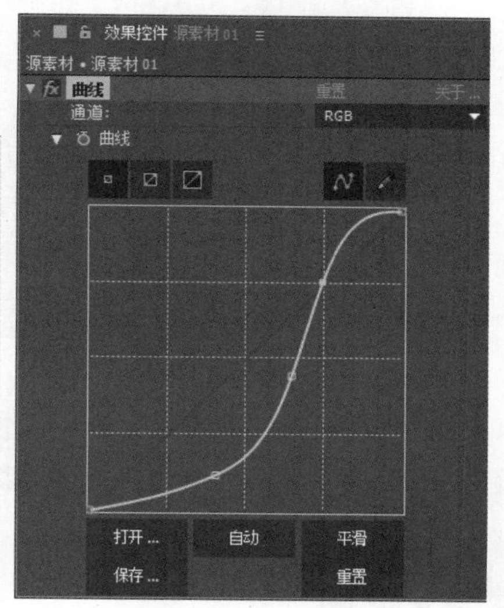

图 9-50

第 7 步 在【效果控件】面板中，设置【红色】通道中的曲线，如图 9-51 所示。

第 8 步 在【效果控件】面板中，设置【绿色】通道中的曲线，如图 9-52 所示。

第 9 步 在【效果控件】面板中，设置【蓝色】通道中的曲线，如图 9-53 所示。

第 10 步 此时，可以看到【合成】面板中的画面效果，如图 9-54 所示。

第 11 步 选择【源素材】图层，在菜单栏中选择【效果】→【颜色校正】→【色调】菜单项，如图 9-55 所示。

第 12 步 在【效果控件】面板中，设置【着色数量】的值为 50，这样可以让画面的颜色过渡更加柔和，如图 9-56 所示。

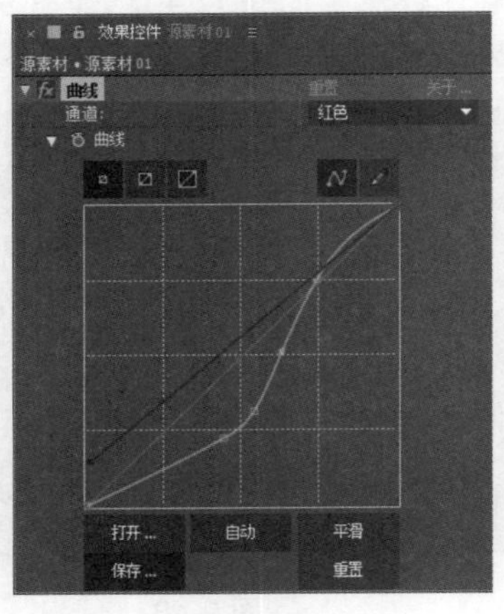

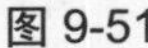
图 9-51

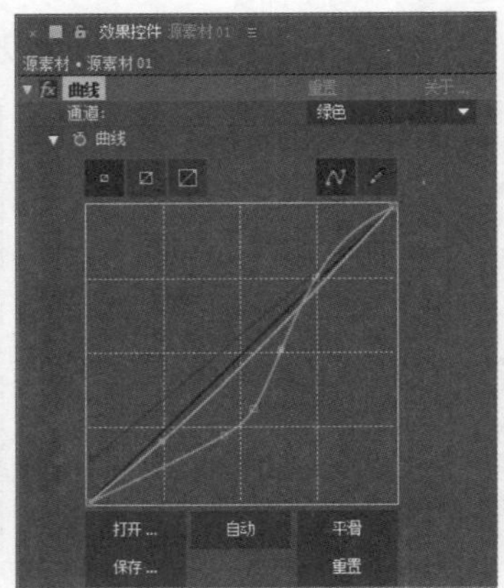

图 9-52

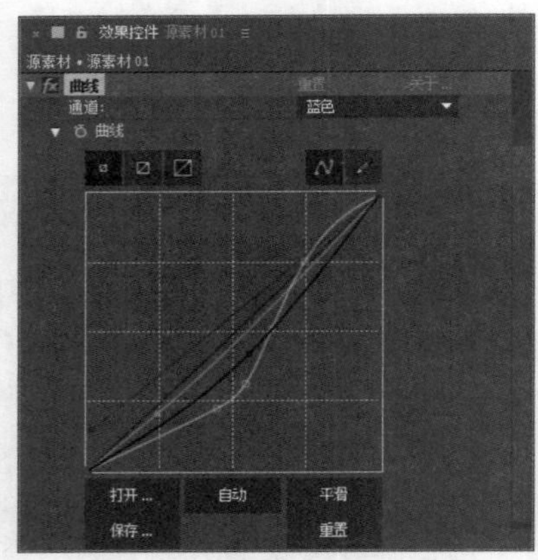

图 9-53

图 9-54

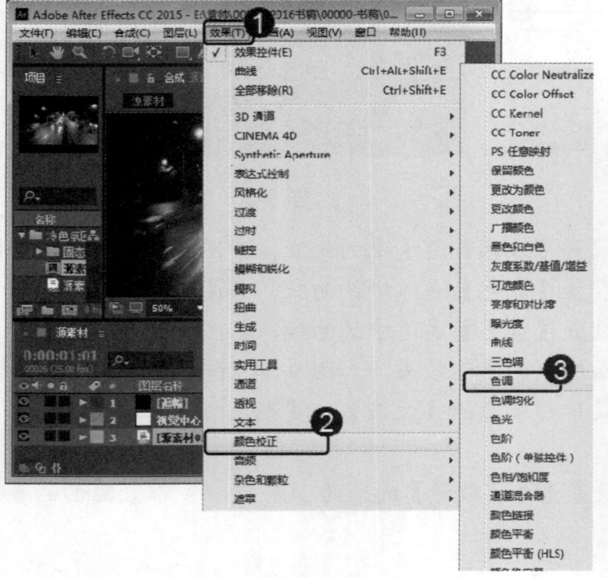

图 9-55

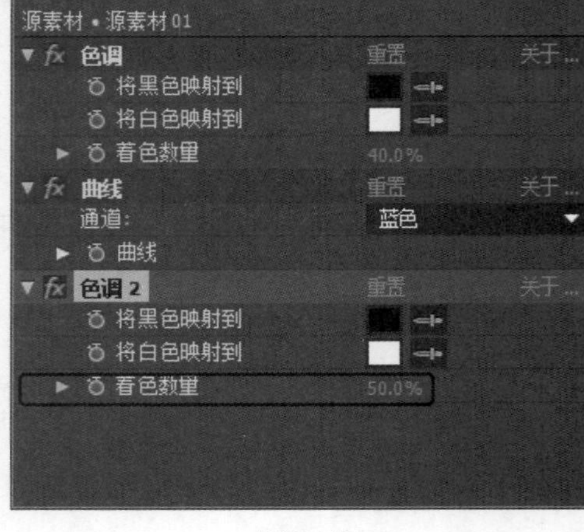

图 9-56

第 13 步 此时，可以看到【合成】面板中的画面效果，如图 9-57 所示。

第 14 步 选择【源素材 01】图层，在菜单栏中选择【效果】→【颜色校正】→【颜色平衡】菜单项，如图 9-58 所示。

图 9-57

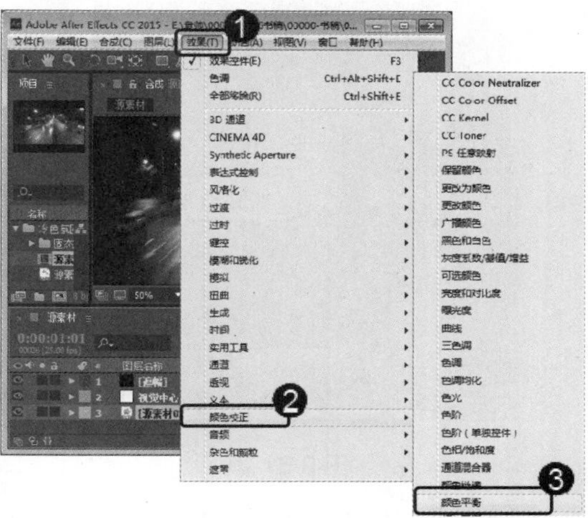

图 9-58

第 15 步 在【效果控件】面板中，分别设置其阴影、中间调和高光部分的参数，如图 9-59 所示。

第 16 步 通过以上步骤即可完成冷色氛围处理的操作，效果如图 9-60 所示。

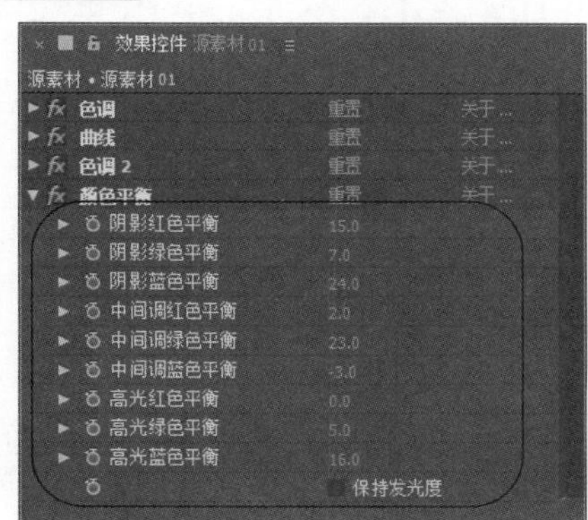

图 9-59

图 9-60

9.5.2　春季变秋季效果

本例主要学习使用【曲线】、【可选颜色】、【自然饱和度】等效果，制作将春季具有生机的绿色调变为秋季色彩浓郁的橙色调，下面详细介绍其操作方法。

素材保存路径：配套素材\第 9 章
素材文件名称：春季.aep、春季变秋季效果.aep

第 1 步 打开素材文件“春季.aep”，加载【春季】合成，如图 9-61 所示。

第 2 步 在【效果和预设】面板中搜索【曲线】效果，并将其拖曳到【时间轴】面板中的【春季.jpg】图层上，如图 9-62 所示。

图 9-61

图 9-62

第 3 步 在【效果控件】面板中，调整【曲线】的曲线形状，如图 9-63 所示。

第 4 步 此时可以看到画面的效果如图 9-64 所示。

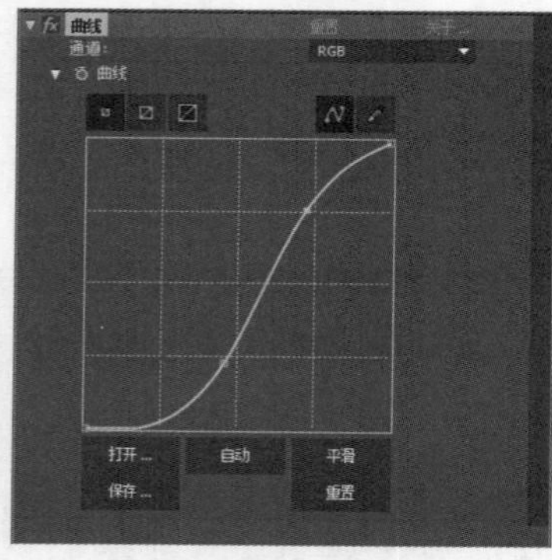

图 9-63

图 9-64

第 5 步 在【效果和预设】面板中搜索【可选颜色】效果，并将其拖曳到【时间轴】面板中的【春季.jpg】图层上，如图 9-65 所示。

第 6 步 在【效果控件】面板中，设置【颜色】为黄色，【青色】为-100，【洋红色】为 30，【黄色】为-20，【黑色】为 10，如图 9-66 所示。

第 7 步 在【效果控件】面板中，接着设置【颜色】为绿色，【青色】为-70，【洋红色】为 50，【黄色】为-65，【黑色】为 20，如图 9-67 所示。

第 8 步 此时可以看到的画面效果如图 9-68 所示。

第 9 步 在【效果和预设】面板中搜索【自然饱和度】效果，并将其拖曳到【时间轴】面板中的【春季.jpg】图层上，如图 9-69 所示。

第 10 步 在【效果控件】面板中，设置【自然饱和度】为 100，如图 9-70 所示。

图 9-65

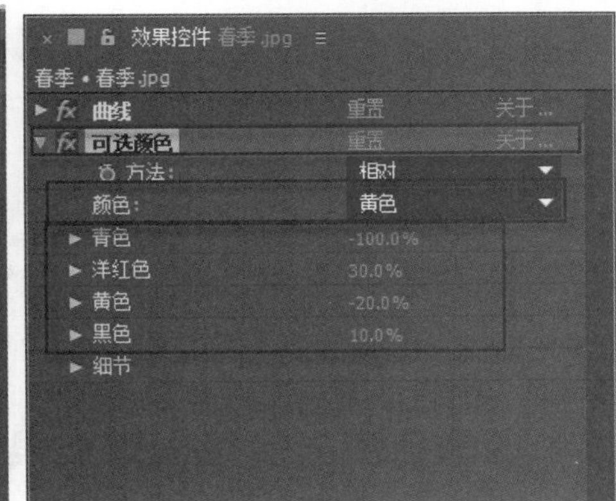

图 9-66

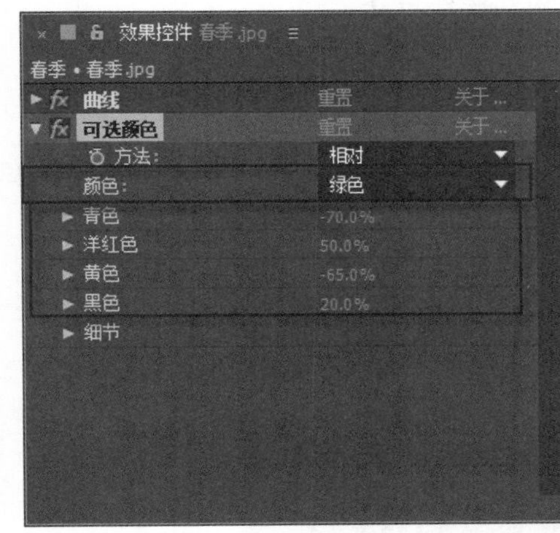

图 9-67

图 9-68

图 9-69

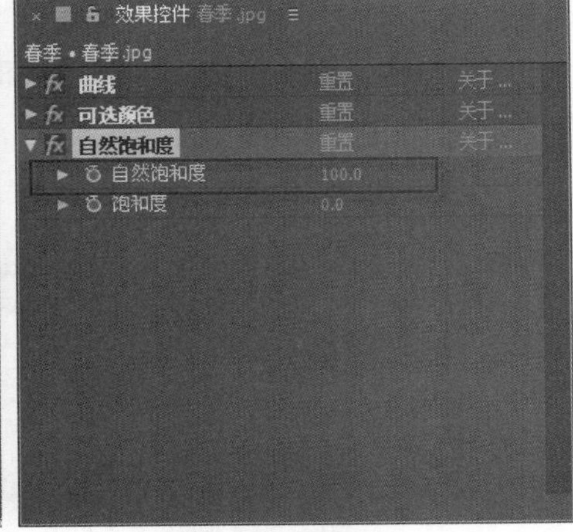

图 9-70

第 11 步 这样即可完成春季变秋季的效果，本例制作前后的对比效果如图 9-71 所示。

图 9-71

9.5.3 多彩色调的童话画面效果

本例主要学习使用【色相/饱和度】、【颜色平衡】、【四色渐变】、【曲线】等效果来制作具有童话感多彩色调的画面。下面详细介绍其操作方法。

素材保存路径：配套素材\第 9 章
素材文件名称：童话画面素材.aep、童话画面效果.aep

第 1 步 打开素材文件“童话画面素材.aep”，选中 01.jpg 图层，按 S 键打开【缩放】变换属性，设置【缩放】为 159.3，如图 9-72 所示。

图 9-72

第 2 步 在【效果和预设】面板中搜索【色相/饱和度】效果，并将其拖曳到【时间轴】面板中的 01.jpg 图层上，如图 9-73 所示。

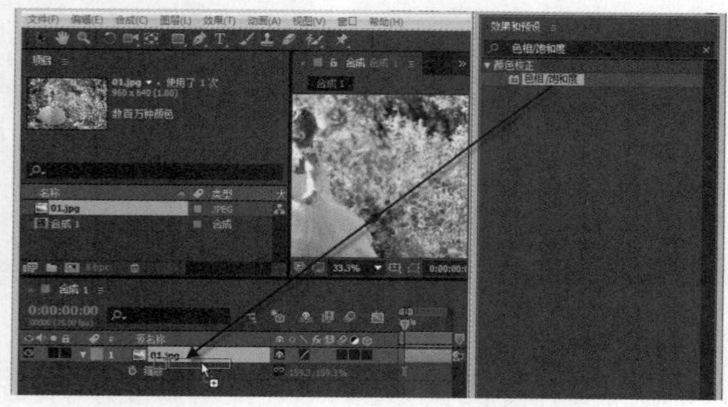

图 9-73

第 3 步 在【效果控件】面板中设置【色相/饱和度】的【主饱和度】为-23，如图 9-74 所示。

第 4 步 此时的画面效果如图 9-75 所示。

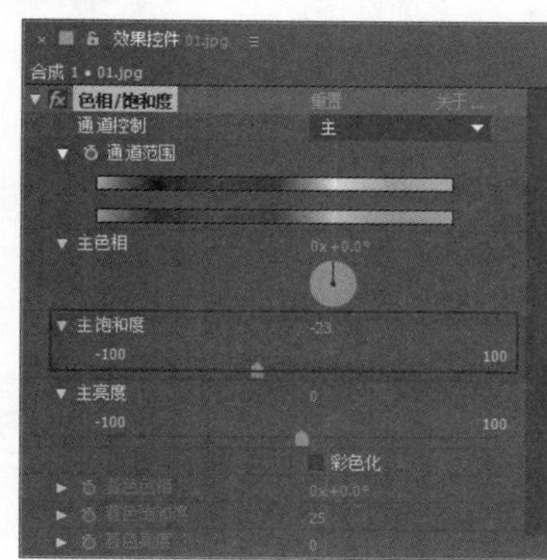

图 9-74

图 9-75

第 5 步 在【效果和预设】面板中搜索【颜色平衡】效果，并将其拖曳到【时间轴】面板中的 01.jpg 图层上，如图 9-76 所示。

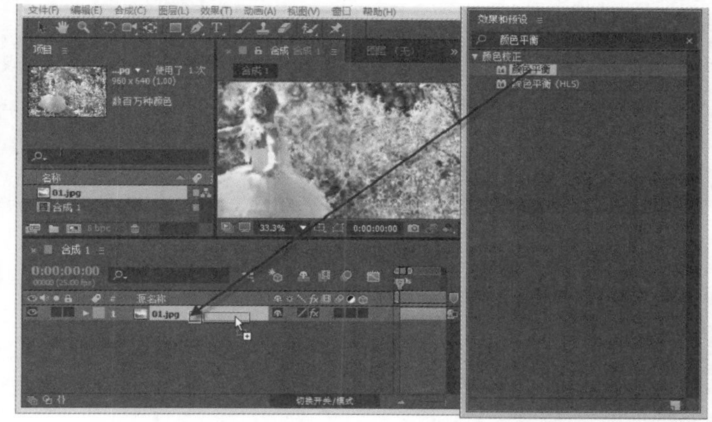

图 9-76

第 6 步 在【效果控件】面板中设置【颜色平衡】的【阴影红色平衡】为 72，【阴影蓝色平衡】为 11，【中间调红色平衡】为 25，【高光红色平衡】为 15，【高光绿色平衡】为 5，【高光蓝色平衡】为-50，如图 9-77 所示。

第 7 步 此时的画面效果如图 9-78 所示。

第 8 步 在【效果和预设】面板中搜索【四色渐变】效果，并将其拖曳到【时间轴】面板中的 01.jpg 图层上，如图 9-79 所示。

第 9 步 在【效果控件】面板中设置【四色渐变】的【颜色 1】为橄榄绿色，【颜色 2】为深灰色，【颜色 3】为深紫色，【颜色 4】为蓝色，【混合模式】为【滤色】，如图 9-80 所示。

第 10 步 此时的画面效果如图 9-81 所示。

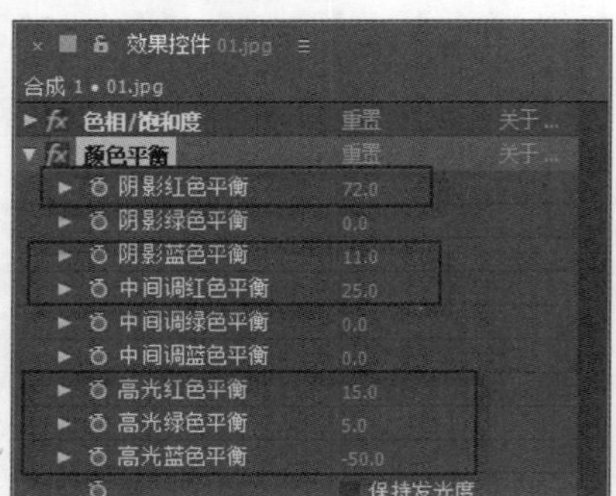

图 9-77

图 9-78

图 9-79

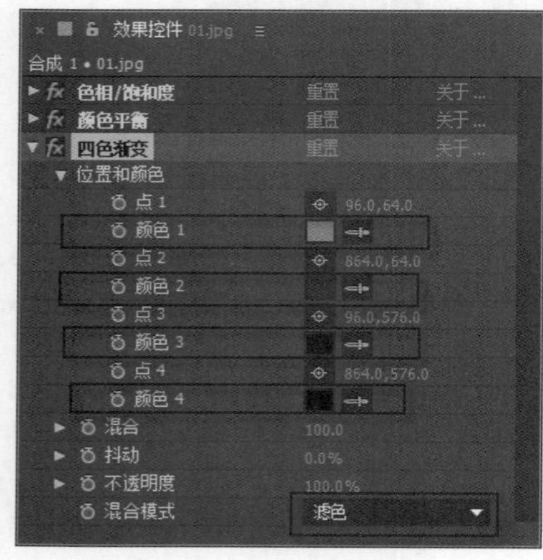

图 9-80

图 9-81

第 11 步 在【效果和预设】面板中，搜索【曲线】效果，并将其拖曳到【时间轴】面板中的 01.jpg 图层上。接着在【效果控件】面板中调整【曲线】的曲线形状，如图 9-82

所示。

第 12 步 这样即可完成制作多彩色调的童话画面效果，最终效果如图 9-83 所示。

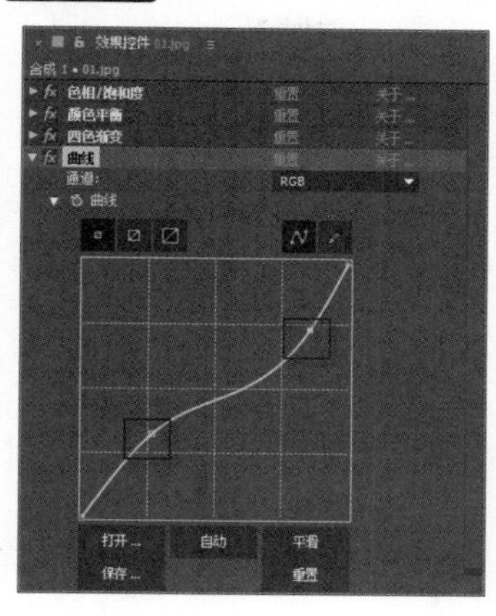

图 9-82

图 9-83

9.6　思考与练习

一、填空题

1. 在视觉的世界里，“色彩”被分为两类：________和__________。

2. 无彩色为黑、白、____。有彩色则是除黑 、白、灰以外的其他颜色。每种有彩色都有 3 大属性：________、明度、纯度(饱和度)，无彩色只具有明度这一个属性。

3. 【_____】效果，用直方图描述出整张图片的明暗信息，它将亮度、对比度和灰度系数等功能结合在一起，对图像进行明度、阴暗层次和中间色彩的调整。

4. 【_____】效果可以对图像各个通道的色调范围进行控制。通过调整曲线的弯曲度或复杂度，来调整图像的亮区和暗区的分布情况。

二、判断题

1. “色相”是用户经常提到的一个词语，指的是画面整体的颜色倾向，又称之为“色调”。 (　　)

2. 【色相/饱和度】效果是基于 HSB 颜色模式，因此使用【色相/饱和度】效果可以调整图像的色调、亮度和饱和度。具体来说，使用【色相/饱和度】效果可以调整图像中多个颜色成分的色相、饱和度和亮度，是一个功能非常强大的图像颜色调整工具。 (　　)

3. 【复合运算】效果可以在图层之间执行数学运算。 (　　)

三、思考题

After Effects 的调色步骤有哪些？

新起点 电脑教程

第 10 章

抠像与合成

本章要点

- 认识抠像与合成
- 颜色键
- Keylight 1.2(键控)
- 颜色差值键
- 颜色范围

本章主要内容

本章主要介绍认识抠像与合成、颜色键和 Keylight 1.2(键控)方面的知识与技巧，同时讲解如何应用颜色差值键抠像的知识与案例，在本章的最后还针对实际的工作需求，讲解颜色范围的应用方法。通过本章的学习，读者可以掌握抠像与合成方面的知识，为深入学习 After Effects CC 影视高级特效制作知识奠定基础。

10.1 认识抠像与合成

抠像与合成是影视制作中较为常用的技术手段，可让整个实景画面更有层次感和设计感，是实现制作虚拟场景的重要途径之一，本节将主要介绍抠像与合成的相关知识。

↑ 扫码看视频

10.1.1 什么是抠像

抠像是将画面中的某一颜色进行抠除转换为透明色，这是影视制作领域较为常见的技术手段，如果看见演员在绿色或蓝色的背景前表演，但是在影片中看不到这些背景，这就是运用了抠像的技术手段。

在影视制作过程中，背景的颜色不仅局限于绿色和蓝色，而是任何与演员服饰、妆容等区分开来的纯色都可以实现该技术，以此实现虚拟演播室的效果，如图 10-1 所示。

图 10-1

10.1.2 为什么需要抠像

抠像的最终目的是将人物与背景进行融合。使用其他背景素材替换原绿色背景，也可以再添加一些相应的前景元素，使其与原始图像相互融合，形成两层或多层画面的叠加合成，以实现具有丰富的层次感及神奇的合成视觉艺术效果，如图 10-2 所示。

图 10-2

10.1.3　抠像前拍摄的注意事项

除了使用 After Effects 进行人像抠除背景以外，更应该注意在拍摄抠像素材时，尽量做到规范，这样会给后期工作节省很多时间，并且会取得更好的画面质量。拍摄时需要注意以下几点。

(1)　在拍摄素材之前，尽量选择颜色均匀、平整的绿色或蓝色背景进行拍摄。

(2)　要注意拍摄时的灯光照射方向应与最终合成的背景光线一致，避免合成不自然。

(3)　需注意拍摄的角度，以便合成真实。

(4)　尽量避免人物穿着与背景同色的绿色或蓝色衣饰，以避免这些颜色在后期抠像时被一并抠除。

10.1.4　将素材抠像的操作步骤

下面将以一个案例的形式来详细介绍将素材抠像的操作步骤。

素材保存路径：配套素材\第 10 章

素材文件名称：抠像素材.aep、抠像效果.aep

第 1 步　打开素材文件“抠像素材.aep”，在【效果和预设】面板中搜索 Keylight(1.2) 效果，并将其拖曳到【时间轴】面板中的 1.jpg 图层上，如图 10-3 所示。

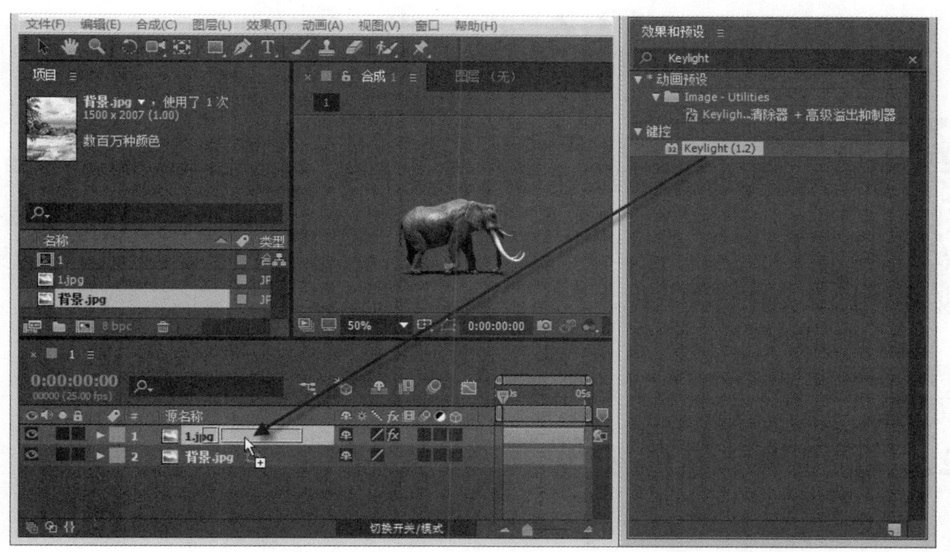

图 10-3

第 2 步　在【时间轴】面板中，选择 1.jpg 素材图层，然后在【效果控件】面板中单击 Screen Colour 的【吸管工具】，接着在画面中的绿色背景位置处单击，吸取需要抠除的颜色，如图 10-4 所示。

第 3 步　这样即可完成素材抠像的操作，抠像合成前后对比效果如图 10-5 所示。

图 10-4

图 10-5

10.2 颜 色 键

【颜色键】效果是将素材的某种颜色及其相似的颜色范围设置为透明，还可以对素材进行边缘预留设置，制作出类似描边的效果。本节将详细介绍颜色键的相关知识及应用案例。

↑ 扫码看视频

10.2.1 颜色键抠像基础

选中素材文件，在菜单栏中选择【效果】→【过时】→【颜色键】菜单项，在【效果控件】面板中展开【颜色键】效果的参数，其参数设置面板如图 10-6 所示。

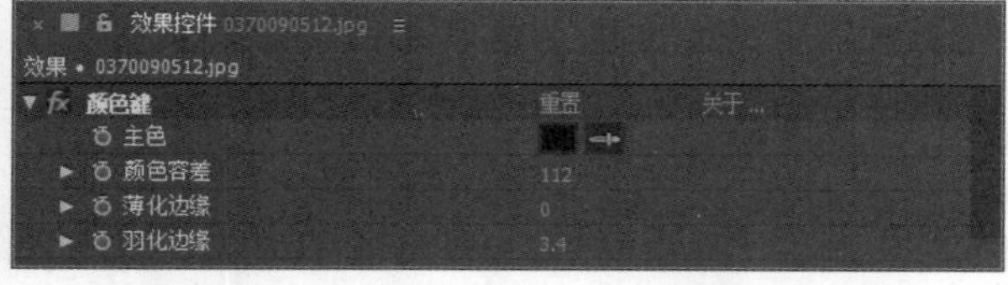

图 10-6

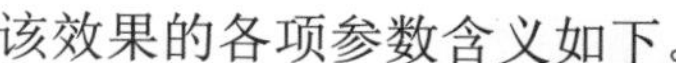

该效果的各项参数含义如下。

- 主色：用来设置透明的颜色值，可以单击右侧的色块■来选择颜色，也可单击【主色】右侧的【吸管工具】■，然后在素材上单击吸取所需颜色，以确定透明的颜色值。
- 颜色容差：用来设置颜色的容差范围。值越大，所包含的颜色越广。
- 薄化边缘：用来调整抠出区域的边缘。正值为扩大遮罩范围，负值为缩小遮罩范围。
- 羽化边缘：用来设置边缘的柔化程度。

知识精讲

使用【颜色键】效果进行抠像只能产生透明和不透明两种效果，所以它只适合抠出背景颜色变化不大、前景完全不透明以及边缘比较精确的素材。

10.2.2　应用【颜色键】制作水牛在河边散步

下面将以一个案例的形式来详细介绍如何应用颜色键抠像。

素材保存路径：配套素材\第 10 章

素材文件名称：颜色键抠像素材.aep、颜色键抠像效果.aep

第 1 步　打开素材文件“颜色键抠像素材.aep”，选择【颜色键.jpg】图层，在菜单栏中选择【效果】→【过时】→【颜色键】菜单项，如图 10-7 所示。

第 2 步　在【时间轴】面板中，选择【颜色键.jpg】素材图层，然后在【效果控件】面板中单击【主色】右侧的【吸管工具】■，接着在合成画面中的绿色背景位置处单击，吸取需要抠除的颜色，如图 10-8 所示。

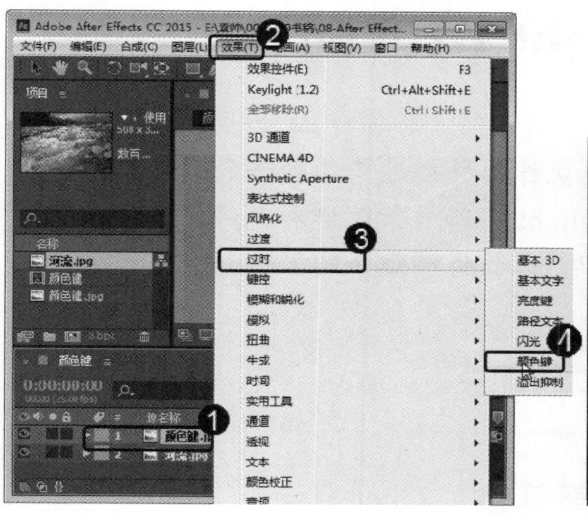

图 10-7

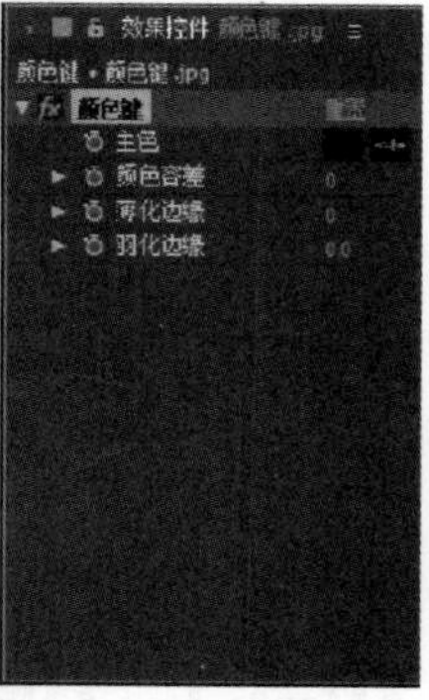

图 10-8

第 3 步　此时的画面效果如图 10-9 所示。

图 10-9

第 4 步 在【颜色键】面板中，设置【颜色容差】为 160，【羽化边缘】为 2，如图 10-10 所示。

第 5 步 通过以上步骤即可完成应用颜色键抠像的操作，最终效果如图 10-11 所示。

图 10-10

图 10-11

10.3 Keylight 1.2(键控)

Keylight 是一个屡获殊荣并经过产品验证的蓝绿屏幕抠像插件。多年以来，Keylight 不断进行改进和升级，目的就是使抠像能够更快捷、简单。本节将详细介绍 Keylight 滤镜的相关知识及应用方法。

↑ 扫码看视频

10.3.1 Keylight 1.2 抠像效果基础

选中素材文件，在菜单栏中选择【效果】→【键控】→Keylight(1.2)菜单项，在【效果控件】面板中展开 Keylight(1.2)效果的参数，其参数设置面板如图 10-12 所示。

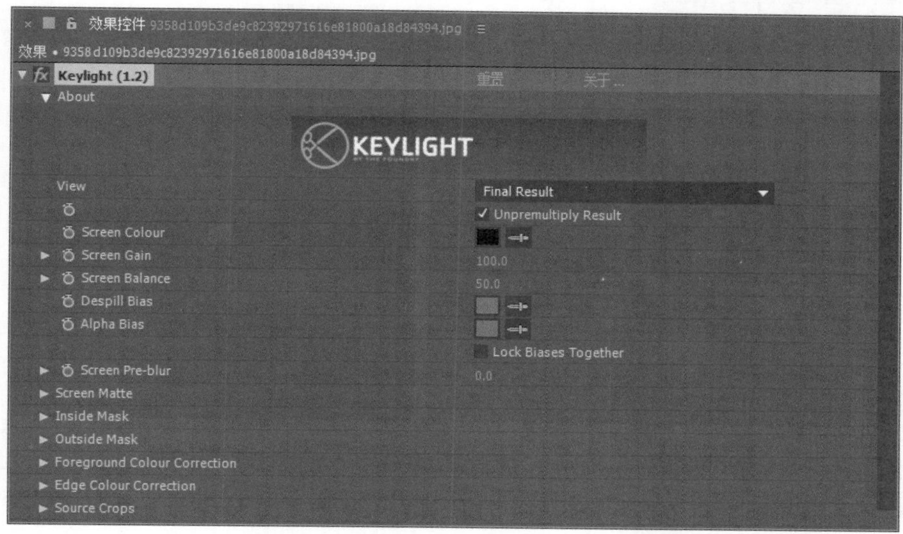

图 10-12

该效果的各项参数说明如下。

1. View(视图)

View(视图)选项用来设置查看最终效果的方式，在其下拉列表中提供了 11 种查看方式，如图 10-13 所示。

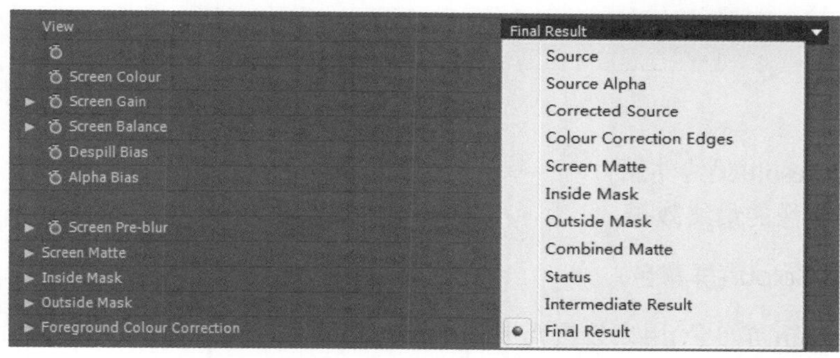

图 10-13

知识精讲

在设置 Screen Colour(屏幕色)时，不能将 View(视图)选项设置为 Final Result(最终结果)，因为在进行第 1 次取色时，被选择抠除的颜色大部分都被消除了。

下面将详细介绍 View(视图)方式中的几个最常用的选项。

1)　Screen Matte(屏幕遮罩)

在设置 Clip Black(剪切黑色)和 Clip White(剪切白色)时，可以将 View(视图)方式设置为 Screen Matte(屏幕遮罩)，这样可以将屏幕中本来应该是完全透明的地方调整为黑色，将完全不透明的地方调整为白色，将半透明的地方调整为合适的灰色，如图 10-14 所示。

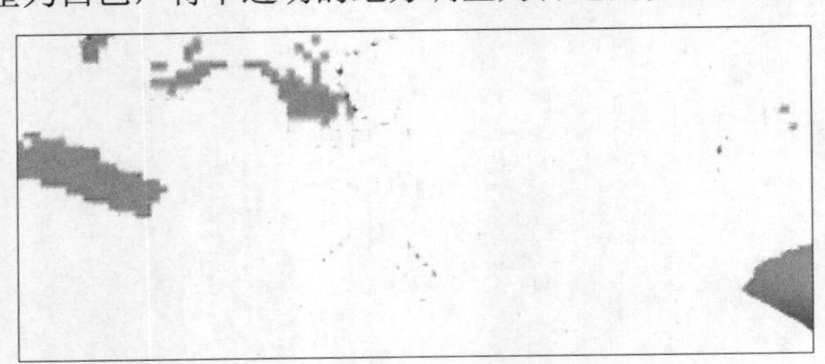

图 10-14

2) Status(状态)

将遮罩效果进行夸张、放大渲染，这样即便是很小的问题在屏幕上也将被放大显示出来，如图 10-15 所示。

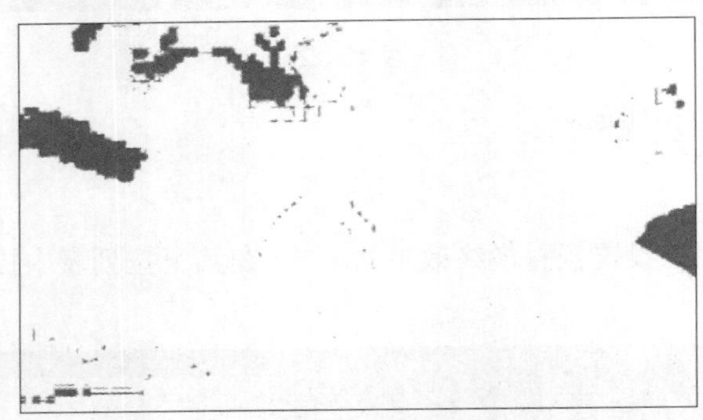

图 10-15

3) Final Result(最终结果)

显示当前抠像的最终效果。

2. Screen Colour(屏幕色)

Screen Colour(屏幕色)用来设置需要被抠除的屏幕色，可以使用该选项后面的【吸管工具】在【合成】面板中吸取相应的屏幕色，这样就会自动创建一个 Screen Matte(屏幕遮罩)，并且这个遮罩会自动抑制遮罩边缘溢出的抠除颜色。

3. Despill Bias(色彩偏移)

Despill Bias(色彩偏移)参数可以用来设置 Screen Colour(屏幕色)的反溢出效果，如果在蒙版的边缘有抠除颜色的溢出，此时就需要调节 Despill Bias(色彩偏移)参数，为前景选择一个合适的表面颜色，这样抠取出来的图像效果会得到很大的改善。

4. Alpha Bias(Alpha 偏差)

在一般情况下都不需要单独调节 Alpha Bias(Alpha 偏差)属性，但是在绿屏中的红色信息多于绿色信息时，并且前景的红色通道信息也比较多的情况下，就需要单独调节 Alpha Bias(Alpha 偏差)参数，否则很难抠出图像。

5. Screen Gain(屏幕增益)

Screen Gain(屏幕增益)参数主要用来设置 Screen Colour(屏幕色)被抠除的程度，其值越大，被抠除的颜色就越多。

6. Screen Balance(屏幕平衡)

Screen Balance(屏幕平衡)参数是通过在 RGB 颜色值中对主要颜色的饱和度与其他两个颜色通道的饱和度的平均加权值进行比较，所得出的结果就是 Screen Balance(屏幕平衡)的属性值。例如，Screen Balance(屏幕平衡)为 100%时，Screen Colour(屏幕色)的饱和度占绝对优势，而其他两种颜色的饱和度几乎为 0。

7. Screen Pre-Blur(屏幕预模糊)

Screen Pre-Blur(屏幕预模糊)参数可以在对素材进行蒙版操作前，首先对画面进行轻微的模糊处理，这种预模糊的处理方式可以降低画面的噪点效果。

8. Screen Matte(屏幕遮罩)

Screen Matte(屏幕遮罩)参数组主要用来微调遮罩效果，这样可以更加精确地控制前景和背景的界线。展开 Screen Matte(屏幕遮罩)参数组的相关参数，如图 10-16 所示。

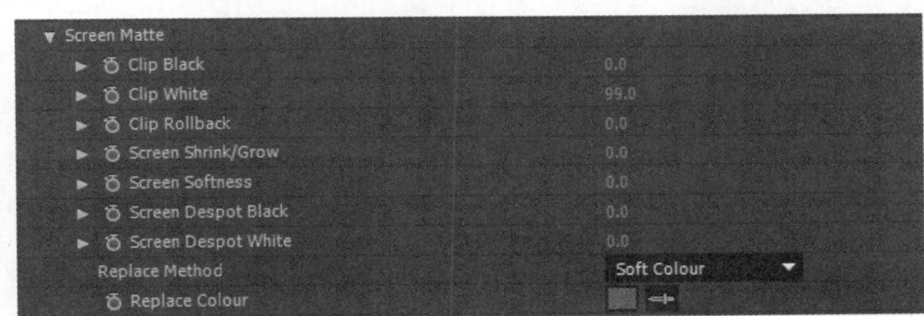

图 10-16

下面将详细介绍 Screen Matte(屏幕遮罩)参数组中的参数含义。

- Clip Black(剪切黑色)：设置遮罩中黑色像素的起点值。如果在背景像素的地方出现了前景像素，那么这时就可以适当增大 Clip Black(剪切黑色)的数值，以抠除所有的背景像素。
- Clip White(剪切白色)：设置遮罩中白色像素的起点值。如果在前景像素的地方出现了背景像素，那么这时就可以适当降低 Clip White(剪切白色)数值，以达到满意的效果。
- Clip Rollback(剪切削减)：在调节 Clip Black(剪切黑色)和 Clip White(剪切白色)参数时，有时会对前景边缘像素产生破坏，这时就可以适当调整 Clip Rollback(剪切削减)的数值，对前景的边缘像素进行一定程度的补偿。
- Screen Shrink/Grow(屏幕收缩/扩张)：用来收缩或扩大蒙版的范围。
- Screen Softness(屏幕柔化)：对整个蒙版进行模糊处理。注意，该选项只影响蒙版的模糊程度，不会影响到前景和背景。
- Screen Despot Black(屏幕独占黑色)：让黑点与周围像素进行加权运算。增大其值可以消除白色区域内的黑点。

- Screen Despot White(屏幕独占白色)：让白点与周围像素进行加权运算。增大其值可以消除黑色区域内的白点。
- Replace Colour(替换颜色)：根据设置的颜色对 Alpha 通道的溢出区域进行补救。
- Replace Method(替换方式)：设置替换 Alpha 通道溢出区域颜色的方式，共有以下 4 种。
  - None(无)：不进行任何处理。
  - Source(源)：使用原始素材像素进行相应的补救。
  - Hard Colour(硬度色)：对任何增加的 Alpha 通道区域直接使用 Replace Colour(替换颜色)进行补救。
  - Soft Colour(柔和色)：对增加的 Alpha 通道区域进行 Replace Colour(替换颜色)补救时，根据原始素材像素的亮度来进行相应的柔化处理。

9. Inside Mask/Outside Mask(内/外侧蒙版)

使用 Inside Mask(内侧蒙版)可以将前景内容隔离出来，使其不参与抠像处理；使用 Outside Mask(外侧蒙版)可以指定背景像素，不管遮罩内是何种内容，一律视为背景像素来进行抠除，这对于处理背景颜色不均匀的素材非常有用。展开 Inside Mask/Outside Mask(内/外侧蒙版)参数组的相关参数，如图 10-17 所示。

图 10-17

下面将详细介绍 Inside Mask/Outside Mask(内/外侧蒙版)参数组中的参数含义。

- Inside Mask/Outside Mask(内/外侧蒙版)：选择内侧或外侧的蒙版。
- Inside Mask Softness/Outside Mask Softness(内/外侧蒙版柔化)：设置内/外侧蒙版的柔化程度。
- Invert(反转)：反转蒙版方向。
- Replace Method(替换方式)：与 Screen Matte(屏幕遮罩)参数组中的 Replace Method(替换方式)属性相同。
- Replace Colour(替换颜色)：与 Screen Matte(屏幕遮罩)参数组中的 Replace Colour(替换颜色)属性相同。
- Source Alpha(源 Alpha)：该参数决定了 Keylight 滤镜如何处理源图像中本来就具有的 Alpha 通道信息。

10. Foreground Colour Correction(前景颜色校正)

Foreground Colour Correction(前景颜色校正)参数用来校正前景颜色，可以调整的参数包括 Saturation(饱和度)、Contrast(对比度)、Brightness(亮度)、Colour Suppression(颜色抑制)和 Colour Balancing(颜色平衡)。

11. Edge Colour Correction(边缘颜色校正)

Edge Colour Correction(边缘颜色校正)参数与 Foreground Colour Correction(前景颜色校正)参数相似，主要用来校正蒙版边缘的颜色，可以在 View(视图)列表中选择 Edge Colour Correction(边缘颜色校正)来查看边缘像素的范围。

12. Source Crops(源裁剪)

Source Crops(源裁剪)参数组的参数可以使用水平或垂直的方式来裁剪源素材的画面，这样可以将图像边缘的非前景区域直接设置为透明效果。

知识精讲

在选择素材时，要尽可能使用质量比较高的素材，并且尽量不要对素材进行压缩，因为有些压缩算法会损失素材背景的细节，这样就会影响最终的抠像效果。

10.3.2　应用 Keylight 1.2 抠像制作光芒中的小狗

下面将以一个案例的形式来详细介绍如何应用 Keylight 1.2 抠像。

素材保存路径：配套素材\第 10 章

素材文件名称：Keylight 1.2 抠像素材.aep、Keylight 1.2 抠像效果.aep

第 1 步 打开素材文件“Keylight 1.2 抠像素材.aep”，选择【狗狗.jpg】图层，在菜单栏中选择【效果】→【键控】→Keylight(1.2)菜单项，如图 10-18 所示。

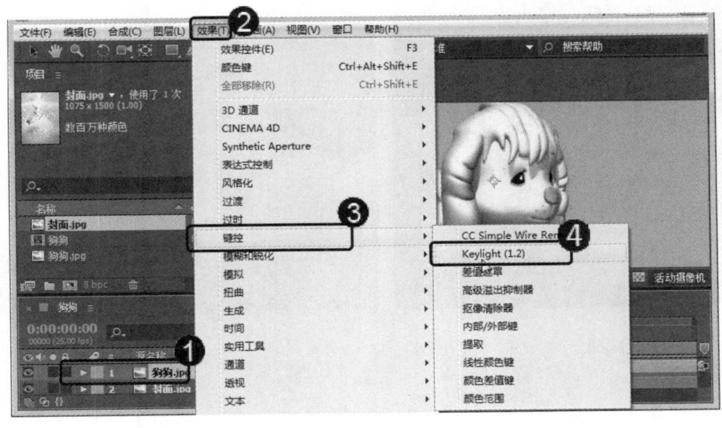

图 10-18

第 2 步 在【时间轴】面板中，选择【狗狗.jpg】素材图层，然后在【效果控件】面板中单击 Screen Colour 右侧的【吸管工具】，接着在合成画面中的绿色背景位置处单击，吸取需要抠除的颜色，如图 10-19 所示。

第 3 步 此时的画面效果如图 10-20 所示。

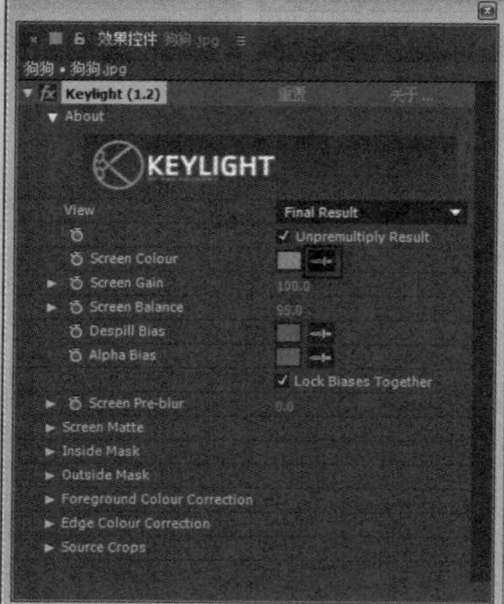

图 10-19

图 10-20

第 4 步 在【效果控件】面板中，设置 Screen Gain(屏幕增益)为 112.0，设置 Screen Balance(屏幕平衡)为 30，设置 Screen Pre-blur(屏幕预模糊)为 21.7，如图 10-21 所示。

第 5 步 通过以上步骤即可完成应用 Keylight 1.2 抠像的操作，最终效果如图 10-22 所示。

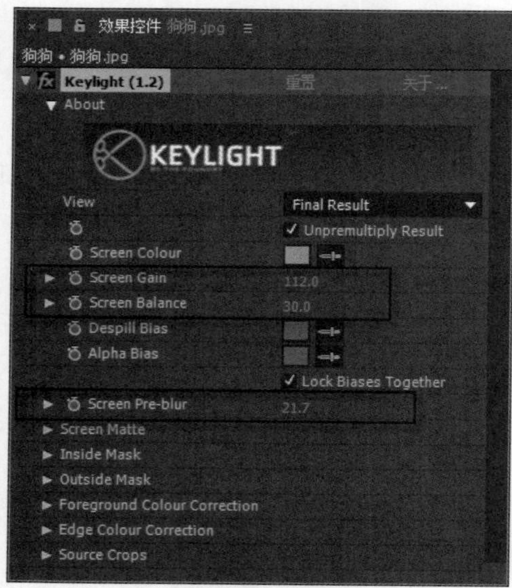

图 10-21

图 10-22

10.4　颜色差值键

【颜色差值键】可以将图像分成 A、B 两个遮罩，并将它们相结合使画面形成将背景变透明的第 3 种蒙版效果。本节将详细介绍颜色差值键的相关知识及应用案例。

↑ 扫码看视频

10.4.1　【颜色差值键】效果基础

选中素材文件，在菜单栏中选择【效果】→【键控】→【颜色差值键】菜单项，在【效果控件】面板中展开【颜色差值键】效果的参数，其参数设置面板如图 10-23 所示。

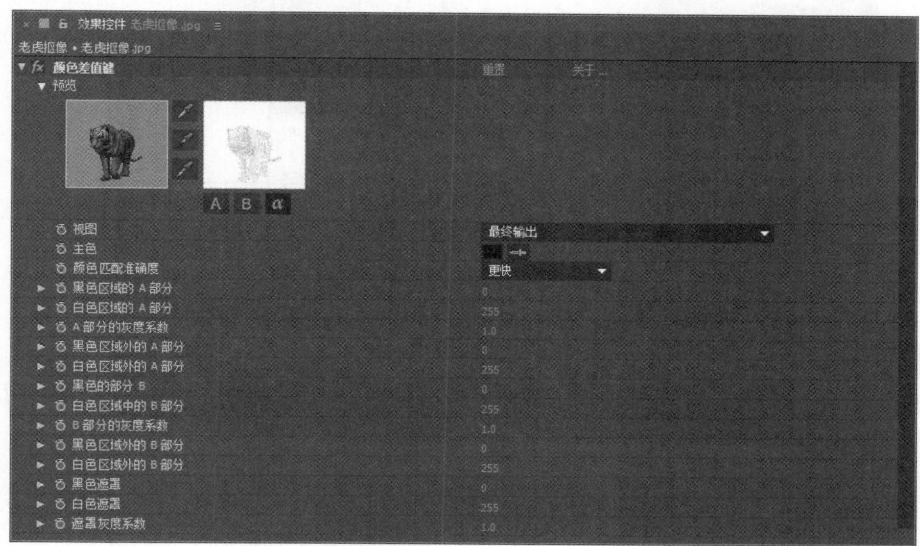

图 10-23

该效果的部分参数含义如下。

- 【吸管工具】：可以在图像中单击吸取需要抠除的颜色。
- 【加吸管】：单击该按钮，可增加吸取范围。
- 【减吸管】：单击该按钮，可以减少吸取范围。
- 预览：可以直接观察键控选取效果。
- 视图：设置【合成】面板中的观察效果。
- 主色：设置键控基本色。
- 颜色匹配准确度：设置颜色匹配的准确程度。

10.4.2 应用【颜色差值键】制作老虎在草原上行走

下面将以一个案例的形式来详细介绍如何应用【颜色差值键】抠像。

素材保存路径：配套素材\第 10 章

素材文件名称：颜色差值键素材.aep、颜色差值键效果.aep

第 1 步 打开素材文件“颜色差值键素材.aep”，选择【老虎抠像.jpg】图层，在菜单栏中选择【效果】→【键控】→【颜色差值键】菜单项，如图 10-24 所示。

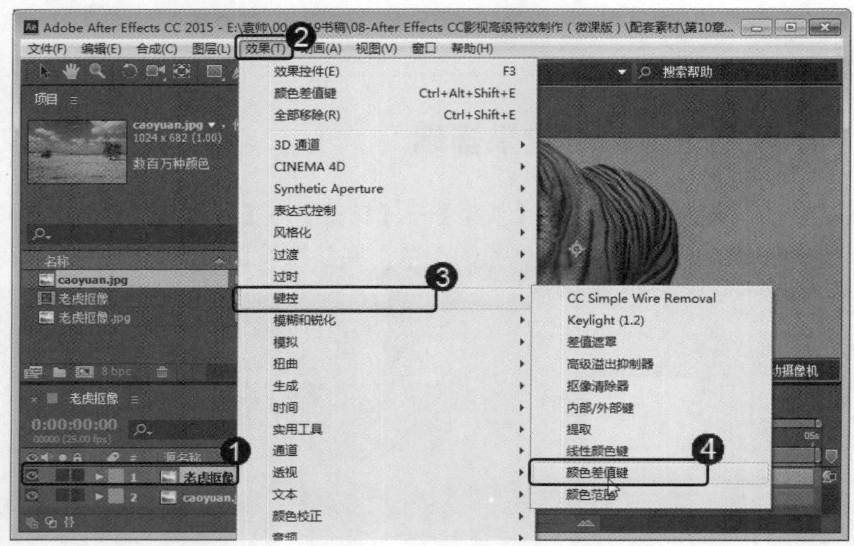

图 10-24

第 2 步 在【时间轴】面板中，选择【老虎抠像.jpg】素材图层，然后在【效果控件】面板中单击【吸管工具】按钮，接着在【预览】窗口中绿色背景位置处单击，吸取需要抠除的颜色，如图 10-25 所示。

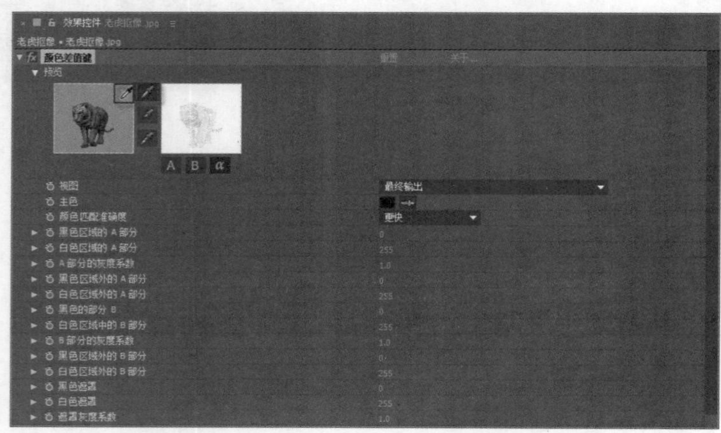

图 10-25

第 3 步 此时的画面效果如图 10-26 所示。

第 4 步 返回到【效果控件】面板中，单击【加吸管】按钮，接着在【预览】窗口中绿色背景位置处单击，继续吸取需要抠除的颜色，如图 10-27 所示。

图 10-26

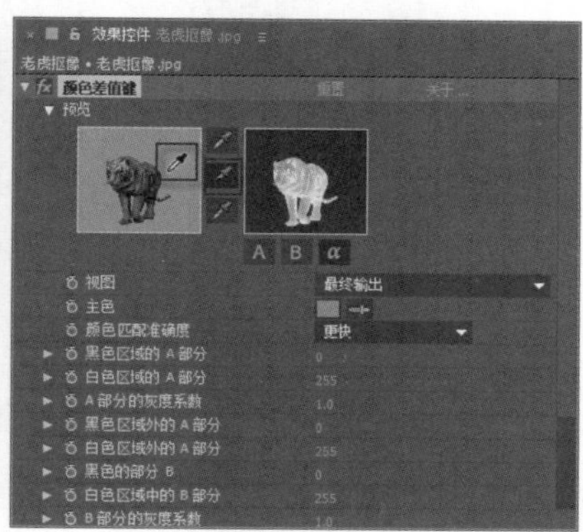

图 10-27

第 5 步 这样即可完成应用【颜色差值键】抠像的操作，最终效果如图 10-28 所示。

图 10-28

10.5 颜色范围

【颜色范围】效果可以在 Lab、YUV 和 RGB 任意一个颜色空间中通过指定的颜色范围来设置抠除颜色。使用【颜色范围】效果对抠除具有多种颜色构成或是灯光不均匀的蓝屏或绿屏背景非常有效。本节将详细介绍颜色范围的相关知识及应用案例。

↑ 扫码看视频

10.5.1 【颜色范围】效果基础

选中素材文件，在菜单栏中选择【效果】→【键控】→【颜色范围】菜单项，在【效果控件】面板中展开【颜色范围】滤镜的参数，其参数设置面板如图 10-29 所示。

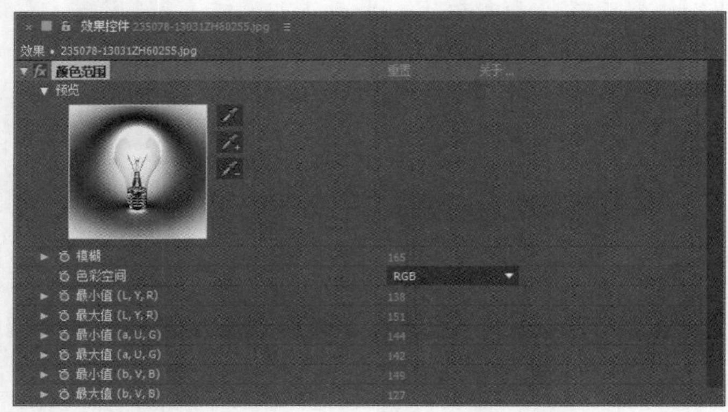

图 10-29

通过以上参数设置的前后效果如图 10-30 所示(其中前两张图片是设置参数之前用到的两张素材，第 3 个是效果图)。

图 10-30

该效果的各项参数含义如下。

- 预览：用来显示抠像所显示的颜色范围预览。
- 【吸管工具】：可以从图像中吸取需要镂空的颜色。
- 【加选吸管】：在图像中单击，可以增加键控的颜色范围。
- 【减选吸管】：在图像中单击，可以减少键控的颜色范围。
- 模糊：控制边缘的柔和程度。值越大，边缘越柔和。
- 色彩空间：设置抠除所使用的颜色空间。包括 Lab、YUV 和 RGB 3 个选项。
- 最小/最大值：精确调整颜色空间中颜色开始范围的最小值和颜色结束范围的最大值。

10.5.2 应用【颜色范围】制作汽车在公路上飞驰

下面将以一个案例的形式来详细介绍如何应用【颜色范围】抠像。

素材保存路径：配套素材\第 10 章

素材文件名称：颜色范围抠像素材.aep、颜色范围抠像效果.aep

第 1 步 打开素材文件“颜色范围抠像素材.aep”，选择【汽车.jpg】图层，在菜单栏中选择【效果】→【键控】→【颜色范围】菜单项，如图 10-31 所示。

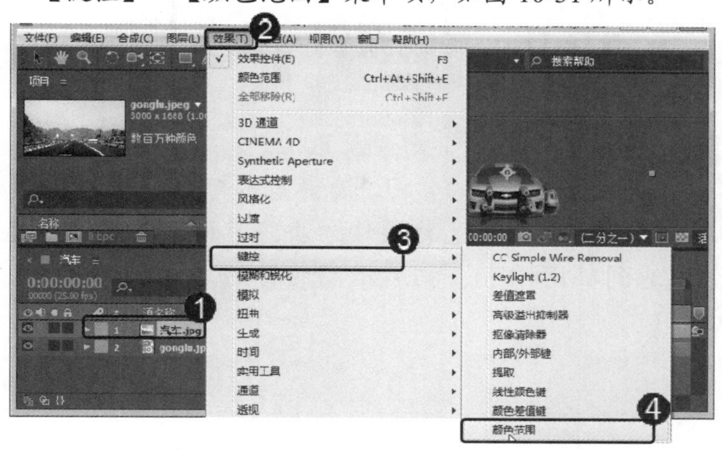

图 10-31

第 2 步 在【时间轴】面板中，选择【汽车.jpg】素材图层，然后在【效果控件】面板中单击【吸管工具】按钮，接着在【预览】窗口中背景位置处单击，吸取需要抠除的颜色，如图 10-32 所示。

第 3 步 此时的画面效果如图 10-33 所示。

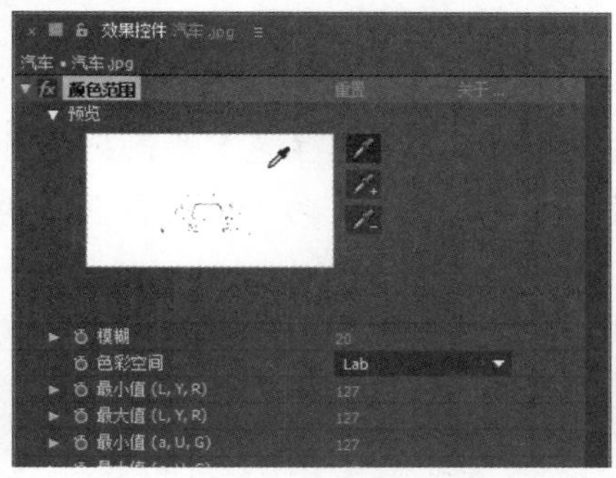

图 10-32

图 10-33

第 4 步 返回到【效果控件】面板中，设置各项参数数值，如图 10-34 所示。

第 5 步 调整【汽车.jpg】素材图层的位置，即可完成应用【颜色范围】抠像的操作，最终效果如图 10-35 所示。

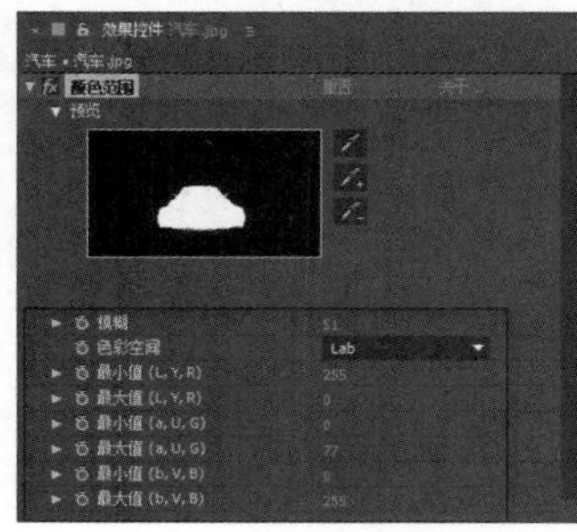

图 10-34

图 10-35

10.6 实践案例与上机指导

通过本章的学习，读者基本可以掌握抠像与合成的基本知识以及一些常见的操作方法，下面通过练习一些案例操作，以达到巩固学习、拓展提高的目的。

↑扫码看视频

10.6.1 制作水墨芭蕾人像合成

本章学习了抠像与合成操作的相关知识，下面将详细介绍制作水墨芭蕾人像合成效果，来巩固和提高本章学习的内容。

素材保存路径：配套素材\第 10 章

素材文件名称：水墨芭蕾素材.aep、水墨芭蕾人像合成.aep

第 1 步 打开素材"水墨芭蕾素材.aep"，加载【水墨芭蕾】合成，如图 10-36 所示。

第 2 步 为【人像.jpg】图层添加【颜色键】特效，单击【主色】后面的【吸管工具】按钮，吸取【人像.jpg】图层的背景颜色，设置【颜色容差】为 10，【薄化边缘】为 2，如图 10-37 所示。

图 10-36

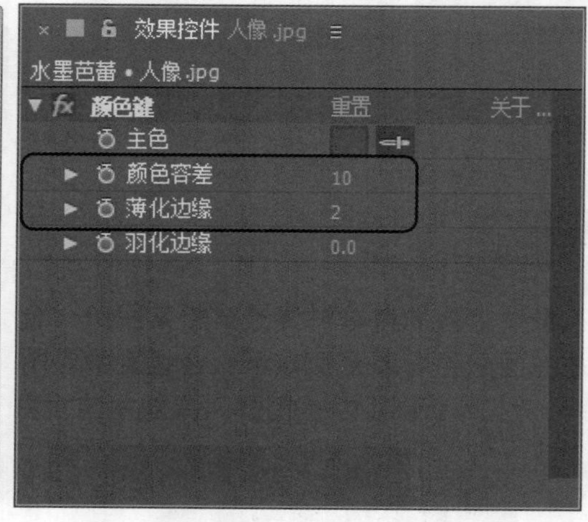

图 10-37

第 3 步 此时拖动时间线滑块可以查看人像合成的效果，如图 10-38 所示。

第 4 步 设置【人像.jpg】图层的【位置】为(593,461)，【缩放】为 65，如图 10-39 所示。

图 10-38

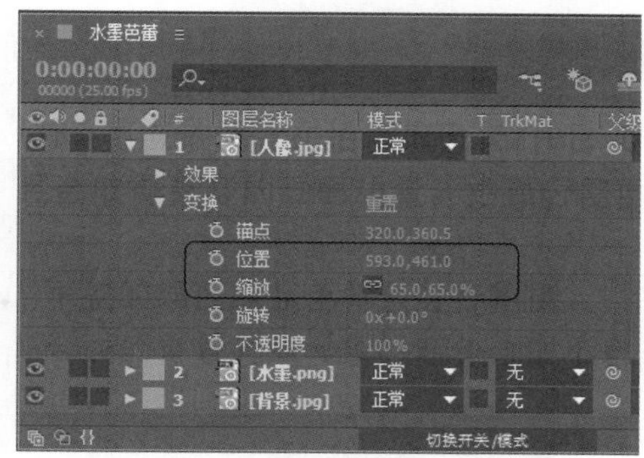

图 10-39

第 5 步 为【人像.jpg】图层添加【色相/饱和度】效果，设置【主饱和度】为-25，如图 10-40 所示。

第 6 步 此时拖动时间线滑块可以查看效果，如图 10-41 所示。

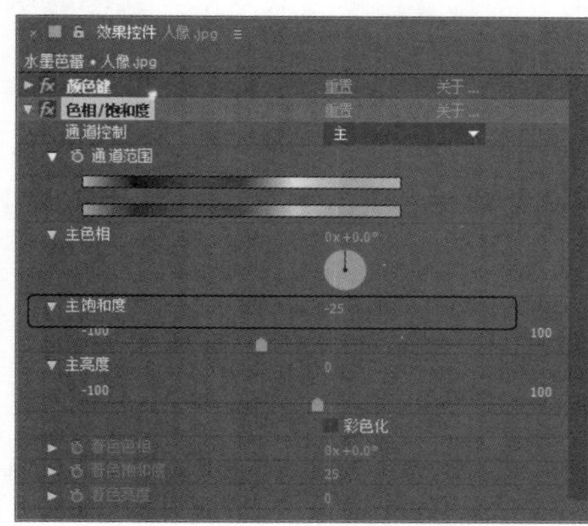

图 10-40

图 10-41

第 7 步 将【水墨.png】图层进行复制，并重命名为“水墨 1.png”，然后将其拖曳到【人像.jpg】图层的上方，如图 10-42 所示。

第 8 步 为【水墨 1.png】图层添加【线性擦除】效果，设置【擦除角度】为 170°，【羽化】为 10，如图 10-43 所示。

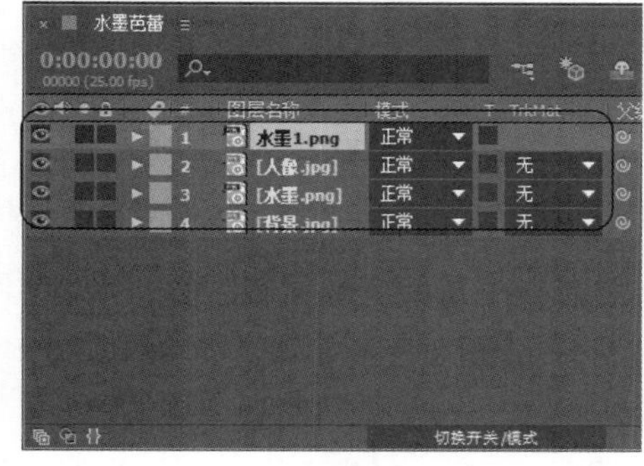

图 10-42

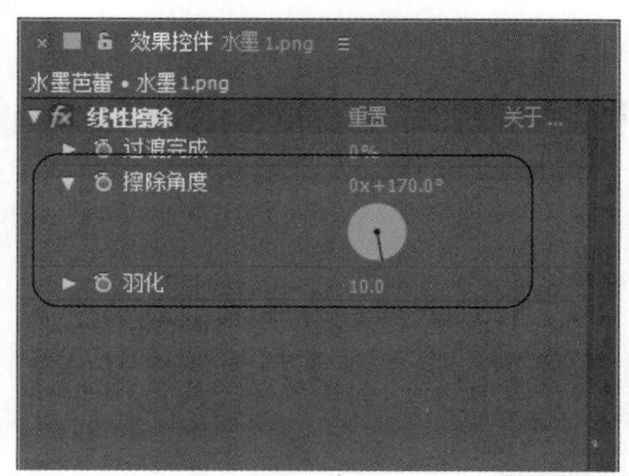

图 10-43

第 9 步 在【水墨 1.png】图层中，展开【线性擦除】效果，设置关键帧动画。在第 0 帧处，设置【过渡完成】为 0；在第 4 秒处，设置【过渡完成】为 100，如图 10-44 所示。

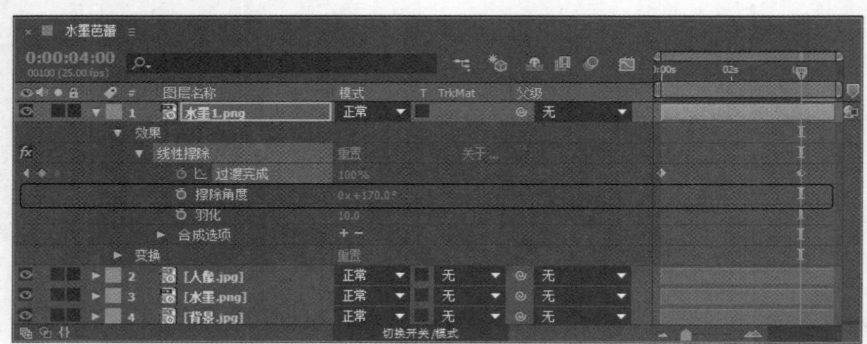

图 10-44

第 10 步 此时拖动时间线滑块可以查看制作的水墨芭蕾人像合成效果，最终的效果如图 10-45 所示。

图 10-45

10.6.2 使用 Keylight 效果进行视频抠像

本例将主要介绍 Keylight(1.2)效果的应用，通过本例的学习，用户可以掌握 Keylight(1.2)抠像的常规使用方法。

素材保存路径：配套素材\第 10 章

素材文件名称：Keylight 视频抠像素材.aep、Keylight 视频抠像效果.aep

第 1 步 打开素材文件“Keylight 视频抠像素材.aep”，加载【总合成】合成，将素材 Suzy.avi 拖曳至【时间轴】面板中的顶层，如图 10-46 所示。

第 2 步　选择【矩形工具】，将镜头中右侧的拍摄设备圈选出来，如图 10-47 所示。

图 10-46

图 10-47

第 3 步　展开 Suzy.avi 图层的蒙版属性，勾选【反转】复选框，如图 10-48 所示。

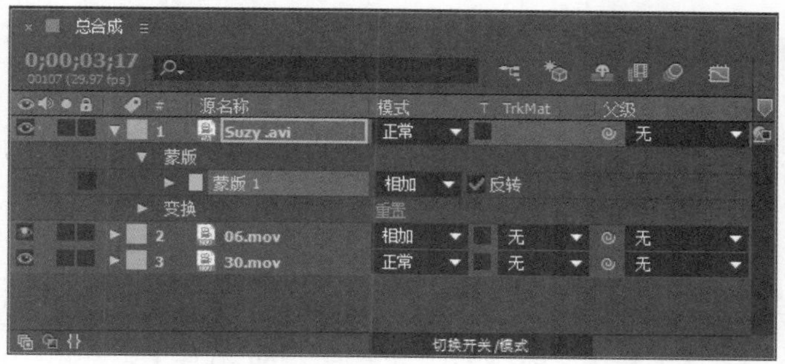

图 10-48

第 4 步　选择 Suzy.avi 图层，在菜单栏中选择【效果】→【键控】→Keylight(1.2)菜单项，然后在【效果控件】面板中，使用 Screen Colour(屏幕色)后面的【吸管工具】，在【合成】面板中吸取绿色背景，如图 10-49 所示。

图 10-49

第 5 步 通过以上步骤即可完成使用 Keylight 效果进行视频抠像的操作，最终效果如图 10-50 所示。

图 10-50

10.6.3 使用【颜色范围】效果合成炫酷人像

本例主要使用【颜色范围】效果合成炫酷人像，下面详细介绍其操作方法。

素材保存路径：配套素材\第 10 章

素材文件名称：制作炫酷人像素材.aep、制作炫酷人像效果.aep

第 1 步 打开素材文件“制作炫酷人像素材.aep”，在【效果和预设】面板中搜索【颜色范围】效果，并将其拖曳到【时间轴】面板中的 2.jpg 图层上，如图 10-51 所示。

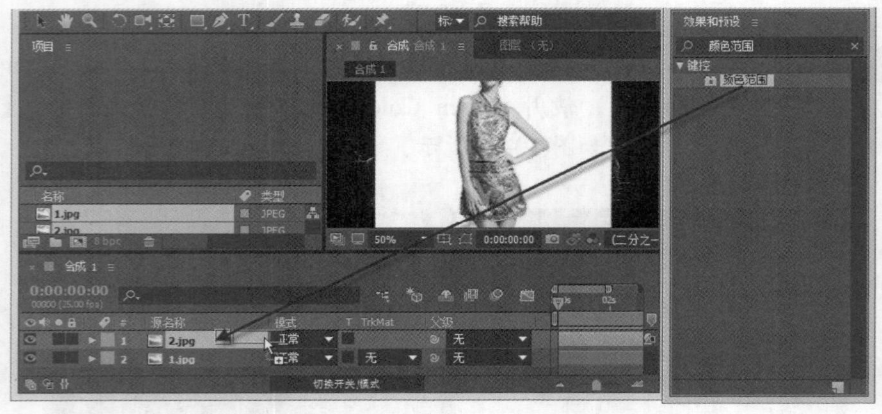

图 10-51

第 2 步 在【效果控件】面板中选择【预览】右侧的【吸管工具】，然后在【合成】面板中的 2.jpg 素材图层的白色背景处单击鼠标左键，吸取需要抠除的颜色，如图 10-52 所示。

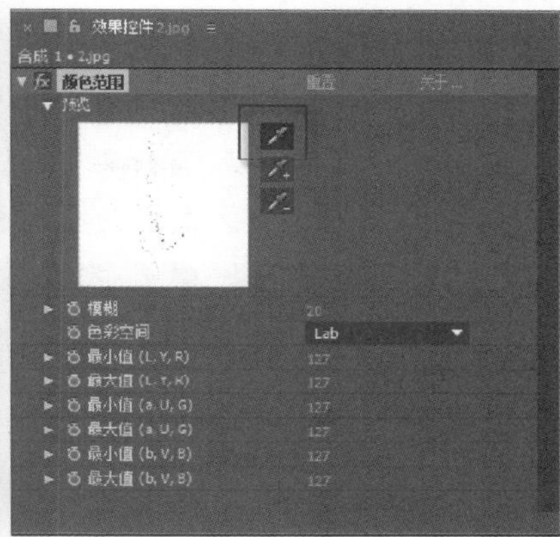

图 10-52

第 3 步 接着在【效果控件】面板中，设置详细的参数，如图 10-53 所示。

第 4 步 此时的画面效果如图 10-54 所示。

图 10-53

图 10-54

第 5 步 在【效果和预设】面板中搜索【快速模糊】效果，并将其拖曳到【时间轴】面板中的 2.jpg 图层上，如图 10-55 所示。

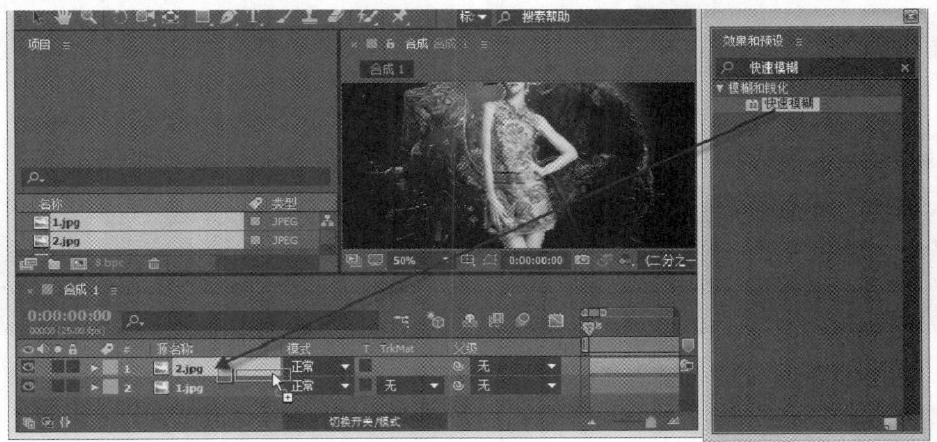

图 10-55

第 6 步 在【时间轴】面板中，打开 2.jpg 图层下的【快速模糊】效果，并将时间线拖动到起始帧位置，单击【模糊度】前的【时间变化秒表】按钮，设置【模糊度】为 50，再将时间线拖动至 20 帧位置处，设置【模糊度】为 20。最后将时间线拖动至 1 秒位置处，设置【模糊度】为 0，设置【模糊方向】为【水平】，如图 10-56 所示。

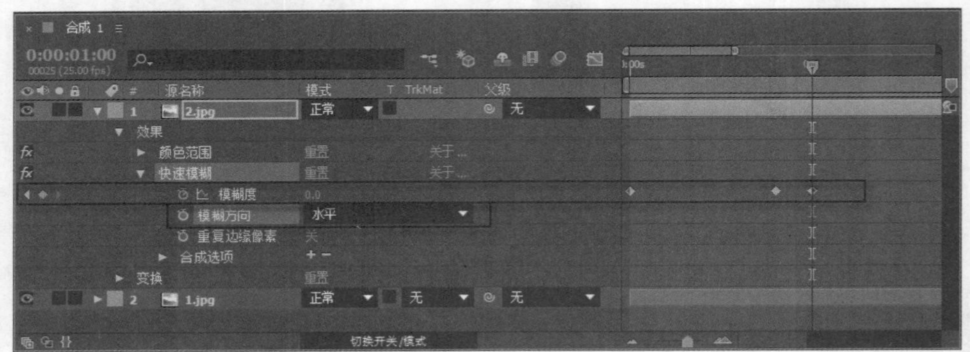

图 10-56

第 7 步 打开该图层下的【变换】，并将时间线拖动至起始帧位置处，单击【位置】前的【时间变化秒表】按钮，设置【位置】为(-170.0,500.0)，再将时间线拖动至 20 帧位置处，设置【位置】为(-730,500)，最后将时间线拖动至 1 秒位置处，设置【位置】为(712,500)，如图 10-57 所示。

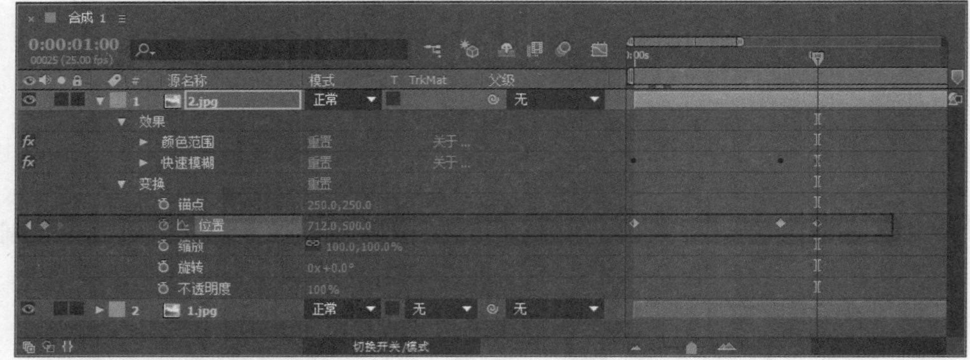

图 10-57

第 8 步 此时拖动时间线滑块即可查看画面效果，如图 10-58 所示。

 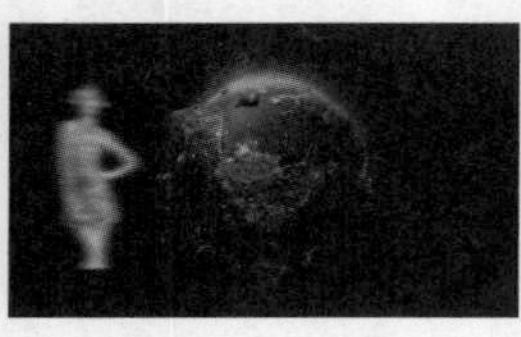 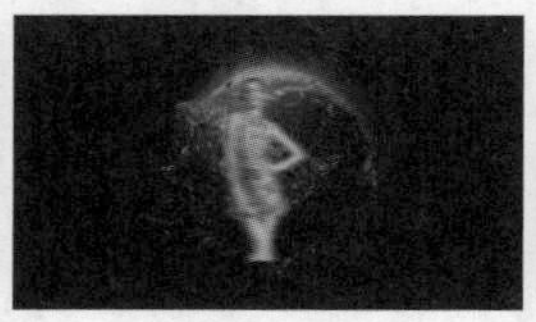 

图 10-58

第 9 步 在【项目】面板中将素材 3.jpg 拖曳到【时间轴】面板中，并将其拖曳至 2.jpg 图层的下方，然后设置【模式】为【屏幕】，如图 10-59 所示。

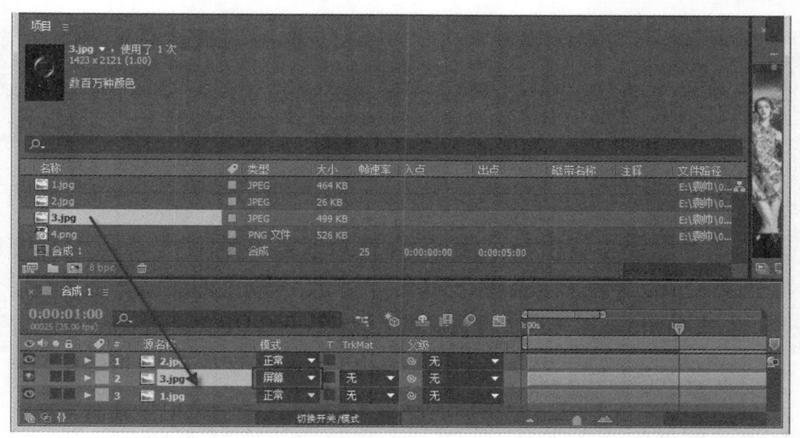

图 10-59

第 10 步 此时的画面效果如图 10-60 所示。

图 10-60

第 11 步 在【时间轴】面板中打开 3.jpg 图层下方的【变换】，设置【锚点】为(739.5,908.5)，接着将时间线拖动至 1 秒位置处，依次单击【缩放】、【旋转】和【不透明度】前的【时间变化秒表】按钮，设置【缩放】为 130、【旋转】为-1×+0.0°、【不透明度】为 0，如图 10-61 所示。

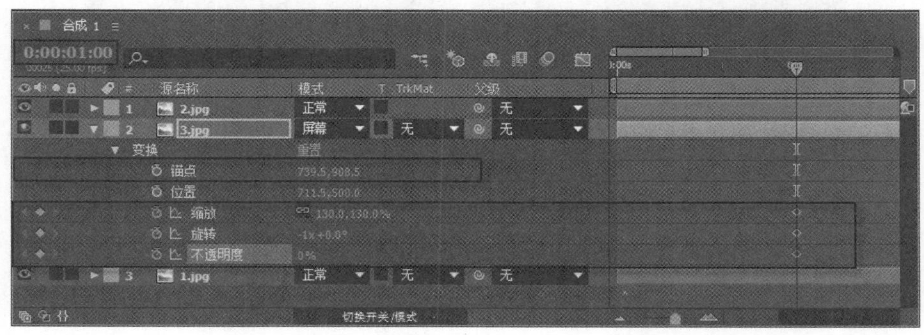

图 10-61

第 12 步 将时间线拖动至 2 秒位置处，设置【缩放】为 175.9、【不透明度】为 100，如图 10-62 所示。

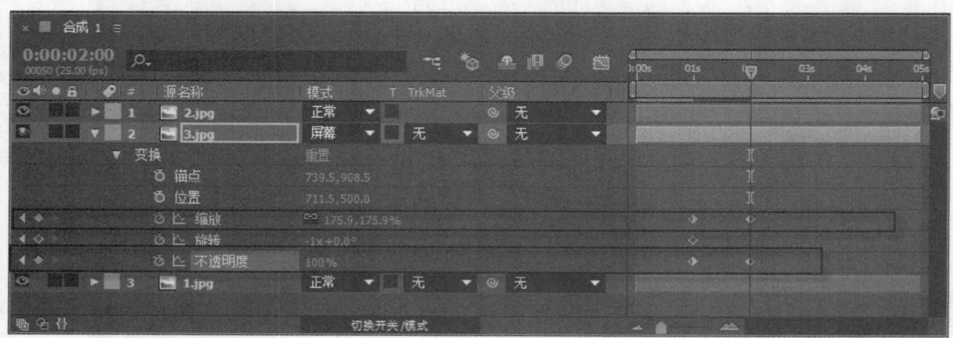

图 10-62

第 13 步 将时间线拖曳至结束帧位置处，设置【旋转】为 0×+0°，如图 10-63 所示。

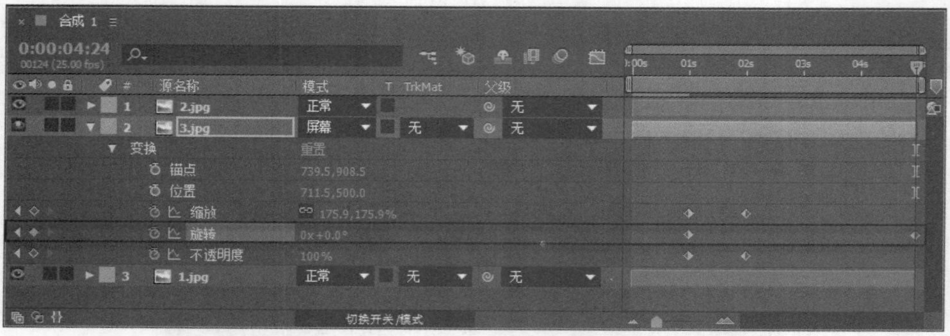

图 10-63

第 14 步 此时拖动时间线即可查看画面效果，如图 10-64 所示。

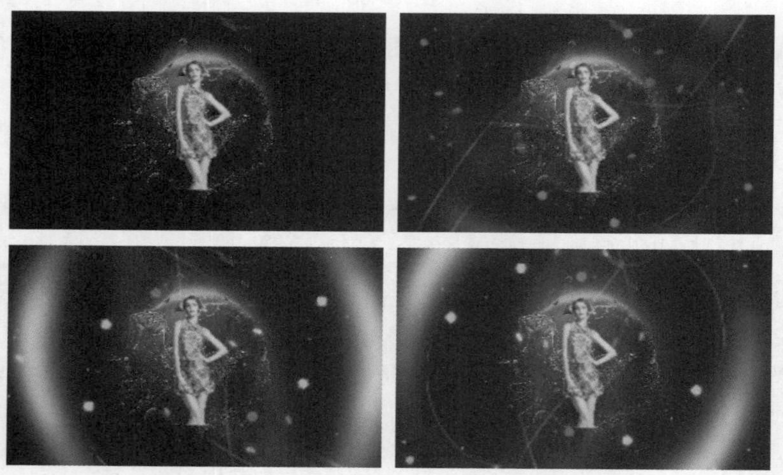

图 10-64

第 15 步 将【项目】面板中的 4.png 素材拖曳到【时间轴】面板中，并单击该图层的【3D 图层】按钮，将该图层转换为 3D 图层，如图 10-65 所示。

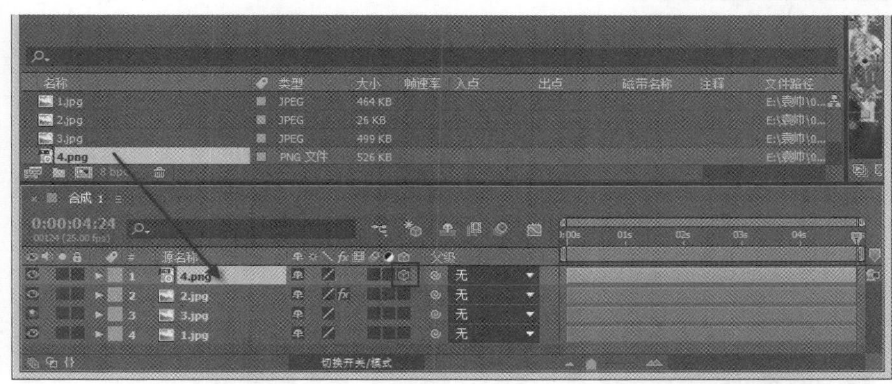

图 10-65

第 16 步 在【时间轴】面板中打开 4.png 图层下方的【变换】，设置【位置】为(711.5,865.0,0.0)，接着将时间线拖曳到 2 秒位置处，并依次单击【缩放】、【Y 轴旋转】和【不透明度 】前的【时间变化秒表】按钮，设置【缩放】为 0，【Y 轴旋转】为 180.0° ，【不透明度】为 0，如图 10-66 所示。

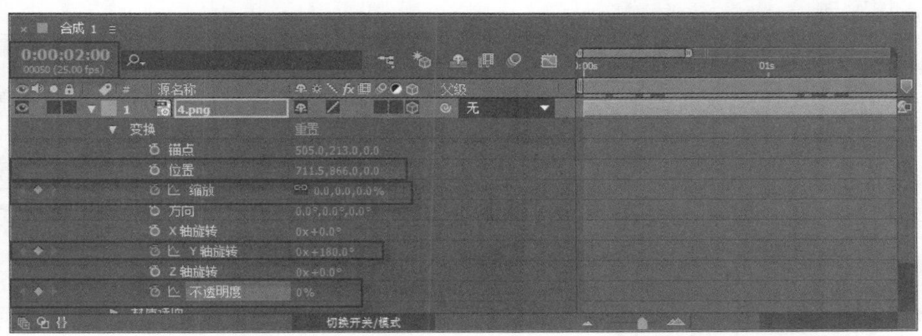

图 10-66

第 17 步 将时间线拖动至 3 秒位置处，设置【缩放】为 50，【Y 轴旋转】为 0° ，【不透明度】为 100，如图 10-67 所示。

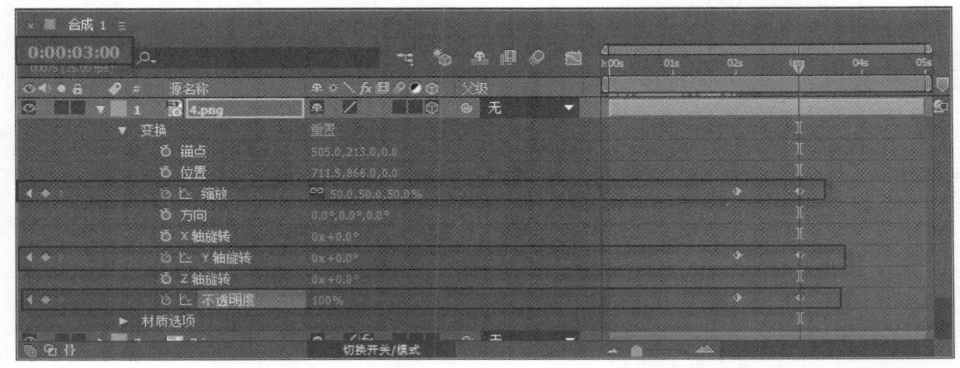

图 10-67

第 18 步 此时拖动时间线即可查看本例的最终效果，如图 10-68 所示。

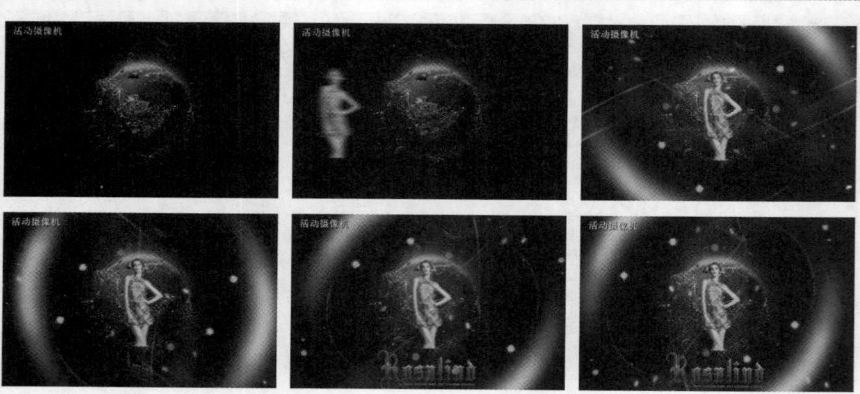

图 10-68

10.7 思考与练习

一、填空题

1. 抠像是将画面中的某一颜色进行抠除转换为________，是影视制作领域较为常见的技术手段，如果看见演员在绿色或蓝色的背景前表演，但是在影片中看不到这些背景，这就是运用了抠像的技术手段。

2. 抠像的最终目的是将人物与背景进行融合。使用其他背景素材______原绿色背景，也可以再添加一些相应的前景元素，使其与原始图像相互融合，形成两层或多层画面的叠加合成，以实现具有丰富的层次感及神奇的合成视觉艺术效果。

二、判断题

1. 在影视制作过程中，背景的颜色不仅局限于绿色和蓝色，而是任何与演员服饰、妆容等区分开来的纯色都可以实现该技术，以此实现虚拟演播室的效果。 (　　)

2. 尽量避免人物穿着与背景不同色的绿色或蓝色衣饰，以避免这些颜色在后期抠像时被一并抠除。 (　　)

3. 在拍摄素材之前，尽量选择颜色均匀、平整的绿色或蓝色背景进行拍摄。 (　　)

三、思考题

1. 叙述素材抠像的操作步骤。

2. 如何应用【颜色键】抠像？

第 11 章

声音特效的应用

本章要点

- 将声音导入影片
- 为声音添加特效

本章主要内容

人类能够听到的所有声音都称之为音频，包括噪声等，视频画面和声音同步配合能够得到很好的效果，声音运用得恰到好处，往往能够营造出各种气氛。通过本章的学习，读者可以掌握声音特效应用方面的知识，为深入学习 After Effects CC 影视高级特效制作知识奠定基础。

11.1 将声音导入影片

在影视后期合成中有两个元素，一个是视频画面，另一个就是声音了，声音是影片的引导者，没有声音的影片无论多么精彩，也不会使观众陶醉。本节将详细介绍将声音导入影片的相关知识及操作方法。

↑ 扫码看视频

11.1.1 声音的导入与监听

要应用声音特效，首先需要掌握声音的导入与监听相关知识，下面详细介绍其相关知识及操作方法。

素材保存路径：配套素材\第 11 章

素材文件名称：马奔跑.AVI

启动 After Effects CC 软件，在【项目】面板的空白处双击鼠标左键，打开【导入文件】对话框，选择素材文件“马奔跑.AVI”，单击【导入】按钮，在【项目】面板中选择该素材文件，可以看到【预览】面板下方出现了声波图形，如图 11-1 所示。这说明该视频素材携带声道。

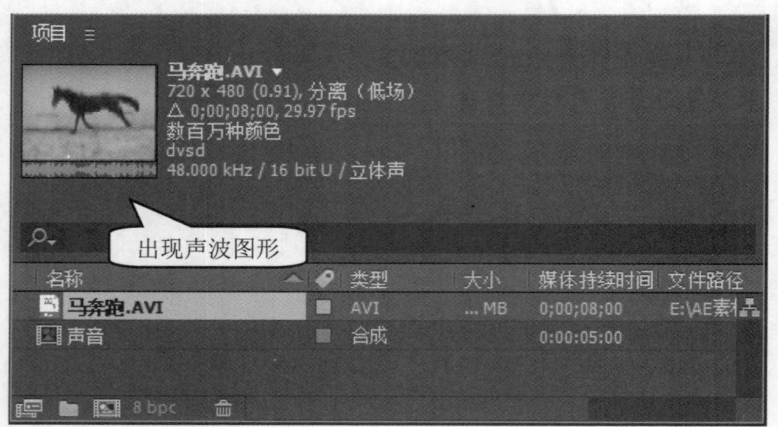

图 11-1

从【项目】面板中将“马奔跑.AVI”文件拖曳到【时间轴】面板中。在菜单栏中选择【窗口】→【预览】菜单项，在打开的【预览】面板中，确定图标为弹起状态，同时用户可以在该面板中设置播放声音及视频的快捷键，如图 11-2 所示。

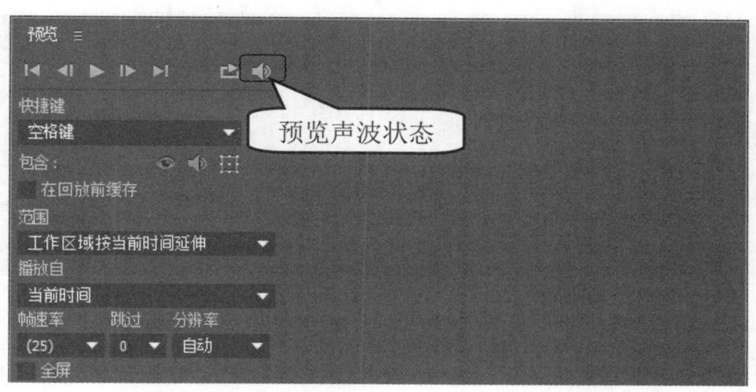

图 11-2

在【时间轴】面板中同样确定图标为弹起状态，如图 11-3 所示。

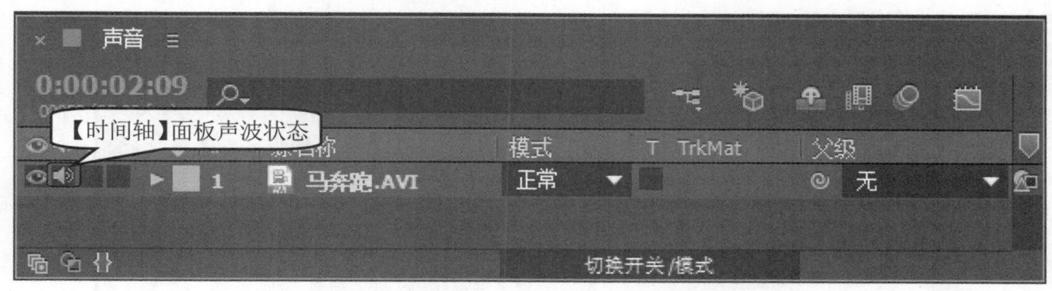

图 11-3

按空格键(用户也可以设置为其他快捷键)即可监听影片的声音，在按住 Ctrl 键的同时，拖动时间线滑块，可以实时听到当前时间线滑块位置的音频。

选择【窗口】→【音频】菜单项，打开【音频】面板，在该面板中拖曳滑块可以调整声音素材的总音量或分别调整左、右声道的音量，如图 11-4 所示。

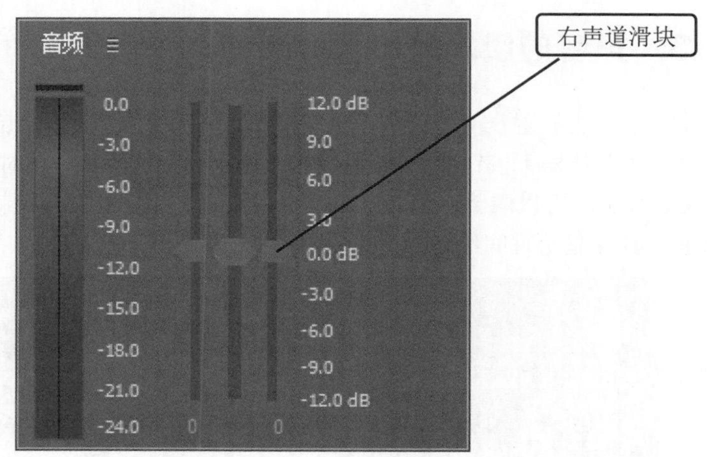

图 11-4

在【时间轴】面板中，打开【波形】卷展栏，可以在其中显示声音的波形，调整【音频电平】右侧的参数，可以分别调整左、右声道的音量，如图 11-5 所示。

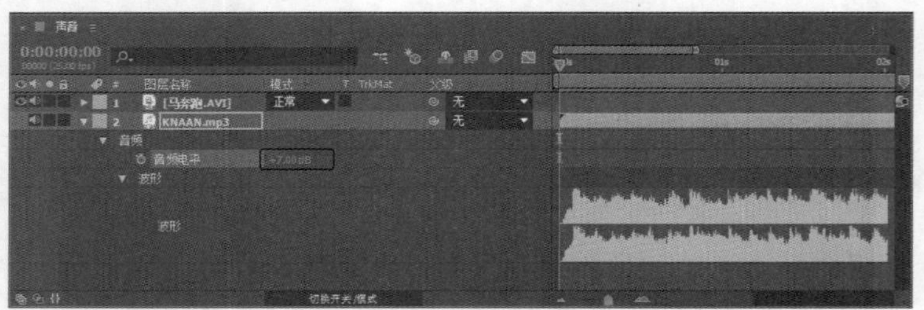

图 11-5

11.1.2 声音长度的缩放

在【时间轴】面板底部，单击按钮，将控制区域完全显示出来。在【持续时间】项可以设置声音的播放长度，在【伸缩】项可以设置播放时长与原始素材时长的百分比，如图 11-6 所示。

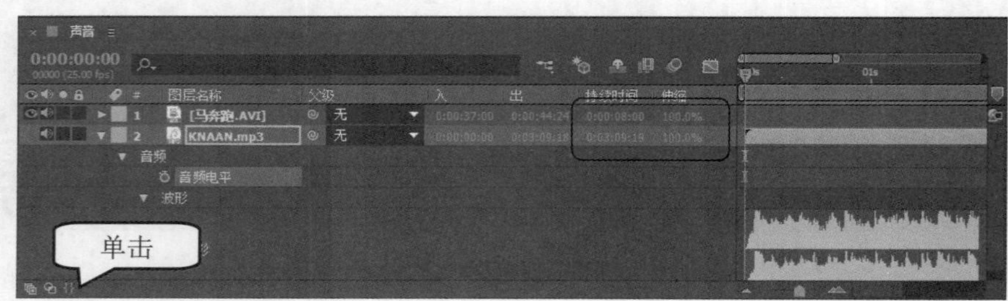

图 11-6

例如，将【伸缩】设置为 200 后，声音的实际播放时长是原始素材时长的 2 倍。通过设置这两个参数缩放或延长声音的播放长度后，声音的音调也同时升高或降低。

11.1.3 声音的淡入淡出

将时间线滑块放置在 0 秒的位置，在【时间轴】面板中单击【音频电平】选项前面的【关键帧自动记录器】按钮，添加关键帧。输入参数-100；将时间线滑块放置在 1 秒的位置，输入参数 0，可以看到在【时间轴】面板中增加了两个关键帧，如图 11-7 所示。此时按住 Ctrl 键不放拖动时间线滑块，可以听到声音由小变大的淡入效果。

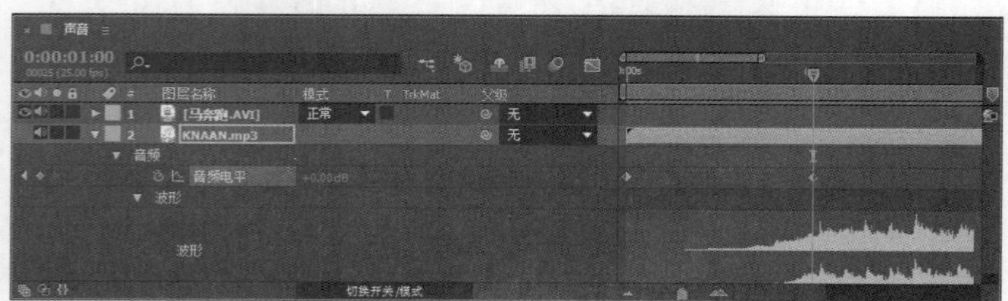

图 11-7

将时间线滑块放置在 3 秒的位置处，输入【音频电平】的参数为 0.1；拖曳时间线滑块到结束帧，输入【音频电平】的参数为-100，此时【时间轴】面板的状态如图 11-8 所示。按住 Ctrl 键不放拖动时间线滑块，可以听到声音的淡出效果。

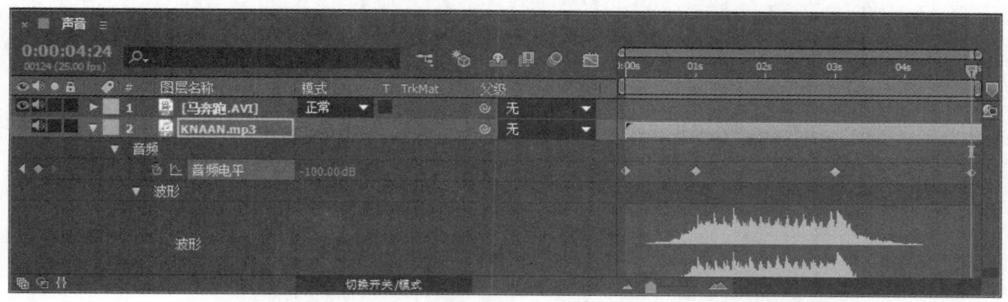

图 11-8

智慧锦囊

单击【时间轴】面板底部的按钮，可以切换显示【音频电平】右侧的参数。

11.2　为声音添加特效

为声音添加特效就像为视频添加效果一样，只要在【效果和预设】面板中单击相应的命令完成需要的操作即可，本节将详细介绍为声音添加特效的相关知识。

↑ 扫码看视频

11.2.1　制作倒放特效

选中素材文件，在菜单栏中选择【效果】→【音频】→【倒放】菜单项，即可将该特效添加到【效果控件】面板中。这个特效可以倒放音频素材，即从最后一帧向第一帧播放。勾选【互换声道】复选框可以交换左、右声道中的音频，如图 11-9 所示。

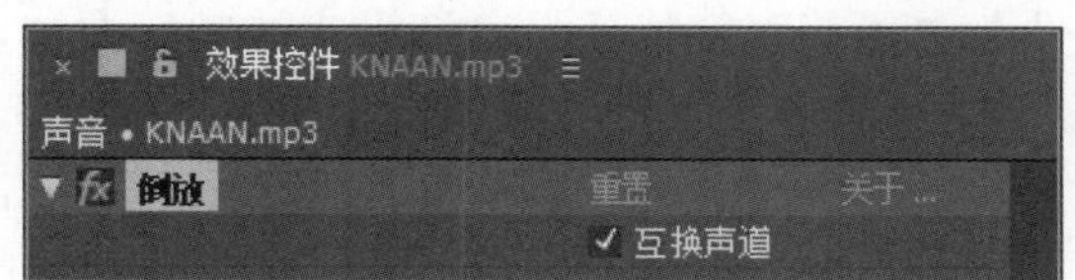

图 11-9

11.2.2　制作低音和高音特效

选中素材文件，在菜单栏中选择【效果】→【音频】→【低音和高音】菜单项，即可将该特效添加到【效果控件】面板中。设置【低音】或【高音】的参数可以增加或减少音频中低音或高音的音量，如图 11-10 所示。

图 11-10

11.2.3　制作延迟特效

选中素材文件，在菜单栏中选择【效果】→【音频】→【延迟】菜单项，即可将该特效添加到【效果控件】中。它可以将声音素材进行多层延迟来模仿回声效果。例如，制作墙壁的回声或空旷的山谷中的回音。【延迟时间】参数用于设定原始声音和其回音之间的时间间隔，单位为毫秒；【延迟量】参数用于设置延迟音频的音量；【反馈】参数用于设置由回音产生的后续回音的音量；【干输出】参数用于设置声音素材的电平；【湿输出】参数用于设置最终输出声波电平，如图 11-11 所示。

图 11-11

11.2.4　制作高通/低通特效

选中素材文件，在菜单栏中选择【效果】→【音频】→【高通/低通】菜单项，即可将该特效添加到【效果控件】中。该声音特效只允许设定的频率通过，通常用于滤去低频率或高频率的噪声，如电流声、嗞嗞声等。在【滤镜选项】栏中可以选择使用【高通】或【低通】方式。【屏蔽频率】参数用于设置滤波器的分界频率，选择【高通】方式滤波时，低于该频率的声音被滤除；选择【低通】方式滤波时，高于该频率的声音被滤除。【干输出】调整在最终渲染时未处理的音频的混合量，【干输出】参数用于设置声音素材的电平，【湿输出】参数用于设置最终输出声波电平，如图 11-12 所示。

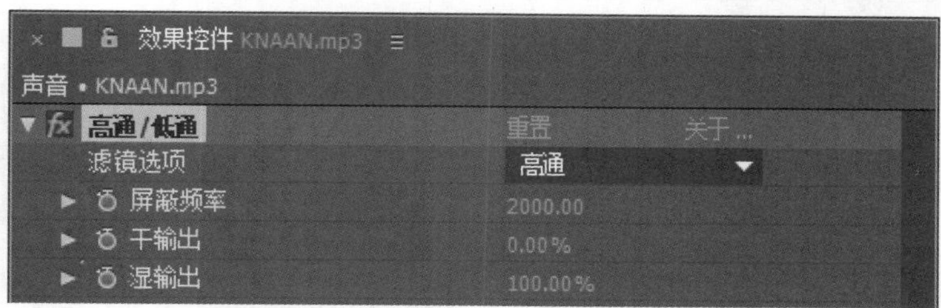

图 11-12

11.3　实践案例与上机指导

通过本章的学习，读者基本可以掌握声音特效应用的基本知识以及一些常见的操作方法，下面通过练习一些案例操作，以达到巩固学习、拓展提高的目的。

↑扫码看视频

11.3.1　为奔跑的马添加背景音乐

本例将使用【低音和高音】命令制作声音文件特效，使用【高通/低通】命令调整高低音效果，并且对视频的颜色进行调整，下面将详细介绍为奔跑的马添加背景音乐的方法。

素材保存路径：配套素材\第 11 章

素材文件名称：American Life.mp3、马奔跑.AVI、为奔跑的马添加背景音乐.aep

第 1 步　***1.*** 在【项目】面板中，单击鼠标右键，***2.*** 在弹出的快捷菜单中选择【新建合成】菜单项，如图 11-13 所示。

第 2 步　在弹出的【合成设置】对话框中，设置【合成名称】为“添加背景音乐”，并设置如图 11-14 所示的参数，创建一个合成。

第 3 步　在【项目】面板空白处双击鼠标左键，在弹出的【导入文件】对话框中选择需要的素材文件，　单击【导入】按钮，如图 11-15 所示。

第 4 步　将【项目】面板中的素材文件拖曳到【时间轴】面板中，如图 11-16 所示。

第 5 步　在【时间轴】面板中，选择 American Life.mp3 图层，展开该层的【音频】属性，将时间线滑块拖动到 02:05 秒的位置，单击【音频电平】选项前面的【关键帧自动记录器】按钮，记录第 1 个关键帧，如图 11-17 所示。

第 6 步　将时间线滑块拖动到 12:12 秒的位置，设置【音频电平】为-30，记录第 2 个关键帧，如图 11-18 所示。

图 11-13

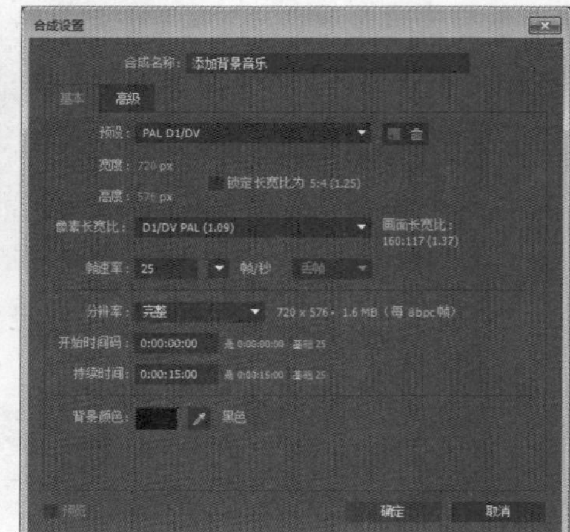

图 11-14

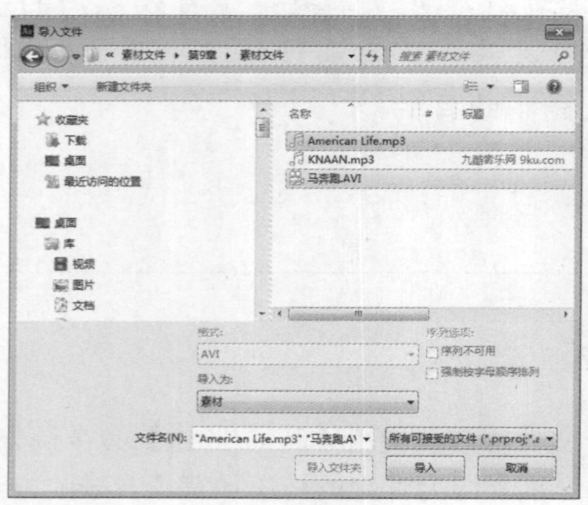

图 11-15

图 11-16

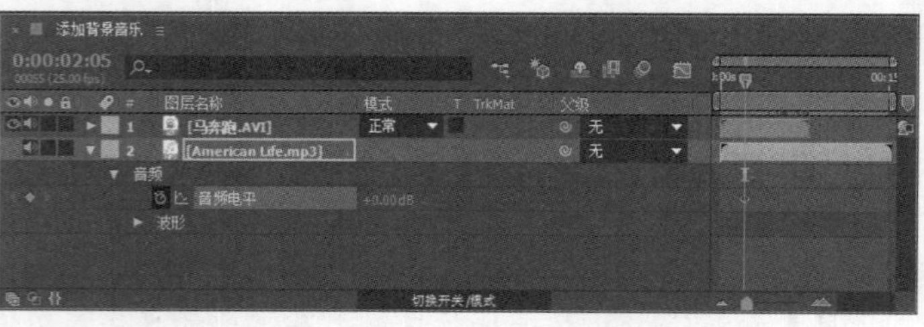

图 11-17

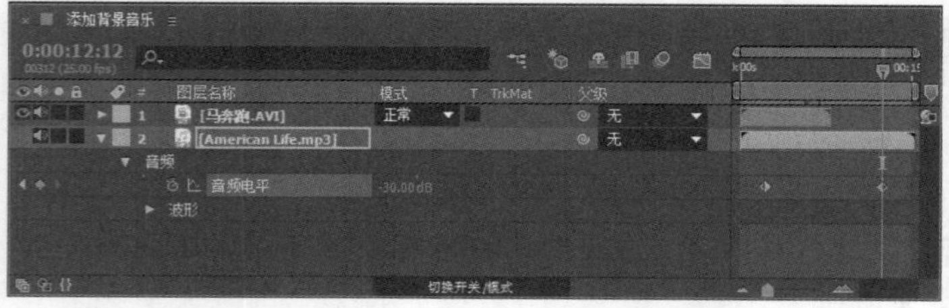

图 11-18

第 7 步 选择 American Life.mp3 图层，在菜单栏中选择【效果】→【音频】→【低音和高音】菜单项，在【效果控件】面板中进行如图 11-19 所示的参数设置。

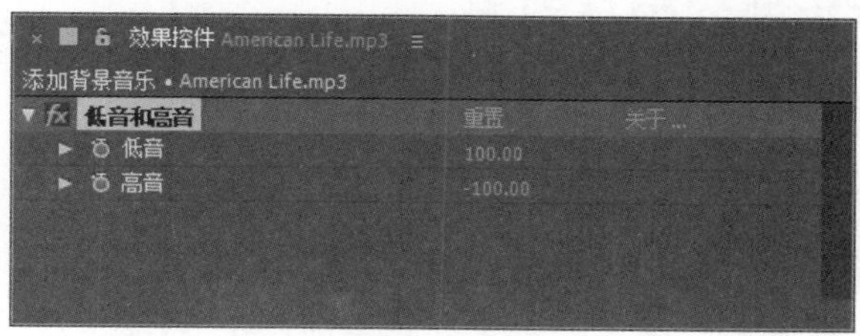

图 11-19

第 8 步 选择 American Life.mp3 图层，在菜单栏中选择【效果】→【音频】→【高通/低通】菜单项，在【效果控件】面板中进行如图 11-20 所示的参数设置。

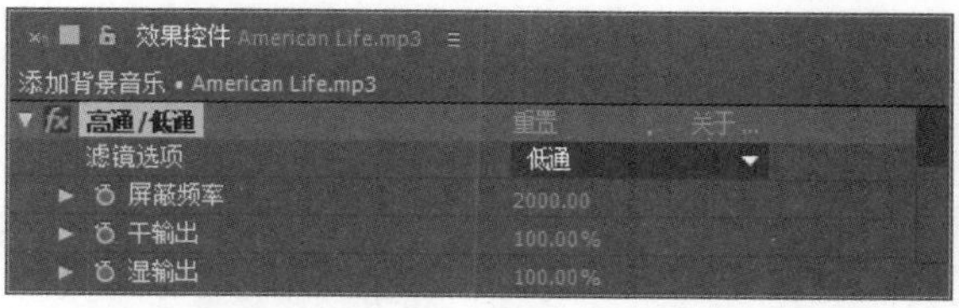

图 11-20

第 9 步 选择【马奔跑.AVI】图层，在菜单栏中选择【效果】→【颜色校正】→【照片滤镜】菜单项，在【效果控件】面板中进行如图 11-21 所示的参数设置，这样可以将视频中的背景颜色变为暖色系。

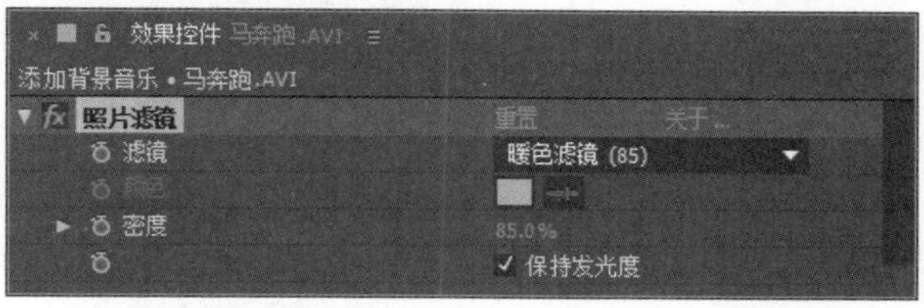

图 11-21

第 10 步 通过以上步骤即可完成为奔跑的马添加背景音乐的操作，并且视频中的背景颜色已被校正，效果如图 11-22 所示。

图 11-22

11.3.2 制作音乐部分损坏效果

本例介绍利用【调制器】特效制作音乐的部分损坏效果的方法。

素材保存路径：配套素材\第 11 章

素材文件名称：When You Believe.mp3、音乐部分损坏效果.aep

第 1 步 *1.* 在【项目】面板中，单击鼠标右键，*2.* 在弹出的快捷菜单中选择【新建合成】菜单项，如图 11-23 所示。

第 2 步 在弹出的【合成设置】对话框中，设置【合成名称】为“合成 1”，并设置如图 11-24 所示的参数，创建一个合成。

图 11-23

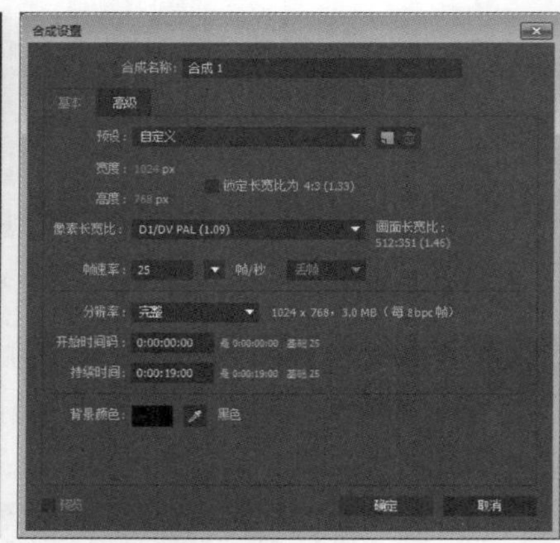

图 11-24

第 3 步 在【项目】面板空白处双击鼠标左键，*1.* 在弹出的【导入文件】对话框中选择需要的素材文件，*2.* 单击【导入】按钮，如图 11-25 所示。

第 4 步 将【项目】面板中的素材文件拖曳到【时间轴】面板中，如图 11-26 所示。

图 11-25

图 11-26

第 5 步 选择 When You Believe.mp3 图层，在菜单栏中选择【效果】→【音频】→【调制器】菜单项，在【效果控件】面板中设置【调制深度】为 20，【振幅变调】为 10，如图 11-27 所示。

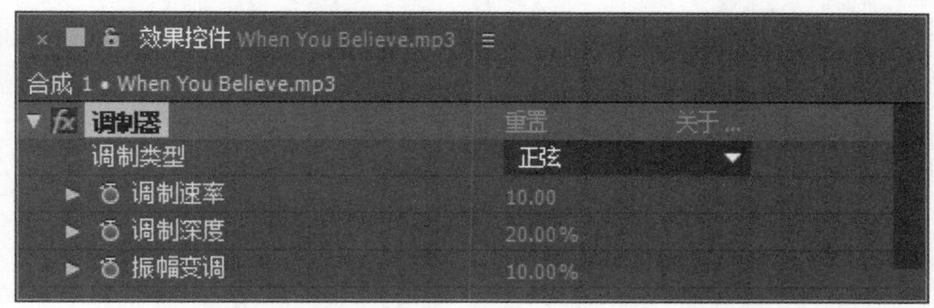

图 11-27

第 6 步 将时间线滑块拖动到第 10 秒的位置，开启【调制速率】的自动关键帧，并设置为 0；将时间线滑块拖动到第 10 秒 17 帧的位置，设置【调制速率】为 10；最后将时间线滑块拖动到第 11 秒 19 帧的位置，设置【调制速率】为 0。此时即可进行预览音乐部分损坏的效果了，如图 11-28 所示。

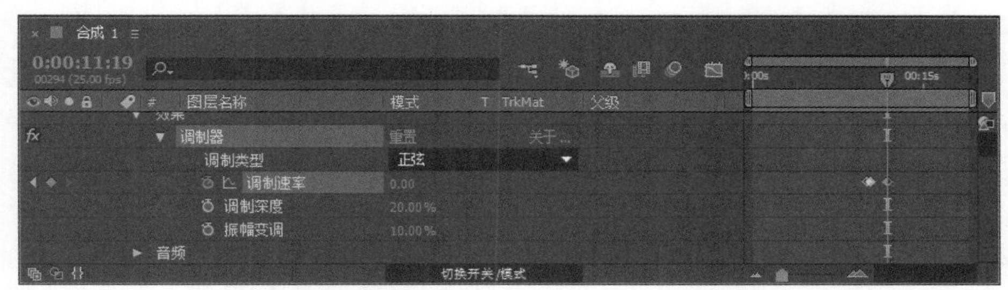

图 11-28

11.3.3　制作音乐的背景电话音效果

本例介绍利用【音调】特效制作音乐的背景电话音效果。

素材保存路径：配套素材\第 11 章

素材文件名称：As Long As You Love Me.mp3、音乐的背景电话音效果.aep

第 1 步 在【项目】面板中，**1.** 单击鼠标右键，**2.** 在弹出的快捷菜单中选择【新建合成】菜单项，如图 11-29 所示。

第 2 步 在弹出的【合成设置】对话框中，设置【合成名称】为“合成 1”，并设置如图 11-30 所示的参数，创建一个合成。

第 3 步 在【项目】面板空白处双击鼠标左键，**1.** 在弹出的【导入文件】对话框中选择需要的素材文件，**2.** 单击【导入】按钮，如图 11-31 所示。

第 4 步 将【项目】面板中的素材文件拖曳到【时间轴】面板中，如图 11-32 所示。

第 5 步 选择 As Long As You Love Me.mp3 图层，在菜单栏中选择【效果】→【音频】→【音调】菜单项，将时间线滑块拖动到起始帧位置，在【效果控件】面板中设置如图 11-33

所示的参数。

图 11-29

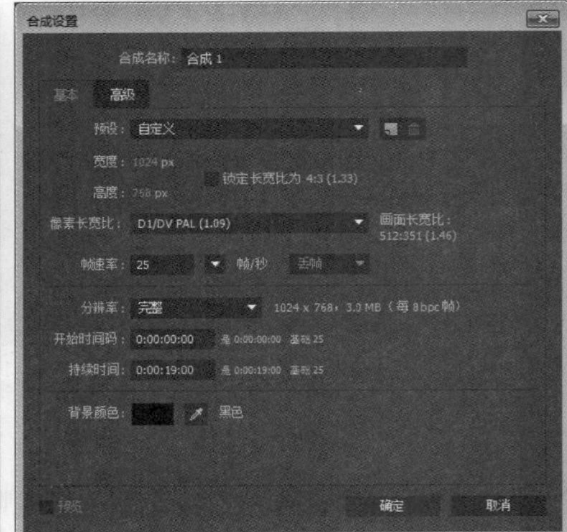

图 11-30

图 11-31

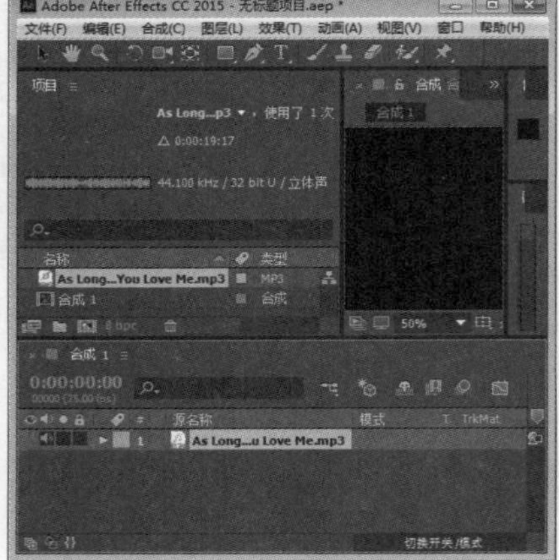

图 11-32

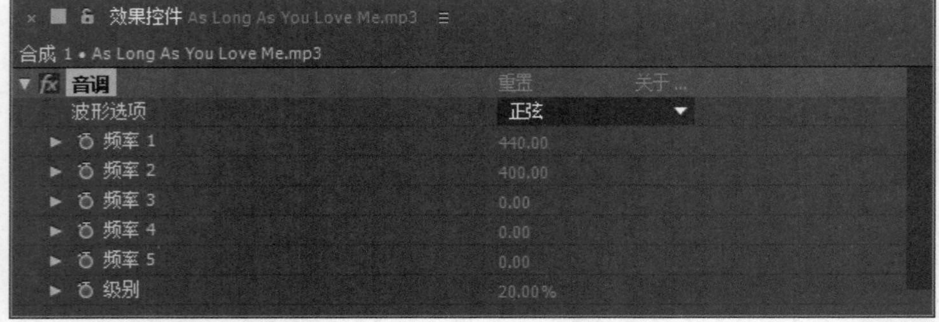

图 11-33

第 6 步 将时间线滑块拖动到第 1 秒 15 帧的位置，开启【级别】的自动关键帧，并设置为 20；将时间线滑块拖动到第 1 秒 16 帧的位置，设置【级别】为 0，如图 11-34 所示。

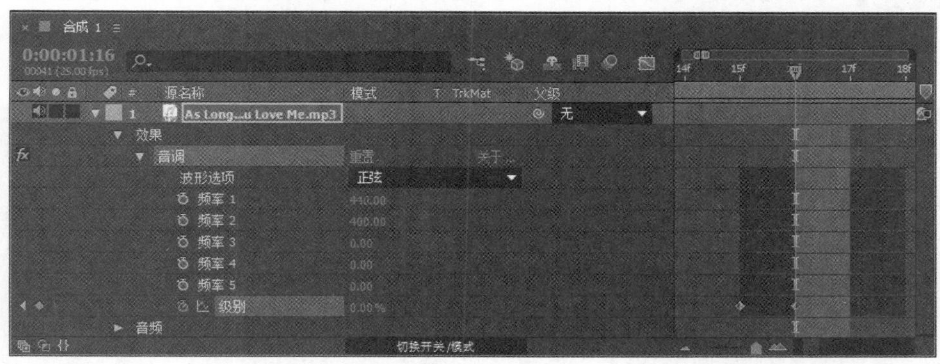

图 11-34

第 7 步 将时间线滑块拖动到第 3 秒 08 帧的位置，设置【级别】为 0；将时间线滑块拖动到第 3 秒 09 帧的位置，设置【级别】为 20，如图 11-35 所示。

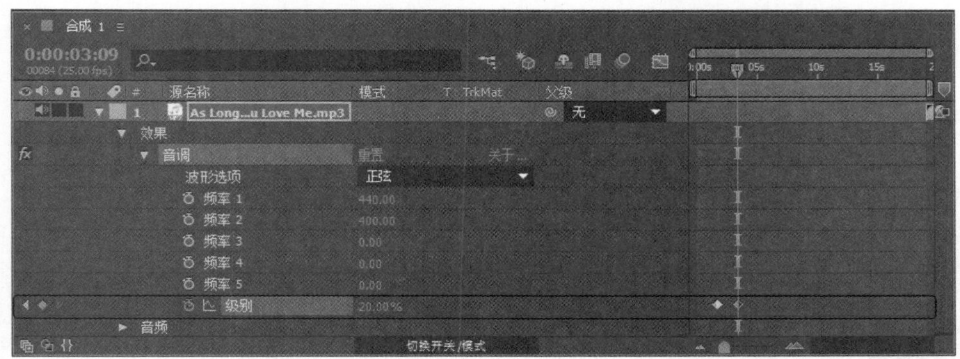

图 11-35

第 8 步 将第 1 秒 15 帧的位置的两个关键帧复制到第 4 秒 24 帧的位置；然后将【项目】面板中的素材文件再拖曳一份到【时间轴】面板中，如图 11-36 所示。

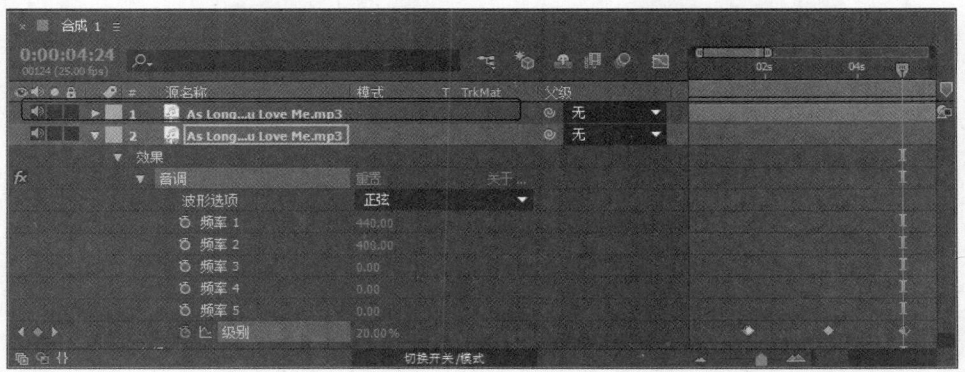

图 11-36

第 9 步 将时间线滑块拖动到起始帧位置，开启【音频电平】的自动关键帧，并设置为-10；将时间线滑块拖动到第 5 秒 02 帧的位置，设置【音频电平】为 0，此时已经产生背景电话音效果了，如图 11-37 所示。

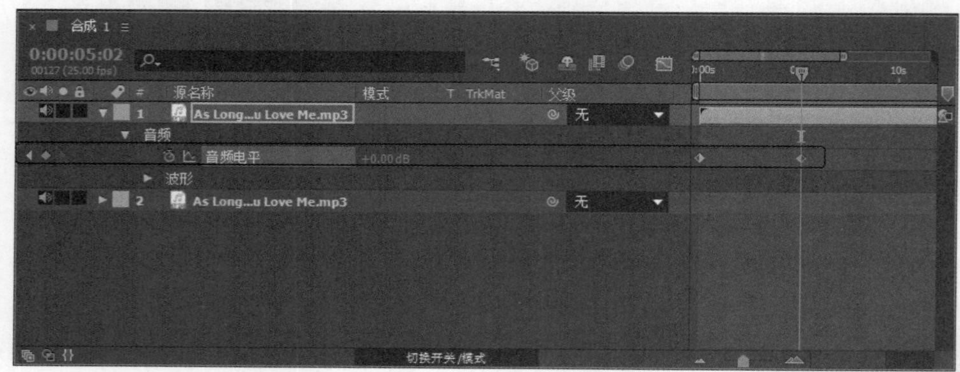

图 11-37

11.3.4 音乐的空旷回音效果

本例介绍利用【混响】特效制作音乐的空旷回音效果。

素材保存路径：配套素材\第 11 章

素材文件名称：Hey Jude.mp3、音乐的空旷回音效果.aep

第 1 步 在新建的合成中，导入素材文件 Hey Jude.mp3，然后将【项目】面板中的素材文件 Hey Jude.mp3 拖曳到【时间轴】面板中，如图 11-38 所示。

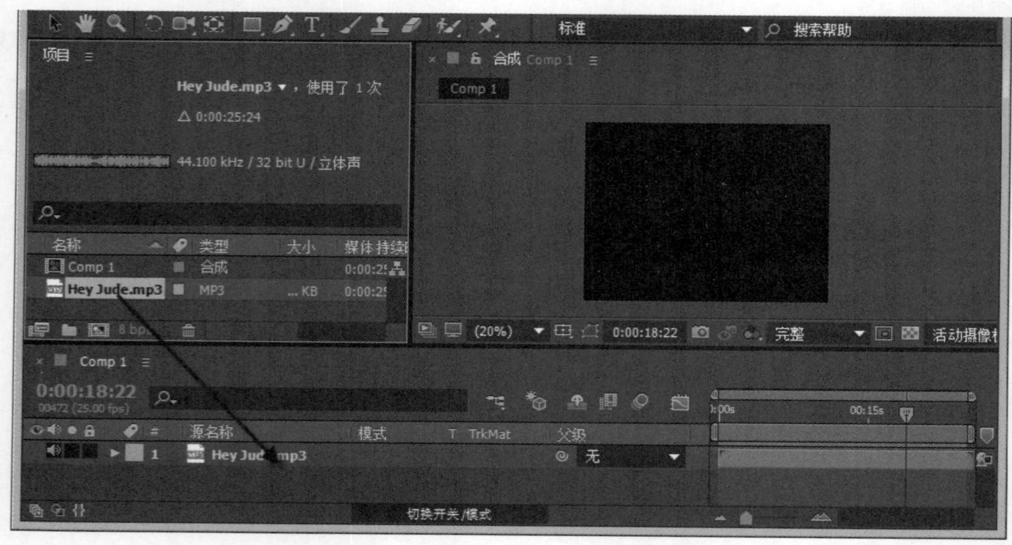

图 11-38

第 2 步 为 Hey Jude.mp3 图层添加【混响】效果，设置【混响时间(毫秒)】为 500，【扩散】为 75，【湿输出】为 20，如图 11-39 所示。

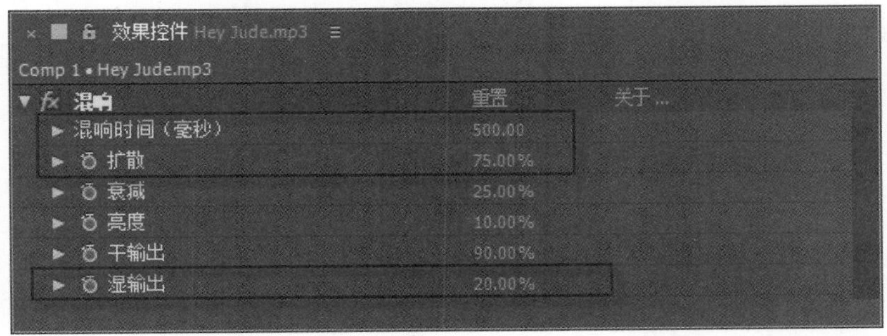

图 11-39

第 3 步 此时按下小键盘上的 0 键，即可进行声音预览。这样即可完成制作音乐的空旷回音效果，如图 11-40 所示。

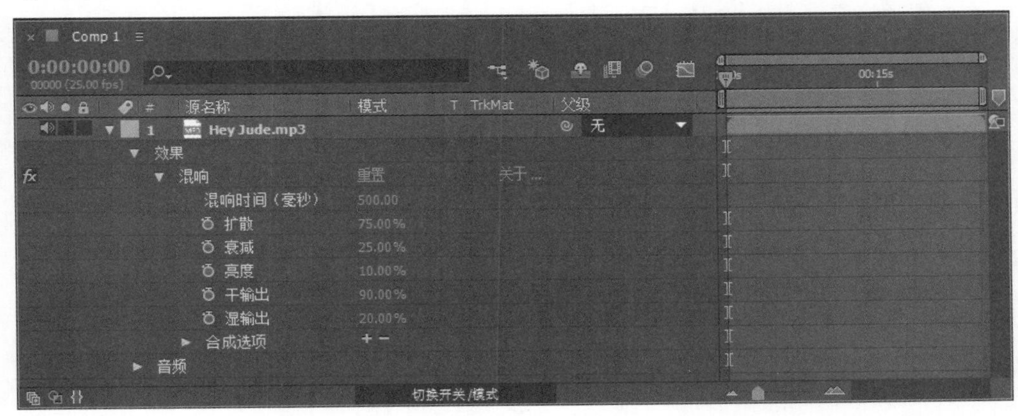

图 11-40

11.4　思考与练习

一、填空题

1. 在【时间轴】面板底部，单击按钮，将控制区域完全显示出来。在【持续时间】项可以设置声音的播放长度，在______项可以设置播放时长与原始素材时长的百分比。

2. 【________】参数用于设定原始声音和其回音之间的时间间隔，单位为毫秒。

3. 【干输出】调整在最终渲染时未处理的音频的混合量，【干输出】参数用于设置声音素材的________，【湿输出】参数用于设置最终输出声波电平。

二、判断题

1. 将【伸缩】设置为 200 后，声音的实际播放时长是原始素材时长的 2 倍。通过设置这两个参数缩放或延长声音的播放长度后，声音的音调也同时升高或降低。　　（　　）

2. 设置【低音】或【高音】的参数可以增加或减少音频中低音或高音的音频量。 (   )

三、思考题

1. 如何进行声音长度的缩放?
2. 如何进行声音的淡入淡出?

新起点 电脑教程

第 12 章

三维空间效果

本章要点

- 三维空间与三维图层
- 三维摄像机的应用
- 灯光

本章主要内容

本章主要介绍三维空间与三维图层的知识与技巧，同时讲解三维摄像机的应用，在本章的最后还针对实际的工作需求，讲解灯光的应用方法。通过本章的学习，读者可以掌握三维空间效果方面的知识，为深入学习 After Effects CC 影视高级特效制作知识奠定基础。

12.1 三维空间与三维图层

After Effects 不仅可以在二维空间中创建合成效果，随着新版本的推出，在三维立体空间中的合成与动画功能也越来越强大。在三维空间中合成对象为我们提供了更广阔的想象空间，同时产生了更炫、更酷的效果。本节将详细介绍三维空间与三维图层的相关知识及操作方法。

↑ 扫码看视频

12.1.1 认识三维空间

三维的概念是建立在二维的基础上的，平时所看到的图像画面都是在二维空间中形成的。二维图层只有一个定义长度的 x 轴和一个定义宽度的 y 轴。x 轴与 y 轴形成一个面，虽然有时看到的图像呈现出三维立体的效果，但那只是视觉上的错觉。

在三维空间中除了表示长、宽的 x、y 轴之外，还有一个体现三维空间的关键——z 轴。在三维空间中，z 轴用来定义深度，也就是通常所说的远、近。在三维空间中，通过 x、y、z 轴三个不同方向的坐标，可调整物体的位置、旋转等。如图 12-1 所示为三维空间的图层。

图 12-1

12.1.2 三维图层

在 After Effects CC 中，除了音频图层外，其他的图层都能转换为三维图层。注意，使用文字工具创建的文字图层在激活了【启用逐字 3D 化】属性之后，就可以对单个文字制作三维动画。

在三维图层中，对图层应用的滤镜或遮罩都是基于该图层的二维空间之上，比如对二维图层使用扭曲效果，图层发生了扭曲现象，但是当将该图层转换为三维图层之后，就会发现该图层仍然是二维的，对三维空间没有任何影响。

知识精讲

在 After Effects CC 的三维坐标系中，最原始的坐标系统的起点是在左上角，x 轴从左向右不断增加，y 轴从上到下不断增加，而 z 轴是从近到远不断增加，这与其他三维软件中的坐标系统有比较大的差别。

12.1.3　三维坐标系统

三维空间工作需要一个坐标系，After Effects 提供了 3 种坐标系工作方式，分别是本地轴模式、世界轴模式和视图轴模式。下面将分别予以详细介绍。

- 本地轴模式：这是最常用的模式，可以通过工具栏直接选择。
- 世界轴模式：这是一个绝对坐标系。当对合成图像中的层旋转时，可以发现坐标系没有任何改变。实际上，当监视一个摄像机并调节其视角时，即可直接看到世界坐标系的变化。
- 视图轴模式：使用当前视图定位坐标系，与前面讲的视角有关。

12.1.4　转换成三维图层

在【时间轴】面板中，单击图层的【3D 图层】，或使用菜单命令【图层】→【3D 图层】，可以将选中的二维图层转换为三维图层。再次单击其【3D 图层】，或使用菜单命令取消选择【图层】→【3D 图层】，都可以取消层的 3D 属性，如图 12-2 所示。

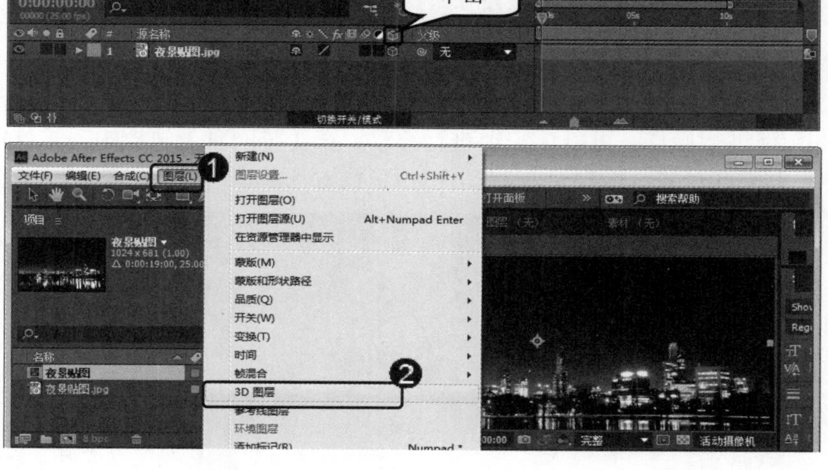

图 12-2

二维图层转换为三维图层后，在原有 x 轴和 y 轴的二维基础上增加了一个 z 轴，如

图 12-3 所示。图层的属性也相应增加，如图 12-4 所示，可以在 3D 空间对其进行位移或旋转操作。

图 12-3

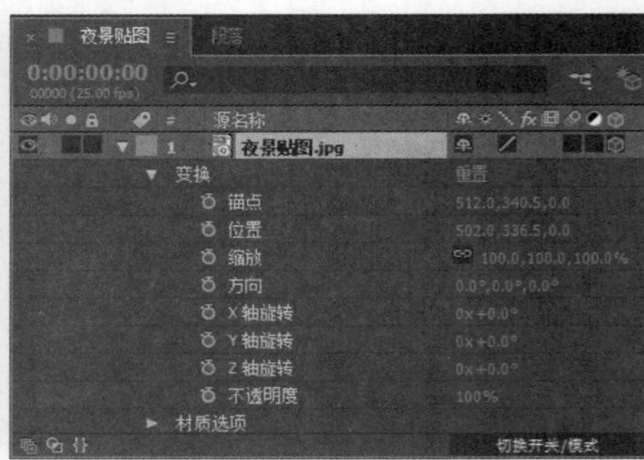

图 12-4

12.1.5 移动三维图层

与普通层类似，可以对三维图层施加位移动画，以制作三维空间的位置动画效果。下面将详细介绍变换三维图层位置的相关操作方法。

选择准备进行操作的三维图层，在【合成】面板中，使用【选择工具】拖曳与移动方向相应的图层的 3D 坐标控制箭头，可以在箭头的方向上移动三维图层，如图 12-5 所示。

图 12-5

按住 Shift 键进行操作，可以更快地进行移动。在【时间轴】面板中，通过修改【位置】属性的数值，也可以对三维图层进行移动，如图 12-6 所示。

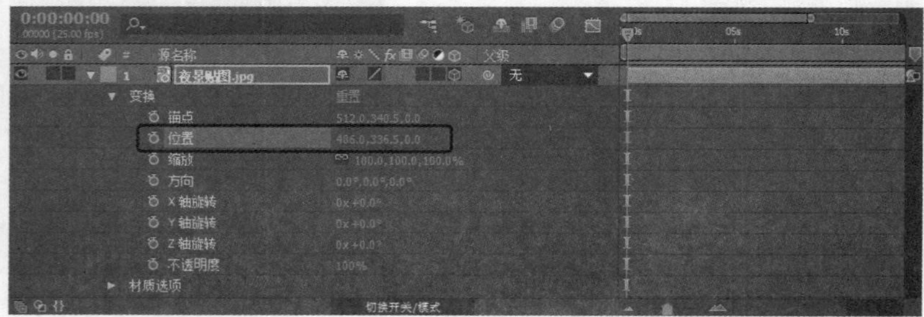

图 12-6

12.1.6 旋转三维图层

按 R 键展开三维图层的【旋转】属性，可以观察到三维图层的【旋转】参数包含 4 个，分别是方向和 x/y/z 轴旋转，而二维图层只有一个【旋转】属性，如图 12-7 所示。

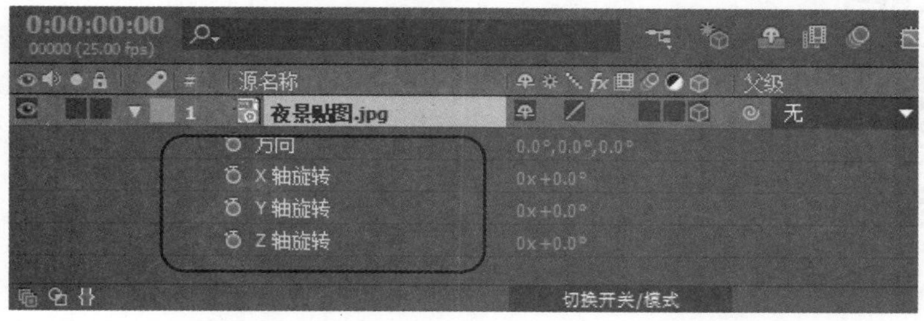

图 12-7

旋转三维图层的方法主要有以下两种。

第 1 种：在【时间轴】面板中直接对三维图层的【方向】属性或旋转属性进行调节，如图 12-8 所示。

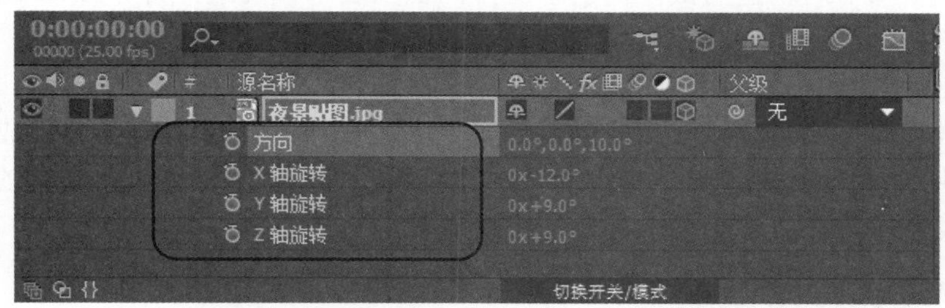

图 12-8

第 2 种：在【合成】面板中使用【旋转工具】以【方向】或【旋转】方式直接对三维图层进行旋转操作，如图 12-9 所示。

图 12-9

12.2 三维摄像机的应用

在 After Effects 中创建一个摄像机后，可以在摄像机视图以任意距离和任意角度来观察三维图层的效果，就像在现实生活中使用摄像机进行拍摄一样方便。本节将详细介绍三维摄像机的应用知识。

↑ 扫码看视频

12.2.1 创建三维摄像机

在 After Effects 中，合成影像中的摄像机在【时间轴】面板中也是以一个图层的形式出现的，在默认状态下，新建的摄像机层总是排列在图层堆栈的最上方。After Effects 虽然以“有效摄像机”的视图方式显示合成影像，但是合成影像中并不包含摄像机，这只不过是 After Effects 的一种默认的视图方式而已。

用户在合成影像中创建了多个摄像机，并且每创建一个摄像机，在【合成】面板的右下角，3D 视图方式列表中就会添加一个摄像机名称，用户随时可以选择需要的摄像机视图方式观察合成影像。在合成影像中创建一个摄像机的方法有以下几种。

1. 使用菜单栏中的命令

在菜单栏中选择【图层】→【新建】→【摄像机】菜单项，即可进行创建，如图 12-10 所示。

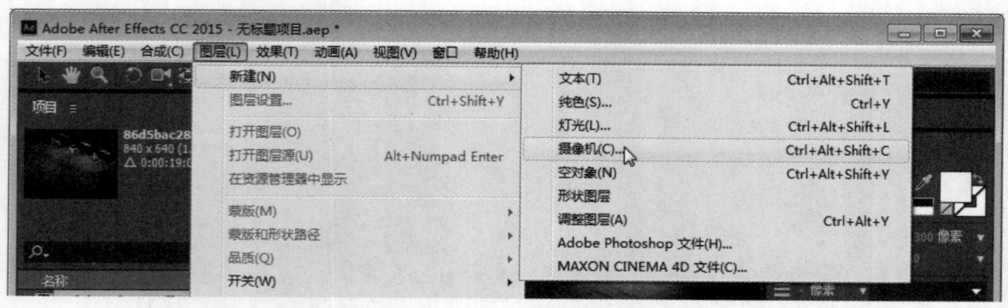

图 12-10

2. 使用快捷菜单

在【合成】面板或【时间轴】面板中单击鼠标右键，在弹出的快捷菜单中选择【新建】→【摄像机】菜单项进行创建，如图 12-11 所示。

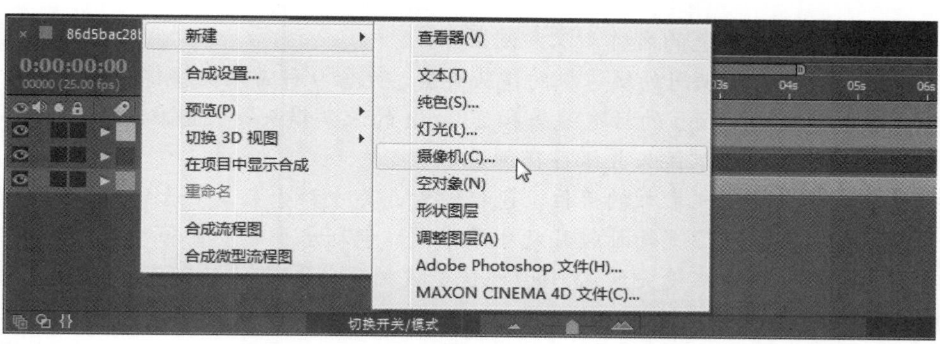

图 12-11

3. 使用快捷键

按 Ctrl+Alt+Shift+C 组合键，即可创建摄像机。

在 After Effects 中，既可以在创建摄像机之前对摄像机进行设置，也可以在创建之后对其进行进一步调整和设置动画。

12.2.2　三维摄像机的属性设置

当使用上面介绍的创建摄像机的任意一种方法，即可弹出【摄像机设置】对话框，用户可以对摄像机的各项属性进行设置，也可以使用预置设置，如图 12-12 所示。

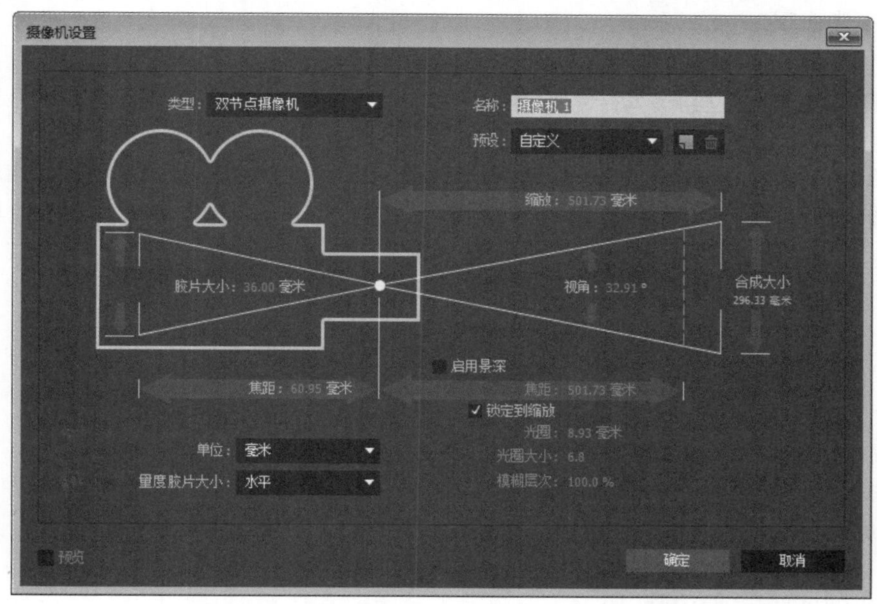

图 12-12

下面详细介绍摄像机的有关设置。

➢ 名称：摄像机的名称。默认状态下，在合成中创建的第一个摄像机的名称是“摄像机 1”，后续创建的摄像机的名称按此顺延。对于多摄像机的项目，应该为每个摄像机起个有特色的名称，以方便区分。

- 预设：设置准备使用的摄像机的镜头类型。包含 9 种常用的摄像机镜头，如 15mm 的广角镜头、35mm 的标准镜头和 200mm 的长焦镜头等。用户还可以创建一个自定义参数的摄像机镜头并保存在预设中。
- 单位：设定摄像机参数的单位，包括像素、英寸和毫米 3 个选项。
- 量度胶片大小：设置衡量胶片尺寸的方式，包括水平、垂直和对角 3 个选项。
- 缩放：设置摄像机镜头到焦平面(也就是被拍摄对象)之间的距离。【缩放】值越大，摄像机的视野越小。
- 视角：设置摄像机的视角，可以理解为摄像机的实际拍摄范围，【焦距】、【胶片大小】以及【缩放】3 个参数共同决定了【视角】的数值。
- 胶片大小：设置影片的曝光尺寸，该选项与【合成大小】参数值相关。
- 启用景深：控制是否启用景深效果。
- 焦距：设置从摄像机开始到图像最清晰位置的距离。在默认情况下，【焦距】和【缩放】参数是锁定在一起的，它们的初始值也是一样的。
- 光圈：设置光圈的大小。【光圈】值会影响到景深效果，其值越大，景深之外的区域的模糊程度也越大。
- 光圈大小：焦距与光圈的比值。其中，光圈大小与焦距成正比，与光圈成反比。光圈大小越小，镜头的透光性能越好；反之，透光性能越差。
- 模糊层次：设置景深的模糊程度。值越大，景深效果越模糊。为 0 时，则不进行模糊处理。

12.2.3 利用工具移动摄像机

在【工具】面板中有 4 个移动摄像机的工具，在当前摄像机移动工具上按住鼠标不放，将弹出其他摄像机移动工具的选项，或按 C 键，在这 4 个工具之间切换，如图 12-13 所示。

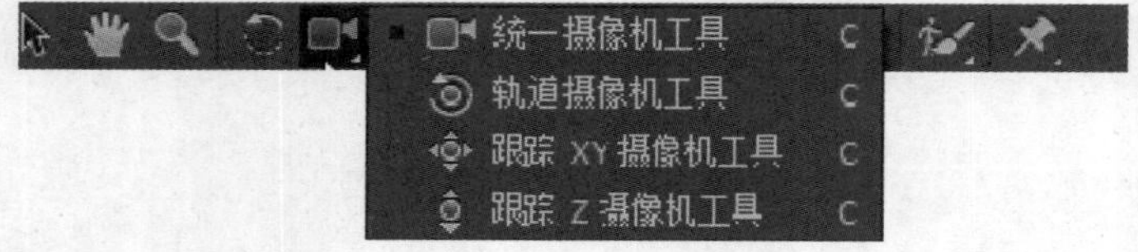

图 12-13

下面将详细介绍摄像机工具参数。

- 统一摄像机工具：选择该工具后，使用鼠标左键、中键和右键可以分别对摄像机进行旋转、平移和推拉操作。
- 轨道摄像机工具：选择该工具后，可以以目标点为中心来旋转摄像机。
- 跟踪 XY 摄像机工具：选择该工具后，可以在水平或垂直方向上平移摄像机。
- 跟踪 Z 摄像机工具：选择该工具后，可以在三维空间中的 Z 轴上平移摄像机，但是摄像机的视角不会发生改变。

12.3 灯　　光

在 After Effects 中，可以用一种虚拟的灯光来模拟三维空间中真实的光线效果，渲染影片的气氛，从而产生更加真实的合成效果，本节将详细介绍灯光应用的相关知识及方法。

↑ 扫码看视频

12.3.1 创建并设置灯光

在 After Effects 中，灯光是一个层，它可以用来照亮其他的图像层。在默认状态下，在合成影像中是不会产生灯光层的，所有的层都可以完全显示，即使是 3D 层也不会产生阴影、反射等效果，它们必须借助灯光的照射才可以产生真实的三维效果。

如果准备在合成影像中创建一个照明用的灯光来模拟现实世界中的光照效果，可以执行以下操作。

在菜单栏中选择【图层】→【新建】→【灯光】菜单项即可，如图 12-14 所示。

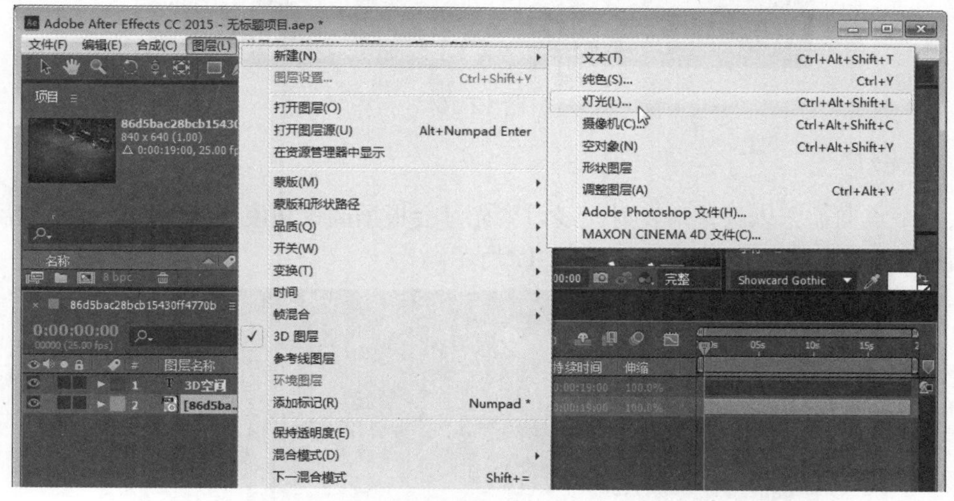

图 12-14

在【合成】面板或【时间轴】面板中单击鼠标右键，在弹出的快捷菜单中选择【新建】→【灯光】菜单项即可，如图 12-15 所示。

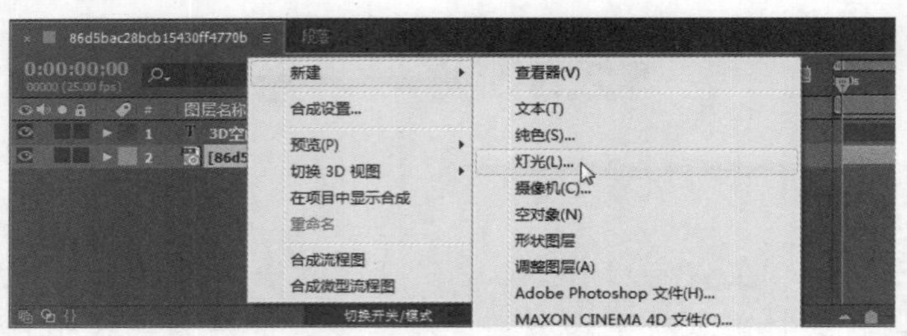

图 12-15

按 Ctrl+Alt+Shift+L 组合键即可完成创建灯光。

用户可以在一个场景中创建多个灯光，并且有 4 种不同的灯光类型可供选择，分别为平行光、聚光灯、点光源和环境光。下面将分别予以详细介绍。

1. 平行光

从一个点发射一束光线到目标点。平行光提供一个无限远的光照范围，它可以照亮场景中处于目标点上的所有对象。光线不会因为距离而衰减，如图 12-16 所示。

图 12-16

2. 聚光灯

从一个点向前方以圆锥形发射光线。聚光灯会根据圆锥角度确定照射的面积。用户可以在圆锥角中进行角度的调节，如图 12-17 所示。

图 12-17

3. 点光源

从一个点向四周发射光线。随着对象离光源距离的不同，受光程度也有所不同，距离越近光照越强，反之，距离越远光照越弱，如图 12-18 所示。

图 12-18

4. 环境光

没有光线的发射点。可以照亮场景中所有的对象，但无法产生投影，如图 12-19 所示。

图 12-19

12.3.2 灯光属性及其设置

在 After Effects 中应用灯光，用户可以在创建灯光之时对灯光进行设置，也可以在创建灯光之后，利用灯光层的属性设置选项对其进行修改和设置动画。

在菜单栏中选择【图层】→【新建】→【灯光】菜单项或者使用组合键 Ctrl+Alt+Shift+L，即可弹出【灯光设置】对话框，用户可以在其中对灯光的各项属性进行设置，如图 12-20 所示。

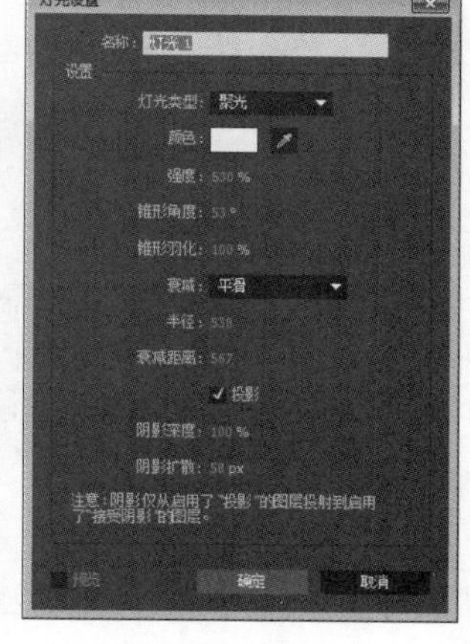

图 12-20

下面介绍该对话框中各个参数的作用。

- 名称：设置灯光的名字。
- 灯光类型：可在平行光、聚光灯、点光源和环境光 4 种灯光类型中进行选择。如图 12-21 所示。

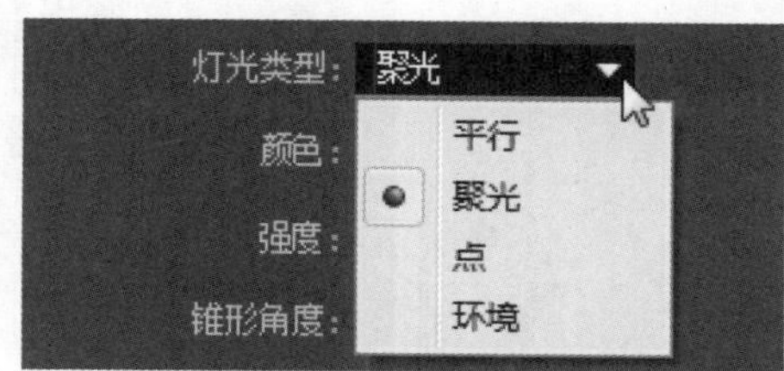

图 12-21

- 强度：设置灯光的光照强度。数值越大，光照越强，效果如图 12-22 所示。

图 12-22

➢ 锥形角度："聚光"特有的属性，主要用来设置"灯罩"的范围(即聚光灯遮挡的范围)，效果如图 12-23 所示。

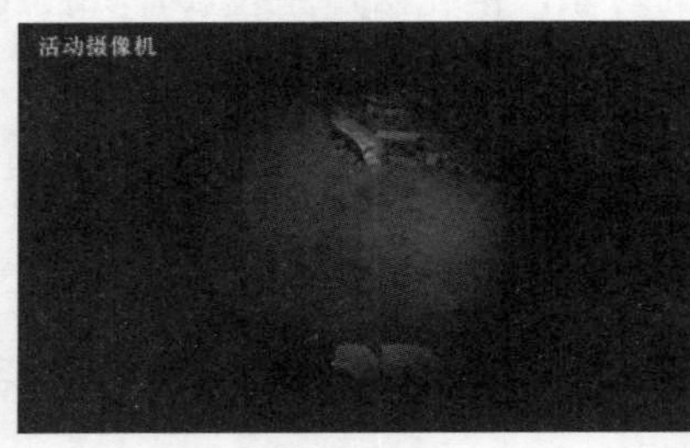

图 12-23

➢ 锥形羽化："聚光"特有的属性，与【锥形角度】参数一起配合使用，主要用来调节光照区与无光区边缘的过渡效果，效果如图 12-24 所示。

图 12-24

➢ 颜色：设置灯光照射的颜色。
➢ 半径：设置灯光照射的范围，效果如图 12-25 所示。

图 12-25

➢ 衰减距离：控制灯光衰减的范围，效果如图 12-26 所示。

图 12-26

➢ 投影：控制灯光是否投射阴影。该属性必须在三维图层的材质属性中开启了【投影】选项才能起作用。
➢ 阴影深度：设置阴影的投射深度，也就是阴影的黑暗程度。
➢ 阴影扩散：【聚光】、【点】灯光设置阴影的扩散程度，它的值越高，阴影的边缘越柔和。

智慧锦囊

对于已经建立的灯光，用户可以选择要进行设置的灯光图层，然后选择【图层】→【灯光设置】菜单项或使用组合键 Ctrl+Shift+Y，以及双击【时间轴】面板中的灯光层，即可弹出【灯光设置】对话框，更改其设置。

12.4 实践案例与上机指导

通过本章的学习，读者基本可以掌握三维空间效果的基本知识以及一些常见的操作方法，下面通过练习一些案例操作，以达到巩固学习、拓展提高的目的。

↑扫码看视频

12.4.1 布置灯光效果

本例主要讲解创建灯光和调整灯光的属性，从而布置漂亮的灯光效果，通过本例的学习，读者可以掌握三维效果中灯光的使用方法。

素材保存路径：配套素材\第 12 章
素材文件名称：布置灯光素材.aep、布置灯光效果.aep

第 1 步 打开素材文件"布置灯光素材.aep"，加载【打开的盒子】合成，如图 12-27 所示。

第 2 步 创建第 1 个灯光，在【灯光设置】对话框中，设置如图 12-28 所示的参数。

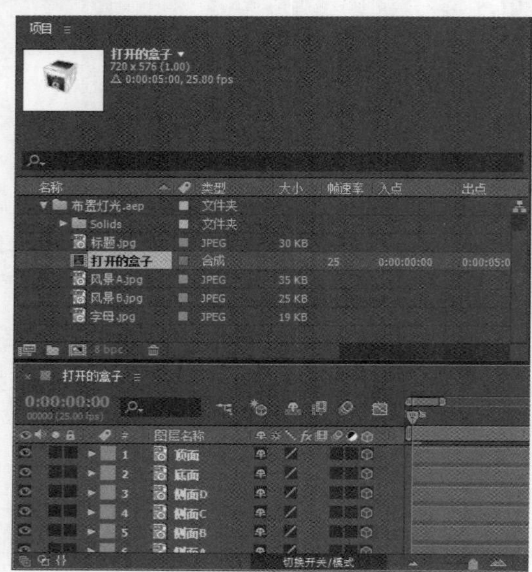

图 12-27

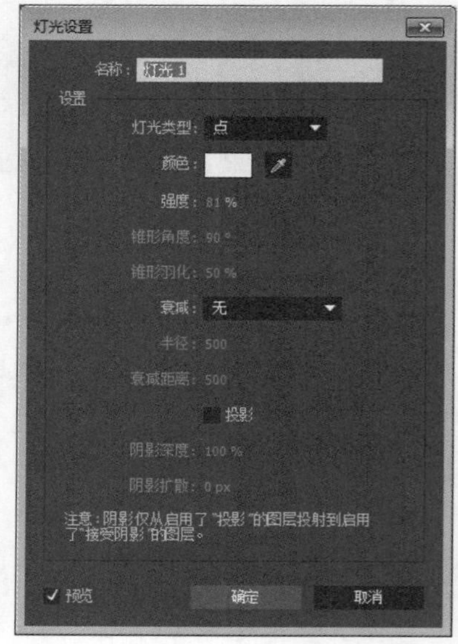

图 12-28

第 3 步 选择【灯光 1】图层，然后在其属性里设置【位置】为(1059.7,−995,334)，如图 12-29 所示。

第 4 步 此时，可以看到【合成】面板中的画面效果，如图 12-30 所示。

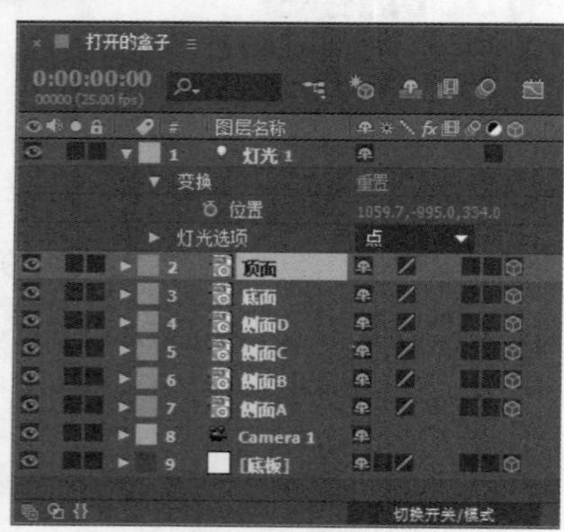

图 12-29

图 12-30

第 5 步 创建第 2 个灯光，在【灯光设置】对话框中，设置如图 12-31 所示的参数。

第 6 步 选择【灯光 2】图层，然后在其属性里设置【位置】为(387.7,−212, −244)，目标点为(408,174, −49)，如图 12-32 所示。

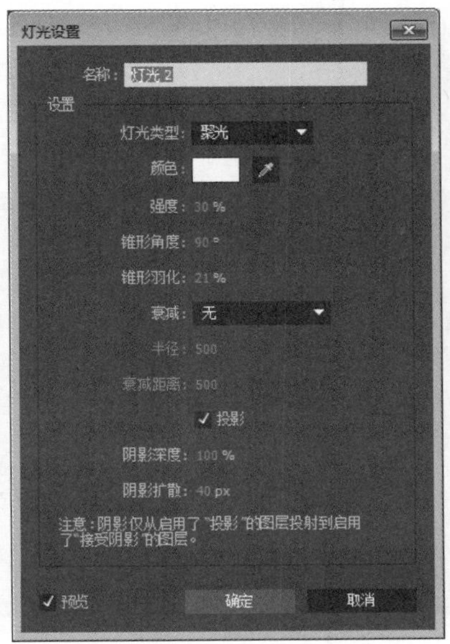

图 12-31

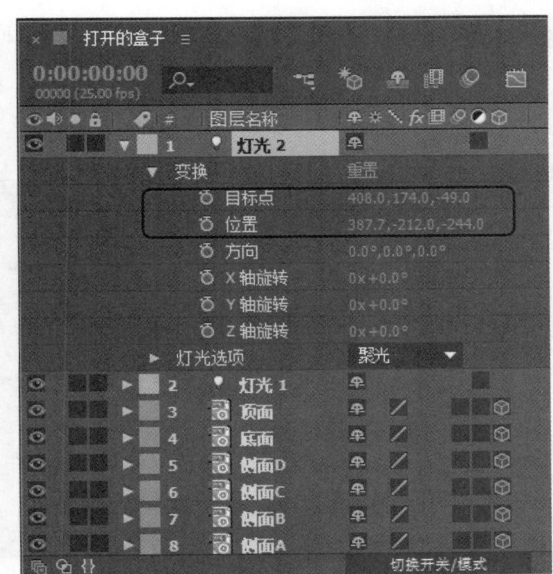

图 12-32

第 7 步 此时，可以看到【合成】面板中的画面效果，如图 12-33 所示。

第 8 步 创建第 3 个灯光，在【灯光设置】对话框中，设置如图 12-34 所示的参数。

图 12-33

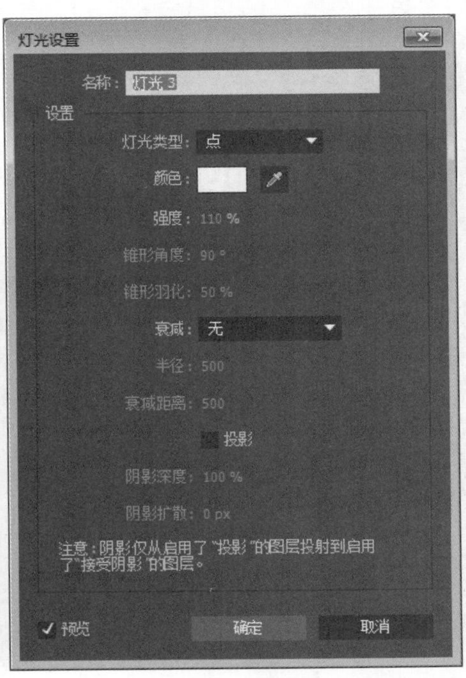

图 12-34

第 9 步 选择【灯光 3】图层，然后在其属性里设置【位置】为(394.1,268,-1260)，如图 12-35 所示。

第 10 步 此时，可以看到【合成】面板中的画面效果，如图 12-36 所示。

图 12-35

图 12-36

第 11 步 创建第 4 个灯光，在【灯光设置】对话框中，设置如图 12-37 所示的参数。

第 12 步 选择【灯光 4】图层，然后在其属性里设置【位置】为(−918.9,268, −26.7)，如图 12-38 所示。

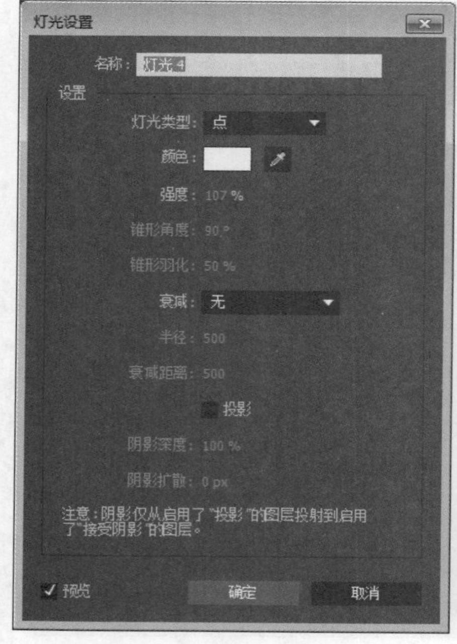

图 12-37

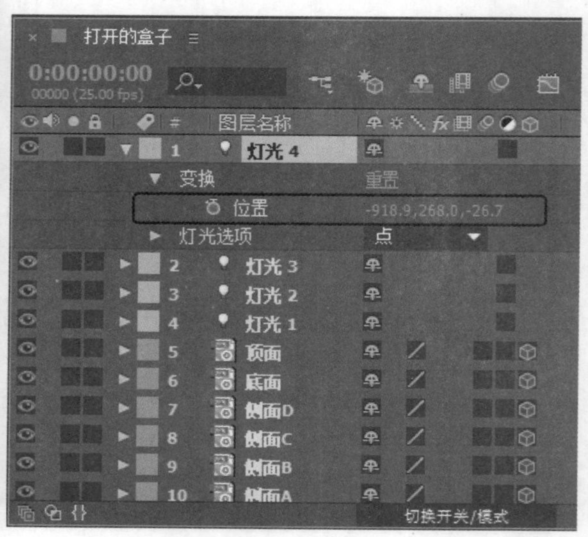

图 12-38

第 13 步 此时，可以看到【合成】面板中的最终画面效果，如图 12-39 所示。

图 12-39

12.4.2　制作三维文字旋转效果

本例将介绍利用三维图层和旋转属性制作三维文字旋转效果的操作方法，从而巩固和提高本章学习的内容。

素材保存路径： 配套素材\第 12 章
素材文件名称： 背景.jpg、文字.png、制作三维文字旋转效果.aep

第 1 步 在【项目】面板中，***1.*** 单击鼠标右键，***2.*** 在弹出的快捷菜单中选择【新建合成】菜单项，如图 12-40 所示。

第 2 步 在弹出的【合成设置】对话框中，设置【合成名称】为“三维文字旋转效果”，并设置如图 12-41 所示的参数，创建一个合成。

图 12-40

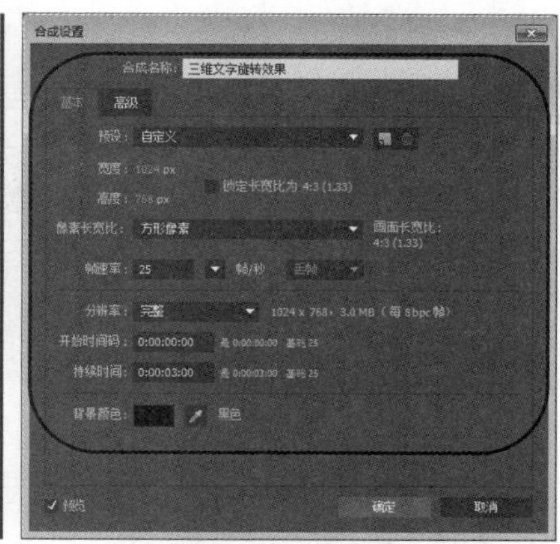

图 12-41

第 3 步 在【项目】面板空白处双击鼠标左键，***1.*** 在弹出的【导入文件】对话框中选择需要的素材文件，***2.*** 单击【导入】按钮，如图 12-42 所示。

第 4 步 将【项目】面板中的素材文件拖曳到【时间轴】面板中，选择【文字.png】图层，开启三维图层，设置位置为(512,435,715)，如图 12-43 所示。

图 12-42

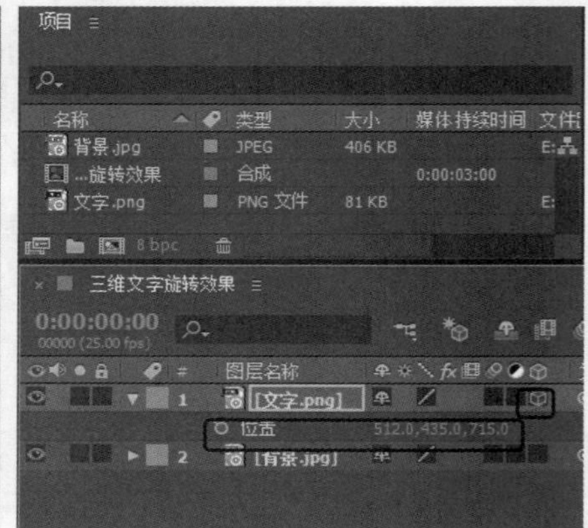

图 12-43

第 5 步 将时间线滑块拖动到起始帧位置，开启【文字.png】图层下的【X 轴旋转】的自动关键帧，设置【X 轴旋转】为-20°；将时间线滑块拖动到第 2 秒的位置，设置【X 轴旋转】为 340°，如图 12-44 所示。

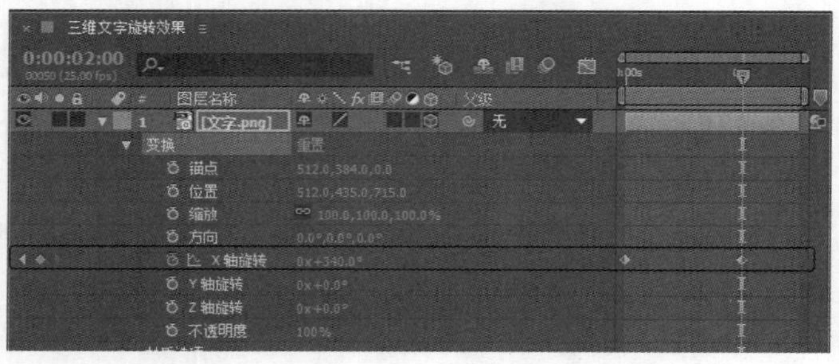

图 12-44

第 6 步 通过以上步骤即可完成制作三维文字旋转的操作，最终效果如图 12-45 所示。

图 12-45

12.4.3 制作三维文字效果

本例主要介绍创建摄像机和调整摄像机的属性，通过本例的学习，读者可以掌握三维效果中摄像机的使用方法，下面详细介绍其操作方法。

素材保存路径：配套素材\第 12 章

素材文件名称：三维文字素材.aep、三维文字效果.aep

第 1 步 打开素材文件“三维文字素材.aep”，接着在【项目】面板中双击 text 加载合成，如图 12-46 所示。

第 2 步 在菜单栏中选择【图层】→【新建】→【摄像机】菜单项，然后在【摄像机设置】对话框中设置【缩放】为 129，勾选【启用景深】复选框，设置【光圈】为 8，单击【确定】按钮，如图 12-47 所示。

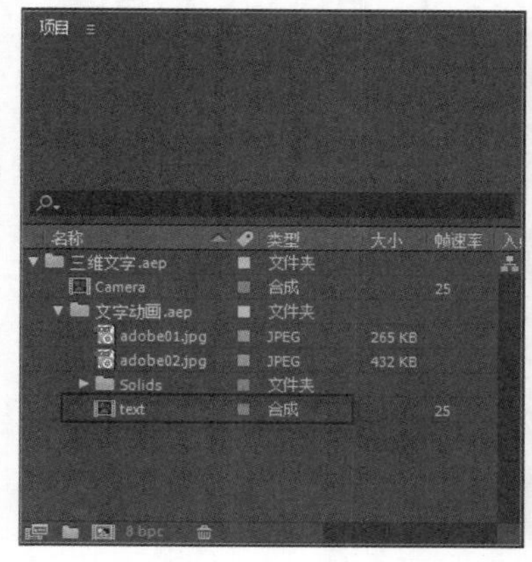

图 12-46

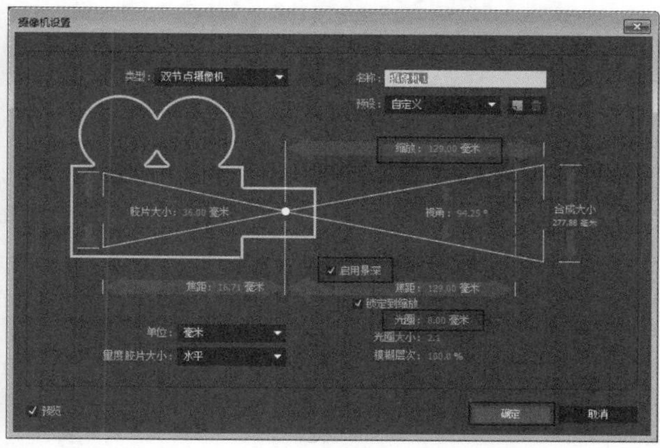

图 12-47

第 3 步 开启 text 图层的【折叠变换/连续栅格化】选项，如图 12-48 所示。

图 12-48

第 4 步 选择【摄像机 1】图层，设置摄像机动画。在第 0 帧、第 1 秒 10 帧、第 4 秒和第 4 秒 24 帧制作摄像机的【目标点】、【位置】属性关键帧动画，具体参数设置如图 12-49 所示。

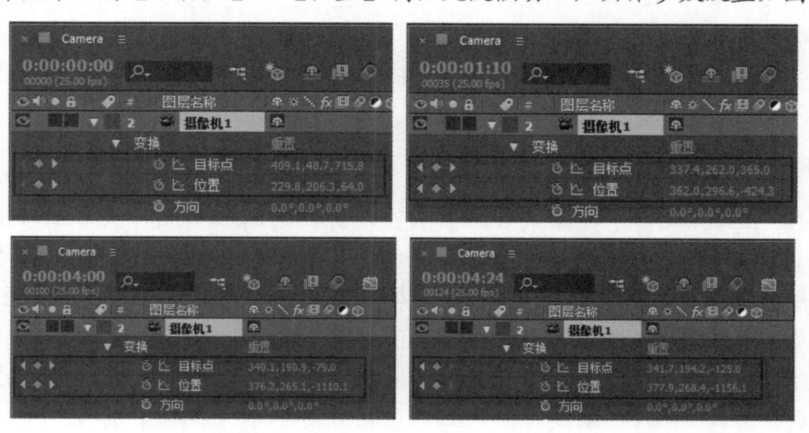

图 12-49

第 5 步 按下小键盘上的数字键 0 即可预览最终效果，如图 12-50 所示。

图 12-50

12.5 思考与练习

一、填空题

1. 三维的概念是建立在______的基础上的，平时所看到的图像画面都是在______空间中形成的。

2. 在三维空间中除了表示长、宽的 x、y 轴之外，还有一个体现三维空间的关键——z 轴。在三维空间中，z 轴用来定义________，也就是通常所说的远、近。在三维空间中，通过 x、y、z 轴三个不同方向的坐标，可调整物体的位置、_____等。

3. 使用文字工具创建的文字图层在激活了【__________】属性之后，就可以对单个文字制作三维动画。

4. 三维空间工作需要一个坐标系，After Effects 提供了三种坐标系工作方式，分别是本地轴模式、_________和视图轴模式。

二、判断题

1. 在 After Effects CC 中，除了音频图层外，其他的图层都能转换为三维图层。(　　)

2. 在三维图层中，对图层应用的滤镜或遮罩都是基于该图层的二维空间之上，比如对二维图层使用扭曲效果，图层发生了扭曲现象，但是当将该图层转换为三维图层之后，就会发现该图层仍然是二维的，对三维空间没有任何影响。(　　)

3. 按 S 键展开三维图层的【旋转】属性，可以观察到三维图层可以操作的旋转参数包含四个，分别是方向和 x/y/z 轴旋转，而二维图层只有一个【旋转】属性。(　　)

4. 在 After Effects 中，合成影像中的摄像机在【时间轴】面板中也是以一个三维图层的形式出现的，在默认状态下，新建的摄像机层总是排列在图层堆栈的最上方。　　(　　)

三、思考题

1. 如何将图层转换成三维图层？
2. 如何创建三维摄像机？

新起点 电脑教程

第 13 章

渲染不同格式的作品

本章要点

- 初识渲染
- 渲染队列
- 渲染和导出
- 渲染常用的视频格式

本章主要内容

本章主要介绍渲染和渲染队列方面的知识与技巧，同时讲解渲染和导出的相关操作方法，在本章的最后还针对实际的工作需求，讲解渲染常用的视频格式。通过本章的学习，读者可以掌握渲染不同格式的作品方面的知识，为深入学习 After Effects CC 影视高级特效制作知识奠定基础。

13.1 初识渲染

使用 After Effects CC 软件完成制作作品后，最后一个步骤就是进行渲染操作，可以渲染成常用的视频、图片和音频等，将【合成】面板中的画面渲染出来，便于影像的保留和传输，本节将详细介绍有关渲染的相关知识。

↑ 扫码看视频

13.1.1 认识渲染

很多三维软件、后期制作软件在完成作品制作后，都需要进行渲染，将最终的作品以可以打开或播放的格式呈现出来，以便在更多的设备上播放。影片的渲染是指将构成影片的每个帧进行逐帧渲染。

渲染通常指最终的输出过程。其实创建在【素材】、【图层】、【合成】面板中显示预览的过程也属于渲染，但这些并不是最终渲染，真正的渲染是最终需要输出为一个用户需要的文件格式。

在 After Effects CC 中主要有两种渲染方式，分别是在【渲染队列】中渲染和在 Adobe Media Encoder 中渲染。

13.1.2 After Effects 中可以渲染的格式

在 After Effects 中可以渲染很多格式，例如视频和动画格式、静止图像格式、仅音频格式、视频项目格式等。

1) 视频和动画格式

视频和动画格式主要有 QuickTime(MOV)、Video for Windows(AVI，仅限 Windows)。

2) 静止图像格式

静止图像格式主要有 Adobe Photoshop (PSD)、Cineon(CIN、DPX)、Maya camera data (MA)、JPEG(JPG、JPE)、OpenEXR (EXR)、Radiance(HDR、RGBE、XYZE)、SGI(SGI、BW、RGB)、Targa(TGA、VDA、ICB、VST)和 TIFF (TIF)等。

3) 仅音频格式

仅音频格式主要有音频交换文件格式(AIFF)、MP3 和 WAV 等。

4) 视频项目格式

视频项目格式主要有 Adobe Premiere Pro (PRPROJ)项目。

13.2 渲 染 队 列

制作完成一部影片，最终需要将其渲染，用户可以按照用途或发布媒介，将其输出为不同格式的文件。在【渲染队列】中用户可以设置要渲染的格式、品质、名称等很多参数，本节将详细介绍有关渲染队列的知识及操作方法。

↑ 扫码看视频

13.2.1 常用的渲染操作步骤

渲染在整个硬盘制作过程中是最后一步，也是相当关键的一步。即使前面制作得再精妙，不成功的渲染也会直接导致作品的失败，渲染的方式影响影片最终呈现的效果。下面详细介绍最常用的渲染操作步骤。

素材保存路径：配套素材\第 13 章
素材文件名称：广告展示片头.aep

第 1 步 打开素材文件“广告展示片头.aep”，激活【时间轴】面板，然后按 Ctrl+M 组合键，即可弹出【渲染队列】面板，如图 13-1 所示。

图 13-1

第 2 步 修改【输出到】的名称为“渲染.avi”，并更改保存的位置，最后单击【渲染】按钮，如图 13-2 所示。

第 3 步 在线等待一段时间，在刚刚修改的路径下即可看到已经渲染完成的视频“渲染.avi”，如图 13-3 所示。

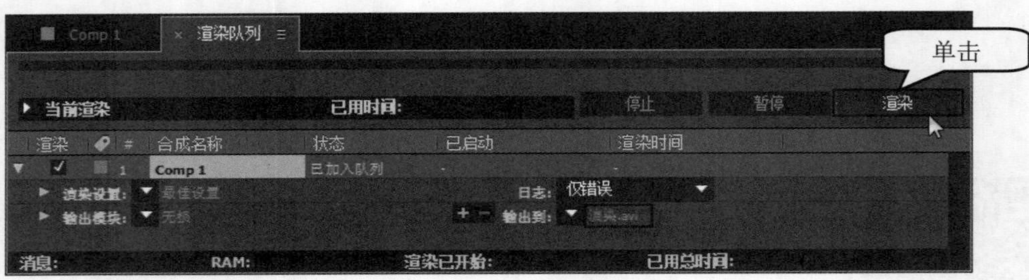

图 13-2

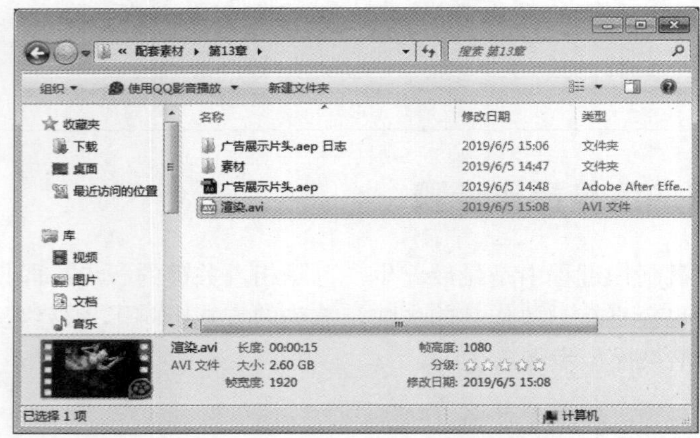

图 13-3

13.2.2　将文添加到渲染队列

要想将当前的文件渲染，首先要激活【时间轴】面板，然后在菜单栏中选择【文件】→【导出】→【添加到渲染队列】菜单项，如图 13-4 所示。

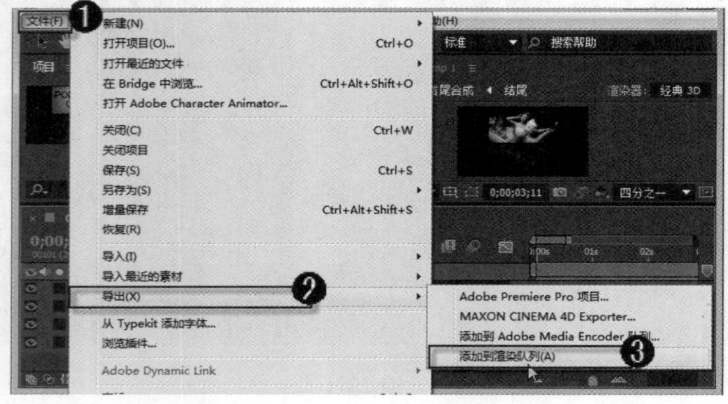

图 13-4

用户在菜单栏中选择【合成】→【添加到渲染队列】菜单项，也可以将文件添加到渲染队列，如图 13-5 所示。

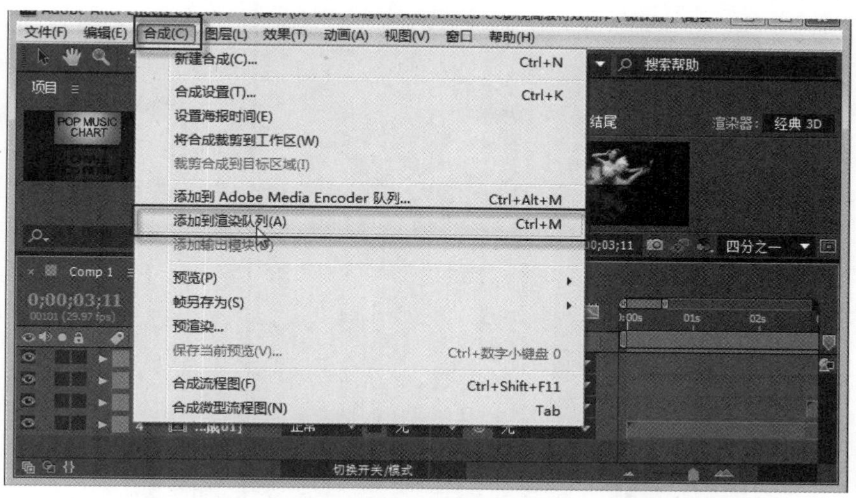

图 13-5

此时在【时间轴】面板中弹出【渲染队列】面板，如图 13-6 所示。

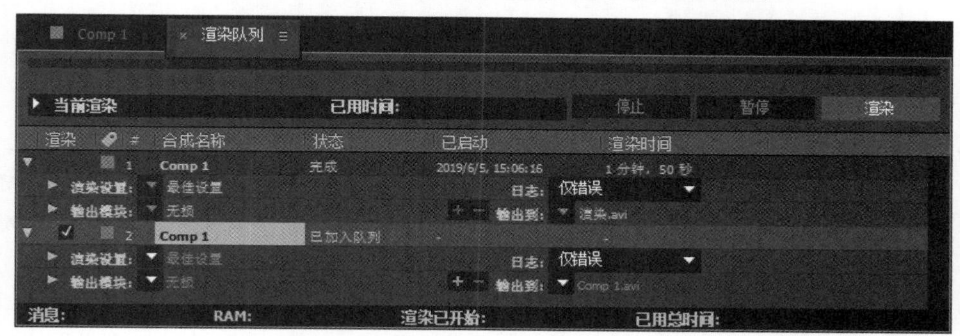

图 13-6

- 当前渲染：显示当前渲染的相关信息。
- 已用时间：显示当前渲染已经花费的时间。
- 停止：单击该按钮，即可停止渲染。
- 暂停：单击该按钮，即可暂停渲染。
- 渲染：单击该按钮，即可开始进行渲染。
- 渲染设置：单击【最佳设置】，即可对渲染设置的相关参数进行设置。
- 输出模块：单击【无损】，即可对输出模块的相关参数进行设置。
- 日志：可以设置【仅错误】、【增加设置】、【增加每帧信息】选项。
- 输出到：单击后面的蓝色文字 Comp 1.avi，即可设置作品要输出的位置和文件名。

13.2.3　设置渲染

【渲染设置】对话框主要用于设置渲染的【品质】、【分辨率】等，单击【渲染队列】面板中的【最佳设置】，即可弹出【渲染设置】对话框，如图 13-7 所示。

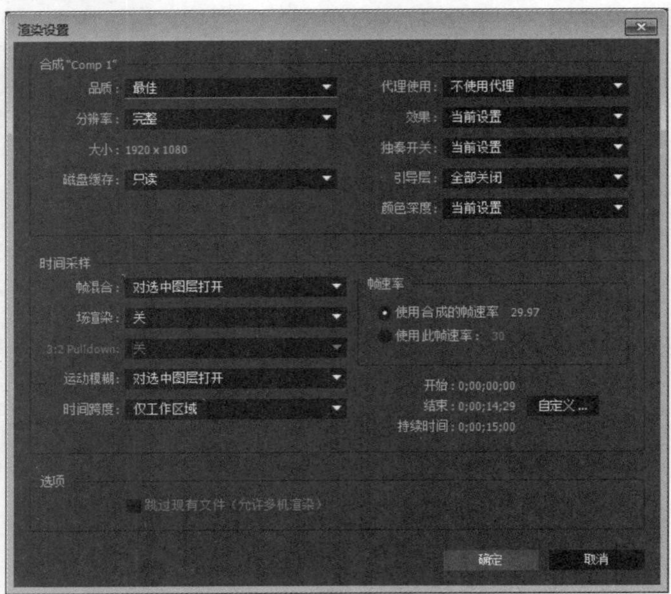

图 13-7

1. 【合成】选项组

- 品质：设置图层质量，包括以下选项：【当前设置】表示采用各层当前设置，即根据【时间轴】面板中各层属性开关面板上的图层画质设定而定；【最佳】表示全部采用最好的质量(忽略各层的质量设置)；【草图】表示全部采用粗略质量(忽略各层的质量设置)；【线框】表示全部采用线框模式(忽略各层的质量设置)。
- 分辨率：设置像素采样质量，其中包括完整、1/2 质量、1/3 质量和 1/4 质量；另外，还可以选择【自定义】命令，在弹出的【自定义分辨率】对话框中进行自定义分辨率设置。
- 磁盘缓存：决定是否采用【编辑】→【首选项】→【内存和多重处理】命令中的内存缓存设置。选择【只读】表示不采用当前【首选项】中的设置，而且在渲染过程中，不会有任何新的帧被写入内存缓存中。
- 代理使用：设置是否使用代理素材，包括以下选项：【当前设置】表示采用当前【项目】面板中各素材当前的设置；【使用全部代理】表示全部使用代理素材进行渲染；【仅使用合成的代理】表示只对合成项目使用代理素材；【不使用代理】表示全部不使用代理素材。
- 效果：设置是否采用特效滤镜，包括以下选项：【当前设置】表示采用当前时间轴中各个特效当前的设置；【全开】表示启用所有的特效滤镜，即使某些滤镜处于暂时关闭状态；【全关】表示关闭所有特效滤镜。
- 独奏开关：指定是否只渲染【时间轴】面板中的【独奏】开关■开启的层，如果设置为【全关】则表示不考虑独奏开关。
- 颜色深度：选择色深，如果是标准版的 After Effects，则有【16 位/通道】和【32 位/通道】两个选项。

2. 【时间采样】选项组

- 帧混合：是否采用【帧混合】模式。此类模式包括以下选项：【当前设置】根据当前【时间轴】面板中的【帧混合开关】的状态和各个层【帧混合模式】的状态，来决定是否使用帧混合功能；【对选层打开】是忽略【帧混合开关】的状态，对所有设置了【帧混合模式】的图层应用帧混合功能；如果设置了【图层全关】，则代表不启用【帧混合】功能。
- 场渲染：指定是否采用场渲染方式，包括以下选项：【关】表示渲染成不含场的视频影片；【上场优先】表示渲染成上场优先的含场的视频影片；【下场优先】表示渲染成下场优先的含场的视频影片。
- 3∶2 Pulldown：决定 3∶2 下拉的引导相位法。
- 运动模糊：是否采用运动模糊，包括以下选项：【当前设置】是根据当前【时间轴】面板中【动态模糊开关】的状态和各个层【动态模糊】的状态，来决定是否使用动态模糊功能；【对选中图层打开】是忽略【动态模糊开关】，对所有设置了【动态模糊】的图层应用运动模糊效果；如果设置为【图层全关】，则表示不启用动态模糊功能。
- 时间跨度：定义当前合成项目的渲染的时间范围，包括以下选项：【合成长度】表示渲染整个合成项目，也就是合成项目设置了多长的持续时间，输出的影片就有多长时间；【仅工作区域】表示根据【时间轴】面板中设置的工作环境范围来设定渲染的时间范围(按 B 键，工作范围开始；按 N 键，工作范围结束)；【自定义】表示自定义渲染的时间范围。
- 使用合成的帧速率：使用合成项目中设置的帧速率。
- 使用此帧速率：使用此处设置的帧速率。
- 自定义：设置自定义时间范围，包括起始、结束、持续时间。

3. 【选项】选项组

跳过现有文件(允许多机渲染)：允许渲染一系列文件的一部分，而不在先前已渲染的帧上浪费时间。

13.2.4 输出模块

渲染设置完成后，即可开始设置输出模块，主要是设置输出的格式和解码方式等。单击下三角形按钮，可以选择系统预置的一些格式和解码，单击【输出模块】区域右侧的设置标题，即可弹出【输出模块设置】对话框，如图 13-8 所示。

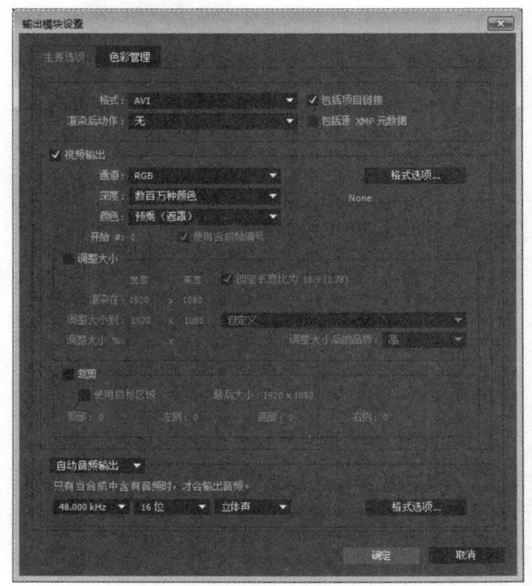

图 13-8

基础设置区，如图 13-9 所示。

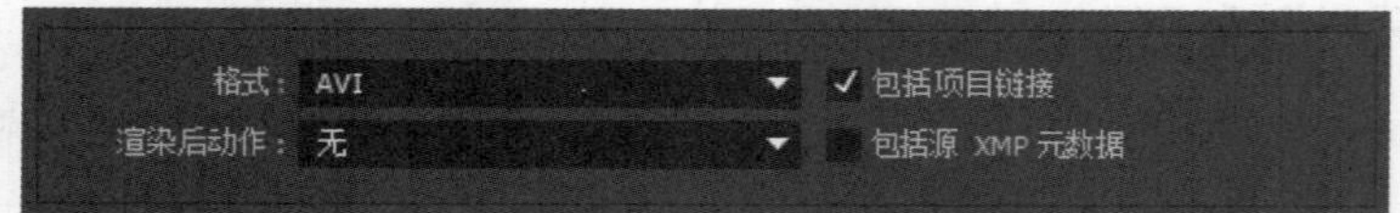

图 13-9

- 格式：设置输出的文件格式，如 QuickTime Movie 苹果公司 QuickTime 视频格式、AVI 视频格式、“JPEG 序列”HPEG 格式序列图、WAV 音频等，格式类型非常丰富。
- 渲染后动作：指定 After Effects 软件是否使用刚渲染的文件作为素材或者代理素材，包括以下选项：【导入】表示渲染完成后，自动作为素材置入当前项目中；【导入并替换】表示渲染完成后，自动置入项目中替代合成项目，包括这个合成项目被嵌入其他合成项目中的情况；【设置代理】表示渲染完成后，作为代理素材置入项目中。

视频设置区，如图 13-10 所示。

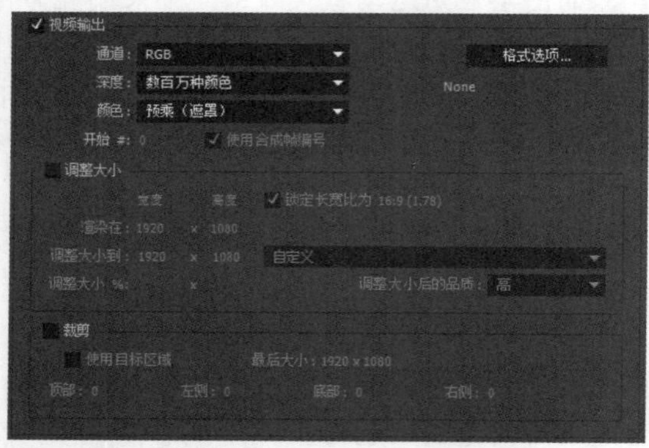

图 13-10

- 视频输出：是否输出视频信息。
- 通道：选择输出的通道，包括 RGB(3 个色彩通道)、Alpha(仅输出 Alpha 通道)和 RGB+Alpha(三色通道和 Alpha 通道)。
- 深度：色深选择。
- 颜色：指定输出的视频包含的 Alpha 通道为哪种模式，是【直通(无遮罩)】模式，还是【预乘(遮罩)】模式。
- 开始#：当输出的格式选择的是序列图时，在这里可以指定序列图的文件名序列数，为了将来识别方便，也可以勾选【使用合成帧编号】复选框，让输出的序列图片数字就是其帧数字。
- 格式选项：视频的编码方式的选择。虽然之前确定了输出的格式，但是每种文件格式中又有多种编码方式，编码方式的不同会生成完全不同质量的影片，最后产生的文件量也会有所不同。
- 调整大小到：是否对画面进行缩放处理。
- 调整大小：设置缩放的具体高、宽尺寸，也可以从右侧的预置列表中选择。

- 调整大小后的品质：在下拉列表中可以选择缩放的质量。
- 锁定长宽比为：是否强制高宽比为特殊比例。
- 裁剪：是否裁切画面。
- 使用目标区域：仅采用【合成】面板中的【目标区域】工具确定的画面区域。
- 顶部、左侧、底部、右侧：这 4 个选项分别设置上、左、下、右被裁切掉的像素尺寸。

音频设置区，如图 13-11 所示。

图 13-11

- 音频输出：是否输出音频信息。
- 格式选项：音频的编码方式，也就是用什么压缩方式压缩音频信息。
- 设置音频质量：包括 Hz、Bit、【立体声】或【单声道】设置。

智慧锦囊

如果使用 After Effects 在新建合成时为 1920 像素 × 1280 像素，那么在输出操作时默认也同样为 1920 像素 × 1280 像素，如果需要使输出的分辨率与新建合成分辨率不同，那么可开启【输出模块设置】对话框中的【调整大小】选项。

【色彩管理】选项卡主要用于设置配置文件参数，如图 13-12 所示。

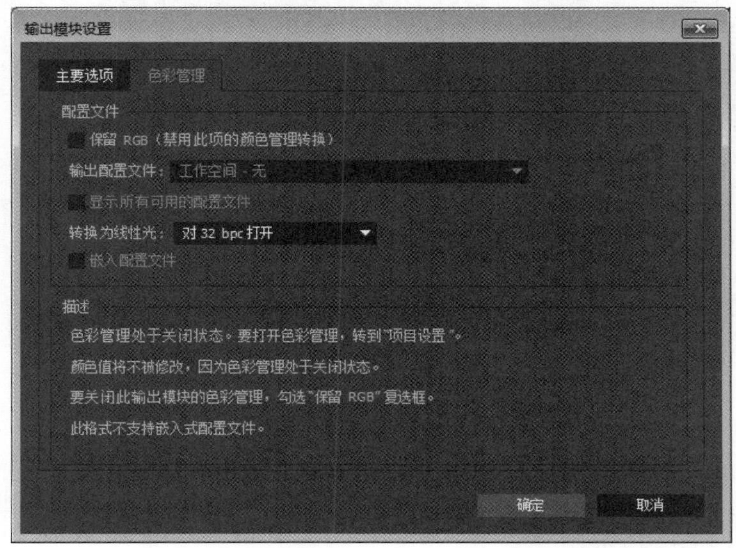

图 13-12

13.3 渲染和导出

渲染是从合成创建影片帧的过程，帧的渲染是从构成该图像模型的合成中的所有图层、设置和其他信息，创建合成的二维图像的过程，影片的渲染是构成影片的每个帧的逐帧渲染，本节将详细介绍渲染和导出的相关知识及操作方法。

↑ 扫码看视频

13.3.1 认识 Adobe Media Encoder

Adobe Media Encoder 是视频音频编码程序，可用于渲染输出不同格式的作品。需要安装与 After Effects CC 版本一致的 Adobe Media Encoder，才可以打开并使用 Adobe Media Encoder。

Adobe Media Encoder 界面包括 4 大部分，分别是【预设浏览器】、【队列】、【监视文件夹】和【编码】面板，如图 13-13 所示。

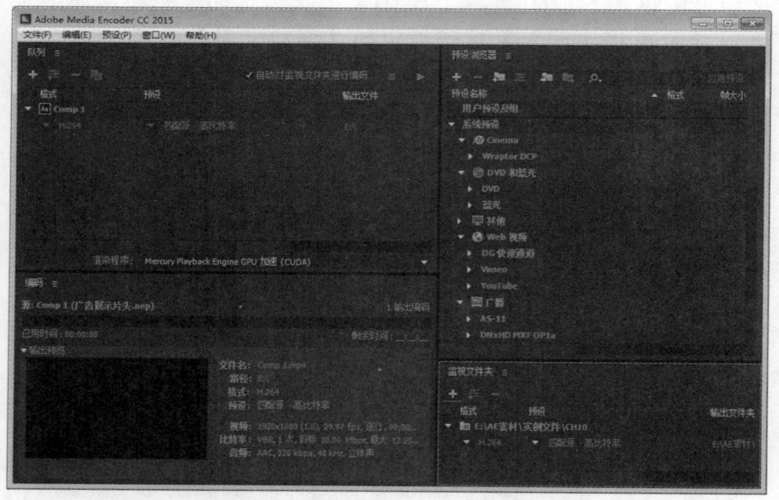

图 13-13

1. 【预设浏览器】面板

【预设浏览器】面板提供各种选项，这些选项可以帮助简化 Adobe Media Encoder 中的工作流程，如图 13-14 所示。

2. 【队列】面板

将想要编码的文件添加到【队列】面板中。可以将源视频或音频文件、Adobe Premiere

Pro 序列和 Adobe After Effects 合成添加到要编码的项目队列中，如图 13-15 所示。

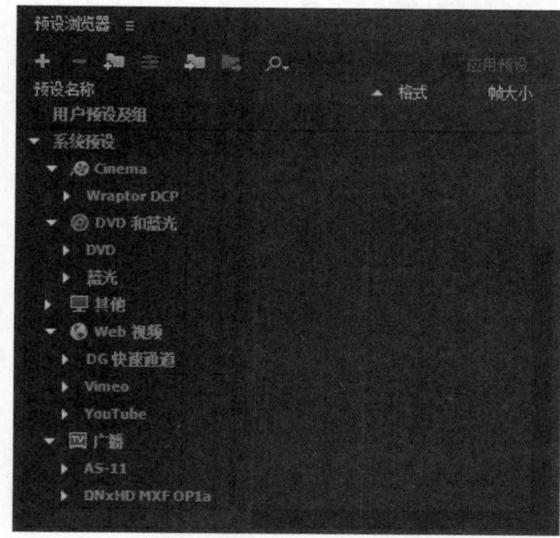

图 13-14

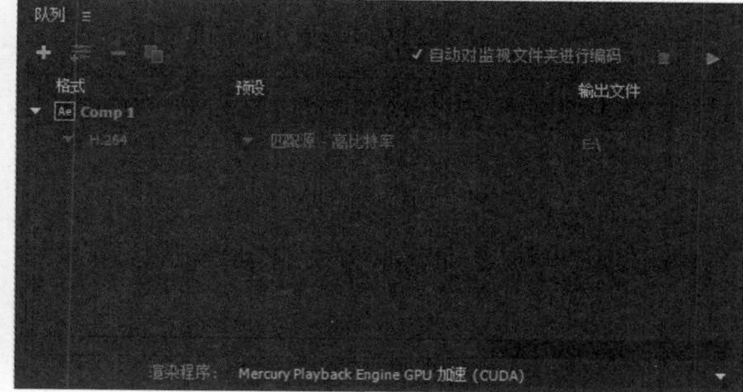

图 13-15

3. 【监视文件夹】面板

硬盘驱动器中的任何文件夹都可以被指定为【监视文件夹】，当选择【监视文件夹】后，任何添加到该文件夹的文件都将使用所选预设进行编码，如图 13-16 所示。

图 13-16

4. 【编码】面板

【编码】面板提供有关每个编码项目状态的信息，如图 13-17 所示。

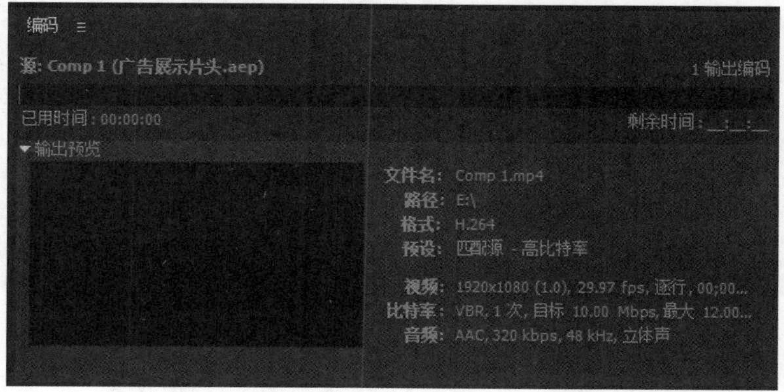

图 13-17

13.3.2 直接将合成添加到 Adobe Media Encoder

在使用 After Effects CC 软件制作完成作品后，可以直接将合成添加到 Adobe Media Encoder，下面详细介绍其操作方法。

素材保存路径：配套素材\第 13 章

素材文件名称：广告展示片头.aep

第 1 步 打开素材文件“广告展示片头.aep”，在菜单栏中选择【合成】→【添加到 Adobe Media Encoder 队列】菜单项，如图 13-18 所示。

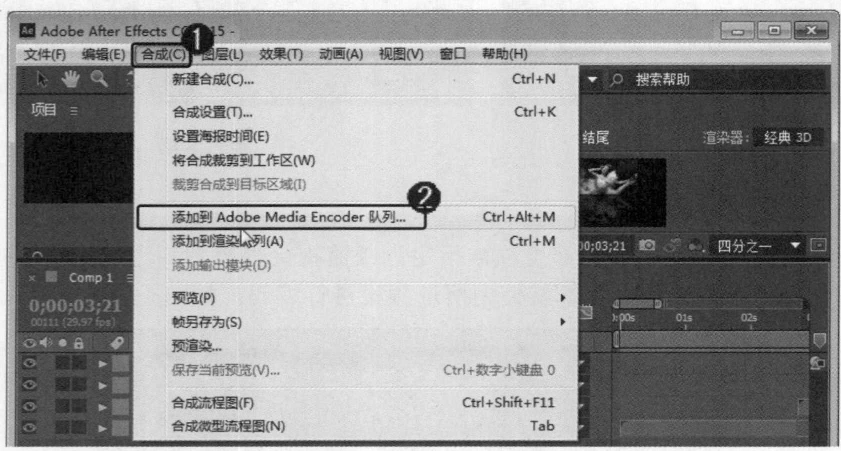

图 13-18

第 2 步 此时正在启动 Adobe Media Encoder，如图 13-19 所示。

第 3 步 启动完成后即可打开 Adobe Media Encoder 软件，如图 13-20 所示。

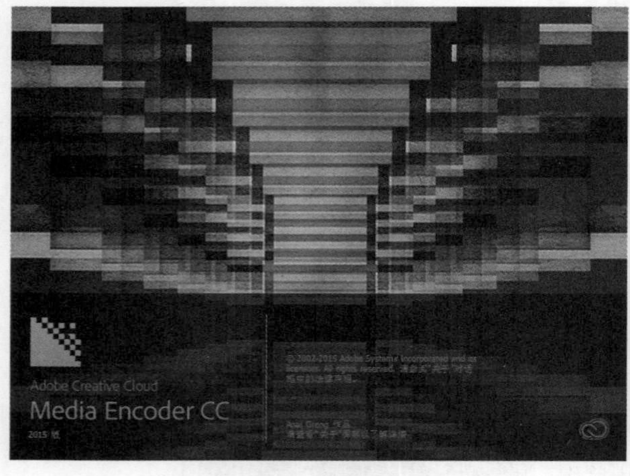

图 13-19

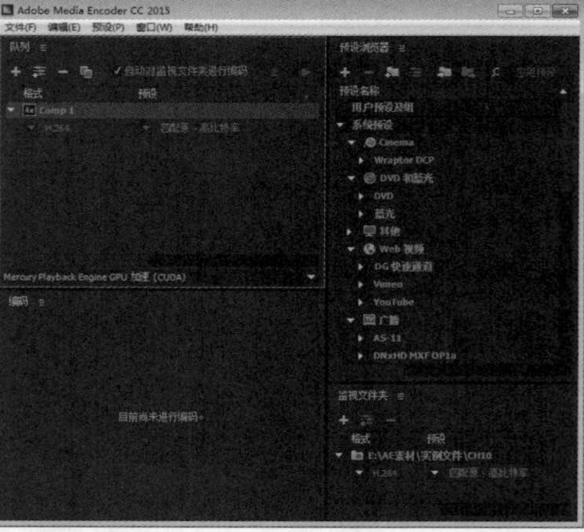

图 13-20

第 4 步 进入【队列】面板，*1.* 单击【格式】前的下拉按钮▼，*2.* 设置合适的格式，设置保存文件位置和名称，*3.* 单击右上角的【启动队列】按钮▶，如图 13-21 所示。

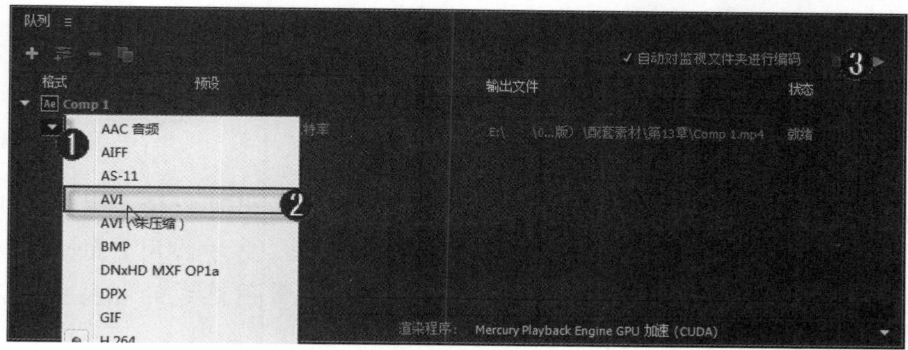

图 13-21

第 5 步 此时正在渲染，用户需要在线等待一段时间，如图 13-22 所示。

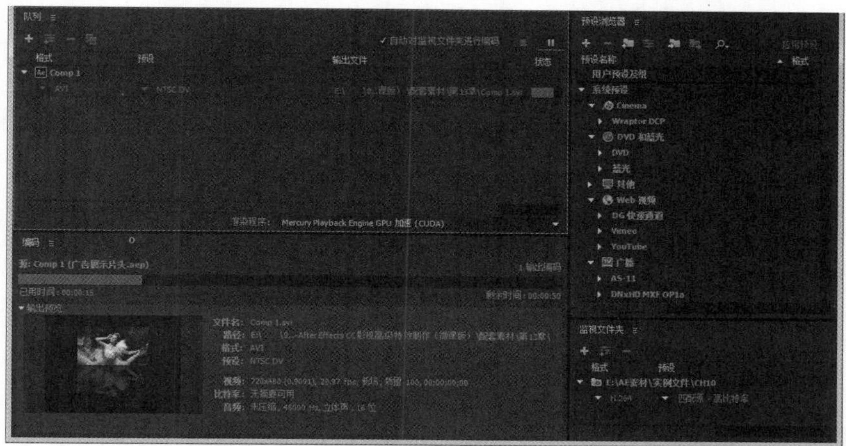

图 13-22

第 6 步 等待一段时间后即可完成渲染，用户可以在刚才设置的位置找到渲染完成的视频，如图 13-23 所示。

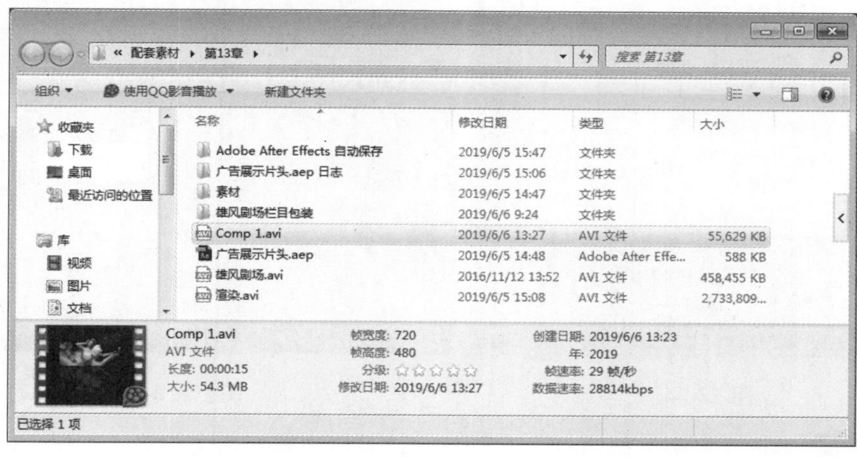

图 13-23

13.4　渲染常用的格式

制作完成的影片，通过渲染与输出可以使影片在不同的媒介设备上都能得到很好的播出效果，更方便用户的作品在各种媒介上传播。本节将详细介绍渲染常用格式的相关知识及操作方法。

↑ 扫码看视频

13.4.1　渲染 AVI 格式的视频

AVI 格式的视频图像质量很好，可以跨多个平台使用，它生成的文件体积非常大，但清晰度也是最高的，下面详细介绍输出 AVI 格式视频的操作方法。

素材保存路径：配套素材\第 13 章

素材文件名称：雄风剧场栏目包装.aep、雄风剧场.avi

第 1 步　打开素材文件“雄风剧场栏目包装.aep”，在【项目】面板中，选择【总合成】合成项目文件，然后在菜单栏中选择【合成】→【添加到渲染队列】菜单项，如图 13-24 所示。

第 2 步　在【渲染队列】面板中，可以观察到添加的【总合成】项目。确认并开启其【渲染】项，单击【输出到】右侧文件名链接项，如图 13-25 所示。

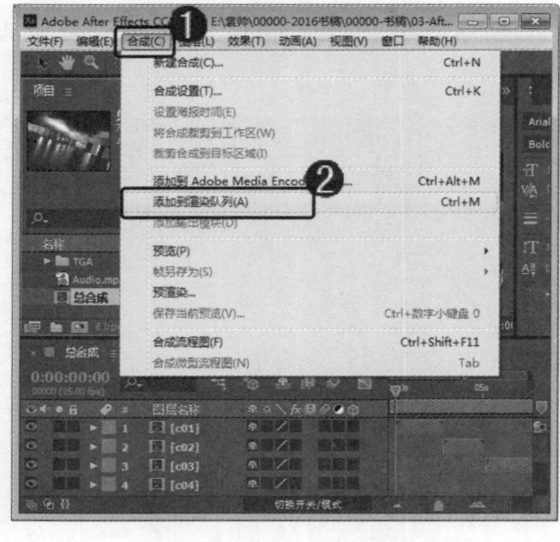

图 13-24

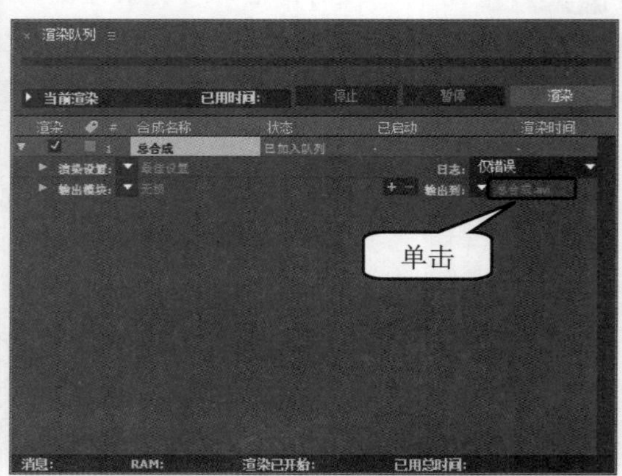

图 13-25

第 3 步　弹出【将影片输出到】对话框，设置输出路径和文件名，如图 13-26 所示。

第 4 步　返回到【渲染队列】面板中，单击【输出模块】区域右侧的【无损】链接项，如图 13-27 所示。

图 13-26

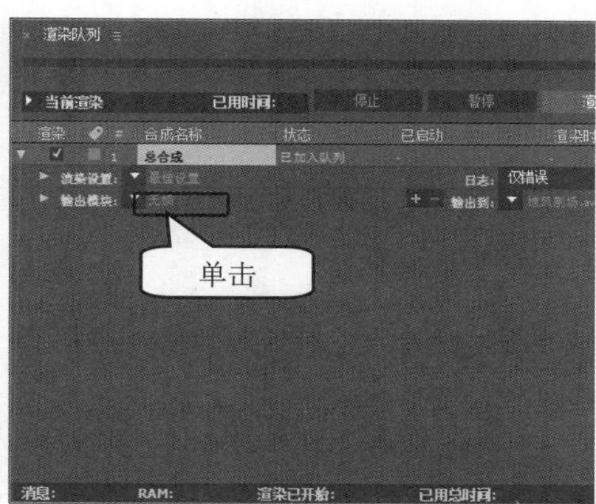

图 13-27

第 5 步 在弹出的【输出模块设置】对话框中，设置【格式】为 AVI 类型，然后单击【格式选项】按钮，进行视频的压缩解码选择，如图 13-28 所示。

第 6 步 在弹出的【AVI 选项】对话框中，展开【视频编解码器】下拉列表框，在其中选择准备设置的编码，After Effects CC 软件默认【视频编解码器】的设置为 None 方式，如图 13-29 所示。

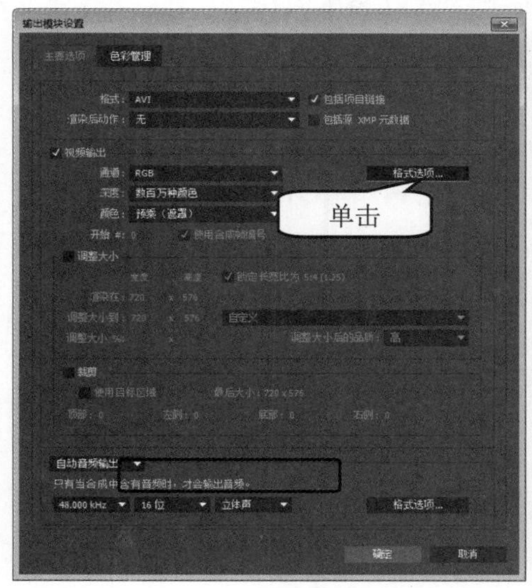

图 13-28

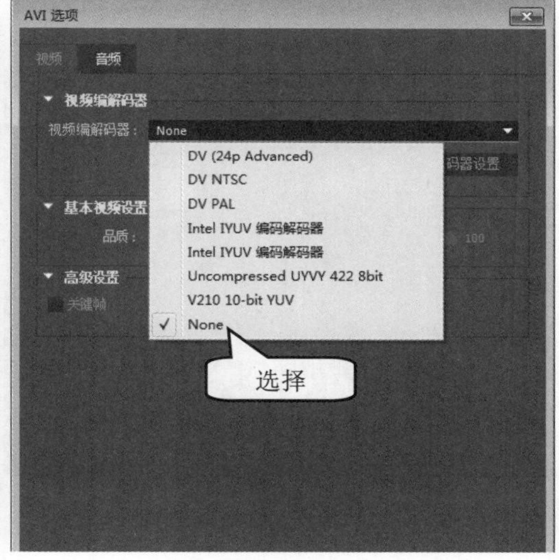

图 13-29

第 7 步 在【AVI 选项】对话框中，切换至【音频】选项卡，设置【音频隔行】为【无】，使输出 AVI 格式的音频同样无压缩，如图 13-30 所示。

第 8 步 确定输出的设置后，在【输出模块设置】对话框中，单击【确定】按钮，如图 13-31 所示。

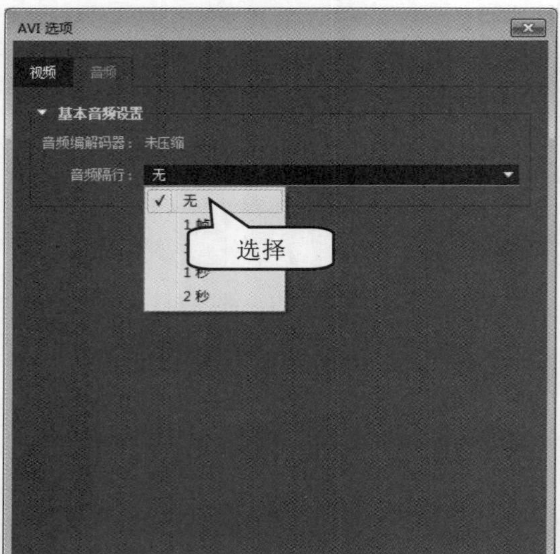

图 13-30

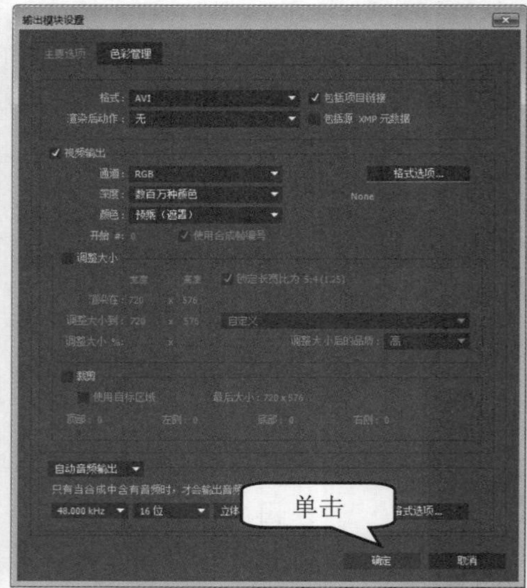

图 13-31

第 9 步 返回到【渲染队列】面板中，单击【渲染】按钮，执行合成项目的输出操作，如图 13-32 所示。

第 10 步 渲染完成后，在输出的文件夹中将显示 AVI 格式的视频文件，这样即可完成 AVI 格式输出的操作，如图 13-33 所示。

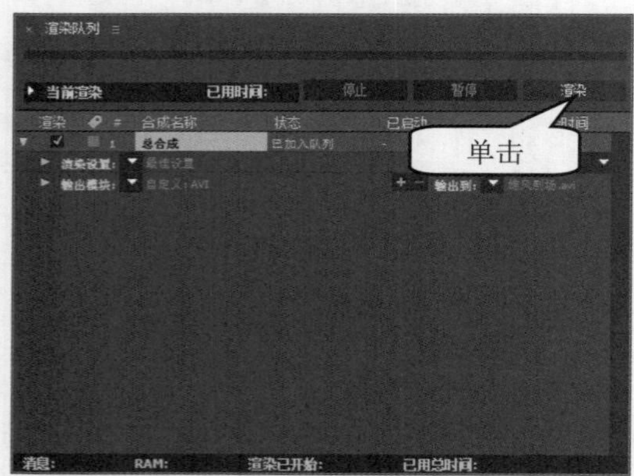

图 13-32

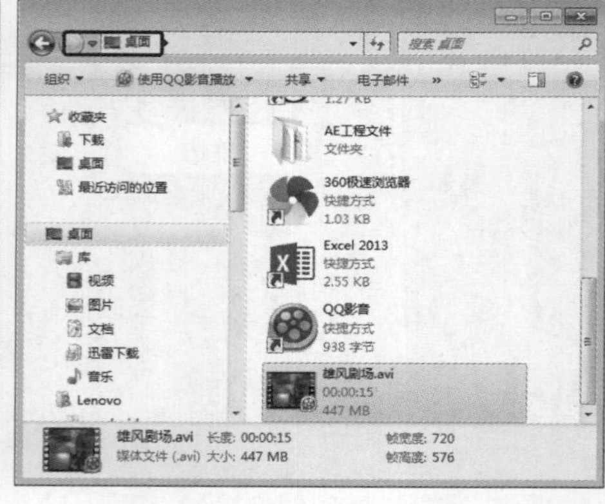

图 13-33

13.4.2 渲染 MOV 格式的视频

MOV 格式是美国苹果公司开发的一种视频格式，默认的播放器是苹果的 QuickTime Player。它具有较高的压缩比率和较完美的视频清晰度等特点，下面详细介绍输出 MOV 格式视频的操作方法。

素材保存路径：配套素材\第 13 章
素材文件名称：动感达人.aep、MOV 格式.mov

第 1 步 打开素材文件“动感达人.aep”，在【项目】面板中，选择 Daren 合成项目文件，然后在菜单栏中选择【合成】→【添加到渲染队列】菜单项，如图 13-34 所示。

第 2 步 在【渲染队列】面板中，可以观察到添加的 Daren 项目，确认并开启其【渲染】项。单击【输出到】右侧文件名链接项，如图 13-35 所示。

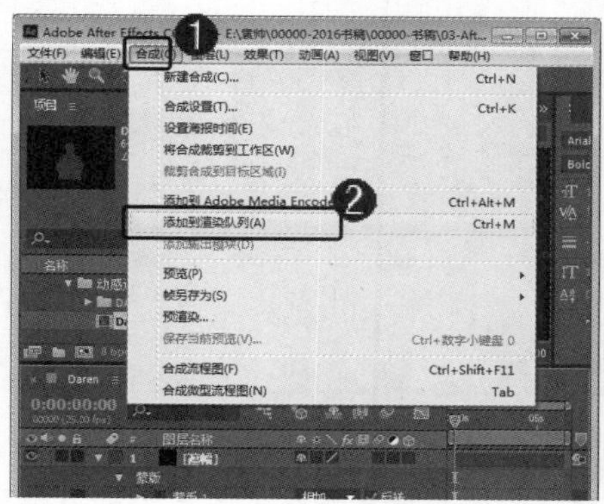

图 13-34

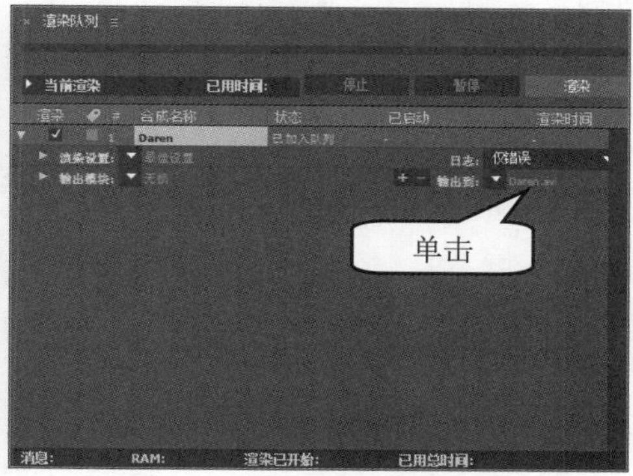

图 13-35

第 3 步 弹出【将影片输出到】对话框，设置输出路径和文件名，如图 13-36 所示。

第 4 步 返回到【渲染队列】面板中，单击【输出模块】区域右侧的【无损】链接项，如图 13-37 所示。

图 13-36

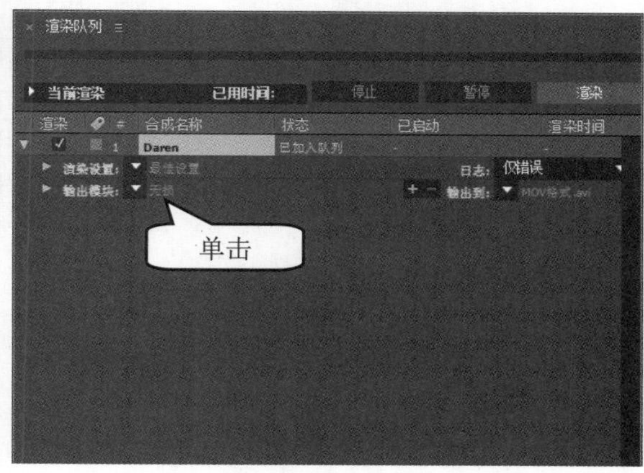

图 13-37

第 5 步 在弹出的【输出模块设置】对话框中，设置【格式】为 QuickTime 类型，如图 13-38 所示。

第 6 步 在【输出模块设置】对话框中，单击【格式选项】按钮，可以设置 MOV 格式的压缩解码，如图 13-39 所示。

第 7 步 在弹出的【QuickTime 选项】对话框中，展开【视频编解码器】下拉列表框，设置【视频编解码器】为【动画】方式，如图 13-40 所示。

第 8 步 返回到【渲染队列】面板中，单击【渲染】按钮，进行 MOV 格式输出的操作，如图 13-41 所示。

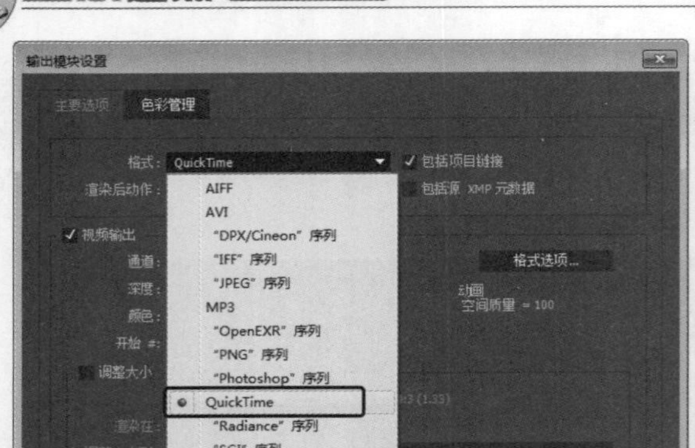

图 13-38

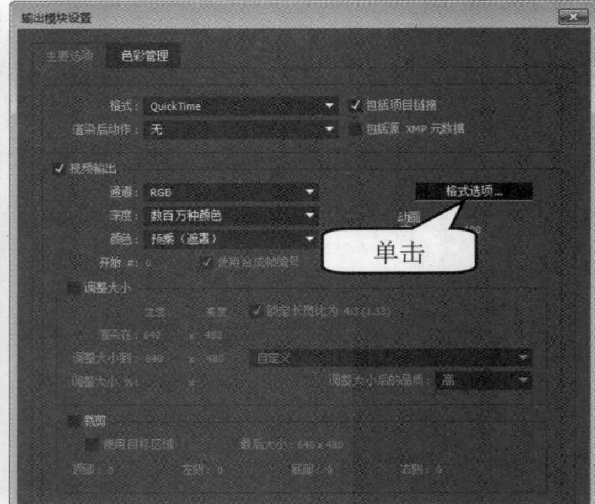

图 13-39

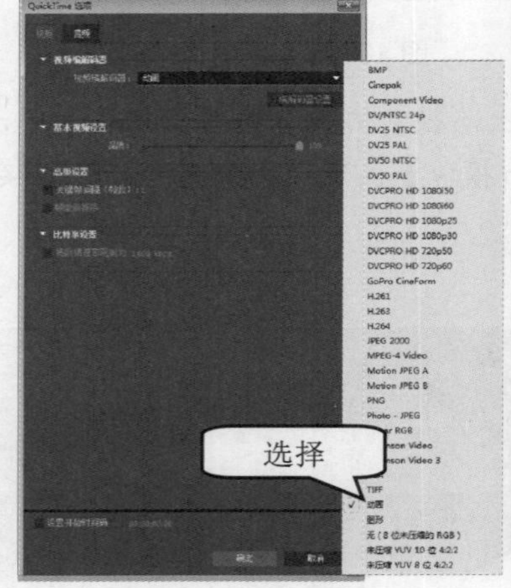

图 13-40

图 13-41

13.4.3 渲染 WAV 格式的音频

WAV 为微软公司开发的一种声音文件格式，本例学习渲染 WAV 格式的音频，下面详细介绍其操作方法。

素材保存路径：配套素材\第 13 章

素材文件名称：蝴蝶动画.aep、蝴蝶动画.wav

第 1 步 打开素材文件“蝴蝶动画.aep”，在【时间轴】面板中按 Ctrl+M 组合键，打开【渲染队列】面板，然后单击【输出模块】后面的【无损】链接项，如图 13-42 所示。

第 2 步 弹出【输出模块设置】对话框，***1.*** 设置【格式】为 WAV，***2.*** 单击【确定】按钮，如图 13-43 所示。

图 13-42

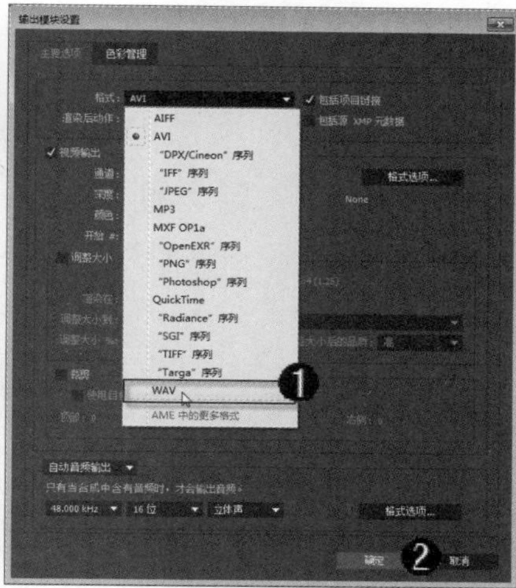

图 13-43

第 3 步 返回到【渲染队列】面板中，单击【输出到】后面的【蝴蝶动画.wav】链接项，如图 13-44 所示。

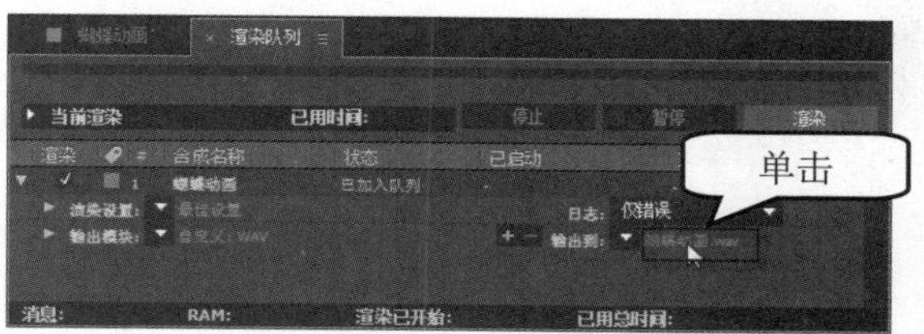

图 13-44

第 4 步 弹出【将影片输出到】对话框，***1.*** 设置文件名和保存位置，***2.*** 单击【保存】按钮，如图 13-45 所示。

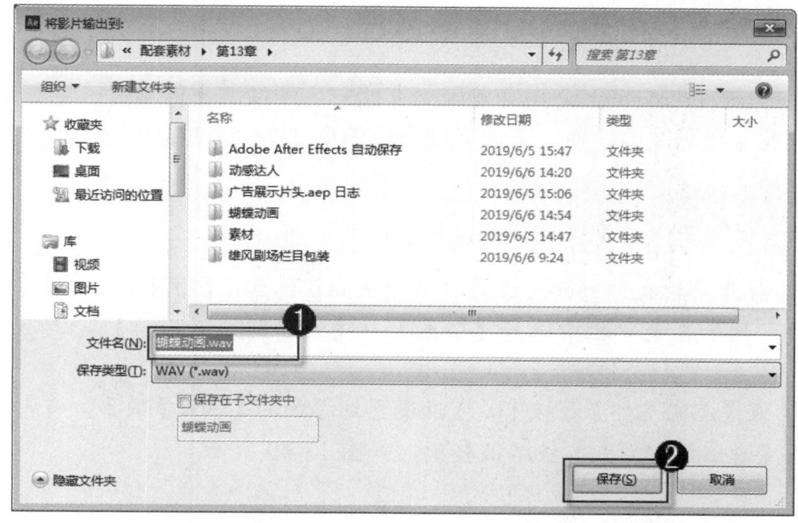

图 13-45

第 5 步 返回到【渲染队列】面板中，单击【渲染】按钮，如图 13-46 所示。

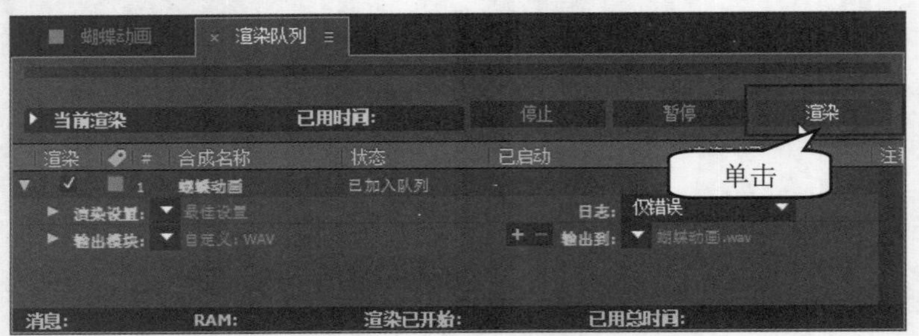

图 13-46

第 6 步 渲染完成后，在刚才设置的路径下就能看到渲染出的音频，如图 13-47 所示。

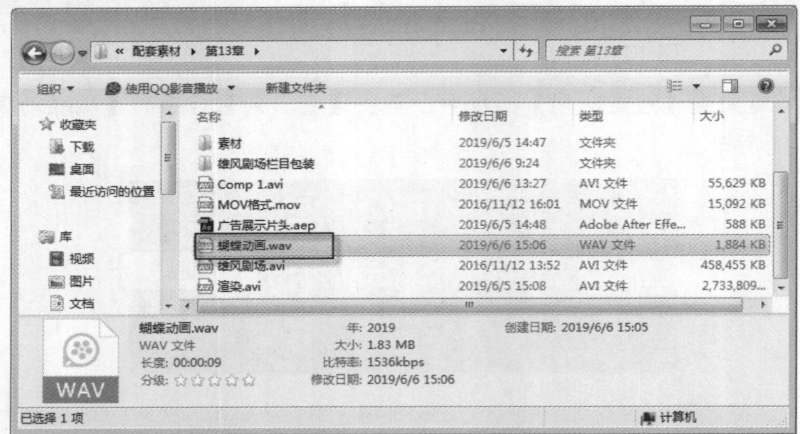

图 13-47

13.4.4 渲染 TGA 格式的图像文件

TGA 是由美国 Truevision 公司开发用来存储彩色图像的文件格式，主要用于计算机生成的数字图像向电视图像的转换，下面详细介绍渲染 TGA 格式的图像文件的操作方法。

素材保存路径：配套素材\第 13 章

素材文件名称：行星爆炸特效镜头.aep

第 1 步 打开素材文件“行星爆炸特效镜头.aep”，在【项目】面板中，选择【爆炸】合成项目文件，然后在菜单栏中选择【合成】→【添加到渲染队列】菜单项，如图 13-48 所示。

第 2 步 在【渲染队列】面板中，可以观察到添加的【爆炸】项目。确认并开启其【渲染】项，单击【输出到】右侧文件名链接项，如图 13-49 所示。

图 13-48

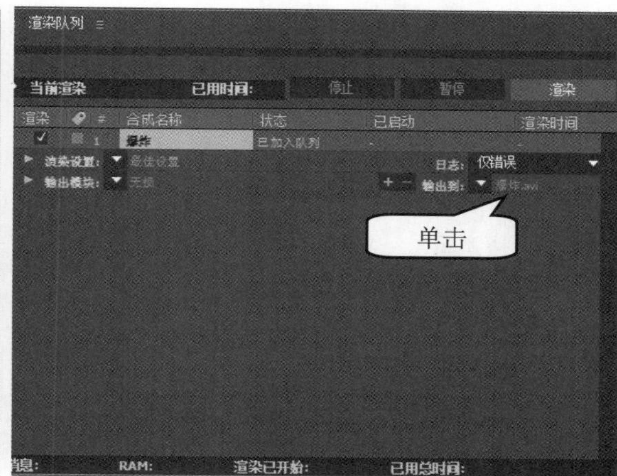

图 13-49

第 3 步 弹出【将影片输出到】对话框，设置输出路径和文件名，如图 13-50 所示。

第 4 步 返回到【渲染队列】面板中，单击【输出模块】区域右侧的【无损】链接项，如图 13-51 所示。

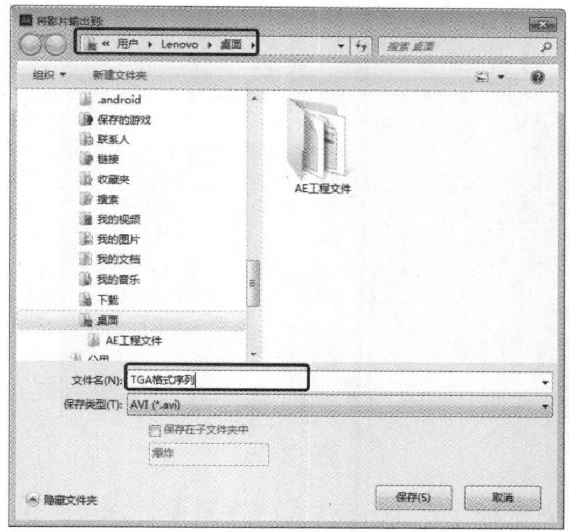

图 13-50

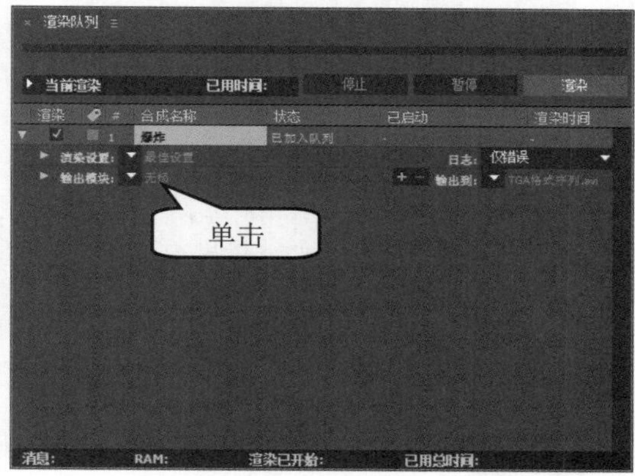

图 13-51

第 5 步 在弹出的【输出模块设置】对话框中，设置【格式】为【“Targa”序列】类型，如图 13-52 所示。

第 6 步 设置后会弹出【Targa 选项】对话框，在其中可以设置【分辨率】为 24 位/像素或 32 位/像素，然后单击【确定】按钮，如图 13-53 所示。

第 7 步 如果设置完成后还需要进行 Alpha 通道的设置，可以在【输出模块设置】对话框中单击【格式选项】按钮进行，如图 13-54 所示。

第 8 步 返回到【渲染队列】面板中，单击【渲染】按钮，进行序列格式的输出操作，如图 13-55 所示。

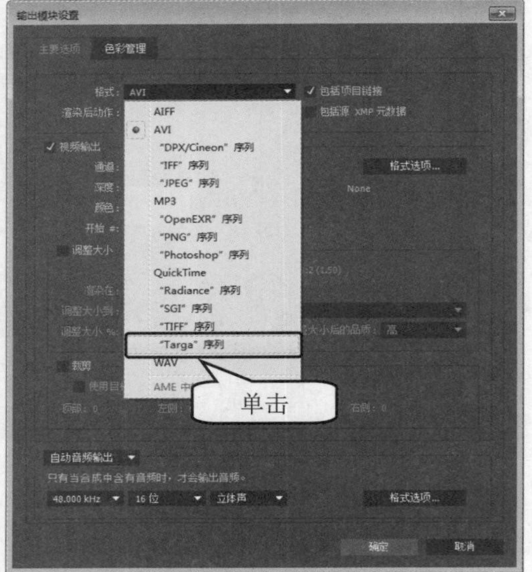

图 13-52

图 13-53

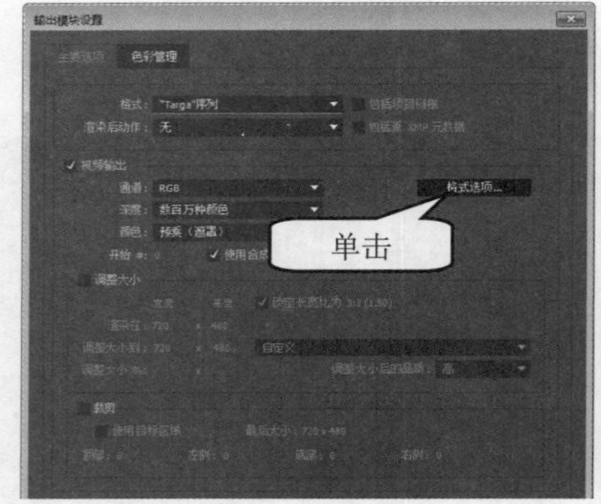

图 13-54

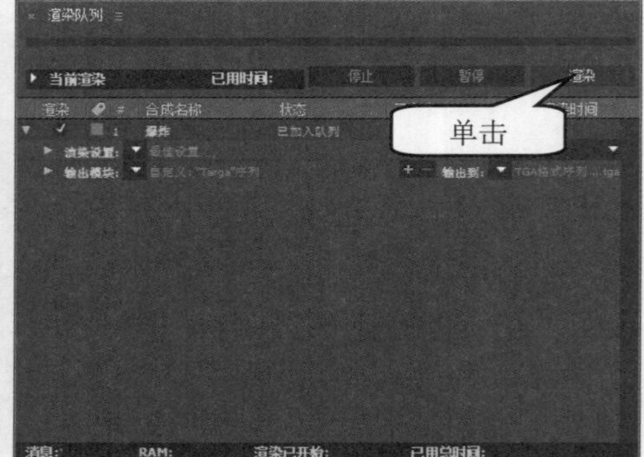

图 13-55

第 9 步 渲染序列完成后，在输出的文件夹中将显示 TGA 格式的序列文件，如图 13-56 所示。

图 13-56

13.5　实践案例与上机指导

通过本章的学习，读者基本可以掌握渲染不同格式的作品的基本知识以及一些常见的操作方法，下面通过练习一些案例操作，以达到巩固学习、拓展提高的目的。

↑扫码看视频

13.5.1　渲染小尺寸的视频

本例详细介绍渲染小尺寸视频的相关操作方法，从而达到巩固学习、拓展提高的目的。

素材保存路径：配套素材\第 13 章
素材文件名称：花朵旋动.aep、渲染小尺寸视频.avi

第 1 步 打开素材文件“花朵旋动.aep”，选择【花朵旋动】合成，在【时间轴】面板中按 Ctrl+M 组合键，打开【渲染队列】面板，然后单击【渲染设置】后面的【最佳设置】链接项，如图 13-57 所示。

第 2 步 弹出【渲染设置】对话框，*1.* 设置【分辨率】为三分之一，*2.* 单击【确定】按钮，如图 13-58 所示。

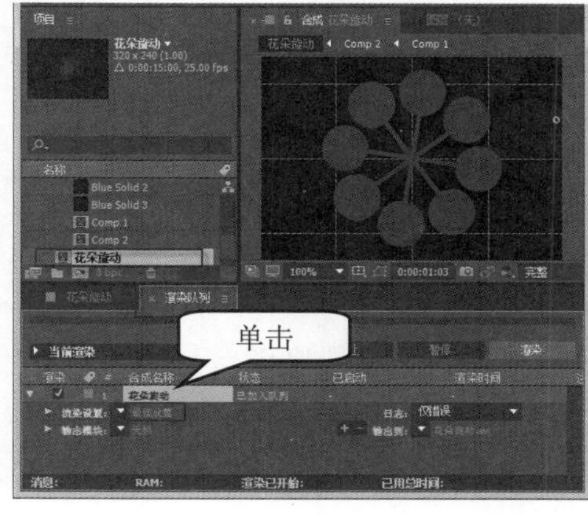

图 13-57

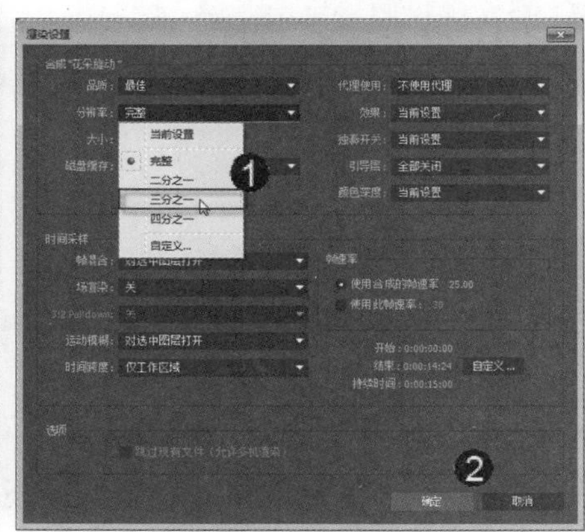

图 13-58

第 3 步 返回到【渲染队列】面板，然后单击【输出模块】后面的【无损】链接项，如图 13-59 所示。

第 4 步 弹出【输出模块设置】对话框，*1.* 设置【格式】为 AVI，*2.* 单击【确定】按钮，如图 13-60 所示。

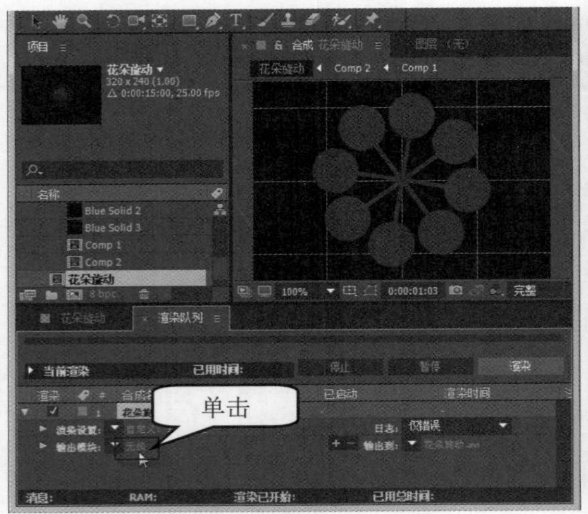

图 13-59

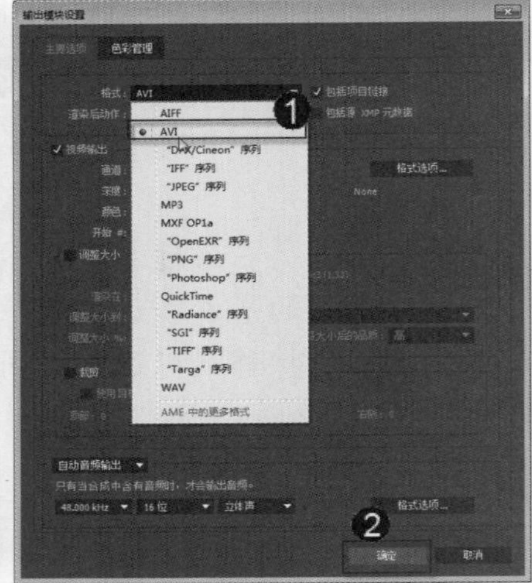

图 13-60

第 5 步 返回到【渲染队列】面板，单击【输出到】后面的【花朵旋动.avi】链接项，如图 13-61 所示。

第 6 步 弹出【将影片输出到】对话框，*1.* 设置文件名和保存位置，*2.* 单击【保存】按钮，如图 13-62 所示。

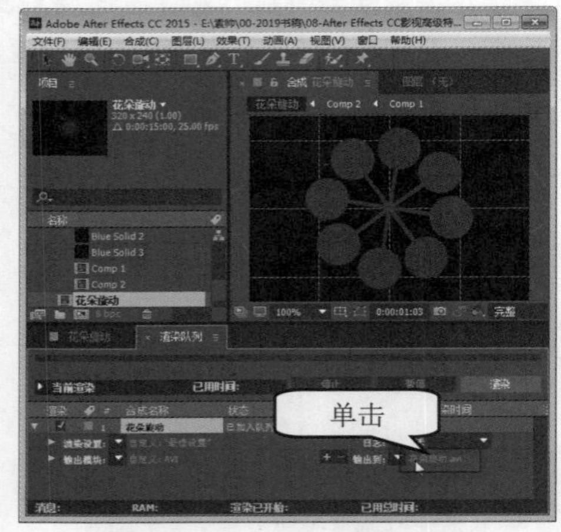

图 13-61

图 13-62

第 7 步 返回到【渲染队列】面板中，单击【渲染】按钮，如图 13-63 所示。

第 8 步 渲染完成后，在刚才设置的路径下就能看到渲染出的音频，这样即可完成渲染小尺寸视频的操作，如图 13-64 所示。

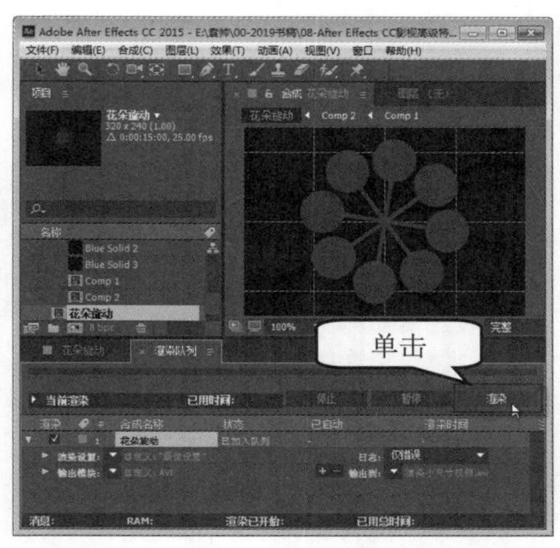

图 13-63

图 13-64

13.5.2　渲染 PSD 格式文件

本例将详细介绍渲染 PSD 格式文件的相关操作方法，从而达到巩固学习、拓展提高的目的。

素材保存路径：配套素材\第 13 章
素材文件名称：雨中闪电效果.aep、渲染 PSD 格式文件.psd

第 1 步 打开素材文件“雨中闪电效果.aep”，在菜单栏中选择【合成】→【帧另存为】→【文件】菜单项，如图 13-65 所示。

第 2 步 此时即可调出【渲染队列】面板，单击【输出到】后面的文字链接，如图 13-66 所示。

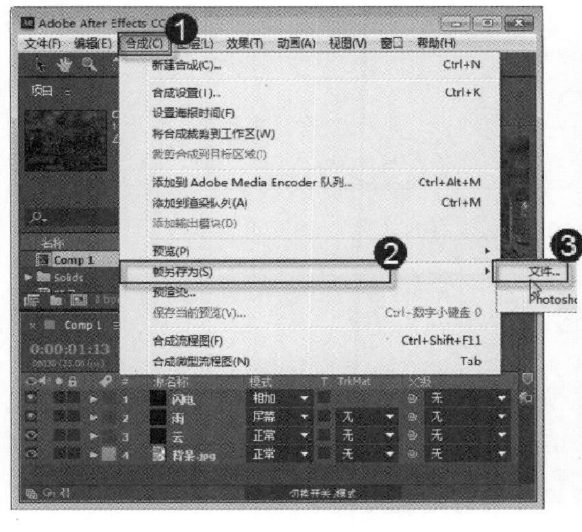

图 13-65

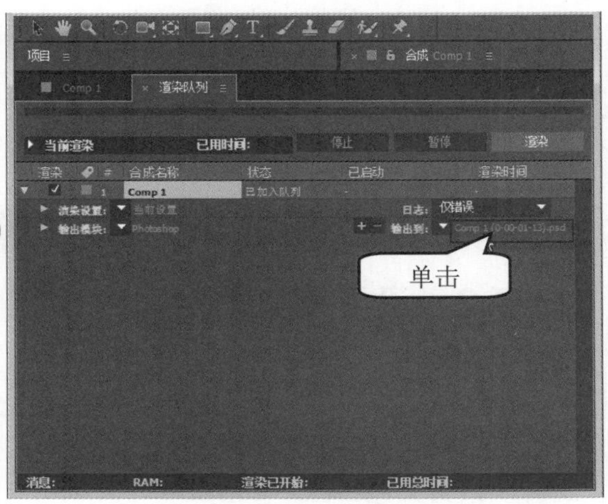

图 13-66

第 3 步 弹出【将帧输出到】对话框，*1.* 设置文件名和保存位置，*2.* 单击【保存】

按钮，如图 13-67 所示。

第 4 步 返回到【渲染队列】面板中，单击【渲染】按钮，如图 13-68 所示。

图 13-67

图 13-68

第 5 步 渲染完成后，在刚才设置的路径下就能看到渲染出的文件，这样即可完成渲染 PSD 格式文件的操作，如图 13-69 所示。

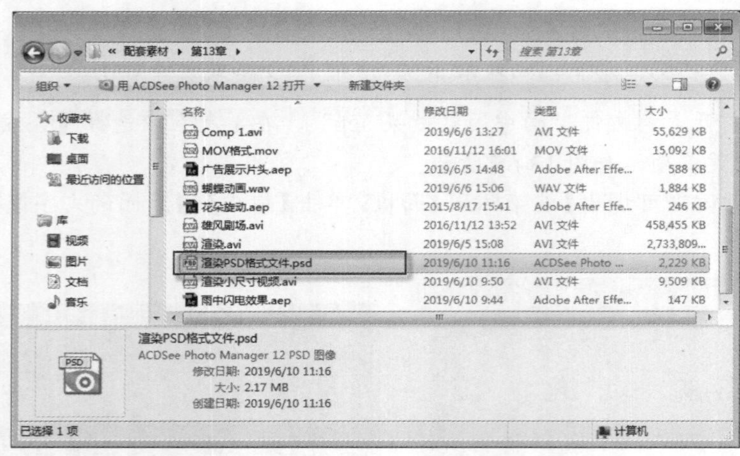

图 13-69

13.5.3 设置渲染自定义时间范围

本例将详细介绍设置渲染自定义时间范围，从而达到巩固学习、拓展提高的目的。

素材保存路径：配套素材\第 13 章

素材文件名称：运动主题片头.aep、设置渲染自定义时间范围.avi

第 1 步 打开素材文件“运动主题片头.aep”，选择 comp1 合成，按 Ctrl+M 组合键打开【渲染队列】面板，在该面板中单击【渲染设置】后面的【最佳设置】链接项，如图 13-70

所示。

第 2 步 弹出【渲染设置】对话框，单击【自定义】按钮，如图 13-71 所示。

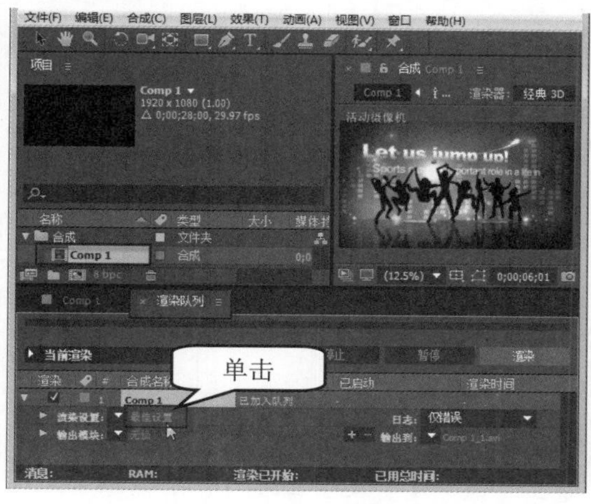

图 13-70

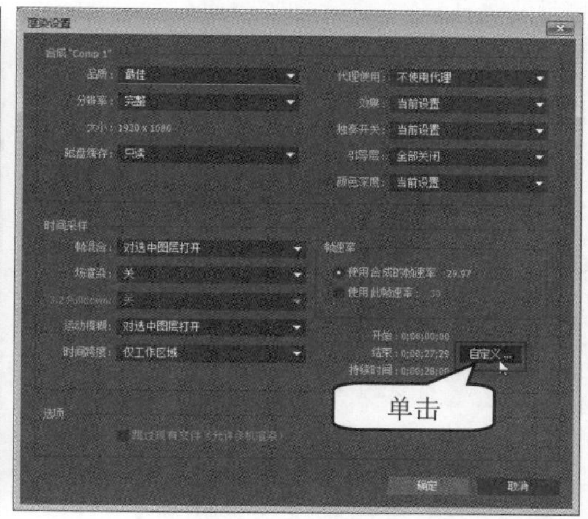

图 13-71

第 3 步 弹出【自定义时间范围】对话框，***1.*** 设置【起始】时间为 2 秒，***2.*** 设置【结束】时间为 20 秒，***3.*** 单击【确定】按钮，如图 13-72 所示。

第 4 步 返回到【渲染设置】对话框，可以看到已经设置的自定义时间范围，单击【确定】按钮，如图 13-73 所示。

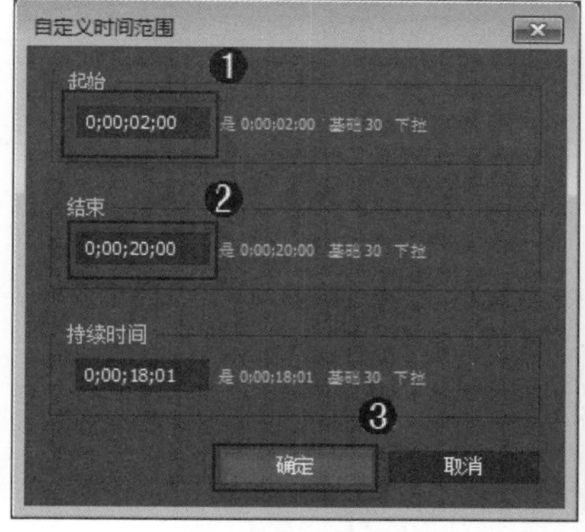

图 13-72

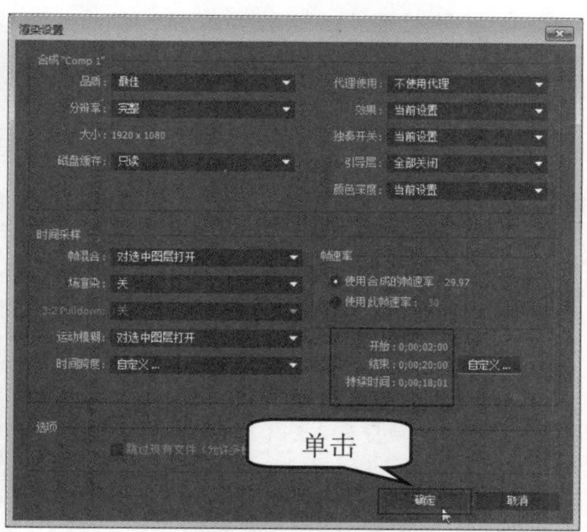

图 13-73

第 5 步 返回到【渲染队列】面板中，单击【输出到】后面的文字链接，如图 13-74 所示。

第 6 步 弹出【将影片输出到】对话框，***1.*** 设置文件名和保存位置，***2.*** 单击【保存】按钮，如图 13-75 所示。

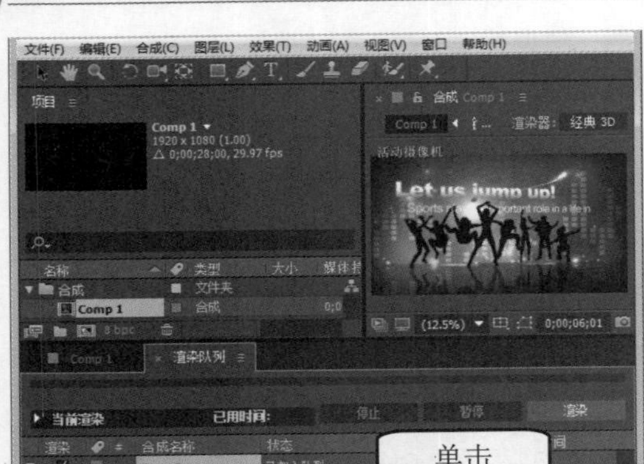

图 13-74

图 13-75

第 7 步 返回到【渲染队列】面板中，单击【渲染】按钮，如图 13-76 所示。

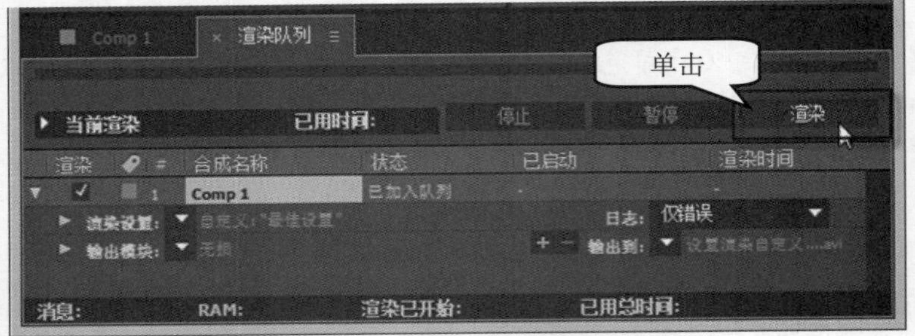

图 13-76

第 8 步 此时即可开始渲染所选择的时间范围视频，用户需要在线等待一段时间，如图 13-77 所示。

图 13-77

第 9 步 渲染完成后，在刚才设置的路径下就能看到渲染出的文件，这样即可完成设置渲染自定义时间范围的操作，如图 13-78 所示。

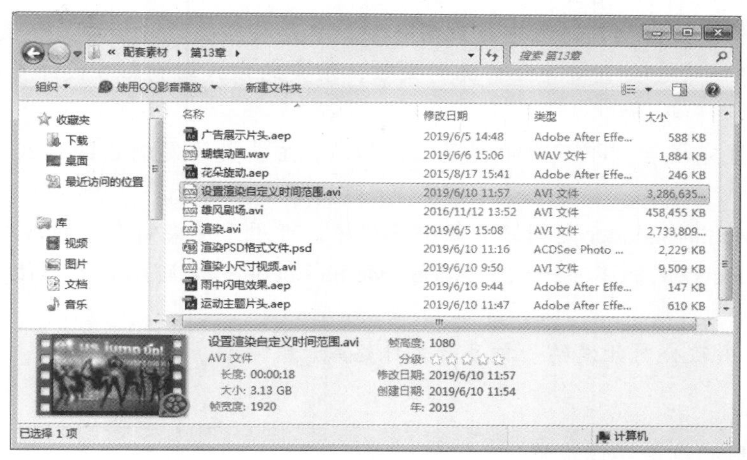

图 13-78

13.6　思考与练习

一、填空题

1. 很多三维软件、后期制作软件在完成作品制作后，都需要进行_____，将最终的作品以可以打开或播放的格式呈现出来，以便在更多的设备上播放。影片的渲染是指将构成影片的每个_____进行逐帧渲染。

2. 渲染通常指最终的_____过程。其实创建在【素材】、【图层】、【合成】面板中显示预览的过程也属于_______，但这些并不是最终渲染，真正的渲染是最终需要输出为一个用户需要的文件格式。

3. 要想将当前的文件渲染，首先要激活______面板，然后在菜单栏中选择【文件】→【导出】→____________菜单项。

4. 【渲染设置】对话框主要用于设置渲染的【品质】、【分辨率】等，单击【渲染队列】面板中的__________，即可弹出【渲染设置】对话框。

5. _____格式的视频图像质量很好，可以跨多个平台使用，它生成的文件体积非常大，但清晰度也是最高的。

6. ____________格式是美国苹果公司开发的一种视频格式，默认的播放器是苹果的 QuickTime Player。它具有较高的压缩比率和较完美的视频清晰度等特点。

7. _____是由美国 Truevision 公司开发用来存储彩色图像的文件格式，主要用于计算机生成的数字图像向电视图像的转换。

二、判断题

1. 在 After Effects CC 中主要有两种渲染方式，分别是在【渲染队列】中渲染和在 Adobe Media Encoder 中渲染。　(　　)

2. 在 After Effects 中可以渲染很多格式，例如视频和动画格式、静止图像格式、动画图像格式、仅音频格式、视频项目格式等。 (　　)

3. 渲染在整个硬盘制作过程中是最后一步，也是相当关键的一步。即使前面制作得再精妙，不成功的渲染也会直接导致作品的失败，渲染的方式影响影片最终呈现的效果。 (　　)

4. 渲染设置完成后，即可开始设置输出模块，主要是设定输出的格式和解码方式等。 (　　)

5. Adobe Media Encoder 是视频音频编码程序，可用于渲染输出不同格式的作品。需要安装与 After Effects CC 版本不一致的 Adobe Media Encoder，才可以打开并使用 Adobe Media Encoder。 (　　)

6. WAV 为微软公司开发的一种声音文件格式。 (　　)

三、思考题

1. 简述常用的渲染操作步骤。

2. 如何渲染 MOV 格式的视频？

新起点
电脑教程

第 14 章

常用电影特效制作

本章要点

- 制作雨中闪电效果
- 制作宣传页面特效动画

本章主要内容

在 After Effects 中，可以利用各种特效等方法制作出多种电影特效的效果，使用后期软件来制作电影特效可以大大节省电影的成本，而且可以加快电影制作的速度，还可以制作出各种非常真实的特效效果。通过本章的学习，读者可以掌握常用电影特效制作方面的知识，为深入学习 After Effects CC 影视高级特效制作知识奠定基础。

14.1 制作雨中闪电效果

本节将详细介绍制作雨中闪电的效果，该效果为电影常用的特效之一，可以分成 3 大部分来制作，分别为雨中闪电的背景效果、雨中闪电的乌云效果和雨中闪电的最终效果。

14.1.1 制作雨中闪电的背景效果

本例将利用【三色调】、【亮度和对比度】效果制作雨中闪电的背景特效，下面详细介绍其操作方法。

素材保存路径：配套素材\第 14 章

素材文件名称：雨中闪电背景素材.aep、雨中闪电背景效果.aep

第 1 步 打开素材文件“雨中闪电背景素材.aep”，加载合成，在【效果和预设】面板中搜索【三色调】效果，并将其拖曳到【时间轴】面板中的【背景.jpg】图层上，如图 14-1 所示。

第 2 步 在【效果控件】面板中，***1.*** 设置【中间调】为深蓝色(R:66,G:83,B:99)，***2.*** 设置【与原始图像混合】为 50，如图 14-2 所示。

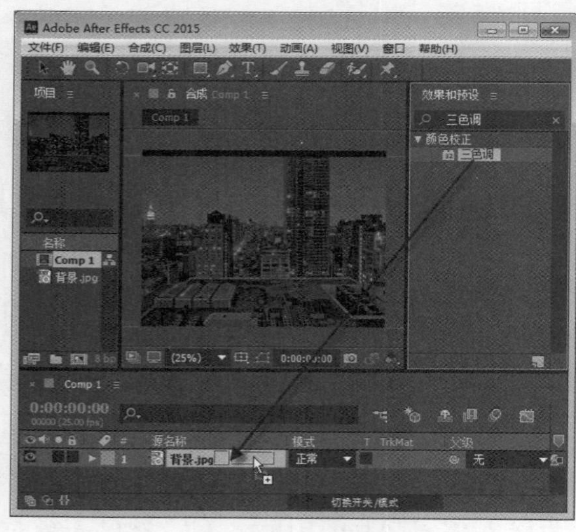

图 14-1

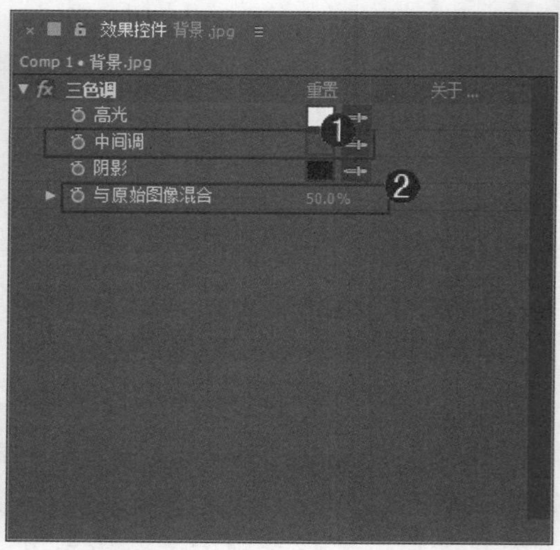

图 14-2

第 3 步 为【背景.jpg】图层添加【亮度和对比度】效果，设置【对比度】为 10，如图 14-3 所示。

第 4 步 将时间线拖曳到第 24 帧的位置，开启【亮度】关键帧，并设置其值为 0，如图 14-4 所示。

第 5 步 将时间线拖到第 1 秒的位置，设置【亮度】为 43，如图 14-5 所示。

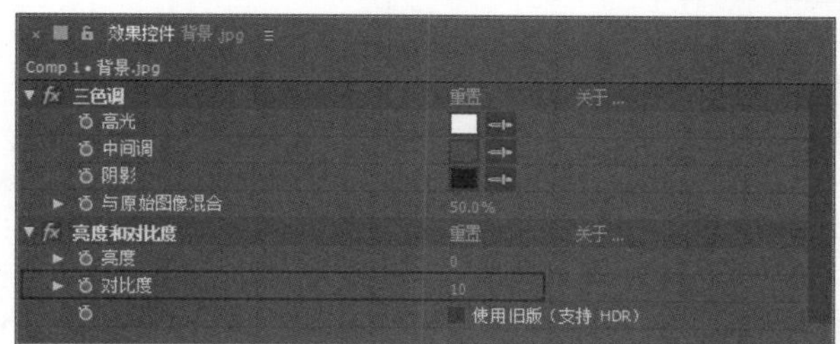

图 14-3

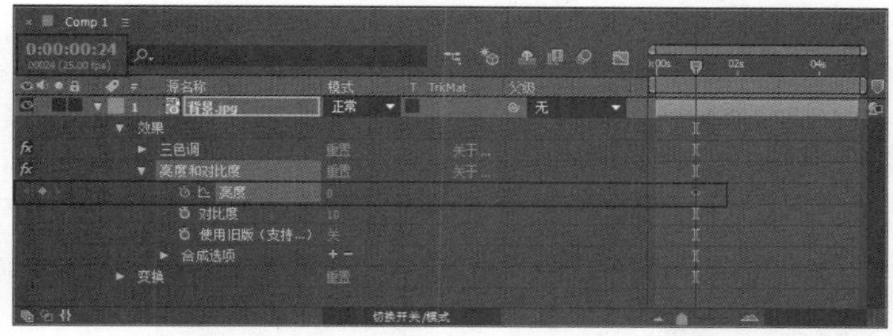

图 14-4

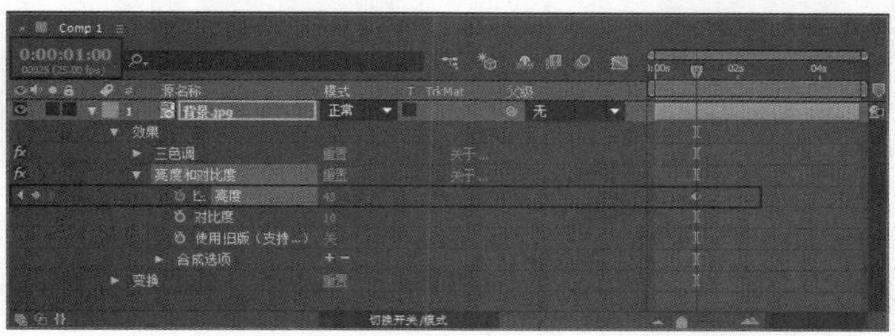

图 14-5

第 6 步 将时间线拖曳到第 2 秒处的位置，设置【亮度】为 0，即可完成制作雨中闪电的背景效果，如图 14-6 所示。

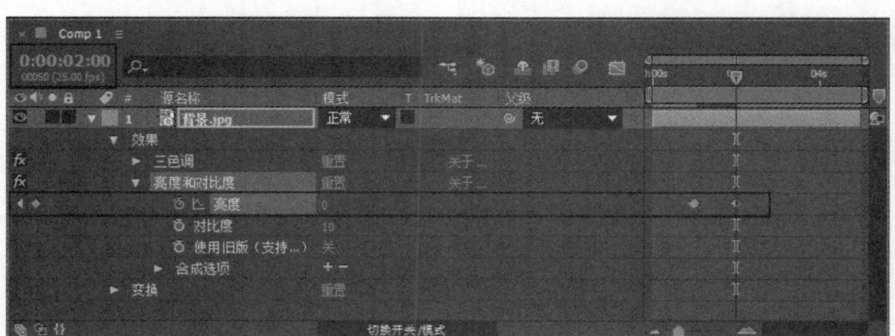

图 14-6

14.1.2　制作雨中闪电的乌云效果

本例将利用【分形杂色】、【快速模糊】、【边角定位】、CC Toner 等效果制作雨中闪电的乌云效果，下面详细介绍其操作方法。

素材保存路径：配套素材\第 14 章

素材文件名称：雨中闪电的乌云素材.aep、雨中闪电的乌云效果.aep

第 1 步 打开素材文件“雨中闪电的乌云素材.aep”，加载合成，选择【钢笔工具】，在【云】图层上沿背景图案上方的边缘绘制一个遮罩，如图 14-7 所示。

第 2 步 打开【云】图层下的 Mask1，*1.* 设置【蒙版羽化】为 95，*2.* 设置【蒙版扩展】为 60，如图 14-8 所示。

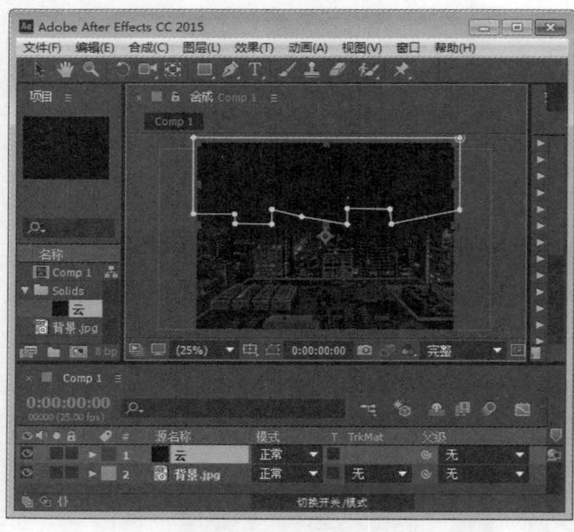

图 14-7

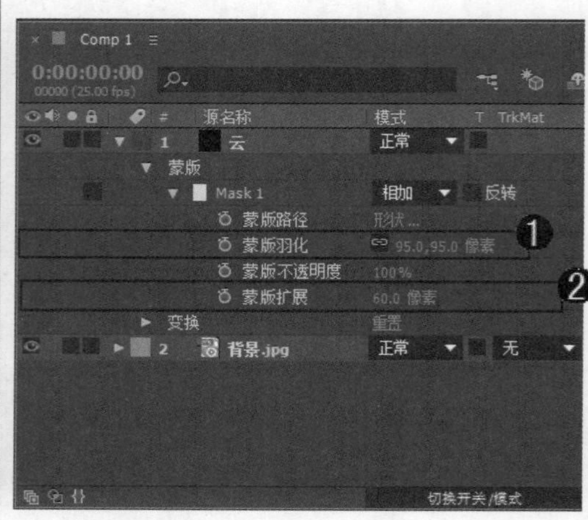

图 14-8

第 3 步 为【云】图层添加【分形杂色】效果，*1.* 设置【杂色类型】为【线性】，*2.* 设置【亮度】为-18，如图 14-9 所示。

第 4 步 为【云】图层添加【快速模糊】效果，*1.* 设置【模糊度】为 10，*2.* 勾选【重复边缘像素】复选框，如图 14-10 所示。

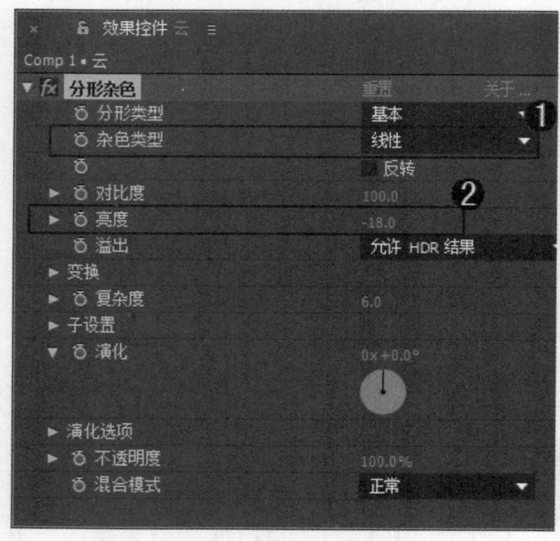

图 14-9

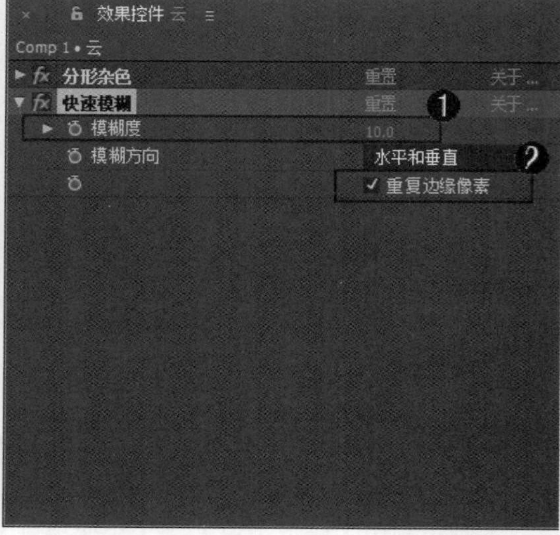

图 14-10

第 5 步 为【云】图层添加【边角定位】效果，设置【左上】为(-298,0)，【右上】为(1342,0)，【左下】为(0,524)，【右下】为(1024,524)，如图 14-11 所示。

第 6 步 为【云】图层添加 CC Toner 效果，设置 Midtones 为深蓝色(R:67, G:89, B:109)，如图 14-12 所示。

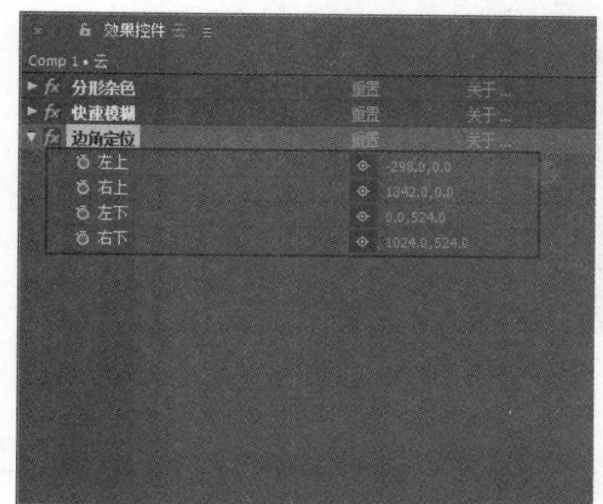

图 14-11

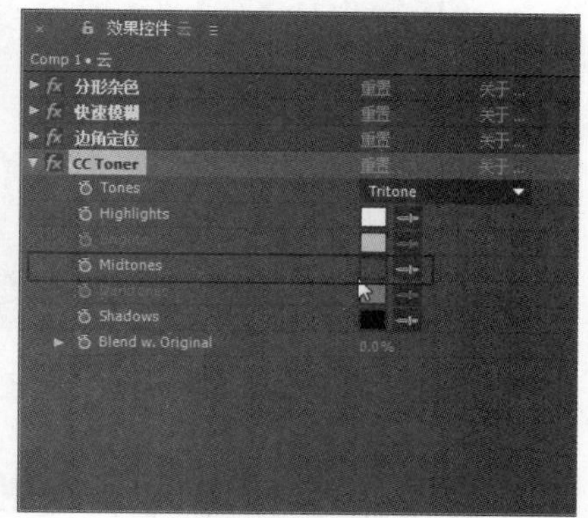

图 14-12

第 7 步 将时间线拖到起始帧的位置，开启【分形杂色】效果下的【演化】自动关键帧，并设置为 0，如图 14-13 所示。

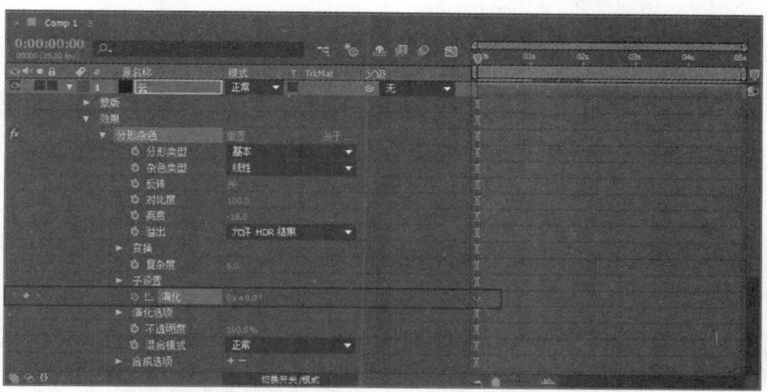

图 14-13

第 8 步 最后将时间线拖到结束帧的位置，设置【演化】为 2 × +70° ，如图 14-14 所示。

图 14-14

第 9 步 此时拖动时间线滑块即可查看雨中闪电的乌云效果，如图 14-15 所示。

图 14-15

14.1.3 制作雨中闪电的最终效果

本例将利用 CC Rainfall(CC 雨量)和【高级闪电】特效制作雨中闪电的最终效果，下面详细介绍其操作方法。

素材保存路径：配套素材\第 14 章

素材文件名称：雨中闪电最终素材.aep、雨中闪电最终效果.aep

第 1 步 打开素材文件"雨中闪电最终素材.aep"，加载合成，在【效果和预设】面板中搜索 CC Rainfall 效果，并将其拖曳到【时间轴】面板中的【雨】图层上，如图 14-16 所示。

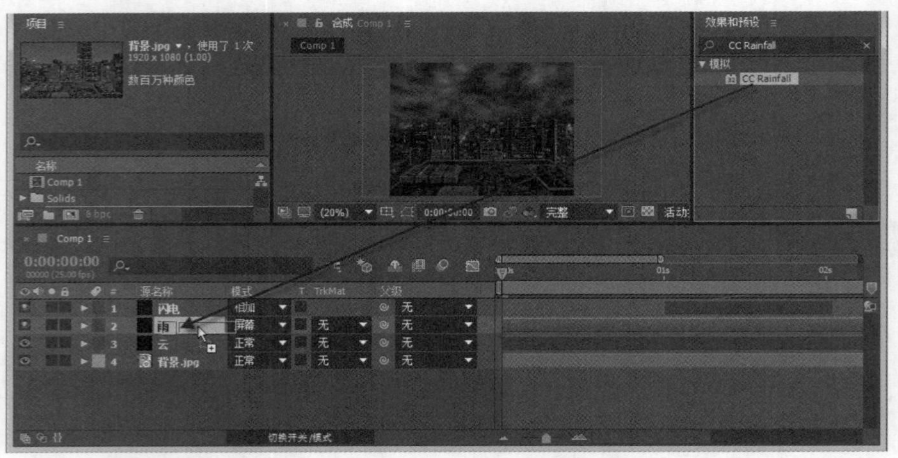

图 14-16

第 2 步 在【时间轴】面板中，设置【模式】为【屏幕】，在 CC Rainfall 效果下，设置 Size 为 6，Wind 为 200，Variation%(Wind)为 38，Opacity 为 50，如图 14-17 所示。

第 3 步 此时拖动时间线滑块可以查看下雨效果，如图 14-18 所示。

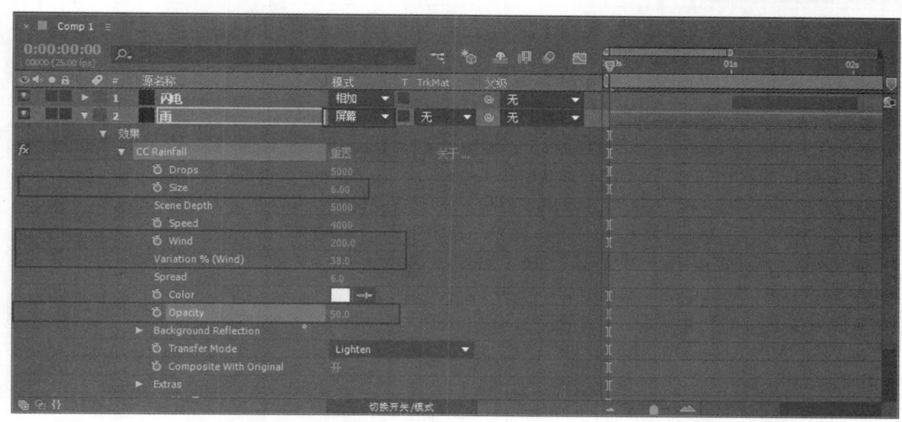

图 14-17

图 14-18

第 4 步 为【闪电】图层添加【高级闪电】效果，设置【源点】为(460.8，-38)，【核心半径】为 3，【发光半径】为 30，【Alpha 障碍】为 10，【分叉】为 11，如图 14-19 所示。

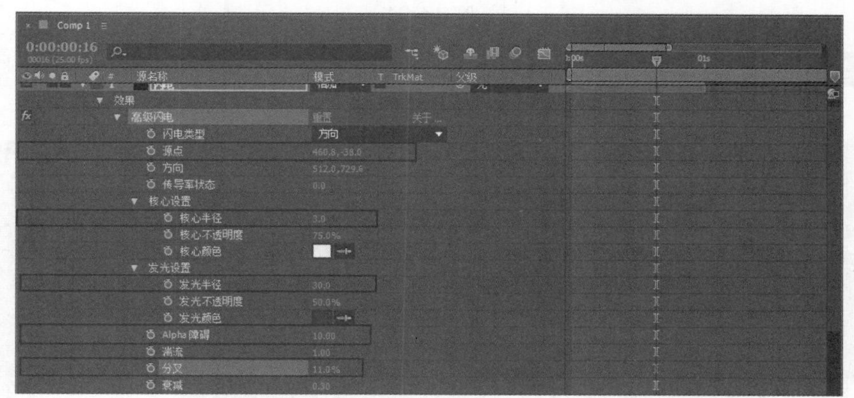

图 14-19

第 5 步 将时间线拖曳到第 1 秒的位置，开启【高级闪电】效果下的【方向】、【核心不透明度】和【发光不透明度】的自动关键帧，设置【方向】为(418,504)，【核心不透明度】为 75，【发光不透明度】为 50，如图 14-20 所示。

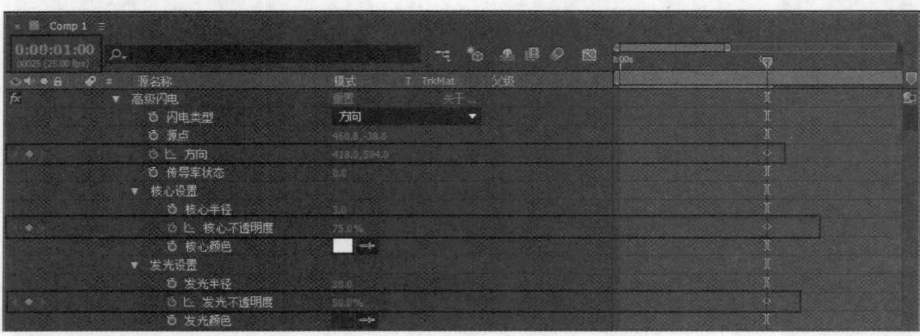

图 14-20

第 6 步 将时间线拖动到第 2 秒的位置，设置【方向】为(577,532)，【核心不透明度】为 0，【发光不透明度】为 0，如图 14-21 所示。

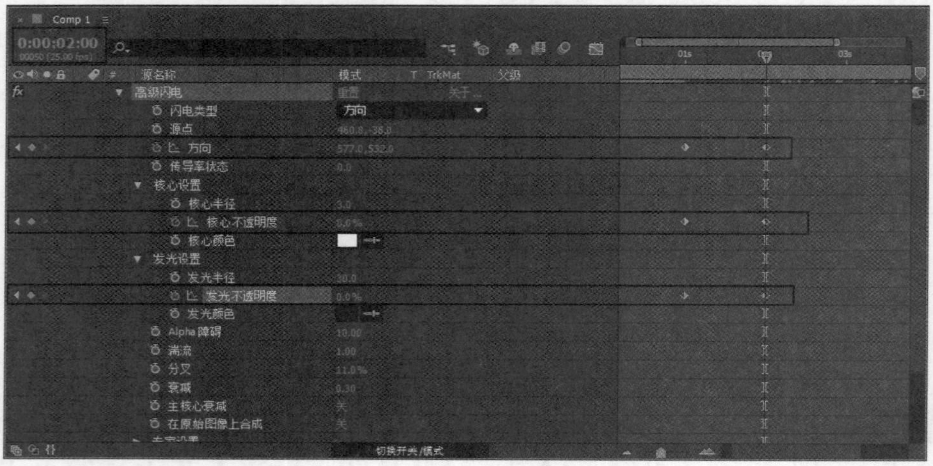

图 14-21

第 7 步 设置【闪电】图层的【模式】为【相加】，并设置该图层的起始时间为第 1 秒的位置，结束时间为第 2 秒的位置，如图 14-22 所示。

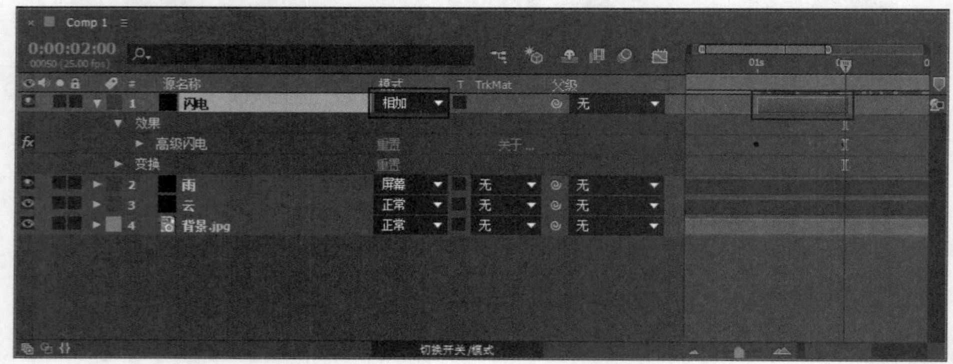

图 14-22

第 8 步 此时拖动时间线滑块即可查看到本例的最终闪电效果，如图 14-23 所示。

图 14-23

14.2　制作宣传页面特效动画

本节将详细介绍制作宣传页面特效动画，该动画效果也是电影常用的特效之一，主要应用【径向模糊】效果、【曲线】效果、各种【变换】属性关键帧以及【伸缩和模糊】效果等来进行制作。

14.2.1　制作背景动画

本例将介绍制作宣传页面特效动画的第一部分，即制作背景动画，下面详细介绍其操作方法。

素材保存路径：配套素材\第 14 章

素材文件名称：制作宣传页面特效素材.aep

第 1 步 打开素材文件“制作宣传页面特效素材.aep”，将素材 1.jpg 和 2.png 拖曳到【时间轴】面板中，如图 14-24 所示。

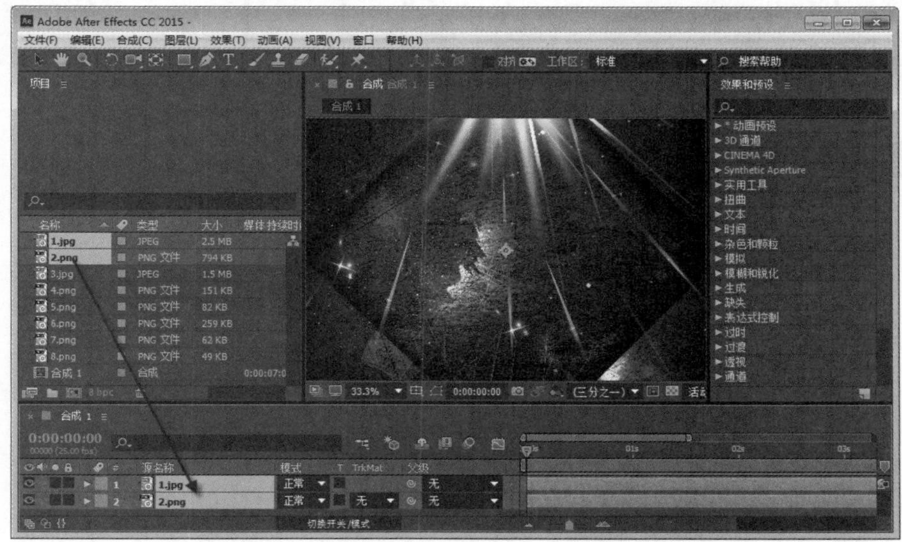

图 14-24

第 2 步 在【效果和预设】面板中搜索【径向模糊】效果，并将其拖曳到【时间轴】面板中的 2.png 图层上，如图 14-25 所示。

图 14-25

第 3 步 在【时间轴】面板中，打开 2.png 图层下方的【径向模糊】效果，设置【数量】为 20，打开该图层下的【变换】属性，设置【锚点】为(840,492)，【位置】为(854,515)，【缩放】为 120，如图 14-26 所示。

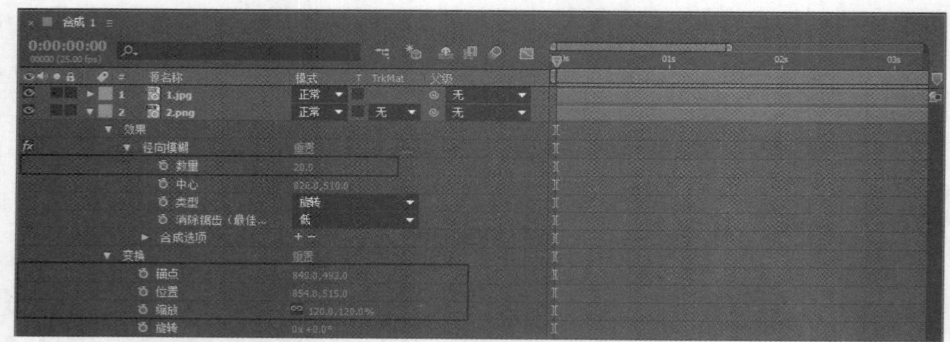

图 14-26

第 4 步 将时间线拖动到起始帧位置处，并开启【旋转】自动关键帧，设置【旋转】为 0°。将时间线拖动到结束帧位置处，设置【旋转】为 2×+180.0°，如图 14-27 所示。

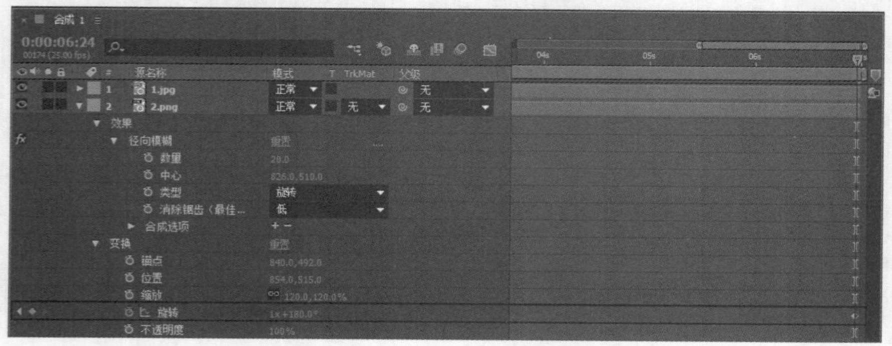

图 14-27

第 5 步 将 2.png 图层拖曳到最上方，如图 14-28 所示。

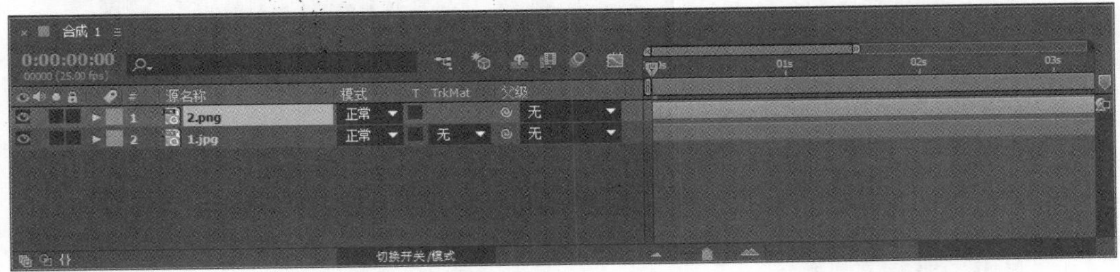

图 14-28

第 6 步 此时拖曳时间线查看到的效果，如图 14-29 所示。

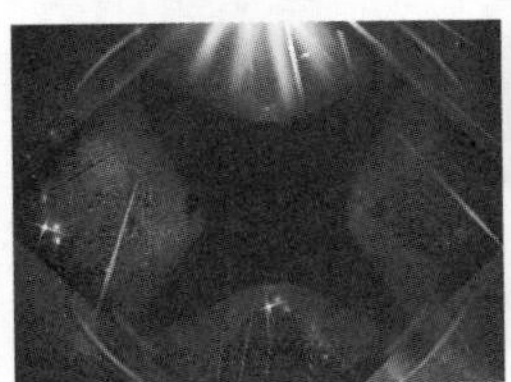
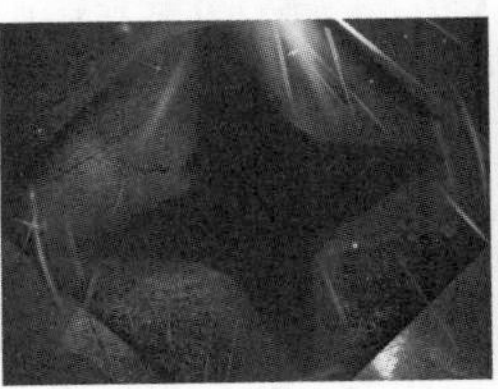

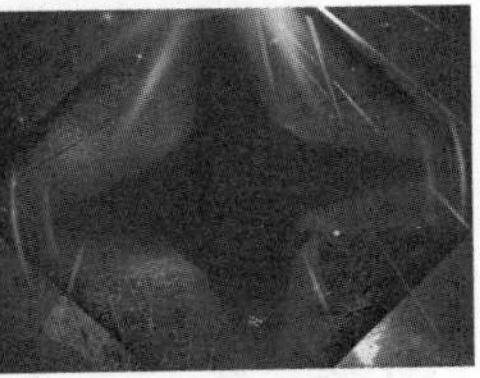

图 14-29

第 7 步 在【项目】面板中将素材 2.png 再次拖曳到【时间轴】面板中，然后在【效果和预设】面板中搜索【曲线】效果，并将其拖曳到【时间轴】面板中的 2.png 图层上，如图 14-30 所示。

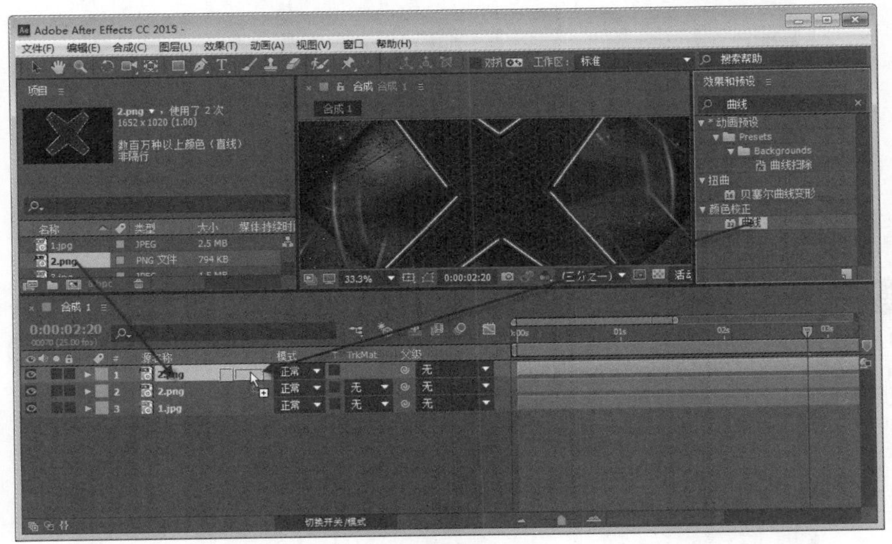

图 14-30

第 8 步 在【效果控件】面板中，设置【曲线】的【通道】为红色，然后调整曲线形状，如图 14-31 所示。

第 9 步 在【效果控件】面板中，设置【曲线】的【通道】为 RGB，然后调整曲线形状，如图 14-32 所示。

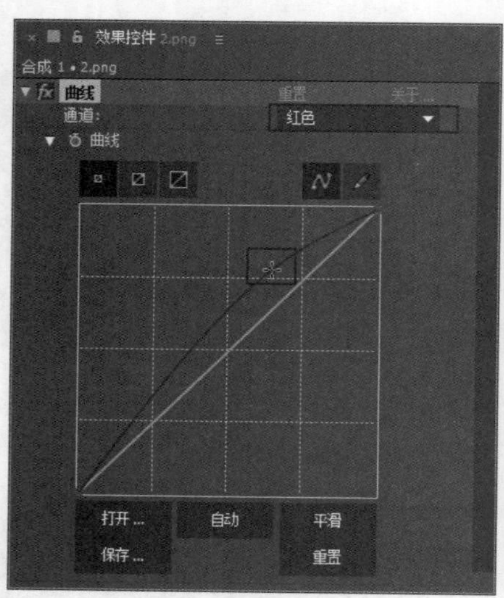

图 14-31

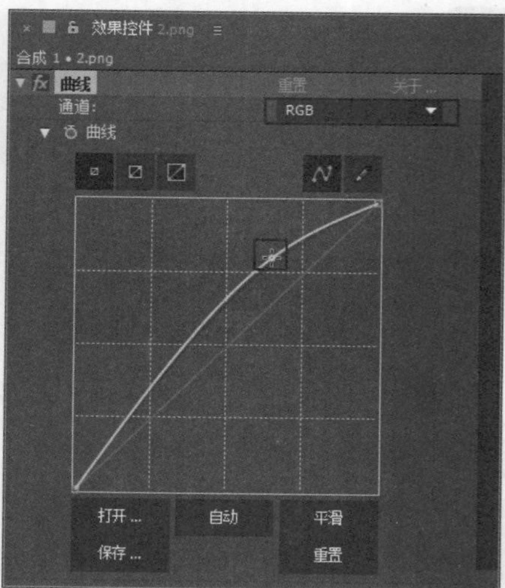

图 14-32

第 10 步 此时的画面效果如图 14-33 所示。

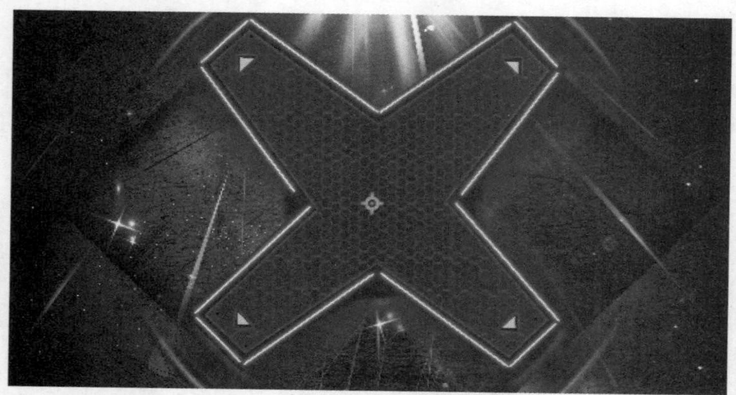

图 14-33

第 11 步 在【时间轴】面板中打开 2.png 素材图层下方的【变换】，设置【位置】为(854,515)，将时间线拖动至起始帧位置处，并开启【旋转】自动关键帧，设置【旋转】为 45°，再将时间线拖动至结束帧位置处，设置【旋转】为-5×-180.0°，如图 14-34 所示。

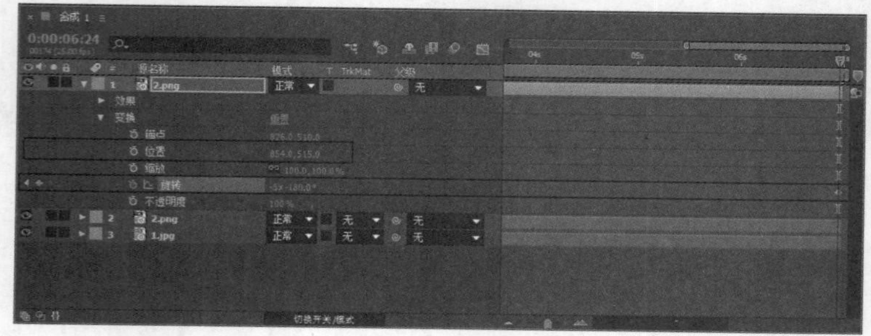

图 14-34

第 12 步 此时可以拖曳时间线查看画面效果，如图 14-35 所示。

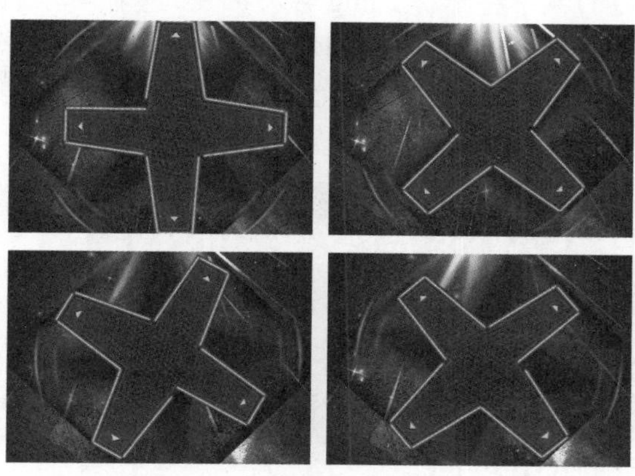

图 14-35

第 13 步 在【项目】面板中将 3.jpg 素材拖曳到【时间轴】面板中，并设置其【模式】为【屏幕】，接着在【时间轴】面板中打开 3.jpg 图层下的【变换】属性，单击【缩放】后面的【约束比例】按钮，将其取消，设置【缩放】为(115.4,100.0%)，如图 14-36 所示。

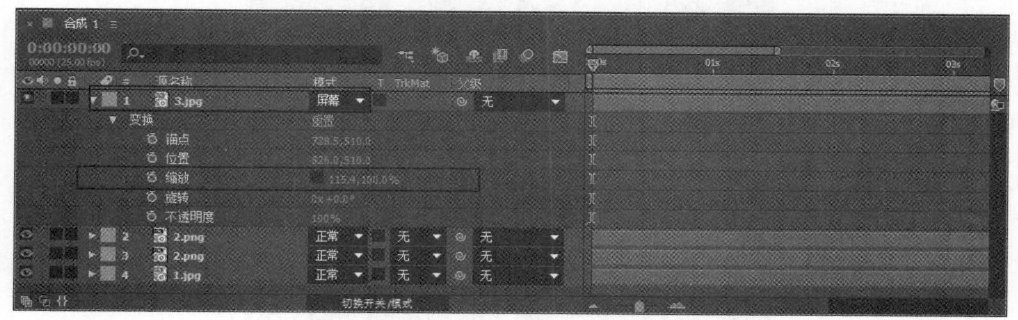

图 14-36

第 14 步 此时可以拖曳时间线查看画面效果，如图 14-37 所示。

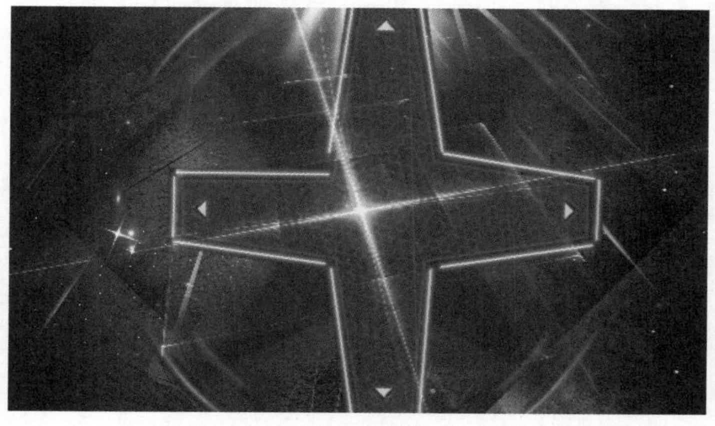

图 14-37

第 15 步 在【项目】面板中将素材 2.png 再次拖曳到【时间轴】面板中，然后打开 2.png 素材图层下方的【变换】属性，设置【位置】为(854,515)，将时间线拖动至起始帧位置处，并开启【旋转】自动关键帧，设置【旋转】为 0，再将时间线拖动至结束帧位置处，设置【旋转】为 2×−180.0°，如图 14-38 所示。

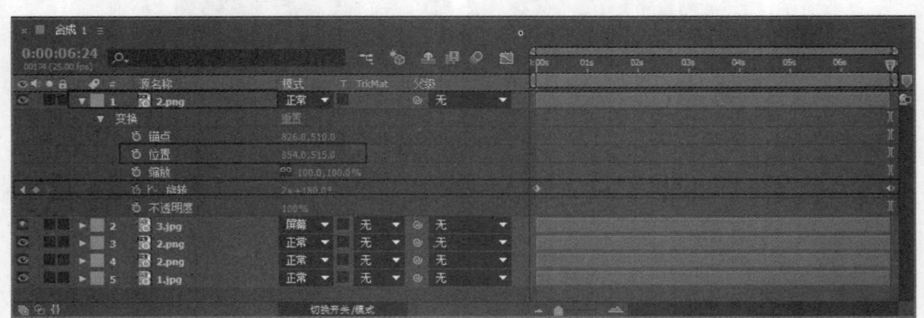

图 14-38

第 16 步 此时可以拖动时间线查看画面效果，如图 14-39 所示。

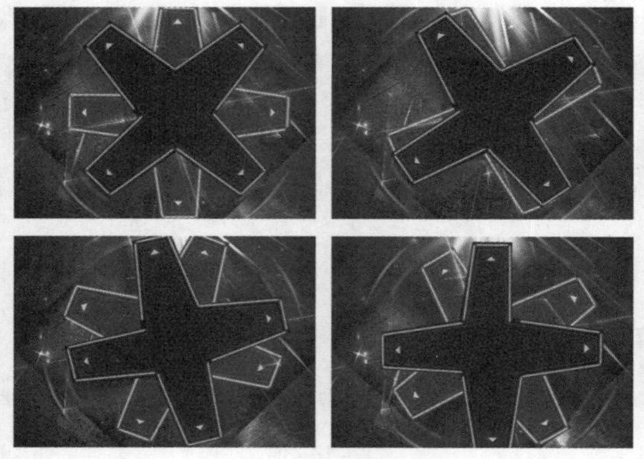

图 14-39

第 17 步 在【项目】面板中将素材 4.png 拖曳到【时间轴】面板中，然后打开 4.png 素材图层下方的【变换】属性，将时间线拖动至起始帧位置处，并开启【不透明度】自动关键帧，设置【不透明度】为 0，再将时间线拖曳至 1 秒位置处，设置【不透明度】为 100，如图 14-40 所示。

图 14-40

第 18 步 此时可以拖动时间线查看画面效果，如图 14-41 所示。

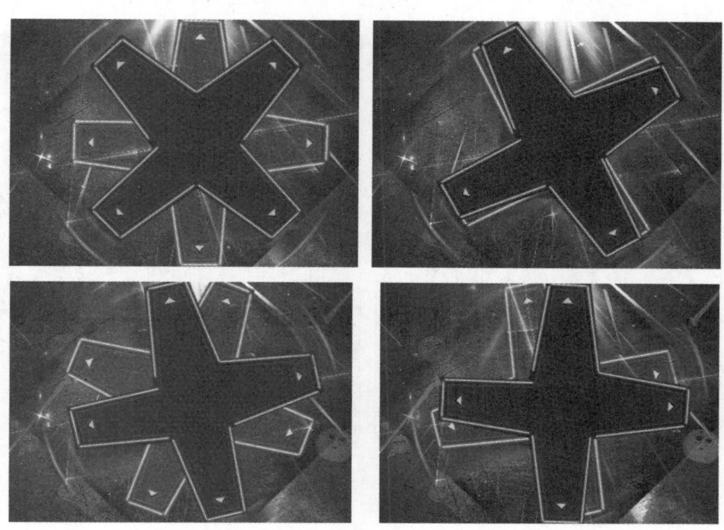

图 14-41

第 19 步 在【时间轴】面板的空白位置处单击鼠标左键取消当前选中的图层，然后在工具栏中选择【矩形工具】，在【填充】后方的显示色块上按住 Alt 键切换填充类型，设置【填充】为径向渐变，单击【填充】后方的色块，如图 14-42 所示。

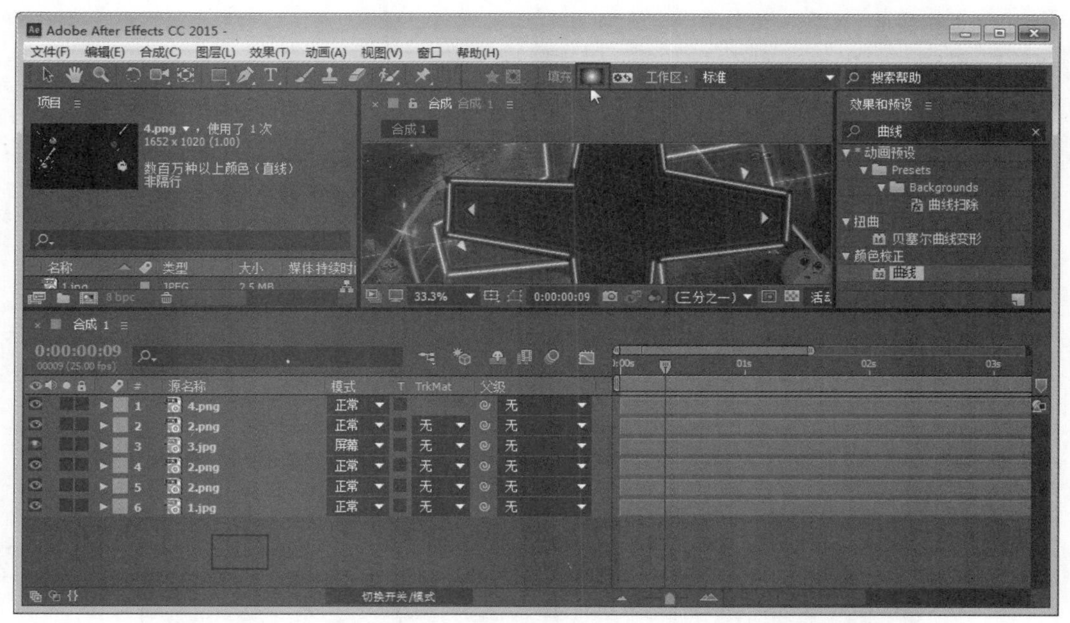

图 14-42

第 20 步 在弹出的【渐变编辑器】对话框中，编辑一个由透明色到黑色的渐变色条，然后单击【确定】按钮，如图 14-43 所示。

第 21 步 设置【描边】为无颜色，设置完成后在【合成】面板中一角处按住鼠标左键并拖曳至合适大小，得到矩形形状【形状图层 1】，如图 14-44 所示。

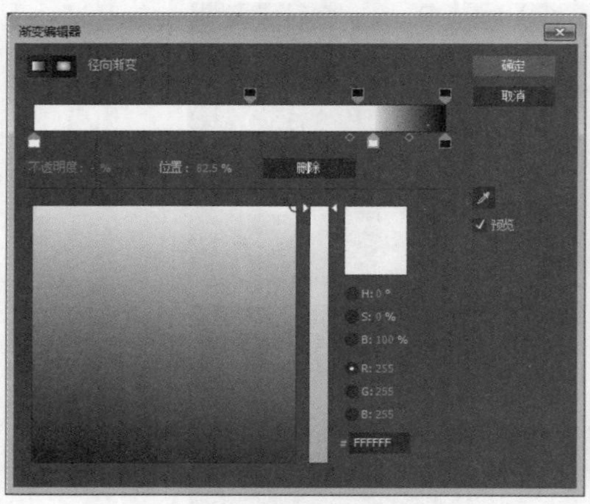

图 14-43

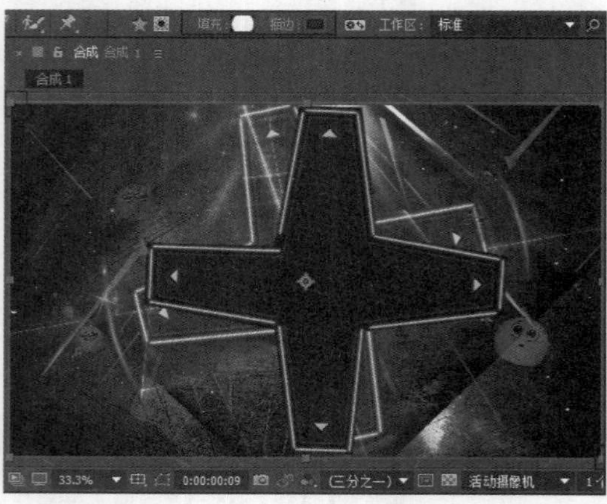

图 14-44

14.2.2 制作文本动画

本例将介绍制作宣传页面特效动画的最后一部分，即制作文本动画，下面详细介绍其操作方法。

素材保存路径：配套素材\第 14 章

素材文件名称：制作宣传页面特效素材 2.aep

第 1 步 打开素材文件“制作宣传页面特效素材 2.aep”，将素材 5.png 和 6.png 拖曳到【时间轴】面板中，如图 14-45 所示。

图 14-45

第 2 步 在【时间轴】面板中打开 5.png 图层下方的【变换】属性，并将时间线拖曳至 1 秒位置处，然后开启【位置】和【缩放】的自动关键帧，设置【位置】为(-1638,165)，【缩放】为 800。再将时间线拖动至 2 秒位置处，设置【位置】为(826,510)，【缩放】为 100，如图 14-46 所示。

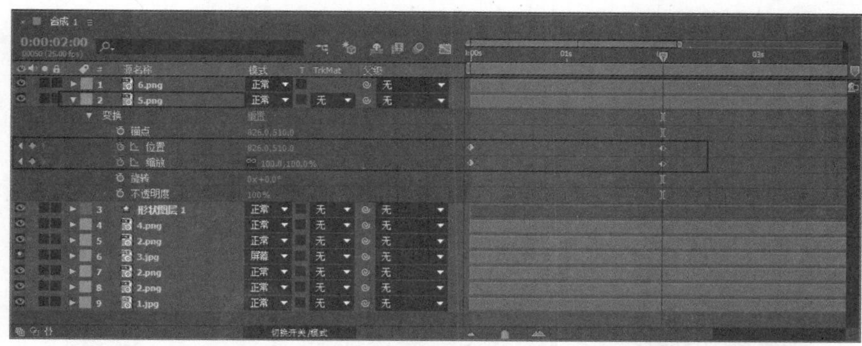

图 14-46

第 3 步 在【时间轴】面板中打开【6.png】图层下方的【变换】属性，并将时间线拖动至 2 秒位置处，然后开启【位置】和【缩放】的自动关键帧，设置【位置】为(3553,520)，【缩放】为 500。再将时间线拖动至 3 秒位置处，设置【位置】为(833,520)，【缩放】为 100，如图 14-47 所示。

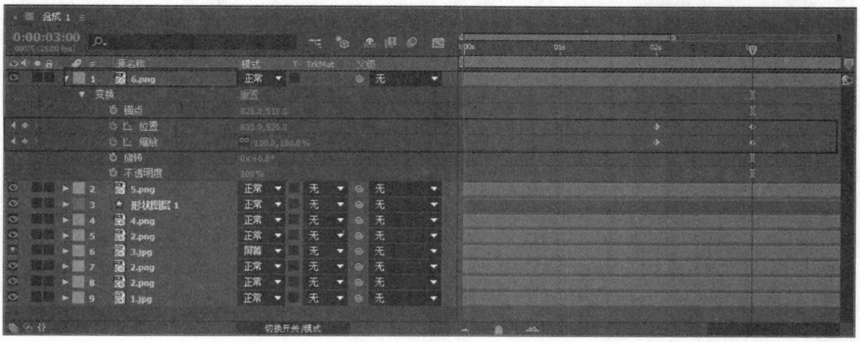

图 14-47

第 4 步 在【字符】面板中，设置合适的【字体系列】、【字体样式】，设置【填充颜色】为黄色，【描边颜色】为无颜色，【字体大小】为 83，【水平缩放】为 82，然后单击【仿粗体】按钮。设置完成后输入“NO.221”，如图 14-48 所示。

图 14-48

第 5 步 在【字符】面板中更改【填充颜色】为青蓝色，设置完成后输入文本“ABC”，如图 14-49 所示。

图 14-49

第 6 步 在【时间轴】面板中选中 NO.221ABC 文本图层，并使用鼠标右键单击，在弹出的快捷菜单中选择【图层样式】→【投影】菜单项，如图 14-50 所示。

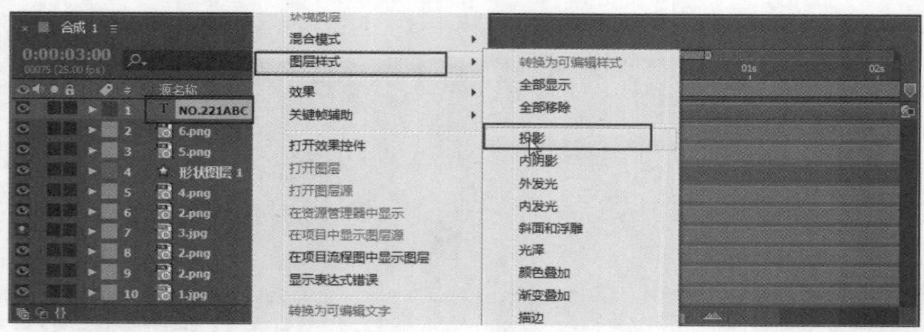

图 14-50

第 7 步 此时的画面效果如图 14-51 所示。

图 14-51

第 8 步 在【时间轴】面板中打开 NO.221ABC 文本图层下方的【变换】属性，设置【位置】为(817,300)。将时间线拖曳到第 2 秒位置处，开启【缩放】属性的自动关键帧，设置【缩放】为 0，再将时间线拖曳至第 3 秒位置处，设置【缩放】为 100，如图 14-52 所示。

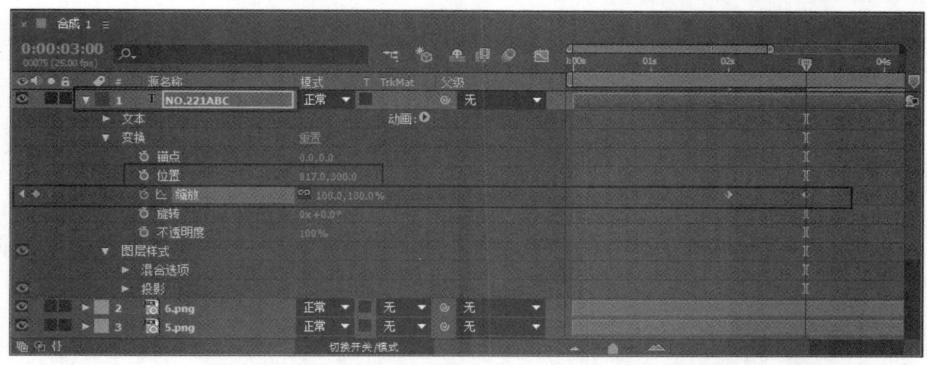

图 14-52

第 9 步 此时拖动时间线滑块可以查看画面效果，如图 14-53 所示。

图 14-53

第 10 步 在【项目】面板中将素材 7.png 和 8.png 拖曳到【时间轴】面板中，如图 14-54 所示。

图 14-54

第 11 步 在【时间轴】面板中，打开 7.png 图层下方的【变换】属性，并将时间线拖动到 3 秒位置处，开启【缩放】和【不透明度】的自动关键帧，设置【缩放】为 0，【不透明度】为 0，如图 14-55 所示。

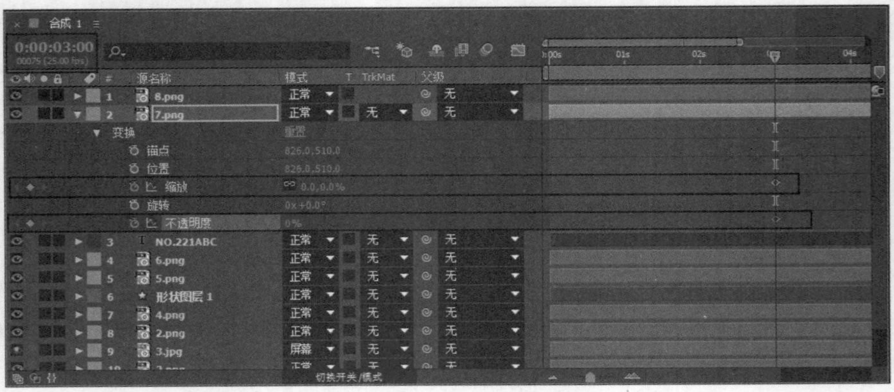

图 14-55

第 12 步 在【时间轴】面板中，再将时间线拖动到 3 秒 20 帧位置处，设置【缩放】为 100，【不透明度】为 100，如图 14-56 所示。

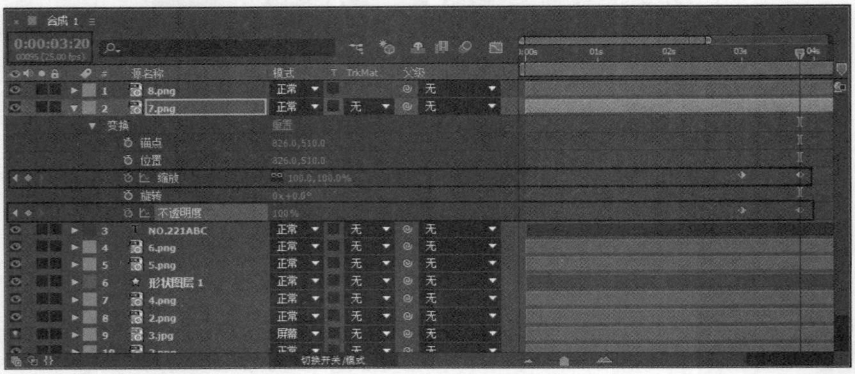

图 14-56

第 13 步 在【时间轴】面板中将时间线拖动至第 3 秒 20 帧位置处，然后在【效果和预设】面板中搜索【伸缩和模糊】效果，并将其拖曳到【时间轴】面板中的 8.png 图层上，如图 14-57 所示。

图 14-57

第 14 步 此时拖动时间线滑块可查看到本例的最终效果。这样即可完成制作宣传页面特效动画的操作，如图 14-58 所示。

图 14-58

第 15 章

常用广告特效制作

本章要点

- 制作广告海报效果
- 制作广告展示片头效果

本章主要内容

广告是通过一定形式的媒体，公开而广泛地向公众传递信息的宣传手段。而利用 After Effects CC 可以制作出各种合成的广告效果，熟练掌握 After Effects CC 的各项技能并将其综合应用，就可以制作出非常震撼的效果。通过本章的学习，读者可以掌握常用广告特效制作方面的知识，为深入学习 After Effects CC 影视高级特效制作知识奠定基础。

15.1 制作广告海报效果

本节将详细介绍制作广告海报的效果，该效果为常用广告特效制作之一，可以分成 5 个部分来制作，分别为广告海报背景人像效果、广告海报网格图案效果、广告海报模糊部分效果、广告海报蓝色部分效果和广告海报最终文字效果。

15.1.1 制作广告海报背景人像效果

本例将利用【曲线】效果制作广告海报背景人像效果，下面详细介绍其操作方法。

素材保存路径：配套素材\第 15 章

素材文件名称：广告海报背景人像素材.aep、广告海报背景人像效果.aep

第 1 步 打开素材文件“广告海报背景人像素材.aep”，加载合成，在【效果和预设】面板中搜索【曲线】效果，并将其拖曳到【时间轴】面板中的【背景.jpg】图层上，如图 15-1 所示。

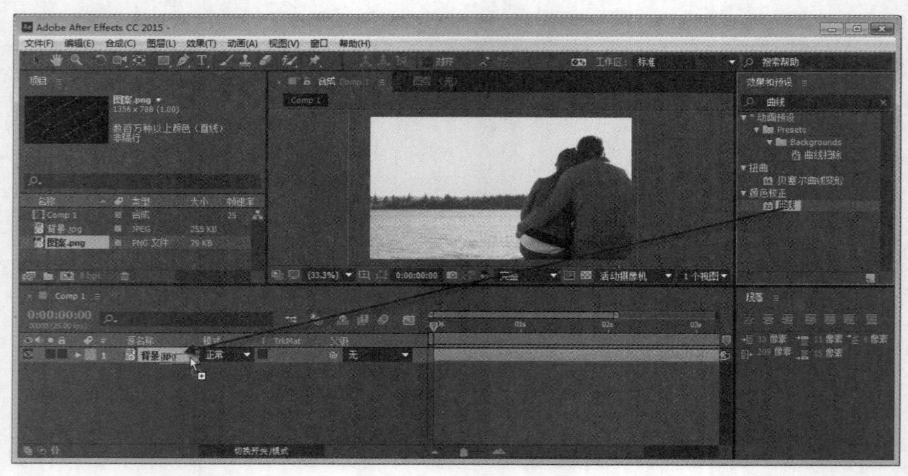

图 15-1

第 2 步 在【效果控件】面板中，设置【通道】为 RGB，并改变曲线的形状，如图 15-2 所示。

第 3 步 在【效果控件】面板中，设置【通道】为红色，并改变曲线的形状，如图 15-3 所示。

第 4 步 在【效果控件】面板中，设置【通道】为绿色，并改变曲线的形状，如图 15-4 所示。

第 5 步 此时拖动时间线滑块即可查看到广告海报背景人像效果，如图 15-5 所示。

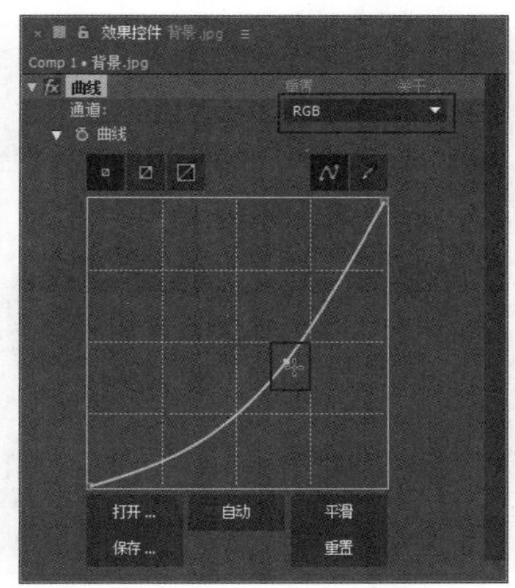

图 15-2

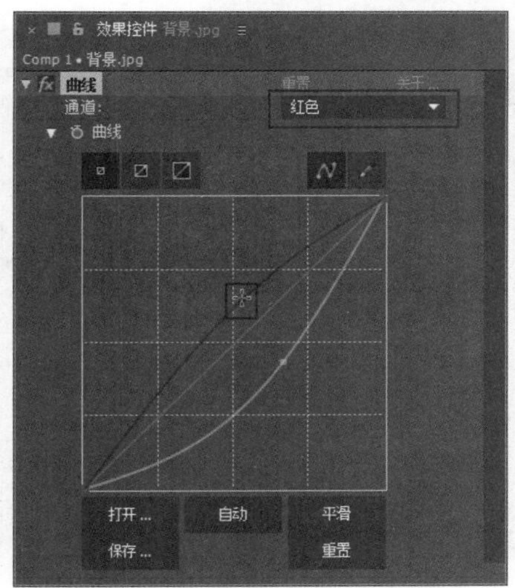

图 15-3

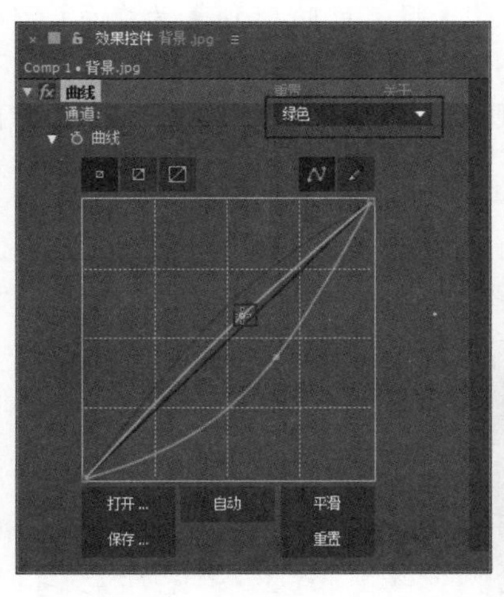

图 15-4

图 15-5

15.1.2　制作广告海报网格图案效果

本例将利用【网格】和【线性擦除】效果制作广告海报背景人像效果，下面详细介绍其操作方法。

素材保存路径：配套素材\第 15 章

素材文件名称：广告海报背景人像效果.aep、广告海报网格图案效果

第 1 步 打开素材文件“广告海报背景人像效果.aep”，加载合成，将【背景.jpg】图层复制一份，然后删除图层效果，并重命名为“绿色”。删除【绿色】图层上的【曲线】效果，如图 15-6 所示。

第 2 步 选择【钢笔工具】，在【绿色】图层上绘制一个遮罩，如图 15-7 所示。

图 15-6

图 15-7

第 3 步 为【绿色】图层添加【色调】效果，设置【将黑色映射到】为灰色(R:64,G:64,B:64)，设置【将白色映射到】为浅蓝色(R:117,G:165,B:199)，如图 15-8 所示。

第 4 步 为【绿色】图层添加【投影】效果，设置【阴影颜色】为绿色(R:37,G:87,B:77)，设置【不透明度】为 100，设置【方向】为-35°，设置【距离】为 20，设置【柔和度】为 50，如图 15-9 所示。

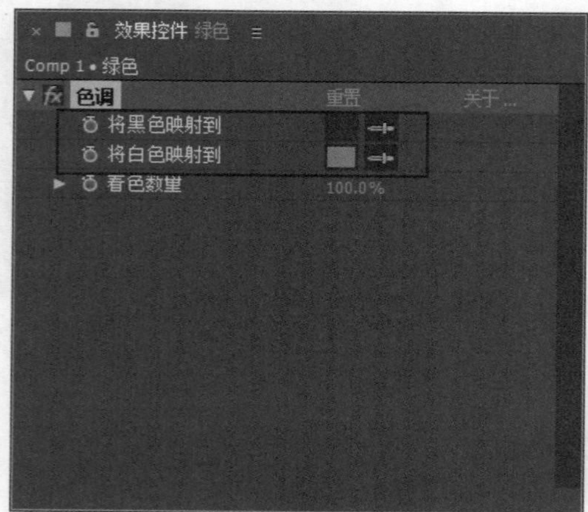

图 15-8

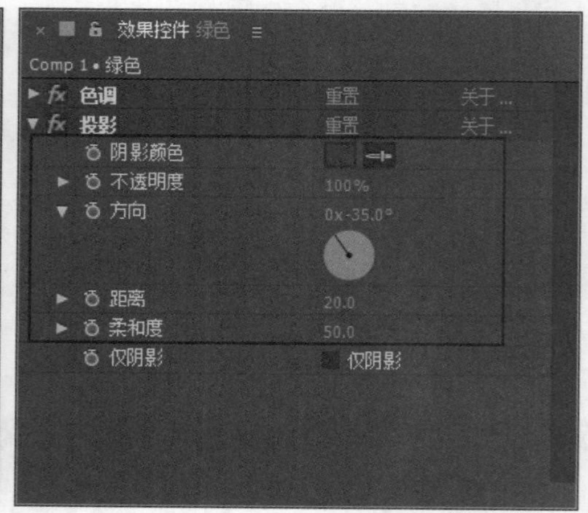

图 15-9

第 5 步 将【背景.jpg】图层复制一份，然后删除图层效果，并重命名为“黑白”。接着选择【钢笔工具】，在【黑白】图层上绘制一个遮罩，如图 15-10 所示。

第 6 步 为【黑白】图层添加【黑色和白色】效果和【亮度和对比度】效果，设置【亮度】为-61，设置【对比度】为 45，如图 15-11 所示。

第 7 步 此时拖动时间线滑块可以查看效果，如图 15-12 所示。

第 8 步 将【项目】面板中的【图案.png】素材文件拖曳到【时间轴】面板中，设置【模式】为【柔光】，设置【缩放】为 86，如图 15-13 所示。

图 15-10

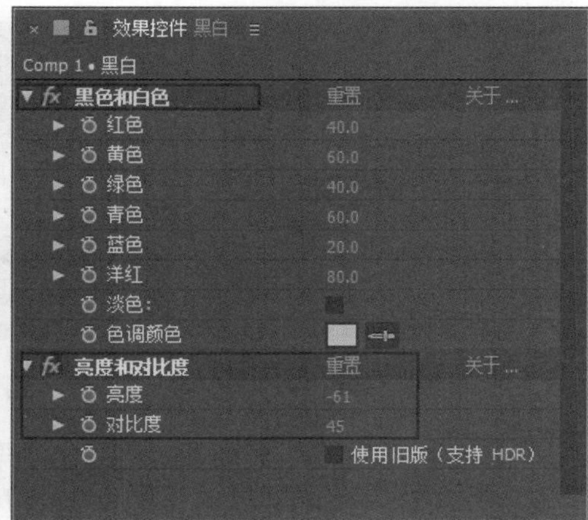

图 15-11

图 15-12

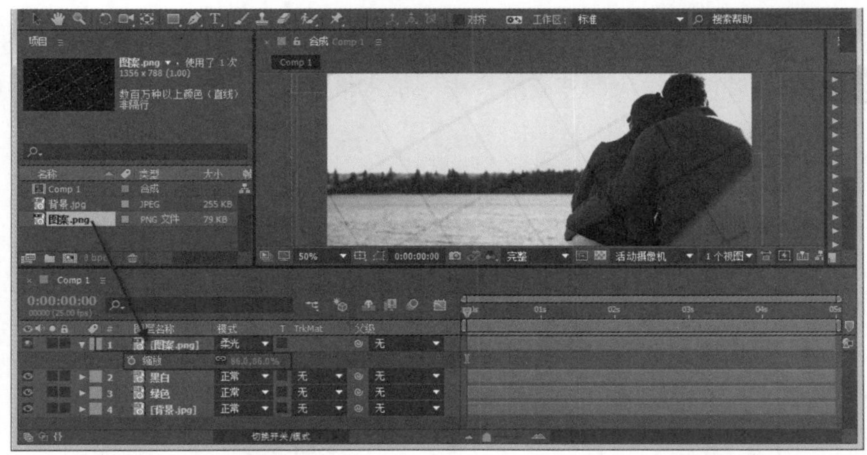

图 15-13

第 9 步 新建一个黑色纯色图层，命名为“小网格”，设置图层的【模式】为【叠加】，如图 15-14 所示。

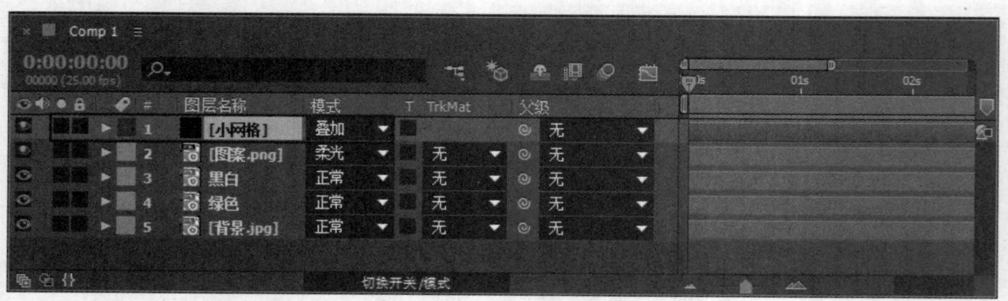

图 15-14

第 10 步 为【小网格】图层添加【网格】效果，设置【大小依据】为【宽度滑块】，设置【宽度】为 20，设置【边界】为 3，勾选【反转网格】复选框，如图 15-15 所示。

第 11 步 为【小网格】图层添加【线性擦除】效果，设置【过渡完成】为 70，设置【擦除角度】为 180°，如图 15-16 所示。

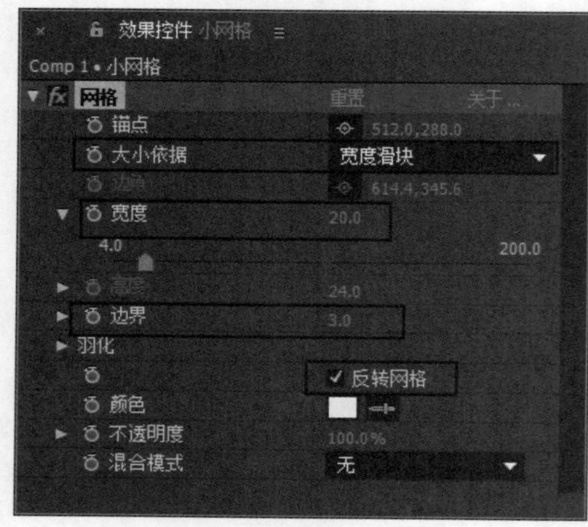

图 15-15

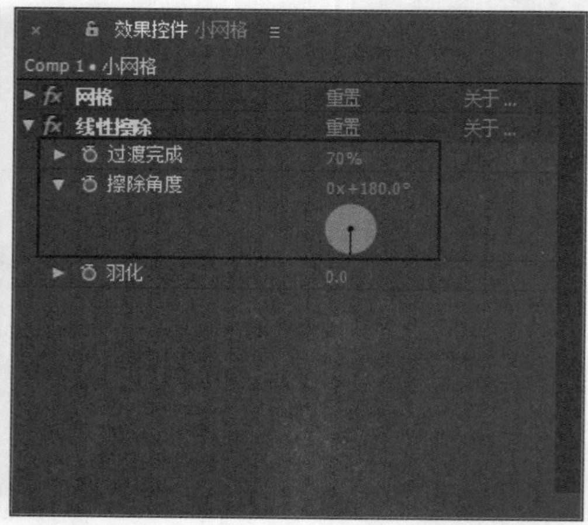

图 15-16

第 12 步 拖动时间线滑块即可查看广告海报网格图案的最终效果，如图 15-17 所示。

图 15-17

15.1.3　制作广告海报模糊部分效果

本例将利用【曲线】、【快速模糊】和【投影】等效果来制作广告海报模糊部分效果，下面详细介绍其操作方法。

素材保存路径：配套素材\第 15 章

素材文件名称：广告海报网格图案效果.aep、广告海报模糊部分效果.aep

第 1 步　打开素材文件“广告海报网格图案效果.aep”，加载合成，将【背景.jpg】图层复制一份，并重命名为“背景 1.jpg”，如图 15-18 所示。

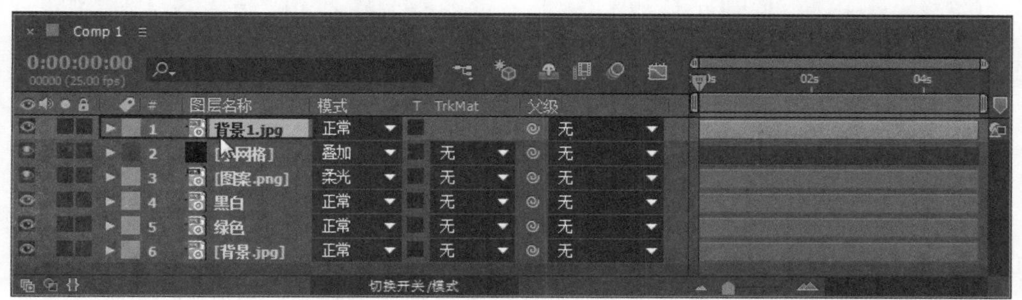

图 15-18

第 2 步　单击【重置】按钮，取消【背景 1.jpg】图层中的【曲线】效果的 RGB 通道曲线锚点，如图 15-19 所示。

第 3 步　选择工具栏中的【矩形工具】■，在【背景 1.jpg】图层中拖曳绘制一个遮罩，按 Ctrl+T 组合键旋转和移动位置，如图 15-20 所示。

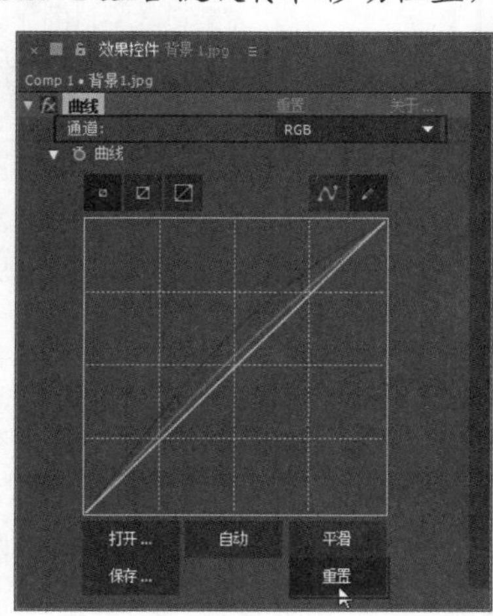

图 15-19

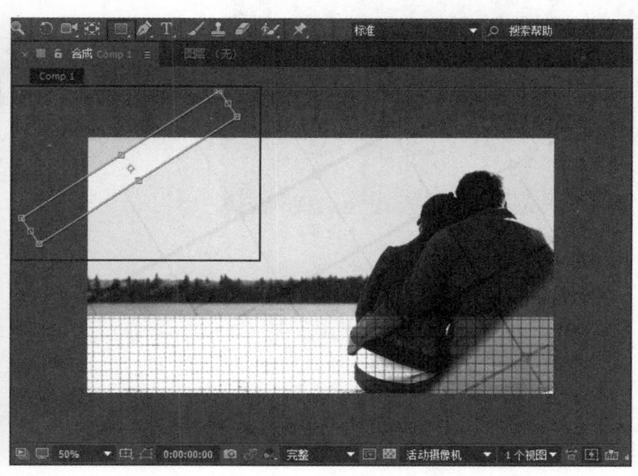

图 15-20

第 4 步　为【背景 1.jpg】图层添加【快速模糊】效果，在【效果控件】面板中设置【模糊度】为 27，如图 15-21 所示。

第 5 步　为【背景 1.jpg】图层添加【描边】效果，在【效果控件】面板中设置【画笔大小】为 5，设置【画笔硬度】为 100，如图 15-22 所示。

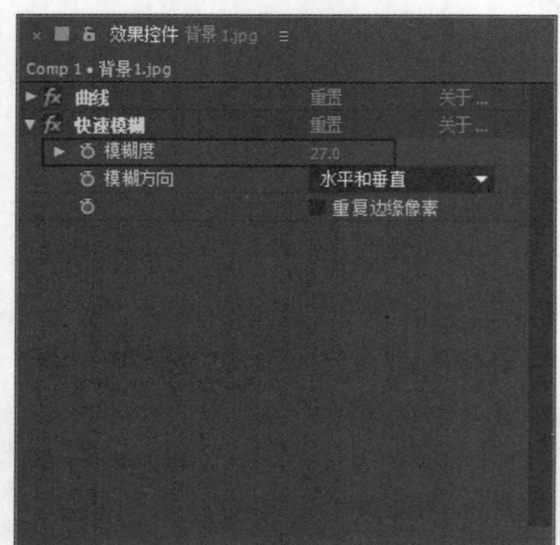

图 15-21

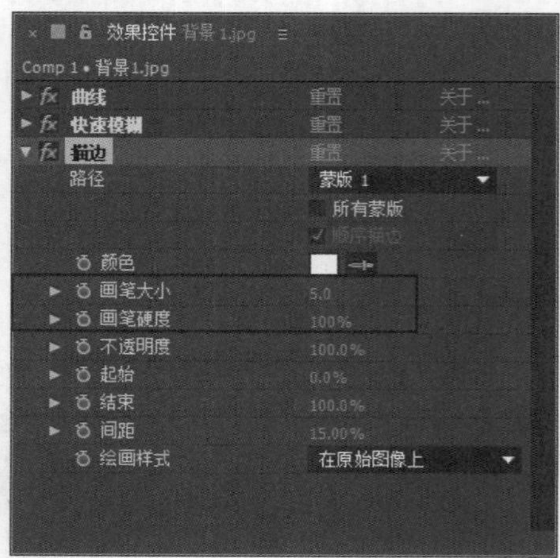

图 15-22

第 6 步 为【背景 1.jpg】图层添加【投影】效果，在【效果控件】面板中设置【距离】为 15，设置【柔和度】为 25，如图 15-23 所示。

第 7 步 此时拖动时间线滑块即可查看海报模糊部分效果，如图 15-24 所示。

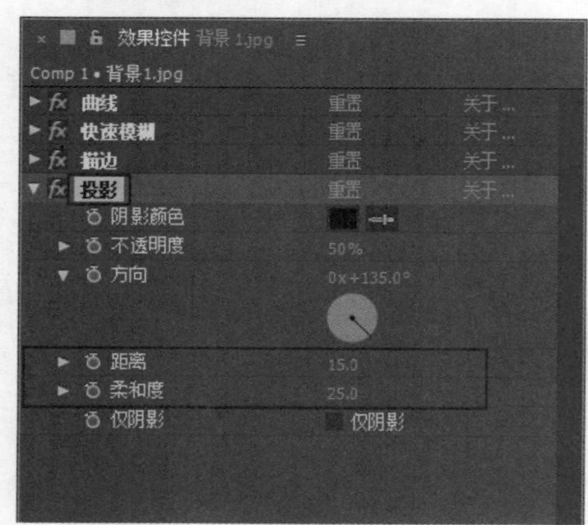

图 15-23

图 15-24

15.1.4 制作广告海报蓝色部分效果

本例将利用【色调】和【快速模糊】等效果来制作广告海报蓝色部分效果，下面详细介绍其操作方法。

素材保存路径：配套素材\第 15 章

素材文件名称：广告海报模糊部分效果.aep、广告海报蓝色部分效果.aep

第 1 步 打开素材文件“广告海报模糊部分效果.aep”，加载合成，将【背景.jpg】图层复制一份，删除图层效果，并重命名为“蓝色”，如图 15-25 所示。

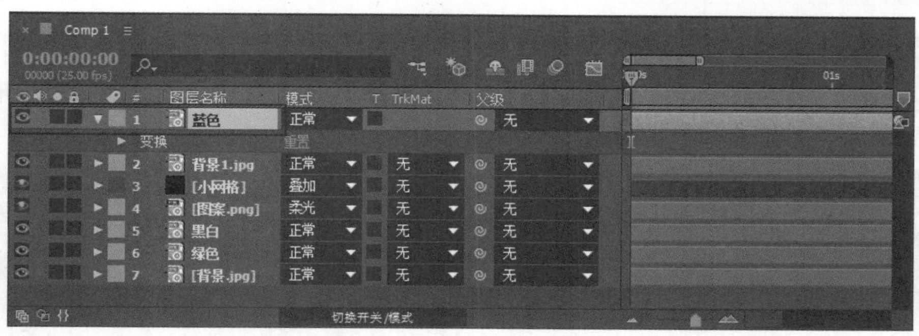

图 15-25

第 2 步 选择工具栏中的【矩形工具】，在【蓝色】图层中拖曳出一个矩形遮罩，如图 15-26 所示。

第 3 步 为【蓝色】图层添加【色调】效果，在【效果控件】面板中，设置【将白色映射到】为蓝色(R:106,G:147,B:198)，如图 15-27 所示。

图 15-26

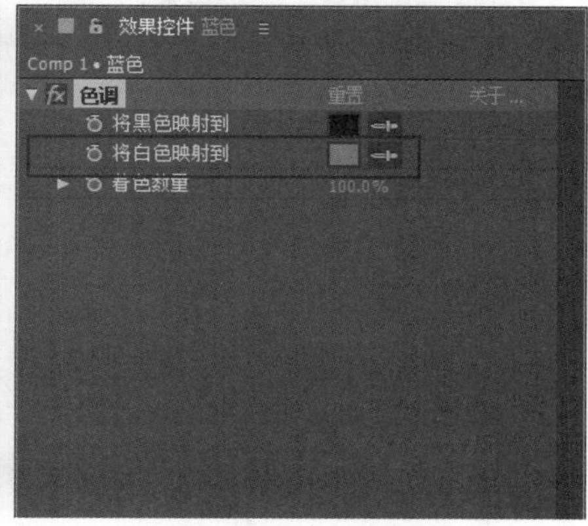

图 15-27

第 4 步 为【蓝色】图层添加【亮度和对比度】效果，在【效果控件】面板中，设置【亮度】为 7，设置【对比度】为 25，如图 15-28 所示。

第 5 步 将【蓝色】图层复制一份，并将其重命名为“蓝色模糊”，如图 15-29 所示。

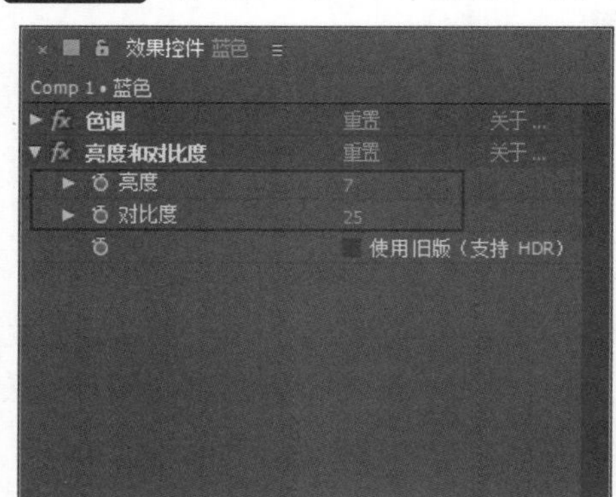

图 15-28

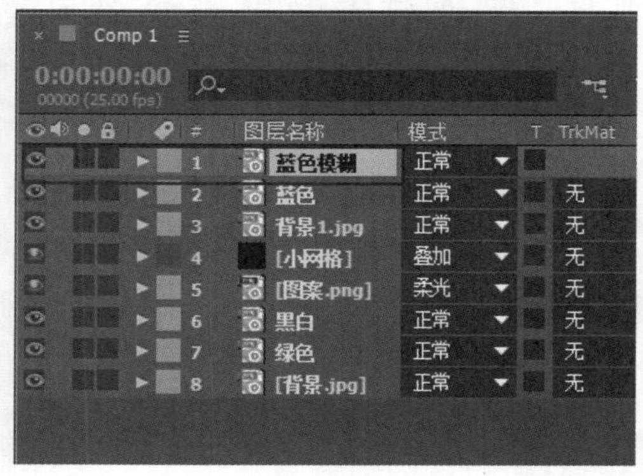

图 15-29

第 6 步 调整【蓝色模糊】图层上的遮罩长度，如图 15-30 所示。

第 7 步 为【蓝色模糊】图层添加【快速模糊】效果，在【效果控件】面板中，设置【模糊度】为 25，如图 15-31 所示。

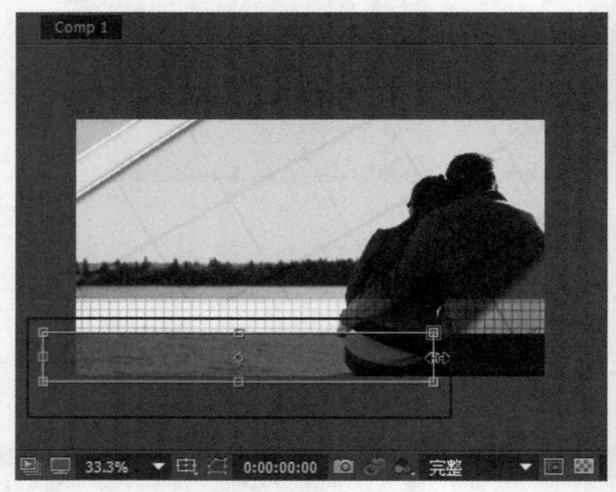

图 15-30

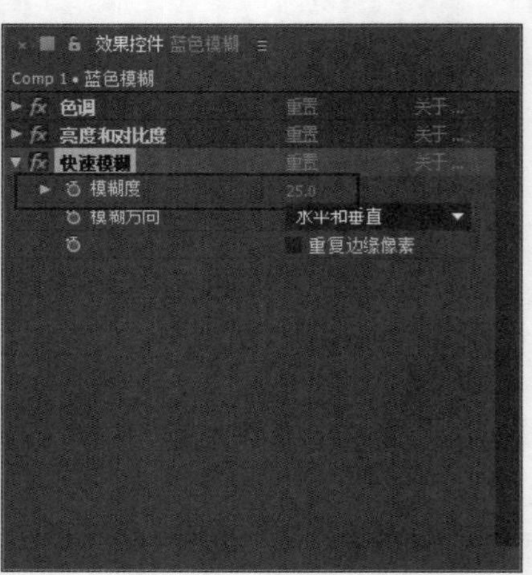

图 15-31

第 8 步 此时拖动时间线滑块即可查看广告海报蓝色部分效果，如图 15-32 所示。

图 15-32

15.1.5 制作广告海报最终文字效果

本例将利用文字工具制作广告海报最终的文字效果，下面详细介绍其操作方法。

素材保存路径：配套素材\第 15 章

素材文件名称：广告海报蓝色部分效果.aep、广告海报最终文字效果.aep

第 1 步 打开素材文件“广告海报蓝色部分效果.aep”，加载合成，新建一个纯色图层，设置【名称】为“黑色条”，【宽度】为 1024，【高度】为 768，【颜色】为黑色，单击【确定】按钮，如图 15-33 所示。

第 2 步 选择工具栏中的【矩形工具】■，在【黑色条】图层中拖曳出一个矩形遮罩，如图 15-34 所示。

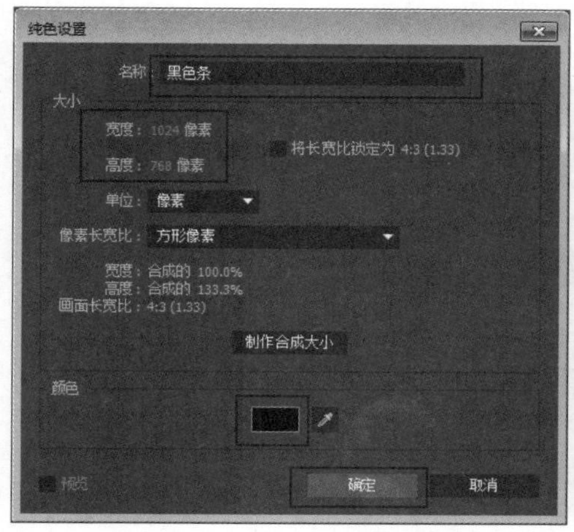

图 15-33

图 15-34

第 3 步 为【黑色条】图层添加【描边】效果，设置【画笔大小】为 4，【画笔硬度】为 100，如图 15-35 所示。

第 4 步 此时拖动时间线滑块可以查看效果，如图 15-36 所示。

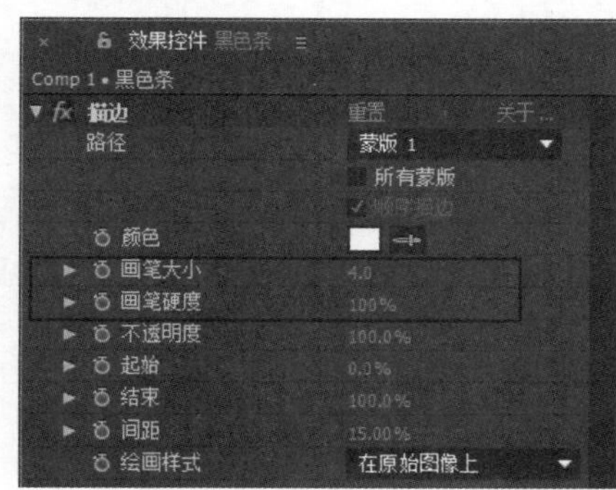

图 15-35

图 15-36

第 5 步 新建文字图层，在【合成】面板中输入字符“》》》休闲生活有你有我”，设置【字体】为黑体，【字体大小】为 47，【字体颜色】为白色，如图 15-37 所示。

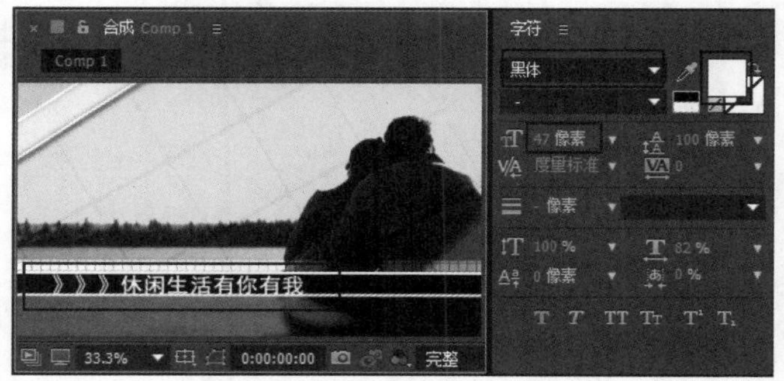

图 15-37

第 6 步 此时拖动时间线滑块即可查看广告海报最终文字效果，如图 15-38 所示。

图 15-38

15.2　制作广告展示片头效果

本节将介绍制作广告展示片头效果，该效果也是常用广告特效制作之一，可以分成 3 个部分来制作，分别为制作广告展示片头的图片扫光效果、制作结尾文字效果和制作文字介绍效果。

15.2.1　制作广告展示片头的图片扫光效果

本例将详细介绍利用 CC Light Sweep(CC 扫光)和遮罩等特效制作扫光效果的方法，具体操作步骤如下。

素材保存路径：配套素材\第 15 章

素材文件名称：图片扫光素材.aep、图片扫光效果.aep

第 1 步　打开素材文件“图片扫光素材.aep”，加载合成，在【效果和预设】面板中搜索 CC Light Sweep 效果，并将其拖曳到【时间轴】面板中的 1.jpg 图层上，如图 15-39 所示。

图 15-39

第 2 步 设置 Direction 为-15°，设置 Width 为 230，设置 Sweep Intensity 为 45，设置 Edge Thickness 为 0，如图 15-40 所示。

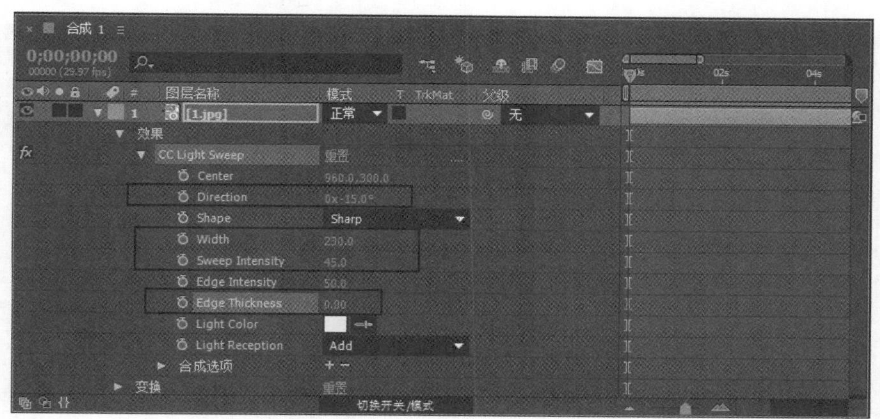

图 15-40

第 3 步 将时间线拖到第 22 帧的位置，开启 Center 的自动关键帧，设置 Center 为(-736,470)；然后将时间线拖到第 2 秒 12 帧的位置，设置 Center 为(2814,470)，如图 15-41 所示。

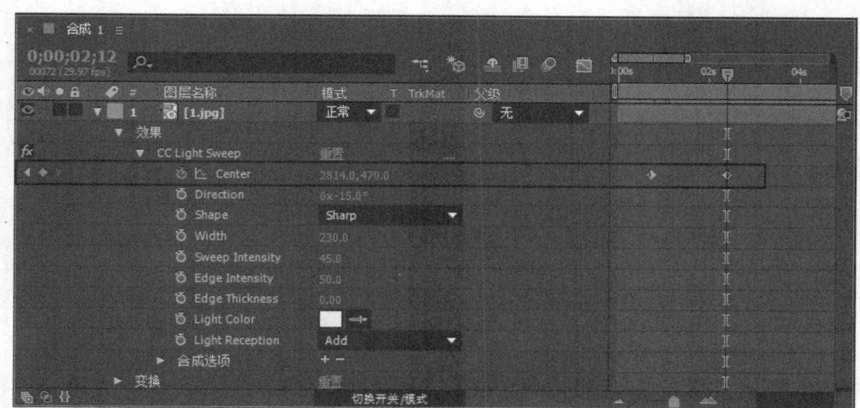

图 15-41

第 4 步 新建一个纯色图层，设置【名称】为“图片形状”，【宽度】为 1920，【高度】为 1080，【颜色】为浅粉色，单击【确定】按钮，如图 15-42 所示。

第 5 步 选择【钢笔工具】，在【图片形状】图层上绘制一个形状遮罩，如图 15-43 所示。

第 6 步 将时间线拖到起始帧的位置，开启 1.jpg 图层下的【位置】自动关键帧，设置【位置】为(960,1703)，将时间线拖到第 15 帧的位置，设置【位置】为(960,540)，如图 15-44 所示。

第 7 步 选择所有图层，按 Ctrl+Shift+C 组合键新建【预合成】，设置【名称】为“图片 01”，单击【确定】按钮，如图 15-45 所示。

第 8 步 新建一个合成，设置【合成名称】为“图片合成 01”，【宽度】为 1988，

【高度】为 2352，【帧速率】为 29.97，【持续时间】为 15 秒，单击【确定】按钮，如图 15-46 所示。

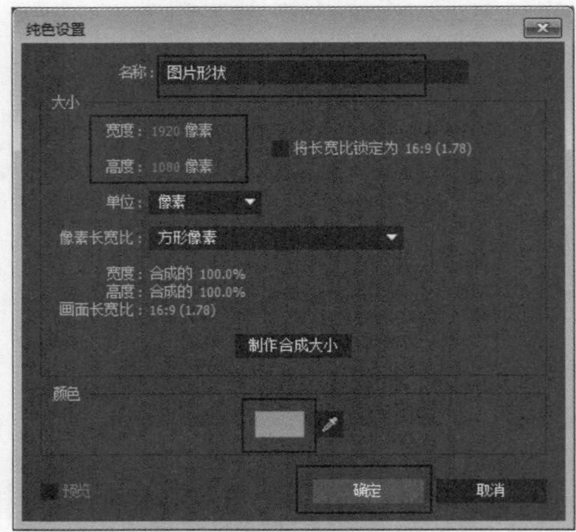

图 15-42

图 15-43

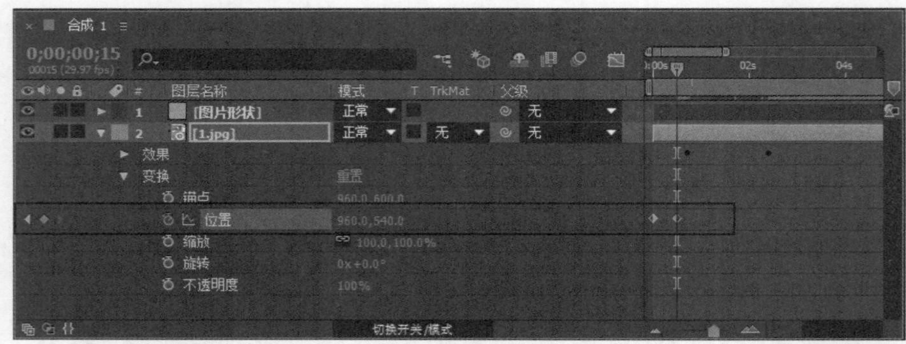

图 15-44

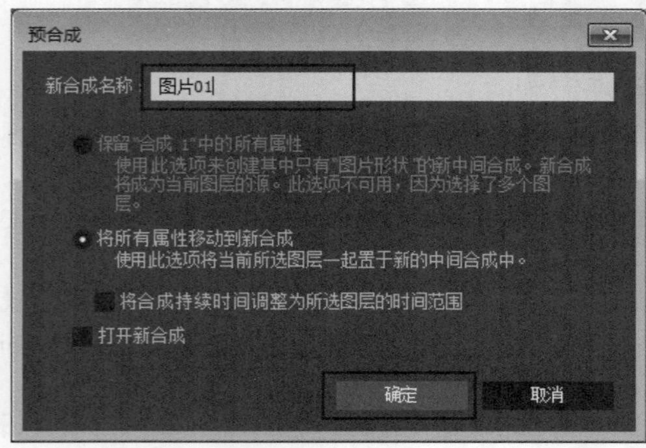

图 15-45

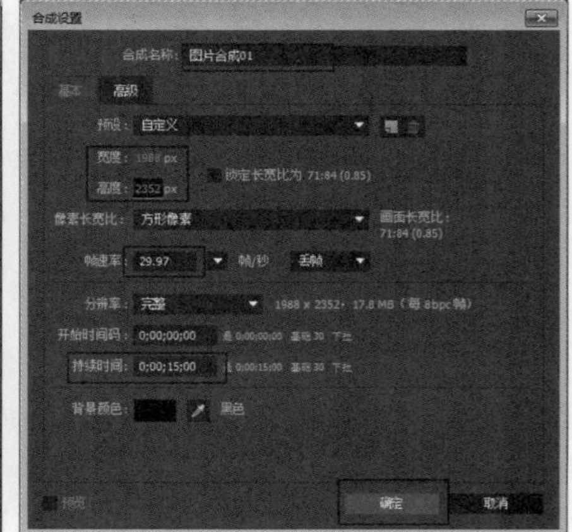

图 15-46

第 9 步 将【图片 01】合成拖曳到【图片合成 01】面板中，开启【3D 图层】，设置【位置】为(994,672)，如图 15-47 所示。

图 15-47

第 10 步 为该图层添加【斜面 Alpha】效果，设置【边缘厚度】为 3，【灯光角度】为 40°，如图 15-48 所示。

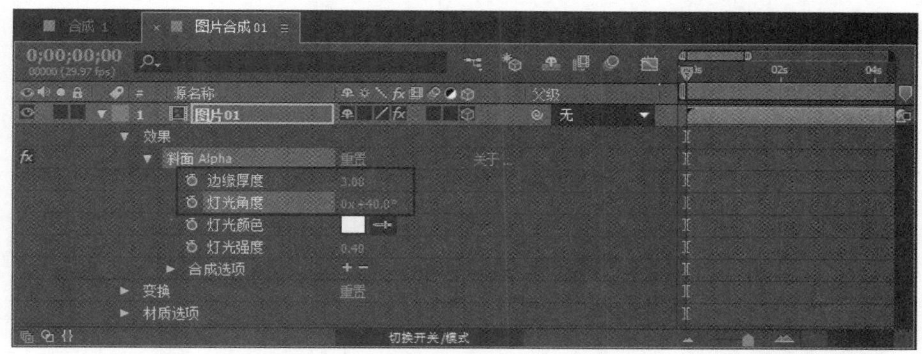

图 15-48

第 11 步 将【图片 01】图层进行复制，重命名为"图片倒影 01"，设置【位置】为(994,1760)，【方向】为(180°, 0°, 0°)，如图 15-49 所示。

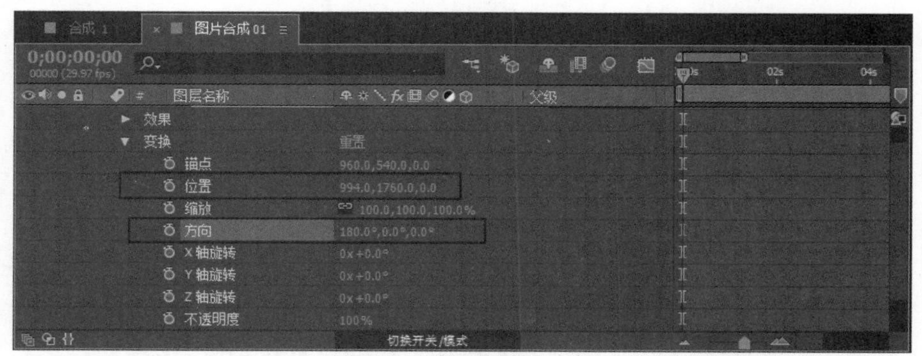

图 15-49

第 12 步 为【图片倒影 01】图层添加【快速模糊】效果和【色调】效果，在【效果控件】面板中设置【模糊度】为 30，设置【将黑色映射到】为黑色，【着色数量】为 71，如图 15-50 所示。

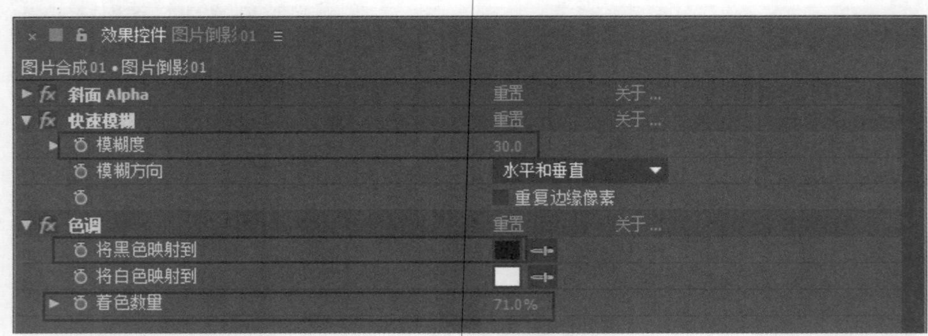

图 15-50

第 13 步 将【图片合成 01】拖曳到【合成 1】面板中，设置图层结束时间为第 2 秒 22 帧的位置，开启【3D 图层】，设置【位置】为(960,540,2407)，将时间线拖到第 2 秒 13 帧的位置，开启【Y 轴旋转】的自动关键帧，并设置为 0°，将时间线拖到第 3 秒 02 帧的位置，最后设置【Y 轴旋转】为 180°，如图 15-51 所示。

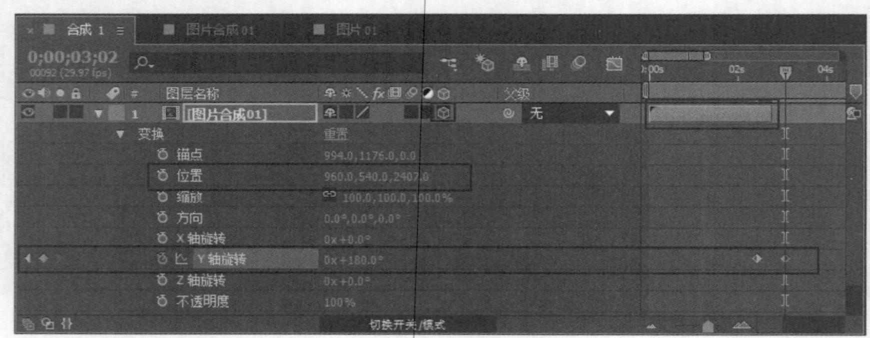

图 15-51

第 14 步 此时拖动时间线滑块即可查看广告展示片头图片扫光效果，如图 15-52 所示。

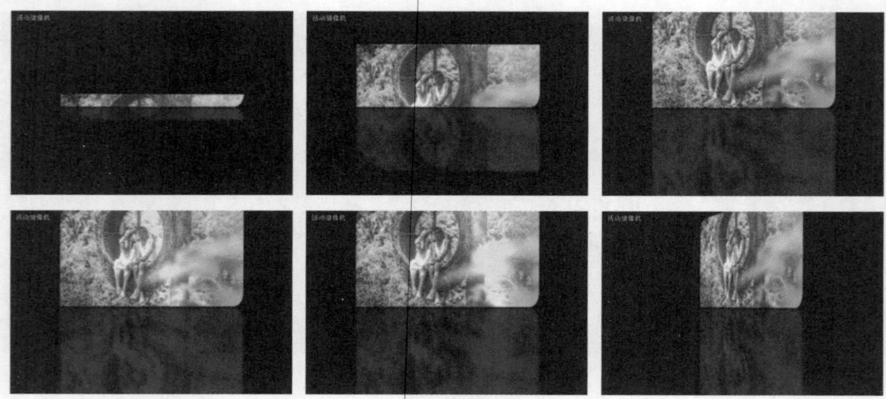

图 15-52

15.2.2　制作广告展示片头的结尾文字效果

本例将介绍制作广告展示片头结尾文字效果的方法，下面详细介绍其操作步骤。

素材保存路径：配套素材\第 15 章

素材文件名称：图片扫光效果.aep、结尾文字效果.aep

第 1 步 打开素材文件“图片扫光效果.aep”，加载合成，以此类推制作出【图片合成 02】和【图片合成 03】，将【图片合成 02】的起始时间拖动到第 2 秒 22 帧的位置，结束时间为第 5 秒 27 帧的位置。将【图片合成 03】的起始时间拖动到第 5 秒 27 帧的位置，结束时间为第 9 秒 10 帧的位置，如图 15-53 所示。

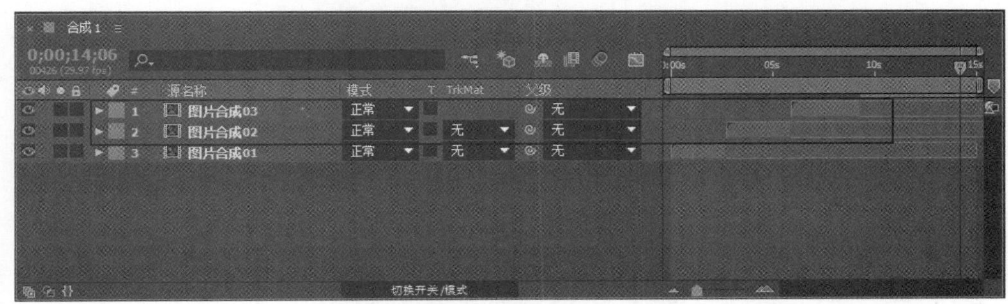

图 15-53

第 2 步 按照【图片 01】合成的方法，创建【结尾】合成，将【图片 01】合成中的【图片形状】图层复制到【结尾】合成中，将 1.jpg 图层上的 CC Light Sweep 效果复制到【结尾】合成中的【图片形状】图层上，如图 15-54 所示。

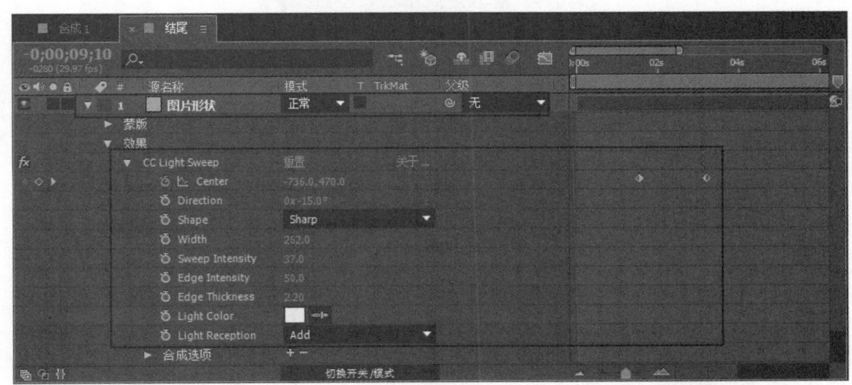

图 15-54

第 3 步 新建一个文字图层，在【合成】面板中输入文字“WJ MUSIC CHART”，设置【字体】为 Arial，【字体大小】为 450，【字间距】为-32，如图 15-55 所示。

第 4 步 新建一个灯光图层，设置【名称】为 Light 1，【灯光类型】为【点】，【强度】为 103，【阴影深度】为 50，【阴影扩散】为 72，单击【确定】按钮，如图 15-56 所示。

图 15-55

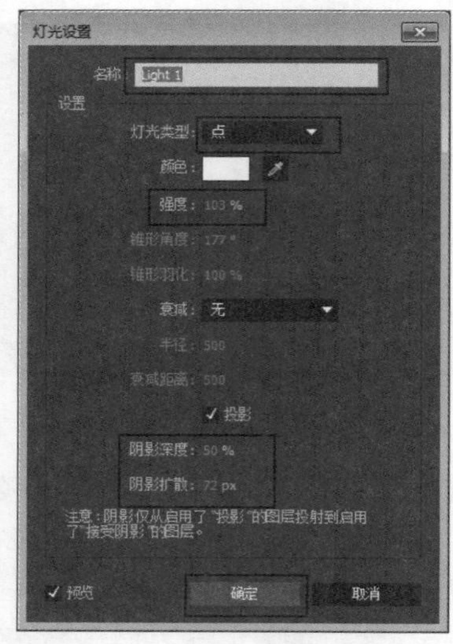

图 15-56

第 5 步 设置【图片形状】的【轨道遮罩】为【Alpha 反转遮罩 "WJ MUSIC CHART"】，如图 15-57 所示。

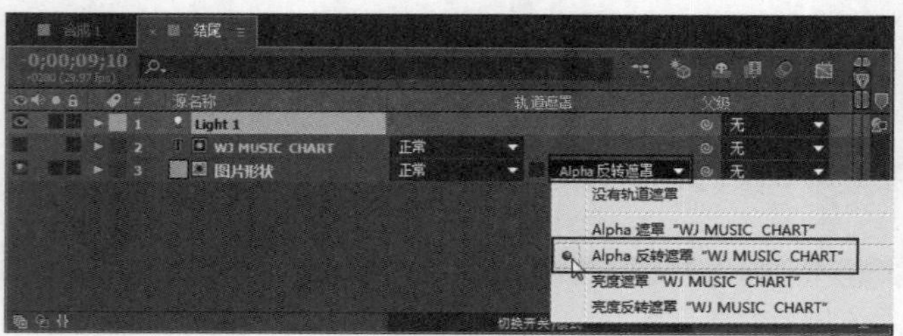

图 15-57

第 6 步 在【项目】面板中新建一个合成，设置【合成名称】为"结尾合成"，【宽度】为 1988，【高度】为 3537，【帧速率】为 29.97，【持续时间】为 15 秒，单击【确定】按钮，如图 15-58 所示。

第 7 步 将【结尾】拖曳到【结尾合成】面板中，将【图片 01】图层上的【斜面 Alpha】效果复制到【结尾】图层上，并开启【3D 图层】，如图 15-59 所示。

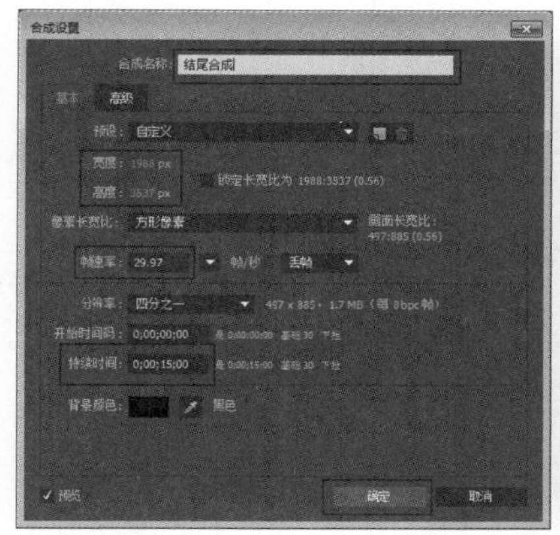

图 15-58

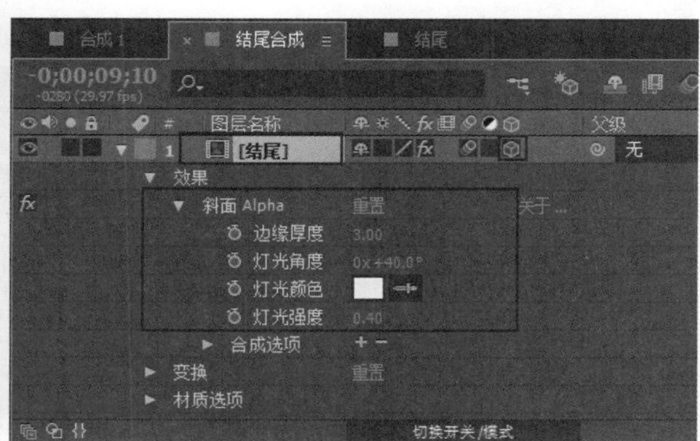

图 15-59

第 8 步 将时间线拖到第 3 帧的位置，开启【位置】和【X 轴旋转】的自动关键帧，设置【位置】为(994,−670)，【X 轴旋转】为 0°，将时间线拖到第 13 秒的位置，设置【位置】为(994,1208,0)，如图 15-60 所示。

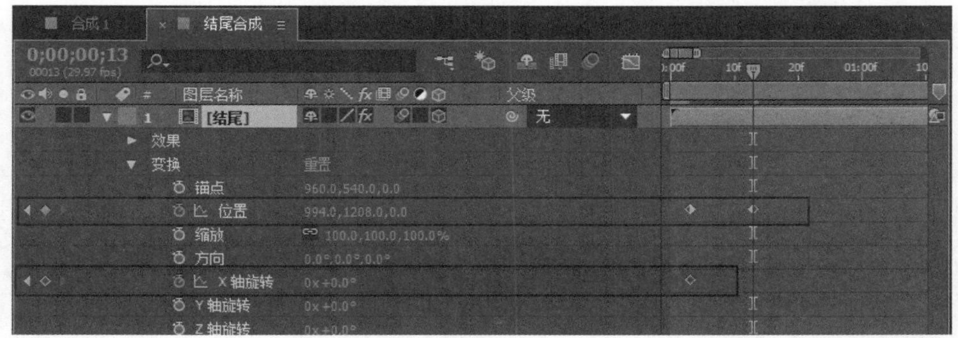

图 15-60

第 9 步 将时间线拖到第 21 帧的位置，设置【X 轴旋转】为−180°，将时间线拖到第 23 帧的位置，设置【X 轴旋转】为 1×+0°，如图 15-61 所示。

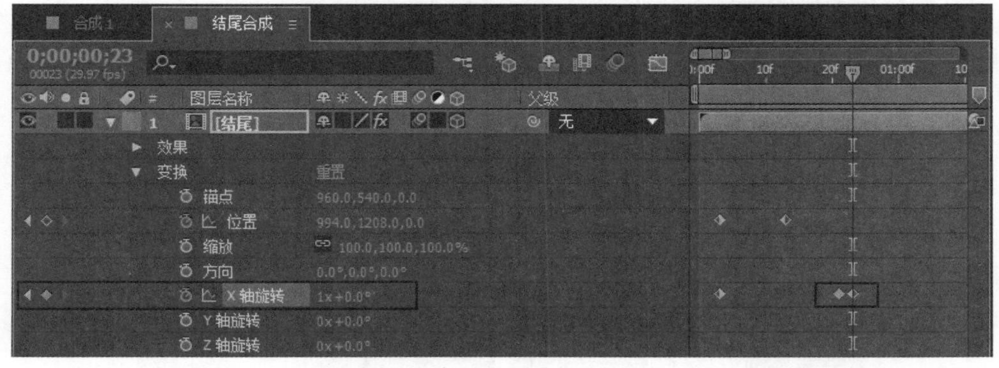

图 15-61

第 10 步 按照之前的方法制作出【结尾倒影】图层，将时间线拖到第 21 帧的位置，重新设置【X 轴旋转】为 180° ，开启两个图层的【动态模糊】，如图 15-62 所示。

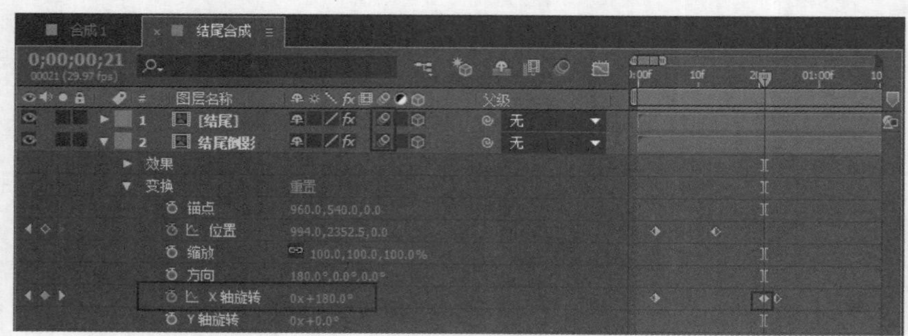

图 15-62

第 11 步 将【结尾合成】拖曳到【合成 1】面板中，将起始时间拖曳到第 9 秒 10 帧的位置，开启【3D 图层】。设置【位置】为(960,540,2407)，将时间线拖到第 10 秒 06 帧的位置，开启【Y 轴旋转】的自动关键帧，设置为 0° ，如图 15-63 所示。最后将时间线拖到第 10 秒 26 帧的位置，设置【Y 轴旋转】为 1×+0° 。

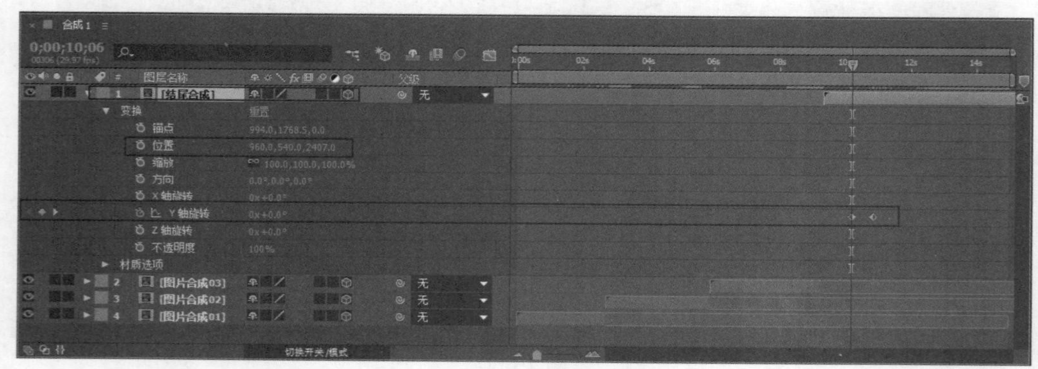

图 15-63

第 12 步 此时拖动时间线滑块即可查看广告展示片头结尾文字效果，如图 15-64 所示。

图 15-64

15.2.3　制作广告展示片头的文字介绍效果

本例将介绍利制作广告展示片头的文字介绍效果，下面详细介绍其操作方法。

素材保存路径：配套素材\第 15 章

素材文件名称：结尾文字效果.aep、广告展示片头最终效果.aep

第 1 步 打开素材文件“结尾文字效果.aep”，加载合成，新建一个纯色图层，设置【名称】为“文字背景”，设置【宽度】为 1920，【高度】为 1080，【颜色】为粉色，单击【确定】按钮，如图 15-65 所示。

第 2 步 选择【圆角矩形工具】，在【文字背景】图层上绘制一个圆角矩形遮罩，如图 15-66 所示。

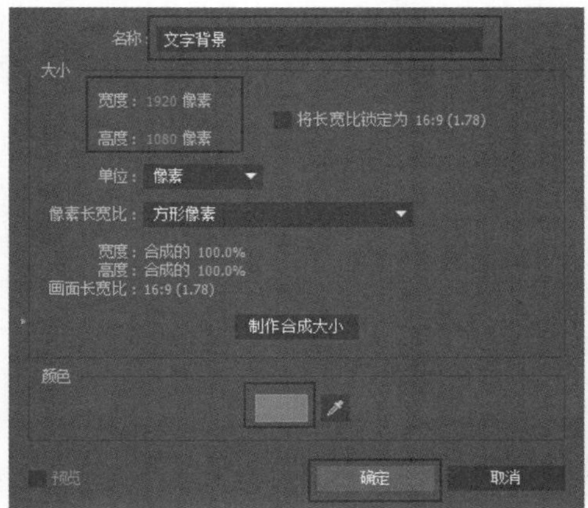

图 15-65

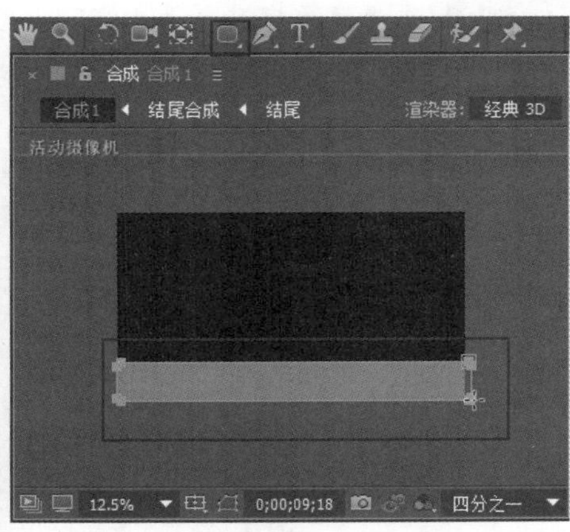

图 15-66

第 3 步 为【文字背景】图层添加 CC Spotlight 效果，设置 From 为(992,536)，Cone Angle 为 75，Edge Softness 为 100，如图 15-67 所示。

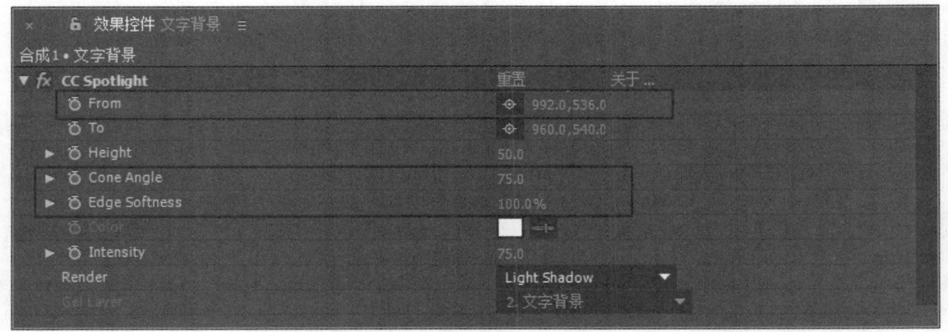

图 15-67

第 4 步 新建文字图层，在【合成】面板中输入文字“Photo Ocean”，设置【字体】为 Arial，【字体大小】为 550，如图 15-68 所示。

图 15-68

第 5 步 选择【文字背景】和 Photo Ocean 图层，按 Ctrl+Shift+C 组合键新建预合成，在弹出的【预合成】对话框中设置【新合成名称】为“文字层”，单击【确定】按钮，如图 15-69 所示。

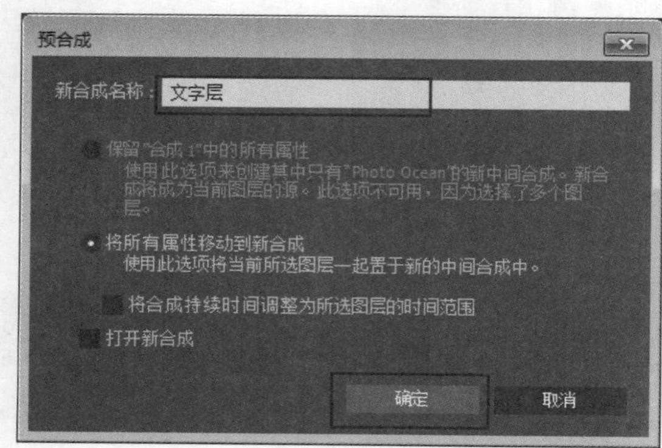

图 15-69

第 6 步 在【文字层】合成面板中，设置【文字背景】的 TrkMat 为 Alpha 反转遮罩，然后制作出剩余的文字，最后设置每组图层的起始、结束时间与【图片合成 01】、【图片合成 02】和【图片合成 03】相同，如图 15-70 所示。

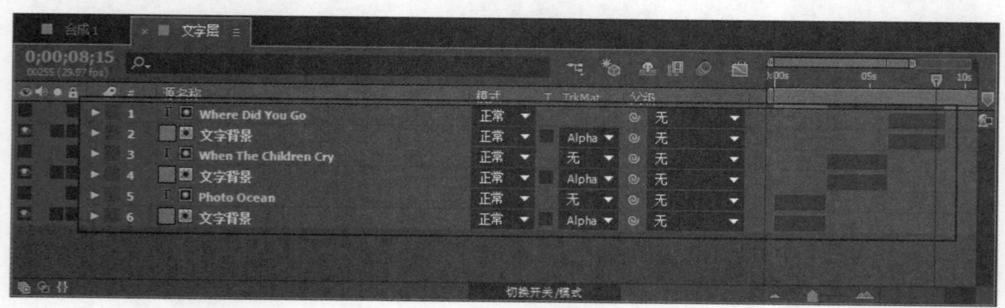

图 15-70

第 7 步 在【项目】面板中新建一个合成，设置【合成名称】为“文字合成”，【宽度】为 1950，【高度】为 2000，【帧速率】为 29.97，【持续时间】为 15 秒，单击【确定】按钮，如图 15-71 所示。

第 8 步 将【文字层】合成拖曳到【文字合成】面板中，按照前面的方法制作出倒影效果。设置【文字层】的【位置】为(975,543,0)，设置【文字倒影】图层的【位置】为(975,1596,0)，如图 15-72 所示。

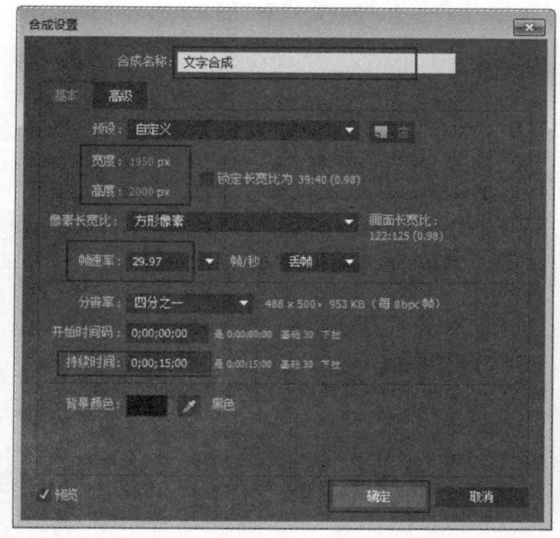

图 15-71

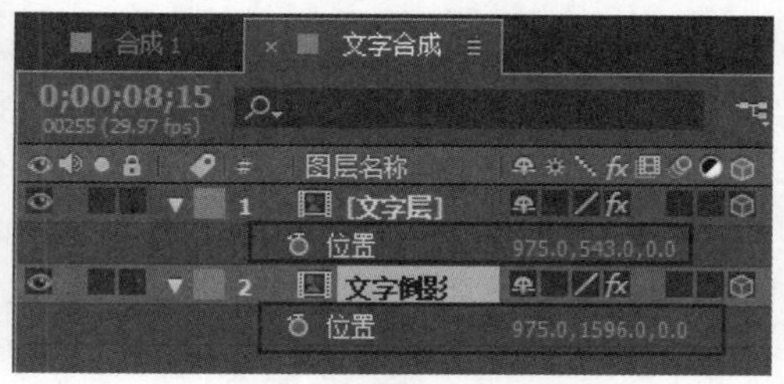

图 15-72

第 9 步 选择【文字倒影】图层，重新设置【快速模糊】效果的【模糊度】为 33，【色调】效果的【着色数量】为 42，如图 15-73 所示。

图 15-73

第 10 步 将【文字合成】拖曳到【合成 1】合成面板中，开启【3D 图层】，设置【缩放】为 76%，如图 15-74 所示。

第 11 步 将时间线拖到第 2 秒的位置，开启【位置】的自动关键帧，设置为(1222,470,1495)，将时间线拖到第 2 秒 20 帧的位置，设置【位置】为(802,470,1495)。在第 5 秒 27 帧的位置添加关键帧。最后将时间线拖到第 6 秒 17 帧的位置，设置【位置】为(1222,470,1495)，如图 15-75 所示。

第 12 步 此时拖动时间线滑块可查看广告展示片头文字介绍效果。这样即可完成制作广告展示片头效果的全部操作，如图 15-76 所示。

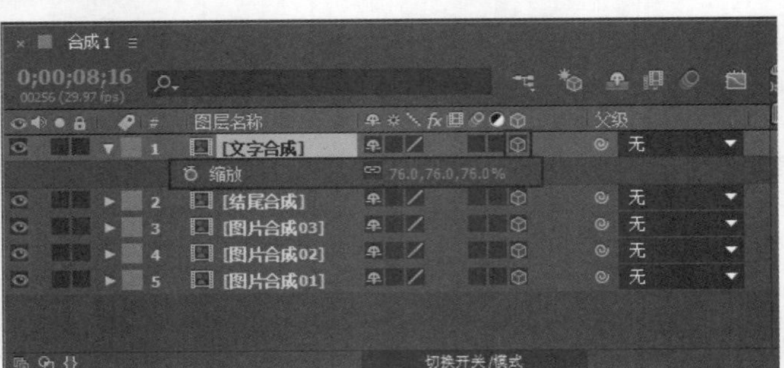

图 15-74

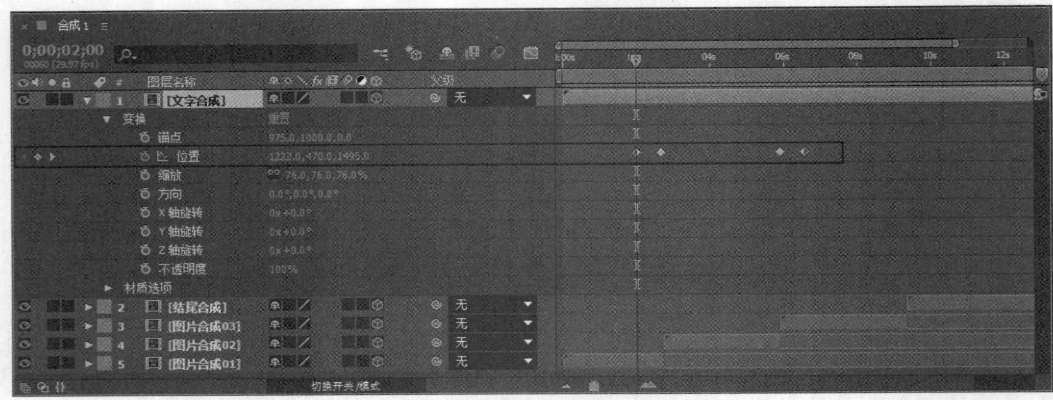

图 15-75

图 15-76

新起点 电脑教程

第 16 章

常用栏目包装制作

本章要点

- 制作运动主题片头效果
- 制作节目预告效果

本章主要内容

片头和栏目包装是指用于营造气氛，烘托气势，呈现作品名称、作品信息的一段视频，由于片头给观众留下的是第一印象，它从总体上展现了作品的风格，灵活运用 After Effects 中的特效和功能可以制作出许多片头和节目包装效果。通过本章的学习，读者可以掌握常用栏目包装制作方面的知识，为深入学习 After Effects CC 影视高级特效制作知识奠定基础。

16.1 制作运动主题片头效果

本节将详细介绍制作运动主题片头的效果，该案例为常用栏目包装特效制作之一，可以分成 5 个部分来制作，分别为制作运动主题片头的背景效果、制作镜头 1 效果、制作镜头 2 效果、制作镜头 3 效果和制作最终运动主题片头效果。

16.1.1 制作运动主题片头的背景效果

本例将利用【镜头光晕】效果和 CC Light Rays 效果制作运动主题片头的背景效果，下面详细介绍其操作方法。

素材保存路径：配套素材\第 16 章

素材文件名称：运动主题片头背景素材.aep、运动主题片头背景效果.aep

第 1 步 打开素材文件“运动主题片头背景素材. aep”，加载合成，在【时间轴】面板中，为【背景.jpg】图层添加【镜头光晕】和 CC Light Rays 效果，如图 16-1 所示。

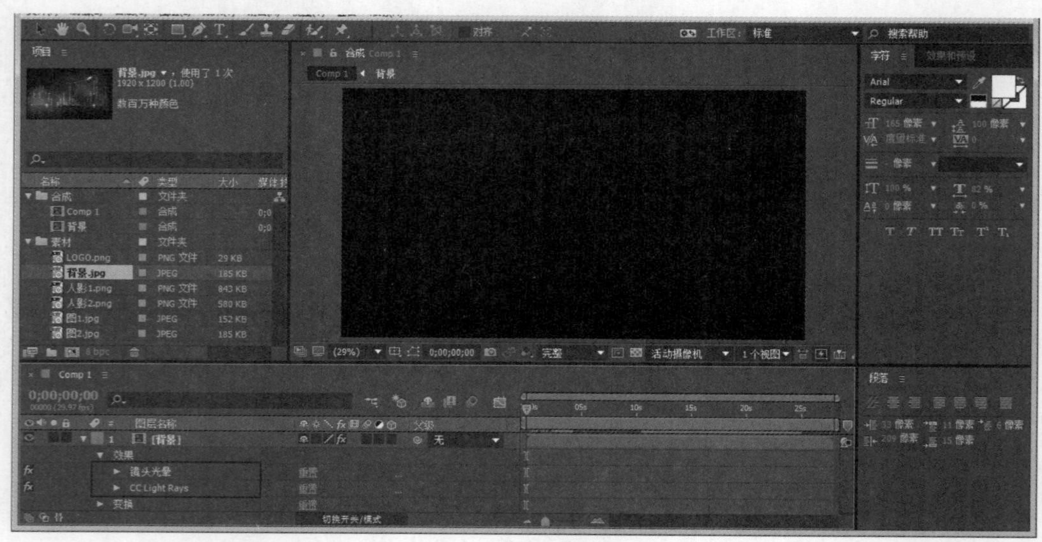

图 16-1

第 2 步 在【效果控件】面板中，设置【镜头光晕】效果的【镜头类型】为【105 毫米定焦】，设置 CC Light Rays 效果的 Intensity 为 254，设置 Center 为(282,324)，设置 Warp Softness 为 76，如图 16-2 所示。

第 3 步 此时拖动时间线滑块可以查看效果，如图 16-3 所示。

第 4 步 将时间线拖到起始帧的位置，开启 Radius 效果的自动关键帧，设置 Radius 为 0，将时间线拖到第 4 秒 02 帧的位置，设置 Radius 为 100，最后将时间线拖到第 6 秒 16 帧的位置，设置 Radius 为 0，如图 16-4 所示。

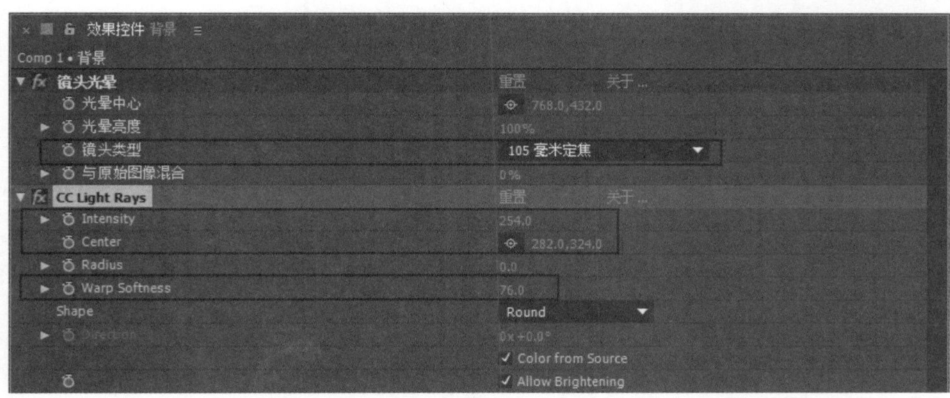

图 16-2

图 16-3

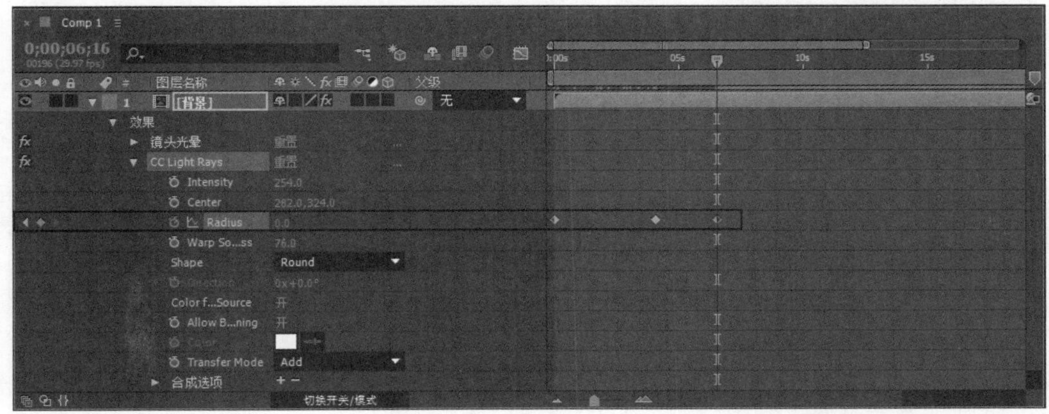

图 16-4

第 5 步 选择 CC Light Rays 效果，复制出 7 个特效，分别调整每个 CC Light Rays 效果的 Radius 参数。随机打乱 CC Light Rays 效果的关键帧，并且为 CC Light Rays 7 个效果适当添加关键帧，如图 16-5 所示。

图 16-5

第 6 步 将时间线拖到起始帧的位置处，开启【背景】图层下的【不透明度】的自动关键帧，设置【不透明度】为 0，将时间线拖到第 2 秒 12 帧的位置处，设置【不透明度】为 100，如图 16-6 所示。

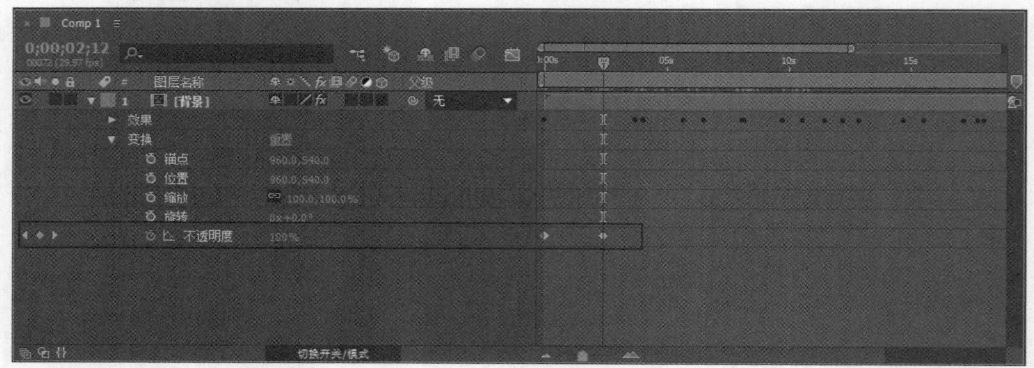

图 16-6

第 7 步 将时间线拖到第 25 秒的位置处，设置【不透明度】为 100，最后将时间线拖到第 27 秒 19 帧的位置处，设置【不透明度】为 0，如图 16-7 所示。

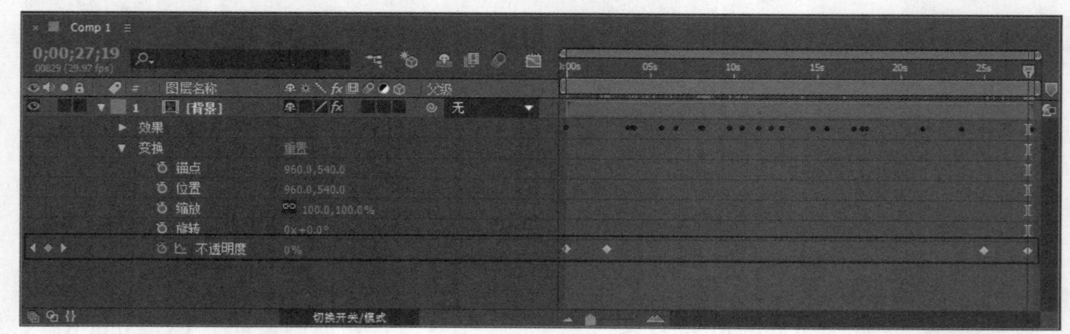

图 16-7

第 8 步 此时拖动时间线滑块即可查看制作的运动主题片头的背景效果，如图 16-8 所示。

图 16-8

16.1.2　制作运动主题片头的镜头 1 效果

本例将利用三维图层和摄像机效果来制作运动主题镜头 1 效果，下面详细介绍其操作方法。

素材保存路径：配套素材\第 16 章
素材文件名称：运动主题片头背景效果.aep、镜头 1 效果.aep

第 1 步 打开素材文件“运动主题片头背景效果.aep”，加载合成，在【项目】面板中新建一个合成，在弹出的【合成设置】对话框中，设置【合成名称】为“文字 1”，【宽度】为 1920，【高度】为 395，【帧速率】为 29.97，【持续时间】为 28 秒，单击【确定】按钮，如图 16-9 所示。

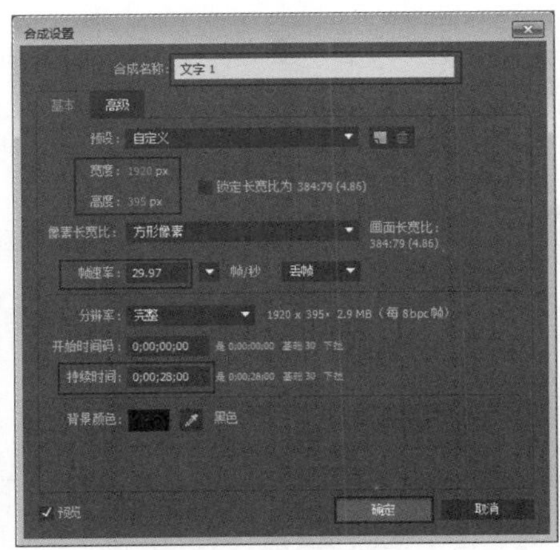

图 16-9

第 2 步 在【文字 1】合成面板中新建一个文字图层，并输入文字，设置【字体】为 Arial，【字体类型】为 Black，【字体大小】为 160，【字间距】为-30，【字体颜色】为白色，如图 16-10 所示。

图 16-10

第 3 步 选择文字图层，在菜单栏中选择【图层】→【图层样式】→【渐变叠加】菜单项，如图 16-11 所示。

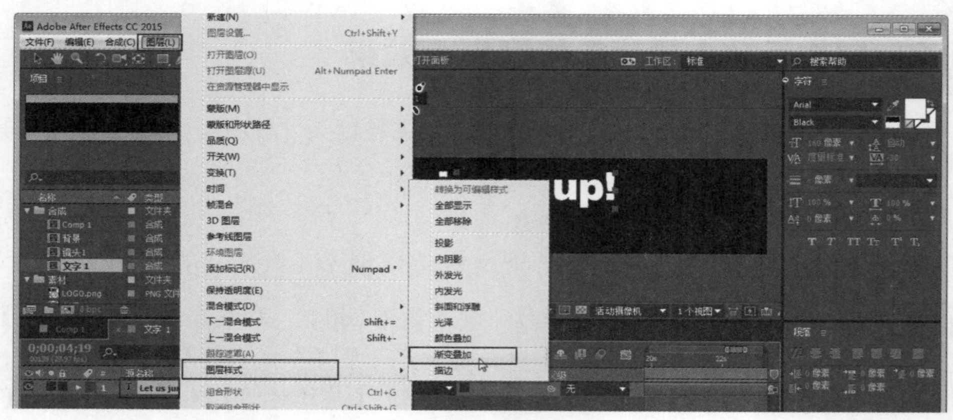

图 16-11

第 4 步 打开文字图层下的【渐变叠加】，单击【颜色】后面的【编辑渐变】链接项，在弹出的【渐变编辑器】对话框中设置【颜色】为蓝色(R:84,G:102,B:133)，最后单击【确定】按钮，如图 16-12 所示。

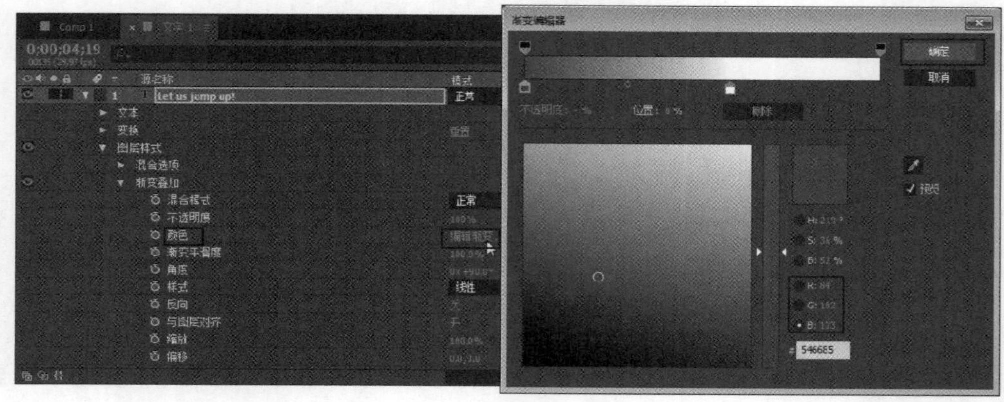

图 16-12

第 5 步 单击文字图层下的【动画】按钮，在弹出的下拉菜单中选择【不透明度】菜单项，如图 16-13 所示。

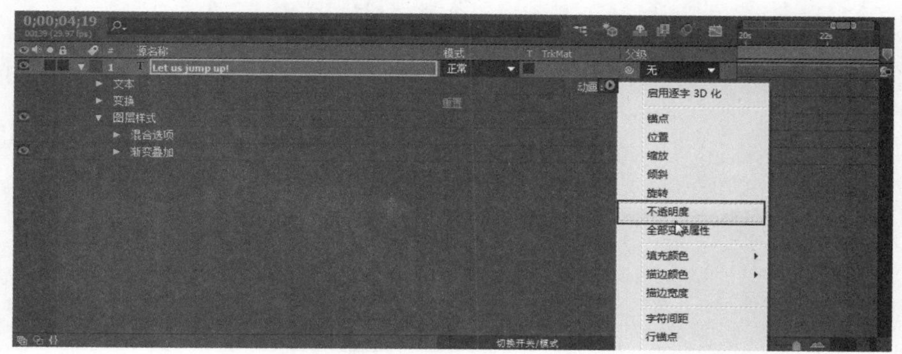

图 16-13

第 6 步 打开文字图层下的 Animator 1，设置【不透明度】为 0，将时间线拖到起始帧的位置，开启【起始】的自动关键帧，设置【开始】为 0，将时间线拖到第 2 秒的位置，设置【开始】为 100，如图 16-14 所示。

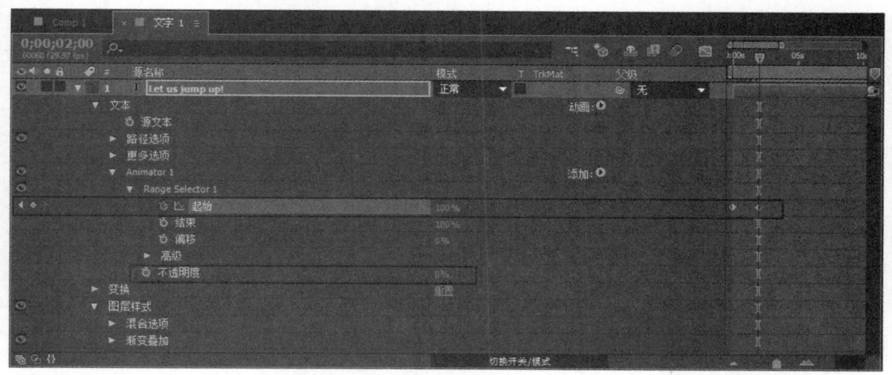

图 16-14

第 7 步 再新建一个文字图层，在【合成】面板中输入文字，设置【字体】为 Arial，【字体大小】为 95，【字间距】为-30，【字体颜色】为白色，如图 16-15 所示。

图 16-15

第 8 步 将上一个文字图层中的 Animator 1 复制到该文字图层中，如图 16-16 所示。

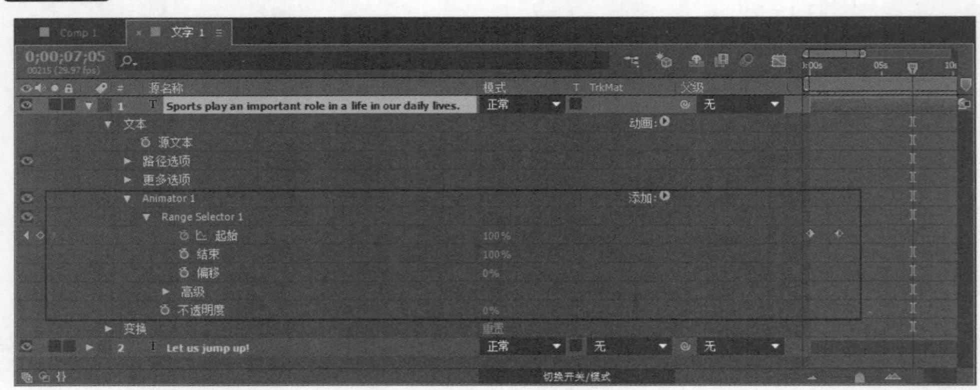

图 16-16

第 9 步 将【文字 1】合成拖曳到 Comp 1 合成面板中，开启【3D 图层】，设置【位置】为(116,-170,2008)，【缩放】为 88，最后将【文字 1】图层的起始时间拖曳到第 3 秒 18 帧的位置，如图 16-17 所示。

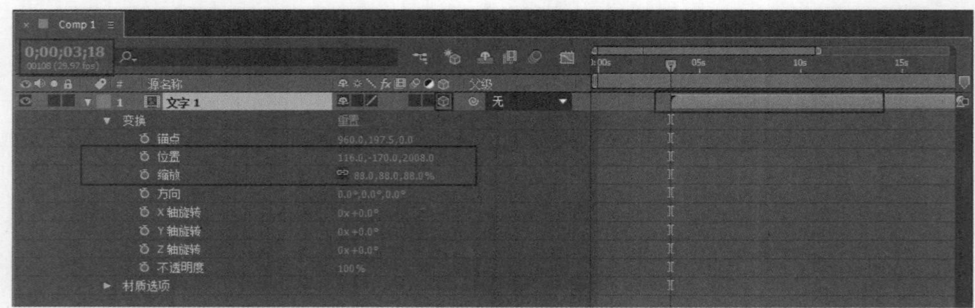

图 16-17

第 10 步 将【项目】面板中的素材文件【人影 1.png】拖曳到【时间轴】面板中，开启【3D 图层】，设置【缩放】为 33，【位置】为(4,288,2000)，如图 16-18 所示。

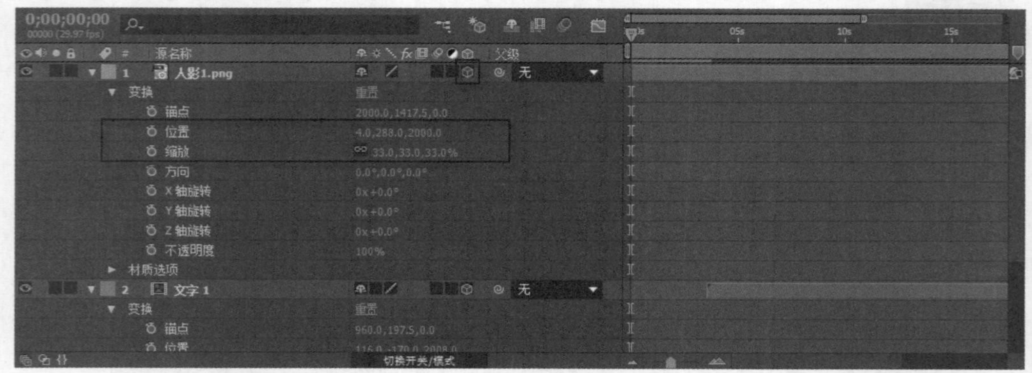

图 16-18

第 11 步 新建一个摄像机图层，设置【名称】为 Camera 1，【焦距】为 37.5，勾选【启用景深】复选框和【锁定到缩放】复选框，设置【光圈】为 10.04，【模糊层次】为 750，单击【确定】按钮，如图 16-19 所示。

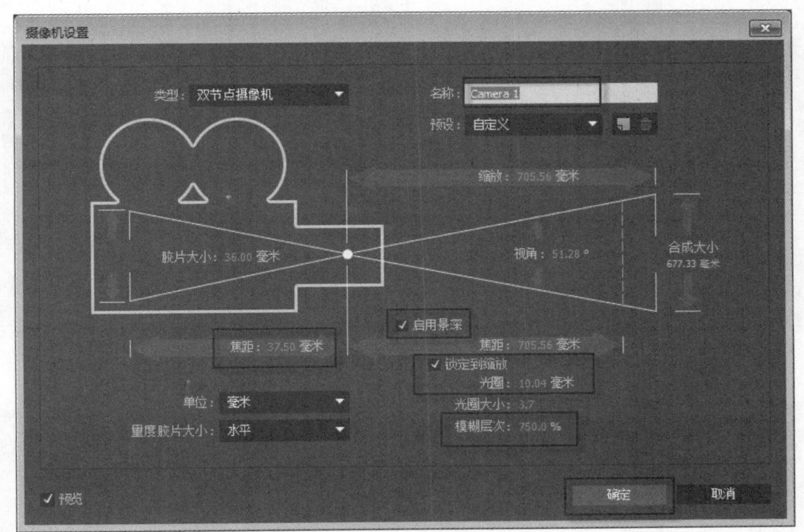

图 16-19

第 12 步 将时间线拖到第 2 秒 22 帧的位置，设置【位置】为(0,0,-10000)，将时间线拖到第 3 秒 19 帧的位置，设置【位置】为(0,0,0)，如图 16-20 所示。

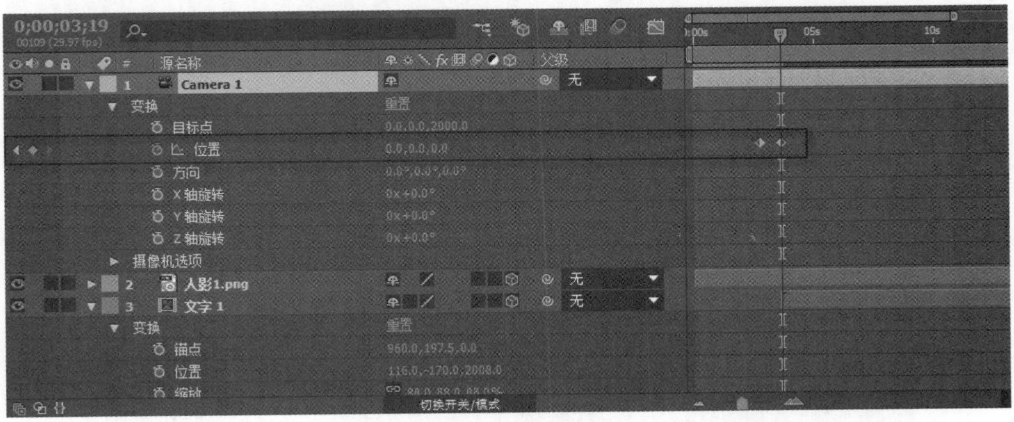

图 16-20

第 13 步 将时间线拖到第 6 秒 27 帧的位置，开启【目标点】的自动关键帧，设置【目标点】为(0,0,2000)，将时间线拖到第 7 秒 10 帧的位置，设置【目标点】为(0,0,4000)，如图 16-21 所示。

第 14 步 选择【文字 1】、【人影 1.png】和 Camera 1 图层，按 Ctrl+Shift+C 组合键，新建合成【镜头 1】，并开启图层的【运动模糊】，设置结束时间为第 7 秒 07 帧的位置，如图 16-22 所示。

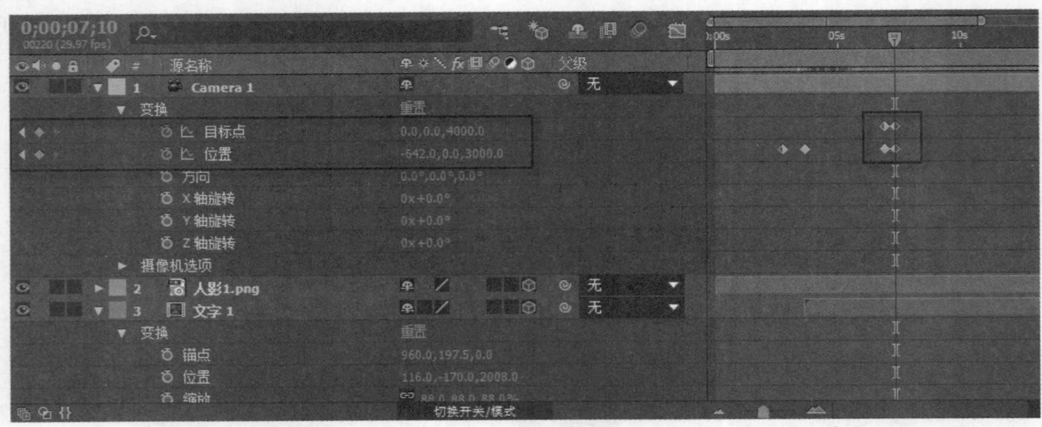

图 16-21

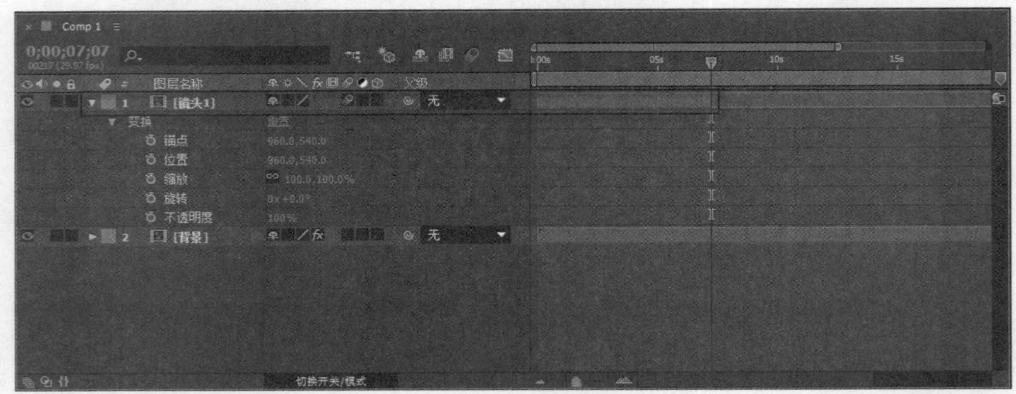

图 16-22

第 15 步 将时间线拖到第 2 秒 22 帧的位置，此时拖动时间线滑块查看运动主题片头镜头 1 的效果，如图 16-23 所示。

图 16-23

16.1.3　制作运动主题片头的镜头 2 效果

本例将介绍利用关键帧制作运动主题片头镜头 2 效果，下面详细介绍其操作方法。

素材保存路径：配套素材\第 16 章

素材文件名称：镜头 1 效果.aep、镜头 2 效果.aep

第 1 步 打开素材文件“镜头 1 效果.aep”，加载合成，在【项目】面板中将【文字 1】图层进行复制，将复制出的【文字 2】拖曳到 Comp 1 合成面板中，并重新设置【文字 2】合成内的文字内容，在 Comp 1 合成面板中开启【文字 2】的【3D 图层】，设置【位置】为(−51,314,1999)，【缩放】为 88，【Y 轴旋转】为 30°，如图 16-24 所示。

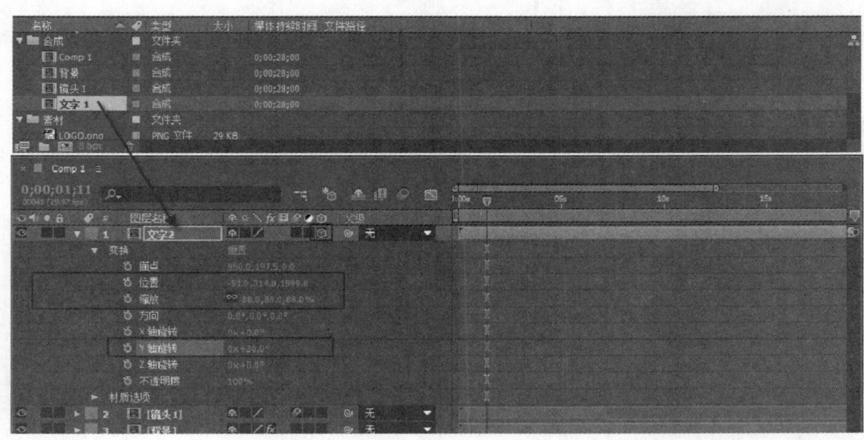

图 16-24

第 2 步 将【项目】面板中的【图片 1.jpg】素材文件拖曳到【时间轴】面板中，开启【3D 图层】，设置【位置】为(241,−119,2000)，【缩放】为 103，【Y 轴旋转】为 30°，如图 16-25 所示。

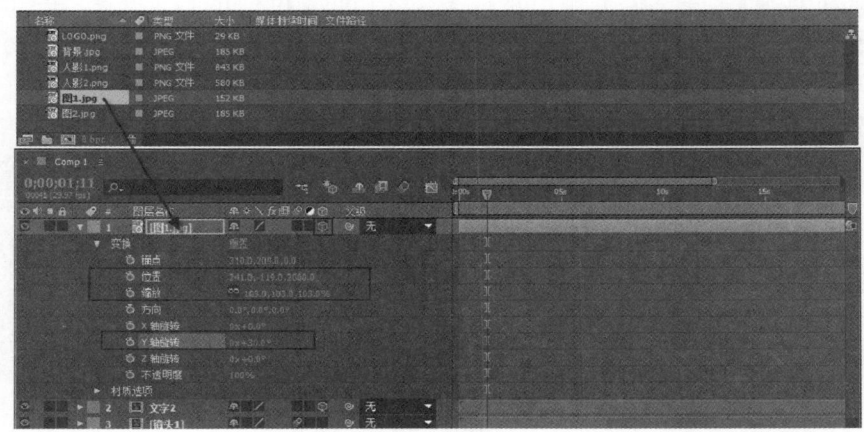

图 16-25

第 3 步 将【项目】面板中的【人影 1.png】素材文件拖曳到【时间轴】面板中，开启【3D 图层】，设置【位置】为(2,430,2699)，【Y 轴旋转】为 30°，如图 16-26 所示。

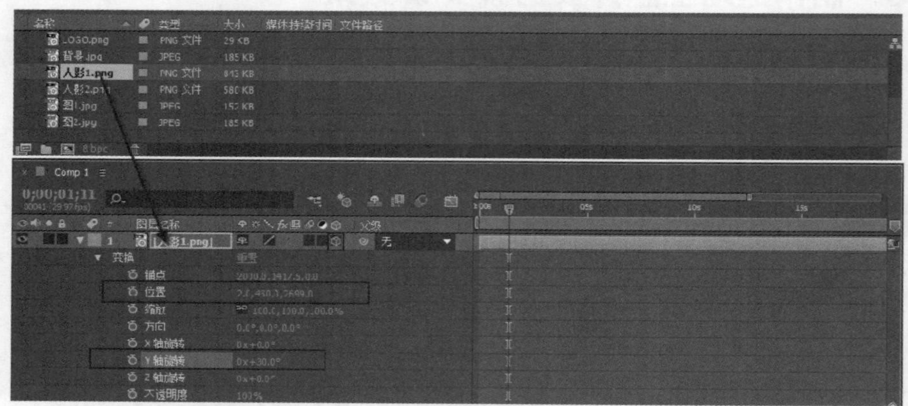

图 16-26

第 4 步 将【镜头 1】合成中的 Camera 1 复制到 Comp 1 合成面板中，并重命名为 Camera 2，然后将关键帧拖到起始帧的位置，如图 16-27 所示。

图 16-27

第 5 步 选择【文字 2】、【图 1.jpg】、【人影 1.png】和 Camera 2 图层，按 Ctrl+Shift+C 组合键新建【镜头 2】合成，开启【镜头 2】图层的【运动模糊】，设置图层的起始时间为第 6 秒 26 帧的位置，结束时间为第 12 秒 22 帧的位置，如图 16-28 所示。

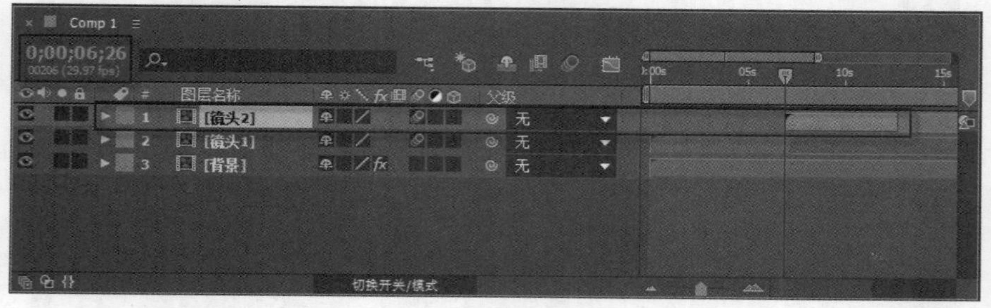

图 16-28

第 6 步 此时拖动时间线滑块即可查看运动主题片头镜头 2 效果，如图 16-29 所示。

图 16-29

16.1.4　制作运动主题片头的镜头 3 效果

本例将介绍利用关键帧制作运动主题片头镜头 3 效果，下面详细介绍其操作方法。

素材保存路径：配套素材\第 16 章

素材文件名称：镜头 2 效果.aep、镜头 3 效果.aep

第 1 步 打开素材文件“镜头 2 效果.aep”，加载合成，在【项目】面板中将【文字 2】图层进行复制，将复制出的【文字 3】拖曳到 Comp 1 合成面板中，并重新设置【文字 3】合成内的文字内容，在 Comp 1 合成面板中开启【文字 3】的【3D 图层】，设置【位置】为(60,239,1999)，【缩放】为 88，【Y 轴旋转】为-10°，如图 16-30 所示。

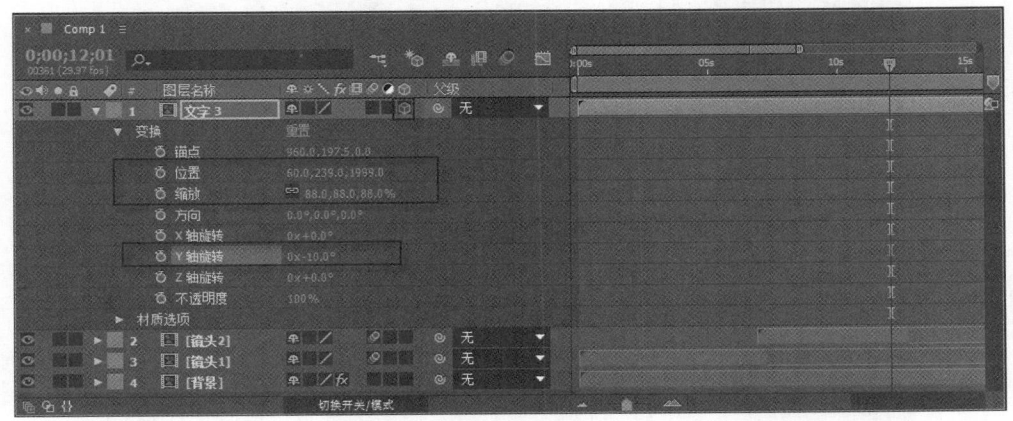

图 16-30

第 2 步 将【项目】面板中的【图片 2.jpg】素材文件拖曳到【时间轴】面板中，开启【3D 图层】，设置【位置】为(-307,-202,2000)，【缩放】为 103，【Y 轴旋转】为-10°，如图 16-31 所示。

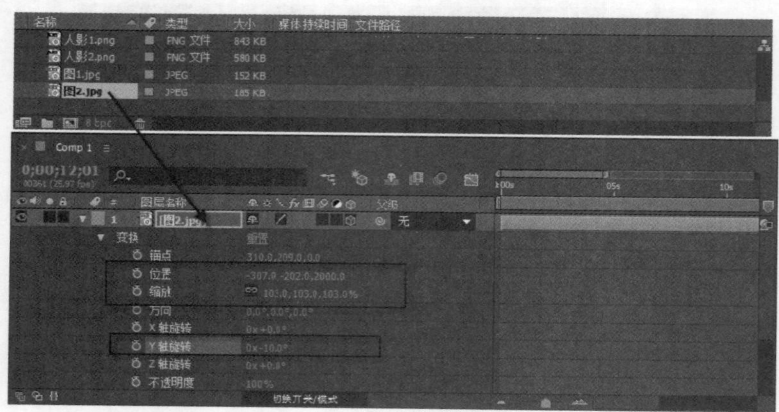

图 16-31

第 3 步 将【项目】面板中的【人影 2.png】素材文件拖曳到【时间轴】面板中，开启【3D 图层】，设置【锚点】为(−275,2472,0)，【位置】为(0,270,2700)，【缩放】为 57，【Y 轴旋转】为−10°，如图 16-32 所示。

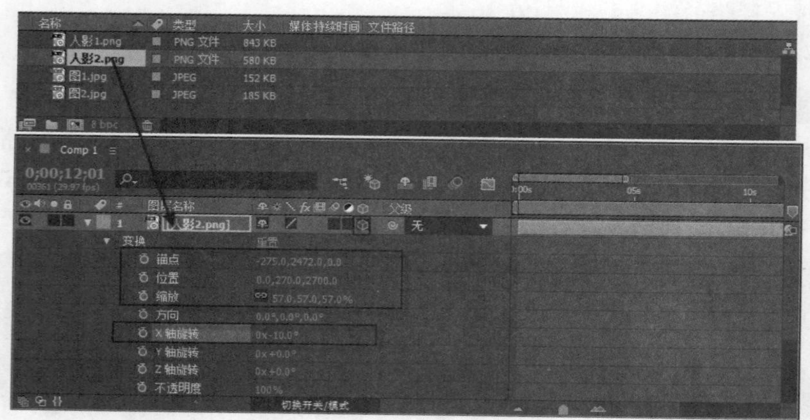

图 16-32

第 4 步 将【镜头 2】合成中的 Camera 2 复制到 Comp 1 合成面板中，并重命名为 Camera 3，如图 16-33 所示。

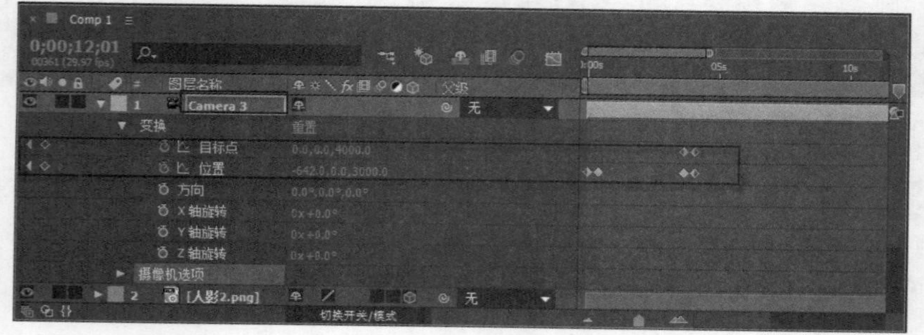

图 16-33

第 5 步 选择【文字 3】、【图 2.jpg】、【人影 2.png】和 Camera 3 图层，按 Ctrl+Shift+C

组合键新建【镜头 3】合成，开启【镜头 3】图层的【运动模糊】，最后设置图层的起始时间为第 12 秒 03 帧的位置，结束时间为第 16 秒 17 帧的位置，如图 16-34 所示。

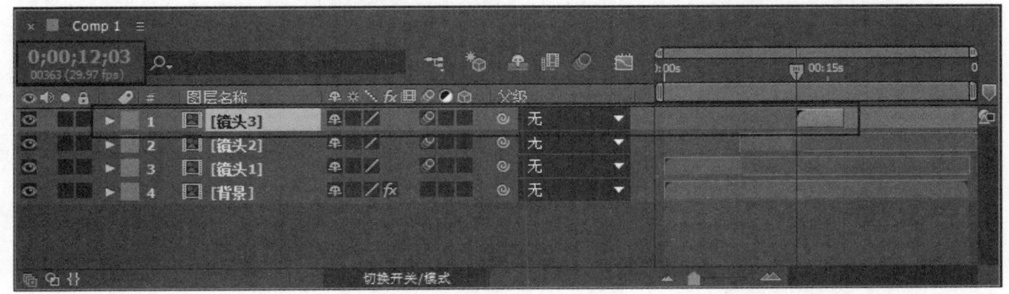

图 16-34

第 6 步 此时拖动时间线滑块可查看运动主题片头镜头 3 的效果，如图 16-35 所示。

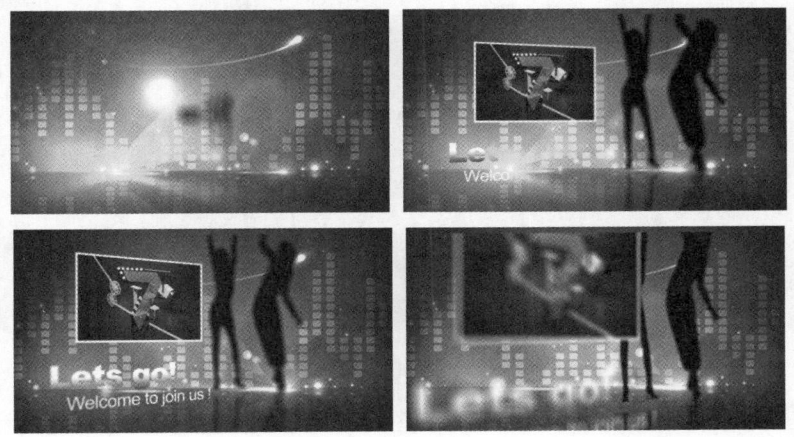

图 16-35

16.1.5　制作最终运动主题片头效果

本例将介绍利用【斜面 Alpha】效果制作最终运动主题片头效果，下面详细介绍其操作方法。

素材保存路径：配套素材\第 16 章
素材文件名称：镜头 3 效果.aep、最终运动主题片头效果.aep

第 1 步 打开素材文件“镜头 3 效果.aep”，加载合成，在【项目】面板中将 LOGO.png 素材文件拖曳到【时间轴】面板中，开启图层后面的【运动模糊】和【3D 图层】，如图 16-36 所示。

第 2 步 将时间线拖到第 17 秒 01 帧的位置，开启【位置】的自动关键帧，设置【位置】为(960,540,4284)，将时间线拖到第 20 秒 02 帧的位置，设置【位置】为(960,540,0)，如图 16-37 所示。

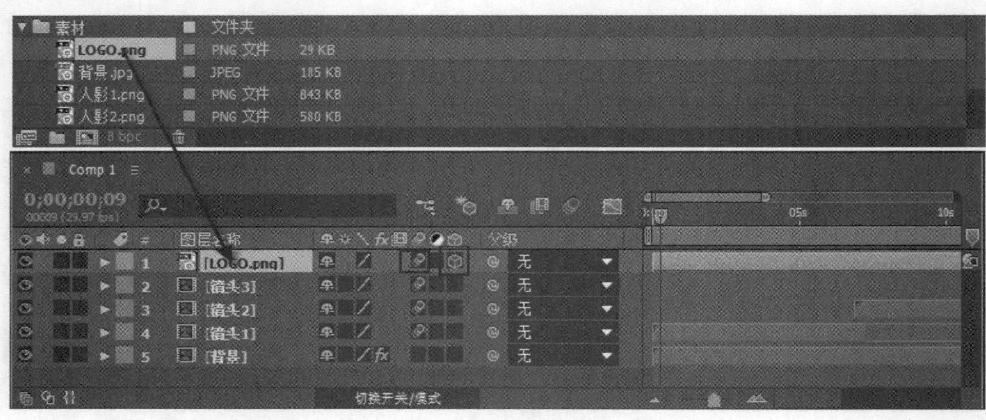

图 16-36

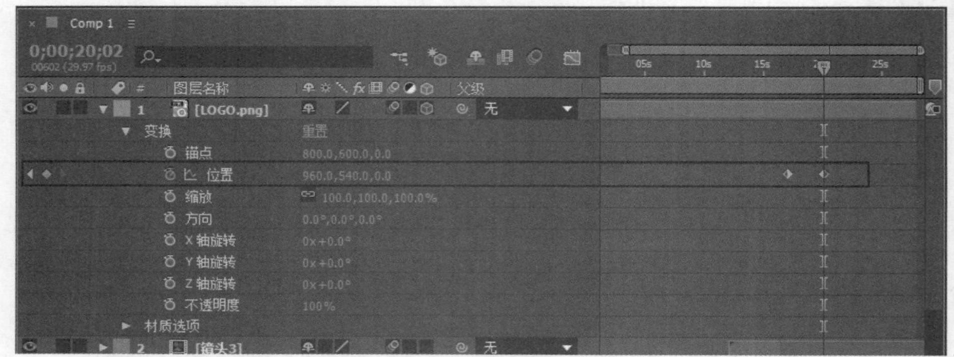

图 16-37

第 3 步 将时间线拖到第 17 秒 01 帧的位置，开启【位置】的自动关键帧，设置【位置】为(960,540,4284)，将时间线拖到第 20 秒 02 帧的位置，设置【位置】为(960,540, 2071.4)，如图 16-38 所示。

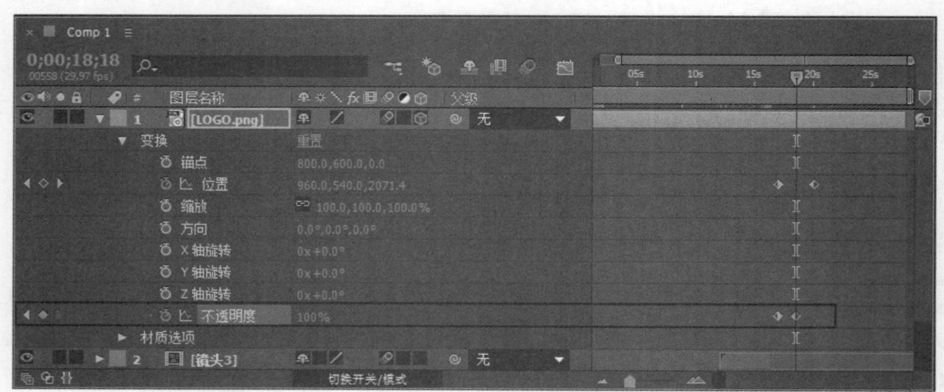

图 16-38

第 4 步 将时间线拖到第 24 秒 06 帧的位置，设置【不透明度】为 100，最后将时间线拖到第 25 秒 14 帧的位置，设置【不透明度】为 0，如图 16-39 所示。

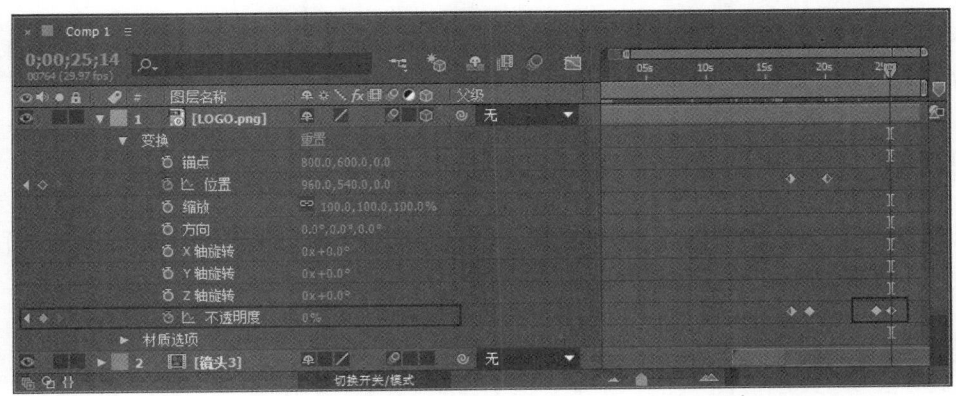

图 16-39

第 5 步 为 LOGO.png 图层添加【斜面 Alpha】效果，设置【边缘厚度】为 5，如图 16-40 所示。

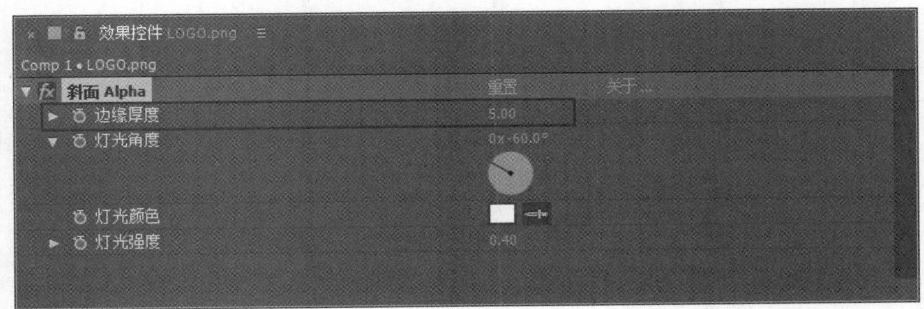

图 16-40

第 6 步 此时拖动时间线滑块即可查看到最终的运动主题片头效果，如图 16-41 所示。

图 16-41

16.2　制作节目预告效果

本节将详细介绍制作节目预告效果的方法，该案例也是常用栏目包装特效制作之一，可以分成 5 个部分来制作，分别为制作节目预告的背景效果、制作节目预告的图案效果、制作节目预告的旋转效果、制作节目预告的倒影效果和制作最终节目预告效果。

16.2.1 制作节目预告的背景效果

本例将详细介绍利用【梯度渐变】效果和 CC Light Sweep(CC 扫光)效果制作节目预告背景效果，下面详细介绍其操作方法。

素材保存路径：配套素材\第 16 章

素材文件名称：节目预告的背景素材.aep、节目预告的背景效果.aep

第 1 步 打开素材文件“节目预告的背景素材.aep”，加载合成，在【时间轴】面板中，为【背景】图层添加【梯度渐变】效果，如图 16-42 所示。

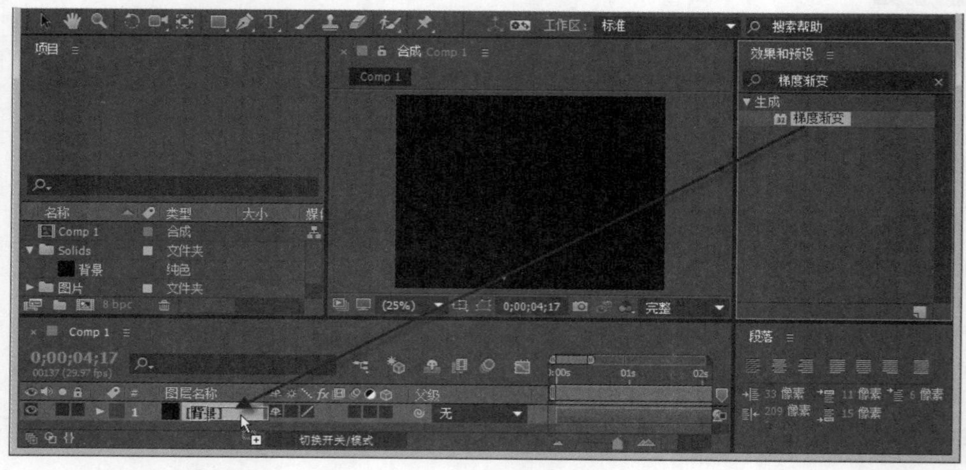

图 16-42

第 2 步 为【背景】图层添加完效果后，在【效果控件】面板中，设置【渐变起点】为(987,768)，【起始颜色】为灰色(R:119,G:119,B:119)，【渐变终点】为(497,-370)，如图 16-43 所示。

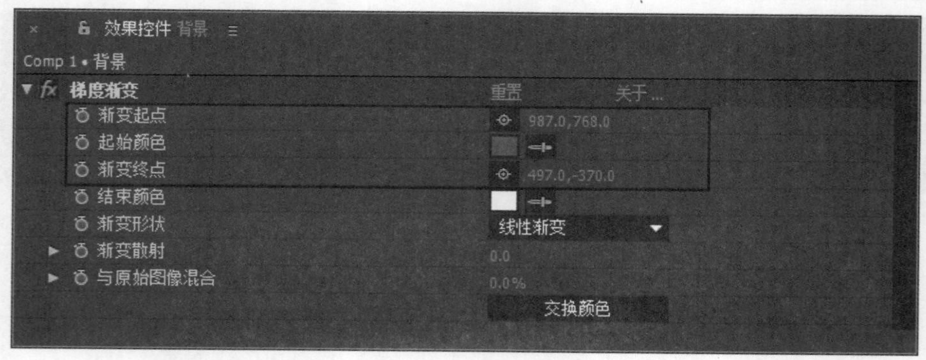

图 16-43

第 3 步 新建一个黑色纯色图层，并命名为“光线”，为该图层添加 CC Light Sweep(CC 扫光)效果，设置 Center 为(512,465)，Direction 为 90°，Width 为 11，Sweep Intensity 为 100，Edge Thickness 为 0，如图 16-44 所示。

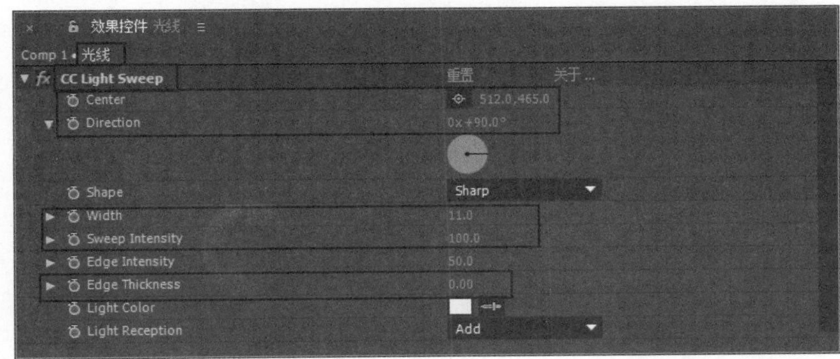

图 16-44

第 4 步 选择【矩形工具】，在【光线】图层上绘制一个矩形遮罩，如图 16-45 所示。

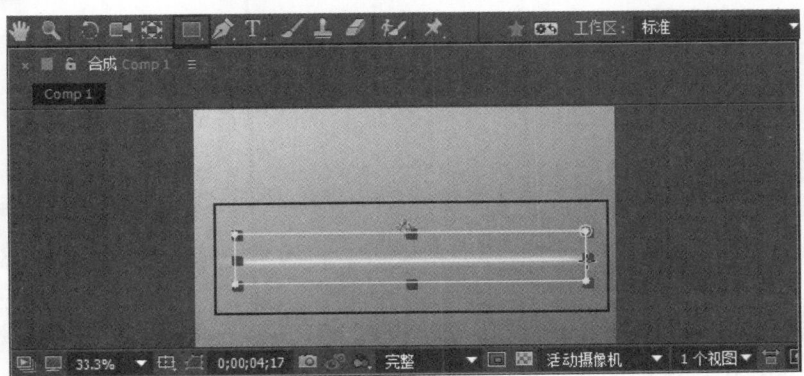

图 16-45

第 5 步 设置【光线】图层的【模式】为屏幕，打开【光线】图层下的 Mask 1，设置【蒙版羽化】为 70，如图 16-46 所示。

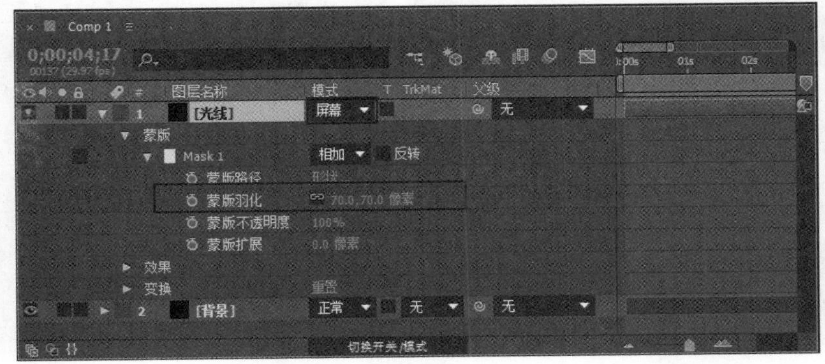

图 16-46

第 6 步 此时拖动时间线滑块即可查看制作的背景效果，如图 16-47 所示。

图 16-47

16.2.2 制作节目预告的图案效果

本例将介绍利用遮罩和渐变效果制作节目预告的图案效果，下面详细介绍其操作方法。

素材保存路径：配套素材\第 16 章

素材文件名称：节目预告的背景效果.aep、节目预告的图案效果.aep

第 1 步 打开素材文件“节目预告的背景效果.aep”，加载合成，在【项目】面板中新建一个合成，在弹出的【合成设置】对话框中，设置【合成名称】为 01，【宽度】为 1024，【高度】为 256，【帧速率】为 29.97，【持续时间】为 10 秒，单击【确定】按钮，如图 16-48 所示。

第 2 步 在该合成中新建一个固态层，设置【名称】为“形状”，【宽度】为 1024，【高度】为 768，单击【确定】按钮，如图 16-49 所示。

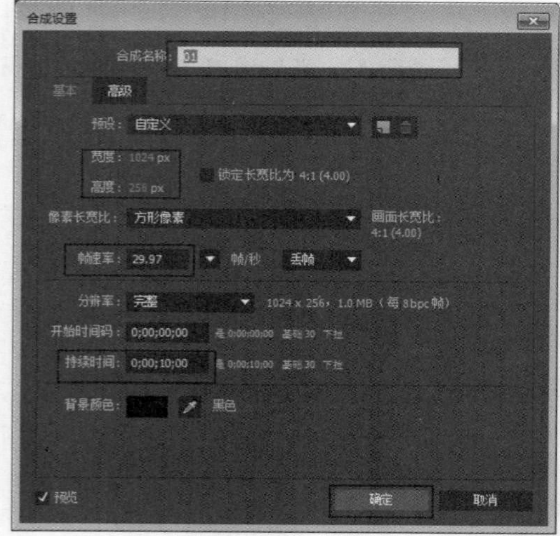

图 16-48

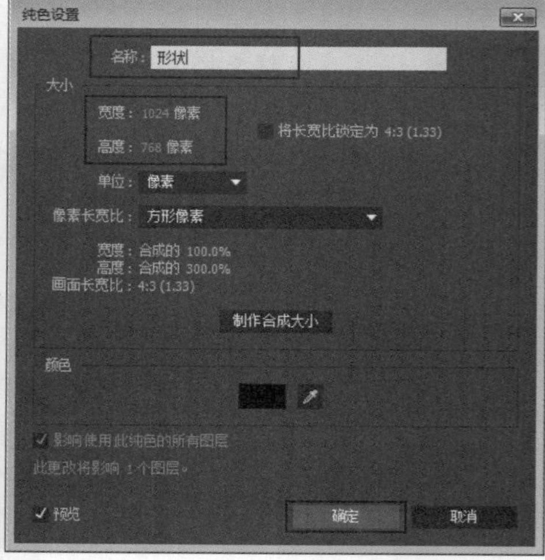

图 16-49

第 3 步 为【形状】图层添加【梯度渐变】效果，设置【渐变起点】为(0,384)，【起始颜色】为红色(R:167,G:0,B:0)，【渐变终点】为(1024,384)，【结束颜色】为橙色(R:243,G:46,B:0)，如图 16-50 所示。

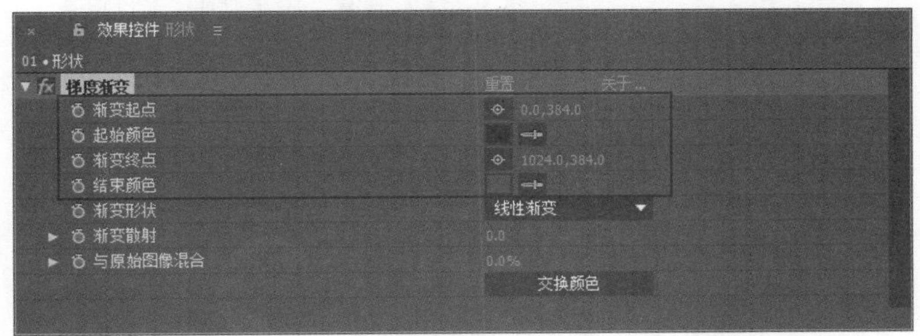

图 16-50

第 4 步 选择【钢笔工具】，在【形状】图层上绘制一个遮罩形状，如图 16-51 所示。

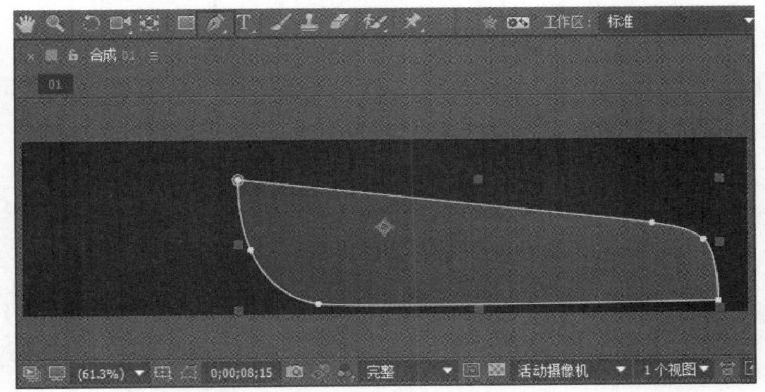

图 16-51

第 5 步 将【项目】面板中的 1.jpg 素材文件拖曳到【时间轴】面板中，设置【缩放】为 55，【位置】为(574,270)，如图 16-52 所示。

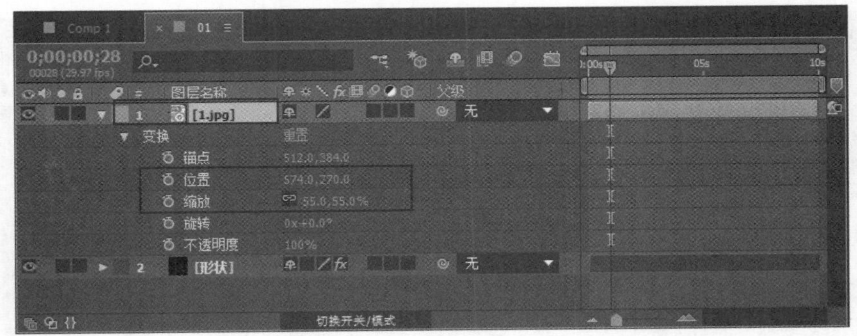

图 16-52

第 6 步 将【形状】图层的 Mask 1 遮罩复制到 01.jpg 图层上，适当调整遮罩的大小和形状，如图 16-53 所示。

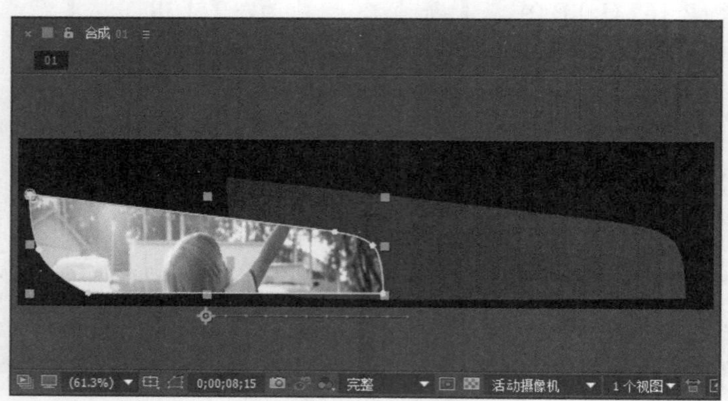

图 16-53

第 7 步 将 1.jpg 图层拖曳到【形状】图层下方，将时间线拖到起始帧的位置，开启【位置】的自动关键帧，设置【位置】为(574,270)，将时间线拖到第 1 秒 10 帧的位置，设置【位置】为(277,270)，如图 16-54 所示。

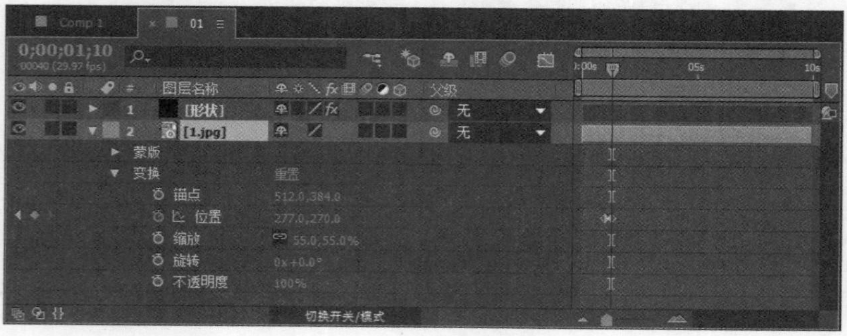

图 16-54

第 8 步 新建文字图层，在【合成】面板中输入文字，设置【字体】为黑体，【字体大小】为 35，【行间距】为 35，【字体颜色】为白色(R:255,G:255,B:255)，如图 16-55 所示。

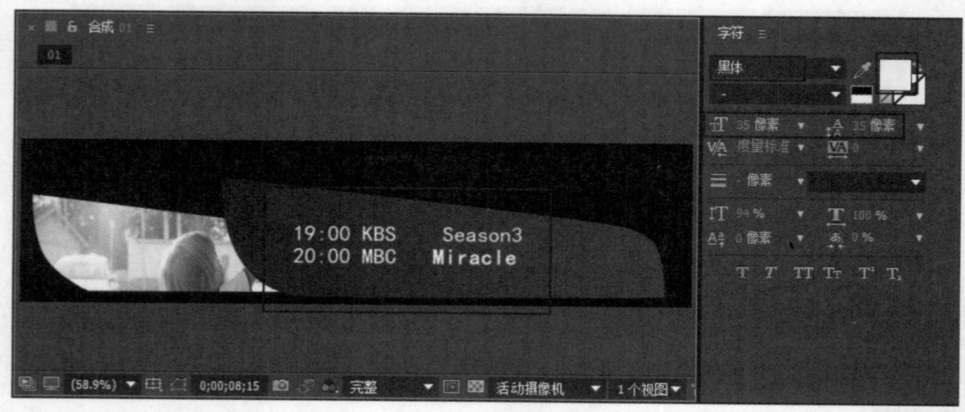

图 16-55

第 9 步 此时拖动时间线滑块即可查看制作的图案效果，如图 16-56 所示。

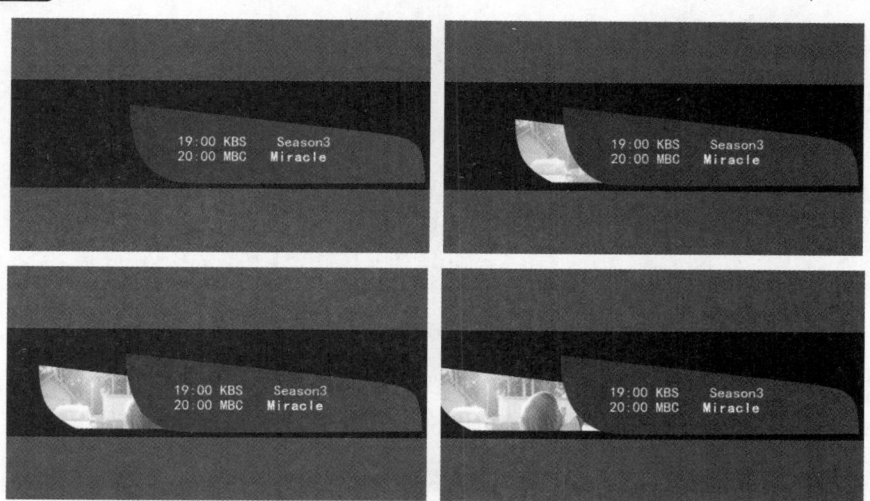

图 16-56

16.2.3　制作节目预告的旋转效果

本例将介绍利用三维图层和关键帧制作节目预告旋转效果，下面详细介绍其操作方法。

素材保存路径：配套素材\第 16 章

素材文件名称：节目预告的图案效果.aep、节目预告的旋转效果.aep

第 1 步 打开素材文件“节目预告的图案效果.aep”，加载合成，选择 01 合成内的所有图层，按 Ctrl+Shift+C 组合键，在弹出的【预合成】对话框中，设置【新合成名称】为“标牌 1”，单击【确定】按钮，如图 16-57 所示。

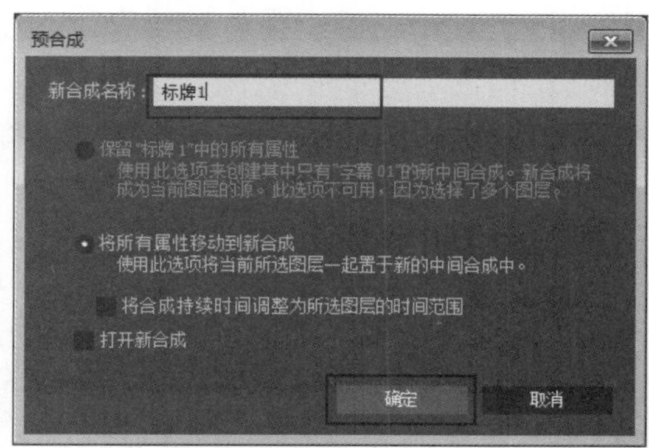

图 16-57

第 2 步 设置【标牌 1】图层的【锚点】为(998,246)，【位置】为(1000,246)，将时间线拖到第 2 秒 10 帧的位置，开启【旋转】的自动关键帧，设置【旋转】为 0°，将时间线滑块拖到第 2 秒 20 帧的位置，设置【旋转】为-90°，如图 16-58 所示。

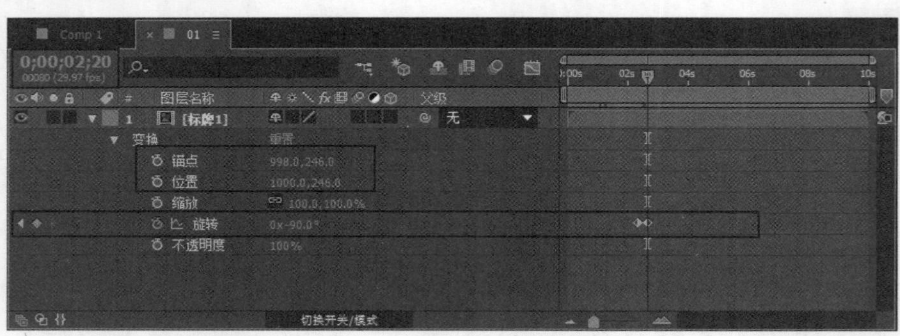

图 16-58

第 3 步 将【项目】面板中的 01 合成拖曳到 Comp 1 合成面板中，开启【3D 图层】，设置【锚点】为(975,246,0)，【位置】为(1025,460,0)，如图 16-59 所示。

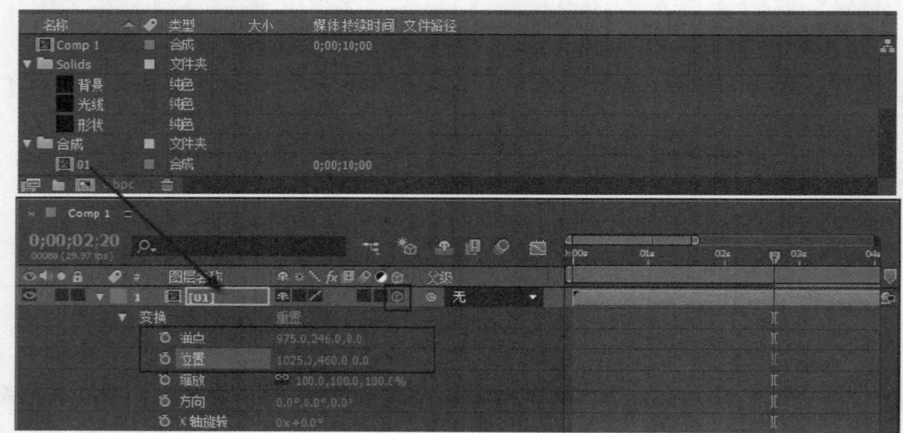

图 16-59

第 4 步 以此类推制作出 02 和 03 合成，设置参数与 01 合成图层相同，如图 16-60 所示。

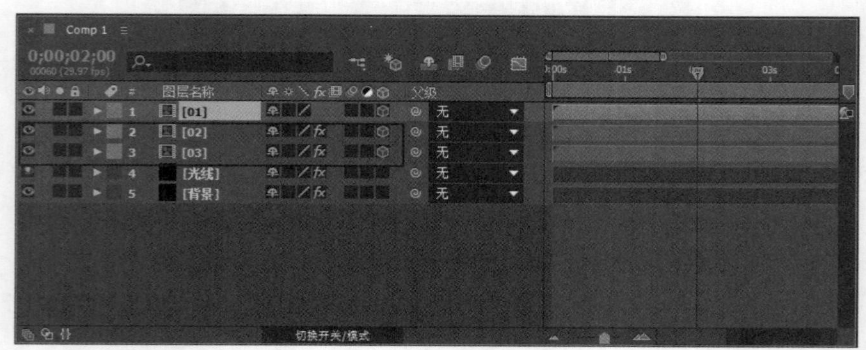

图 16-60

第 5 步 将时间线拖到起始帧的位置，开启 01 图层下【方向】的自动关键帧，设置【方向】为(0°, 55°, 6°)，将时间线拖到第 20 帧的位置，设置【方向】为 0，如图 16-61

所示。

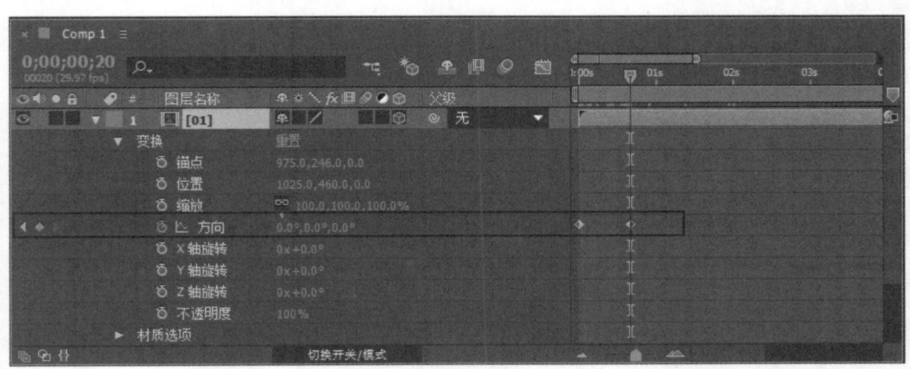

图 16-61

第 6 步 将时间线拖到起始帧的位置，开启 02 图层下【方向】的自动关键帧，设置【方向】为(0°，85°，6°)，将时间线拖到第 20 帧的位置，设置【方向】为(0°，50°，10°)，如图 16-62 所示。

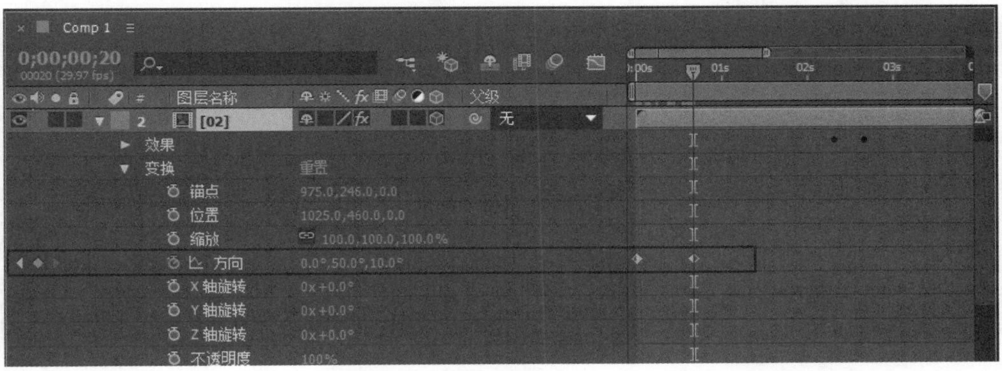

图 16-62

第 7 步 将时间线拖到第 2 秒 10 帧的位置，设置【方向】为(0°，50°，10°)，将时间线拖到第 2 秒 20 帧的位置，设置【方向】为 0，如图 16-63 所示。

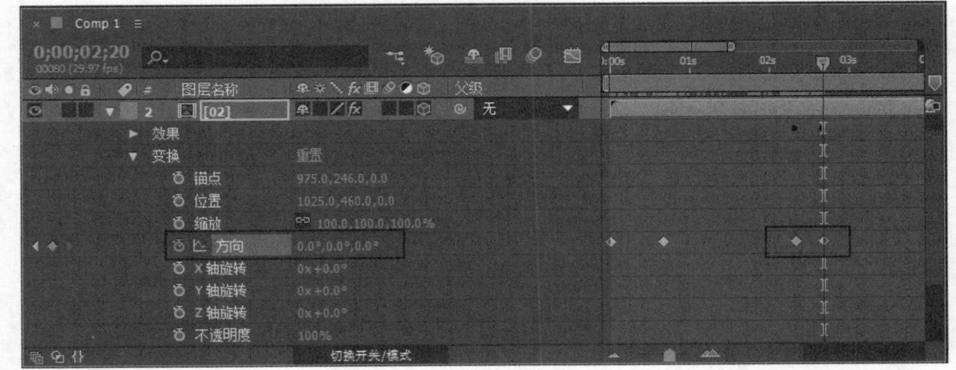

图 16-63

第 8 步 将时间线拖到起始帧的位置，开启 03 图层下【方向】的自动关键帧，设置【方向】为(0°，105°，6°)，将时间线拖到第 20 帧的位置，设置【方向】为(0°，75°，14°)，如图 16-64 所示。

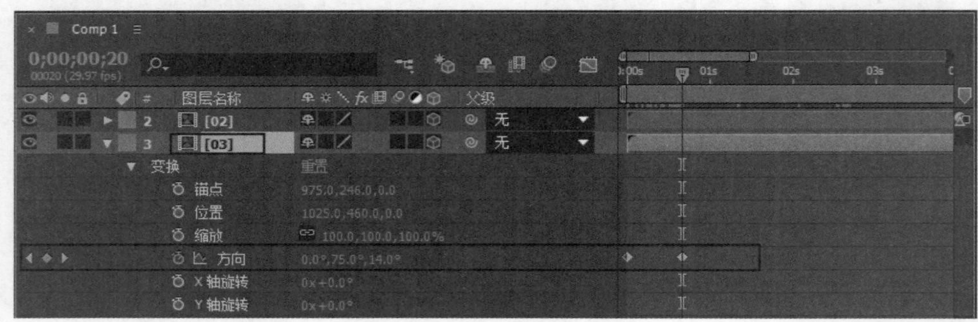

图 16-64

第 9 步 将时间线拖到第 2 秒 10 帧的位置，设置【方向】为(0°，75°，14°)，将时间线拖到第 2 秒 20 帧的位置，设置【方向】为(0°，15°，14°)，如图 16-65 所示。

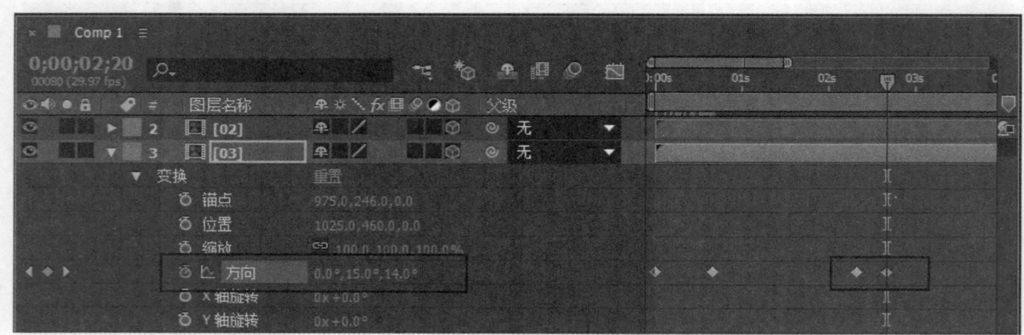

图 16-65

第 10 步 将时间线拖到第 4 秒 10 帧的位置，设置【方向】为(0°，15°，14°)，最后将时间线拖到第 4 秒 20 帧的位置，设置【方向】为 0，如图 16-66 所示。

图 16-66

第 11 步　此时拖动时间线滑块即可查看节目预告旋转效果，如图 16-67 所示。

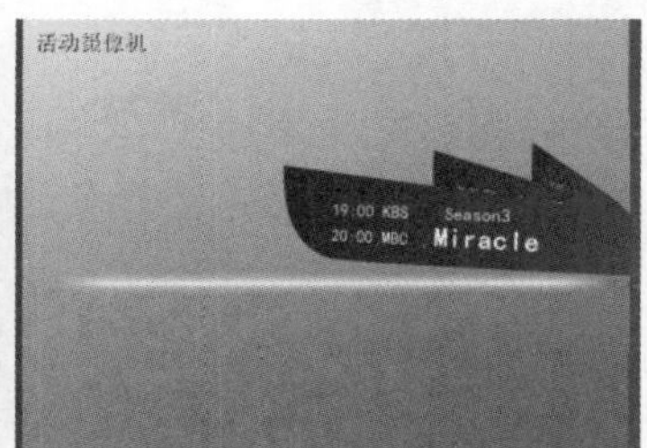

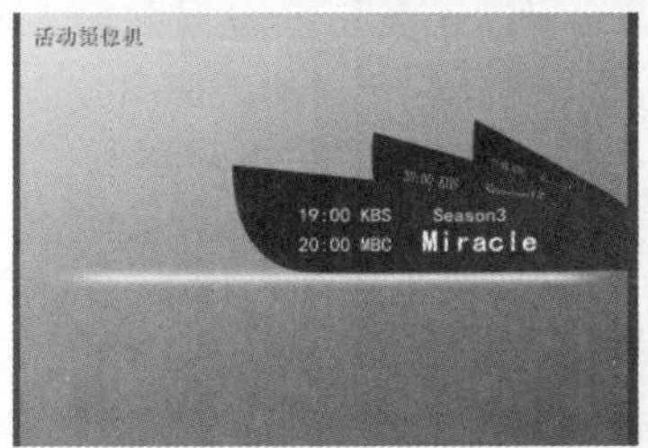

图 16-67

16.2.4　制作节目预告的倒影效果

本例将介绍利用三维图层、【快速模糊】和【线性擦除】效果制作节目预告倒影效果，下面详细介绍其操作方法。

素材保存路径：配套素材\第 16 章
素材文件名称：节目预告的旋转效果.aep、节目预告的倒影效果.aep

第 1 步　打开素材文件“节目预告的旋转效果.aep”，加载合成，为 02 图层添加【高斯模糊】效果。将时间线拖到第 2 秒 10 帧的位置，开启【模糊度】的自动关键帧，设置【模糊度】为 20，将时间线拖到第 2 秒 20 帧的位置，设置【模糊度】为 0，如图 16-68 所示。

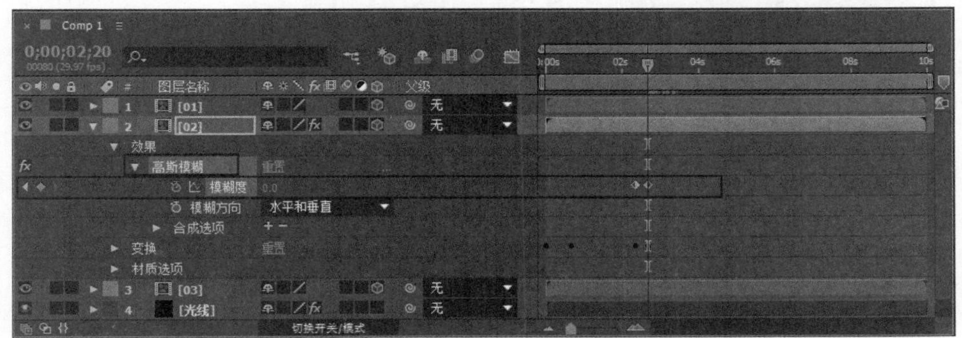

图 16-68

第 2 步　为 03 图层添加【高斯模糊】效果，将时间线拖到第 4 秒 10 帧的位置，开启【模糊度】的自动关键帧，设置【模糊度】为 20，将时间线拖到第 4 秒 20 帧的位置，设置【模糊度】为 0，如图 16-69 所示。

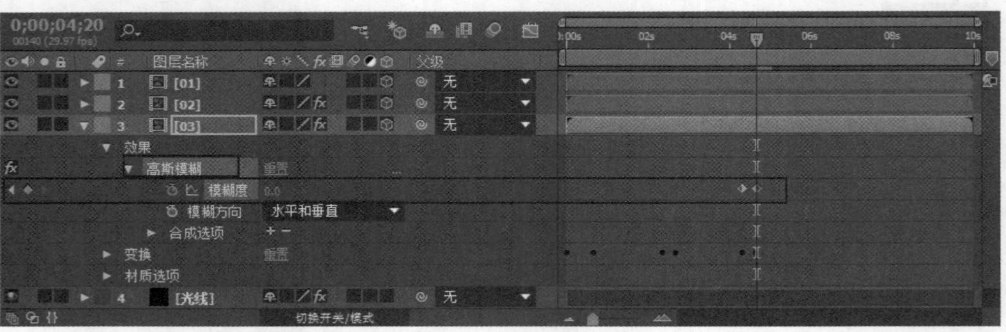

图 16-69

第 3 步 选择 01、02 和 03 合成图层，按 Ctrl+Shift+C 组合键，新建【旋转】合成。将时间线拖到起始帧的位置，开启【不透明度】的自动关键帧，设置【不透明度】为 0，最后将时间线拖到第 5 帧的位置，设置【不透明度】为 100，如图 16-70 所示。

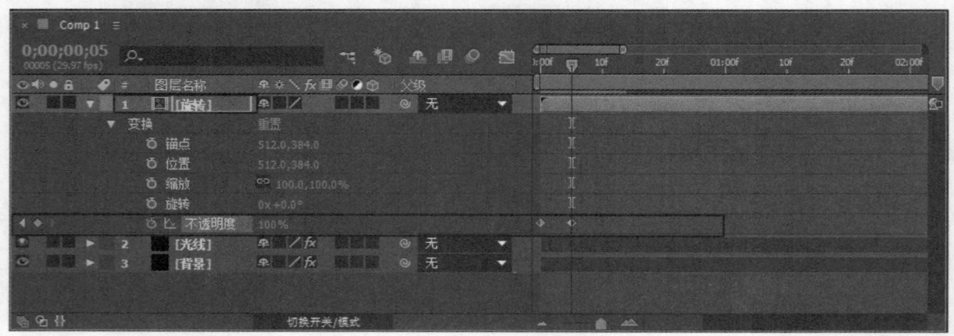

图 16-70

第 4 步 将【旋转】图层进行复制并重命名为“倒影”，然后开启【3D 图层】。设置【方向】为(180°，0°，0°)，【位置】为(512,550,0)，如图 16-71 所示。

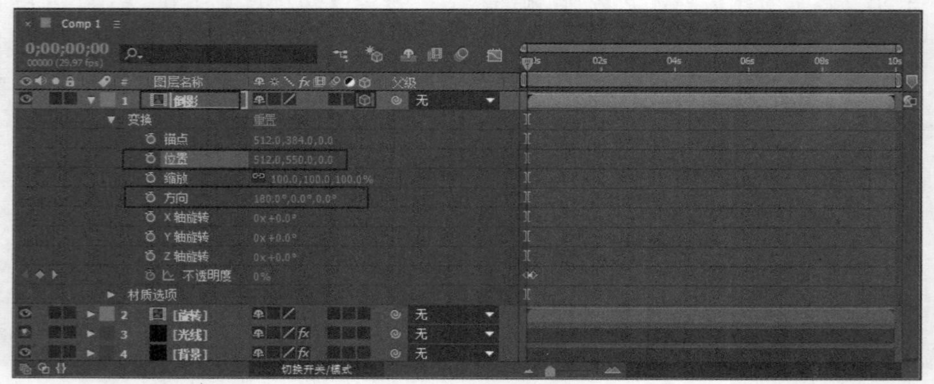

图 16-71

第 5 步 为【倒影】图层添加【快速模糊】和【线性擦除】效果，设置【模糊度】为 3，【过渡完成】为 58，【擦除角度】为 180°，【羽化】为 136，如图 16-72 所示。

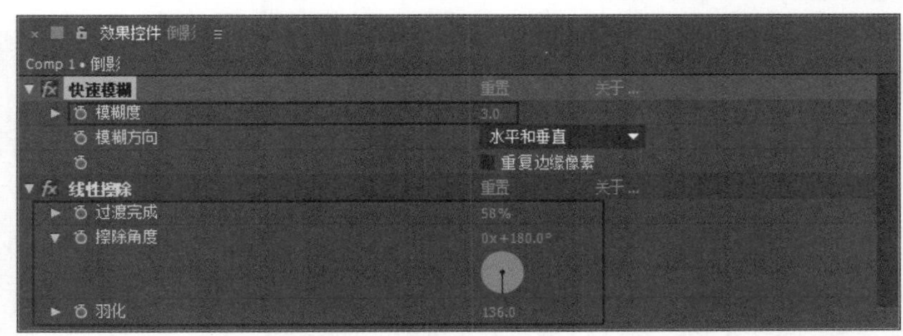

图 16-72

第 6 步 此时拖动时间线滑块即可查看节目预告倒影效果，如图 16-73 所示。

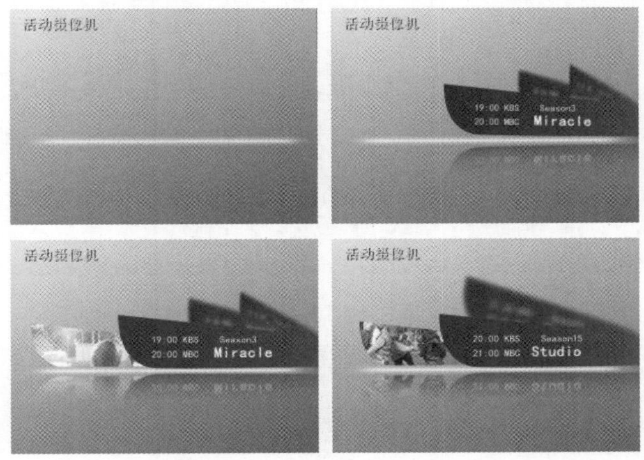

图 16-73

16.2.5　制作最终节目预告效果

本例将介绍利用关键帧和【投影】效果制作最终节目预告效果，下面详细介绍其操作方法。

素材保存路径：配套素材\第 16 章

素材文件名称：节目预告的倒影效果.aep、最终节目预告效果.aep

第 1 步 打开素材文件“节目预告的倒影效果.aep”，加载合成，将【标牌 1】合成中的【形状】图层复制到 Comp 1 合成面板中，并重命名为“结尾”，设置【锚点】为(998,484)，【位置】为(1987,466)，【缩放】为 274，如图 16-74 所示。

第 2 步 将时间线拖到第 5 秒 20 帧的位置，开启【旋转】的自动关键帧，设置【旋转】为 316°，将时间线拖到第 6 秒的位置，设置【旋转】为 354°，如图 16-75 所示。

第 3 步 为【结尾】图层添加【投影】效果，设置【不透明度】为 35，【方向】为 308°，【柔和度】为 10，如图 16-76 所示。

第 4 步 新建文字图层，在【合成】面板中输入文字，设置【字体】为黑体，【字体大小】为 35，【行间距】为 35，【字体颜色】为白色，如图 16-77 所示。

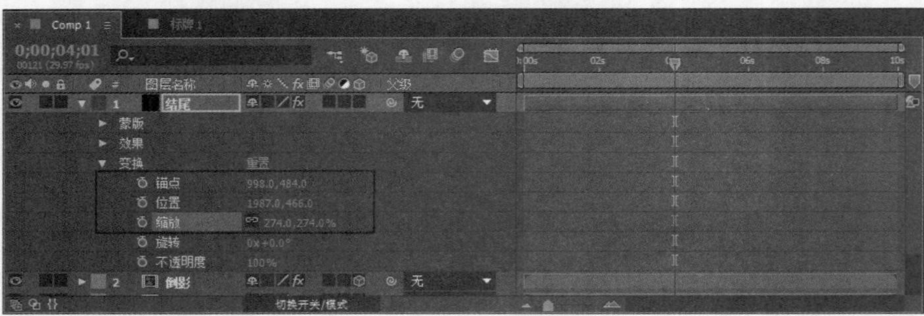

图 16-74

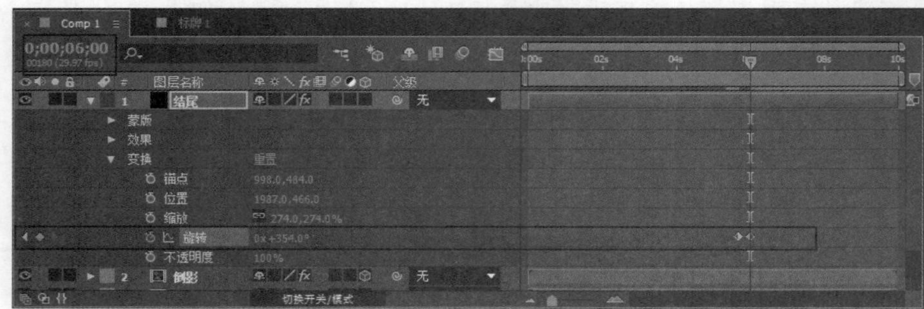

图 16-75

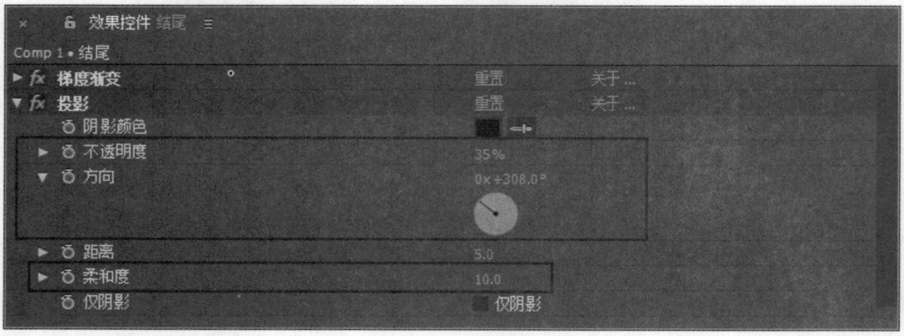

图 16-76

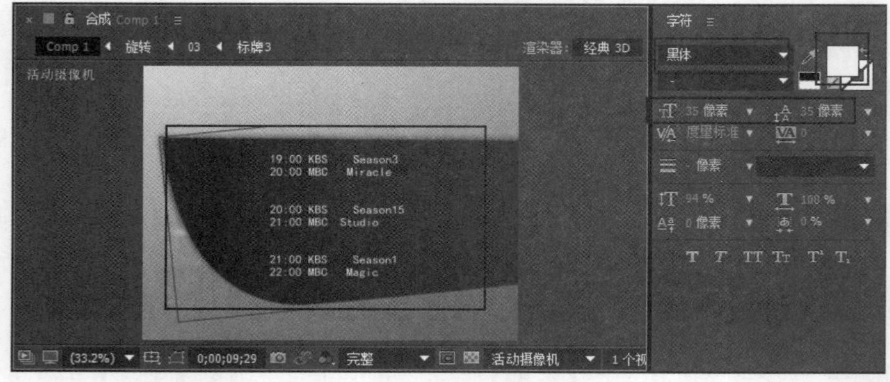

图 16-77

第 5 步 将文字图层重命名为“结尾字幕”，将时间线拖到第 6 秒的位置，开启【不透明度】的自动关键帧，设置【不透明度】为 0，将时间线拖到第 6 秒 05 帧的位置，设置【不透明度】为 100，如图 16-78 所示。

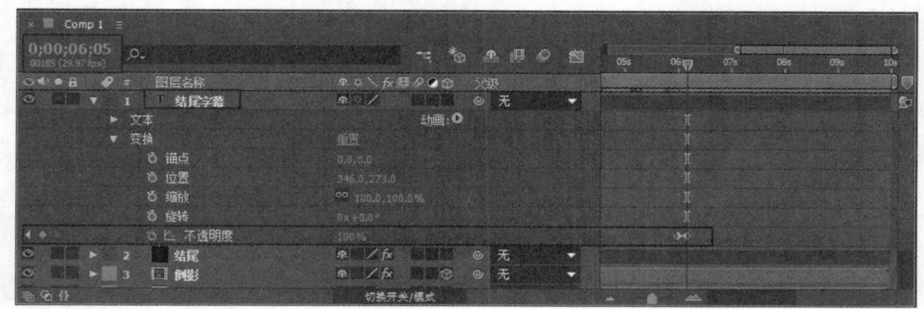

图 16-78

第 6 步 将【结尾】图层进行复制，并重命名为“标志”，设置【位置】为(120,58)，【缩放】为 40，【旋转】为-7°，如图 16-79 所示。

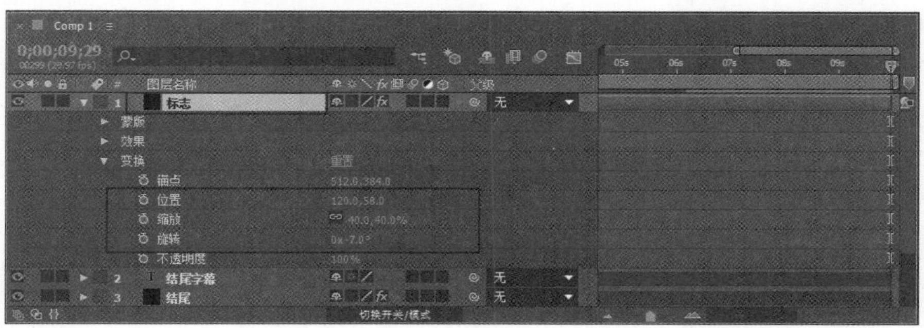

图 16-79

第 7 步 新建文字图层，在【合成】面板中输入文字，设置【字体】为黑体，【字体大小】为 40，【字体颜色】为白色，如图 16-80 所示。

图 16-80

第 8 步 此时拖动时间线滑块即可查看最终节目预告效果，如图 16-81 所示。

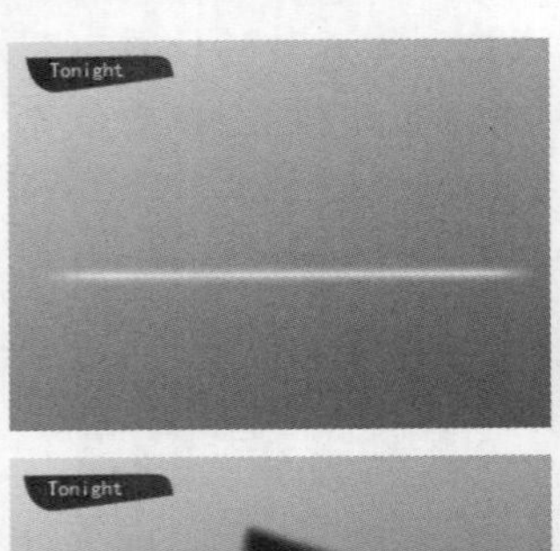
Tonight

Tonight
19:00 KBS Season3
20:00 MBC Miracle

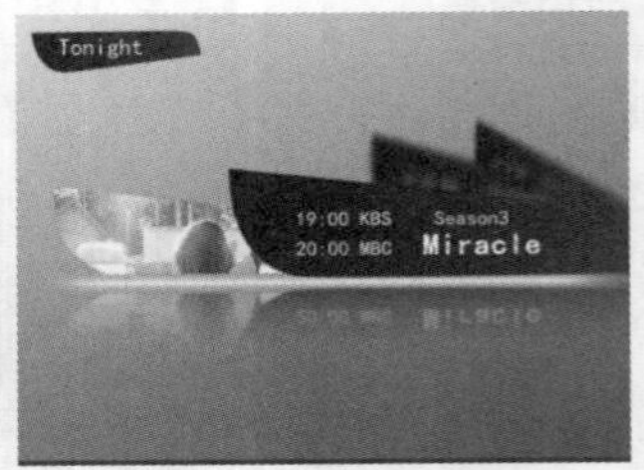
Tonight
19:00 KBS Season3
20:00 MBC Miracle

Tonight
20:00 KBS Season15
21:00 MBC Studio

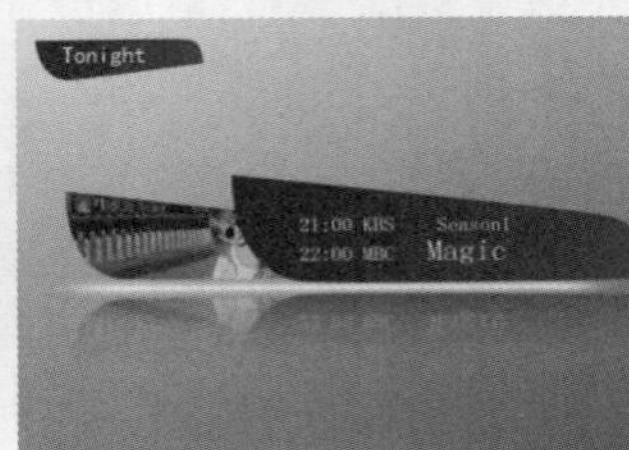
Tonight
21:00 KBS Season1
22:00 MBC Magic

Tonight
19:00 KBS Season3
20:00 MBC Miracle
20:00 KBS Season15
21:00 MBC Studio
21:00 KBS Season1
22:00 MBC Magic

图 16-81

思考与练习答案

第 1 章

一、填空题

1. PAL　NTSC
2. 隔行扫描　逐行扫描
3. 逐行扫描
4. 隔行扫描
5. 帧速率
6. 显示分辨率　图像分辨率
7. 【合成】

二、判断题

1. 对　　2. 错　　3. 对
4. 对　　5. 错

三、思考题

1. 启动 After Effects CC 软件，在菜单栏中选择【文件】→【新建】→【新建项目】菜单项。

可以看到已经创建一个新项目，在菜单栏中选择【文件】→【打开项目】菜单项。

弹出【打开】对话框，***1.*** 选择要打开新项目的文件，***2.*** 然后单击【打开】按钮。

可以看到已经打开选择的项目文件，这样即可完成创建与打开新项目的操作。

2. 如果是新创建的项目文件，可以在菜单栏中选择【文件】→【保存】菜单项。

弹出【另存为】对话框，***1.*** 选择要保存文件的位置，***2.*** 为其创建文件名和选择保存类型，***3.*** 然后单击【保存】按钮即可。

如果希望将项目作为 XML 项目的副本，用户可以在菜单栏中选择【文件】→【另存为】→【将副本另存为 XML】菜单项。

弹出【副本另存为 XML】对话框，选择要保存文件的位置，并且为其创建文件名和选择保存类型，然后单击【保存】按钮即可。

第 2 章

一、填空题

1. 序列
2. 【解释素材】
3. 素材
4. 合成文件　音频素材

二、判断题

1. 错　　2. 对
3. 对　　4. 错

三、思考题

1. 启动 After Effects 软件，在菜单栏中选择【文件】→【导入】→【文件】菜单项。

弹出【导入文件】对话框，***1.*** 选择要导入的素材文件“深入丛林.mov”，***2.*** 单击【导入】按钮。

在【项目】面板中可以看到导入的素材文件，这样即可完成应用菜单导入素材的操作。

2. 在【项目】面板的空白处双击鼠标左键，准备进行素材的导入操作。

弹出【导入文件】对话框，***1.*** 选择 2014.psd 素材文件，***2.*** 在【导入为】下拉列表框中选择【素材】选项，***3.*** 单击【导入】按钮。

弹出 2014.psd 对话框，***1.*** 设置导入种类为【素材】方式，***2.*** 在【图层选项】组中，选中【合并的图层】单选按钮，***3.*** 单击【确定】按钮。

在【项目】面板中，可以看到导入的素

材已经合并为一个图层，这样即可完成导入合并图层的操作。

第 3 章

一、填空题

1. 上下
2. 图层
3. 图层顺序
4. 拆分图层
5. 缩放属性
6. 旋转属性
7. 透明度属性
8. 溶解
9. 变亮模式
10. 强光　亮光
11. 源图层
12. 色彩模式
13. 灯光图层

二、判断题

1. 对	2. 对	3. 错
4. 错	5. 对	6. 对
7. 错	8. 对	9. 对
10. 错	11. 对	12. 对

三、思考题

1. 在菜单栏中选择【图层】→【新建】菜单项，然后在展开的子菜单中就可以选择要创建的图层类型。

在【时间轴】面板中单击鼠标右键，在弹出的快捷菜单中选择【新建】菜单项，此时就可以在展开的子菜单中选择要创建的图层类型。

2. 打开素材文件“摄像机.aep”，在【摄像机】合成面板中，单击【3D 图层】按钮，开启【花卉】图层的三维模式。

在菜单栏中选择【图层】→【新建】→【摄像机】菜单项。

弹出【摄像机设置】对话框，*1.* 设置合适的参数，*2.* 单击【确定】按钮。

在【时间轴】面板中可以看到新建的【摄像机 1】图层，这样即可完成创建摄像机图层的操作。

第 4 章

一、填空题

1. 蒙版
2. 矩形工具
3. 5
4. 3
5. RotoBezier

二、判断题

1. 错	2. 错
3. 对	4. 对

三、思考题

1. 打开素材文件“蒙版 1.aep”，依次展开【蓝色纯色 1】→【蒙版】→【蒙版 1】层，然后在【蒙版 1】右侧单击【形状】链接项。

弹出【蒙版形状】对话框，*1.* 在【形状】区域下方，单击【重置为】右侧的下拉按钮，*2.* 在弹出的列表框中选择【椭圆】选项，*3.* 单击【确定】按钮。

此时在【合成】面板中，可以看到选择的蒙版形状已经改变成椭圆形状，这样即可完成调节蒙版形状的操作。

2. 打开素材文件“椭圆蒙版.aep”，*1.* 选择蒙版层，*2.* 在工具栏中单击并一直按住【钢笔工具】，*3.* 在弹出的列表框中选择【添加“顶点”工具】选项。

此时鼠标指针改变形状，当鼠标指针变为形状时，在需要添加锚点的位置处单击，即可完成添加锚点的操作。

1. 在工具栏中单击并一直按住【钢笔工具】，*2.* 在弹出的列表框中选择【删除“顶点”工具】选项。

此时鼠标指针改变形状，当鼠标指针变为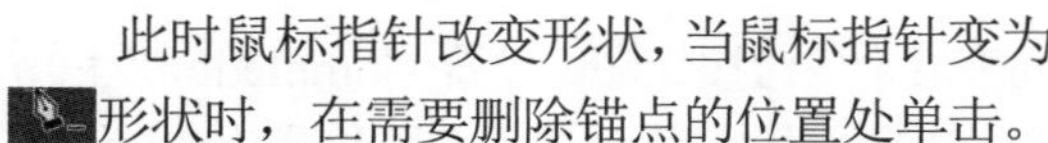形状时，在需要删除锚点的位置处单击。

此时在【合成】面板中可以看到蒙版的形状也会改变，这样即可完成删除锚点的操作。

第 5 章

一、填空题

1. 【文字工具】按钮T
2. 【字符】
3. 【字符】
4. 【段落】
5. 【动画制作工具】

二、判断题

1. 对	2. 对	3. 错
4. 对	5. 对	6. 错

三、思考题

1. 打开素材文件“文本图层.aep”，在菜单栏中选择【图层】→【新建】→【文本】菜单项。

在【合成】面板中单击鼠标左键，在视图中确定文字输入的起始位置。

确定输入的位置后，在【合成】面板中输入文字“AE”，即可完成创建文本图层的操作。

2. 打开素材文件 AE.aep，在【时间轴】面板中，***1.*** 选择文本图层，***2.*** 在菜单栏中选择【图层】→【从文本创建蒙版】菜单项。

系统会自动生成一个白色的固态图层，并将蒙版创建到这个图层上，同时原始的文字图层将自动关闭显示，这样即可完成使用文字创建蒙版的操作。

第 6 章

一、填空题

1. 动态素材层　加快　减慢
2. 复制
3. 入点　出点
4. Ctrl
5. 关键帧动画
6. 插值
7. 负值
8. 重置时间

二、判断题

1. 对	2. 对	3. 错
4. 对	5. 错	6. 对
7. 对	8. 对	

三、思考题

1. 在【时间轴】面板中，调整当前时间线滑块到某个时间位置，在按住 Ctrl 键的同时，单击入点或者出点参数，即可改变素材片段播放的速度。

2. 在【时间轴】面板中将时间线拖动至合适的位置处，然后单击【属性】前的【时间变化秒表】按钮，此时在【时间轴】面板中的相应位置处就会自动出现一个关键帧。

再将时间线拖动至另一个合适的位置处，设置【属性】参数，此时在【时间轴】面板中的相应的位置处就会再次自动出现一个关键帧，从而使画面形成动画效果。

第 7 章

一、填空题

1. 【径向模糊】
2. 【摄像机镜头模糊】　光圈属性

二、判断题

1. 错	2. 对	3. 对

三、思考题

1. 在【时间轴】面板中选择要使用效果的图层，单击【效果】菜单，然后从子菜单中选择要使用的某个效果命令即可。

在【时间轴】面板中选择要使用效果的图层，然后打开【效果和预设】面板，在该面板中双击需要的效果即可。

在【时间轴】面板中，在要使用效果的图层上单击鼠标右键，然后在弹出的快捷菜单中选择【效果】子菜单中的特效命令即可。

从【效果和预设】面板中选择某个效果，然后将其拖动到【时间轴】面板中要应用的效果的图层上即可。

2. 单击效果名称左边的fx按钮即可隐藏该效果，再次单击则可以将该效果重新开启。

单击【时间轴】面板上图层名称右边的fx按钮可以隐藏该层的所有效果，再次单击则可以将效果重新开启。

选择需要删除的效果，然后按 Delete 键即可将其删除。如果需要删除所有添加的效果，用户需要选择准备删除的效果图层，然后在菜单栏中选择【效果】→【全部移除】菜单项即可。

第 8 章

一、填空题

1. 过渡
2. 【渐变擦除】
3. 体育场
4. 【块溶解】
5. 逐行

二、判断题

1. 对　　2. 错　　3. 对
4. 错　　5. 对

三、思考题

打开素材文件“过渡效果素材.aep”，在【效果和预设】面板中搜索 CC Light Wipe 效果，并将其拖曳到【时间轴】面板中的【山川.jpg】图层上。

在【时间轴】面板中将时间线拖动至起始帧位置处，然后展开【山川.jpg】图层下方的【效果】，单击 CC Light Wipe 前的【时间变化秒表】按钮，设置 Completion 为 0，再将时间线拖曳至第 3 秒位置处，设置 Completion 为 100%。

此时在【时间轴】面板中，拖动时间线即可查看过渡效果。

第 9 章

一、填空题

1. 无彩色　有彩色
2. 灰　色相
3. 色阶
4. 曲线

二、判断题

1. 对　　2. 错　　3. 对

三、思考题

打开素材文件“调色素材.aep”，在【效果和预设】面板中搜索【曲线】效果，并将其拖曳到【时间轴】面板中的【蓝天白云山.jpg】图层上。

在【时间轴】面板中选择【蓝天白云山.jpg】图层，然后在【效果控件】面板中调整曲线形状。这样即可完成使用 After Effects 进行调色的步骤。

第 10 章

一、填空题

1. 透明色
2. 替换

二、判断题

1. 对　　2. 错　　3. 对

三、思考题

1. 打开素材文件“抠像素材.aep”，在【效果和预设】面板中搜索 Keylight(1.2)效果，并将其拖曳到【时间轴】面板中的 1.jpg 图层上。

在【时间轴】面板中，选择 1.jpg 素材图层，然后在【效果控件】面板中单击 Screen Colour 的【吸管工具】，接着在画面中的绿色背景位置处单击，吸取需要抠除的颜色，这样即可完成素材抠像的操作。

2. 打开素材文件“颜色键抠像素材.aep”，选择【颜色键.jpg】图层，在菜单栏中选择【效果】→【过时】→【颜色键】菜单项。

在【时间轴】面板中，选择【颜色键.jpg】素材图层，然后在【效果控件】面板中单击【主色】右侧的【吸管工具】，接着在合成画面中的绿色背景位置处单击，吸取需要抠除的颜色。

在【颜色键】面板中，设置【颜色容差】为 160，【羽化边缘】为 2。

通过以上步骤即可完成应用颜色键抠像的操作。

第 11 章

一、填空题

1. 【伸缩】
2. 延迟时间
3. 电平

二、判断题

1. 对　　2. 错

三、思考题

1. 在【时间轴】面板底部单击按钮，将控制区域完全显示出来。在【持续时间】项可以设置声音的播放长度，在【伸缩】项可以设置播放时长与原始素材时长的百分比。

例如，将【伸缩】设置为 200 后，声音的实际播放时长是原始素材时长的 2 倍。通过设置这两个参数缩放或延长声音的播放长度后，声音的音调也同时升高或降低。

2. 将时间线滑块放置在 0 秒的位置，在【时间轴】面板中单击【音频电平】选项前面的【关键帧自动记录器】按钮，添加关键帧。输入参数-100；将时间线滑块放置在 1 秒的位置，输入参数 0，可以看到在【时间轴】面板中增加了两个关键帧。此时按住 Ctrl 键不放拖动时间线滑块，可以听到声音由小变大的淡入效果。

将时间线滑块放置在 3 秒处，输入【音频电平】的参数为 0.1；拖动时间线滑块到结束帧，输入【音频电平】的参数为-100。按住 Ctrl 键不放拖动时间线滑块，可以听到声音的淡出效果。

第 12 章

一、填空题

1. 二维　二维
2. 深度　旋转
3. 启用逐字 3D 化
4. 世界轴模式

二、判断题

1. 对　　2. 对
3. 错　　4. 错

三、思考题

1. 在【时间轴】面板中，单击图层的【3D 图层】，或使用菜单命令【图层】→【3D 图层】，可以将选中的二维图层转换为三维图层。再次单击其【3D 图层】，或使用菜单命令取消选择【图层】→【3D 图层】，都可以取消层的 3D 属性。

2. 在菜单栏中选择【图层】→【新建】→【摄像机】菜单项，即可进行创建。

在【合成】面板或【时间轴】面板中单击鼠标右键，在弹出的快捷菜单中选择【新建】→【摄像机】菜单项进行创建。

按 Ctrl+Alt+Shift+C 快捷键，即可创建摄像机。

第13章

一、填空题

1. 渲染　帧

2. 输出　渲染

3. 【时间轴】　【添加到渲染队列】

4. 【最佳设置】

5. AVI

6. MOV

7. TGA

二、判断题

1. 对　2. 错　3. 对

4. 对　5. 错　6. 对

三、思考题

1. 打开素材文件“广告展示片头.aep”，激活【时间轴】面板，然后按 Ctrl+M 组合键，即可弹出【渲染队列】面板。

修改【输出到】的名称为“渲染.avi”，并更改保存的位置，最后单击【渲染】按钮。

在线等待一段时间，在刚刚修改的路径下即可看到已经渲染完成的视频“渲染.avi”。

2. 打开素材文件“动感达人.aep”，在【项目】面板中，选择 Daren 合成项目文件，然后在菜单栏中选择【合成】→【添加到渲染队列】菜单项。

在【渲染队列】面板中，可以观察到添加的 Daren 项目。确认并开启其【渲染】项，单击【输出到】右侧文件名链接项。

弹出【将影片输出到】对话框，设置输出路径和文件名。

返回到【渲染队列】面板中，单击【输出模块】区域右侧的【无损】链接项。

在弹出的【输出模块设置】对话框中，设置【格式】为 QuickTime 类型。

在【输出模块设置】对话框中，单击【格式选项】按钮，可以设置 MOV 格式的压缩解码。

在弹出的【QuickTime 选项】对话框中，展开【视频编解码器】下拉列表框，设置【视频编解码器】为动画方式。

返回到【渲染队列】面板中，单击【渲染】按钮，进行 MOV 格式输出的操作。